全国计算机技术与软件专业技术资格（水平）考试参考用书

系统架构设计师考试全程指导

（第2版）

全国计算机专业技术资格考试办公室推荐
张友生　王勇　主编

清華大學出版社
北　京

内 容 简 介

本书作为计算机技术与软件专业技术资格（水平）考试指定参考用书，着重对考试大纲规定的内容有重点地细化和深化，内容涵盖了最新的系统架构设计师考试大纲的所有知识点，给出了系统架构设计案例分析试题的解答方法和实际案例。对于系统架构设计论文试题，本书给出了论文的写作方法、考试法则、常见问题与解决办法，以及论文评分标准和论文范文。

阅读本书，就相当于阅读一本详细的、带有知识注释的考试大纲。准备考试的人员可通过本书掌握考试大纲规定的知识，掌握考试重点和难点，熟悉考试方法、试题形式、试题的深度和广度，以及内容的分布、解答问题的方法和技巧，迅速提高论文写作水平和质量。

本书可作为软件工程师和网络工程师进一步深造和发展的学习用书，作为系统架构设计师日常工作的参考手册，也可作为计算机专业教师的教学和工作参考书。

图书在版编目（CIP）数据

系统架构设计师考试全程指导/张友生，王勇主编. —2 版. —北京：清华大学出版社，2014(2024.3 重印)

全国计算机技术与软件专业技术资格（水平）考试参考用书

ISBN 978-7-302-36877-9

Ⅰ. ①系… Ⅱ. ①张… ②王… Ⅲ. ①计算机系统–工程技术人员–资格考试–自学参考资料 Ⅳ. ①TP30

中国版本图书馆 CIP 数据核字（2014）第 131355 号

责任编辑： 柴文强　顾　冰
封面设计： 常雪影
责任校对： 胡伟民
责任印制： 刘海龙

出版发行： 清华大学出版社
网　　址： https://www.tup.com.cn，https://www.wqxuetang.com
地　　址： 北京清华大学学研大厦 A 座　　**邮　　编：** 100084
社 总 机： 010-83470000　　**邮　　购：** 010-62786544
投稿与读者服务： 010-62776969，c-service@tup.tsinghua.edu.cn
质量反馈： 010-62772015，zhiliang@tup.tsinghua.edu.cn
印 装 者： 三河市天利华印刷装订有限公司
经　　销： 全国新华书店
开　　本： 185mm×230mm　**印　张：** 39.5　**防伪页：** 1　**字　数：** 990 千字
版　　次： 2009 年 8 月第 1 版　2014 年 8 月第 2 版　**印　次：** 2024 年 3 月第 19 次印刷
定　　价： 99.00 元

产品编号： 056992-02

前　言

近年来，为了提高软件需求和软件设计的质量，软件工程界提出了各种需求工程和软件建模技术。然而，在需求和设计之间仍然存在一条很难逾越的鸿沟，从而很难有效地将需求转换为相应的设计。为此，软件架构的概念应运而生，并试图在软件需求与软件设计之间架起一座桥梁，着重解决软件系统的结构和需求向实现平坦地过渡的问题。在此种背景下，人们逐渐认识到软件架构的重要性，并认为对软件架构系统而深入的研究将会成为提高软件生产率和解决软件维护问题的最有希望的途径。然而，在专业的系统架构设计师的培养方面，国内还刚刚迈步，企业对系统架构设计师的需求远远得不到满足。

根据原信息产业部和原人事部联合发布的国人部发[2003]39 号文件，把系统架构设计师列入了计算机技术与软件专业技术资格（水平）考试（以下简称为“软考”）系列，该级别的考试从 2009 年下半年开始，与系统分析师、信息系统项目管理师、网络规划设计师并列为“高级”资格。这将为培养专业的系统架构设计师人才，推进国家信息化建设和软件产业化发展起巨大的作用。

1．目的

作为一种新兴职业，作为一个刚刚开考的级别，系统架构设计师考试将是一个难度很大的考试。主要原因是考试范围比较广泛，除涉及计算机软件、网络专业的课程外，还有数学、外语、信息化和知识产权等领域的课程。考试不但注重广度，而且还有一定的深度，特别是在架构设计相关的知识领域中，试题的难度会比较大。总之，系统架构设计师考试不但要求考生具有扎实的专业理论基础知识，还要具备丰富的架构设计实践经验。

根据希赛教育网的调查，系统架构设计师考生最渴望得到的就是一本能全面反映考试大纲内容，同时又比较精简的备考书籍。系统架构设计师平常工作比较忙，工作压力大，没有多少时间用于学习理论知识，也无暇去总结自己的实践经验，希望有一本学习用书，从中找到解答试题的捷径，以及论文写作的方法。软考的组织者和领导者也希望能有一本书籍帮助考生复习和备考，从而提高考试合格率，为国家信息化建设和信息产业发展培养更多的 IT 高级人才。

鉴于此，为了帮助广大考生顺利通过系统架构设计师考试，希赛教育软考学院组织有关专家，在清华大学出版社的大力支持下，编写和出版了本书，作为系统架构设计师考试的指定用书。

2．内容

本书着重对考试大纲规定的内容有重点地细化和深化，内容涵盖了最新的系统架构设计师考试大纲的所有知识点，给出了系统架构设计案例分析试题的解答方法和实际案例。对于系统架构设计论文试题，本书给出了论文的写作方法、考试法则、常见的问题及解决办法，以及论文评分标准和论文范文。由于编写组成员均为软考第一线的辅导专家，因此，本书凝聚了软考专家的知识、经验、心得和体会，集成了专家们的精力和心血。

古人云："温故而知新"，又云："知己知彼，百战不殆"。对考生来说，阅读本书就是一个"温故"的过程，必定会从中获取到新知识。同时，通过阅读本书，考生还可以清晰地把握命题思路，掌握知识点在试题中的变化，以便在系统架构设计师考试中洞察先机，提高通过的概率。

3．作者

希赛教育（www.educity.cn）从事人才培养、教育产品开发、教育图书出版，在职业教育方面具有极高的权威性。特别是在在线教育方面，稳居国内首位，希赛教育的远程教育模式得到了国家教育部门的认可和推广。

希赛教育软考学院是全国计算机技术与软件专业技术资格（水平）考试的顶级培训机构，拥有近 20 名资深软考辅导专家，负责高级资格的辅导教材的编写工作，共组织编写和出版了 80 多本软考教材，内容涵盖了初级、中级和高级的各个专业，包括教程系列、辅导系列、考点分析系列、冲刺系列、串讲系列、试题精解系列、疑难解答系列、全程指导系列、案例分析系列、指定参考用书系列、一本通等 11 个系列的书籍。希赛教育软考学院的专家录制了软考培训视频教程、串讲视频教程、试题讲解视频教程、专题讲解视频教程等 4 个系列的软考视频，希赛教育软考学院的软考教材、软考视频、软考辅导为考生助考、提高通过率做出了不可磨灭的贡献，在软考领域有口皆碑。特别是在高级资格领域，无论是考试教材，还是在线辅导和面授，希赛教育软考学院都独占鳌头。

本书由希赛教育软考学院组织编写，参加编写工作的人员有张友生、王勇、谢顺、胡钊源、桂阳、何玉云、王玉罡、胡光超、左水林、卢艳芝、刘洋波。

4．致谢

在本书出版之际，要特别感谢全国计算机技术与软件专业技术资格（水平）考试办公室的命题专家们，我们在本书中引用了各级别部分考试原题，使本书能够尽量方便读者的阅读。同时，本书在编写的过程中参考了许多高水平的资料和书籍（详见参考文献列表），在此，我们对这些参考文献的作者表示真诚的感谢。

感谢清华大学出版社柴文强老师，他在本书的策划、选题的申报、写作大纲的确定，以及编辑、出版等方面，付出了辛勤的劳动和智慧，给予了我们很多支持和帮助。

感谢希赛教育的系统架构设计师学员，正是他们的想法汇成了本书的源动力，他们的意见使本书更加贴近读者。

5．交流

由于我们水平有限，且本书涉及的知识点较多，书中难免有不妥和错误之处。我们诚恳地期望各位专家和读者不吝指教和帮助，对此，我们将深为感激。

有关本书的反馈意见，读者可在希赛网（www. educity.cn）论坛“考试教材”版块中的“希赛教育软考学院”栏目与我们交流，我们会及时地在线解答读者的疑问。

希赛教育软考学院

2014年1月

目　录

第1章 操作系统

根据考试大纲要求，在操作系统方面，要求考生掌握以下知识点：

（1）操作系统的类型和结构；

（2）操作系统的基本原理；

（3）网络操作系统及网络管理；

（4）嵌入式操作系统与实时操作系统。

本章主要介绍操作系统方面的基本知识，有关网络管理方面的知识，将在第4章中介绍；有关嵌入式操作系统与实时操作系统方面的知识，将在第3章介绍。

1.1 操作系统的类型与结构

操作系统是计算机系统中的核心系统软件，负责管理和控制计算机系统中硬件和软件资源，合理地组织计算机工作流程和有效地利用资源，在计算机与用户之间起接口的作用。

1.1.1 操作系统的类型

根据使用环境和对作业的处理方式，操作系统可分为批处理操作系统、分时操作系统、实时操作系统、网络操作系统和分布式操作系统。

（1）批处理操作系统把用户提交的作业分类，把一批中的作业编成一个作业执行序列。批处理又可分为联机批处理和脱机批处理。批处理系统的主要特征有：用户脱机使用计算机、成批处理、多道程序运行。

（2）分时操作系统采用分时技术，使多个用户同时以会话方式控制自己程序的运行，每个用户都感到似乎各自有一台独立的、支持自己请求服务的系统。分时技术把处理机的运行时间分成很短的时间片，按时间片轮流把处理机分配给各联机作业使用。若某个作业在分配给它的时间片内不能完成其计算，则该作业暂时中断，把处理机让给另一作业使用，等待下一轮时再继续运行。分时系统的主要特征有：交互性、多用户同时性、独立性。

（3）实时操作系统往往是专用的，系统与应用很难分离，常常紧密结合在一起。实时系统并不强调资源利用率，而更关心及时性（时间紧迫性）、可靠性和完整性。实时系统又分为实时过程控制与实时信息处理两种。实时系统的主要特征有：提供即时响应、高可靠性。

（4）网络操作系统按照网络架构的各个协议标准进行开发，包括网络管理、通信、资源共享、系统安全和多种网络应用服务等。在网络系统中，各计算机的操作系统可以互不相同，它需要有一个支持异种计算机系统之间进程通信的网络环境，以实现协同工作和应用集成。网络操作系统的主要特征有：互操作性、协作处理。

（5）分布式操作系统要求有一个统一的操作系统，实现系统操作的统一性，负责全系统的资源分配和调度，为用户提供统一的界面。它是一个逻辑上紧密耦合的系统。目前还没有真正实现的网络操作系统。

希赛教育专家提示：不管哪种操作系统，都应该具有5个基本功能，即处理机管理、存储管理、设备管理、文件管理和作业管理。

1.1.2 操作系统的结构

操作系统的结构可以分为无序结构、层次结构、面向对象结构、对称多处理结构和微内核结构。

（1）无序结构，又称整体结构或模块组合结构。它以大型表格和队列为中心，操作系统的各部分程序围绕着表格运行，整个系统是一个程序。这种操作系统常称为面向过程的操作系统。操作系统由许多标准的、可兼容的基本单位构成（称为模块），各模块相对独立，模块之间通过规定的接口相互调用。模块化设计方法的优点是缩短了系统的开发周期，缺点是模块之间调用关系复杂、相互依赖，从而使分析、移植和维护系统较易出错。

（2）层次结构。把一个大型复杂的操作系统分解成若干个单向依赖的层次，由多层的正确性保证操作系统的可靠性。层次结构清晰，大大地简化了接口的设计，且有利于系统功能的增加或删改，易于保证可靠性，也便于维护和移植。

（3）面向对象结构。基于面向对象程序设计的概念，采用了各种不同的对象技术。在计算机系统中对象是操作系统管理的信息和资源的抽象，是一种抽象的数据类型。可以把对象作为系统中的最小单位，由对象、对象操作、对象保护组成的操作系统，就是面向对象的操作系统，如Windows Server中有执行体对象（例如，进程、线程、文件和令牌等）和内核对象（例如，时钟、事件和信号等）。面向对象结构的优点是适用于网络操作系统和分布式操作系统中。

（4）对称多处理结构。如果一个操作系统在系统中的所有处理机运行且共享同一内存（内存储器、主存、实存），这样的系统就是一个对称多处理系统。优点是适合共享存储器结构的多处理机系统，即紧耦合的多处理机系统。

（5）微内核结构。把系统的公共部分抽象出来，形成一个底层核心，提供最基本的服务，其他功能以服务器形式建立在微内核之上。它具有良好的模块化和结构化特征，模块之间和上下层之间通过消息来通信。建立在微内核上的服务器可以根据不同的需要构造，从而形成不同的操作系统。

现代操作系统大多拥有两种工作状态：核心态和用户态。我们使用的一般应用程序工作在用户态，而内核模块和最基本的操作系统核心工作在核心态。

微内核结构由一个非常简单的硬件抽象层和一组比较关键的原语或系统调用组成，这些原语仅仅包括了建立一个系统必需的几个部分，如线程管理、地址空间和进程间通信等。微内核的目标是将系统服务的实现和系统的基本操作规则分离开来。例如，进程的输入/输出锁定服务可以由运行在微内核之外的一个服务组件来提供。这些模块化的用户态服务用于完成操作系统中比较高级的操作，这样的设计使内核中最核心的部分的设计更简单。一个服务组件的失效并不会导致整个系统的崩溃，内核需要做的，仅仅是重新启动这个组件，而不必影响其他的部分。

微内核技术的主要优点如下：

（1）具有统一的接口，在用户态和核心态之间无需进程识别。

（2）可伸缩性好，能适应硬件更新和应用变化。

（3）可移植性好，所有与具体机器特征相关的代码，全部隔离在微内核中，如果操作系统要移植到不同的硬件平台上，只需修改微内核中极少代码即可。

（4）实时性好，微内核可以方便地支持实时处理。

（5）安全可靠性高，微内核将安全性作为系统内部特性来进行设计，对外仅使用少量应用编程接口。

（6）支持分布式系统，支持多处理器的架构和高度并行的应用程序。

（7）真正面向对象的操作系统。

由于操作系统核心常驻内存，而微内核结构精简了操作系统的核心功能，内核规模比较小，一些功能都移到了外存上，所以微内核结构十分适合嵌入式的专用系统，对于通用性较广的系统，将使CPU（Central Processing Unit，中央处理单元）的通信开销增大，从而影响到计算机的运行速度。

1.2　处理器管理

在单用户多任务的操作系统中，或者多用户多任务的操作系统中，系统同时运行多个程序，这些程序的并行运行势必形成对系统资源的竞争使用。因此，操作系统必须能够处理和管理这种并行运行的程序，使之对资源的使用按照良性的顺序进行。

1.2.1　进程的状态

进程是一个程序关于某个数据集的一次运行。进程是程序的一次运行活动，是一个动态的概念，而程序是静态的概念，是指令的集合。进程具有动态性和并发性，程序是进程运行所对应的运行代码，一个进程对应于一个程序，一个程序可以同时对应于多个进程。在操作系统中进程是进行系统资源分配、调度和管理的最小单位（注意，现代操作系统中还引入了线程（thread）这一概念，它是处理器分配资源的最小单位）。从静态的观点看，进程由程序、数据和进程控制块（Process Control Block，PCB）组成；从动态的观点看，进程是计算机状态的一个有序集合。

PCB是进程存在的唯一标志，PCB描述了进程的基本情况。其中的内容可分成为调度信息和执行信息两大部分。调度信息供进程调度使用，包括进程当前的一些基本属性；执行信息即现场，刻画了进程的执行情况。PCB随着进程的建立而产生，随着进程的完成而撤销。

一个进程从创建而产生至撤销而消亡的整个生命周期，可以用一组状态加以刻画，为了便于管理进程，把进程划分为几种状态，分别有三态模型和五态模型。

1．三态模型

按照进程在执行过程中的不同状况，至少可以定义三种不同的进程状态：

（1）运行态：占有处理器正在运行。

（2）就绪态：具备运行条件，等待系统分配处理器以便运行。

（3）等待态（阻塞态）：不具备运行条件，正在等待某个事件的完成。

一个进程在创建后将处于就绪状态。每个进程在执行过程中，任一时刻当且仅当处于上述三种状态之一。同时，在一个进程执行过程中，它的状态将会发生改变。如图1-1所示为进程的状态转换。

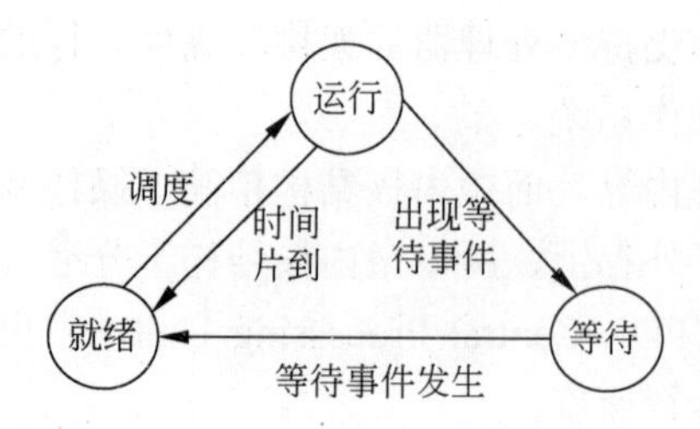

图1-1　进程三态模型及其状态转换

运行状态的进程将由于出现等待事件而进入等待状态，当等待事件结束之后等待状态的进程将进入就绪状态，而处理器的调度策略又会引起运行状态和就绪状态之间的切换。引起进程状态转换的具体原因如下：

（1）运行态→等待态：等待使用资源，如等待外设传输；等待人工干预。

（2）等待态→就绪态：资源得到满足，如外设传输结束；人工干预完成。

（3）运行态→就绪态：运行时间片到；出现有更高优先权进程。

（4）就绪态→运行态：CPU空闲时选择一个就绪进程。

2．五态模型

在三态模型中，总是假设所有的进程都在内存中。事实上，可能出现这样一些情况，例如由于进程的不断创建，系统的资源已经不能满足进程运行的要求，这个时候就必须把某些进程挂起，对换到磁盘镜像区中，使之暂时不参与进程调度，起到平滑系统操作负荷的目的。引起进程挂起的原因是多样的，主要有：

（1）系统中的进程均处于等待状态，处理器空闲，此时需要把一些阻塞进程对换出去，以腾出足够的内存装入就绪进程运行。

（2）进程竞争资源，导致系统资源不足，负荷过重，此时需要挂起部分进程以调整系统负荷，保证系统的实时性或让系统正常运行。

（3）把一些定期执行的进程（如审计程序、监控程序、记账程序）对换出去，以减轻系统负荷。

（4）用户要求挂起自己的进程，以便根据中间执行情况和中间结果进行某些调试、检查和改正。

（5）父进程要求挂起自己的后代子进程，以进行某些检查和改正。

（6）操作系统需要挂起某些进程，检查运行中资源使用情况，以改善系统性能；或当系统出现故障或某些功能受到破坏时，需要挂起某些进程以排除故障。

图 1-2 给出了具有挂起进程功能的系统中的进程状态。在此类系统中，进程增加了两个新状态：静止就绪态和静止阻塞态。为了区别，而把三态模型中的等待态改名为活跃阻塞态，就绪态改名为活跃就绪态。静止就绪态表明进程具备运行条件但目前在二级存储器（外存储器、外存、辅存）中，只有当它被对换到内存才能被调度执行。静止阻塞态则表明进程正在等待某一个事件且在二级存储器中。

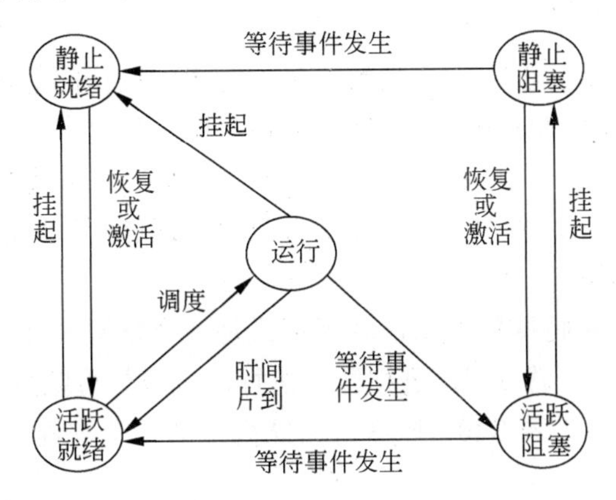

图 1-2　具有挂起功能系统的进程状态及其转换

引起进程状态转换的具体原因如下：

（1）活跃阻塞态→静止阻塞态：如果当前不存在活跃就绪进程，那么至少有一个等待态进程将被对换出去成为静止阻塞态；操作系统根据当前资源状况和性能要求，可以决定把活跃阻塞态进程对换出去成为静止阻塞态。

（2）静止阻塞态→静止就绪态：引起进程等待的事件发生之后，相应的静止阻塞态进程将转换为静止就绪态。

（3）静止就绪态→活跃就绪态：当内存中没有活跃就绪态进程，或者静止就绪态进程具有比活跃就绪态进程更高的优先级，系统将把静止就绪态进程转换成活跃就绪态。

（4）活跃就绪态→静止就绪态：操作系统根据当前资源状况和性能要求，也可以决定把活跃就绪态进程对换出去成为静止就绪态。

（5）静止阻塞态→活跃阻塞态：当一个进程等待一个事件时，原则上不需要把它调入内存。但是，当一个进程退出后，内存已经有了一大块自由空间，而某个静止阻塞态进程具有较高的优先级并且操作系统已经得知导致它阻塞的事件即将结束，此时便发生了这一状态变化。

不难看出：一个挂起进程等同于不在内存的进程，因此挂起的进程将不参与进程调度，直到它们被对换进内存。一个挂起进程具有如下特征：

（1）该进程不能立即被执行。

（2）挂起进程可能会等待一个事件，但所等待的事件是独立于挂起条件的，事件结束并不能导致进程具备执行条件。

（3）进程进入挂起状态是由于操作系统、父进程或进程本身阻止它的运行。

（4）结束进程挂起状态的命令只能通过操作系统或父进程发出。

（5）阻塞态：进入阻塞态通常是因为在等待 I/O 完成或等待分配到所需资源。

1.2.2 信号量与PV操作

对于本知识点的考查，重点在于理解信号量与 PV 操作的基本概念，能够正确地理解在互斥、同步方面的控制应用，并能够灵活地运用，相对来说是个难点。

在操作系统中，进程之间经常会存在互斥（都需要共享独占性资源时）和同步（完成异步的两个进程的协作）两种关系。为了有效地处理这两种情况，W.Dijkstra 在 1965 年提出信号量和 PV 操作。

（1）信号量：是一种特殊的变量，表现形式是一个整型 S 和一个队列。

（2）P 操作：S=S–1，若 S<0，进程暂停执行，进入等待队列。

（3）V 操作：S=S+1，若 S≤0，唤醒等待队列中的一个进程。

1．互斥控制

互斥控制是为了保护共享资源，不让多个进程同时访问这个共享资源，换句话说，就是阻止多个进程同时进入访问这些资源的代码段，这个代码段称为临界区，而这种一次只允许一个进程访问的资源称为临界资源。为了实现进程互斥地进入自己的临界区，代码可以写为：

```
P（信号量）
临界区
V（信号量）
```

由于只允许一个进程进入，因此信号量 S 的初值应该为 1。该值表示可以允许多少个进程进入，当 S<0 时，其绝对值就是等待使用临界资源的进程数，也就是等待队列中的进程数。而当一个进程从临界区出来时，执行 V 操作（S=S+1），如果等待队列中还有进程（S⩽0），则调入一个新的进程进入（唤醒）。

2．同步控制

最简单的同步形式是进程 A 在另一个进程 B 到达 L2 以前，不应前进到超过点 L1，这样就可以使用如下程序：

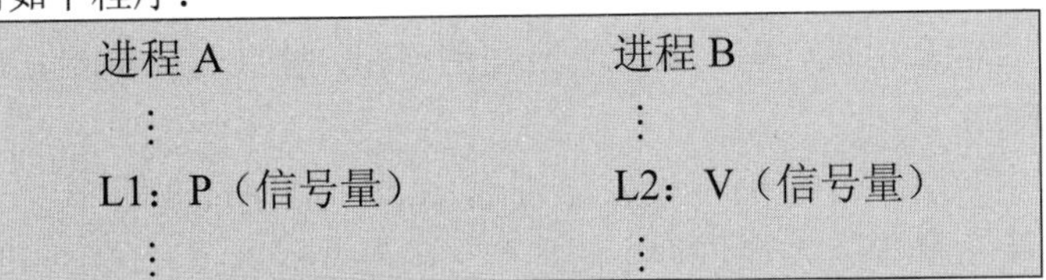

因此，要确保进程 B 执行 V 操作之前，不让进程 A 的运行超过 L1，就要设置信号量 S 的初值为 0。这样，如果进程 A 先执行到 L1，那么执行 P 操作（S=S-1）后，则 S<0，就停止执行。直到进程 B 执行到 L2 时，将执行 V 操作（S=S+1），唤醒 A 以继续执行。

3．生产者-消费者问题

生产者-消费者是一个经典的问题，它不仅要解决生产者进程与消费者进程的同步关系，还要处理缓冲区的互斥关系，因此通常需要 3 个信号量来实现，如表 1-1 所示。

表 1-1　生产者-消费者问题

信号量	功能类别	功能说明
empty	同步	说明空闲的缓冲区数量，因为程序开始时，缓冲区全部为空。所以，其初始值应为缓冲区的总个数
full	同步	说明已填充的缓冲区数量，因为程序开始时，所有缓冲区都为空（未填充），所以，其初始值应为 0
mutex	互斥	保证同时只有一个进程在写缓冲区，因此，其初始值应为 1

如果对缓冲区的读写无须进行互斥控制的话，那么就可以省去 mutex 信号量。

4．理解 PV 操作

信号量与 PV 操作的概念比较抽象，在历年的考试中总是难倒许多考生，其实主要还是没有能够正确地理解信号量的含义。

（1）信号量与 PV 操作是用来解决并发问题的，而在并发问题中最重要的是互斥与同步两个关系，也就是说只要有这两个关系存在，信号量就有用武之地。因此，在解题时，应该先从寻找互斥与同步关系开始。这个过程可以套用简单互斥、简单同步、生产者-消费者问题。

（2）通常来说，一个互斥或一个同步关系可以使用一个信号量来解决，但要注意经常会忽略一些隐藏的同步关系。例如，在生产者-消费者问题中，就有两个同步关系，一个是判断是否还有足够的空间给生产者存放产物，另一个是判断是否有足够的内容让消费者使用。

（3）信号量的初值通常就是表示资源的可用数。而且通常对于初始为 0 的信号量，会先做 V 操作。

（4）在资源使用之前，将会使用 P 操作；在资源用完之后，将会使用 V 操作。在互斥关系中，PV 操作是在一个进程中成对出现的；而在同步关系中，则 PV 操作一定是在两个进程甚至是多个进程中成对出现的。

5．实际应用

在考试时，可能会出现一些需要综合应用的问题，需要考生根据基本的概念，结合实际问题进行解答。

例如，在某并发系统中，有一个发送进程 A、一个接收进程 B、一个环形缓冲区 BUFFER、信号量 S_1 和 S_2。发送进程不断地产生消息并写入缓冲区 BUFFER，接收进程不断地从缓冲区 BUFFER 取消息。假设发送进程和接收进程可以并发地执行，那么，当缓冲区的容量为 N 时，如何使用 PV 操作才能保证系统能够正常工作。发送进程 A 和接收进程 B 的工作流程如图 1-3 所示。请在图 1-3 中的①～④处填写正确的操作。

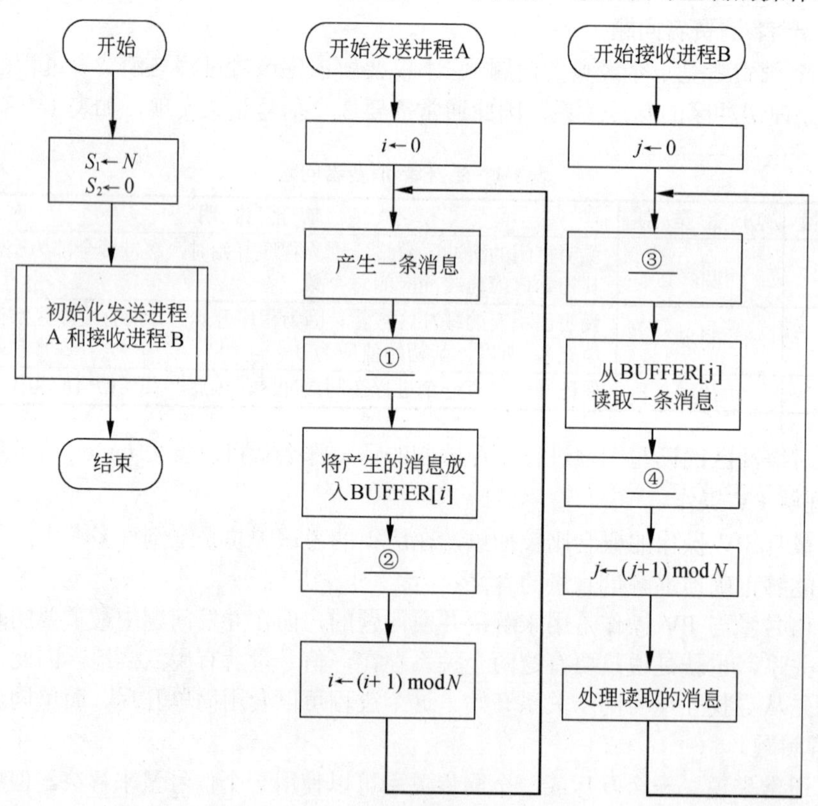

图 1-3　PV 操作实例一

根据题意，很显然，这是一个“生产者-消费者”问题，根据该问题的特性，通常需要 3 个信号量来实现：两个用来管理缓冲区同步，信号量 empty 表示空闲缓冲区数量，初值为缓冲区最大数 N，信号量 full 表示已填充缓冲区数量，初值为 0；一个用于管理互斥，由信号量 mutex 保证只有一个进程在写缓冲区，初值为 1。但在本题中，进程 A 和进程 B 允许并发地访问缓冲区，因此无须管理互斥，就不需要使用信号量 mutex 了。因此只需定义两个信号量：S_1 和 S_2，初值为 N 的 S_1 在此承担的是信号量 empty 的功能，初值为 0 的 S_2 在此则承担的是信号量 full 的功能。

通过这样的分析，不难得出结论：①处应该是 P(S_1)，将空闲缓冲区数量减 1；②处应该是 V(S_2)，将已填充的缓冲区数量加 1；③处则是 P(S_2)；④处为 V(S_1)。

在这个例子的基础上，如果系统中有多个发送进程和接收进程，进程间的工作流程如图 1-4 所示，其中空①～④的内容与图 1-3 相同。发送进程产生消息并顺序地写入环形缓冲区 BUFFER，接收者进程顺序地从 BUFFER 中取消息，且每条消息只能读取一次。为了保证进程间的正确通信，增加了信息量 S_A 和 S_B。请说明信息量 S_A 和 S_B 的物理意义，在图 1-4 中的⑤和⑥处填入正确的内容，并从图 1-4 的ⓐ～ⓛ中选择 4 个位置正确地插入 P(S_A)、V(S_A)、P(S_B)和 V(S_B)。

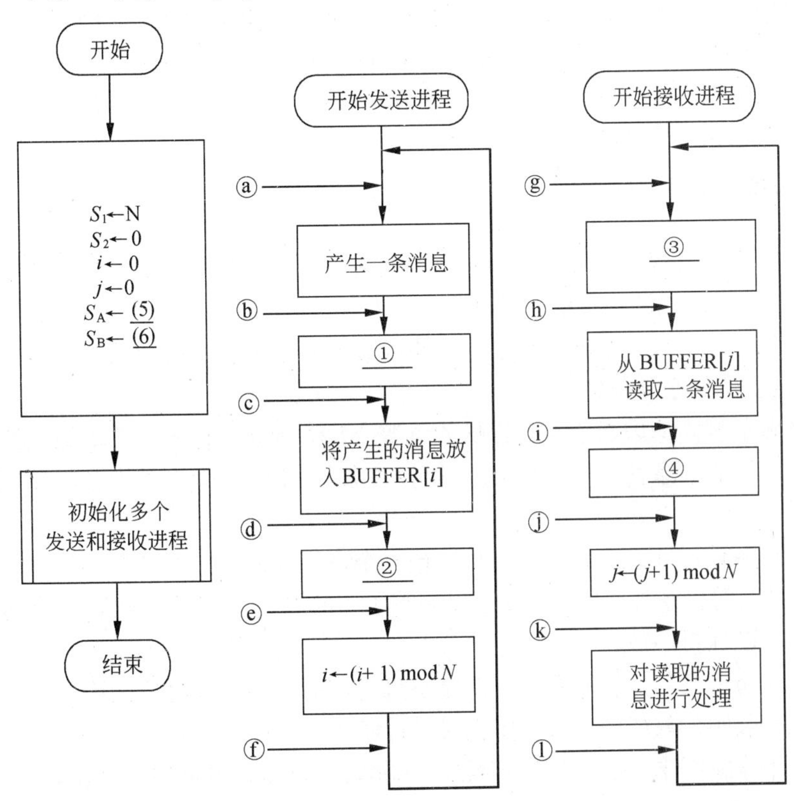

图 1-4　PV 操作实例二

图 1-4 所涉及的问题在普通的“生产者-消费者”问题上增加了一些复杂度：“系统中有多个发送进程和接收进程”，根据题意，我们可以得知它要完成的控制是：发送进程顺序写入，接收进程顺序读取，而且每条消息都只能够读取一次。这显然是两个互斥的问题，即多个发送进程在写缓冲区时是互斥关系，多个接收进程读缓冲区也是互斥关系。因此，信号量 S_A 和 S_B 分别实现这两个用来完成两个进程的互斥控制。

（1）S_A：初值为 1，表示允许同时对缓冲区进行写操作的进程数量。

（2）S_B：初值为 1，表示允许同时对缓冲区进行读操作的进程数量。

当然，两个对调也是可以的。在发送进程和接收进程中分别有一组信号量 S_A 和 S_B 的 PV 操作。因此，接下来的问题就是找插入点。互斥控制的要点在于判断出临界区的范围，也就是哪部分程序必须互斥进入，否则将出现问题。根据这一点，可以进行如下分析。

（1）发送进程：在进程产生消息之后准备写入缓冲区时，这时就需要进行互斥判断，因此在位置ⓑ应插入 P(S_A)；而直到完成“i=（i+1）mod N”操作后，才完成缓冲区操作，因此必须在位置ⓕ插入 V(S_A)。

（2）接收进程：由于接收进程是负责读数据的，如果数据区是空的则应该等待，因此必须先完成 P(S_2)操作，来决定其是否需要阻塞。如果没有阻塞时，再进入临界区，因此应该在位置ⓗ处操作 P(S_B)；而“对读取的消息进行处理”已显然在临界区之外，因此应该在位置ⓚ插入 V(S_B)。

1.2.3 死锁问题

死锁是指多个进程之间互相等待对方的资源，而在得到对方资源之前又不释放自己的资源，这样，造成循环等待的一种现象。如果一个进程在等待一个不可能发生的事件，则进程就死锁了。如果一个或多个进程产生死锁，就会造成系统死锁。

1．死锁发生的必要条件

产生死锁的根本原因在于系统提供的资源个数少于并发进程所要求的该类资源数。产生死锁有 4 个必要条件：互斥条件、不可抢占条件、保持与等待条件（部分分配条件）、循环等待条件。

（1）互斥条件：即一个资源每次只能被一个进程使用。

（2）保持与等待条件：有一个进程已获得了一些资源，但因请求其他资源被阻塞时，对已获得的资源保持不放。

（3）不可抢占条件：有些系统资源是不可抢占的，当某个进程已获得这种资源后，系统不能强行收回，只能由进程使用完时自己释放。

（4）循环等待条件：若干个进程形成环形链，每个都占用对方要申请的下一个资源。

2．银行家算法

银行家算法是指在分配资源之前先看清楚资源分配后是否会导致系统死锁。如果会死锁，则不分配，否则就分配。

按照银行家算法的思想，当进程请求资源时，系统将按如下原则分配资源：

（1）当一个进程对资源的最大需求量不超过系统中的资源数时可以接纳该进程。

（2）进程可以分期请求资源，但请求的总数不能超过最大需求量。

（3）当系统现有的资源不能满足进程尚需资源数时，对进程的请求可以推迟分配，但总能使进程在有限的时间里得到资源。

（4）当系统现有的资源能满足进程尚需资源数时，必须测试系统现存的资源能否满足该进程尚需的最大资源数，若能满足则按当前的申请量分配资源，否则也要推迟分配。

对于这些内容，关键在于融会贯通地理解与应用，为了帮助考生更好地理解，下面，我们通过一个例子来说明银行家算法的应用。

假设系统中有三类互斥资源 R_1、R_2 和 R_3，可用资源数分别是 9、8 和 5。在 T_0 时刻系统中有 P_1、P_2、P_3、P_4 和 P_5 五个进程，这些进程对资源的最大需求量和已分配资源数如表 1-2 所示。进程按照 $P_1 \to P_2 \to P_4 \to P_5 \to P_3$ 序列执行，系统状态安全吗？如果按 $P_2 \to P_4 \to P_5 \to P_1 \to P_3$ 的序列呢？

表 1-2　进程对资源的最大需求量和已分配资源数

资源＼进程	最大需求量			已分配资源数		
	R_1	R_2	R_3	R_1	R_2	R_3
P_1	6	5	2	1	2	1
P_2	2	2	1	2	1	1
P_3	8	0	1	2	1	0
P_4	1	2	1	1	2	0
P_5	3	4	4	1	1	3

在这个例子中，我们先看一下未分配的资源还有哪些？根据试题给出的条件，从表 1-2 中可以看出，很明显，还有 2 个 R_1 未分配，1 个 R_2 未分配，而 R_3 全部分配完毕。

按照 $P_1 \to P_2 \to P_4 \to P_5 \to P_3$ 的顺序执行时，首先执行 P_1，这时由于其 R_1、R_2 和 R_3 的资源数都未分配够，因而开始申请资源，得到还未分配的 2 个 R_1，1 个 R_2。但其资源仍不足（没有 R_3 资源），从而进入阻塞状态，并且这时所有资源都已经分配完毕。因此，后续的进程都无法得到能够完成任务的资源，全部进入阻塞，死锁发生了。

而如果按照 $P_2 \to P_4 \to P_5 \to P_1 \to P_3$ 的序列执行时：

（1）首先执行 P_2，它还差 1 个 R_2 资源，系统中还有 1 个未分配的 R_2，因此满足其要求，能够顺利结束进程，释放出 2 个 R_1、2 个 R_2、1 个 R_3。这时，未分配的资源就是：4 个 R_1、2 个 R_2、1 个 R_3。

（2）然后执行 P_4，它还差一个 R_3，而系统中刚好有一个未分配的 R_3，因此满足其要求，也能够顺利结束，并释放出其资源。因此，这时系统就有 5 个 R_1、4 个 R_2、1 个 R_3。根据这样的方式推下去，会发现按这种序列可以顺利地完成所有的进程，而不会出现死锁现象。

从这个例子中，我们也可以体会到，死锁的4个条件是如何起作用的。只要打破任何一个条件，都不会产生死锁。

3．解决死锁的策略

对待死锁的策略主要有：

（1）死锁预防：破坏导致死锁必要条件中的任意一个就可以预防死锁。例如，要求用户申请资源时一次性申请所需要的全部资源，这就破坏了保持和等待条件；将资源分层，得到上一层资源后，才能够申请下一层资源，它破坏了环路等待条件。预防通常会降低系统的效率。

（2）死锁避免：避免是指进程在每次申请资源时判断这些操作是否安全，例如，使用银行家算法。死锁避免算法的执行会增加系统的开销。

（3）死锁检测：死锁预防和避免都是事前措施，而死锁的检测则是判断系统是否处于死锁状态，如果是，则执行死锁解除策略。

（4）死锁解除：这是与死锁检测结合使用的，它使用的方式就是剥夺。即将某进程所拥有的资源强行收回，分配给其他的进程。

1.2.4 管程与线程

管程由管程名、局部子管程的变量说明、使用共享资源并在数据集上进行操作的若干过程，以及对变量赋初值的语句等4个基本部分组成。每一个管程管理一个临界资源。当有几个进程调用某管程时，仅允许一个进程进入管程，其他调用者必须等待，也就是申请进程必须互斥地进入管程。方法是通过调用特定的管程入口进入管程，然后通过管程中的一个过程使用临界资源。当某进程通过调用请求访问某临界资源而未能满足时，管程调用相应同步原语使该进程等待，并将它排在等待队列上。当使用临界资源的进程访问完该临界资源并释放之后，管程又调用相应的同步原语唤醒等待队列中的队首进程。为了表示不同的等待原因，设置条件变量，条件变量是与普通变量不同的变量，条件变量不能取任何值，只是一个排队栈。

线程是进程的活动成分，是处理器分配资源的最小单位，它可以共享进程的资源与地址空间，通过线程的活动，进程可以提供多种服务（对服务器进程而言）或实行子任务并行（对用户进程而言）。每个进程创建时只有一个线程，根据需要在运行过程中创建更多的线程（前者也可称“主线程”）。显然，只有主线程的进程才是传统意义下的进程。内核负责线程的调度，线程的优先级可以动态地改变。采用线程机制的最大优点是节省开销，传统的进程创建子进程的办法内存开销大，而且创建时间也长。

在多线程系统中，一个进程可以由一个或多个线程构成，每一线程可以独立运行，一个进程的线程共享这个进程的地址空间。有多种方法可以实现多线程系统，一种方法是核心级线程，另一种方法是用户级线程，也可以把两者组合起来。

多线程实现的并行避免了进程间并行的缺点：创建线程的开销比创建进程要小，同一进程的线程共享进程的地址空间，所以线程切换（处理器调度）比进程切换快。例如，Windows Server 内核采用基于优先级的方案选定线程执行的次序。高优先级线程先于低优先级线程执行，内核周期性地改变线程的优先级，以确保所有线程均能执行。

1.3　文件管理

文件管理是对外部存储设备上的以文件方式存放的信息的管理。文件的结构是指文件的组织形式，从用户角度所看到的文件组织形式，称为文件的逻辑结构。文件的物理结构是指文件在存储设备上的存放方法，侧重于提高存储器的利用效率和降低存取时间。文件的存储设备通常划分为大小相同的物理块，物理块是分配和传输信息的基本单位。用户通过对文件的访问（读写）来完成对文件的查找、修改、删除和添加等操作。常用的访问方法有两种，即顺序访问和随机访问。

1.3.1　文件的逻辑组织

文件的逻辑组织是为了方便用户的使用，逻辑结构是用户可见的结构。文件的逻辑结构可以分为无结构的字符流文件和有结构的记录文件两种，后者也称为有格式文件。记录文件由记录组成，即文件的内容划分成多个记录，以记录为单位组织和使用信息。

常用的记录式结构有连续结构、多重结构、转置结构和顺序结构。

（1）连续结构：连续结构是一种把记录按生成的先后顺序排列的逻辑结构。连续结构的特点是适用性强，可用于所有文件，且记录的排列顺序与记录的内容无关。缺点是搜索性能较差。

（2）多重结构：多重文件把记录按键和记录名排列成行列式结构，一个包含 n 个记录名、m 个键的文件构成一个 $m \times n$ 维行列式。

（3）转置结构：转置结构把含有相同键的记录指针全部指向该键，也就是说，把所有与同一键对应的记录的指针连续地置于目录中该键的位置下。转置结构最适合于给定键后的记录搜索。

（4）顺序结构：顺序结构把文件中的键按规定的顺序排列起来。

用户通过对文件的存取来完成对文件的修改、追加和搜索等操作，常用的存取方法有顺序存取法、随机存取法（直接存取法）和按键存取法。

1.3.2　文件的物理组织

在文件系统中，文件的存储设备通常划分为若干个大小相等的物理块。文件的物理结构是指文件在存储设备上的存储方法，常用的文件物理结构有连续文件、串联文件和索引文件。

（1）连续文件（顺序文件）：连续文件是一种最简单的物理文件结构，它把一个在逻辑上连续的文件信息依次存放到物理块中。连续文件的优点是一旦知道文件在文件存储设备上的起始位置和文件长度，就能进行存取。连续文件适合于顺序存取，在连续存取相邻信息时，存取速度快。其缺点是在文件建立时必须指定文件的信息长度，以后不能动态增长，需要经常修改的文件一般不宜采用此方式存储。

（2）串联文件（链接文件）：串联文件用非连续的物理块来存放文件信息，这些物理块之间没有顺序关系，其中每个物理块设有一个指针，指向下一个物理块的地址，这样，所有的物理块都被链接起来，形成一个链接队列。串联文件的优点是可以解决存储器的碎片问题，提高存储空间利用率。由于串联文件只能按照队列中的链接指针顺序查找，因此搜索效率低，一般只适用于顺序访问，不适用于随机存取。

（3）索引文件：索引文件是另一种对文件存储不连续分配的方法。为每个文件建立一张索引表，索引表中的每一表项指出文件信息所在的逻辑块号和与之对应的物理块号。索引文件既可以满足文件动态增长的要求，又可以方便而迅速地实现随机存取。对一些大的文件，当索引表的大小超过一个物理块时，会发生索引表的分配问题。一般采用多级（间接索引）技术，这时在由索引表指出的物理块中存放的是存放文件信息的物理块地址。这样，如果一个物理块能存储 n 个地址，则一级间接索引，将使可寻址的文件长度变成 n^2 块，对于更大的文件可以采用二级甚至三级间接索引（例如，UNIX 操作系统采用三级索引结构）。

索引文件的优点是既适用于顺序存取，又适用于随机存取。缺点是索引表增加了存储空间的开销。另外，在存取文件时至少需要访问两次磁盘，一次是访问索引表，另一次是根据索引表提供的物理块号访问文件信息。为了提高效率，一种改进的方法是，在对某个文件进行操作之前，预先把索引表调入内存。这样，文件的存取就能直接从在内存的索引表中确定相应的物理块号，从而只需要访问一次磁盘。

1.3.3 树形目录结构

文件控制块的集合称为文件目录，文件目录也被组织成文件，常称为目录文件。文件管理的一个重要方面是对文件目录进行组织和管理。文件系统一般采用一级目录结构、二级目录结构和多级目录结构。DOS、UNIX、Windows 系统都是采用多级树形目录结构。

在多级树形目录结构中，整个文件系统有一个根，然后在根上分枝，任何一个分枝上都可以再分枝，枝上也可以长出树叶。根和枝称为目录或文件夹。而树叶则是一个个的文件。实践证明，这种结构的文件系统效率比较高。例如，图 1-5 就是一个树形目录结构，其中方框代表目录，圆形代表文件。

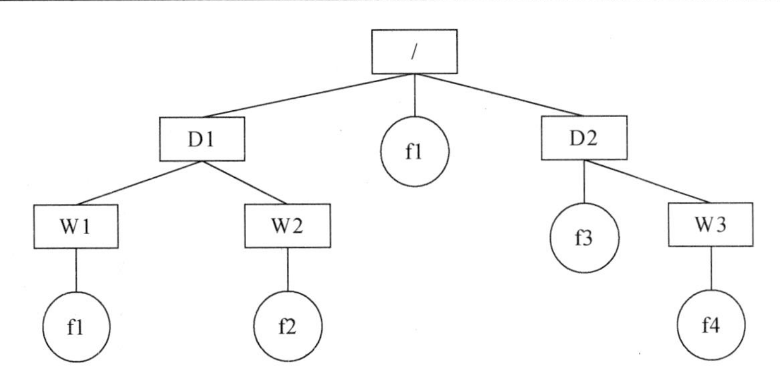

图 1-5　树形文件结构

在树形目录结构中，树的根结点为根目录，数据文件作为树叶，其他所有目录均作为树的结点。系统在建立每一个目录时，都会自动为它设定两个目录文件，一个是“.”，代表该目录自己，另一个是“..”，代表该目录的父目录。对于根目录，“.”和“..”都代表其自己。

从逻辑上讲，用户在登录到系统中之后，每时每刻都处在某个目录之中，此目录被称作工作目录或当前目录，工作目录是可以随时改变的。

对文件进行访问时，需要用到路径的概念。路径是指从树形目录中的某个目录层次到某个文件的一条道路。在树形目录结构中，从根目录到任何数据文件之间，只有一条唯一的通路，从树根开始，把全部目录文件名与数据文件名依次用“/”连接起来，构成该数据文件的路径名，且每个数据文件的路径名是唯一的。这样，可以解决文件重名问题，不同路径下的同名文件不一定是相同的文件。例如，在图 1-5 中，根目录下的文件 f1 和/D1/W1 目录下的文件 f1 可能是相同的文件，也可能是不相同的文件。

用户在对文件进行访问时，要给出文件所在的路径。路径又分相对路径和绝对路径。绝对路径是指从根目录开始的路径，也称为完全路径；相对路径是从用户工作目录开始的路径。应该注意到，在树形目录结构中到某一确定文件的绝对路径和相对路径均只有一条。绝对路径是确定不变的，而相对路径则随着用户工作目录的变化而不断变化。

用户要访问一个文件时，可以通过路径名来引用。例如，在图 1-5 中，如果当前目录是 D1，则访问文件 f2 的绝对路径是/D1/W2/f2，相对路径是 W2/f2。如果当前目录是 W1，则访问文件 f2 的绝对路径仍然是/D1/W2/f2，但相对路径变为../W2/f2。

在 Windows 系统中，有两种格式的文件，分别是 FAT32（FAT16）文件和 NTFS 文件。NTFS 在使用中产生的磁盘碎片要比 FAT32 少，安全性也更高，而且支持单个文件的容量更大，超过了 4GB，特别适合现在的大容量存储。NTFS 可以支持的分区（如果采用动态磁盘则称为卷）大小可以达到 2TB，而 Windows 2000 中的 FAT32 支持分区的大小最大为 32GB。

1.3.4 存储空间管理

由于文件存储设备是分成许多大小相同的物理块，并以块为单位交换信息，因此，文件存储设备的管理，实质上是对空闲块的组织和管理问题，它包括空闲块的组织、空闲块的分配与空闲块的回收等问题。

1．空闲表法

空闲表法属于连续分配，系统为外存上的所有空闲区建立一张空闲表，每个空闲区对应一个空闲表项，包括序号、第一空闲盘块号和空闲盘块数。

2．空闲链表法

将所有空闲盘区，拉成一条空闲链，根据构成链所用的基本元素的不同，可把链表分成两种形式：

（1）空闲盘块链。将磁盘上所有空闲区空间，以盘块为单位拉成一条链，当用户因创建文件而请求分配存储空间时，系统从链首开始，依次摘下适当数目的空闲盘块链给用户。当用户因删除文件而释放存储空间时，系统将回收的盘块依次插入空闲盘块链的末尾。空闲盘块链分配和回收一个盘块的过程非常简单，但在为一个文件分配盘块时，可能要重复多次操作。

（2）空闲盘区链。将磁盘上所有空闲盘区拉成一条链，在每个盘区上包含若干用于指示下一个空闲盘区的指针，指明盘区大小的信息。分配盘块时，通常采用首次适应算法（显式链接法）。在回收时，要将回收区与空闲盘区相合并。

3．位图法

位图（bitmap）用二进制位表示磁盘中的一个盘块的使用情况，0 表示空闲，1 表示已分配。磁盘上的所有盘块都与一个二进制位相对应，由所有的二进制位构成的集合，称为位图。位图法的优点是很容易找到一个或一组相邻的空闲盘块。位图小，可以把它保存在内存中，从而节省了磁盘的启动操作。

4．成组链接法

成组链接法将空闲表和空闲链表法结合形成的一种空闲盘块管理方法，适用于大型文件系统。

1.4 存储管理

对于本知识点，主要考查虚拟存储器（虚存），特别是页式存储管理。所谓虚拟存储技术，即在内存中保留一部分程序或数据，在外存中放置整个地址空间的副本。程序运行过程中可以随机访问内存中的数据或程序，但需要的程序或数据不在内存时，就将内存中部分内容根据情况写回外存，然后从外存调入所需程序或数据，实现作业内部的局部转换，从而允许程序的地址空间大于实际分配的存储区域。它在内存和外存之间建立了层次关系，使得程序能够像访问内存一样访问外存，主要用于解决内存的容量问题。其逻辑容量由内存和外存容量之和以及 CPU 可寻址的范围来决定，其运行速度接近于内存速度，成本也不高。可见，虚拟存储技术是一种性能非常优越的存储器管理技术，故被广泛地应用于大、中、小型及微型机中。

1.4.1　地址变换

由进程中的目标代码、数据等的虚拟地址组成的虚拟空间称为虚拟存储器，虚拟存储器允许用户用比内存容量大得多的地址空间来编程，以运行比内存实际容量大得多的程序。用户编程所用的地址称为逻辑地址（虚地址），而实际的内存地址则称为物理地址（实地址）。每次访问内存时都要进行逻辑地址到物理地址的转换，这种转换是由硬件完成的，而内存和外存间的信息动态调度是硬件和操作系统两者配合完成的。

（1）静态重定位：静态重定位是在虚空间程序执行之前由装配程序完成地址影射工作。静态重定位的优点是不需要硬件的支持。缺点是无法实现虚拟存储器，必须占用连续的内存空间，且难以做到程序和数据的共享。

（2）动态重定位：动态重定位是在程序执行过程中，在 CPU 访问内存之前，将要访问的程序或数据地址转换为内存地址。动态重定位依靠硬件地址变换机构完成，其优点主要有：可以对内存进行非连续分配，提供了虚拟存储器的基础，有利于程序段的共享。

1.4.2　存储组织

虚拟存储器可以分为单一连续分区、固定分区、可变分区、可重定位分区、页式、段式、段页式 7 种。

（1）单一连续分区。把所有用户区都分配给唯一的用户作业，当作业被调度时，进程全部进入内存，一旦完成，所有内存恢复空闲，因此，它不支持多道程序设计。

（2）固定分区。这是支持多道程序设计的最简单的存储管理方法，它把内存划分成若干个固定的和大小不同的分区，每个分区能够装入一个作业，分区的大小是固定的，算法简单，但是容易生成较多的存储器碎片。

（3）可变分区。引入可变分区后虽然内存分配更灵活，也提高了内存利用率，但是由于系统在不断地分配和回收中，必定会出现一些不连续的小的空闲区，尽管这些小的空闲区的总和超过某一个作业要求的空间，但是由于不连续而无法分配，产生了碎片。解决碎片的方法是拼接（紧凑），即向一个方向（如向低地址端）移动已分配的作业，使那些零散的小空闲区在另一方向连成一片。分区的拼接技术，一方面是要求能够对作业进行重定位，另一方面系统在拼接时要耗费较多的时间。

（4）可重定位分区。这是克服固定分区碎片问题的一种存储分配方法，它能够把相邻的空闲存储空间合并成一个完整的空区，还能够整理存储器内各个作业的存储位置，以达到消除存储碎片和紧缩存储空间的目的。紧缩工作需要花费大量的时间和系统资源。

（5）页式。页式存储组织的基本原理是将各进程的虚拟空间划分为若干个长度相等的页，把内存空间以与页相等的大小划分为大小相等的片或页面，采用请求调页或预调页技术实现内外存的统一管理。页式存储组织的主要优点是利用率高，产生的内存碎片小，内存空间分配及管理简单。主要缺点是要有相应的硬件支持，增加了系统开销；请求调页的算法如选择不当，有可能产生抖动现象。

（6）段式。一个作业是由若干个具有逻辑意义的段（如主程序、子程序、数据段等）组成。段式存储管理中，允许程序（作业）占据内存中若干分离的分区。分段系统中的虚地址是一个有序对（段号，段内位移）。系统为每一个作业建立一个段表，其内容包括段号与内存起始地址的对应关系、段长和状态等。状态指出这个段是否已调入内存，若已调入内存，则指出这个段的起始地址位置，状态同时也指出这个段的访问权限。如果该段尚未调入内存，则产生缺段中断，以便装入所需要的段。段式存储管理的主要优点是便于多道程序共享内存，便于对存储器的保护，各段程序修改互不影响。其缺点是内存利用率低，内存碎片浪费大。

（7）段页式。这是分段式和分页式结合的存储管理方法，充分利用了分段管理和分页管理的优点。作业按逻辑结构分段，段内分页，内存分块。作业只需将部分页装入即可运行，所以支持虚拟存储，可实现动态连接和装配。

现在，最常见的虚存组织有分段技术、分页技术、段页式技术3种。下面把这3种存储组织的特点列于表1-3。

表1-3　常见的虚存组织

项　目	段式管理	页式管理	段页式管理
划分方式	段（不定长） 每个作业一张段表	页（定长） 每个进程一张页表	先将内存分为等长页，每个作业一张段表（通常有一个基号指向它），每段对应一组页表
虚地址	（s，d），即（段号，段内偏移）	（p，d），即（页号，页内偏移）	（s，p，d）即（段号，段内页号，页内偏移）
虚实转换	段表内找出起始地址，然后加段内偏移	页表内找出起始地址，然后加页内偏移	先在段表中找到页表的起始地址，然后在页表中找到起始地址，最后加页内偏移
主要优点	简化了任意增长和收缩的数据段管理，利于进程间共享过程和数据	消除了页外碎片	结合了段与页的优点 便于控制存取访问
主要缺点	段外碎片降低了利用率	存在页内碎片	提高复杂度，增加硬件 存在页内碎片

说明：段内偏移也称为段内地址，页内偏移也称为页内地址。

例如：某页式存储系统的地址变换过程如图1-6所示。假定页面的大小为8K，图1-6中所示的十进制逻辑地址9612经过地址变换后，形成的物理地址a应为十进制多少呢？

因为 $8K=2^{13}$，所以页内地址有 13 位。逻辑地址 9612 转换成二进制，得到 10 0101 1000 1100，这里的低 13 位为页内偏移量，最高一位则为页号，所以逻辑地址 9612 的页号为 1，根据图 1-6 的对照表，即物理块号为 3（二进制形式为 11）。把物理块号和页内偏移地址拼合得到 110 0101 1000 1100，再转换为十进制，得到 25 996。

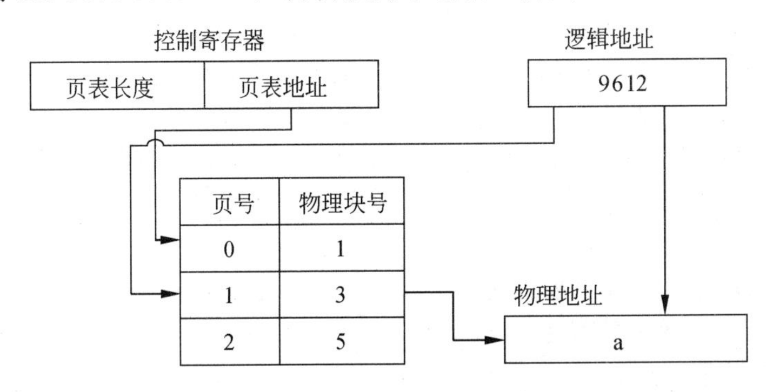

图 1-6　页式存储系统的地址变换过程

希赛教育专家提示：在现行的虚存组织方面，最常见的就是段页式管理。在进行虚实地址转换时，可以采用的公式如下：

$$(((x)+s)+p)\times 2^n+d$$

其中 x 为基号，s 为段号，p 为段内页号，d 为页内偏移，n 的值为 d 的总位数，(x) 表示 x 里的内容。

1.4.3　存储管理

在虚拟存储器的管理中，涉及载入（调入）、放置（放入分区）和置换（swapping）等问题。

（1）调入策略：即何时将一页或一段从外存中调入内存，通常有两种策略，一种是请求调入法，即需要使用时才调入；另一种是先行调入法，即将预计要使用的页/段先行调入内存。

（2）放置策略：也就是调入后，放在内存的什么位置，这与内存管理基本上是一致的。

（3）置换策略：由于实际内存是小于虚存的，因此可能会发生内存中已满，但需要使用的页不在内存中这一情况（称为缺页中断）。这时就需要进行置换，即将一些内存中的页淘汰到外存，腾出空间给要使用的页，这个过程也称为 Swapping。

1．置换算法

常见的置换算法如下：

（1）最优（Optimized，OPT）算法：选择淘汰不再使用或将来才使用的页，这是理想的算法，但难以实现，常用于淘汰算法的比较。

（2）随机（Rand）算法：随机地选择淘汰的页，开销小，但可能选中立即就要访问的页。

（3）先进先出（First In and First Out，FIFO）算法：选择淘汰在内存驻留时间最长的页，似乎合理，但可能淘汰立即要使用的页。另外，使用FIFO算法时，在未给予进程分配足够的页面时，有时会出现给予进程的页面数越多，缺页次数反而增加的异常现象，这称为Belady现象。例如，若某个进程访问页面的顺序（称页面访问序列）是432143543215，当进程拥有3个主存页面时，发生缺页率比拥有4个主存页面时要小。

（4）最近最少使用（Least Recently Used，LRU）算法：选择淘汰离当前点时刻最近的一段内使用得最少的页。例如，若某个进程拥有3个主存页面，已访问页面的顺序是4314，现在如果要访问第2页，则需要淘汰第3页，因为第1、4页刚刚使用了。这个算法的主要出发点是，如果某页被访问了，则它可能马上就要被访问。OPT算法和LRU算法都不会发生Belady异常现象。

2．局部性原理

存储管理策略的基础是局部性原理，即进程往往会不均匀地高度局部化地访问内存。局部性分为时间局部性和空间局部性。时间局部性是指最近访问存储位置，很可能不久的将来还要访问；空间局部性是指存储访问有成组的倾向：当访问了某个位置后，很可能也要访问其附近的位置。

根据局部性原理的特征性，Denning阐述了程序性能的工作集理论。工作集是进程频繁访问的页面的集合。工作集理论指出，为使进程有效地运行，它的页面工作集应驻留内存中。否则，由于进程频繁地从外存请求页面，而出现称为“颠簸”（抖动）的过度的页面调度活动。此时，处理页面调度的时间超过了程序的执行时间。显然，此时CPU的有效利用率会急速下降。

通常用两种等价的方法确定进程的工作集，一种是将工作集确定为在定长的页面访问序列（工作集窗口）中的页面集合，另一种是将工作集确定为在定长时间间隔中涉及页面的集合。工作集的大小依赖于工作集窗口的大小，在进程执行时，工作集会发生变化。有时，当进程进入另一个完全不同的执行阶段时，工作集会出现显著的变化。不过在一个进程的执行过程中，工作集的大小处于稳定状态的时间基本上占绝大多数。

另一种控制颠簸的技术是控制缺页率。操作系统规定缺页率的上下限，当一个进程的缺页率高于上限时，表明该进程需要更大的内存空间，则分配较多的内存页面给它，当进程的缺页率低于下限时，表明该进程占用的内存空间过大，可以适当地收回若干内存页面。

1.5 作业管理

操作系统中用来控制作业的进入、执行和撤销的一组程序称为作业管理程序，这些控制功能也能通过把作业细化，通过进程的执行来实现。

在作业管理中，系统为每一个作业建立一个作业控制块（Job Control Block，JCB）。系统通过 JCB 感知作业的存在。JCB 包括的主要内容有作业名、作业状态、资源要求、作业控制方式、作业类型以及作业优先权等。

1.5.1　作业的状态

一个作业从交给计算机系统到执行结束退出系统，一般都要经历提交、后备、执行和完成四个状态。其状态转换如图 1-7 所示。

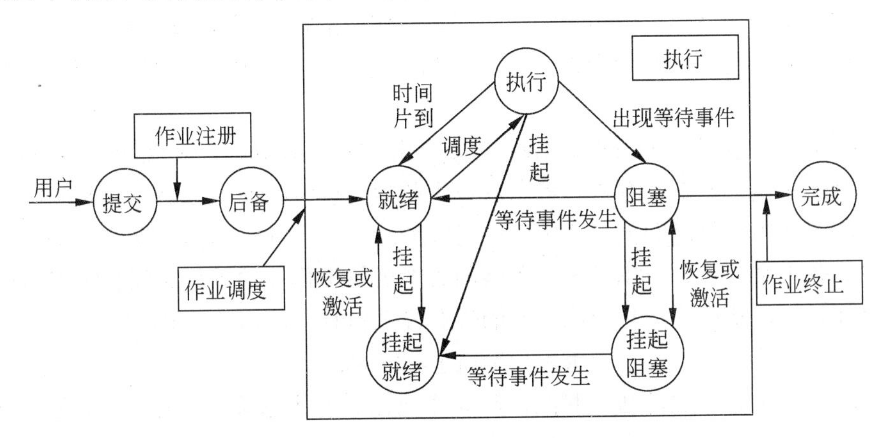

图 1-7　作业的状态及其转换

（1）提交状态。作业由输入设备进入外存储器（也称输入井）的过程称为提交状态。处于提交状态的作业，其信息正在进入系统。

（2）后备状态。当作业的全部信息进入外存后，系统就为该作业建立一个作业控制块。

（3）执行状态。一个后备作业被作业调度程序选中分配了必要的资源并进入了内存，作业调度程序同时为其建立了相应的进程后，该作业就由后备状态变成了执行状态。

（4）完成状态。当作业正常运行结束，它所占用的资源尚未全部被系统回收时的状态为完成状态。

1.5.2　作业调度

处理器调度通常分为三级调度，即高级调度、中级调度和低级调度。

1）高级调度。高级调度也称为作业调度。高级调度的主要功能是在批处理作业的后备作业队列中选择一个或者一组作业，为它们建立进程，分配必要的资源，使它们能够运行起来。

2）中级调度。中级调度也称为交换调度，中级调度决定进程在内存、外存之间的调入、调出。其主要功能是在内存资源不足时将某些处于等待状态或就绪状态的进程调出内存，腾出空间后，再将外存上的就绪进程调入内存。

3）低级调度。低级调度也称为进程调度，低级调度的主要功能是确定处理器在就绪进程间的分配。

作业调度主要完成从后备状态到执行状态的转变，以及从执行状态到完成状态的转变。作业调度算法有：

（1）先来先服务（First Come and First Served，FCFS）。按作业到达的先后次序调度，它不利于短作业。

（2）短作业优先（Short Job First，SJF）。按作业的估计运行时间调度，估计运行时间短的作业优先调度。它不利于长作业，可能会使一个估计运行时间长的作业迟迟得不到服务。

（3）响应比高者优先（Highest Response_ratio Next，HRN）。对 FCFS 方式和 SJF 方式的一种综合平衡。FCFS 方式只考虑每个作业的等待时间而未考虑执行时间的长短，而 SJF 方式只考虑执行时间而未考虑等待时间的长短。因此，这两种调度算法在某些极端情况下会带来某些不便。HRN 调度策略同时考虑每个作业的等待时间长短和估计需要的执行时间长短，从中选出响应比最高的作业投入执行。响应比 R 的定义如下：

$$R = (W+T)/T = 1+W/T$$

其中 T 为该作业估计需要的执行时间，W 为作业在后备状态队列中的等待时间。每当要进行作业调度时，系统计算每个作业的响应比，选择其中 R 最大者投入执行。这样，即使是长作业，随着它等待时间的增加，W/T 也就随着增加，也就有机会获得调度执行。这种算法是介于 FCFS 和 SJF 之间的一种折中算法。由于长作业也有机会投入运行，在同一时间内处理的作业数显然要少于 SJF 法，从而采用 HRN 方式时其吞吐量将小于采用 SJF 法时的吞吐量。另外，由于每次调度前要计算响应比，系统开销也要相应增加。

（4）优先级调度。根据作业的优先级别，优先级高者先调度。

1.6　设备管理

在计算机系统中，除了处理器和内存之外，其他的大部分硬设备称为外部设备。它包括输入/输出设备，外存设备及终端设备等。为了完成上述主要任务，设备管理程序一般要提供下述功能：

（1）提供和进程管理系统的接口。当进程要求设备资源时，该接口将进程要求转达给设备管理程序。

（2）进行设备分配。按照设备类型和相应的分配算法把设备和其他有关的硬件分配给请求该设备的进程，并把未分配到所请求设备或其他有关硬件的进程放入等待队列。

（3）实现设备和设备、设备和 CPU 等之间的并行操作。

（4）进行缓冲区管理。主要减少外部设备和内存与 CPU 之间的数据速度不匹配的问题，系统中一般设有缓冲区（器）来暂放数据。设备管理程序负责进行缓冲区分配、释放及有关的管理工作。

1.6.1　数据传输控制方式

在计算机中，输入/输出（Input/Output，I/O）系统可以有 5 种不同的工作方式，分别是程序控制方式、程序中断方式、DMA（Direct Memory Access，直接内存存取）工作方式、通道方式、输入/输出处理机。

（1）程序控制方式。CPU 直接利用 I/O 指令编程，实现数据的输入输出。CPU 发出 I/O 命令，命令中包含了外设的地址信息和所要执行的操作，相应的 I/O 系统执行该命令并设置状态寄存器；CPU 不停地（定期地）查询 I/O 系统以确定该操作是否完成。由程序主动查询外设，完成主机与外设间的数据传送，方法简单，硬件开销小。

（2）程序中断方式。CPU 利用中断方式完成数据的输入/输出，当 I/O 系统与外设交换数据时，CPU 无须等待，也不必去查询 I/O 的状态，当 I/O 系统完成了数据传输后则以中断信号通知 CPU。CPU 然后保存正在执行程序的现场，转入 I/O 中断服务程序完成与 I/O 系统的数据交换。然后返回原主程序继续执行。与程序控制方式相比，中断方式因为 CPU 无需等待而提高了效率。在系统中具有多个中断源的情况下，常用的处理方法有：多中断信号线法、中断软件查询法、雏菊链法、总线仲裁法和中断向量表法。

（3）DMA 方式。使用 DMA 控制器（Direct Memory Access Controler，DMAC）来控制和管理数据传输。DMAC 和 CPU 共享系统总线，并且具有独立访问存储器的能力。在进行 DMA 时，CPU 放弃对系统总线的控制而由 DMAC 控制总线；由 DMAC 提供存储器地址及必需的读写控制信号，实现外设与存储器之间的数据交换。DMAC 有 3 种获取总线的方式：暂停方式、周期窃取方式和共享方式。

（4）通道方式。通道是一种通过执行通道程序管理 I/O 操作的控制器，它使主机与 I/O 操作之间达到更高的并行程度。在具有通道处理机的系统中，当用户进程请求启动外设时，由操作系统根据 I/O 要求构造通道程序和通道状态字，将通道程序保存在内存中，并将通道程序的首地址放到通道地址字中，然后执行启动 I/O 指令。按照所采取的传送方式，可将通道分为字节多路通道、选择通道和数组多路通道 3 种。

（5）输入输出处理机。输入输出处理机也称为外围处理机，它是一个专用处理机，也可以是一个通用的处理机，具有丰富的指令系统和完善的中断系统。专用于大型、高效的计算机系统处理外围设备的输入输出，并利用共享存储器或其他共享手段与主机交换信息。从而使大型、高效的计算机系统更加高效地工作。与通道相比，输入输出处理机具有比较丰富的指令系统，结构接近于一般的处理机，有自己的局部存储器。

1.6.2 磁盘调度算法

访问磁盘的时间由3部分构成，它们是寻道（查找数据所在的磁道）时间、等待（旋转等待扇区）时间和数据传输时间，其中寻道时间（查找时间）是决定因素。

（1）FCFS算法：有些文献称为FIFO算法。FCFS是一种最简单的磁盘调度算法，按先来先服务的次序，未作优化。这种算法的优点是公平、简单，且每个进程的请求都能依次得到处理，不会出现某一进程的请求长期得不到满足的情况。此算法未对寻道进行优化，致使平均寻道时间可能较长。

（2）SSTF（Shortest Seek Time First，最短寻道时间优先）算法：选择这样的进程，其要求访问的磁道距当前磁头所在的磁道距离最近，以使每次寻道的时间最短。FCFS会引起读写头在盘面上的大范围移动，SSTF查找距离磁头最短（也就是查找时间最短）的请求作为下一次服务的对象。SSTF 查找模式有高度局部化的倾向，会推迟一些请求的服务，甚至引起无限拖延（这种现象称为“饥饿”）。

（3）SCAN（电梯）算法：不仅考虑到欲访问的磁道与当前磁道的距离，而且优先考虑的是磁头的当前移动方向，是在磁头前进方向上的最短查找时间优先算法，它排除了磁头在盘面局部位置上的往复移动。SCAN算法在很大程度上消除了SSTF算法的不公平性，但仍有利于对中间磁道的请求。SCAN算法的缺陷是当磁头刚由里向外移动过某一磁道时，恰有一进程请求访问此磁道，这时进程必须等待，待磁头由里向外，然后再从外向里扫描完所有要访问的磁道后，才处理该进程的请求，致使该进程的请求被严重地推迟。

（4）N-SCAN（N步SCAN）算法：这是对SCAN算法的改良，磁头的移动与SCAN算法是一样的，不同的是扫描期间只对那些在扫描开始前已等待服务的请求提供服务。在服务期间，新到达的请求即使在磁头前进方向上也得不到服务，直到下一个新扫描周期开始。N-SCAN算法的实质是把FCFS和SCAN的优点结合起来，以便取得较好的性能。如果新到达的请求按优化次序排列，则下一个扫描周期必然花费最少的磁头移动时间。

（5）C-SCAN（循环扫描）算法：这是对SCAN算法的另一种改良，是单向服务的N步SCAN算法，C-SCAN算法规定磁头单向移动。C-SCAN算法彻底消除了对两端磁道请求的不公平。

1.6.3 虚设备与SPOOLing技术

SPOOLing（Simultaneous Peripheral Operation On Line）的意思是外部设备同时联机操作，又称为假脱机输入输出操作或排队转储技术，采用一组程序或进程模拟一台输入输出处理器。它在输入和输出之间增加了“输入井”和“输出井”的排队转储环节，SPOOLing系统的组成如图1-8所示。

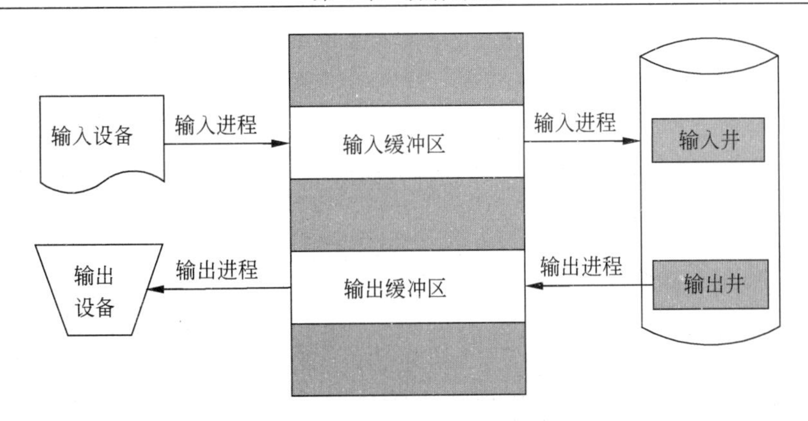

图 1-8 SPOOLing 系统示意图

从图 1-8 可以看出，SPOOLing 系统主要包括以下 3 个部分：

（1）输入井和输出井：这是在磁盘上开辟出来的两个存储区域。输入井模拟脱机输入时的磁盘，用于存放 I/O 设备输入的数据；输出井模拟脱机输出时的磁盘，用于存放用户程序的输出数据。因此，SPOOLing 系统必须有高速、大容量、随机存取的外存的支持。

（2）输入缓冲区和输出缓冲区：这是在内存中开辟的两个缓冲区。输入缓冲区用于暂存有输入设备送来的数据，以后在传送到输出井。输出缓冲区用于暂存从输出井送来的数据，以后再传送到输出设备。

（3）输入进程和输出进程：输入进程模拟脱机输入时的外围控制机，将用户要求的数据有输入设备到输入缓冲区，再送到输入井。当 CPU 需要输入设备时，直接从输入井读入内存。输出进程模拟脱机输出时的外围控制机，把用户要求输入的数据，先从内存送到输出井，待输出设备空闲时，再将输出井中的数据，经过输出缓冲区送到输出设备上。

SPOOLing 技术的主要特点如下：

（1）提高了 I/O 速度。从对低速 I/O 设备进行的 I/O 操作变为对输入井或输出井的操作，如同脱机操作一样，提高了 I/O 速度，缓和了 CPU 与低速 I/O 设备速度不匹配的矛盾。

（2）设备并没有分配给任何进程。在输入井或输出井中，分配给进程的是一存储区和建立一张 I/O 请求表。

（3）实现了虚拟设备功能。多个进程同时使用一独享设备，而对每一进程而言，都认为自己独占这一设备，不过，该设备是逻辑上的设备。采用 SPOOLing 技术，可以将低速的独占设备改造成一种可共享的设备，而且一台物理设备可以对应若干台虚拟的同类设备。

1.7 网络操作系统

网络操作系统是指能使网络上个计算机方便而有效的共享网络资源，为用户提供所需的各种服务的操作系统软件。

1.7.1 网络操作系统概述

如果网络操作系统相等地分布在网络上的所有结点，则称之为对等式网络操作系统；如果网络操作系统的主要部分驻留在中心结点，则称为集中式网络操作系统。集中式网络操作系统下的中心结点称为服务器，使用由中心结点所管理资源的应用称为客户。因此，集中式网络操作系统下的运行机制是C/S（Client/Server，客户/服务器）架构。

网络操作系统除了具备单机操作系统所需的功能外，还应具备下列功能：

（1）提供高效可靠的网络通信能力。

（2）提供多项网络服务功能，例如，远程管理、文件传输、电子邮件、远程打印等。

网络操作系统一般具有以下特征：

（1）硬件独立。网络操作系统应当独立于具体的硬件平台，即系统应该可以运行于各种硬件平台之上。为此，Microsoft提出了HAL（Hardware Abstraction Layer，硬件抽象层）的概念。HAL与具体的硬件平台无关，一旦改变具体的硬件平台，只要改变其HAL，系统就可以作平稳转换。

（2）网络特性。应当管理计算机资源并提供良好的用户界面。

（3）可移植性和可集成性。

（4）多用户、多任务。在多进程系统中，为了避免两个进程并行处理所带来的问题，可以采用多线程的处理方式。支持多处理机技术是对现代网络操作系统的基本要求。

1.7.2 网络操作系统的组成

网络操作系统由网络驱动程序、子网协议和应用层协议等3个方面组成。网络操作系统通过网络驱动程序与网络硬件通信，因此它是作为网卡和子网协议间的联系体来工作的。子网协议是经过网络发送应用和系统管理信息所必需的通信协议。应用层协议则与子网协议进行通信，并实现网络操作系统对网络用户的服务。

（1）网络驱动程序。网络驱动程序涉及OSI/RM（Open System Interconnection Reference Model，开放系统互连参考模型）的第2层（数据链路层）和第3层（网络层），是网卡和高层协议间的接口。网络驱动程序把网卡如何对来自和发往高层的包所使用的方法进行了屏蔽，使高层不必了解收发操作的复杂性，而网络驱动程序本身则必须对网卡的操作有详细的了解。由于对标准的具体实现不同，网络驱动程序也就不同。正因为这样，网络集成商对所使用的网卡必须选择配对的驱动程序，并将所用的网络驱动程序同网络操作系统集成到一起。

（2）子网协议。子网协议涉及 OSI/RM 的第 3 层、第 4 层（传输层）和第 5 层（会话层）。第 3 层建立在第 2 层提供的点到点连接上，主要任务是如何对通信量进行路由选择，提供拥塞和流量控制，提供统一的网络寻址方法，以便令牌环和以太网络能理解。第 4 层可对第 3 层提供的服务进行提高，能确保可靠的数据交付。第 5 层提供有序的会话服务，如在会话上可提供会话控制，权标管理和活动管理。

（3）应用层协议。应用层协议最重要的是 NCP（Netware Core Proeocol）。NCP 作为应用层的协议，提供了下述主要功能：在不同方式下打开文件，关闭打开的文件，从打开的文件读取数据块，将数据块写入打开的文件，获取目录项表，处理服务器数据库，提供高级连接服务，提供同步操作。

1.8　例题分析

在对操作系统知识的考查中，主要考查操作系统的基本原理。为了帮助考生了解操作系统试题的题型和难度，本节分析 5 道典型的试题。

例题 1

计算机系统中硬件层之上的软件通常按照三层来划分，如图 1-9 所示，图中①②③分别表示________。

A．操作系统、应用软件和其他系统软件

B．操作系统、其他系统软件和应用软件

C．其他系统软件、操作系统和应用软件

D．应用软件、其他系统软件和操作系统

例题 1 分析

操作系统的目的是为了填补人与机器之间的鸿沟，即建立用户与计算机之间的接口，而为裸机配置的一种系统软件，如图 1-10 所示。

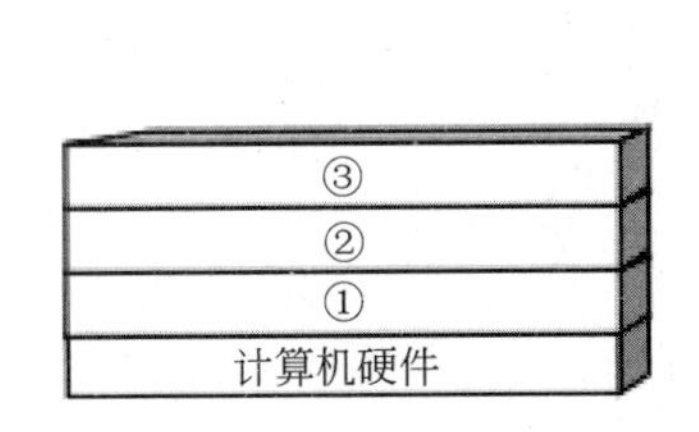

图 1-9　计算机结构图

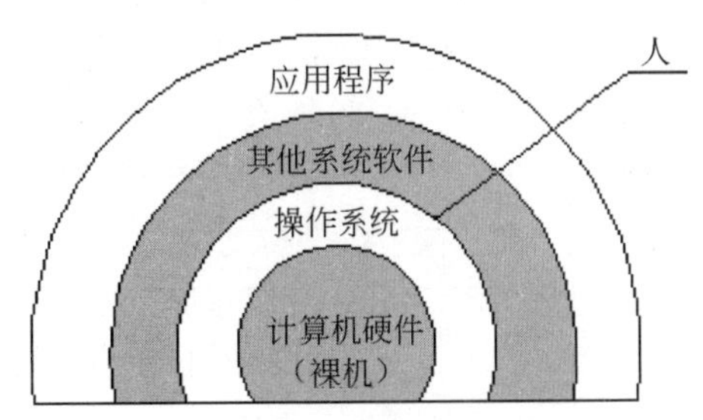

图 1-10　计算机结构图

从图 1-10 可以看出，操作系统是裸机上的第一层软件，是对硬件系统功能的首次扩充。它在计算机系统中占据重要而特殊的地位，其他系统软件属于第二层，如编辑程序、汇编程序、编译程序和数据库管理系统等系统软件（这些软件工作于操作系统之上，可服务于应用软件，所以有别于应用软件）；大量的应用软件属于第三层，例如希赛教育网上辅导平台，常见的一系列 MIS 系统等。其他系统软件和应用软件都是建立在操作系统基础之上的，并得到它的支持和取得它的服务。从用户角度看，当计算机配置了操作系统后，用户不再直接使用计算机系统硬件，而是利用操作系统所提供的命令和服务去操纵计算机，操作系统已成为现代计算机系统中必不可少的最重要的系统软件，因此把操作系统看作是用户与计算机之间的接口。

例题 1 答案

B

例题 2

进程 P1、P2、P3、P4 和 P5 的前趋图如图 1-11 所示。

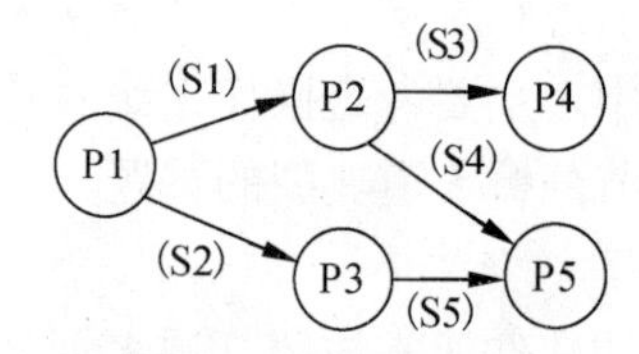

图 1-11 前趋图

若用 PV 操作控制进程 P1～P5 并发执行的过程，则需要设置 5 个信号量 S1、S2、S3、S4 和 S5，进程间同步所使用的信号量标注在图 1-11 中的边上，且信号量 S1～S5 的初值都等于零，初始状态下进程 P1 开始执行。图 1-12 中 a、b 和 c 处应分别填写__(1)__；d 和 e 处应分别填写__(2)__，f 和 g 处应分别填写__(3)__。

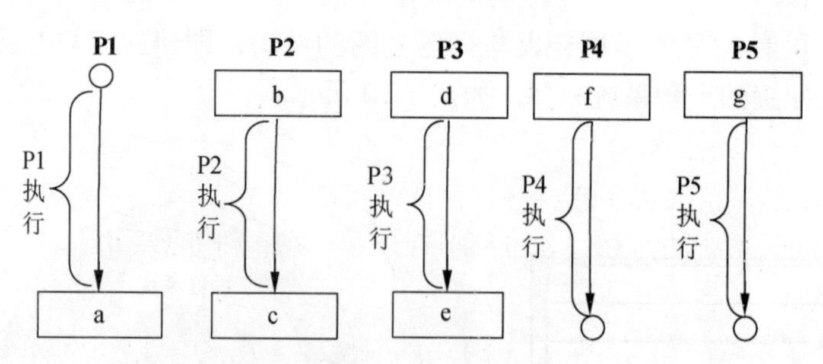

图 1-12 PV 操作示意图

（1）A．V(S1) V(S2)、P(S1)和 V(S3) V(S4)

B．P(S1) V(S2)、P(S1)和 P(S2) V(S1)

C．V(S1) V(S2)、P(S1)和 P(S3) P(S4)

D．P(S1) P(S2)、V(S1)和 P(S3) V(S2)

（2）A．P(S1) 和 V(S5)　　B．V(S1) 和 P(S5)

C．P(S2) 和 V(S5)　　D．V(S2) 和 P(S5)

（3）A．P(S3)和 V(S4) V(S5)　　B．P(S3)和 P(S4) P(S5)

C．V(S3)和 V(S4) V(S5)　　D．V(S3)和 P(S4) P(S5)

例题 2 分析

本题考查操作系统中的前趋图和 PV 操作。

从题目的前趋图，可以得知以下约束关系：

① P1 执行完毕，P2 与 P3 才能开始。

② P2 执行完毕，P4 才能开始。

③ P2 与 P3 都执行完，P5 才能开始。

分析清楚这种制约关系，解题也就容易了。

① 从“P1 执行完毕，P2 与 P3 才能开始”可以得知：P2 与 P3 中的 b 与 d 位置，分别应填 P（S1）和 P（S2），以确保在 P1 执行完毕以前，P2 与 P3 不能执行。当然当 P1 执行完毕时，应该要对此解锁，所以 P1 中的 a 位置应填 V（S1）与 V（S2）。

② 从“P2 执行完毕，P4 才能开始”可以得知：P4 的 f 位置，应填 P（S3），而 P2 的结束位置 c 应有 V（S3）。

③ 从“P2 与 P3 都执行完，P5 才能开始”可以得知：P5 的 g 位置，应填 P（S4）与 P（S5），而对应的 P2 的结束位置 c 应有 V（S4），结合前面的结论可知，c 应填 V（S3）与 V（S4）。而 e 应填 V（S5）。

例题 2 答案

（1）A　　（2）C　　（3）B

例题 3

采用微内核结构的操作系统提高了系统的灵活性和可扩展性，______。

A．并增强了系统的可靠性和可移植性，可运行于分布式系统中

B．并增强了系统的可靠性和可移植性，但不适用于分布式系统

C．但降低了系统的可靠性和可移植性，可运行于分布式系统中

D．但降低了系统的可靠性和可移植性，不适用于分布式系统

例题 3 分析

微内核操作系统结构是 20 世纪 80 年代后期发展起来的，其基本思想是将操作系统中最基本的部分放入内核中，而把操作系统的绝大部分功能都放在微内核外面的一组服务器中实现。这样使得操作系统内核变得非常小，自然提高了系统的可扩展性、增强了系统的可靠性和可移植性，同时微内核操作系统提供了对分布式系统的支持，融入了面向对象技术。虽然微内操作系统具有诸多优点，但它非常完美无缺，在运行效率方面它就不如以前传统的操作系统。

从上述特点来看，本题应选 A。

例题 3 答案

A

例题 4

某磁盘盘组共有 10 个盘面，每个盘面上有 100 个磁道，每个磁道有 32 个扇区，假定物理块的大小为 2 个扇区，分配以物理块为单位。若使用位图管理磁盘空间，则位图需要占用__（1）__字节空间。若采用空白文件管理磁盘空间，且空白文件目录的每个表项占用 5 个字节，则当空白文件数目大于__（2）__时，空白文件目录占用的字节数大于位图占用的字节数。

（1）A．32000　　B．3200　　C．2000　　D．1600

（2）A．400　　B．360　　C．320　　D．160

例题 4 分析

已知磁盘盘组共有 10 个盘面，每个盘面上有 100 个磁道，每个磁道有 32 个扇区，则一共有 10×100×32=32000 个扇区。试题又假定物理块的大小为 2 个扇区，分配以物理块为单位，即一共有 16000 个物理块。因此，位图所占的空间为 16000/8=2000 字节。

若采用空白文件管理磁盘空间，且空白文件目录的每个表项占用 5 个字节，2000/5=400，因此，则当空白文件数目大于 400 时，空白文件目录占用的字节数大于位图占用的字节数。

例题 4 答案

（1）C　　（2）A

例题 5

若操作系统文件管理程序正在将修改后的______文件写回磁盘时系统发生崩溃，对系统的影响相对较大。

A．用户数据　　B．用户程序　　C．系统目录　　D．空闲块管理

例题 5 分析

本题考查操作系统基本概念。操作系统为了实现“按名存取”，必须为每个文件设置用于描述和控制文件的数据结构，专门用于文件的检索，因此至少要包括文件名和存放文件的物理地址，该数据结构称为文件控制块（File Control Block，FCB），文件控制块的有序集合称为文件目录，或称系统目录文件。若操作系统正在将修改后的系统目录文件写回磁盘时系统发生崩溃，则对系统的影响相对较大。

例题 5 答案

C

第 2 章　数据库系统

现在的大型系统几乎都是基于数据库的系统，作为系统架构设计师，要深入了解数据库方面的知识，系统掌握有关数据库建模和设计的技术。根据考试大纲，本章要求考生掌握以下知识点：

（1）信息系统综合知识：包括数据库管理系统的类型、数据库管理系统结构和性能评价、常用的关系型数据库管理系统、数据库模式、数据库规范化、分布式数据库系统、并行数据库系统、数据仓库与数据挖掘技术、数据库工程、备份恢复。

（2）系统架构设计案例分析和论文：数据库建模、数据库设计、数据库系统的备份与恢复。

2.1　数据库管理系统

数据管理技术的发展大致经历了人工管理阶段、文件系统阶段、数据库阶段和高级数据库技术阶段。数据库是长期储存在计算机内的、有组织的、可共享的数据的集合。

数据库管理系统（DataBase Management System，DBMS）是一种负责数据库的定义、建立、操作、管理和维护的软件系统。其目的是保证数据安全可靠，提高数据库应用的简明性和方便性。DBMS 的工作机理是把用户对数据的操作转化为对系统存储文件的操作，有效地实现数据库三级之间的转化。数据库管理系统的主要职能有：数据库的定义和建立、数据库的操作、数据库的控制、数据库的维护、故障恢复和数据通信。

数据库系统（DataBase System，DBS）是实现有组织地、动态地存储大量关联数据、方便多用户访问的计算机软件、硬件和数据资源组成的系统。一个典型的 DBS 包括数据库、硬件、软件（应用程序）和数据库管理员（DataBase Administrator，DBA）4 个部分。根据计算机的系统结构，DBS 可分成集中式、客户/服务器式、并行式和分布式 4 种。

与文件系统阶段相比，数据库技术的数据管理方式具有以下特点：

（1）采用复杂的数据模型表示数据结构，数据冗余小，易扩充，实现了数据共享。

（2）具有较高的数据和程序独立性。包括数据库的独立性有物理独立性和逻辑独立性。

（3）数据库系统为用户提供了方便的用户接口。

（4）数据库系统提供 4 个方面的数据控制功能，分别是并发控制、恢复、完整性和安全性。数据库中各个应用程序所使用的数据由数据库系统统一规定， 按照一定的数据模型组织和建立，由系统统一管理和集中控制。

（5）增加了系统的灵活性。

高级数据库技术阶段的主要标志是分布式数据库系统和面向对象数据库系统的出现。分布式数据库系统的主要特点是数据在物理上分散存储，在逻辑上是统一的。分布式数据库系统的多数处理就地完成，各地的计算机由数据通信网络相联系；面向对象数据库系统是面向对象的程序设计技术与数据库技术相结合的产物。面向对象数据库系统的主要特点是具有面向对象技术的封装性和继承性，提高了软件的可重用性。

2.2 数据库模式

DBS 的设计目标是允许用户逻辑地处理数据、而不必涉及这些数据在计算机中是怎样存放的，在数据组织和用户应用之间提供某种程度的独立性。数据库技术中采用分级的方法，将数据库的结构划分为多个层次。最著名的是美国 ANSI/SPARC 数据库系统研究组于 1975 年提出的三级划分法，如图 2-1 所示。

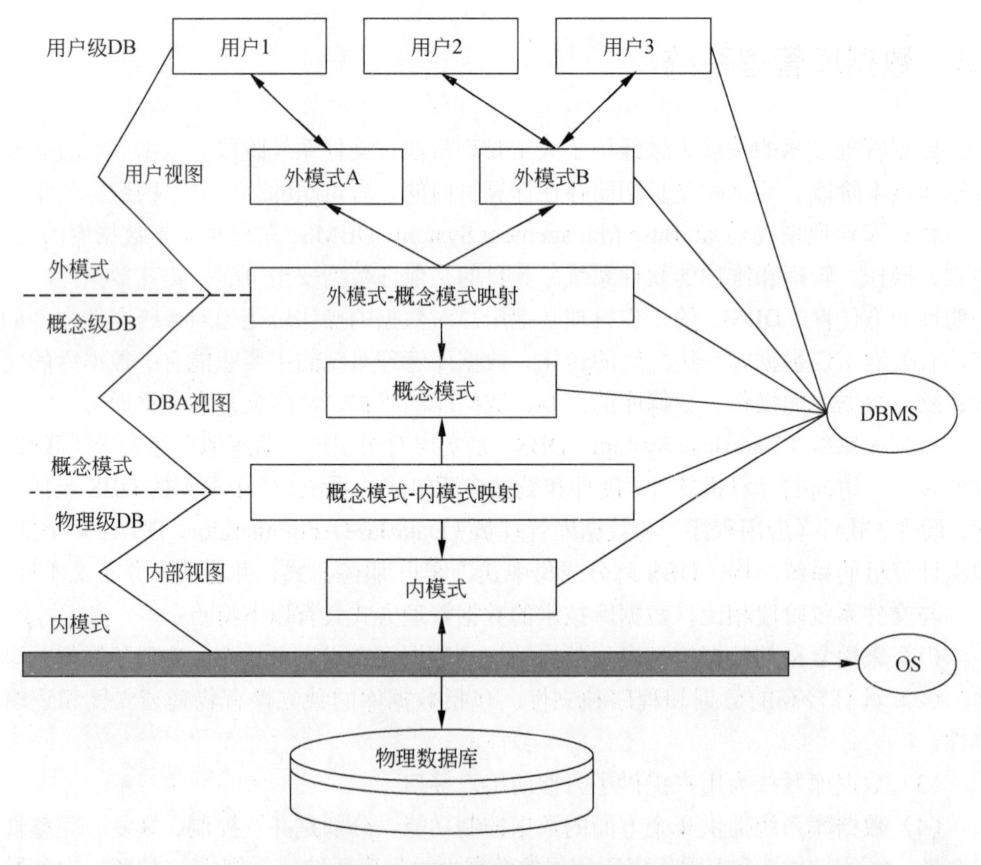

图 2-1 数据库系统结构层次

1．三级模式

从图 2-1 可以看出，数据库系统可以分为外模式、概念模式和内模式三个层次。

（1）概念模式（模式、逻辑模式）：用以描述整个数据库中数据库的逻辑结构，描述现实世界中的实体及其性质与联系，定义记录、数据项、数据的完整性约束条件及记录之间的联系，是数据项值的框架。概念模式通常还包含有访问控制、保密定义、完整性检查等方面的内容，以及概念/物理之间的映射。概念模式是数据库中全体数据的逻辑结构和特征的描述，是所有用户的公共数据视图。一个数据库只有一个概念模式。

（2）外模式（子模式、用户模式）：用以描述用户看到或使用的那部分数据的逻辑结构，用户根据外模式用数据操作语句或应用程序去操作数据库中的数据。外模式主要描述组成用户视图的各个记录的组成、相互关系、数据项的特征、数据的安全性和完整性约束条件。外模式是数据库用户（包括程序员和最终用户）能够看见和使用的局部数据的逻辑结构和特征的描述，是数据库用户的数据视图，是与某一应用有关的数据的逻辑表示。一个数据库可以有多个外模式。一个应用程序只能使用一个外模式。

（3）内模式：是整个数据库的最低层表示，不同于物理层，它假设外存是一个无限的线性地址空间。内模式定义的是存储记录的类型、存储域的表示、存储记录的物理顺序，指引元、索引和存储路径等数据的存储组织。内模式是数据物理结构和存储方式的描述，是数据在数据库内部的表示方式。一个数据库只有一个内模式。

概念模式是数据库的中心与关键；内模式依赖于概念模式，独立于外模式和存储设备；外模式面向具体的应用，独立于内模式和存储设备；应用程序依赖于外模式，独立于概念模式和内模式。

2．三个级别

与三级模式相对应，数据库系统可以划分为三个抽象级，分别是用户级、概念级和物理级。

（1）用户级数据库：对应于外模式，是最接近于用户的一级数据库，是用户看到和使用的数据库，又称用户视图。用户级数据库主要由外部记录组成，不同用户视图可以互相重叠，用户的所有操作都是针对用户视图进行。一个数据库可有多个不同的用户视图，每个用户视图由数据库某一部分的抽象表示所组成。

（2）概念级数据库：对应于概念模式，介于用户级和物理级之间，是所有用户视图的最小并集，是 DBA 看到和使用的数据库，所以又称为 DBA 视图。概念级数据库由概念记录组成，一个数据库应用系统只有一个 DBA 视图，它把数据库作为一个整体的抽象表示。概念级模式把用户视图有机地结合成一个整体，综合平衡考虑所有用户要求，实现数据的一致性、最大限度地降低数据冗余、准确地反映数据间的联系。

（3）物理级数据库：对应于内模式，是数据库的低层表示，它描述数据的实际存储组织，是最接近于物理存储的级，又称为内部视图。希赛教育专家提示：物理级数据库由内部记录组成，物理级数据库并不是真正的物理存储，而是最接近于物理存储的级。

3．两级独立性

DBS两级独立性是指物理独立性和逻辑独立性。三个抽象级间通过两级映射（外模式/模式映射，模式/内模式映射）进行相互转换，使得数据库的三个抽象级形成一个统一的整体。

（1）物理独立性。物理独立性是指用户的应用程序与存储在磁盘上的数据库中的数据是相互独立的。当数据的物理存储改变时，应用程序不需要改变。物理独立性存在于概念模式和内模式之间的映射转换，说明物理组织发生变化时应用程序的独立程度。

（2）逻辑独立性。逻辑独立性是指用户的应用程序与数据库中的逻辑结构是相互独立的。当数据的逻辑结构改变时，应用程序不需要改变。逻辑独立性存在于外模式和概念模式之间的映射转换，说明概念模式发生变化时应用程序的独立程度。

希赛教育专家提示：逻辑独立性比物理独立性更难实现。

2.3 数据模型

设计DBS时，一般先用图或表的形式抽象地反映数据彼此之间的关系，称为建立数据模型。现有的数据库系统均是基于某种数据模型的，因此，了解数据模型的基本概念是学习数据库系统的基础。

2.3.1 数据模型的分类

数据模型主要有两大类，分别是概念数据模型（实体联系模型）和基本数据模型（结构数据模型）。

概念数据模型是按照用户的观点来对数据和信息建模，主要用于数据库设计。概念模型主要用实体-联系方法（Entity-Relationship Approach）表示，所以也称为E-R模型。有关E-R模型的设计方法，请阅读2.5节。

基本数据模型是按照计算机系统的观点来对数据和信息建模，主要用于DBMS的实现。基本数据模型是数据库系统的核心和基础，通常由数据结构、数据操作和完整性约束三部分组成，其中数据结构是对系统静态特性的描述，数据操作是对系统动态特性的描述，完整性约束是一组完整性规则的集合。

常用的基本数据模型有层次模型、网状模型、关系模型和面向对象模型。

（1）层次模型：用树型结构表示实体类型及实体间联系。层次模型的优点是记录之间的联系通过指针来实现，查询效率较高。层次模型的缺点是只能表示1:n联系，虽然有多种辅助手段实现m:n联系，但较复杂，用户不易掌握。由于层次顺序的严格和复杂，引起数据的查询和更新操作很复杂，应用程序的编写也比较复杂。

（2）网状模型：用有向图表示实体类型及实体间联系。网状模型的优点是记录之间的联系通过指针实现，m:n联系也容易实现，查询效率高。其缺点是编写应用程序比较复杂，程序员必须熟悉数据库的逻辑结构。

（3）关系模型：用表格结构表达实体集，用外键（外码）表示实体间联系。其优点有：建立在严格的数学概念基础上；概念单一（关系），结构简单、清晰，用户易懂易用；存取路径对用户透明，从而数据独立性、安全性好，简化数据库开发工作。关系模型的缺点主要是由于存取路径透明，查询效率往往不如非关系数据模型。

（4）面向对象模型：用面向对象观点来描述现实世界实体的逻辑组织、对象间限制、联系等的模型。一个面向对象数据库系统是一个持久的、可共享的对象库的存储和管理者，而一个对象库是由一个面向对象模型所定义的对象的集合体。面向对象数据库模式是类的集合，面向对象模型提供了一种类层次结构。在面向对象数据库模式中，一组类可以形成一个类层次，一个面向对象数据库可能有多个类层次。在一个类层次中，一个类继承其所有超类的全部属性、方法和消息。面向对象的数据库系统在逻辑上和物理上从面向记录上升为面向对象、面向可具有复杂结构的一个逻辑整体。允许用自然的方法，并结合数据抽象机制在结构和行为上对复杂对象建立模型，从而大幅度提高管理效率，降低用户使用复杂性。

2.3.2 关系模型

我们先学习几个相关的基本概念。

（1）域：一组具有相同数据类型的值的集合。

（2）笛卡儿积：给定一组域 D_1，D_2，…，D_n，这些域中可以是相同的。它们的笛卡儿积为：$D_1 \times D_2 \times \cdots \times D_n = \{(d_1, d_2, \cdots, d_n) | d_j \in D_j, j=1, 2, \cdots, n\}$。其中每一个元素（$d_1$，$d_2$，…，$d_n$）叫作一个 n 元组（简称为元组）。元组中的每一个值 d_j 称为一个分量。

（3）关系：$D_1 \times D_2 \times \cdots \times D_n$ 的子集叫作在域 D_1，D_2，…，D_n 上的关系，用 $R(D_1, D_2, \cdots, D_n)$表示。这里 R 表示关系的名字，n 是关系的目或度。

关系中的每个元素是关系中的元组，通常用 t 表示。关系是笛卡儿积的子集，所以关系也是一个二维表，表的每行对应一个元组，表的每列对应一个域。由于域可以相同，为了加以区分，必须为每列起一个名字，称为属性。

若关系中的某一属性组（一个或多个属性）的值能唯一地标识一个元组，则称该属性组为候选码（候选键）。若一个关系有多个候选码，则选定其中一个作为主码（主键）。主码的所有属性称为主属性。不包含在任何候选码中的属性称为非码属性（非主属性）。在最简单的情况下，候选码只包含一个属性。在最极端的情况下，关系模式所有属性的组合构成关系模式的候选码，称为全码。

关系可以有三种类型：基本关系（基本表、基表）、查询表和视图表。基本表是实际存在的表，它是实际存储数据的逻辑表示。查询表是查询结果对应的表。视图表是由基本表或其他视图表导出的表，是虚表，不对应实际存储的数据。

基本关系具有以下 6 条性质：

（1）列是同质的，即每一列中的分量是同一类型的数据，来自同一个域。

（2）不同的列可出自同一个域，称其中的每一列为一个属性，不同的属性要给予不同的属性名。

（3）列的顺序无所谓，即列的次序可以任意交换。

（4）任意两个元组不能完全相同。但在大多数实际关系数据库产品中，例如 Oracle 等，如果用户没有定义有关的约束条件，它们都允许关系表中存在两个完全相同的元组。

（5）行的顺序无所谓，即行的次序可以任意交换。

（6）分量必须取原子值，即每一个分量都必须是不可分的数据项。

关系的描述称为关系模式，一个关系模式应当是一个五元组，它可以形式化地表示为：R(U，D，DOM，F)。其中 R 为关系名，U 为组成该关系的属性名集合，D 为属性组 U 中属性所来自的域，DOM 为属性向域的映象集合，F 为属性间数据的依赖关系集合。关系模式通常可以简记为 R(A_1，A_2，…，A_n)。其中 R 为关系名，A_1，A_2，…，A_n 为属性名。

关系实际上就是关系模式在某一时刻的状态或内容。也就是说，关系模式是型，关系是它的值。关系模式是静态的、稳定的，而关系是动态的、随时间不断变化的，因为关系操作在不断地更新着数据库中的数据。但在实际当中，常常把关系模式和关系统称为关系，读者可以从上下文中加以区别。

在关系模型中，实体以及实体间的联系都是用关系来表示。在一个给定的现实世界领域中，相应于所有实体及实体之间的联系的关系的集合构成一个关系数据库。

关系数据库也有型和值之分。关系数据库的型也称为关系数据库模式，是对关系数据库的描述，是关系模式的集合。关系数据库的值也称为关系数据库，是关系的集合。关系数据库模式与关系数据库通常统称为关系数据库。

2.3.3 规范化理论

设有一个关系模式 R（SNAME，CNAME，TNAME TADDRESS），其属性分别表示学生姓名、选修的课程名、任课教师姓名和任课教师地址。仔细分析一下，我们就会发现这个模式存在下列存储异常的问题：

（1）数据冗余：如果某门课程有 100 个学生选修，那么在 R 的关系中就要出现 100 个元组，这门课程的任课教师姓名和地址也随之重复出现 100 次。

（2）修改异常：由于上述冗余问题，当需要修改这个教师的地址时，就要修改 100 个元组中的地址值，否则就会出现地址值不一致的现象。

（3）插入异常：如果不知道听课学生名单，这个教师的任课情况和家庭地址就无法进入数据库；否则就要在学生姓名处插入空值。

（4）删除异常：如果某门课程的任课教师要更改，那么原来任课教师的地址将随之丢失。

因此，关系模式 R 虽然只有 4 个属性，但却是性能很差的模式。如果把 R 分解成两个关系模式：R_1（SNAME，CNAME）和 R_2（CNAME，TNAME，TADDRESS），则能消除上述的存储异常现象。

为什么会产生这些异常呢？与关系模式属性值之间的联系直接有关。在模式 R 中，学生与课程有直接联系，教师与课程有直接联系，而教师与学生无直接联系，这就产生了模式 R 的存储异常。因此，模式设计强调“每个联系单独表达”是一条重要的设计原则，把 R 分解成 R1 和 R2 是符合这条原则的。

1．函数依赖

设 R(U)是属性 U 上的一个关系模式，X 和 Y 是 U 的子集，r 为 R 的任一关系，如果对于 r 中的任意两个元组 u、v，只要有 u[X]=v[X]，就有 u[Y]=v[Y]，则称 X 函数决定 Y，或称 Y 函数依赖于 X，记为 X→Y。

从函数依赖的定义可以看出，如果有 X→U 在关系模式 R(U)上成立，并且不存在 X 的任一真子集 X′使 X′→U 成立，那么称 X 是 R 的一个候选键。也就是 X 值唯一决定关系中的元组。由此可见，函数依赖是键概念的推广，键是一种特殊的函数依赖。

在 R(U)中，如果 X→Y，并且对于 X 的任何一个真子集 X′，都有 X′→Y 不成立，则称 Y 对 X 完全函数依赖。若 X→Y，但 Y 不完全函数依赖于 X，则称 Y 对 X 部分函数依赖。

在 R(U)中，如果 X→Y（Y 不是 X 的真子集），且 Y→X 不成立，Y→Z，则称 Z 对 X 传递函数依赖。

设 U 是关系模式 R 的属性集，F 是 R 上成立的只涉及 U 中属性的 FD 集，则有以下 3 条推理规则：

（1）自反性：若 $Y \subseteq X \subseteq U$，则 X→Y 在 R 上成立。

（2）增广性：若 X→Y 在 R 上成立，且 $Z \subseteq U$，则 XZ→YZ 在 R 上成立。

（3）传递性：若 X→Y 和 Y→Z 在 R 上成立，则 X→Z 在 R 上成立。

这里 XZ，YZ 等写法表示 X∪Z，Y∪Z。上述三条推理规则是函数依赖的一个正确的和完备的推理系统。根据上述三条规则还可以推出其他三条常用的推理规则：

（1）并规则：若 X→Y 和 X→Z 在 R 上成立，则 X→YZ 在 R 上成立。

（2）分解规则：若 X→Y 在 R 上成立，且 $Z \subseteq Y$，则 X→Z 在 R 上成立。

（3）伪传递规则：若 X→Y 和 WY→Z 在 R 上成立，则 WX→Z 在 R 上成立。

在关系模式 R(U，F)中为 F 所逻辑蕴含的函数依赖全体叫做 F 的闭包，记作 F^+。

设 F 为属性集 U 上的一组函数依赖，X 是 U 的子集，那么相对于 F 属性集 X 的闭包用 X^+表示，它是一个从 F 集使用推理规则推出的所有满足 X→A 的属性 A 的集合：

$$X^+=\{属性\ A|X\to A\ 在\ F^+中\}$$

如果 $G^+=F^+$，就说函数依赖集 F 覆盖 G（F 是 G 的覆盖，或 G 是 F 的覆盖），或 F 与 G 等价。

如果函数依赖集F满足下列条件，则称F为一个极小函数依赖集，也称为最小依赖集或最小覆盖。

（1）F中任一函数依赖的右部仅含有一个属性。

（2）F中不存在这样的函数依赖X→A，使得F与F-{X→A}等价。

（3）F中不存在这样的函数依赖X→A，X有真子集Z使得F-{X→A}∪{Z→A}与F等价。

3．范式

（1）第一范式（1NF）：如果关系模式R的每个关系r的属性值都是不可分的原子值，那么称 R是第一范式的模式，r是规范化的关系。关系数据库研究的关系都是规范化的关系。

（2）第二范式（2NF）：若关系模式 R 是 1NF，且每个非主属性完全函数依赖于候选键，那么称R是2NF模式。

（3）第三范式（3NF）：如果关系模式R是1NF，且每个非主属性都不传递依赖于R的候选码，则称R是3NF。

（4）BC范式（BCNF）：若关系模式R是1NF，且每个属性都不传递依赖于R的候选键，那么称R是BCNF模式。

上述4种范式之间有如下联系：$1NF \supset 2NF \supset 3NF \supset BCNF$。

4．关系模式分解

如果某关系模式存在存储异常问题，则可通过分解该关系模式来解决问题。把一个关系模式分解成几个子关系模式，需要考虑的是该分解是否保持函数依赖，是否是无损联接。

无损联接分解的形式定义如下：设R是一个关系模式，F是R上的一个函数依赖（FD）集。R分解成数据库模式δ={R_1，…，R_K}。如果对R中每一个满足F的关系r都有下式成立：

$$r = \pi_{R_1}(r) \bowtie \pi_{R_2}(r) \bowtie \ldots \bowtie \pi_{R_K}(r)$$

那么称分解δ相对于F是无损联接分解，否则称为损失联接分解。

下面是一个很有用的无损联接分解判定定理。

设ρ= {R_1，R_2} 是R的一个分解，F是R上的FD集，那么分解ρ相对于F是无损分解的充分必要条件是：$(R_1 \cap R_2) \to (R_1 - R_2)$或$(R_1 \cap R_2) \to (R_2 - R_1)$。希赛教育专家提示：这两个条件只要有任意一个条件成立就可以了。

设数据库模式δ={R_1，…，R_K}是关系模式R的一个分解，F是R上的FD集，δ中每个模式R_i上的FD集是Fi。如果{F_1，F_2，…，F_K}与F是等价的（即相互逻辑蕴涵），那么我们称分解δ保持FD。如果分解不能保持FD，那么δ的实例上的值就可能有违反FD的现象。

2.3.4 反规范化理论

前面已经介绍了规范化理论，在对数据模型进行规范化时，主要通过拆分的方式达到目的，而不断的拆分带来了新的问题。因为对多个拆分后的表进行查询操作时，需要涉及大量的连接操作，这使得查询变得费时与低效。为了有效地解决此问题，提出了反规范化技术，该技术与规范化理论做法刚好相反，而希望达到的目标主要是提高查询效率。

常用的反规范技术包括：增加冗余列、增加派生列、重新组表、分割表。

1．增加派生列

加派生列指增加的列由表中其他数据计算生成。它的作用是在查询时减少连接操作，避免使用集函数。例如，表中有单价，也有数量，此时增加列“总额”，由于

总额=单价×数量

所以总额就是一个派生列。

2．增加冗余列

增加冗余列是指在多个表中具有相同的列，它常用来在查询时避免连接操作。

3．重新组表

重新组表指如果许多用户需要查看两个表连接出来的结果数据，则把这两个表重新组成一个表来减少连接而提高性能。

4．分割表

有时对表做分割可以提高性能。表分割有两种方式。

（1）水平分割：根据一列或多列数据的值把数据行放到两个独立的表中。水平分割通常在下面的情况下使用：

① 表很大，分割后可以降低在查询时需要读的数据和索引的页数，同时也降低了索引的层数，提高查询速度。

② 表中的数据本来就有独立性。例如表中分别记录各个地区的数据或不同时期的数据，特别是有些数据常用，而另外一些数据不常用。

③ 需要把数据存放到多个介质上。

水平分割会给应用增加复杂度，它通常在查询时需要多个表名，查询所有数据需要 union 操作。在许多数据库应用中，这种复杂性会超过它带来的优点，因为只要索引关键字不大，则在索引用于查询时，表中增加两到三倍数据量，查询时也就增加读一个索引层的磁盘次数。

（2）垂直分割：把主码和一些列放到一个表，然后把主码和另外的列放到另一个表中。如果一个表中某些列常用，而另外一些列不常用，则可以采用垂直分割，另外垂直分割可以使得数据行变小，一个数据页就能存放更多的数据，在查询时就会减少 I/O 次数。其缺点是需要管理冗余列，查询所有数据需要 join 操作。

2.4 数据库的控制功能

DBMS运行的基本工作单位是事务，事务是用户定义的一个数据库操作序列，这些操作序列要么全做要么全都不做，是一个不可分割的工作单位。事务具有以下特性（ACID特性）：

（1）原子性（Atomicity）：事务是数据库的逻辑工作单位，事务的所有操作在数据库中要么全做，要么全都不做。

（2）一致性（Consistency）：事务的执行使数据库从一个一致性状态变到另一个一致性状态。

（3）隔离性（Isolation）：一个事务的执行不能被其他事务干扰。

（4）持续性（Durability，永久性）：指一个事务一旦提交，它对数据库的改变必须是永久的，即便系统出现故障时也是如此。

事务通常以 BEGIN TRANSACTION（事务开始）语句开始，以 COMMIT 或 ROLLBACK 语句结束。COMMIT 称为事务提交语句，表示事务执行成功地结束，把事务对数据库的修改写入磁盘（事务对数据库的操作首先是在缓冲区中进行的）。ROLLBACK 称为事务回滚语句，表示事务执行不成功地结束，即把事务对数据库的修改进行恢复。

从终端用户来看，事务是一个原子，是不可分割的操作序列。事务中包括的所有操作要么都做，要么都不做（就效果而言）。事务不应该丢失，或被分割地完成。

2.4.1 并发控制

在多用户共享系统中，许多事务可能同时对同一数据进行操作，称为并发操作，此时数据库管理系统的并发控制子系统负责协调并发事务的执行，保证数据库的完整性不受破坏，同时避免用户得到不正确的数据。

1．并发操作的问题

数据库的并发操作带来的主要问题有：丢失更新问题，不一致分析问题（读过时的数据），依赖于未提交更新的问题（读脏数据）。这3个问题需要DBMS的并发控制子系统来解决。

（1）丢失更新（丢失修改）：两个事务 T_1 和 T_2 读入同一数据并修改，T_2 提交的结果破坏了 T_1 提交的结果，T_1 的修改丢失。

（2）读过时的数据（不可重复读）：事务 T_1 读取某一数据，事务 T_2 读取并修改了同一数据，T_1 为了对读取值进行校对再读此数据，得到了不同的结果。例如，T_1 读取 B＝100，T_2 读取 B 并把 B 改为 200，T_1 再读 B 得 200，与第一次读取值不一致。

（3）读脏数据：事务 T_1 修改某一数据，事务 T_2 读取同一数据，而 T_1 由于某种原因被撤销，则 T_2 读到的数据就为“脏”数据，即不正确的数据。例如，T_1 把 C 由 100 改为 200，T_2 读到 C 为 200，而事务 T_1 由于被撤销，其修改宣布无效，C 恢复为原值 100，而 T_2 却读到了 C 为 200，与数据库内容不一致。

例如，假设某 3 个事务 T_1、T_2 和 T_3 并发执行的过程如表 2-1 所示。

表 2-1　事务并发执行的过程

时间	T_1	T_2	T_3
t_1	读 D_1=50		
t_2	读 D_2=100		
t_3	读 D_3=300		
t_4	$X_1=D_1+D_2+D_3$		
t_5		读 D_2=100	
t_6		读 D_3=300	
t_7			读 D_2=100
t_8		$D_2=D_3-D_2$	
t_9		写 D_2	
t_{10}	读 D_1=50		
t_{11}	读 D_2=200		
t_{12}	读 D_3=300		
t_{13}	$X_1=D_1+D_2+D_3$		
t_{14}	验算不对		$D_2=D_2+50$
t_{15}			写 D_2

在表 2-1 中，事务 T_1、T_2 分别对数据 D_1、D_2 和 D_3 进行读写操作，在 t_4 时刻，事务 T_1 将 D_1、D_2 和 D_3 相加存入 X_1，X_1 等于 450。在 t_8 时刻，事务 T_2 将 D_3 减去 D_2 存入 D_2，D_2 等于 200。在 t_{13} 时刻，事务 T_1 将 D_1、D_2 和 D_3 相加存入 X_1，X_1 等于 550，验算结果不对。这种情况就属于不可重复读。在 t_{14} 时刻事务 T_3 将 D_2 加 50 存入 D_2，D_2 等于 150。这样，就丢失了事务 T_2 对 D_2 的修改，这种情况就属于丢失更新。

2．封锁的类型

处理并发控制的主要方法是采用封锁技术，主要有有两种类型的封锁，分别是 X 封锁和 S 封锁。

（1）排他型封锁（X 封锁）：如果事务 T 对数据 A（可以是数据项、记录、数据集以至整个数据库）实现了 X 封锁，那么只允许事务 T 读取和修改数据 A，其他事务要等事务 T 解除 X 封锁以后，才能对数据 A 实现任何类型的封锁。可见 X 封锁只允许一个事务独锁某个数据，具有排他性。

（2）共享型封锁（S 封锁）：X 封锁只允许一个事务独锁和使用数据，要求太严。需要适当从宽，如可以允许并发读，但不允许修改，这就产生了 S 封锁的概念。S 封锁的含义是：如果事务 T 对数据 A 实现了 S 封锁，那么允许事务 T 读取数据 A，但不能修改数据A，在所有S封锁解除之前决不允许任何事务对数据A实现X封锁。

3．封锁协议

在多个事务并发执行的系统中，主要采取封锁协议来进行处理。

（1）一级封锁协议：事务T在修改数据R之前必须先对其加X锁，直到事务结束才释放。一级封锁协议可防止丢失更新，并保证事务T是可恢复的。但不能保证可重复读和不读脏数据。

（2）二级封锁协议：一级封锁协议加上事务T在读取数据R之前先对其加S锁，读完后即可释放S锁。二级封锁协议可防止丢失更新，还可防止读脏数据。但不能保证可重复读。

（3）三级封锁协议：一级封锁协议加上事务T在读取数据R之前先对其加S锁，直到事务结束才释放。三级封锁协议可防止丢失更新、防止读脏数据与数据重复读。

（4）两段锁协议：所有事务必须分两个阶段对数据项加锁和解锁。其中扩展阶段是在对任何数据进行读、写操作之前，首先要申请并获得对该数据的封锁；收缩阶段是在释放一个封锁之后，事务不能再申请和获得任何其他封锁。若并发执行的所有事务均遵守两段封锁协议，则对这些事务的任何并发调度策略都是可串行化的（可以避免丢失更新、不可重复读和读脏数据问题）。遵守两段封锁协议的事务可能发生死锁。

所谓封锁的粒度即是被封锁数据目标的大小，在关系数据库中封锁粒度有属性值、属性值集、元组、关系、某索引项（或整个索引）、整个关系数据库、物理页（块）等几种。

希赛教育专家提示：封锁粒度小则并发性高，但开销大；封锁粒度大则并发性低，但开销小，综合平衡照顾不同需求以合理选取适当的封锁粒度是很重要的。

4．死锁

采用封锁的方法固然可以有效防止数据的不一致性，但封锁本身也会产生一些麻烦，最主要就是死锁问题。死锁是指多个用户申请不同封锁，由于申请者均拥有一部分封锁权而又需等待另外用户拥有的部分封锁而引起的永无休止的等待。死锁是可以避免的，目前采用的办法有如下两种。

（1）预防法：采用一定的操作方式以避免死锁的出现，顺序申请法、一次申请法等即是此类方法。顺序申请法是指对封锁对象按序编号，用户申请封锁时必须按编号顺序（从小到大或反之）申请，这样能避免死锁发生；一次申请法是指用户在一个完整操作过程中必须一次性申请它所需要的所有封锁，并在操作结束后一次性归还所有封锁，这样就能避免死锁的发生。

（2）死锁的解除法：允许产生死锁，并在死锁产生后通过解锁程序以解除死锁。这种方法中需要有两个程序，一个是死锁检测程序，用它测定死锁是否发生；另一个是解锁程序，一旦检测到系统已产生死锁，则启动解锁程序以解除死锁。

2.4.2 备份与恢复技术

数据库系统中可能发生各种各样的故障，大致可以分以下几类：

（1）事务内部的故障。事务内部的故障有的是可以通过事务程序本身发现的，有的是非预期的，不能由事务程序处理。例如，输入数据违反完整性约束、运算溢出、并行事务发生死锁而被选中撤销该事务等。事务故障意味着事务没有到达预期的终点（COMMIT 或者显式的 ROLLBACK），因此，数据库可能处于不正确状态。这样，系统就要强行回滚此事务，即撤销该事务已经做出的任何对数据库的修改，使得该事务好像根本没有启动一样。

（2）系统范围内的故障。系统故障是指造成系统停止运转的任何事件，使得系统要重新启动。例如，中央处理器故障、操作系统故障、突然停电等，这类故障影响正在运行的所有事务，但不破坏数据库。这时内存中的内容，尤其是数据库缓冲区中的内容都将丢失，使得运行事务都非正常终止，从而造成数据库可能处于不正确的状态，数据库恢复子系统必须在系统重新启动时让所有非正常终止的事务回滚，把数据库恢复到正确的状态。

（3）介质故障。系统故障常称为软故障（Soft Crash），介质故障称为硬故障（Hard Crash）。硬故障指外存故障，如磁盘的磁头碰撞、瞬时的强磁场干扰等。这类故障将破坏数据库或部分数据库，并影响正存取这部分数据的所有事务，这类故障比前两类故障发生的可能性小得多，但破坏性最大。

（4）计算机病毒。计算机病毒是一种人为的故障或破坏，是一些恶作剧者研制的一种计算机程序，这种程序与其他程序不同，它像微生物学所称的病毒一样可以繁殖和传播，并造成对计算机系统包括数据库的危害。

总结各类故障，对数据库的影响有两种可能性，一是数据库本身被破坏，二是数据库没有被破坏，但数据可能不正确，这是因为事务的运行被终止所造成的。

1．数据备份

备份（转储）是指 DBA 定期地将整个数据库复制到磁带或另一个磁盘上保存起来的过程。这些备用的数据文本称为后备副本（后援副本）。当数据库遭到破坏后就可以利用后备副本把数据库恢复，这时，数据库只能恢复到备份时的状态，从那以后的所有更新事务必须重新运行才能恢复到故障时的状态。

备份可分为静态备份（冷备份）和动态备份（热备份）。静态备份是指备份期间不允许（或不存在）对数据库进行任何存取、修改活动。静态备份简单，但备份必须等待用户事务结束才能进行，同样，新的事务必须等待备份结束才能执行。显然，这会降低数据库的可用性；动态备份是指备份期间允许对数据库进行存取或修改，即备份和用户事务可以并发执行。动态备份可克服静态备份的缺点，但是，备份结束时后援副本上的数据并不能保证正确有效。

备份还可以分为海量备份和增量备份。海量备份是指每次备份全部数据库。增量备份则指每次只备份上次备份后更新过的数据。如果数据库很大，事务处理又十分频繁，则增量备份方式是很有效的。

2．日志文件

事务日志是针对数据库改变所做的记录，它可以记录针对数据库的任何操作，并将记录结果保存在独立的文件中。这种文件就称为日志文件。对于任何一个事务，事务日志都有非常全面的记录，根据这些记录可以将数据文件恢复成事务前的状态。从事务动作开始，事务日志就处于记录状态，事务执行过程中对数据库的任何操作都记录在内，直到用户提交或回滚后才结束记录。

日志文件是用来记录对数据库每一次更新活动的文件，在动态备份方式中，必须建立日志文件，后援副本和日志文件综合起来才能有效地恢复数据库；在静态备份方式中，也可以建立日志文件，当数据库毁坏后可重新装入后援副本把数据库恢复到备份结束时刻的正确状态，然后利用日志文件，把已完成的事务进行重做处理，对故障发生时尚未完成的事务进行撤销处理。这样不必重新运行那些已完成的事务程序就可把数据库恢复到故障前某一时刻的正确状态。

例如，在热备份期间的某时刻 t_1，系统把数据 A=100 备份到了磁带上，而在时刻 t_2，某一事务对 A 进行了修改使 A=200。备份结束，后备副本上的 A 已是过时的数据了。为此，必须把备份期间各事务对数据库的修改活动登记下来，建立日志文件。这样，后备副本加上日志文件就能把数据库恢复到某一时刻的正确状态。

事务在运行过程中，系统把事务开始、事务结束（包括 COMMIT 和 ROLLBACK），以及对数据库的插入、删除、修改等每一个操作作为一个登记记录存放到日志文件中。每个记录包括的主要内容有：执行操作的事务标识、操作类型、更新前数据的旧值（对插入操作而言此项为空值）、更新后的新值（对删除操作而言此项为空值）。登记的次序严格按并行事务操作执行的时间次序，同时遵循“先写日志文件”的规则。写一个修改到数据库中和写一个表示这个修改的日志记录到日志文件中是两个不同的操作，有可能在这两个操作之间发生故障，即这两个写操作只完成了一个，如果先写了数据库修改，而在日志记录中没有登记这个修改，则以后就无法恢复这个修改了。因此，为了安全，应该先写日志文件，即首先把修改记录写到日志文件上，然后再写数据库的修改。这就是“先写日志文件”的原则。

3．数据恢复

把数据库从错误状态恢复到某一个已知的正确状态的功能，称为数据库的恢复。数据恢复的基本原理就是冗余，建立冗余的方法有数据备份和登录日志文件等。可根据故障的不同类型，采用不同的恢复策略。

（1）事务故障的恢复

事务故障的恢复是由系统自动完成的，对用户是透明的（不需要 DBA 的参与）。其步骤如下：

① 反向扫描日志文件，查找该事务的更新操作。

② 对该事务的更新操作执行逆操作。

③ 继续反向扫描日志文件，查找该事务的其他更新操作，并做同样处理。

④ 如此处理下去，直至读到此事务的开始标记，事务故障恢复完成。

（2）系统故障的恢复

系统故障的恢复在系统重新启动时自动完成，不需要用户干预。其步骤如下：

① 正向扫描日志文件，找出在故障发生前已经提交的事务，将其事务标识记入重做（Redo）队列。同时找出故障发生时尚未完成的事务，将其事务标识记入撤销（Undo）队列。

② 对撤销队列中的各个事务进行撤销处理：反向扫描日志文件，对每个 Undo 事务的更新操作执行逆操作。

③ 对重做队列中的各个事务进行重做处理：正向扫描日志文件，对每个 Redo 事务重新执行日志文件登记的操作。

（3）介质故障与病毒破坏的恢复

介质故障与病毒破坏的恢复步骤如下：

① 装入最新的数据库后备副本，使数据库恢复到最近一次备份时的一致性状态。

② 从故障点开始反向扫描日志文件，找出已提交事务标识并记入 Redo 队列。

③ 从起始点开始正向扫描日志文件，根据 Redo 队列中的记录，重做已完成的任务，将数据库恢复至故障前某一时刻的一致状态。

（4）有检查点的恢复技术

检查点记录的内容可包括建立检查点时刻所有正在执行的事务清单，以及这些事务最近一个日志记录的地址。采用检查点的恢复步骤如下：

① 从重新开始文件中找到最后一个检查点记录在日志文件中的地址，由该地址在日志文件中找到最后一个检查点记录。

② 由该检查点记录得到检查点建立时所有正在执行的事务清单队列（A）。

③ 建立重做队列（R）和撤销队列（U），把 A 队列放入 U 队列中，R 队列为空。

④ 从检查点开始正向扫描日志文件，若有新开始的事务 T_1，则把 T_1 放入 U 队列；若有提交的事务 T_2，则把 T_2 从 U 队列移到 R 队列；直至日志文件结束。

⑤ 对 U 队列的每个事务执行 Undo 操作，对 R 队列的每个事务执行 Redo 操作。

2.4.3　数据库的安全性

DBS 的信息安全性在技术上可以依赖于两种方式，一种是 DBMS 本身提供的用户身份识别、视图、使用权限控制、审计等管理措施，例如，大型数据库管理系统如 Oracle 和 Sybase 等均有此功能；另一种就是靠数据库的应用程序来实现对数据库访问进行控制和管理，例如，用Dbase、Foxbase、Foxpro等开发的数据库应用程序，很多数据的安全控制都由应用程序里面的代码来实现。

1．用户认证

用户的身份认证是用户使用DBMS系统的第一个环节，用户的身份鉴别是DBMS识别什么用户能做什么事情的依据。

（1）口令认证。口令（password，密码）是一种身份认证的基本形式，用户在建立与DBMS的访问连接前必须提供正确的用户账号（userid）和口令，DBMS与自身保存的用户列表中的用户标识和口令比较，如果匹配则认证成功，允许用户使用数据库系统；如果不匹配则返回拒绝信息。这种认证判断过程往往是数据库登录的第一步，用户账户（account）的账号和口令是口令认证方式中的核心，用户信息可以保存在数据库内、操作系统内或者集中的目录服务器（Directory Server）用户身份证书库内。

（2）强身份认证。在网络环境下，客户端到DBMS服务器可能经过多个环节，在身份认证期间，用户的信息和口令可能会经过很多不安全的结点（如路由器和服务器），而被信息的窃听者窃取。强身份认证过程使认证可以结合信息安全领域一些更深入的技术保障措施，来强化用户身份的鉴别，例如，与用户证书、智能卡、用户指纹识别等多种身份识别技术相结合。

2．用户角色

按每个用户指定操作权限在用户数目比较多的时候往往是一项非常繁重的工作，所以DBMS提供角色来描述具有相同操作权限的用户集合，不同角色的用户授予不同的数据管理和访问操作权限。一般可以将权限角色分为3类，分别是数据库登录权限类、资源管理权限类和DBA权限类。

有了数据库登录权限的用户才能进入DBMS，才能使用DBMS所提供的各类工具和实用程序。同时，数据对象的创建者（owner）可以授予这类用户以数据查询、建立视图等权限。这类用户只能查阅部分数据库信息，不能修改数据库中的任何数据。

具有资源管理权限的用户，除了拥有上一类的用户权限外，还有创建数据库表、索引等数据对象的管理权限，可以在权限允许的范围内修改、查询数据库，还能将自己拥有的权限授予其他用户，可以申请审计。

具有DBA权限的用户将具有数据库管理的全部权限，包括访问任何用户的任何数据，授予（或回收）用户的各种权限，创建各种数据对象，完成数据库的整库备份、装入重组及进行全系统的审计等工作。

当然，不同的DBMS，可能对用户角色的定义不尽相同，权限的划分的细致程度也远超过上面3种基本的类型，而基于角色的用户权限管理是现在每个主流数据库产品（例如，IBM DB2、Oracle、Sybase、MS SQL Server等）和一些专用的数据库产品（例如，NCR Teradata、Hyperion Essbase等）都具有的特性。

3．数据授权

同一类功能操作权限的用户，对数据库中数据对象管理和使用的范围又可能是不同的，因此 DBMS 除了要提供基于功能角色的操作权限控制外，还提供了对数据对象的访问控制，访问控制可以根据对控制用户访问数据对象的粒度从大到小分为 4 个层次。

（1）数据库级别：判断用户是否可以使用访问数据库里的数据对象，包括表、视图、存储过程。

（2）表级：判断用户是否可以访问关系里面的内容。

（3）行级：判断用户是否能访问关系中的一行记录的内容。

（4）属性级：判断用户是否能访问表关系中的一个列（属性、字段）的内容。

管理员把某用户可查询的数据和元素在逻辑上归并起来，简称一个或多个用户视图，并赋予名称，再把该视图的各种使用权限授予该用户（也可以授予多个用户）。

DBMS 对于用户的访问存取控制有以下两个基本的原则：

（1）隔离原则：用户只能存取他自己所有的和已经取得授权的数据对象。

（2）控制原则：用户只能按他所取得的数据存取方式存取数据，不能越权。

数据库授权可以分为静态授权和动态授权。一般意义上，可以把静态授权理解成为是 DBMS 的隐性授权，也就是说用户（或 DBA）对他自己拥有的信息是不需要有指定的授权动作就拥有全权管理和操作的权限的。与静态授权相对应，只有数据对象的所有者或者 DBA 默认地拥有对数据的存取权，动态授权则允许这些用户把这些权力授予其他的用户，现在 DBMS 支持的 SQL（Structured Query Language，结构化查询语言）语言里面有专门的授权语句。

4．数据库视图

视图可以被看成是虚拟表或存储查询。可通过视图访问的数据不作为独特的对象存储在数据库内。数据库内存储的是 SELECT 语句。SELECT 语句的结果集构成视图所返回的虚拟表。用户可以用引用表时所使用的方法，在 SQL 语句中通过引用视图名称来使用虚拟表。使用视图可以实现下列功能：

（1）将用户限定在表中的特定行上。例如，只允许雇员看见工作跟踪表内记录其工作的行。

（2）将用户限定在特定列上。例如，对于那些不负责处理工资单的雇员，只允许他们看见雇员表中的姓名、工作电话和部门列，而不能看见任何包含工资信息或个人信息的列。

（3）将多个表中的列连接起来，使它们看起来像一个表。

（4）聚合信息而非提供详细信息。例如，显示一个列的和，或列的最大值和最小值。

如果需要限制用户使用的数据，可以将视图作为一种安全机制。通过定义 SELECT 语句以检索将在视图中显示的数据来创建视图。SELECT 语句引用的数据表称为视图的基表。

5．审计功能

如果身份认证是一种事前的防范措施，审计则是一种事后监督的手段。跟踪也是

DBMS提供的监视用户动作的功能，然而，审计和跟踪是两个不同的概念，主要是两者的目的不同。跟踪主要是满足系统调试的需要，捕捉到的用户行为记录往往只用于分析，而并不长久地保存，而审计作为一种安全检查的措施，会把系统的运行状况和用户访问数据库的行为记录以日志保存下来，这种日志往往作为一种稽查用户行为的一种证据。

根据审计对象的区分，有两种方式的审计，即用户审计和系统审计。用户审计时，DBMS的审计系统记下所有对自己表或视图进行访问的企图（包括成功的和不成功的）及每次操作的用户名、时间、操作代码等信息。这些信息一般都被记录在操作系统或DBMS的日志文件里面，利用这些信息可以对用户进行审计分析。系统审计由DBA进行，其审计内容主要是系统一级命令及数据对象的使用情况。

2.4.4 数据库的完整性

数据库的完整性是指数据的正确性和相容性。数据库是否具备完整性关系到DBS能否真实地反映现实世界，因此维护数据库的完整性是非常重要的。

1．完整性约束条件

保证数据完整性的方法之一是设置完整性检查，即对数据库中数据设置一些约束条件，这是数据的语义体现。数据的完整性约束条件一般在数据模式中给出，并在运行时做检查，当不满足条件时立即向用户通报以便采取措施。

完整性约束条件一般指的是对数据库中数据本身的某些语法、语义限制，数据间的逻辑约束，以及数据变化时应遵守的规则等。所有这些约束条件一般均以谓词逻辑形式表示，即以具有真假值的原子公式及命题连接词（并且、或者、否定）所组成的逻辑公式表示。完整性约束条件作用对象可以是关系、元组、列三种。

数据库中数据的语法、语义限制与数据间的逻辑约束称为静态约束。它反映了数据及数据间的固有的逻辑特性，是最重要的一类完整性约束。静态约束包括静态列级约束（对数据类型的约束、对数据格式的约束、对取值范围或取值集合的约束、对空值的约束、其他约束）、静态元组约束、静态关系约束（实体完整性约束、参照完整性约束、函数依赖约束、统计约束）。

数据库中的数据变化应遵守的规则称为数据动态约束，它反映了数据库状态变迁的约束。动态约束包括动态列级约束（修改列定义时的约束、修改列值时的约束）、动态元组约束、动态关系约束。

2．完整性控制

完整性控制机制应该具有定义功能（提供定义完整性约束条件的机制）和检查功能（检查用户发出的操作请求是否违背了完整性约束条件）。如果发现用户的操作请求违背了约束条件，则采取一定的动作来保证数据的完整性。数据库的完整性可分为实体完整性、参照完整性和用户定义的完整性。

（1）实体完整性

实体完整性要求主码中的任一属性不能为空，所谓空值是“不知道”或“无意义”的值。之所以要保证实体完整性，主要是因为在关系中，每一个元组的区分是依据主码值的不同，若主码值取空值，则不能标明该元组的存在。

（2）参照完整性

若基本关系 R 中含有与另一基本关系 S 的主码 PK 相对应的属性组 FK（FK 称为 R 的外码），则参照完整性要求，R 中的每个元组在 FK 上的值必须是 S 中某个元组的 PK 值，或者为空值。参照完整性的合理性在于，R 中的外码只能对 S 中的主码引用，不能是 S 中主码没有的值。例如，对于学生和选课表两个关系，选课表中的学号是外码，它是学生表的主键，若选课表中出现了某个学生表中没有的学号，即某个学生还没有注册，却已有了选课记录，这显然是不合理的。

对于参照完整性，需要明确以下问题：

① 外码能否接受空值问题，根据实际应用决定。

② 在被参照关系中删除元组的问题。

- 级联删除：将参照关系中所有外码值与被参照关系中要删除元组主码值相同的元组一起删除。如果参照关系同时又是另一个关系的被参照关系，则这种删除操作会继续级联下去。
- 受限删除（一般系统默认）：仅当参照关系中没有任何元组的外码值与被参照关系中要删除元组的主码值相同时，系统才可以执行删除操作，否则拒绝执行删除操作。
- 置空删除：删除被参照关系的元组，并将参照关系中相应元组的外码值置为空值。

③ 在参照关系中插入元组的问题。

- 受限插入：仅当被参照关系中存在相应的元组时，其主码值与参照关系插入元组的外码值相同时，系统才执行插入操作，否则拒绝此操作。
- 递归插入：首先向被参照关系中插入相应的元组，其主码值等于参照关系插入元组的外码值，然后向参照关系插入元组。

（3）用户定义的完整性

实体完整性和参照完整性适用于任何关系型 DBMS。除此之外，不同的关系数据库系统根据其应用环境的不同，往往还需要一些特殊的约束条件。用户定义的完整性就是针对某一具体关系数据库的约束条件，它反映某一具体应用所涉及的数据必须满足的语义要求。

如果在一条语句执行完后立即检查，则称立即执行约束；如果在整个事务执行结束后再进行检查，则称延迟执行约束。完整性规则的五元组表示为（D，O，A，C，P），其中 D 表示约束作用的数据对象，O 表示触发完整性检查的数据库操作，A 表示数据对象必须满足的断言或语义约束，C 表示选择 A 作用的数据对象值的谓词，P 表示违反完整性规则时触发的过程。

（4）触发器

触发器是在关系型 DBMS 中应用得比较多的一种完整性保护措施。触发器的功能一般比完整性约束要强得多。一般而言，在完整性约束功能中，当系统检查出数据中有违反完整性约束条件时，则仅给出必要提示以通知用户，仅此而已。而触发器的功能则不仅仅起提示作用，它还会引起系统内自动进行某些操作以消除违反完整性约束条件所引起的负面影响。

所谓触发器，其抽象的含义即是一个事件的发生必然触发（或导致）另外一些事件的发生，其中前面的事件称为触发事件，后面的事件称为结果事件。触发事件一般即为完整性约束条件的否定。而结果事件即为一组操作用以消除触发事件所引起的不良影响。在目前数据库中事件一般表示为数据的插入、修改、删除等操作。

希赛教育专家提示：触发器除了有完整性保护功能外，还有安全性保护功能。

2.4.5 数据库性能

数据库性能的调整是数据库管理员的日常工作之一。性能调整工作可以从逻辑上和物理上两个方面进行。

1．SQL 的性能优化

SQL（STructured Query Language，结构化查询语言）语句是用户访问关系数据库中数据的唯一方法，通常在一个关系数据库上，服务器的 SQL 进程会使用该服务器 60%～90%的资源，大部分数据库效率的问题都是由于 SQL 语句编写不善引起的，所以 SQL 语句的性能优化十分重要。

为了编写出高效的 SQL 语句，首先应按照一定的具体规范来编写 SQL 语句，我们建议每一个 DBA 都应该收集和整理一份 SQL 编码规范。其次是在真实数据库上对这些 SQL 语句进行性能测试和跟踪并不断调整，达到最优后才正式上线运行。最后需要强调的是，随着数据量的变化和数据库版本升级后，往往会导致部分 SQL 性能下降，所以对 SQL 的跟踪优化是 DBA 的一项持续不断的工作。

2．数据库的性能优化

DBS 是一组程序作用在数据文件上对外提供服务，所以其本身的性能优化也十分重要，对其的优化工作主要是相应的参数调整，步骤一般如下：

（1）通过监视 DBS 的内存对象，获得系统性能指标，发现系统的性能缺陷及原因。

（2）针对导致系统性能缺陷的原因，进行相应的参数调整（如增加数据缓冲区的大小）。

（3）跟踪参数调整后系统的各项性能指标，看是否达到预期要求，否则继续调整。

以上 3 步反复循环迭代，持续进行，保证数据库本身运行状态的最优。

例如，Oracle 通常利用定时执行 statspacke.snap 包收集数据库的运行状态，然后利用程序 spreport.sql 对两个采集点之间的数据产生报表，以分析这段时间数据库的各种运行指标。Sybase 数据库用 sp_sysmon、sp_monitor、sp_configure 命令来采集和分析一定时间段内数据库的各种运行指标。

3．查询优化

可以通过如下方法来优化查询：

（1）把数据、日志、索引放到不同的 I/O 设备上，增加读取速度。数据量（尺寸）越大，提高 I/O 越重要。

（2）纵向、横向分割表，减少表的尺寸。

（3）根据查询条件，建立索引，优化索引、优化访问方式，限制结果集的数据量。注意填充因子要适当（最好是使用默认值 0）。索引应该尽量小，使用字节数小的列建索引好，不要对有限的几个值的列建单一索引。

（4）用 OR 的子句可以分解成多个查询，并且通过 UNION 连接多个查询。它们的速度只与是否使用索引有关，如果查询需要用到联合索引，用 UNION all 执行的效率更高。

（5）在查询 SELECT 语句中用 WHERE 子句限制返回的行数，避免表扫描。如果返回不必要的数据，浪费了服务器的 I/O 资源，加重了网络的负担，降低了性能。如果表很大，在表扫描的期间将表锁住，禁止其他的联接访问表，后果严重。

（6）注意，在没有必要时不要用 DISTINCT，它同 UNION 一样会使查询变慢。

（7）在 IN 后面值的列表中，将出现最频繁的值放在最前面，出现得最少的放在最后面，减少判断的次数。

（8）一般在 GROUP BY 和 HAVING 子句之前就能剔除多余的行，所以尽量不要用它们来做剔除行的工作。

（9）尽量将数据的处理工作放在服务器上，减少网络的开销，如使用存储过程。存储过程是编译好、优化过，并且被组织到一个执行规划里，且存储在数据库中的 SQL 语句（存储过程是数据库服务器端的一段程序），是控制流语言的集合，速度当然快。存储过程有两种类型。一种类似于 SELECT 查询，用于检索数据，检索到的数据能够以数据集的形式返回给客户。另一种类似于 INSERT 或 DELETE 查询，它不返回数据，只是执行一个动作。有的服务器允许同一个存储过程既可以返回数据又可以执行动作。

（10）不要在一句话里再三地使用相同的函数，浪费资源，将结果放在变量里再调用更快。

另外，还可以针对大量只读查询操作进行优化，常见的方法有：

（1）数据量小的数据，可以考虑不存储在数据库中，而是通过程序常量的方式解决。

（2）需要存储在数据库中的数据，可以考虑采用物化视图（索引视图）。当 DBA 在视图上创建索引时，这个视图就被物化（执行）了，并且结果集被永久地保存在唯一聚簇索引中，保存方式与一个有聚簇索引的表的保存方式相同。物化视图减除了为引用视图的查询动态建立结果集的管理开销，优化人员可以在查询中使用视图索引，而不需要在FROM子句中直接指定视图。

（3）数据存储时可以考虑适当的数据冗余，以减少数据库表之间的连接操作，提高查询效率。

（4）针对数据的特点，采取特定的索引类型。例如位图索引等。

2.5 数据库工程

数据库工程是指基于DBS生存周期的所有活动的集合，其中包括数据库的规划、设计、实现和管理等。在DBS的管理方面，主要是对数据库进行控制，也就是2.4节所讨论的内容。

数据库设计是指对一个给定的应用环境，提供一个确定最优数据模型与处理模式的逻辑设计，以及一个确定数据库存储结构与存取方法的物理设计，建立起能反映现实世界信息和信息联系及满足用户数据要求和加工要求，以能够被某个DBMS所接受，同时能实现系统目标并有效存取数据的数据库。

2.5.1 数据库设计阶段

基于DBS生存期的数据库设计分成5个阶段，分别为规划、需求分析、概念设计、逻辑设计和物理设计。

1．规划

规划阶段的主要任务是进行建立数据库的必要性及可行性分析，确定DBS在组织中和信息系统中的地位，以及各个数据库之间的联系。有关这方面的详细知识，请阅读8.5节。

2．需求分析

需求分析可以通过3步来完成，即需求信息的收集、分析整理和评审，其目的在于对系统的应用情况做全面详细的调查，确定企业组织的目标，收集支持系统总的设计目标的基础数据和对这些数据的要求，确定用户的需求，并把这些要求写成用户和数据设计者都能够接受的文档。有关这方面的详细知识，请阅读8.6节。

3．概念设计

概念设计（概念结构设计）阶段的目标是对需求说明书提供的所有数据和处理要求进行抽象与综合处理，按一定的方法构造反映用户环境的数据及其相互联系的概念模型，即用户的数据模型或企业数据模型。这种概念数据模型与DBMS无关，是面向现实世界的、极易为用户所理解的数据模型。为保证所设计的概念数据模型能正确、完全地反映用户的数据及其相互关系，便于进行所要求的各种处理，在本阶段设计中可吸收用户参与和评议设计。在进行概念结构设计时，可先设计各个应用的视图，即各个应用所看到的数据及其结构，然后再进行视图集成，以形成一个单一的概念数据模型。这样形成的初步数据模型还要经过数据库设计者和用户的审查与修改，最后形成所需的概念数据模型。

有关概念模型的建立，请阅读 2.6 节。对概念模型的要求是：

（1）概念模型是对现实世界的抽象和概括，它应真实、充分地反映现实世界中事物和事物之间的联系，有丰富的语义表达能力，能表达用户的各种需求，包括描述现实世界中各种对象及其复杂联系、用户对数据对象的处理要求和手段。

（2）概念模型应简洁、明晰、独立于机器、容易理解、方便数据库设计人员与应用人员交换意见，使用户能积极地参与数据库的设计工作。

（3）概念模型应易于变动。当应用环境和应用要求改变时，容易对概念模型修改和补充。

（4）概念模型应很容易向关系、层次或网状等各种数据模型转换，易于从概念模式导出与 DBMS 有关的逻辑模式。

4．逻辑设计

逻辑设计（逻辑结构设计）主要是把概念模式转换成 DBMS 能处理的模式。转换过程中要对模式进行评价和性能测试，以便获得较好的模式设计。逻辑设计的主要内容包括初始模式的形成、子模式设计、应用程序设计梗概、模式评价、修正模式（通过模式分解或模式合并来实现规范化）。

逻辑设计的目的是把概念设计阶段设计好的基本 E-R 图转换为与选用的具体机器上的 DBMS 所支持的数据模型相符合的逻辑结构，包括数据库模式和外模式。

逻辑设计过程中的输入信息有：

（1）独立于 DBMS 的概念模式，即概念设计阶段产生的所有局部和全局概念模式。

（2）处理需求，即需求分析阶段产生的业务活动分析结果。

（3）约束条件，即完整性、一致性、安全性要求及响应时间要求等。

（4）DBMS 特性，即特定的 DBMS 所支持的模式、子模式和程序语法的形式规则。

逻辑设计过程输出的信息有 DBMS 可处理的模式、子模式、应用程序设计指南、物理设计指南。

5．物理设计

物理设计（物理结构设计）是指对一个给定的逻辑数据模型选取一个最适合应用环境的物理结构的过程，所谓数据库的物理结构主要指数据库在物理设备上的存储结构和存取方法。

物理设计的步骤为：

（1）设计存储记录结构，包括记录的组成、数据项的类型和长度，以及逻辑记录到存储记录的映射。

（2）确定数据存储安排。

（3）设计访问方法，为存储在物理设备上的数据提供存储和检索的能力。

（4）进行完整性和安全性的分析、设计。

（5）程序设计。

2.5.2 设计约束和原则

在进行数据库设计的过程中，性能标准和性能约束的要求是设计者必须考虑的。通常性能约束也被看做需求的一部分，而性能标准是从不同的性能约束中推导出来的。一些典型的约束有：查询响应时间的上限，系统破坏后的恢复时间，为维护安全性和完整性而需要的特殊数据，等等。对最终结构进行性能标准的估价除了上述的响应时间外，还有更新、存储，以及再组织的代价。数据库设计过程的输出，主要有两部分：一部分是完整的数据库结构，其中包括逻辑结构与物理结构；另一部分是基于数据库结构和处理需求的应用程序的设计准则。这些输出都是以说明书的形式出现的。

为了使数据库设计更合理有效，需要有效的指导原则，这种指导原则称为数据库设计方法学。一个好的数据库设计方法学应该能在合理的期限内，以合理的工作量，产生一个有实用价值的数据库结构。这里“实用价值”是指满足用户关于功能、性能、安全性、完整性及发展需求等诸方面的要求，同时又服从于特定DBMS的约束，且可用简单的数据模型来表示。方法学还具有足够的通用性、灵活性和可再生产性（不同的设计者应用同一方法学于同一设计问题时，应得到相同或类似的结果）。它有自顶向下、逐步求精的数据库结构设计过程，它对数据库结构和应用软件采取“多步设计评审方法”，其目的是要尽早发现系统设计中的错误，并在生存期的早期阶段给予纠正，以减少系统研制的成本。它有分析式、启发式或过程式的设计技术和定量（前面已讲到的如查询响应时间等）及定性的数据库评价原则。数据库定性分析是指其灵活性、适应性、新用户对设计的可理解性、与其他系统兼容性、对新环境的可改变性、恢复和重启动能力、对模块增生的分割和接受能力等。在数据库设计方法学中，信息需求渗透到数据库设计的整个过程，并且需要有3种基本类型的描述机制：

（1）实现设计过程的最终结果将用DBMS的DDL（Data Definition Language，数据定义语言）表示。DDL完全是针对现有的DBMS而言的。

（2）信息输入的描述。包括需求信息的收集和分析，数据元素及其联系的同义词、异义词和重叠定义等。这些都不容易用软件工具实现，可能要用到一些人工方式。

（3）在信息输入和DDL描述之间的其他中间步骤的结果的描述。主要的中间结果是实体联系图，它是概念设计的产物，在概念设计和逻辑设计之间起桥梁作用。

希赛教育专家提示：基于生存期的设计方法学进行设计并不是数据库设计的唯一途径。近年来由于设计辅助工具、第四代语言和程序自动生成技术的发展，快速原型法也是数据库设计中常用的方法。

为了使数据库结构能适应应用中可能发生的变化，在数据库设计中，要充分注意数据库结构的可扩充性。例如，在设计数据库的时候要考虑到哪些数据字段将来可能会发生变更；给文本字段留足余量；估算未来 5～10 年的扩充数据量等。

2.6　数据库建模

本知识点主要考查 E-R 图的画法，各实体之间的关系，如何消除冲突，E-R 图向关系模式的转换等。

2.6.1　E-R 图的画法

E-R 模型简称 E-R 图，它是描述概念世界，建立概念模型的实用工具。E-R 图包括 3 个要素：

（1）实体（型）：用矩形框表示，框内标注实体名称。

（2）属性：用椭圆形表示，并用连线与实体连接起来。

（3）实体之间的联系：用菱形框表示，框内标注联系名称，并用连线将菱形框分别与有关实体相连，并在连线上注明联系类型。

例如，图 2-2 就是一个教学系统的 E-R 图（为了简单起见，省略了部分实体的属性和联系的属性）。

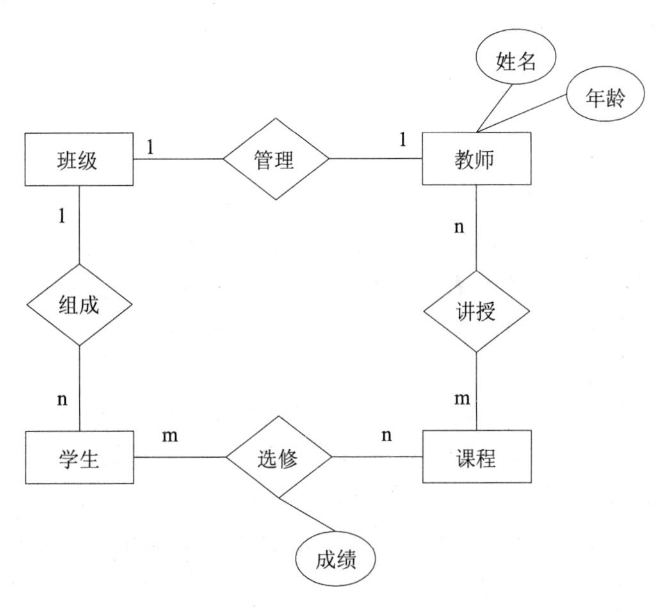

图 2-2　某教学系统 E-R 图

E-R 图中的联系归结为三种类型：

（1）一对一联系（1:1）。设A、B为两个实体集。若A中的每个实体至多和B中的一个实体有联系，反过来，B中的每个实体至多和A中的一个实体有联系，称A对B或B对A是1:1联系。注意：1:1联系不一定都是一一对应的关系，也可能存在着无对应。例如，在图2-2中，一个班只有一个班主任，一个班主任不能同时在其他班再兼任班主任，由于老师紧缺，某个班的班主任也可能暂缺。

（2）一对多联系（1:n）。如果A实体集中的每个实体可以和B中的几个实体有联系，而B中的每个实体至少和A中的一个实体有联系，那么A对B属于1:n联系。例如，在图2-2中，一个班级有多个学生，而一个学生只能编排在一个班级，班级与学生属于一对多的联系。

（3）多对多联系（m:n）。若实体集A中的每个实体可与和B中的多个实体有联系，反过来，B中的每个实体也可以与A中的多个实体有联系，称A对B或B对A是m:n联系。例如，在图2-2中，一个学生可以选修多门课程，一门课程由多个学生选修，学生和课程间存在多对多的联系。

希赛教育专家提示：有时联系也有属性，这类属性不属于任一实体，只能属于联系。

2.6.2 E-R图的集成

在数据库的概念结构设计过程中，先设计各子系统的局部E-R图，设计过程可分为以下几个步骤：

（1）确定局部视图的范围。

（2）识别实体及其标识。

（3）确定实体间的联系。

（4）分配实体及联系的属性。

各子系统的局部E-R图设计好后，下一步就是要将所有的分E-R图综合成一个系统的总体E-R图，一般称为视图的集成。视图集成通常有两种方式：

（1）多个局部E-R图一次集成。这种方式比较复杂，做起来难度较大。

（2）逐步集成，用累加的方式一次集成两个局部E-R图。这种方式每次只集成两个局部E-R图，可以降低复杂度。

由于各子系统应用所面临的问题不同，且通常是由不同的设计人员进行局部视图设计，这就导致各个局部E-R图之间必定会存在许多不一致的问题，称之为冲突。因此合并E-R图时并不能简单地将各个局部E-R图画到一起，而是必须着力消除各个局部E-R图中的不一致，以形成一个能为全系统中所有用户共同理解和接受的统一的概念模型。

各局部E-R图之间的冲突主要有3类：

（1）属性冲突：包括属性域冲突和属性取值冲突。属性冲突理论上好解决，只要换成相同的属性就可以了，但实际上需要各部门协商，解决起来并不简单。

（2）命名冲突：包括同名异义和异名同义。处理命名冲突通常也像处理属性冲突一样，通过讨论和协商等行政手段加以解决。

（3）结构冲突：包括同一对象在不同应用中具有不同的抽象，以及同一实体在不同局部 E-R 图中所包含的属性个数和属性排列次序不完全相同。对于前者的解决办法是把属性变换为实体或实体变换为属性，使同一对象具有相同的抽象。对于后者的解决办法是使该实体的属性取各局部 E-R 图中属性的并集，再适当调整属性的次序。

另外，实体间的联系在不同的局部 E-R 图中可能为不同的类型，其解决方法是根据应用的语义对实体联系的类型进行综合或调整。

在初步的 E-R 图中，可能存在一些冗余的数据和实体间冗余的联系。冗余数据和冗余联系容易破坏数据库的完整性，给数据库维护增加困难，应当予以消除。消除冗余的主要方法为分析方法，即以数据字典和数据流图为依据，根据数据字典中关于数据项之间逻辑关系的说明来消除冗余。

在集成之后，还需要对 E-R 模型进行评审。评审的作用在于确认建模任务是否全部完成，通过评审可以避免重大的疏漏或错误。

2.6.3　E-R 图向关系模式的转换

E-R 图向关系模式的转换属于数据库的逻辑设计阶段的工作，该阶段需要把 E-R 模型转换为某种 DBMS 能处理的关系模式，具体转换规则如下：

（1）一个实体转换为一个关系模式，实体的属性就是关系的属性，实体的码（关键字）就是关系的码。

（2）一个 1∶1 联系可以转换为一个独立的关系模式，也可以与任意一端对应的关系模式合并。如果转换为一个独立的模式，则与该联系相连的各实体的码以及联系本身的属性均转换为关系的属性，每个实体的码均是该关系的候选键。如果与某一端实体对应的关系模式合并，则需要在该关系模式的属性中加入另一个关系模式的码和联系本身的属性。

（3）一个 1∶n 联系可以转换为一个独立的关系模式，也可以与任意 n 端对应的关系模式合并。如果转换为一个独立的模式，则与该联系相连的各实体的码以及联系本身的属性均转换为关系的属性，而关系的码为 n 端实体的码。如果与 n 端实体对应的关系模式合并，则需要在该关系模式的属性中加入 1 端关系模式的码和联系本身的属性。

（4）一个 m∶n 联系转换为一个独立的关系模式，与该联系相连的各实体的码以及联系本身的属性均转换为关系的属性，而关系的码为各实体码的组合。

（5）三个以上实体间的一个多元联系可以转换为一个独立的关系模式，与该联系相连的各实体的码以及联系本身的属性均转换为关系的属性，而关系的码为各实体码的组合。

另外，还有 4 种情况是需要特别注意的：

（1）多值属性的处理。如果 E-R 图中某实体具有一个多值属性，则应该进行优化，把该属性提升为一个实体。或者在转化为关系模式时，将实体的码与多值属性单独构成一个关系模式。

（2）BLOB型属性的处理。典型的BLOB是一张图片或一个声音文件，由于它们的容量比较大，必须使用特殊的方式来处理。处理BLOB的主要思想就是让文件处理器（如数据库管理器）不去理会文件是什么，而是关心如何去处理它。因此，从优化的角度考虑，应采用的设计方案是将BLOB字段与关系的码独立为一个关系模式。

（3）派生属性的处理。因为派生属性可由其他属性计算得到，因此，在转化成关系模式时，通常不转换派生属性。

（4）在对象-关系数据模型中，这里的关系模式就对应类，关系模式的属性就对应类的属性。

2.7 常见的数据库管理系统

目前，常见的DBMS主要有Oracle、Sybase、DB2、MS SQL Server等，本节简单介绍这些DBMS。

2.7.1 Oracle

Oracle的结构包括数据库的内部结构、外存储结构、内存储结构和进程结构。在Oracle中，数据库不仅指物理上的数据，还包括处理这些数据的程序，即DBMS本身。Oracle提供了PL/SQL、Designer/2000、Forms等开发和设计工具。

除了以关系格式存储数据外，Oracle8以上的版本支持面向对象的结构（如抽象数据类型）。一个对象可以与其他对象建立联系，也可以包含其他对象，还可以用一个对象视图支持面向对象的接口数据而无须对表做任何修改。

无论是面向对象的结构还是关系结构，Oracle数据库都将其数据存储在物理的数据文件中。数据库结构提供数据存储到文件的逻辑图，允许不同类型的数据分开存储，这些逻辑划分即是表空间。在Oracle中，除了存储数据的文件外，还有DBMS的代码文件、日志文件和其他一些控制文件、跟踪文件等。外存储结构主要包括表空间和文件结构。

Oracle数据库在运行中使用两种类型的内存结构，分别是系统全局区和程序全局区。系统全局区是数据库运行时存放系统数据的内存区域，它由所有服务器进程和客户进程共享；程序全局区是单个存放Oracle进程工作时需要的数据和控制信息的，程序全局区不能共享。

2.7.2 Sybase

为满足企业级分布式计算应用的要求，Sybase采用了基于构件方式的多层（常用三层）C/S 架构。构件的主要优点是其自包含性和可重用性，系统中任何一个构件当被另一个具有同样功能的构件取代时，都无须对周围的构件进行重编码或修改。

第1层为客户应用程序。负责实现在客户系统上的数据显示和操作以及对用户输入做合理性检验。Sybase 的开发工具产品系列（例如，Power Builder 等）处在这一层。

第2层为基于构件方式的中间件层。该层能为分布式异构环境提供全局性的数据访问及事务管理控制。Sybase 的中间件层产品主要有 Omni Connect、Open C1ient 和 Open Server 等。

第3层为服务器应用软件。它负责数据存取及完整性控制。Sybase 数据库产品系列（例如，Adaptive Server Enterprise、Sybase MPP、Sybase IQ 和 SQL Anywhere 等）处于这一层。

Sybase 这种架构的高适应性体现在企业可依据其特定的和变化中的分布式应用的需要来定制各个层次中的构件。Sybase 的这些产品能优化地集成在一起协同运行，但它们彼此又是相互独立的，都能容易地与第三方产品实现集成，因而用户可灵活地构建一个完整的异构分布式系统。

2.7.3　Informix

Informix 是美国 Informix 公司（已被 IBM 公司收购）的主要产品。Informix 是一个跨平台、全功能的关系型 DBMS，后改造为面向对象型 DBMS，它具有各种特性，并且能够十分方便地与各种图形用户界面前端工具相连接。

Informix 动态服务器采用多线程架构实现，这意味着只需较少的进程就可以完成数据库活动，同时也意味着一个数据库进程可以通过线程形式为多于一个的应用服务。通常称这样一组进程为数据库服务器。根据需要，可以为数据库服务器动态分配一个进程，故称之为动态服务器。多线程架构还可以有更好的可伸缩性。这意味着，当增加更多用户时，数据库服务器只需要少量额外资源，这得益于多线程服务器实现本质上的可伸缩性的效率。

Informix 的软件开发工具主要有 Informix-SQL、Informix-ESQL、Informix-4GL 等，它们具有不同的功能和特点，既能单独使用，也可根据实际需要相互配合使用。

2.7.4　SQL Server

SQL Server 是微软公司的数据库产品，SQL Server 的分布式架构把应用程序对数据库的访问和数据库引擎分离开来。SQL Server 的核心数据库服务器运行在基于 Windows 的服务器之上。基于 Windows 的服务器一般通过以太局域网与多个客户机系统连接。这些客户机系统一般是运行 SQL Server 客户机软件的 PC 机。这些 PC 机既可以是单独的桌面系统，又可以是其他网络服务的平台，如 IIS Web 服务器。

SQL Server 与流行的开发工具和桌面应用程序紧密集成，例如，可以从由 Visual

Basic、Visual C++、PowerBuilder、Delphi、Visual FoxPro 和许多其他 PC 开发环境下开发的客户应用程序中访问 SQL Server 数据库。SQL Server 与流行开发工具所使用的几种数据访问接口兼容，例如，可以通过 Microsoft JET Engine 和 Data Access Objects（DAO）、Remote Data Objects（RDO）、ActiveX Data Objects（ADO）、OLE DB、ODBC（Open Database Connectivity，开放数据库互连）、SQL Server 内置 DB-Library 以及第三方开发工具来访问 SQL Server 数据库。对于无缝桌面数据库访问，SQL Server 使用 OLE DB 提供者和 ODBC 驱动程序，这些驱动程序允许从任何与 ODBC 或者 OLE DB 兼容的桌面应用程序中访问 SQL Server 数据库。OLE DB 和 ODBC 可以从数百个简化设计的桌面应用程序中为特定的查询、数据分析、自定义报表打开 SQL Server 数据库。桌面集成减少了自定义的编程工作。SQL Serevr 对 ODBC 的支持允许其他平台，如 Macintosh 或各种 UNIX 系统访问 SQL Server 数据库。

SQL Server 的 4 个基本服务器组件包括 Open Data Services、MS SQL Server、SQL Server Agent 和 MSDTC。

2.7.5 DB2

DB2 是 IBM 公司研制的一种关系型数据库系统。DB2 主要应用于大型应用系统，具有较好的可伸缩性，可支持从大型机到单用户环境，应用于 OS/2、Windows 等平台下。

DB2 提供了高层次的数据利用性、完整性、安全性、可恢复性，以及小规模到大规模应用程序的执行能力，具有与平台无关的基本功能和 SQL 命令。DB2 采用了数据分级技术，能够使大型机数据很方便地下载到局域网数据库服务器，使得 C/S 用户和基于局域网的应用程序可以访问大型机数据，并使数据库本地化及远程连接透明化。它以拥有一个非常完备的查询优化器而著称，其外部连接改善了查询性能，并支持多任务并行查询。

DB2 具有很好的网络支持能力，每个子系统可以连接十几万个分布式用户，可同时激活上千个活动线程，对大型分布式应用系统尤为适用。

2.7.6 MySQL

MySQL 是一个开放源码的小型关联式数据库管理系统，开发者为瑞典 MySQL AB 公司。MySQL 被广泛地应用在 Internet 上的中小型网站中。由于其体积小、速度快、总体拥有成本低，尤其是开放源码这一特点，许多中小型网站为了降低网站总体拥有成本而选择了 MySQL 作为网站数据库。

2.8 并行数据库系统

并行 DBS 是在并行机上运行的具有并行处理能力的 DBS。并行 DBS 是数据库技术与并行计算技术相结合的产物。并行计算技术利用多处理机并行处理产生的规模效益来提高系统的整体性能，为 DBS 提供了一个良好的硬件平台。

一个并行 DBS 应该实现如下目标：

（1）高性能：并行 DBS 通过将数据库管理技术与并行处理技术有机结合，发挥多处理机结构的优势，从而提供比相应的大型机系统要高得多的性能价格比和可用性。

（2）高可用性：并行 DBS 可通过数据复制来增强数据库的可用性。

（3）可扩充性：DBS 的可扩充性指系统通过增加处理和存储能力而平滑地扩展性能的能力。

2.8.1　并行数据库的结构

从硬件结构来看，根据处理机与磁盘及内存的相互关系可以将并行计算机分为 3 种基本的架构，分别是共享内存（Share Memory，SM）结构、共享磁盘（Share Disk，SD）结构和无共享资源（Share-Nothing，SN）结构，并行 DBS 以这 3 种架构为基础。

1．SM 结构

SM 结构由多个处理机、一个共享内存和多个磁盘存储器构成。多处理机和共享内存由高速通信网络连接，每个处理机可直接存取一个或多个磁盘，即所有内存与磁盘为所有处理机共享。SM 结构如图 2-3 所示。

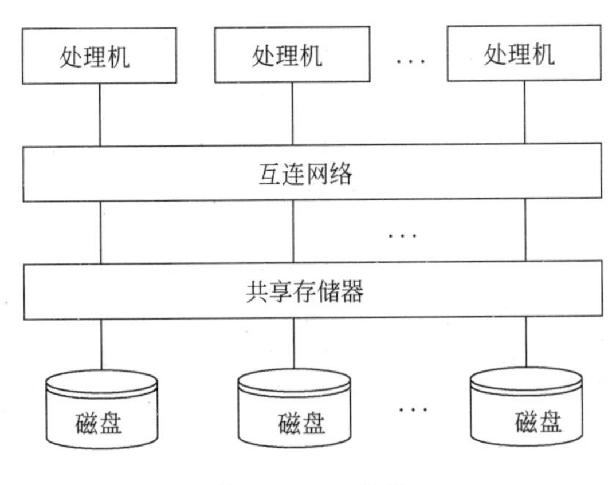

图 2-3　SM 结构

SM 结构的优势在于实现简单和负载均衡，但是这种结构的系统由于硬件成员之间的互连很复杂，故成本比较高。由于访问共享内存和磁盘会成为瓶颈，为了避免访问冲突增多而导致系统性能下降，结点数目必须限制在 100 个以下，可扩充性比较差。另外，内存的任何错误都将影响到多个处理机，系统的可用性不是很好。

2．SD 结构

SD 结构由多个具有独立内存的处理机和多个磁盘构成，每个处理机都可以读写任何磁盘，多个处理机和磁盘存储器由高速通信网络连接。SD 结构如图 2-4 所示。

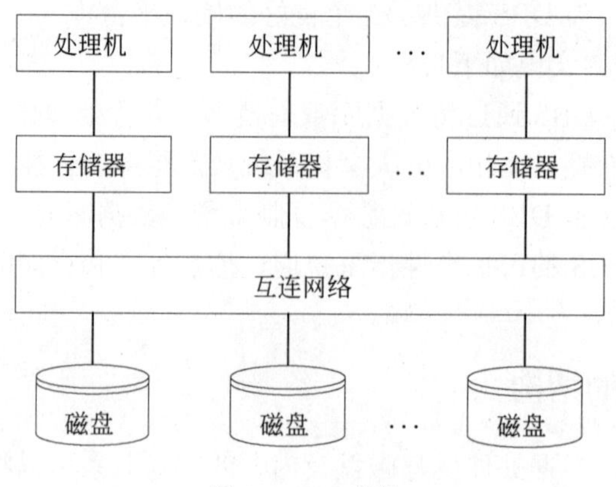

图 2-4 SD 结构

SD 结构具有成本低、可扩充性好、可用性强，容易从单处理机系统迁移，以及负载均衡等优点。该结构的不足之处在于实现起来比较复杂，以及存在潜在的性能问题。

3．SN 结构

SN 结构由多个处理结点构成，每个处理结点具有自己独立的处理机、内存和磁盘存储器，多个处理机结点由高速通信网络连接。SN 结构如图 2-5 所示。

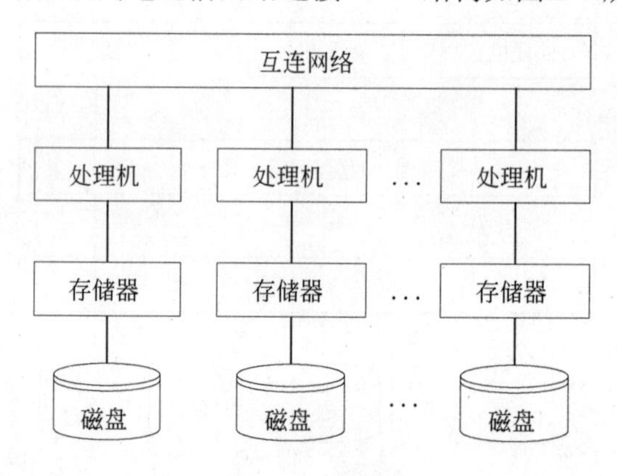

图 2-5 SN 结构

在 SN 结构中，由于每个结点可视为分布式 DBS 中的局部场地（拥有自己的数据库软件），因此分布式数据库设计中的多数设计思路，如数据库分片、分布事务管理和分布查询处理等，都可以借鉴。SN 结构成本较低，它最大限度地减少了共享资源，具有极佳的可伸缩性，结点数目可达数千个，并可获得接近线性的伸缩比。而通过在多个结点上复制数据又可实现高可用性。SN 结构的不足之处在于实现比较复杂，以及结点负荷难以均衡。往往只是根据数据的物理位置而不是系统的实际负载来分配任务。并且，系统中新结点的加入将导致重新组织数据库以均衡负载。

2.8.2　并行数据库的组织

并行数据库的组织主要涉及并行粒度和操作算法问题。

并行粒度是指查询执行的并行程度，按照粒度从粗到细，主要有不同用户事务间的并行、同一事务内不同查询间的并行、同一查询内不同操作间的并行、同一操作内的并行性 4 种。

并行操作算法有并行连接算法、并行扫描算法和并行排序算法等。由于连接运算是数据库系统中最常用且最耗时的操作，因此对并行连接操作的研究最多。学者们提出了基于嵌套循环的并行连接算法、基于合并扫描的并行连接算法、基于 Hash 的并行连接算法和基于索引的并行连接算法等。

并行数据库以提高系统性能为宗旨，强调数据分布的均匀性。数据划分是并行查询处理的重要基础，根据存放关系的结点数目的不同，数据划分技术可分为完全划分（完全分布）和变量划分（部分分布）两种类型。完全划分将每一个关系分布存储到所有结点上，这种方法不适合小关系及结点数目大的系统；变量划分将每一个关系只分布存储到部分结点上，其中结点数目是关系大小和访问频率的一个函数，从而使数据分布更为灵活。

划分数据时可以依据一个属性的值，也可以同时依据多个属性的值，前者称为一维数据划分，后者称为多维数据划分。常用的划分方法有轮转法、Hash 法和值域划分法、用户定义划分法、模式划分法和 Hybrid_Range 划分法等。

2.9　数据仓库与数据挖掘

企业常见的数据处理工作大致可以分成两大类，分别是 OLTP（On-Line Transaction Processing，联机事务处理）和 OLAP（On-Line Analytical Processing，联机分析处理）。OLTP 是传统的关系型数据库的主要应用，OLAP 是数据仓库系统的主要应用，支持复杂的分析操作，侧重决策支持，并且提供直观易懂的查询结果。

2.9.1　联机分析处理

OLTP 是传统关系型数据库的重要应用之一，主要是基本的、日常的事务处理，例如银行交易、电信计费、民航订票等，对响应时间要求比较高，强调的是密集数据更新处理的性能和系统的可靠性及效率。OLTP 用短小和中等复杂程度的查询语句，读取或修改数据库中一个比较小的部分，数据访问方式是小的随机磁盘访问。

OLTP 是事件驱动、面向应用的。OLTP 的基本特点是：对响应时间要求非常高；用户数量非常庞大，主要是操作人员；数据库的各种操作基于索引进行；对数据库的事务均已预先定义，查询简单，一般不牵涉多表连接操作。

OLAP 使得数据分析人员能够从多角度对数据进行快速、一致、交互地存取，从而获得对数据的更深入的了解。OLAP 的目标是满足决策支持或者在多维环境下特定的查询和报表需求。表 2-2 列出了 OLTP 与 OLAP 之间的比较。

表 2-2 OLTP 与 OLAP 的比较

	OLTP	OLAP
用户	操作人员、低层管理人员	决策人员：高级管理人员
功能	日常操作处理	分析决策
DB 设计	面向应用	面向主题
数据	当前的、最新的、细节的、二维的分立的	历史的、聚集的、多维的、集成的、统一的
存取	读/写数十条记录	读上百万条记录
工作单位	简单的事务	复杂的查询
用户数	上千个	上百个
DB 大小	100MB 至 GB 级	100GB 至 TB 级

OLAP 是使分析人员、管理人员或执行人员能够从多角度对信息进行快速、一致、交互地存取，从而获得对数据的更深入了解的一类软件技术。OLAP 的目标是满足决策支持或者满足在多维环境下特定的查询和报表需求，它的技术核心是“维”的概念。维是人们观察客观世界的角度，是一种高层次的类型划分。维一般包含着层次关系，这种层次关系有时会相当复杂。通过把一个实体的多项重要的属性定义为多个维，使用户能对不同维上的数据进行比较。因此 OLAP 也可以说是多维数据分析工具的集合。

OLAP 的基本多维分析操作有钻取、切片和切块、旋转等。

（1）钻取：是改变维的层次，变换分析的粒度。它包括向上钻取和向下钻取。向上钻取是在某一维上将低层次的细节数据概括到高层次的汇总数据，或者减少维数；而向下钻取则相反，它从汇总数据深入到细节数据进行观察或增加新维。

（2）切片和切块：是在一部分维上选定值后，关心度量数据在剩余维上的分布。如果剩余的维只有两个，则是切片；如果有三个，则是切块。

（3）旋转：是变换维的方向，即在表格中重新安排维的放置（例如行列互换）。

OLAP 有多种实现方法，根据存储数据的方式不同，可以分为 ROLAP（Relational OLAP，基于关系数据库的 OLAP 实现）、MOLAP（Multidimensional OLAP，基于多维数据组织的 OLAP 实现）、HOLAP（Hybrid OLAP，基于混合数据组织的 OLAP 实现）。

（1）ROLAP：以关系数据库为核心，以关系型结构进行多维数据的表示和存储。ROLAP 将多维数据库的多维结构划分为两类表：一类是事实表，用来存储数据和维关键字；另一类是维表，即对每个维至少使用一个表来存放维的层次、成员类别等维的描述信息。维表和事实表通过主关键字和外关键字联系在一起，形成了“星型模式”。对于层次复杂的维，为避免冗余数据占用过大的存储空间，可以使用多个表来描述，这种星型模式的扩展称为“雪花模式”。

（2）MOLAP：以多维数据组织方式为核心，也就是说，MOLAP 使用多维数组存储数据。多维数据在存储中将形成立方块（Cube）的结构，在 MOLAP 中对立方块的旋转、切块、切片是产生多维数据报表的主要技术。

（3）HOLAP：低层是关系型的，高层是多维矩阵型的；或者反之。这种方式具有更好的灵活性。

还有其他的一些实现 OLAP 的方法，如提供一个专用的 SQL Server，对某些存储模式（如星型、雪片型）提供对 SQL 查询的特殊支持。

OLAP 工具是针对特定问题的联机数据访问与分析，它通过多维的方式对数据进行分析、查询和报表。多维分析是指对以多维形式组织起来的数据采取切片、切块、钻取、旋转等各种分析动作，以求剖析数据，使用户能从多个角度、多侧面地观察数据库中的数据，从而深入理解包含在数据中的信息。

2.9.2　数据仓库的概念

数据仓库（Data Warehouse）是一个面向主题的、集成的、相对稳定的，且随时间变化的数据集合，用于支持管理决策。

1．数据仓库的特征

（1）面向主题。操作型数据库的数据组织面向事务处理任务（面向应用），各个业务系统之间各自分离，而数据仓库中的数据是按照一定的主题域进行组织。主题是一个抽象的概念，是指用户使用数据仓库进行决策时所关心的重点方面，一个主题通常与多个操作型信息系统相关。例如，一个保险公司所进行的事务处理（应用问题）可能包括汽车保险、人寿保险、健康保险和意外保险等，而公司的主要主题范围可能是顾客、保险单、保险费和索赔等。

（2）集成的。在数据仓库的所有特性中，这是最重要的。面向事务处理的操作型数据库通常与某些特定的应用相关，数据库之间相互独立，并且往往是异构的。而数据仓库中的数据是在对原有分散的数据库数据抽取、清理的基础上经过系统加工、汇总和整理得到的，必须消除源数据中的不一致性，以保证数据仓库内的信息是关于整个企业的一致的全局信息。

（3）相对稳定的（非易失的）。操作型数据库中的数据通常实时更新，数据根据需要及时发生变化。数据仓库的数据主要供企业决策分析之用，所涉及的数据操作主要是数据查询，一旦某个数据进入数据仓库以后，一般情况下将被长期保留，也就是数据仓库中一般有大量的查询操作，但修改和删除操作很少，通常只需要定期的加载、刷新。

（4）随时间变化。操作型数据库主要关心当前某一个时间段内的数据，而数据仓库中的数据通常包含历史信息，系统记录了企业从过去某一时点（如开始应用数据仓库的时点）到目前的各个阶段的信息，通过这些信息，可以对企业的发展历程和未来趋势做出定量分析和预测。

数据仓库反映历史变化的属性主要表现在：

（1）数据仓库中的数据时间期限要远远长于传统操作型数据系统中的数据时间期限，传统操作型数据系统中的数据时间期限可能为数十天或数个月，数据仓库中的数据时间期限往往为数年甚至几十年。

（2）传统操作型数据系统中的数据含有“当前值”的数据，这些数据在访问时是有效的，当然数据的当前值也能被更新，但数据仓库中的数据仅仅是一系列某一时刻（可能是传统操作型数据系统）生成的复杂的快照。

（3）传统操作型数据系统中可能包含也可能不包含时间元素，如年、月、日、时、分、秒等，而数据仓库中一定会包含时间元素。

2．数据仓库与传统数据的区别

数据仓库虽然是从传统数据库系统发展而来，但是两者还是存在着诸多差异，例如，从数据存储的内容看，数据库只存放当前值，而数据仓库则存放历史值；数据库数据的目标是面向业务操作人员的，为业务处理人员提供数据处理的支持，而数据仓库则是面向中高层管理人员的，为其提供决策支持等。表2-3详细说明了数据仓库与传统数据库的区别。

表2-3 数据仓库与传统数据库的比较

比较项目	数据库	数据仓库
数据内容	当前值	历史的、归档的、归纳的、计算的数据（处理过的）
数据目标	面向业务操作程序、重复操作	面向主体域，分析应用
数据特性	动态变化、更新	静态、不能直接更新，只能定时添加、更新
数据结构	高度结构化、复杂，适合操作计算	简单、适合分析
使用频率	高	低
数据访问量	每个事务一般只访问少量记录	每个事务一般访问大量记录
对响应时间的要求	计时单位小，如秒	计时单位相对较大，除了秒，还有分钟、小时

3．数据仓库的分类

从结构的角度看，有3种数据仓库模型，分别是企业仓库、数据集市和虚拟仓库。

企业仓库收集跨越整个企业的各个主题的所有信息，它提供全企业范围的数据集成，数据通常来自多个操作型数据库和外部信息提供者，并且是跨多个功能范围的。它通常包含详细数据和汇总数据。

数据集市包含对特定用户有用的、企业范围数据的一个子集，它的范围限定选定的主题。

虚拟仓库是操作型数据库上视图的集合。

2.9.3　数据仓库的结构

从数据仓库的概念结构来看，一般来说，数据仓库系统要包含数据源、数据准备区、数据仓库数据库、数据集市/知识挖掘库以及各种管理工具和应用工具，如图 2-6 所示。

数据仓库建立之后，首先要从数据源中抽取相关的数据到数据准备区，在数据准备区中经过净化处理后再加载到数据仓库数据库，最后根据用户的需求将数据导入数据集市和知识挖掘库中。当用户使用数据仓库时，可以利用包括 OLAP 在内的多种数据仓库应用工具向数据集市/知识挖掘库或数据仓库进行决策查询分析或知识挖掘。数据仓库的创建、应用可以利用各种数据仓库管理工具辅助完成。

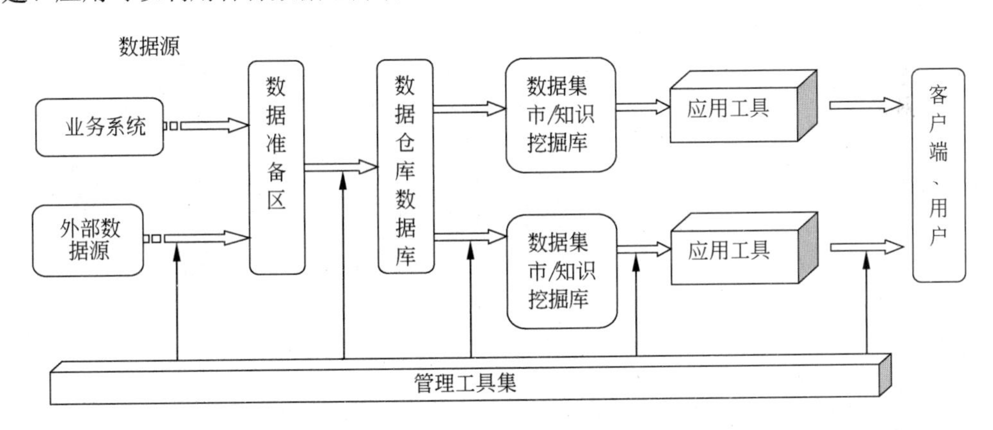

图 2-6　数据仓库的概念结构

1．数据仓库的参考框架

数据仓库的参考框架由数据仓库基本功能层、数据仓库管理层和数据仓库环境支持层组成。

（1）数据仓库基本功能层。数据仓库的基本功能层部分包含数据源、数据准备区、数据仓库结构、数据集市或知识挖掘库，以及存取和使用部分。本层的功能是从数据源抽取数据，对所抽取的数据进行筛选、清理，将处理过的数据导入或者说加载到数据仓库中，根据用户的需求设立数据集市，完成数据仓库的复杂查询、决策分析和知识的挖掘等。

（2）数据仓库管理层。数据仓库的正常运行除了需要数据仓库功能层提供的基本功能外，还需要对这些基本功能进行管理与支持的结构框架。数据仓库管理层由数据仓库的数据管理和数据仓库的元数据管理组成。数据仓库的数据管理层包含数据抽取、新数据需求与查询管理，数据加载、存储、刷新和更新系统，安全性与用户授权管理系统以及数据归档、恢复及净化系统等四部分。

（3）数据仓库的环境支持层。数据仓库的环境支持层由数据仓库数据传输层和数据仓库基础层组成。数据仓库中不同结构之间的数据传输需要数据仓库的传输层来完成。数据仓库的传输层包含数据传输和传送网络、客户/服务器代理和中间件、复制系统以及数据传输层的安全保障系统。

2．数据仓库的架构

通常的数据仓库的架构如图2-7所示。

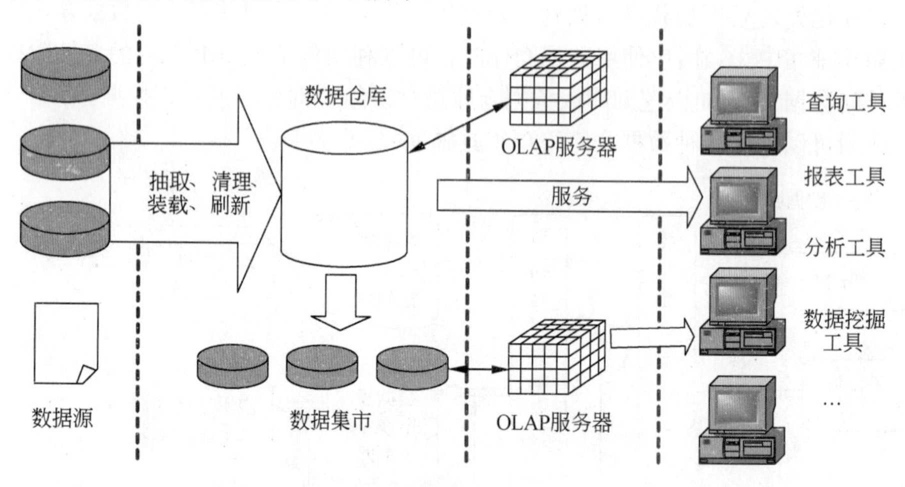

图2-7 数据仓库架构

（1）数据源。数据源是数据仓库系统的基础，是整个系统的数据源泉。通常包括企业内部信息和外部信息。内部信息包括存放于RDBMS中的各种业务处理数据和各类文档数据。外部信息包括各类法律法规、市场信息和竞争对手的信息等。

（2）数据的存储与管理。数据的存储与管理是整个数据仓库系统的核心。数据仓库的真正关键是数据的存储和管理。数据仓库的组织管理方式决定了它有别于传统数据库，同时也决定了其对外部数据的表现形式。要决定采用什么产品和技术来建立数据仓库的核心，则需要从数据仓库的技术特点着手分析。针对现有各业务系统的数据，进行抽取、清理，并有效集成，按照主题进行组织。数据仓库按照数据的覆盖范围可以分为企业级数据仓库和部门级数据仓库（通常称为数据集市）。

（3）OLAP服务器。对分析需要的数据进行有效集成，按多维模型予以组织，以便进行多角度、多层次的分析，并发现趋势。

（4）前端工具。主要包括各种报表工具、查询工具、数据分析工具、数据挖掘工具以及各种基于数据仓库或数据集市的应用开发工具。其中数据分析工具主要针对OLAP服务器，报表工具、数据挖掘工具主要针对数据仓库。

2.9.4　数据挖掘的概念

数据挖掘（data mining）技术是人们长期对数据库技术进行研究和开发的结果。

从技术上来看，数据挖掘就是从大量的、不完全的、有噪声的、模糊的、随机的实际应用数据中，提取隐含在其中的、人们事先不知道的、但又是潜在有用的信息和知识的过程。这个定义包括好几层含义：数据源必须是真实的、大量的、含噪声的；发现的是用户感兴趣的知识；发现的知识要可接受、可理解、可运用；并不要求发现放之四海而皆准的知识，仅支持特定的发现问题。

从业务角度来看，数据挖掘是一种新的业务信息处理技术，其主要特点是对业务数据库中的大量业务数据进行抽取、转换、分析和其他模型化处理，从中提取辅助业务决策的关键性数据。

数据挖掘与传统的数据分析（如查询、报表、联机应用分析）的本质区别是数据挖掘是在没有明确假设的前提下去挖掘信息、发现知识。数据挖掘所得到的信息应具有先知、有效和可实用 3 个特征。先前未知的信息是指该信息是预先未曾预料到的，即数据挖掘是要发现那些不能靠直觉发现的信息或知识，甚至是违背直觉的信息或知识，挖掘出的信息越是出乎意料，就可能越有价值。

数据挖掘通过预测未来趋势及行为，做出前摄的、基于知识的决策。数据挖掘的目标是从数据库中发现隐含的、有意义的知识，主要有以下 5 类功能：

（1）自动预测趋势和行为。数据挖掘自动在大型数据库中寻找预测性信息，以往需要进行大量手工分析的问题如今可以迅速直接由数据本身得出结论。

（2）关联分析。数据关联是数据库中存在的一类重要的可被发现的知识。若两个或多个变量的取值之间存在某种规律性，就称为关联。关联可分为简单关联、时序关联、因果关联。关联分析的目的是找出数据库中隐藏的关联网。有时并不知道数据库中数据的关联函数，即使知道也是不确定的，因此关联分析生成的规则带有可信度。

（3）聚类。数据库中的记录可被划分为一系列有意义的子集，即聚类。聚类增强了人们对客观现实的认识，是概念描述和偏差分析的先决条件。聚类技术主要包括传统的模式识别方法和数学分类学。

（4）概念描述。概念描述就是对某类对象的内涵进行描述，并概括这类对象的有关特征。概念描述分为特征性描述和区别性描述，前者描述某类对象的共同特征，后者描述不同类对象之间的区别。生成一个类的特征性描述只涉及该类对象中所有对象的共性。生成区别性描述的方法很多，如决策树方法、遗传算法等。

（5）偏差检测。数据库中的数据常有一些异常记录，从数据库中检测这些偏差很有意义。偏差包括很多潜在的知识，如分类中的反常实例、不满足规则的特例、观测结果与模型预测值的偏差、量值随时间的变化等。偏差检测的基本方法是，寻找观测结果与参照值之间有意义的差别。

2.9.5 数据挖掘常用技术

常见和应用最广泛的数据挖掘方法有：

（1）决策树。利用信息论中的互信息（信息增益）寻找数据库中具有最大信息量的属性，建立决策树的一个结点，再根据该属性的不同取值建设树的分支；在每个分支子集中重复建立树的下层结点和分支的过程。国际上最早的、也是最有影响的决策树方法是 Qiulan 研究的 ID3 方法。

（2）神经网络。模拟人脑神经元结构，完成类似统计学中的判别、回归、聚类等功能，是一种非线性的模型，主要有 3 种神经网络模型，分别是前馈式网络、反馈式网络和自组织网络。人工神经网络最大的长处是可以自动地从数据中学习，形成知识，这些知识有些是我们过去未曾发现的，因此它具有较强的创新性。神经网络的知识体现在网络连接的权值上，神经网络的学习主要表现在神经网络权值的逐步计算上。

（3）遗传算法。模拟生物进化过程的算法，它由 3 个基本过程组成，分别是繁殖（选择）、交叉（重组）、变异（突变）。采用遗传算法可以产生优良的后代，经过若干代的遗传，将得到满足要求的后代即问题得解。

（4）关联规则挖掘算法。关联规则是描述数据之间存在关系的规则，一般分为两个步骤：首先求出大数据项集，然后用大数据项集产生关联规则。

除了上述的常用方法外，还有粗集方法、模糊集合方法、最邻近算法等。无论采用哪种方法完成数据挖掘，从功能上可以将数据挖掘的分析方法划分为 6 种，即关联分析、序列分析、分类分析、聚类分析、预测和时间序列分析。

（1）关联分析。关联分析主要用于发现不同事件之间的关联性，即一个事件发生的同时，另一个事件也经常发生。关联分析的重点在于快速发现那些有实用价值的关联发生的事件。其主要依据是事件发生的概率和条件概率应该符合一定的统计意义。

（2）序列分析。序列分析技术主要用于发现一定时间间隔内接连发生的事件。这些事件构成一个序列，发现的序列应该具有普遍意义，其依据除了统计上的概率之外，还要加上时间的约束。

（3）分类分析。分类分析通过分析具有类别的样本的特点，得到决定样本属于各种类别的规则或方法。利用这些规则和方法对未知类别的样本分类时应该具有一定的准确度。其主要方法有基于统计学的贝叶斯方法、神经网络方法、决策树方法等。

（4）聚类分析。聚类分析是根据物以类聚的原理，将本身没有类别的样本聚集成不同的组，并且对每一个这样的组进行描述的过程。其主要依据是聚到同一个组中的样本应该彼此相似，而属于不同组的样本应该足够不相似。

（5）预测。预测与分类分析相似，但预测是根据样本的已知特征估算某个连续类型的变量的取值的过程，而分类则只是用于判别样本所属的离散类别而已。预测常用的技术是回归分析。

（6）时间序列分析。时间序列分析的是随时间而变化的事件序列，目的是预测未来发展趋势，或者寻找相似发展模式或者是发现周期性发展规律。

2.9.6 数据挖掘的流程

数据挖掘是指一个完整的过程，该过程从大型数据库中挖掘先前未知的，有效的，可实用的信息，并使用这些信息做出决策或丰富知识。数据挖掘的流程大致如下：

（1）问题定义。在开始数据挖掘之前最先的也是最重要的要求就是熟悉背景知识，弄清用户的需求。缺少了背景知识，就不能明确定义要解决的问题，就不能为挖掘准备优质的数据，也很难正确地解释得到的结果。要想充分发挥数据挖掘的价值，必须对目标要有一个清晰明确的定义，即决定到底想干什么。

（2）建立数据挖掘库。要进行数据挖掘必须收集要挖掘的数据资源。一般建议把要挖掘的数据都收集到一个数据库中，而不是采用原有的数据库或数据仓库。这是因为大部分情况下需要修改要挖掘的数据，而且还会遇到采用外部数据的情况；另外，数据挖掘还要对数据进行各种纷繁复杂的统计分析，而数据仓库可能不支持这些数据结构。

（3）分析数据。分析数据就是通常所进行的对数据深入调查的过程。从数据集中找出规律和趋势，用聚类分析区分类别，最终要达到的目的就是搞清楚多因素相互影响的、十分复杂的关系，发现因素之间的相关性。

（4）调整数据。通过上述步骤的操作，对数据的状态和趋势有了进一步的了解，这时要尽可能对问题解决的要求能进一步明确化、进一步量化。针对问题的需求对数据进行增删，按照对整个数据挖掘过程的新认识组合或生成一个新的变量，以体现对状态的有效描述。

（5）模型化。在问题进一步明确，数据结构和内容进一步调整的基础上，就可以建立形成知识的模型。这一步是数据挖掘的核心环节，一般运用神经网络、决策树、数理统计、时间序列分析等方法来建立模型。

（6）评价和解释。上面得到的模式模型，有可能是没有实际意义或没有实用价值的，也有可能是其不能准确反映数据的真实意义，甚至在某些情况下是与事实相反的，因此需要评估，确定哪些是有效的、有用的模式。评估的一种办法是直接使用原先建立的挖掘数据库中的数据来进行检验，另一种办法是另找一批数据并对其进行检验，再一种办法是在实际运行的环境中取出新鲜数据进行检验。

数据挖掘是一个多种专家合作的过程，也是一个在资金上和技术上高投入的过程。这一过程要反复进行，在反复过程中，不断地趋近事物的本质，不断地优选问题的解决方案。

2.10 NoSQL

NoSQL 即 Not Only SQL，可直译“不仅仅是 SQL”，这项技术正在掀起一场全新的数据库革命性运动。

在 2.3.1 节曾提到数据的模式包括多种类型，如层次模型、网状模型、关系模型等，而在实际应用过程中，几乎都是在用关系模型，主流的数据库系统都是关系型的。但随着互联网 Web2.0 网站的兴起，传统的关系数据库在应付 Web2.0 网站，特别是超大规模和高并发的 SNS 类型的 Web2.0 纯动态网站已经显得力不从心，暴露了很多难以克服的问题，而非关系型的数据库则由于其本身的特点得到了非常迅速的发展，这也就使得 NoSQL 技术进入了人们的视野。

NoSQL 的出现打破了长久以来关系型数据库与 ACID 理论大一统的局面。NoSQL 数据存储不需要固定的表结构，通常也不存在连接操作。在大数据存取上具备关系型数据库无法比拟的性能优势。

关系型数据库中的表都是存储一些格式化的数据结构，每个元组字段的组成都一样，即使不是每个元组都需要所有的字段，但数据库会为每个元组分配所有的字段，这样的结构可以便于表与表之间进行连接等操作，但从另一个角度来说它也是关系型数据库性能瓶颈的一个因素。而非关系型数据库以键值对存储，它的结构不固定，每一个元组可以有不一样的字段，每个元组可以根据需要增加一些自己的键值对，这样就不会局限于固定的结构，可以减少一些时间和空间的开销。

与关系型数据库相比，NoSQL 数据库具有以下优点：

1．易扩展

NoSQL 数据库种类繁多，但是一个共同的特点都是去掉关系数据库的关系型特性。数据之间无关系，这样就非常容易扩展。无形之间，在架构的层面上带来了可扩展的能力。

2．大数据量，高性能

NoSQL 数据库都具有非常高的读写性能，尤其在大数据量下，同样表现优异。这得益于它的无关系性，数据库的结构简单。一般 MySQL 使用 Query Cache，每次表的更新 Cache 就失效，是一种大粒度的 Cache，在针对 Web2.0 的交互频繁的应用，Cache 性能不高。而 NoSQL 的 Cache 是记录级的，是一种细粒度的 Cache，所以 NoSQL 在这个层面上来说性能提高很多了。

3．灵活的数据模型

NoSQL 无须事先为要存储的数据建立字段，随时可以存储自定义的数据格式。而在关系数据库里，增删字段是一件非常麻烦的事情。如果是非常大数据量的表，增加字段简直就是一个噩梦。这点在大数据量的 Web2.0 时代尤其明显。

4. 高可用

NoSQL 在不太影响性能的情况，就可以方便地实现高可用的架构。如 Cassandra、HBase 模型，通过复制模型也能实现高可用。

当然，NoSQL 也存在很多缺点，例如，并未形成一定标准，各种产品层出不穷，内部混乱，各种项目还需时间来检验，缺乏相关专家技术的支持等。

2.11　大数据

大数据（Big Data），指的是所涉及的数据量规模巨大到无法通过目前主流软件工具，在合理时间内达到获取、管理、处理，并整理成为帮助企业经营决策目的的信息。

1. 大数据的特点

大数据有 4 大特点：Volume（大量）、Velocity（高速）、Variety（多样）、Value（价值），由于他们的英文首字母都是 V，所以也称为“4V 特点”。

Volume（大量）：大量主要体现在非结构化数据的超大规模增长，比结构化数据增长快 10～50 倍，同时数据的量级已超越传统数据仓库的很多倍。

Velocity（高速）：大数据的分析是一种实时分析而非批量式分析，所以需要立竿见影，而非事后见效。

Variety（多样）：大数据存在异构与多样性的特点，因为它有很多不同形式的数据，如文本、图像、音频、视频等。

Value（价值）：大数据的价值特性是指大数据价值密度低，因为大数据是有着海量数据的，这里面存在大量不相关的信息，所以单位价值密度低。

2. 传统数据与大数据的比较

传统数据与大数据的比较请参阅表 2-4。

表 2-4　传统数据与大数据的比较

比较维度	传统数据	大数据
数据量	GB 或 TB 级	PB 级或以上
结构化程度	结构化或半结构化数据	所有类型的数据
数据分析需求	现有数据的分析与检测	深度分析（关联分析、回归分析）
硬件平台	高端服务器	集群平台

3. 大数据处理关键技术

大数据处理关键技术一般包括：大数据采集、大数据预处理、大数据存储及管理、大数据分析及挖掘、大数据展现和应用（大数据检索、大数据可视化、大数据应用、大数据安全等）。

4．大数据应用

大数据可以各行各业应用，如金融服务、医疗保健、零售业、制造业、政府等。

2.12 例题分析

在系统架构设计师的考试中，对于数据库系统的考查，上午试题主要考查基本概念和对概念的理解，下午试题（案例分析和论文试题）主要考查数据库建模、数据库设计方面的实践经验。

例题 1

在数据库设计的需求分析阶段应完成包括________在内的文档。

A．E-R 图　　　　B．关系模式

C．数据字典和数据流图　　　　D．任务书和设计方案

例题 1 分析

本题考查数据库设计方面的相关知识。数据库的设计主要分为：需求分析阶段、概念设计阶段、逻辑设计阶段、物理设计阶段。

需求分析阶段的任务是对现实世界要处理的对象（组织、部门和企业等）进行详细调查，在了解现行系统的概况，确定新系统功能的过程中收集支持系统目标的基础数据及处理方法。需求分析是在用户调查的基础上，通过分析，逐步明确用户对系统的需求。在需求分析阶段应完成的文档是数据字典和数据流图。

概念设计阶段的任务是完成用户的数据模型，这种模型是与 DBMS 无关的概念模型，常见的有 E-R 模型。

逻辑设计阶段的任务是将概念模型转换成具体的关系模式。

物理设计阶段的任务是将关系模式加入 DBMS 的特性，成为具体某个 DBMS 的数据库。

例题 1 答案

C

例题 2

设有职务工资关系 P（职务，最低工资，最高工资），员工关系 EMP（员工号，职务，工资），要求任何一名员工，其工资值必须在其职务对应的工资范围之内，实现该需求的方法是________。

A．建立“EMP.职务”向“P.职务”的参照完整性约束

B．建立“P.职务”向“EMP.职务”的参照完整性约束

C．建立 EMP 上的触发器程序审定该需求

D．建立 P 上的触发器程序审定该需求

例题 2 分析

本题考查对数据完整性约束方面基础知识的掌握。

完整性约束包括：实体完整性约束、参照完整性约束和用户自定义完整性约束三类。

实体完整性要求主键中的任一属性不能为空，同时主键不能有重复值。

参照完整性要求外键的值，要么为空，要么为对应关系主键值域。同时仅当参照关系中没有任何元组的外键值与被参照关系中要删除元组的主键值相同时，系统才可以执行删除操作，否则拒绝执行删除操作。

用户定义的完整性是针对某一具体数据库的约束条件，反映某一具体应用所涉及的数据必须满足的语义要求。一般用于限制某字段值的取值范围，此范围不涉及其他数据表的值。

从以上描述来看，根据题目的要求，以上 3 种完整性约束都无法达到目的。所以需要考虑触发器，触发器的功能一般比完整性约束要强得多。触发器的原理是通过编写相应的触发器脚本代码，来对某个字段值的变化进行监控，一旦值发生变化，则触发器脚本执行。在本题中，需要达到的效果是 EMP 中的工资产生变化，则需要判断变化值是否在 P 关系规定的范围之内，所以应在 EMP 上建立触发器。本题选 C。

例题 2 答案

C

例题 3

某商场商品数据库的商品关系模式 P（商品代码，商品名称，供应商，联系方式，库存量），函数依赖集 F={商品代码→商品名称，（商品代码，供应商）→库存量，供应商→联系方式}。商品关系模式 P 达到__①__；该关系模式分解成__②__后，具有无损连接的特性，并能够保持函数依赖。

（1）A．1NF　　B．2NF　　C．3NF　　D．BCNF

（2）A．P1（商品代码，联系方式），P2（商品名称，供应商，库存量）

B．Pl（商品名称，联系方式），P2（商品代码，供应商，库存量）

C．Pl（商品代码，商品名称，联系方式），P2（供应商，库存量）

D．Pl（商品代码，商品名称），P2（商品代码，供应商，库存量），P3（供应商，联系方式）

例题 3 分析

本题考查数据库的规范化。

要分析一个关系模式的范式，第一步应找出该关系模式的主键，接下来需要判断关系模式是否消除了非主属性对主键的部分依赖、传递依赖，这样便可得出结论。

首先可采用图示法求关系模式的主键。将关系模式 P，使用图示法表达，如图 2-8 所示。

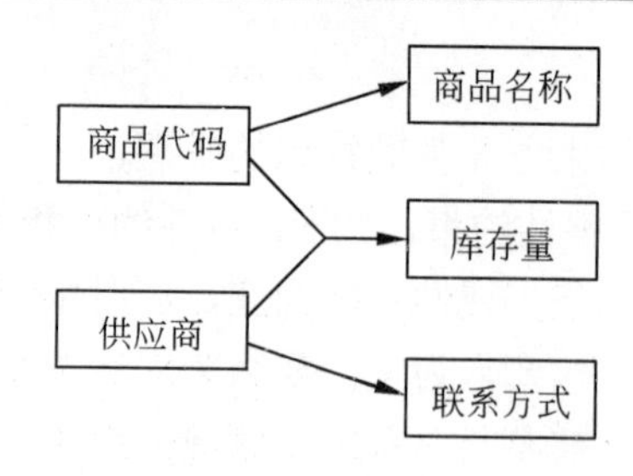

图 2-8　P 关系函数依赖示意图

从图中可以看出，只有商品代码与供应商的组合键才能遍历全图，所以只有它们的组合能充当主键。

由于（商品代码，供应商）是主键，而又有函数依赖：商品代码→商品名称，这便形成了部分依赖。所以在此关系模式中，部分依赖未消除，其范式只能达到 1NF。

接下来的这个问题，对于经验丰富的考生，看完这几个选项，应该是能直接判断出应选 D 的。因为 D 是最佳分拆方案，能达到的范式级别很高。

如无经验，可考虑先分析是否为保持函数依赖的分解。

A 选项分析：P1（商品代码，联系方式）未保持任何原有的函数依赖。而 P2（商品名称，供应商，库存量）也未保持任何原有的函数依赖。

B 选项分析：Pl（商品名称，联系方式）未保持任何原有的函数依赖。P2（商品代码，供应商，库存量）只保持了函数依赖：（商品代码，供应商）→库存量。这样对整体来说，就丢失了两个函数依赖关系。

C 选项分析：Pl（商品代码，商品名称，联系方式）保持了函数依赖：商品代码→商品名称，P2（供应商，库存量）未保持任何原有的函数依赖。这样对整体来说，就丢失了两个函数依赖关系。

D 选项分析：Pl（商品代码，商品名称）保持了函数依赖：商品代码→商品名称，P2（商品代码，供应商，库存量）保持了函数依赖：（商品代码，供应商）→库存量，P3（供应商，联系方式）保持了函数依赖：供应商→联系方式。这样将各个分拆关系的函数依赖整合起来，能构成原关系的函数依赖，所以这个分解是保持了函数依赖的分解。

例题 3 答案

（1）A　　　（2）D

例题 4

给定学生 S（学号，姓名，年龄，入学时间，联系方式）和选课 SC（学号，课程号，成绩）关系，若要查询选修了 1 号课程的学生学号、姓名和成绩，则该查询与关系代数表达式________等价。

A．$\pi_{1,2,8}(\sigma_{1=6\wedge 7='1'}(S \bowtie SC))$　　　B．$\pi_{1,2,7}(\sigma_{6='1'}(S \bowtie SC))$

C．$\pi_{1,2,7}(\sigma_{1=6}(S \bowtie SC))$　　　D．$\pi_{1,2,8}(\sigma_{7='1'}(S \bowtie SC))$

例题 4 分析

本题考查数据库中的关系代数。

解答本题需要对关系代数中的自然连接有一定了解。自然连接操作会自动以两个关系模式中共有属性值相等作为连接条件，对于连接结果，将自动去除重复的属性。所以在本题中，连接条件为两个表的学号相等，当连接操作完成以后，形成的结果表，有属性“学号，姓名，年龄，入学时间，联系方式，课程号，成绩”，此时要选择 1 号课程的学生记录，应使用条件 6=“1”，其含义是表中的第 6 个属性值为“1”。所以本题应选 B。

例题 4 答案

B

例题 5

在数据库系统中，“事务”是访问数据库并可能更新各种数据项的一个程序执行单元。为了保证数据完整性，要求数据库系统维护事务的原子性、一致性、隔离性和持久性。针对事务的这 4 种特性，考虑以下的架构设计场景。

假设在某一个时刻只有一个活动的事务，为了保证事务的原子性，对于要执行写操作的数据项，数据库系统在磁盘上维护数据库的一个副本，所有的写操作都在数据库副本上执行，而保持原始数据库不变，如果在任一时刻操作不得不中止，系统仅需要删除副本，原数据库没有受到任何影响。这种设计策略称为＿(1)＿。

事务的一致性要求在没有其他事务并发执行的情况下，事务的执行应该保证数据库的一致性。数据库系统通常采用＿(2)＿机制保证单个事务的一致性。

事务的隔离性保证操作并发执行后的系统状态与这些操作以某种次序顺序执行（即可串行化执行）后的状态是等价的。两阶段锁协议是实现隔离性的常见方案，该协议＿(3)＿。

持久性保证一旦事务完成，该事务对数据库所做的所有更新都是永久的，如果事务完成后系统出现故障，则需要通过恢复机制保证事务的持久性。假设在日志中记录所有对数据库的修改操作，将一个事务的所有写操作延迟到事务提交后才执行，则在日志中＿(4)＿。当系统发生故障时，如果某个事务已经开始，但没有提交，则该事务应该＿(5)＿。

（1）A．主动冗余　B．影子拷贝　C．热备份　D．多版本编程

（2）A．逻辑正确性检查　B．物理正确性检查
　　C．完整性约束检查　D．唯一性检查

（3）A．能够保证事务的可串行化执行，可能发生死锁
　　B．不能保证事务的可串行化执行，不会发生死锁
　　C．不能保证事务的可串行化执行，可能发生死锁
　　D．能够保证事务的可串行化执行，不会发生死锁

（4）A．无须记录“事务开始执行”这一事件

B．无须记录“事务已经提交”这一事件

C．无须记录数据项被事务修改后的新值

D．无须记录数据项被事务修改前的原始值

（5）A．重做　　B．撤销　　C．什么都不做　　D．抛出异常后退出

例题5分析

本题主要考查数据库系统架构设计知识。在数据库系统中，“事务”是访问并可能更新各种数据项的一个程序执行单元。为了保证数据完整性，要求数据库系统维护事务的原子性、一致性、隔离性和持久性。

题干中第1个架构设计场景描述了数据库设计中为了实现原子性和持久性的最为简单的策略：“影子拷贝”。该策略假设在某一个时刻只有一个活动的事务，首先对数据库做副本（称为影子副本），并在磁盘上维护一个dp_pointer指针，指向数据库的当前副本。对于要执行写操作的数据项，数据库系统在磁盘上维护数据库的一个副本，所有的写操作都在数据库副本上执行，而保持原始数据库不变，如果在任一时刻操作不得不中止，系统仅需要删除新副本，原数据库副本没有受到任何影响。

题干中的第2个架构设计场景主要考查考生对事务一致性实现机制的理解。事务的一致性要求在没有其他事务并发执行的情况下，事务的执行应该保证数据库的一致性。数据库系统通常采用完整性约束检查机制保证单个事务的一致性。

题干中的第3个架构设计场景主要考查数据库的锁协议。两阶段锁协议是实现事务隔离性的常见方案，该协议通过定义锁的增长和收缩两个阶段约束事务的加锁和解锁过程，能够保证事务的串行化执行，但由于事务不能一次得到所有需要的锁，因此该协议可能会导致死锁。

题干中的第4个架构设计场景主要考查数据库的恢复机制，主要描述了基于日志的延迟修改技术（Deferred-Modification Technique）的设计与恢复过程。该技术通过在日志中记录所有对数据库的修改操作，将一个事务的所有写操作延迟到事务提交后才执行，日志中需要记录“事务开始”和“事务提交”时间，还需要记录数据项被事务修改后的新值，无须记录数据项被事务修改前的原始值。当系统发生故障时，如果某个事务已经开始，但没有提交，则该事务对数据项的修改尚未体现在数据库中，因此无须做任何恢复动作。

例题5答案

（1）B　　（2）C　　（3）A　　（4）D　　（5）C

第 3 章　嵌入式系统

随着信息技术的发展，嵌入式系统的应用越来越广，同时，在我国软件产业发展的规划中，也把嵌入式系统应用软件作为一个重点发展方面。因此，系统架构设计师必须熟悉有关嵌入式系统的基础知识，掌握嵌入式系统架构设计技术。

根据考试大纲，本章要求考生掌握以下知识点：

（1）信息系统综合知识：包括嵌入式系统的特点、嵌入式系统的硬件组成与设计、嵌入式系统应用软件及开发平台、嵌入式系统网络、嵌入式系统数据库、嵌入式操作系统与实时操作系统。

（2）系统架构设计案例分析：包括实时系统和嵌入式系统特征、实时任务调度和多任务设计、中断处理和异常处理、嵌入式系统开发设计。

3.1　嵌入式系统概论

嵌入式系统是一种以应用为中心，以计算机技术为基础，可以适应不同应用对功能、可靠性、成本、体积、功耗等方面的要求，集可配置可裁减的软、硬件于一体的专用计算机系统。它具有很强的灵活性，主要由嵌入式硬件平台、相关支撑硬件、嵌入式操作系统、支撑软件以及应用软件组成。

3.1.1　嵌入式系统的特点

嵌入式系统具有以下特点：

（1）系统专用性强。嵌入式系统是针对具体应用的专门系统。它的个性化很强，软件和硬件结合紧密。一般要针对硬件进行软件的开发和移植，根据硬件的变化和增减对软件进行修改。

（2）软、硬件依赖性强。嵌入式系统的专用性决定了其软、硬件的互相依赖性很强，两者必须协同设计，以达到共同实现预定功能的目的，并满足性能、成本和可靠性等方面的严格要求。

（3）系统实时性强。在嵌入式系统中，有相当一部分系统对外来事件要求在限定的时间内及时做出响应，具有实时性。

（4）处理器专用。嵌入式系统的处理器一般是为某一特定目的和应用而专门设计的，通常具有功耗低、体积小、集成度高等优点，能够把许多在通用计算机上需要由板卡完成的任务和功能集成到芯片内部，从而有利于嵌入式系统的小型化和移动能力的增强。

（5）多种技术紧密结合。嵌入式系统通常是计算机技术、半导体技术、电力电子技术及机械技术与各行业的具体应用相结合的产物。通用计算机技术也离不开这些技术，但它们相互结合的紧密程度不及嵌入式系统。

（6）系统透明性。嵌入式系统在形态上与通用计算机系统差异很大，它的输入设备往往不是常见的鼠标和键盘之类的设备，甚至没有输出装置，用户可能根本感觉不到它所使用的设备中有嵌入式系统的存在，即使知道也不必关心这个嵌入式系统的相关情况。

（7）系统资源受限。嵌入式系统为了达到结构紧凑、可靠性高及降低系统成本的目的，其存储容量、I/O 设备数量和处理器的处理能力都比较有限。

3.1.2 实时系统的概念

简单地说，实时系统可以看成对外部事件及时响应的系统。现实世界中，并非所有的嵌入式系统都具有实时特性，所有的实时系统也不一定都是嵌入式的。但这两种系统并不互相排斥，兼有这两种特性的系统称为实时嵌入式系统（Real-Time Embedded System，RTES），通常简称为实时系统。我们先介绍与 RTES 相关的几个概念。

（1）逻辑（或功能）正确：指系统对外部事件的处理能够产生正确的结果。

（2）时间正确：指系统对外部事件的处理必须在预定的周期内完成。

（3）死线（Deadline）：指系统必须对外部事件处理的最迟时间界限，错过此界限可能产生严重后果。通常，计算必须在到达死线前完成。

（4）实时系统：指功能正确和时间正确同时满足的系统，二者同等重要。换言之，实时系统有时间约束并且是死线驱动的。但是在某些系统中，为了保证功能的正确性，有可能牺牲时间的正确性。

根据对错失死线的容忍程度不同，可以将 RTES 分为软 RTES 和硬 RTES。

（1）硬 RTES：必须满足其灵活性接近零死线要求的 RTES。死线必须满足，否则就会产生灾难性后果，并且死线之后得到的处理结果或是零级无用，或是高度贬值。在硬 RTES 中，错失死线后的处理结果价值为零，错失死线的惩罚是灾难性的。

（2）软 RTES：必须满足死线的要求，但是有一定灵活性。死线可以包含可变的容忍等级、平均的时间死线，甚至是带有不同程度的可接受性的响应时间的统计分布。在软 RTES 中，错失死线后处理结果的价值根据应用的性质随时间按某种关系下降，死线错失不会导致系统失败。由于一个或多个错失的死线对软 RTES 的运行没有决定性的影响，一个软 RTES 不必预测是否可能有悬而未决的死线错失。相反，软 RTES 在探知到错失一个死线时可以启动一个恢复进程。

希赛教育专家提示：在 RTES 中，任务的开始时与同死线或完成时间同样重要，由于任务缺少需要的资源（例如，CPU 和内存等），就有可能阻碍任务的开始并直接导致错失任务的完成死线，因此，死线问题演变成资源的调度问题。

3.2 嵌入式系统的基本架构

嵌入式系统一般都由软件和硬件两个部分组成，其中嵌入式处理器、存储器和外部设备构成整个系统的硬件基础。嵌入式系统的软件部分可以分为3个层次，分别是系统软件、支撑软件和应用软件，其中系统软件和支撑软件是基础，应用软件则是最能体现整个嵌入式系统的特点和功能的部分。

3.2.1 硬件架构

微处理器是整个嵌入式系统的核心，负责控制系统的执行。外部设备是嵌入式系统同外界交互的通道，常见的外部设备有 Flash 存储器、键盘、输入笔、触摸屏、液晶显示器等，在很多嵌入式系统中还有与系统用途紧密相关的各种专用外设。嵌入式系统中经常使用的存储器有3种类型，分别是 RAM、ROM 和混合存储器。系统的存储器用于存放系统的程序代码、数据和系统运行的结果。

嵌入式系统的核心部件是各种类型的嵌入式处理器，根据目前的使用情况，嵌入式处理器可以分为如下几类：

（1）嵌入式微处理器。由通用计算机中的 CPU 演变而来，在功能上跟普通的微处理器基本一致，但是它具有体积小、功耗低、质量轻、成本低及可靠性高的优点。通常，嵌入式微处理器和 ROM（Read Only Memory，只读存储器）、RAM（Random Access Memory，随机存取存储器）、总线接口及外设接口等部件安装在一块电路板上，称为单板计算机。

（2）嵌入式微控制器。又称为单片机，整个计算机系统都集成到一块芯片中。嵌入式微控制器一般以某一种微处理器内核为核心，芯片内部集成有存储器、总线、总线逻辑、定时器/计数器、监督定时器、并口/串口、数模/模数转换器、闪存等必要外设。与嵌入式微处理器相比，嵌入式微控制器的最大特点是单片化，因而体积更小、功耗和成本更低，可靠性更高。

（3）嵌入式数字信号处理器。一种专门用于信号处理的处理器，DSP（Digital Signal Processor，数字信号处理器）是芯片内部采用程序和数据分开的结构，具有专门的硬件乘法器，广泛采用流水线操作，提供特殊的 DSP 指令，可以用来快速实现各种数字信号的处理算法。目前，DSP 在嵌入式系统中使用非常广泛，如数字滤波、快速傅里叶变换及频谱分析等。

（4）嵌入式片上系统。一种在一块芯片上集成很多功能模块的复杂系统，例如，把微处理器内核、RAM、USB（Universal Serial Bus，通用串行总线）、IEEE 1394、Bluetooth（蓝牙）等集成到一个芯片中，构成一个嵌入式片上系统，从而大幅度缩小了系统的体积、降低了系统的复杂度、增强了系统的可靠性。在大量生产时，生产成本也远远低于单元部件组成的电路板系统。根据用途不同，嵌入式片上系统可以分为通用片上系统和专用片上系统两类。专用类的嵌入式片上系统一般是针对某一或某些系统而设计的。

3.2.2 软件架构

随着嵌入式技术的发展，特别是在后 PC 时代，嵌入式软件系统得到了极大的丰富和发展，形成了一个完整的软件体系，如图 3-1 所示。这个体系自底向上由 3 部分组成，分别是嵌入式操作系统、支撑软件和应用软件。

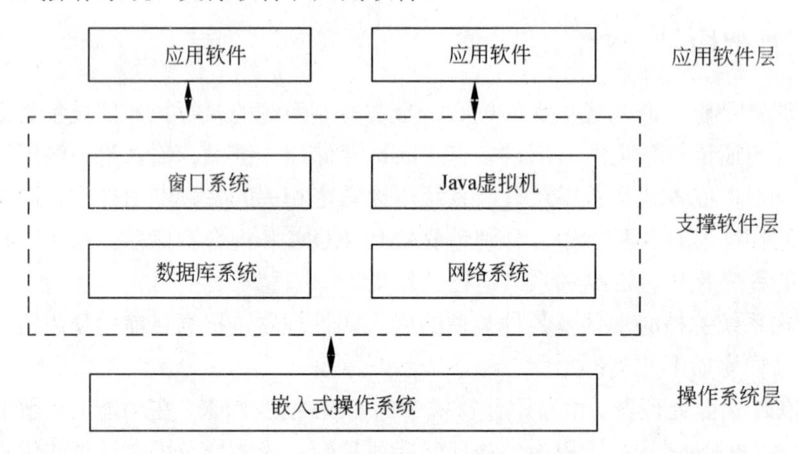

图 3-1 嵌入式系统的软件架构

嵌入式操作系统（Embedded Operating System，EOS）由操作系统内核、应用程序接口、设备驱动程序接口等几部分组成。嵌入式操作一般采用微内核结构。操作系统只负责进程的调度、进程间的通信、内存分配及异常与中断管理最基本的任务，其他大部分的功能则由支撑软件完成。

嵌入式系统中的支撑软件由窗口系统、网络系统、数据库管理系统及 Java 虚拟机等几部分组成。对于嵌入式系统来讲，软件的开发环境大部分在通用台式计算机和工作站上运行，但从逻辑上讲，它仍然被认为是嵌入式系统支撑软件的一部分。支撑软件一般用于一些浅度嵌入的系统中，如智能手机、个人数字助理等。

嵌入式系统中的应用软件是系统整体功能的集中体现。系统的能力总是通过应用软件表现出来的。

3.3 嵌入式操作系统

EOS 是指运行在嵌入式计算机系统上支持嵌入式应用程序的操作系统，是用于控制和管理嵌入式系统中的硬件和软件资源、提供系统服务的软件集合。EOS 是嵌入式软件的一个重要组成部分。它的出现提高了嵌入式软件开发的效率，提高了应用软件的可移植性，有力地推动了嵌入式系统的发展。

随着各种类型 EOS 的成熟和发展，与通用系统的开发方法相似，基于操作系统的开发方案逐渐成为开发的主流。EOS 作为应用软件的运行平台，已经成为许多嵌入式系统的关键。

3.3.1　特点与分类

与通用操作系统相比，EOS 主要有以下特点：

（1）微型化。EOS 的运行平台是嵌入式计算机系统。这类系统一般没有大容量的内存，几乎没有外存，因此，EOS 必须做得小巧，以尽量少占用系统资源。为了提高系统速度和可靠性，嵌入式系统中的软件一般都固化在存储器芯片中，而不是存放在磁盘等载体中。

（2）代码质量高。在大多数应用中，存储空间依然是宝贵的资源，这就要求程序代码的质量要高，代码要尽量精简。

（3）专业化。嵌入式系统的硬件平台多种多样，处理器的更新速度快，每种都是针对不同的应用领域而专门设计。因此，EOS 要有很好适应性和移植性，还要支持多种开发平台。

（4）实时性强。嵌入式系统广泛应用于过程控制、数据采集、通信、多媒体信息处理等要求实时响应的场合，因此实时性成 EOS 的又一特点。

（5）可裁减、可配置。应用的多样性要求 EOS 具有较强的适应能力，能够根据应用的特点和具体要求进行灵活配置和合理裁减，以适应微型化和专业化的要求。

嵌入式操作系统的实时性上，可以分为实时嵌入式操作系统（Real-Time embedded Operating System，RTOS）和非实时嵌入式操作系统两类。

（1）实时嵌入式操作系统。RTOS 支持实时系统工作，其首要任务是调度一切可利用资源，以满足对外部事件响应的实时时限，其次着眼于提高系统的使用效率。RTOS 主要用在控制、通信等领域。目前，大多数商业嵌入式操作系统都是 RTOS。与通用操作系统系统相比，RTOS 在功能上具有很多特性。RTOS 和通用操作系统之间的功能也有很多相似之处，如它们都支持多任务，支持软件和硬件的资源管理以及都为应用提供基本的操作系统服务。RTOS 特有的不同于通用操作系统的功能主要有：满足嵌入式应用的高可靠性；满足应用需要的上、下裁减能力；减少内存需求；运行的可预测性；提供实时调度策略；系统的规模紧凑；支持从 ROM 或 RAM 上引导和运行；对不同的硬件平台具有更好的可移植性。

（2）非实时嵌入式操作系统。这类操作系统不特别关注单个任务响应时限，其平均性能、系统效率和资源利用率一般较高，适合于实时性要求不严格的消费类电子产品，如个人数字助理、机顶盒等。

3.3.2　一般结构

与通用计算机系统上的操作系统一样，EOS隔离了用户与计算机系统的硬件，为用户提供了功能强大的虚拟计算机系统，如图3-2所示。EOS主要由应用程序接口、设备驱动、操作系统内核等几部分组成。

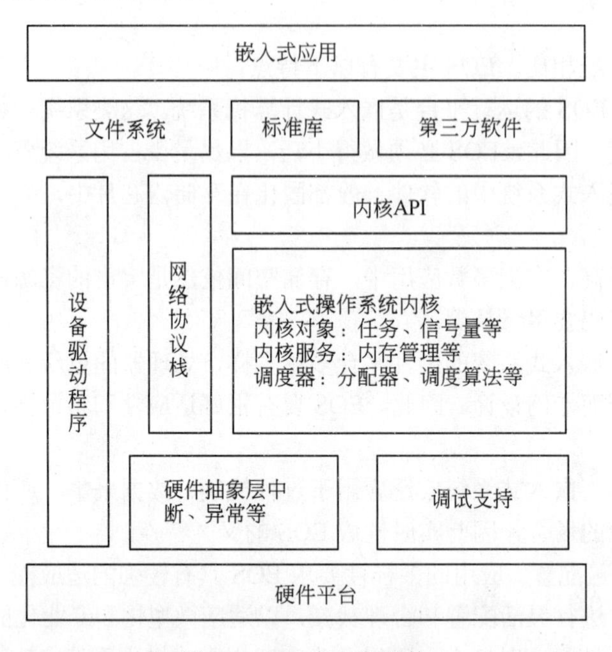

图3-2　EOS的一般结构

EOS是一个按时序方式调度执行、管理系统资源并为应用代码提供服务的基础软件。每个EOS都有一个内核。另一方面，EOS也可以是各种模块的有机组合，包括内核、文件系统、网络协议栈和其他部件。但是，大多数内核都包含以下3个公共部件：

（1）调度器。是EOS的心脏，提供一组算法决定何时执行哪个任务。

（2）内核对象。是特殊的内核构件，帮助创建嵌入式应用。

（3）内核服务。是内核在对象上执行的操作或通用操作。

3.3.3　多任务调度机制

首先，我们介绍几个基本概念：

（1）任务。任务是独立执行的线程，线程中包含独立的可调度的指令序列。实时应用程序的设计过程包括如何把问题分割成多个任务，每个任务是整个应用的一个组成部分，每个任务被赋予一定的优先级，有自己的一套寄存器和栈空间。在大多数典型的抢占式调度内核中，在任何时候，无论是系统任务还是应用任务，其状态都会处于就绪、运行、阻塞三个状态之一。另外，某些商业内核还定义了挂起、延迟等颗粒更细的状态。

（2）任务对象。任务是由不同的参数集合和支持的数据结构定义。在创建任务时，每个任务都拥有一个相关的名字，一个唯一的标识号 ID，一个优先级、一个任务控制块、一个堆栈和一个任务的执行例程，这些部件一起组成一个任务对象。

（3）多任务。多任务是操作系统在预定的死线内处理多个活动的能力。多任务的运行使 CPU 的利用率得到最大地发挥，并使应用程序模块化。随着调度的任务数量的增加，对 CPU 的性能需求也随之增加，主要是由于线程运行的上下文切换增加的缘故。

（4）调度器。调度器是每个内核的心脏，调度器提供决定何时哪个任务运行的算法。多数实时内核是基于优先级调度的。

（5）可调度实体。可调度实体是一个可以根据预定义的调度算法，竞争到系统执行时间的内核对象。

（6）上下文切换。每个任务都有自己的上下文，它是每次被调度运行时所要求的寄存器状态，当多任务内核决定运行另外的任务时，它保存正在运行的任务的上下文，恢复将要运行下一任务的上下文，并运行下一任务，这个过程称为上下文切换。在任务运行时，其上下文是高度动态的。调度器从一个任务切换到另一个任务所需要的时间称为上下文切换开销。

（7）可重入性。指一段代码被一个以上的任务调用，而不必担心数据遭到破坏。具有可重入性的函数任何时候都可以被中断，一段时间以后继续运行，相应数据不会遭到破坏。

（8）分发器。分发器是调度器的一部分，执行上下文切换并改变执行的流程。分发器完成上下文切换的实际工作并传递控制。任何时候，执行的流程通过三个区域之一：应用任务、ISR（Interrupt Service Routines，中断服务程序）或内核。

根据如何进入内核的情况，分发的情况也有所不同。当一个任务是用系统调用时，分发器通常在每个任务的系统调用完成后退出内核。在这种情况下，分发器通常是以调用为基础的，因此，它可以协调由此引起的任何系统调用的任务状态转移。另一方面，如果一个 ISR 做系统调用，则分发器将被越过，直到 ISR 全部完成它的执行。

当前，大多数内核支持两种普遍的调度算法，即基于优先级的抢占调度算法和时间轮转调度算法。

1．基于优先级的抢占调度

基于优先级的抢占调度又可以分为静态优先级和动态优先级。静态优先级是指应用程序在执行的过程中各任务的优先级固定不变。在静态优先级系统中，各任务以及它们的时间约束在程序编译时是已知的；动态优先级是指应用程序在执行的过程中各任务的优先级可以动态改变。这种类型的调度，在任何时候运行的任务是所有就绪任务中具有最高优先级的任务，任务在创建时被赋予了优先级，任务的优先级可以由内核的系统调用动态更改，这使得嵌入式应用对于外部事件的响应更加灵活，从而建立真正的实时响应系统。

一般情况下，可以采用单调执行速率调度法（Rate Monotonic Scheduling，RMS）来给任务分配优先级，基本原则是执行最频繁的任务优先级最高。RMS 做了如下假设：

（1）所有的任务都是周期性的。

（2）任务间不需要同步，没有共享资源，没有任务间的数据交换等问题。

（3）系统采用抢占式调度，总是优先级最高且就绪的任务被执行。

（4）任务的死线是其下一周期的开始。

（5）每个任务具有不随时间变化的定长时间。

（6）所有的任务具有同等重要的关键性级别。

（7）非周期性任务不具有硬死线。

要使一个具有 n 个任务的实时系统中的所有任务都满足硬实时条件，必须使下述定理成立。

RMS 定理：

$$\sum_i \frac{E_i}{T_i} \leqslant n\left(2^{1/n}-1\right)$$

式中，E_i 是任务 i 最长执行时间，T_i 是任务 i 的执行周期，E_i/T_i 是任务 i 所需的 CPU 时间。

希赛教育专家提示：基于 RMS 定理，要所有的任务满足硬实时条件，则所有有时间要求的任务总的 CPU 利用时间（或利用率）应当小于 70%。通常，作为实时系统设计的一条原则，CPU 利用率应当在 60%～70%之间。

2．时间轮转调度

时间轮转调度算法为每个任务提供确定份额的 CPU 执行时间。显然，纯粹的时间轮转调度是不能满足实时系统的要求的。取而代之的是，基于优先级抢占式扩充时间轮转调度，对于优先级相同的任务使用时间片获得相等的 CPU 执行时间。内核在满足以下条件时，把 CPU 控制权转交给下一个就绪态的任务：

（1）当前任务已无事可做。

（2）当前任务的时间片还没用完，任务就已经结束了。

如图 3-3 所示，任务 Task1、Task2、Task3 具有相同的优先级，它们按照时间片运行，任务 Task2 被更高优先级的任务 Task4 抢占，当 Task4 执行完毕后恢复 Task2 的执行。

3．任务操作

内核提供任务管理服务，也提供一个允许开发者操作任务的系统调用，典型的任务操作有任务创建和删除、任务调度控制、任务信息获取。

3.3.4 内核对象

RTOS 的用户可以使用内核对象来解决实时系统设计中的问题，如并发、同步与互斥、数据通信等。内核对象包括信号量、消息队列、管道、事件与信号等。

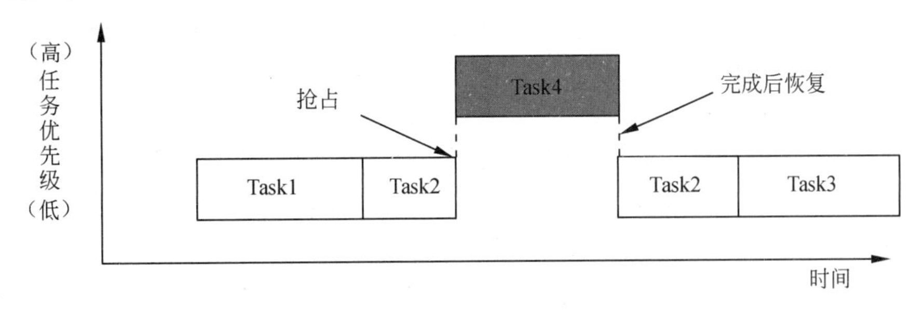

图 3-3　时间轮转调度

1．信号量

为了同步一个应用的多个并发线程和协调它们对共享资源的互斥访问，内核提供了一个信号量对象和相关的信号量管理服务。信号量是一个内核对象，就像一把锁，任务获取了该信号量就可以执行期望的操作或访问相关资源，从而达到同步或互斥的目的。

信号量可以分为如下 3 类：

（1）二值信号量。二值信号量只能有两个值：0 或 1，当其值为 0 时，认为信号量不可使用。当其值为 1 时，认为信号量是可使用的。当二值信号量被创建时，既可以初始化为可使用的，也可以初始化为不可使用的。二值信号量通常作为全局资源，被需要信号量的所有任务共享。

（2）计数信号量。计数信号量使用一个计数器赋予一个数值，表示信号量令牌的个数，允许多次获取和释放。初始化时，如果计数值为 0，表示信号量不可用；计数值大于 0，表示信号量可用。每获取一次信号量其计数值就减 1，每释放一次信号量其计数值就加 1。在有些系统中，计数信号量允许实现的计数是有界的，有些则无界。同二值信号量一样，计数信号量也可用做全局资源。

（3）互斥信号量。互斥信号量是一个特殊的二值信号量，它支持所有权、递归访问、任务删除安全和优先级反转，以避免互斥固有的问题。互斥信号量初始为开锁状态，被任务获取后转到闭锁状态，当任务释放该信号量时又返回开锁状态。

通常，内核支持以下几种操作：创建和删除信号量操作、获取和释放信号量操作、清除信号量的等待队列操作以及获取信号量信息操作。

2．消息队列

多数情况下，任务活动同步并不足以满足实时响应的要求，任务之间还必须能够交换信息。为了实现任务之间的数据交换，内核提供了消息队列对象和消息队列的管理服务。

消息队列是一个类似于缓冲区的对象，通过它任务和 ISR 可以发送和接收消息，实现数据通信。消息队列暂时保存来自发送者的消息，直到有接收者准备读取这些消息为止。

大多数内核支持以下消息队列操作：创建和删除消息队列、发送和接收消息以及获取消息队列的信息等操作。

3．管道

管道是提供非结构化数据交换和实现任务同步的内核对象。每个管道有两个端口，一端用来读，另一端用来写。数据在管道中就像一个非结构的字节流，数据按照 FIFO 方式从管道中读出。一般 EOS 内核支持两类管道对象：

（1）命名管道。具有一个类似于文件名的名字，像文件或设备一样，出现在文件系统中，需要使用命名管道的任何任务或 ISR 都可以用该名字对其进行引用。

（2）无名管道。一般动态创建，且必须使用创建时返回的描述符才可引用此类型的管道。

通常，管道支持以下几种操作：创建和删除一个管道、读、写管道、管道控制、管道上的轮询。

4．事件

某些特殊的 EOS 提供一个特殊的寄存器作为每个任务控制块的一部分，称为事件寄存器。它是一个属于任务的对象，并由一组跟踪指定事件的二值事件标志组成。EOS 支持事件寄存器机制，创建一个任务时，内核同时创建一个事件寄存器作为任务控制块的一部分。经过事件寄存器，一个任务可以检查控制它执行的特殊事件是否出现。一个外部源（例如，另一个任务或中断处理程序）可以设置该事件寄存器的位，通知任务一个特殊事件的发生。任务说明它所希望接收的事件组，这组事件保存在寄存器中，同样，到达的事件也保存在接收的事件寄存器中。另外，任务还可以指示一个时限说明它愿意等待某个事件多长时间。如果时限超过，没有指定的事件达到任务，则内核唤醒该任务。

5．信号

信号是当一个事件发生时产生的软中断，它将信号接收者从其正常的执行路径移开并触发相关的异步处理。本质上，信号通知其他任务或 ISR 运行期间发生的事件，与正常中断类似，这些事件与被通知的任务是异步的。信号的编号和类型依赖于具体的嵌入式系统的实现。通常，嵌入式系统均提供信号设施，任务可以为每个希望处理的信号提供一个信号处理程序，或是使用内核提供的默认处理程序，也可以将一个信号处理程序用于多种类型的信号。信号可以有被忽略、挂起、处理或阻塞等 4 种不同的响应处理。

6．条件变量

条件变量是一个与共享资源相关的内核对象，它允许一个任务等待其他任务创建共享资源需要的条件。一个条件变量实现一个谓词，谓词是一组逻辑表达式，涉及共享资源的条件。谓词计算的结果是真或假，如果计算为真，则任务假定条件被满足，并且继续运行，反之，任务必须等待所需要的条件。当任务检查一个条件变量时，必须原子性地访问，所以，条件变量通常跟一个互斥信号量一起使用。

一个任务在计算谓词条件之前必须首先获取互斥信号量，然后计算谓词条件，如果为真，条件满足继续执行后续操作；否则，条件不满足，原子性地阻塞该任务并先释放互斥信号量。条件变量不是共享资源同步访问的机制，大多数开发者使用条件变量，让任务等待一个共享资源到达一个所需的状态。

3.3.5　内核服务

大多数嵌入式处理器架构都提供了异常和中断机制，允许处理器中断正常的执行路径。这个中断可能由应用软件触发，也可由一个错误或不可预知的外部事件来触发。而大多数 EOS 则提供异常和中断处理的“包裹”功能，使嵌入式系统开发者避免底层细节。

1．异常与中断

异常是指任何打断处理器正常执行，迫使处理器进入特权执行模式的事件。异常可以分为同步异常和异步异常。同步异常是指程序内部与指令执行相关的事件引起的异常，例如，内存偶地址校准异常、除数为零异常等；异步异常是指与程序指令不相关的外部事件产生的异常，例如，系统复位异常、数据接收中断等。

同步异常可以分为精确异常和不精确异常。精确异常是指处理器的程序计数器可以精确地指出引起异常的指令。而在流水线或指令预取的处理器上则不能精确地判断引起异常的指令或数据，这时的异常称为不精确异常。

异步异常可以分为可屏蔽的异常和不可屏蔽的异常。可以被软件阻塞或开放的异步异常称为可屏蔽的异常，否则，为不可屏蔽异常。不可屏蔽的异常总是被处理器处理，例如，硬件复位异常。许多处理器具有一个专门的不可屏蔽中断请求线（NMI），任何连接到 NMI 请求线的硬件都可以产生不可屏蔽中断。

所有的处理器按照定义的次序处理异常，虽然每一种嵌入式处理器处理异常的过程不尽相同，但一般都会按照优先级次序来处理。从应用程序的观点看，所有的异常都具有比操作系统内核对象更高的优先级，包括任务、队列和信号量等。

中断也称为外部中断，是一个由外部硬件产生的事件引起的异步异常，大多数嵌入式处理器架构中将中断归为异常的一类。实时内核最重要的指标是中断关了多长时间。所有的实时系统在进入临界代码时都要关中断，执行完临界代码之后再开中断。中断延迟时间是指关中断的最长时间与开始执行中断服务子程序的第一条指令的时间之和，中断恢复时间是微处理器返回到被中断的程序代码所需要的时间。

从应用的观点来看，异常和外部中断是外部硬件和应用程序通信的一种机制。一般来讲，异常和中断可以在如下两个方面用在设计中：内部错误和特殊条件管理、硬件并发和服务请求管理。

2．计时器

计时器是实时嵌入式系统的一个组成部分。时间轮转调度算法、存储器定时刷新、网络数据包的超时重传以及目标机监视系统的时序等都严格依赖于计时器。许多嵌入式系统用不同形式的计时器来驱动时间敏感的活动，即硬件计时器和软件计时器。硬件计时器是从物理计时芯片派生出来的，超时后可以直接中断处理器，硬件计时器对精确的延迟操作具有可预测的性能。而软件计时器是通过软件功能调度的软件事件，能够对非精确的软件事件进行有效的调度，使用软件计时器可以减轻系统的中断负担。

这里有几个相关概念，需要考生了解：

（1）实时时钟：存在于嵌入式系统内部，用来追踪时间、日期的硬件计时设备。

（2）系统时钟：用来追踪从系统加电启动以来的事件时间或流失时间，可编程的间隔计时器驱动系统时钟，计时器每中断一次，系统时钟的值就递增一次。

（3）时钟节拍：它也称为时钟滴答，是特定的周期性中断。中断之间的间隔取决于不同的应用，一般在10ms～200ms之间。而且时钟节拍率越快，系统的额外开销就越大。

（4）可编程计时器：一般是集成在嵌入式系统内部的专门计时硬件，用做事件计数器、流失时间指示器、速率可控的周期事件产生器等。使用独立的硬件计时器可以有效地降低处理器的负载。

（5）软件计时器：它是应用程序安装的计数器，每次时钟中断，会递减一次，当计数器到达0时，应用的计时器超时，系统会调用安装的超时处理函数进行有关处理。

3. I/O管理

从系统开发者的观点看，I/O操作意味着与设备的通信，对设备初始化、执行设备与系统之间的数据传输以及操作完成后通知请求者。从系统的观点看，I/O操作意味着对请求定位正确的设备，对设备定位正确的驱动程序，并保证对设备的同步访问。

I/O设备、相关的驱动程序等共同组合成嵌入式系统的I/O子系统。图3-4是一个典型的微内核系统的层次模型图。

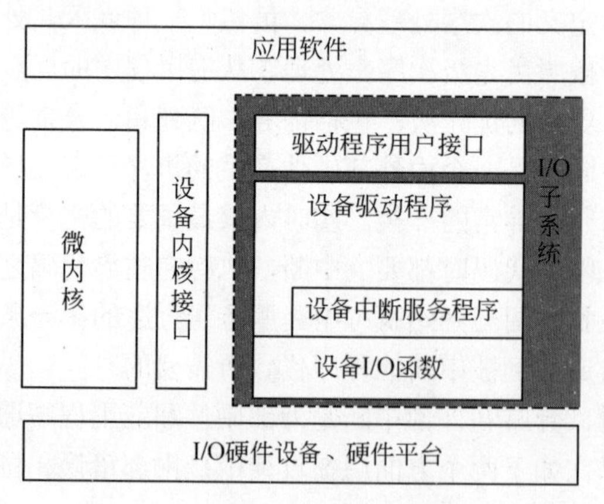

图3-4 I/O子系统层次模型

I/O子系统定义一组标准的I/O操作函数，以便于对应用隐藏设备的特性。所有的设备驱动程序都符合并支持这个函数集，给应用提供一个能够跨越各种类型I/O的设备的统一的接口。

I/O 子系统通常维护一个统一的设备驱动程序表，使用 I/O 子系统的工具函数，可以将任何驱动程序安装到此表或从表中删除。另外，还使用一个设备表来跟踪为每个设备所创建的实例。

3.3.6　常见的嵌入式操作系统

本节介绍目前最常见的 4 种嵌入式操作系统。

1. VxWorks

VxWorks 具有良好的持续发展能力、高性能的内核以及友好的用户开发环境。首先，它十分灵活，具有多达 1800 个功能强大的应用程序接口（Application Programming Interface，API）。其次，它适用面广，可以适用于从最简单到最复杂的产品设计。另外，它可靠性高，可以用于从防抱死刹车系统到星际探索的关键任务。最后，适用性强，可以用于所有流行的 CPU 平台。

2. Palm

Palm 是一种 32 位的嵌入式操作系统，提供了串行通信接口和红外线传输接口，利用它可以方便地与其他外部设备通信、传输数据；拥有开放的 OS 应用程序接口，开发商可根据需要自行开发所需的应用程序。Palm 是一套具有强开放性的系统。在编写程序时，Palm 充分考虑了掌上电脑内存相对较小的情况，因此它只占有非常小的内存。由于基于 Palm 编写的应用程序占用的空间也非常小（通常只有几十千字节），所以，基于 Palm 的掌上电脑虽然只有几兆字节的内存，但可以运行众多应用程序。

由于 Palm 产品的最大特点是使用简便、机体轻巧，因此决定了 Palm 应具有以下特点。

（1）操作系统的节能功能。由上掌上电脑要求使用电源尽可能小，因此在 Palm 的应用程序中，如果没有事件运行，则系统设备进入半休眠的状态；如果应用程序停止活动一段时间，则系统自动进入休眠状态。

（2）合理的内存管理。Palm 的存储器全部是可读写的快速 RAM，动态 RAM 类似于 PC（Personal Computer，个人计算机）上的 RAM，它为全局变量和其他不需永久保存的数据提供临时的存储空间；存储 RAM 类似于 PC 上的硬盘，可以永久保存应用程序和数据。

（3）Palm 的数据是以数据库的格式来存储的，为保证程序处理速度和存储器空间，在处理数据的时候，Palm 不是把数据从存储堆复制到动态堆后再进行处理，而是在存储堆中直接处理。

（4）Palm 与同步软件结合可以使掌上电脑与 PC 上的信息实现同步，把台式机的功能扩展到了掌上电脑。

3. Windows CE

Windows CE也是一个开放的、可升级的32位嵌入式操作系统，是基于掌上电脑类的电子设备操作。Windows CE的图形用户界面相当出色。与PC上的Windows不同的是，Windows CE是所有源代码全部由微软自行开发的嵌入式新型操作系统，其操作界面虽来源于PC上的Windows，但Windows CE是基于Win32 API重新开发的、新型的信息设备平台。Windows CE具有模块化、结构化和基于Win32应用程序接口以及与处理器无关等特点。Windows CE不仅继承了传统的Windows图形界面，并且在Windows CE平台上可以使用PC上的Windows的编程工具（如Visual Basic、Visual C++等）、使用同样的函数、使用同样的界面风格，使绝大多数的应用软件只需简单地修改和移植就可以在Windows CE平台上继续使用。

Windows CE的设计目标是：模块化及可伸缩性、实时性能好，通信能力强大，支持多种CPU。它的设计可以满足多种设备的需要，这些设备包括了工业控制器、通信集线器以及销售终端之类的企业设备，还有像照相机、电话和家用娱乐器材之类的消费产品。一个典型的基于Windows CE的嵌入系统通常为某个特定用途而设计，并在不联机的情况下工作。它要求所使用的操作系统体积较小，内建有对中断的响应功能。

Windows CE的特点有：

（1）具有灵活的电源管理功能，包括睡眠/唤醒模式。

（2）使用了对象存储技术，包括文件系统、注册表及数据库。它还具有很多高性能、高效率的操作系统特性，包括按需换页、共享存储、交叉处理同步、支持大容量堆等。

（3）拥有良好的通信能力。广泛支持各种通信硬件，亦支持直接的局域连接以及拨号连接，并提供与PC、内部网以及Internet（因特网）的连接，还提供与PC上的Windows的最佳集成和通信。

（4）支持嵌套中断。允许更高优先级别的中断首先得到响应，而不是等待低级别的ISR完成。这使得该操作系统具有嵌入式操作系统所要求的实时性。

（5）更好的线程响应能力。对高级别中断服务线程的响应时间上限的要求更加严格，在线程响应能力方面的改进，帮助开发人员掌握线程转换的具体时间，并通过增强的监控能力和对硬件的控制能力帮助他们创建新的嵌入式应用程序。

（6）256个优先级别。可以使开发人员在控制嵌入式系统的时序安排方面有更大的灵活性。

（7）Windows CE的API是Win32 API的一个子集，支持近1500个Win32 API。有了这些API，足可以编写任何复杂的应用程序。当然，在Windows CE系统中，所提供的API也可以随具体应用的需求而定。

4. Linux

Linux是一个类似于UNIX的操作系统，Linux系统不仅能够运行于PC平台，还在嵌入式系统方面大放光芒，在各种嵌入式Linux迅速发展的状况下，Linux逐渐形成了可与 Windows CE 等嵌入式操作系统进行抗衡的局面。嵌入式 Linux 的特点如下：

（1）精简的内核，性能高，稳定，多任务。

（2）适用于不同的 CPU，支持多种架构，如 x86、ARM、ALPHA、SPARC 等。

（3）能够提供完善的嵌入式图形用户界面以及嵌入式 X-Windows。

（4）提供嵌入式浏览器、邮件程序、音频和视频播放器、记事本等应用程序。

（5）提供完整的开发工具和软件开发包，同时提供 PC 上的开发版本。

（6）用户可定制，可提供图形化的定制和配置工具。

（7）常用嵌入式芯片的驱动集，支持大量的周边硬件设备，驱动丰富。

（8）针对嵌入式的存储方案，提供实时版本和完善的嵌入式解决方案。

（9）完善的中文支持，强大的技术支持，完整的文档。

（10）开放源码，丰富的软件资源，广泛的软件开发者的支持，价格低廉，结构灵活，适用面广。

3.4 嵌入式系统数据库

嵌入式 DBMS 就是在嵌入式设备上使用的 DBMS。由于用到嵌入式 DBMS 的系统多是移动信息设备，诸如掌上电脑、PDA（Personal Digital Assistant，个人数字助理）、车载设备等移动通信设备。因此，嵌入式数据库也称为移动数据库或嵌入式移动数据库，其作用主要是解决移动计算环境下数据的管理问题，移动数据库是移动计算环境中的分布式数据库。

在嵌入式系统中引入数据库技术，主要因为直接在 EOS 或裸机之上开发信息管理应用程序存在如下缺点：

（1）所有的应用都要重复进行数据的管理工作，增加了开发难度和代价。

（2）各应用之间的数据共享性差。

（3）应用软件的独立性、可移植性差，可重用度低。

在嵌入式系统中引入 DBMS 可以在很大程度上解决上述问题，提高应用系统的开发效率和可移植性。

3.4.1 使用环境的特点

嵌入式数据库系统是一个包含嵌入式 DBMS 在内的跨越移动通信设备、工作站或台式机以及数据服务器的综合系统，系统所具有的这个特点以及该系统的使用环境对嵌入式 DBMS 有着较大的影响，直接影响到嵌入式 DBMS 的结构。其使用环境的特点可以简单地归纳如下：

（1）设备随时移动性。嵌入式数据库主要用在移动信息设备上，设备的位置经常随使用者一起移动。

（2）网络频繁断接。移动设备或移动终端在使用的过程中，位置经常发生变化，同时也受到使用方式、电源、无线通信及网络条件等因素的影响。所以，一般并不持续保持网络连接，而是经常主动或被动地间歇性断接（断开和连接）。

（3）网络条件多样化。由于移动信息设备位置的经常变化，所以移动信息设备同数据服务器在不同的时间可能通过不同的网络系统连接。这些网络在网络带宽、通信代价、网络延迟、服务质量等方面可能有所差异。

（4）通信能力不对称。由于受到移动设备的资源限制，移动设备与服务器之间的网络通信能力是非对称的。移动设备的发送能力都非常有限，使得数据服务器到移动设备的下行通信带宽和移动设备到数据服务器之间的上行带宽相差很大。

3.4.2 关键技术

一个完整的嵌入式DBMS由若干子系统组成，包括主DBMS、同步服务器、嵌入式DBMS、连接网络等几个子系统，如图3-5所示。

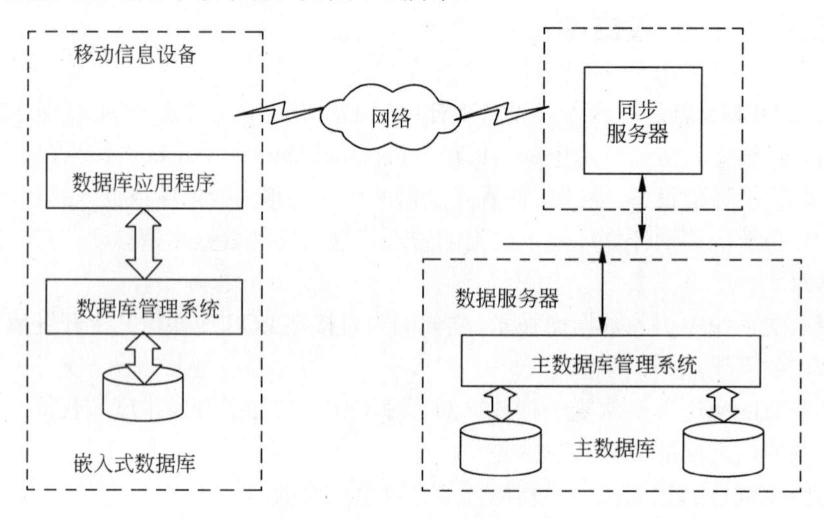

图3-5　嵌入式数据库系统组成

（1）嵌入式DBMS。嵌入式DBMS是一个功能独立的单用户DBMS。它可以独立于同步服务器和主DBMS运行，对嵌入式系统中的数据进行管理，也可以通过同步服务器连接到主服务器上，对主数据库中的数据进行操作，还可以通过多种方式进行数据同步。

（2）同步服务器。同步服务器是嵌入式数据库和主数据库之间的连接枢纽，保证嵌入式数据库和主数据库中数据的一致性。

（3）数据服务器。数据服务器的主数据库及DBMS可以采用Oracle或Sybase等大型通用数据库系统。

（4）连接网络。主数据库服务器和同步服务器之间一般通过高带宽、低延迟的固定网络进行连接。移动设备和同步服务器之间的连接根据设备具体情况可以是无线局域网、红外连接、通用串行线或公众网等。

1．移动 DBMS 的关键技术

嵌入式移动数据库在实际应用中必须解决好数据的一致性（复制性）、高效的事务处理和数据的安全性等问题。

（1）数据的一致性。嵌入式移动数据库的一个显著特点是，移动数据终端之间以及与同步服务器之间的连接是一种弱连接，即低带宽、长延迟、不稳定和经常性断接。为了支持用户在弱环境下对数据库的操作，现在普遍采用乐观复制方法，允许用户对本地缓存上的数据副本进行操作。待网络重新连接后再与数据库服务器或其他移动数据终端交换数据修改信息，并通过冲突检测和协调来恢复数据的一致性。

（2）高效的事务处理。移动事务处理要解决在移动环境中频繁的、可预见的断接情况下的事务处理。为了保证活动事务的顺利完成，必须设计和实现新的事务管理策略和算法。

（3）数据的安全性。许多应用领域的嵌入式设备是系统中数据管理或处理的关键设备，因此嵌入式设备上的 DBS 对存取权限的控制较严格。同时，许多嵌入式设备具有较高的移动性、便携性和非固定的工作环境，也带来潜在的不安全因素。同时某些数据的个人隐私性又很高，因此在防止碰撞、磁场干扰、遗失、盗窃等方面对个人数据的安全性需要提供充分的保证。

2．移动 DBMS 的特性

移动 DBMS 的计算环境是传统分布式 DBMS 的扩展，它可以看作客户端与固定服务器结点动态连接的分布式系统。因此移动计算环境中的 DBMS 是一种动态分布式 DBMS。由于嵌入式移动 DBMS 在移动计算的环境下应用在 EOS 之上，所以它有自己的特点和功能需求：

（1）微核结构。考虑到嵌入式设备的资源有限，嵌入式移动 DBMS 应采用微型化技术实现，在满足应用的前提下紧缩其系统结构以满足嵌入式应用的需求。

（2）对标准 SQL 的支持。嵌入式移动 DBMS 应能提供了对标准 SQL 的支持。支持 SQL92 标准的子集，支持数据查询（连接查询、子查询、排序、分组等）、插入、更新、删除多种标准的 SQL 语句，充分满足嵌入式应用开发的需求。

（3）事务管理功能。嵌入式移动 DBMS 应具有事务处理功能，自动维护事务的完整性、原子性等特性；支持实体完整性和引用完整性。

（4）完善的数据同步机制。数据同步是嵌入式数据库最重要的特点。通过数据复制，可以将嵌入式数据库或主数据库的变化情况应用到对方，保证数据的一致性。

（5）支持多种连接协议。嵌入式移动 DBMS 应支持多种通信连接协议。可以通过串行通信、TCP/IP、红外传输、蓝牙等多种连接方式实现与嵌入式设备和数据库服务器的连接。

（6）完备的嵌入式数据库的管理功能。嵌入式移动 DBMS 应具有自动恢复功能，基本无须人工干预进行嵌入式数据库管理并能够提供数据的备份和恢复，保证用户数据的安全可靠。

（7）支持多种 EOS。嵌入式移动 DBMS 应能支持 Windows CE、Palm 等多种目前流行的 EOS，这样才能使嵌入式移动 DBMS 不受移动终端的限制。

另外，一种理想的状态是用户只用一台移动终端（如手机）就能对与它相关的所有移动数据库进行数据操作和管理。这就要求前端系统具有通用性，而且要求移动数据库的接口有统一、规范的标准。前端管理系统在进行数据处理时自动生成统一的事务处理命令，提交当前所连接的数据服务器执行。这样就有效地增强了嵌入式移动 DBMS 的通用性，扩大了嵌入式移动数据库的应用前景。

希赛教育专家提示：在嵌入式移动 DBMS 中还需要考虑诸多传统计算环境下不需要考虑的问题，例如，对断接操作的支持、对跨区长事务的支持、对位置相关查询的支持、对查询优化的特殊考虑，以及对提高有限资源的利用率和对系统效率的考虑等。为了有效地解决这些问题，诸如复制与缓存技术、移动事务处理、数据广播技术、移动查询处理与查询优化、位置相关的数据处理及查询技术、移动信息发布技术、移动 Agent 等技术仍在不断地发展和完善，会进一步促进嵌入式移动 DBMS 的发展。

3.4.3 实例介绍

本节简单介绍 SQL Anywhere Studio 和 Adaptive Server Anywhere 嵌入式 DBMS。

SQL Anywhere Studio 主要用于笔记本计算机、手持设备、智能电器等领域。SQL Anywhere Studio 提供了一系列的工具，包括：

（1）Adaptive Server Anywhere 嵌入式 DBMS。这个 DBMS 可以单机运行，也可以作为数据库服务器运行。

（2）UltraLite 提交工具。通过该工具，DBS 可以分析出一个特定的应用系统需要哪些 DBMS 的功能，并根据实际需要对数据库进行精简。

（3）MobiLink 同步服务器。SQL Anywhere Studio 支持双向的信息同步。在同步环境下通过 MobiLink 来完成，在异步环境下通过 SQL Remote 来完成。

（4）PowerDesigner Physical Architect 数据库模型设计工具。

（5）PowerDynamo Web 动态页面服务器。

（6）JConnect JDBC（Java DataBase Connectivity，Java 数据库互连）驱动器。

（7）Sybase Central 图形化管理工具。用于对数据库、移动用户和数据复制提供便利。

Adaptive Server Anywhere 嵌入式 DBMS 的主要特性如下：

（1）支持多种操作系统。Adaptive Server Anywhere 可支持多种常见的操作系统，同时，Adaptive Server Anywhere 占用的资源很少，却具有强大的功能，包括参照完整性、存储过程、触发器、行级锁、自动的时间表和自动恢复功能等。

（2）支持 Java。Adaptive Server Anywhere 全面支持 Java 技术，支持 Java 存储过程和数据类型，并且支持开发人员在数据库中创建和存储 Java 类，从而可以在服务器中实现复杂的商业应用。

（3）支持 Internet 应用。SQL Anywhere Studio 可以支持各种 Internet 标准，可以很好地利用已有的 Web 应用程序，一方面可以支持 Web 应用，另一方面可以将应用程序和数据信息在本地保存，使得通信断接时，移动用户仍可以运行应用程序。

（4）支持多种应用程序接口。Adaptive Server Any where 支持使用 ODBC、JDBC、OpenClientTM、OLEDB 和嵌入式开发数据库应用程序。通过技术，开发人员可以使用这些数据库接口对移动信息设备和智能电器进行数据访问。

（5）易于管理。由于 Adaptive Server Anywhere 的自管理和自调优功能，所以系统很少需要 DBA 干预。图形化管理工具 Sybase Central 易于使用，可以方便地集中管理远程数据库和同步环境。SQL Anywhere Studio 提供了企业系统和远程设备之间可伸缩的双向信息复制技术。

（6）系统规模配置灵活。通常，DBMS 和应用是分离的，即使应用只用到了 DBMS 的一部分功能，DBMS 仍然包括了所有的功能模块，致使 DBMS 过于庞大。为此，开发应用时，先以 Adaptive Server Anywhere 为数据库开发平台开发应用程序，然后对应用分析，找出必需的功能模块，生成一个精简的 DBMS，从而减少系统资源的占用。

3.5　嵌入式系统网络

嵌入式网络是用于连接各种嵌入式系统，使之可以互相传递信息、共享资源的网络系统。嵌入式系统在不同的场合采用不同的连接技术，如在家庭居室采用家庭信息网，在工业自动化领域采用现场总线，在移动信息设备等嵌入式系统则采用移动通信网，此外，还有一些专用连接技术用于连接嵌入式系统。

3.5.1　现场总线网

现场总线（FieldBus）也被称作工业自动化领域的计算机局域网，是一种将数字传感器、变换器、工业仪表及控制执行机构等现场设备与工业过程控制单元、现场操作站等互相连接而成的网络。它具有全数字化、分散、双向传输和多分支的特点，是工业控制网络向现场级发展的产物。现场总线是一种低带宽的底层控制网络，位于生产控制和网络结构的底层，因此也被称为底层网，它主要应用于生产现场，在测量控制设备之间实现双向的、串行的、多结点的数字通信。

现场总线控制系统（Field Contral System，FCS）是运用现场总线连接各控制器及仪表设备而构成的控制系统，FCS 将控制功能彻底下放到现场，降低了安装成本和维护费用。实际上FCS是一种开放的、具有互操作性的、彻底分散的分布式控制系统。

嵌入式现场控制系统将专用微处理器置入传统的测量控制仪表，使其具备数字计算和数字通信能力。它采用双绞线、电力线或光纤等作为总线，把多个测量控制仪表连接成网络，并按照规范标准的通信协议，在位于现场的多个微机化测量控制设备之间以及现场仪表与远程监控计算机之间，实现数据传输与信息交换，形成了各种适用实际需要的自动控制系统。FCS把单个分散的测量控制设备变成网络结点，以现场总线为纽带，使这些分散的设备成为可以互相沟通信息，共同完成自动控制任务的网络系统。借助于现场总线技术，传统上的单个分散控制设备变成了互相沟通、协同工作的整体。

现场总线主要有总线型与星型两种拓扑结构。FCS通常由以下部分组成：现场总线仪表、控制器、现场总线线路、监控、组态计算机。这里的仪表、控制器、计算机都需要通过现场总线网卡、通信协议软件连接到网上。因此，现场总线网卡、通信协议软件是现场总线控制系统的基础和神经中枢。

现场总线克服了在传统的集散控制系统中通信由专用网络实现所带来的缺陷。把基于专用网络的解决方案变成了基于标准的解决方案，同时把集中与分散相结合的集散控制结构变成了全分布式的结构。把控制功能彻底放到现场，依靠现场设备本身来实现基本的控制功能。归纳起来，FCS有如下优点：

（1）全数字化。将企业管理与生产自动化有机结合一直是工业界梦寐以求的理想，但只有在FCS出现以后这种理想才有可能高效、低成本地实现。

（2）全分布。在FCS中各现场设备有足够的自主性，它们彼此之间相互通信，完全可以把各种控制功能分散到各种设备中，而不再需要一个中央控制计算机，实现真正的分布式控制。

（3）双向传输。传统的4~20mA电流信号，一条线只能传递一路信号。现场总线设备则在一条线上既可以向上传递传感器信号，也可以向下传递控制信息。

（4）自诊断。现场总线仪表本身具有自诊断功能，而且这种诊断信息可以送到中央控制室，以便于维护，而这一点在只能传递一路信号的传统仪表中是做不到的。

（5）节省布线及控制室空间。传统的控制系统每个仪表都需要一条线连到中央控制室，在中央控制室装备一个大配线架。而在FCS系统中多台现场设备可串行连接在一条总线上，这样只需极少的线进入中央控制室，大量节省了布线费用，同时也降低了中央控制室的造价。

（6）多功能。数字、双向传输方式使得现场总线仪表可以摆脱传统仪表功能单一的制约，可以在一个仪表中集成多种功能，做成多变量变送器，甚至集检测、运算、控制于一体的变送控制器。

（7）开放性。1999年年底现场总线协议已被IEC批准正式成为国际标准，从而使现场总线成为一种开放的技术。

（8）互操作性。现场总线标准保证不同厂家的产品可以互操作，这样就可以在一个企业中由用户根据产品的性能、价格，选用不同厂商的产品集成在一起，避免了传统控制系统中必须选用同一厂家的产品限制，促进了有效的竞争，降低了控制系统的成本。

（9）智能化与自治性。现场总线设备能处理各种参数、运行状态信息及故障信息，具有很高的智能。能在部件，甚至网络故障的情况下独立工作，大大提高了整个控制系统的可靠性和容错能力。

（10）可靠性。由于 FCS 中的设备实现了智能化，因此与使用模拟信号的设备相比，从根本上提高了测量与控制的精确度，减小了传送误差。同时，由于系统结构的简化，设备与连线减少，现场仪表内部功能加强，使得信号的往返传输大为减少。进一步提高了系统的可靠性。

3.5.2　嵌入式 Internet

随着 Internet 和嵌入式技术的飞速发展，越来越多的信息电器，如 Web 可视电话、机顶盒、以及信息家电等嵌入式系统产品都要求与 Internet 连接，来共享 Internet 所提供的方便、快捷、无处不在的信息资源和服务，即嵌入式 Internet 技术。

1．嵌入式 Internet 的接入方式

（1）直接接入式 Internet。嵌入式设备上集成了 TCP/IP 协议栈及相关软件，这类设备可以作为 Internet 的一个结点，分配有 IP 地址，与 Internet 直接互联。这种接入方式的特点是：设备可以直接连接到 Internet，对 Internet 进行透明访问，不需要专门的接入设备，设备的协议标准化；需要的处理器性能和资源相对较高，需要占用 IP 资源，由于目前 IPv4 资源紧张，这种方案在 IPv6 网中可能更易实现。

（2）通过网关接入 Internet。即采用瘦设备方案，设备不直接接入 Internet，不需要复杂的 TCP/IP 协议全集，而是通过接入设备接入 Internet。这种接入方式的特点是：对接入设备的性能和资源要求较低，接入设备的协议栈开销较小，不需要分配合法的 IP 地址，可以降低系统的整体成本；设备可以实现多样化、小型化。

2．嵌入式 TCP/IP 协议栈

嵌入式 TCP/IP 协议栈完成的功能与完整的 TCP/IP 协议栈是相同的，但是由于嵌入式系统的资源限制，嵌入式协议栈的一些指标和接口等与普通的协议栈可能有所不同。

（1）嵌入式协议栈的调用接口与普通的协议栈不同。普通协议栈的套接字接口是标准的，应用软件的兼容性好，但是实现标准化接口的代码开销、处理和存储开销都是巨大的。因此，多数厂商在将标准的协议栈接口移植到嵌入式系统上的时候，都作了不同程度的修改简化，建立了高效率的专用协议栈，它们所提供的 API 与通用协议栈的 API 不一定完全一致。

（2）嵌入式协议栈的可裁剪性。嵌入式协议栈多数是模块化的，如果存储器的空间有限，可以在需要时进行动态安装，并且都省去了接口转发、全套的因特网服务工具等几个针对嵌入式系统非必需的部分。

（3）嵌入式协议栈的平台兼容性。一般协议栈与操作系统的结合紧密，大多数协议栈是在操作系统内核中实现的。协议栈的实现依赖于操作系统提供的服务，移植性较差。嵌入式协议栈的实现一般对操作系统的依赖性不大，便于移植。许多商业化的嵌入式协议栈支持多种操作系统平台。

（4）嵌入式协议栈的高效率。嵌入式协议栈的实现通常占用更少的空间，需要的数据存储器更小，代码效率高，从而降低了对处理器性能的要求。

3.6　嵌入式系统软件开发环境

嵌入式系统的软件开发方法不同于通用的开发方法，而是采用交叉式开发方法。本节主要介绍嵌入式系统软件开发的交叉编译环境的基本概念和特点，以及软件调试常用的几种方法。

3.6.1　嵌入式系统开发概述

嵌入式系统的软件开发采用交叉平台开发方法（Cross Platform Development，CPD），即软件在一个通用的平台上开发，而在另一个嵌入式目标平台上运行。这个用于开发嵌入式软件的通用平台称为宿主机系统，被开发的嵌入式系统称为目标机系统。而当软件执行环境和开发环境一致时的开发过程则称为本地开发。

图3-6是一个典型的CPD环境，通常包含3个高度集成的部分：

（1）运行在宿主机和目标机上的强有力的交叉开发工具和实用程序。

（2）运行在目标机上的高性能、可裁剪的RTOS。

（3）连接宿主机和目标机的多种通信方式，例如，以太网、串口线、ICE（In-Circuit Emulator，在线仿真器）、ROM仿真器等。

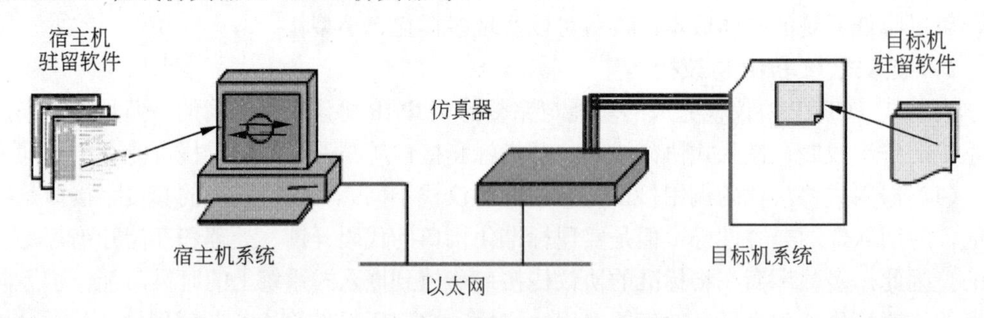

图3-6　典型交叉平台开发环境

宿主机提供的基本开发工具有交叉编译器、交叉链接器和源代码调试器等，作为目标机的嵌入式系统则可能提供一个动态装载器、链接装载器、监视器和一个调试代理等。在目标机和宿主机之间有一组连接，通过这组连接程序代码映像从宿主机下载到目标机，这组连接同时也用来传输宿主机和目标机调试代理之间的信息。

目前，嵌入式系统中常用的目标文件格式是 COFF（Common Object File Format，通用对象文件格式）和 ELF（Executable Linking Format，可执行链接格式）。另外，一些系统还需要有一些专门工具将上述格式转换成二进制代码格式才可使用。典型地，一个目标文件包含：

（1）关于目标文件的通用信息，如文件尺寸、启动地址、代码段和数据段等具体信息。

（2）机器架构特定的二进制指令和数据。

（3）符号表和重定位表。

（4）调试信息。

3.6.2 开发过程

嵌入式系统软件的开发过程可以分为项目计划、可行性分析、需求分析、概要设计、详细设计、程序建立、下载、调试、固化、测试及运行等几个阶段。

项目计划、可行性分析、需求分析、概要设计及详细设计等几个阶段，与通用软件的开发过程基本一致，都可按照软件工程方法进行，如采用原型化方法、结构化方法等。

希赛教育专家提示：由于嵌入式软件的运行和开发环境不同，开发工作是交叉进行的，所以每一步都要考虑到这一点。

程序建立阶段的工作是根据详细设计阶段产生的文档进行的，主要是源代码编写、编译链接等子过程，这些工作都在宿主机上进行，不需要用到目标机。产生应用程序的可执行文件后，就要用到交叉开发环境进行调试，根据实际情况可以选用 3.6.3 节中提到的调试方法或其有效组合来进行。由于嵌入式系统对安全性和可靠性的要求比通用计算机系统要高，所以，在对嵌入式系统进行白盒测试时，要求有更高的代码覆盖率。

最后，要将经调试后正确无误的可执行程序固化到目标机上。根据嵌入式系统硬件配置的不同，可以固化在 EPROM（Erasable Programmable ROM，可擦除可编程 ROM）和 Flash 等存储器中，也可固化在 DOC（DiskOnChip）等电子盘中，通常还要借助一些专用编程器进行。

3.6.3 调试方法

通用系统与嵌入式系统的软件调试过程存在着明显的差异。对于通用系统，调试工具与被调试的程序位于同一台计算机上，调试工具通过操作系统的调试接口来控制被调试的程序。但是在嵌入式系统中，由于资源的限制，不能在其上直接开发应用程序，调试过程通常也以交叉方式进行的。在实际开发实践中，经常采用的调试方法有直接调试法、调试监控法、在线仿真法、片上调试法及模拟器法等。

1．直接调试法

直接调试法是将目标代码下载到目标机上，让其执行，通过观察指示灯来判断程序的运行状态。在嵌入式系统发展的早期一般采用这种方式进行，其基本步骤是：

（1）在宿主机上编写程序。

（2）在宿主机上编译、链接生成目标机可执行程序代码。

（3）将可执行代码写入到目标机的存储器中。

（4）在目标机运行程序代码。

（5）判断程序的运行情况，如有错误则纠正错误，重复以上步骤，直到正确为止。

（6）将可执行代码固化到目标机，开发完成。

这种方法是最原始的调试方法，程序运行时产生的问题，只有通过检查源代码来解决，因而开发效率很低。

2．调试监控法

调试监控法也叫插桩法。目标机和宿主机一般通过串口、并口或以太网相连接，采用这种方法还需要在宿主机的调试器内和目标机的操作系统上分别启动一个功能模块，然后通过这两个功能模块的相互通信来实现对应用程序的调试。在目标机上添加的模块叫做桩（调试服务器、调试监控器），主要有两个作用：一是监视和控制被调试的程序；二是与宿主机上的调试程序通信，接受控制指令，返回结果等。

在进行调试的时候，宿主机上的调试器通过连接线路向调试监控器发送各种请求，实现目标机内存读/写和寄存器访问、程序下载、单步跟踪和设置断点等操作。来自宿主机的请求和目标机的响应都按照预定的通信协议进行交互。

使用插桩法作为调试手段时，开发应用程序的基本步骤如下：

（1）在宿主机上编写程序的源代码。

（2）在宿主机编译、链接生成目标机可执行程序。

（3）将目标机可执行代码下载到目标机的存储器中。

（4）使用调试器进行调试。

（5）在调试器帮助下定位错误。

（6）在宿主机上修改源代码，纠正错误，重复上述步骤直到正确为止。

（7）将可执行代码固化到目标机上。

相对于直接测试法，插桩法明显地提高了开发效率，降低了调试的难度，缩短了产品的开发周期，有效降低了开发成本。但是插桩法仍有明显的缺点，主要体现在以下几个方面：

（1）调试监控器本身的开发是个技术难题。

（2）调试监控器在目标机要占用一定的系统资源，如CPU时间、存储空间以及串口或网络接口等外设资源。

（3）调试时，不能响应外部中断，对有时间特性的程序不适合。

（4）在调试过程中，被调试的程序实际上在调试监控器所提供的环境中运行，这个环境可能会与实际目标程序最终的运行环境有一定的差异，这种差异有可能导致调试通过的程序最后仍不能运行。

为了克服插桩法的缺点，出现了一种改良的方法，即 ROM 仿真器法。

ROM 仿真器可以认为是一种用于替代目标机上 ROM 芯片的硬件设备，ROM 仿真器一端跟宿主机相连，另一端通过 ROM 芯片的引脚插座和目标机相连。对于嵌入式处理器来说，ROM 仿真器像是一个只读存储器，而对于宿主机来说，像一个调试监控器。ROM 仿真器的地址可以实时映射到目标机的 ROM 地址空间里，所以它可以仿真目标机的 ROM。ROM 仿真器在目标机和宿主机之间建立了一条高速信息通道，其典型的应用就是跟插桩法相结合，形成一种功能更强的调试方法。该方法具有如下优点：

（1）不必再开发调试监控器。

（2）由于是通过 ROM 仿真器上的串行口、并行口或网络接口与宿主机连接，所以不必占用目标机上的系统资源。

（3）ROM 仿真器代替了目标机上原来的 ROM，所以不必占用目标机上的存储空间来保存调试监控器。

（4）另外，即使目标机本身没有 ROM，调试依然可以进行，并且不需要使用专门工具向 ROM 写入程序和数据了。

3．在线仿真法

ICE 是一种用于替代目标机上 CPU 的设备。对目标机来说，ICE 就相当于它的 CPU，ICE 本身就是一个嵌入式系统，有自己的 CPU、内存和软件。ICE 的 CPU 可以执行目标机的所有指令，但比一般的 CPU 有更多的引脚，能够将内部信号输出到被控制的目标机上，ICE 的存储器也被映射到用户的程序空间，因此，即使没有目标机，仅用 ICE 也可以进行程序的调试。

ICE 和宿主机一般通过串口、并口或以太网相连接。在连接 ICE 和目标系统时，用 ICE 的 CPU 引出端口替代目标机的 CPU。在用 ICE 调试程序时，在宿主机运行一个调试器界面程序，该程序根据用户的操作指令控制目标机上的程序运行。

ICE 能实时地检查运行程序的处理器的状态，设置硬件断点和进行实时跟踪，所以提供了更强的调试功能。ICE 支持多种事件的触发断点，这些事件包括内存读写、I/O 读写及中断等。ICE 的一个重要特性就是实时跟踪，ICE 上有大容量的存储器用来保存每个指令周期的信息，这个功能使用户可以知道事件发生的精确时序，特别适于调试实时应用、设备驱动程序和对硬件进行功能测试。但是，ICE 的价格一般都比较昂贵。

4．片上调试法

片上调试（In Circuit Debugger，ICD）是 CPU 芯片内部的一种用于支持调试的功能模块。按照实现的技术，ICD 可以分为仿调试监控器、后台调试模式（Background Debugging Mode，BDM）、连接测试存取组（Joint Test Access Group，JTAG）和片上仿真（On Chip Emulation，OnCE）等几类。

目前使用较多的是采用BDM技术的CPU芯片。这种芯片的外面没有跟调试相关的引脚，这些引脚在调试的时候被引出，形成一个与外部相连的调试接口，这种CPU具有调试模式和执行模式两种不同的运行模式。当满足了特定的触发条件时，CPU进入调试模式，在调试模式下，CPU不再从内存中读取指令，而是通过其调试端口读取指令，通过调试端口还可以控制CPU进入和退出调试模式。这样在宿主机上的调试器就可以通过调试端口直接向目标机发送要执行的指令，使调试器可以读/写目标机的内存和寄存器，控制目标程序的运行以及完成各种复杂的调试功能。

该方法的主要优点是：不占用目标机的通信端口等资源，调试环境和最终的程序运行环境基本一致，无须在目标机上增加任何功能模块即可进行；支持软、硬断点，支持跟踪功能，可以精确计量程序的执行时间；支持时序逻辑分析等功能。

该方法的主要缺点是：实时性不如ICE法强，使用范围受限，如果目标机不支持片上调试功能，则该方法不适用；实现技术多样，标准不完全统一，工具软件的开发和使用均不方便。

5．模拟器法

模拟器是运行于宿主机上的一个纯软件工具，它通过模拟目标机的指令系统或目标机操作系统的系统调用来达到在宿主机上运行和调试嵌入式应用程序的目的。

模拟器适合于调试非实时的应用程序，这类程序一般不与外部设备交互，实时性不强，程序的执行过程是时间封闭的，开发者可以直接在宿主机上验证程序的逻辑正确性。当确认无误后，将程序写入目标机上就可正确运行。

模拟器有两种主要类型：一类是指令级模拟器，在宿主机模拟目标机的指令系统；另一类是系统调用级模拟器，在宿主机上模拟目标操作系统的系统调用。指令级的模拟器相当于宿主机上的一台虚拟目标机，该目标机的处理器种类可以与宿主机不同。比较高级的指令级模拟器还可以模拟目标机的外部设备，如键盘、串口、网络接口等。系统调用级的模拟器相当于在宿主机上安装了目标机的操作系统，使得基于目标机的操作系统的应用程序可以在宿主机上运行。被模拟的目标机操作系统的类型可以跟宿主机的不同。两种类型的模拟器相比较，指令级模拟器所提供的运行环境与实际目标机更为接近。

使用模拟器的最大好处是在实际的目标机不存在的条件下就可以为其开发应用程序，并且在调试时利用宿主机的资源提供更详细的错误诊断信息，但模拟器有许多不足之处：

（1）模拟器环境和实际运行环境差别很大，无法保证在模拟条件下通过的应用程序也能在真实环境中正确运行。

（2）模拟器不能模拟所有的外部设备，但嵌入式系统通常包含诸多外设，但模拟器只能模拟少数部分。

（3）模拟器的实时性差，对于实时类应用程序的调试结果可能不可靠。

（4）运行模拟器需要宿主机配置较高。

尽管模拟器有很多的不足之处，但在项目开发的早期阶段，其价值是不可估量的，尤其对那些实时性不强的应用，模拟器调试不需要特殊的硬件资源，是一种非常经济的方法。

希赛教育专家提示：从软件工程的角度来看，调试与测试是不同的。而本节中的“调试”相当于测试和调试的统一体，而且更加侧重于测试。有关软件测试和软件调试的更加详细的知识，请阅读 8.8 节。

3.7　例题分析

在系统架构设计师考试中，有关嵌入式系统的试题可能出现在上午的考试（信息系统综合知识）中，也可能出现在下午的考试（案例分析和论文试题）中。为了帮助考生理解有关基础概念，本节分析 5 道典型的上午考试试题。

例题 1

在嵌入式系统设计时，下面几种存储结构中对程序员是透明的是________。

A．高速缓存　　B．磁盘存储器

C．内存　　D．Flash 存储器

例题 1 分析

本题主要考查嵌入式系统程序设计中对存储结构的操作。

4 个选项中，高速缓存就是 Cache，它处于内存与 CPU 之间，是为了提高访问内存时的速度而设置的，这个设备对于程序员的程序编写是完全透明的。

磁盘存储器与 Flash 存储器都属于外设，在存储文件时，需要考虑到该设备的情况，因为需要将文件内容存于相应的设备之上。

内存是程序员写程序时需要考虑的，因为内存的分配与释放，是经常要用到的操作。

例题 1 答案

A

例题 2

内存按字节编址，利用 8K×4bit 的存储器芯片构成 84000H～8FFFFH 的内存，共需________片。

A．6　　B．8　　C．12　　D．24

例题 2 分析

本题的题型在软考中较为常见，其难度在于计算时需要注意技巧，如果不注意技巧，将浪费大量时间于无谓的计算过程。8FFFFH–84000H+1=（8FFFFH+1）–84000H=90000H–84000H=C000H，化为十进制为 48K。由于内存是按字节编址，所以存储容量为：48K×8bit，48K×8bit/(8K×4bit)=12。

例题2答案

C

例题3

挂接在总线上的多个部件，________。

A．只能分时向总线发送数据，并只能分时从总线接收数据

B．只能分时向总线发送数据，但可同时从总线接收数据

C．可同时向总线发送数据，并同时从总线接收数据

D．可同时向总线发送数据，但只能分时从总线接收数据

例题3分析

本题考查考生对总线概念的理解。总线是一个大家都能使用的数据传输通道，大家都可以使用这个通道，但发送数据时，是采用的分时机制，而接收数据时可以同时接收，也就是说，同一个数据，可以并行的被多个客户收取。如果该数据不是传给自己的，数据包将被丢弃。

例题3答案

B

例题4

以下关于嵌入式系统开发的叙述，正确的是________。

A．宿主机与目标机之间只需要建立逻辑连接

B．宿主机与目标机之间只能采用串口通信方式

C．在宿主机上必须采用交叉编译器来生成目标机的可执行代码

D．调试器与被调试程序必须安装在同一台机器上

例题4分析

在嵌入式系统开发过程中，有3种不同的开发模式，这3种开发模式就会涉及本题所述的宿主机与目标机（调试程序运行的机器称为宿主机，被调试程序运行的机器称为目标机）。下面将详细说明这3种开发模式。

本机开发：本机开发也就是在目标机（在嵌入式系统中通常把嵌入式系统或设备简称为目标机）中直接进行操作系统移植及应用程序的开发。在这种方式下进行开发，首先就得在目标机中安装操作系统，并且具有良好的人机开发界面。

交叉开发：意思就是在一台宿主机（在嵌入式系统中通常把通用PC称为宿主机）上进行操作系统的裁剪，以及编写应用程序，在宿主机上应用交叉编译环境编译内核及应用程序，然后把目标代码下载到目标机上运行。这就需要在宿主机上安装、配置交叉编译环境（交叉开发工具链），使其能够编译成在目标机上运行的目标代码。

模拟开发：建立在交叉开发环境基础之上。除了宿主机和目标机以外，还得提供一个在宿主机上模拟目标机的环境，使得开发好的内核和程序直接在这个环境下运行以验证其正确性，这就不需要每次的修改都下载到目标机中，待程序正确后再下载到目标机

上运行。这样就可以达到在没有目标机的情况下调试软件的目的。比较著名的模拟开发环境有 SkyEye，它能够模拟如 ARM 等处理器的开发环境。模拟硬件环境是一件比较复杂的工程，所以多数商业嵌入式系统的开发采用的是交叉开发模式。

从以上解释可以看出，宿主机与目标机可能是一台机器上，也可能在不同机器上。宿主机与目标机之间既要有逻辑连接，还要有物理连接。至于通信方式，串口只是其中一种标准，还可采用其他方式。

例题 4 答案

C

例题 5

________不是反映嵌入式实时操作系统实时性的评价指标。

A．任务执行时间　　　　　　B．中断响应和延迟时间

C．任务切换时间　　　　　　D．信号量混洗时间

例题 5 分析

影响嵌入式操作系统实时性的 6 个主要因素。

（1）常用系统调用平均运行时间：即系统调用效率，是指内核执行常用的系统调用所需的平均时间。

（2）任务切换时间：任务切换时间是指事件引发切换后，从当前任务停止运行、保存运行状态（CPU 寄存器内容），到装入下一个将要运行的任务状态、开始运行的时间间隔。

（3）线程切换时间：线程是可被调度的最小单位。在嵌入式系统的应用系统中，很多功能是以线程的方式执行的，所以线程切换时间同样是考察的一个要点。测试方法及原理与任务切换类似，此处不再介绍。

（4）任务抢占时间：任务抢占时间是高优先级的任务从正在运行的低优先级任务中获得系统控制权所消耗的时间。

（5）信号量混洗时间：信号量混洗时间指从一个任务释放信号量到另一个等待该信号量的任务被激活的时间延迟。在嵌入式系统中，通常有许多任务同时竞争某一共享资源，基于信号量的互斥访问保证了任一时刻只有一个任务能够访问公共资源。信号量混洗时间反映了与互斥有关的时间开销，是 RTOS 实时性的一个重要指标。

（6）中断响应时间：中断响应时间是指从中断发生到开始执行用户的中断服务程序代码来处理该中断的时间。中断处理时间通常不仅由 RTOS 决定，而且还由用户的中断处理程序决定，所以不应包括在测试框架之内。

例题 5 答案

A

第4章　数据通信与计算机网络

由于现在的信息系统大多数是基于局域网或因特网的，因此，作为一名合格的系统架构设计师，必须掌握有关计算机网络的基础知识。根据考试大纲，本章要求考生掌握以下知识点：

（1）信息系统综合知识：包括数据通信的基础知识、开放系统互连参考模型、常用的协议标准、网络互连与常用网络设备、计算机网络的分类与应用、网络管理。

（2）系统架构设计案例分析：包括网络应用系统的设计。

4.1　数据通信基础知识

计算机网络是计算机技术与数据通信技术的产物，要想深入地了解网络通信的工作原理，就必须对信道特性、数据调制与编码技术等相关知识有深入的了解。

4.1.1　信道特性

本节介绍香农定理、奈奎斯特定理、数据传输速率与波特率的计算等基础知识。

1．信道的最高码元传输速率

任何实际的信道都不是理想的，在传输信号时会产生各种失真以及带来多种干扰。码元传输的速率越高，或信号传输的距离越远，在信道的输出端的波形的失真就越严重。根据奈氏（Nyquist）准则（奈奎斯特定理），理想码元传输速率 $N=2W$（Baud），其中 W 是理想低通信道的带宽，单位为赫兹（Hz），Baud 是波特，是码元传输速率的单位，1Baud 为每秒传送 1 个码元。

希赛教育专家提示：实际的信道所能传输的最高码元速率，要明显地低于奈氏准则给出的上限数值。Baud 和比特（bit）是两个不同的概念。波特是码元传输的速率单位（每秒传输多少个码元）。码元传输速率也称为调制速率、波形速率或符号速率；比特是信息量的单位。比特速率为单位时间内传送数据量的多少，也称为数据传输速率。信息的传输速率 bps（比特/秒）与码元的传输速率 Baud 在数量上有一定的关系。若 1 个码元只携带 1bit 的信息量，则 bps 和 Baud 在数值上相等。若 1 个码元携带 n bit 的信息量，则 N Baud 的码元传输速率所对应的信息传输速率为（$N\times n$）bps。

2．信道的极限信息传输速率

香农（Shannon）用信息论的理论推导出了带宽受限且有高斯白噪声干扰的信道的极限、无差错的信息传输速率。信道的极限信息传输速率 C 可表达为：

$$C = W\log_2(1+S/N)\ \text{bps}$$

其中 W 为信道带宽（以 Hz 为单位），S 为信道内所传信号的平均功率，N 为信道内部的高斯噪声功率。

香农公式表明：信道的带宽或信道中的信噪比越大，则信息的极限传输速率就越高。若信道带宽 W 或信噪比 S/N 没有上限（当然实际信道不可能是这样的），则信道的极限信息传输速率 C 也就没有上限。实际信道上能够达到的信息传输速率要比香农的极限传输速率低不少。

3．码元与调制技术

码元是一个数据信号的基本单位，码元有多少种类取决于其使用的调制技术。调制技术与码元、比特位间的关系如表 4-1 所示。

表 4-1　码元种类与调制方式

调制技术	名　称	码元种类	比特位数	说　明	特　点
ASK	幅度键控 Amplitude-Shift Keying	2	1	用恒定的载波振幅值表示一个数（通常是 1），无载波表示另一个数	实现简单，但抗干扰性差、效率低（典型数据率仅为 1200bps）
FSK	频移键控 Frequency-Shift Keying	2	1	由载波频率附近的两个频率表示两个不同值，载波频率为中值	抗干扰性较 ASK 更强，但占用带宽较大，典型速度为 1200bps
PSK	相位键控（2 相） Phase-Shift Keying	2	1	用载波的相位偏移来表示数据值	抗干扰性最好，而且相位的变化可以作为定时信息来同步时钟
DPSK	差分移相键控 Differential Phase-Shift Keying	4	2	每 90° 表示一种状态	45°、135°、225°、315° 四个相位表示 00、01、10、11
QPSK	正交移相键控 Quadrature Phase-Shift Keying	4	2	每 90° 表示一种状态	0°、90°、180°、270° 四个相位表示 00、01、10、11

码元种类数 N 与其携带的比特位数 n 之间的关系为：比特位数 $n = \log_2 N$。

4．信道速率计算

香农定理、奈奎斯特定理、数据传输速率与波特率的计算公式如图 4-1 所示。

4.1.2　数据调制与编码

人类在长期的社会活动中需要不断地交往和传递信息。这种传递信息的过程就叫做通信。在通过通信媒体发送信息之前，信息必须被编码形成信号。当将数据由一地传送到另一地时，必须将其转换为信号。

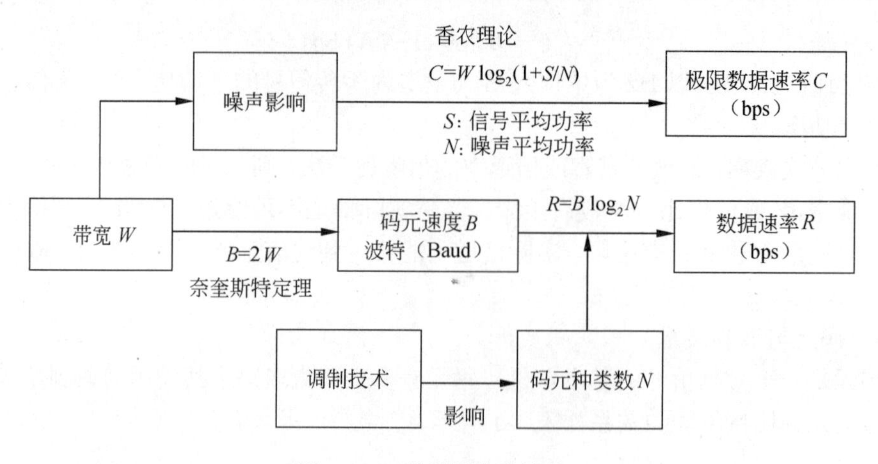

图 4-1 三种常用公式比较

1．模拟通道传送模拟数据

模拟数据通过模拟通道传送的调制方式主要有调幅（Amplitude Modulation，AM）、调频（Frequency Modulation，FM）和调相（Phase Modulation，PM）三种方式。

调幅技术最常见的应用是收音机，调幅是载波频率固定，载波的振幅随着原始数据的幅度变化而变化；调频和调相都属于调度调制。调频即载波的频率随着基带数字信号而变化，调相即载波的初始相位随着基带数字信号而变化。

2．数字通道传送模拟数据

模拟数据必须转变为数字信号，才能在数字通道上传送，这个过程称为“数字化”。脉码调制（Pulse Code Modulation，PCM）是模拟数据数字化的主要方法，PCM要经过采样、量化、编码三个步骤。

（1）要根据奈奎斯特采样定理，取样速率大于模拟信号的最高频率的2倍。例如，人耳能识别的最高频率为22kHz，因此，采样率一般必须达到44kHz。

（2）量化是将样本的连续值转换成离散值，采用的方法类似于求圆周长时用内切正多边形的方法。而我们平时提到的8位、16位的声音，指的就是2^8、2^{16}位量化。

（3）编码就是将量化后的样本值变成相应的二进制代码。

3．模拟通道传送数字数据

计算机拨号上网，电话网络传送的是模拟数据，而计算机只能收发数字数据，这就涉及模拟信道传送数字信号的变换问题。也就是一个数据调制与解调的问题。数字数据调制为模拟信号，选取某一频率的正弦信号作为载波用以运载所要传送的数字数据。用待传送的数字数据改变载波的幅值、频率、或相位，到达目的地后进行分离。而在接收端则通过解调以还原信号。有关具体的调制技术，请参考表4-1。

4．数字通道传送数字数据

在数据通信中，编码的作用是用信号来表示数字信息。例如，单极性编码、极化编码、双极性编码等。

（1）非归零编码（Non-Return Zero，NRZ）。归零指的是编码信号量是否回归到零电平。非归零编码的码元信号的电压位或正或负（当“1”出现时电平翻转，“0”出现时电平不翻转）。与采用线路空闲态代表 0 比特的单极性编码法不同，在非归零编码系统中，如果线路空闲意味着没有任何信号正在传输中。非归零编码又可以分为非归零电平编码（No Return Zero-Level，NRZ-L）和非归零反相编码（None Return Zero-Inverse，NRZ-I）。

在 NRZ-L 编码方式中，信号的电平是根据它所代表的比特位决定的。一个正电压值代表比特 0，一个负电压代表比特 1（或相反）。在 NRZ-L 中，当数据流中存在一连串 1 或 0 时，也会出现与单极性编码中同样的同步问题。

在 NRZ-I 编码方式中，信号电平的一次反转代表比特 1。就是说是从正电平到负电平的一次跃迁（而不是电压值本身）来代表一个比特 1。0 比特由没有电平变化的信号代表。NRZ-I 相对 NRZ-L 的优点在于：因为每次遇到比特 1 都发生电平跃迁，这能提供一种同步机制。

（2）归零编码（Return Zero，RZ）。码元中间的信号回归到 0 电平（正电平到零电平的转换表示码元 0，负电平到零电平的转换表示码元 1）。

（3）双相位编码。现在对同步问题最好的解决方案就是双相位编码。通过不同方向的电平翻转（低到高代表 0，高到低代表 1），这样不仅可以提高抗干扰性，还可以实现自同步。双相位编码有两种方法，第一种是曼彻斯特编码，主要用在以太局域网中；第二种是差分曼彻斯特编码，主要用在令牌环局域网中。

曼彻斯特编码用低到高的电平转换表示 0，用高到低的电平转换表示 1（注意：某些文献中关于此定义有相反的描述，也是正确的）。差分曼彻斯特编码是在曼彻斯特编码的基础上加上了翻转特性，遇 0 翻转，遇 1 不变，常用于令牌环网。要注意的一个知识点是：使用曼彻斯特编码和差分曼彻斯特编码时，每传输 1bit 的信息，就要求线路上有两次电平状态变化（2 Baud），因此要实现 100Mbps 的传输速率，就需要有 200MHz 的带宽，即编码效率只有 50%。

（4）mBnX 编码。正是因为曼彻斯特编码的编码效率不高，所以在带宽资源宝贵的广域网与高速局域网中，显得不能得到有效利用。mBnX 编码是将 *m* 比特位编码成 *n* 位波特（代码位）的编码，如表 4-2 所示。

表 4-2　mBnX 编码

编码方案	描　述	效　率	典型应用
4B/5B	每次对 4 位数据进行编码，将其转换成 5 位的符号进行传输	1.25 波特/位，即 80%	FDDI、100Base-FX、100Base-TX
8B/10B	每次对 8 位数据进行编码，将其转换成 10 位的符号进行传输	1.25 波特/位，即 80%	千兆以太网
8B/6T	8 比特映射成 6 个三进制位	0.75 波特/位	100Base-T4

希赛教育专家提示：数据通信中还有另一类编码，称为差错控制编码（校验码）。它的作用是通过对信息序列作某种变换，使原来彼此独立、相关性极小的信息码元产生某种相关性，从而在接收端就利用这种特性，来检查或进而纠正信息码元在信道传输中所造成的差错。

4.2 网络架构

在网络架构方面，主要考查开放系统互连参考模型、网络地址与网络协议、子网掩码、网络分类、802.3 系列协议、虚拟局域网，以及计算机网络系统平台的划分等。

4.2.1 网络的分类

不同传输距离的网络可以分为局域网、城域网和广域网 3 种。局域网的相关技术是由处理近距离传输设计和发展而来的，而广域网的相关技术是由处理远距离传输设计和发展而来的，城域网则是为一个城市网络设计的相关技术。

1．局域网

局域网（Local Area Network，LAN）是在传输距离较短的前提下所发展的相关技术的集合，用于将小区域内的各种计算机设备和通信设备互联在一起组成资源共享的通信网络。在局域网中常见的传输媒介有双绞线、细/粗同轴电缆、微波、射频信号和红外线等。其主要特点如下：

（1）距离短：0.1～25km，覆盖范围可以是一个建筑物内、一个校园内或办公室内。

（2）速度快：4Mbps～1Gbps，从早期的 4Mbps、10Mbps 及 100Mbps 发展到现在的 1000Mbps（1Gbps），而且还在不断向前发展。

（3）高可靠性：由于距离很近，传输相当可靠，有极低的误码率。

（4）成本较低：由于覆盖的地域较小，因此传输媒介、网络设备的价格都相对较便宜，管理也比较简单。

根据技术的不同，局域网有以太网（Ethernet）、令牌环网络（Token Ring）、Apple Talk 网络和 ArcNet 网络等几种类型。现在，几乎所有的局域网都是基于以太网实现的。当然，随着应用需求的不断提高，也对局域网技术提出了新的挑战，出现了一批像 FDDI（Fiber Distributed Data Interface，光纤分布式数据接口）一样的技术。

2．广域网

广域网（Wide Area Network，WAN）是在传输距离较长的前提下所发展的相关技术的集合，用于将大区域范围内的各种计算机设备和通信设备互联在一起组成一个资源共享的通信网络。其主要特点如下：

（1）长距离：跨越城市，甚至联通全球进行远距离连接。

（2）低速率：这是与局域网的速度相比而言的，一般情况下，广域网的传输速率是以 kbps 为单位的。现在也出现了许多像 ISDN（Integrated Services Digital Network，综合业务数字网）和 ADSL（Asymmetric Digital Subscriber Line，非对称数字用户线路）这样的高速广域网，其传输速率也能达到 Mbps 级，当然费用也大大地提高了。

（3）高成本：相对于城域网和局域网来说，广域网的架设成本是很昂贵的，当然它所带来的经济效益也是极大的。

WAN 由通信子网与资源子网两部分组成，通信子网通常由通信结点和通信链路组成。通信结点往往就是一台计算机，它一方面提供通信子网与资源子网的接口，另一方面对其他结点而言又是一个存储转发结点。作为网络接口结点，它能提供信息的接口，并对传输及网络信息进行控制。通信子网中，软件必须遵循网络协议，实现对链路及结点存储器的管理，还必须提供与主处理器、终端集中器进行信息交换的接口。资源子系统是指连在网上的各种计算机、终端和数据库等。这不仅指硬件，也包括软件和数据资源。通信子网主要使用分组交换技术，根据网络通信原理，局域网与广域网的互联一般是通过第 3 层设备路由器实现的。

3．城域网

城域网（Metropolitan Area Network，MAN）的覆盖范围介于局域网和广域网之间，城域网的主要技术是 DQDB（Distributed Queue Dual Bus，分布式队列双总线），即 IEEE 802.6。DQDB 是由双总线构成的，所有的计算机都连接在上面。

所谓宽带城域网，就是在城市范围内，以 IP（Internet Protocol，网际协议）和 ATM（Asynchronous Transfer Mode，异步传输模式）电信技术为基础，以光纤作为传输媒介，集数据、语音和视频服务于一体的高带宽、多功能及多业务接入的多媒体通信网络。

4.2.2　网络互连模型

在网络互连方面，国际上通用的模型是开放系统互连参考模型（Open System Interconnection/Reference Model，OSI/RM），该模型最初用来作为开发网络通信协议族的一个工业参考标准，是各个层上使用的协议国际化标准。严格遵守 OSI/RM 模型，不同的网络技术之间可以轻而易举地实现互操作。整个 OSI/RM 模型共分七层，从下往上分别是物理层、数据链路层、网络层、传输层、会话层、表示层和应用层。

1．物理层

物理层的所有协议规定了不同种类的传输设备、传输媒介如何将数字信号从一端传送到另一端，而不管传送的是什么数据。它是完全面向硬件的，通过一系列协议定义了通信设备的机械、电气、功能和规程特征。

（1）机械特征：规定线缆与网络接口卡的连接头的形状、几何尺寸、引脚线数、引线排列方式和锁定装置等一系列外形特征。

（2）电气特征：规定了在传输过程中多少伏特的电压用 1 表示，多少伏特用 0 表示。

（3）功能特征：规定了连接双方每个连接线的作用，即哪些是用于传输数据的数据线，哪些是用于传输控制信息的控制线，哪些是用于协调通信的定时线，哪些是用于接地的地线。

（4）过程特征：具体规定了通信双方的通信步骤。

2．数据链路层

数据链路层在物理层已能将信号发送到通信链路中的基础上，负责建立一条可靠的数据传输通道，在相邻结点之间有效地传送数据。正在通信的两个站点在某一特定时刻，一个发送数据，一个接收数据。数据链路层通过一系列协议实现以下功能。

（1）封装成帧：把数据组成一定大小的数据块（帧），然后以帧为单位发送、接收和校验数据。

（2）流量控制：根据接收站的接收情况，发送数据的一方实时地进行传输速率控制，以免出现发送数据过快，接收方来不及处理而丢失数据的情况。

（3）差错控制：当接收到数据帧后，接收数据的一方对其进行检验，如果发现错误，则通知发送方重传。

（4）传输管理：在发送端与接收端通过某种特定形式的对话来建立、维护和终止一批数据的传输过程，以此对数据链路进行管理。

就发送端而言，数据链路层将来自上层的数据按一定规则转化为比特流送到物理层进行处理；就接收端而言，它通过数据链路层将来自物理层的比特流合并成完整的数据帧供上层使用。最典型的数据链路层协议是 IEEE（Institute of Electrical and Electronics Engineers，美国电气和电子工程师协会）开发的 802 系列规范，在该系列规范中将数据链路层分成了两个子层：逻辑链路控制层（Logic Link Control，LLC）和介质访问控制层（Media Access Control，MAC）。LLC 层负责建立和维护两台通信设备之间的逻辑通信链路；MAC 层控制多个信息通道复用一个物理介质。MAC 层提供对网卡的共享访问与网卡的直接通信。网卡在出厂前会被分配给唯一的由 12 位十六进制数表示的 MAC 地址（物理地址），MAC 地址可提供给 LLC 层来建立同一个局域网中两台设备之间的逻辑链路。

IEEE802 规范目前主要包括以下内容。

（1）802.1：802 协议概论，其中 802.1A 规定了局域网体系结构，802.1B 规定了寻址、网络互联与网络管理。

（2）802.2：LLC 协议。

（3）802.3：以太网的 CSMA/CD（Carrier Sense Multiple Access/Collision Detect，载波监听多路访问/冲突检测）协议，其中 802.3i 规定了 10Base-T 访问控制方法与物理层规范，802.3u 规定了 100Base-T 访问控制方法与物理层规范，802.3ab-规定了 1000Base-T 访问控制方法与物理层规范，802.3z 规定了 1000Base-SX 和 1000Base-LX 访问控制方法与物理层规范。

（4）802.4：令牌总线（Token Bus）访问控制方法与物理层规范。

（5）802.5：令牌环访问控制方法。

（6）802.6：城域网访问控制方法与物理层规范。

（7）802.7：宽带局域网访问控制方法与物理层规范。

（8）802.8：FDDI 访问控制方法与物理层规范。

（9）802.9：局域网上的语音/数据集成规范。

（10）802.10：局域网安全互操作标准。

（11）802.11：无线局域网（Wireless Local Area Network，WLAN）标准协议。

（12）802.12：100VG-Any 局域网访问控制方法与物理层规范。

（13）802.14：协调混合光纤同轴网络的前端和用户站点间数据通信的协议。

（14）802.15：无线个人网技术标准，其代表技术是蓝牙技术。

（15）802.16：无线 MAN 空中接口规范。

3．网络层

网络层用于从发送端向接收端传送分组，负责确保信息到达预定的目标。其存在的主要目的是解决以下问题：

（1）通信双方并不相邻。在计算机网络中，通信双方可能是相互邻接的，但也可能并不是邻接的。当一个数据分组从发送端发送到接收端时，就可能要经过多个其他网络结点，这些结点暂时存储“路过”的数据分组，再根据网络的“交通状况”选择下一个结点将数据分组发出去，直到发送到接收方为止。

（2）由于 OSI/RM 模型出现在许多网络协议之后，因此，为了与使用这些已经存在的网络协议的计算机进行互联，就需要解决异构网络的互联问题。

4．传输层

传输层实现发送端和接收端的端到端的数据分组传送，负责保证实现数据包无差错、按顺序、无丢失和无冗余地传输。在传输层上，所执行的任务包括检错和纠错。它的出现是为了更加有效地利用网络层所提供的服务。它的作用主要体现在以下两方面：

（1）将一个较长的数据分成几个小数据包发送。在网络中实际传递的每个数据帧都是有一定大小限制的。假设如果要传送一个字串“123456789”，它太长了，网络服务程序一次只能传送一个数字（当然在实际中不可能这么小，这里仅是为了方便讲解所做的假设），因此网络就需要将其分成 9 次来传递。就发送端而言，当然是从 1 传到 9 的，但是由于每个数据分组传输的路径不会完全相同（因为它是要根据当时的网络“交通状况”而选择路径的），先传送出去的包，不一定会先被收到，因此接收端所收到的数据的排列顺序是与发送的顺序不同的。而传输层的协议就给每一个数据组加入排列组合的记号，以便接收端能根据这些记号将它们重组成原来的顺序。

（2）解决通信双方不只有一个数据连接的问题。这个问题从字面上可能不容易理解，来看一个例子，如用一台计算机与另一台计算机连接复制数据的同时，又通过一些交谈程序进行对话。这个时候，复制的数据与对话的内容是同时到达的，传输的协议负责将它们分开，分别传给相应的程序端口，这也就是端到端的通信。

5．会话层

会话层主要负责管理远程用户或进程间的通信。该层提供名字查找和安全验证等服务，允许两个程序能够相互识别并建立和维护通信连接。会话层还提供数据同步和检查点功能，这样当网络失效时，会对失效后的数据进行重发。在OSI/RM模型中，会话层的规范具体包括通信控制、检查点设置、重建中断的传输链路、名字查找和安全验证服务。

6．表示层

表示层以下的各层只关心从源地到目的地可靠地传输数据，而表示层则关心的是所传送信息的语义与语法。它负责将收到的数据转换为计算机内的表示方法或特定程序的表示方法。也就是说，它负责通信协议的转换、数据的翻译、数据的加密、数据的压缩、字符的转换等工作。在OSI/RM模型中表示层的规范具体包括数据编码方式的约定和本地句法的转换。各种表示数据的格式的协议也属于表示层，例如，数据压缩和编码等。

7．应用层

应用层是直接提供服务给使用者的应用软件的层，例如，电子邮件和在线交谈程序都属于应用层的范畴。应用层可实现网络中一台计算机上的应用程序与另一台计算机上的应用程序之间的通信，就像在同一台计算机上操作一样。在OSI/RM模型中应用层的规范具体包括各类应用过程的接口和用户接口。

8．模型的工作模式

当接收数据时，数据是自下而上传输的；当发送数据时，数据是自上而下传输的。在网络数据通信的过程中，每一层要完成特定的任务。当传输数据的时候，每一层接收上一层格式化后的数据，对数据进行操作，然后把它传给下一层。当接收数据的时候，每一层接收下一层传过来的数据，对数据进行解包，然后把它传给上一层。这就实现了对等层之间的逻辑通信。OSI/RM模型并未确切描述用于各层的协议和服务，它仅仅告诉我们每一层该做些什么。

为了便于复习，表4-3对OSI/RM模型各层的主要功能进行了总结和归纳。

表4-3 各层的主要功能

层的名称	主要功能	详细说明
应用层	处理网络应用	直接为终端用户服务，提供各类应用过程的接口和用户接口
表示层	数据表示	使应用层可以根据其服务解释数据的含义。通常包括数据编码的约定、本地句法的转换
会话层	互联主机通信	负责管理远程用户或进程间的通信，通常包括通信控制、检查点设置、重建中断的传输链路、名字查找和安全验证服务
传输层	端到端连接	实现发送端和接收端的端到端的数据分组传送，负责保证实现数据包无差错、按顺序、无丢失和无冗余地传输。其服务访问点为端口

续表

层的名称	主要功能	详细说明
网络层	分组传输和路由选择	通过网络连接交换传输层实体发出的数据，解决路由选择、网络拥塞、异构网络互联的问题。服务访问点为逻辑地址（网络地址）
数据链路层	传送以帧为单位的信息	建立、维持和释放网络实体之间的数据链路，把流量控制和差错控制合并在一起。包含MAC和LLC两个子层。服务访问点为物理地址
物理层	二进制位传输	通过一系列协议定义了通信设备的机械、电气、功能及规程特征

4.2.3　常用的网络协议

本节主要介绍TCP（Transmission Control Protocol，传输控制协议）/IP协议族中的一些主要协议。TCP/IP不是一个简单的协议，而是一组小的、专业化协议。TCP/IP最大的优势之一是其可路由性，这也就意味着它可以携带能被路由器解释的网络编址信息。TCP/IP还具有灵活性，可在多个网络操作系统或网络介质的联合系统中运行。然而由于它的灵活性，TCP/IP需要更多的配置。TCP/IP协议族可被大致分为应用层、传输层、网际层和网络接口层四层，如图4-2所示。

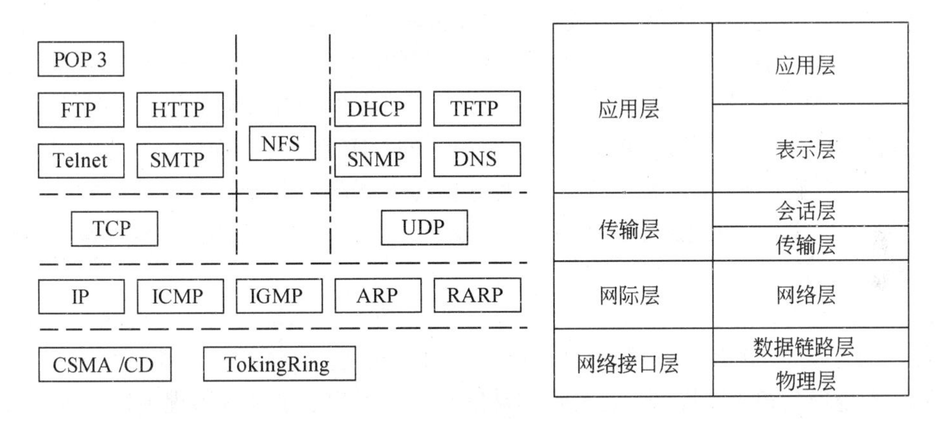

图4-2　TCP/IP协议族

希赛教育专家提示：图4-2中的分层只是一种“大致”的分法，各种文献的分法略有不同。特别是与OSI/RM层次的对应关系上，也是一种大致的对应关系，而不是严格的对应关系。图4-2中的虚线表示某个协议是基于哪个低层协议的，例如，TFTP（Trivial File Transfer Protocol，简单文件传输协议）是基于UDP（User Datagram Protocol，用户数据报协议）的，而FTP（File Transport Protocol，文件传输协议）是基于TCP协议的，NFS（Net File System，网络文件系统）即可基于UDP协议来实现，也可基于TCP协议来实现。

1．应用层

TCP/IP的应用层大致对应于OSI/RM模型的应用层和表示层，应用程序通过本层协议利用网络。这些协议主要有 FTP、TFTP、HTTP（Hypertext Transfer Protocol，超文本传输协议）、SMTP（Simple Mail Transfer Protocol，简单邮件传输协议）、DHCP（Dynamic Host Configuration Protocol，动态主机配置协议）、NFS、Telnet（远程登录协议）、DNS（Domain Name System，域名系统）和 SNMP（Simple Network Management Protocol，简单网络管理协议）等。

FTP 是网络上两台计算机传送文件的协议，是通过 Internet 把文件从客户机复制到服务器上的一种途径。

TFTP 是用来在客户机与服务器之间进行简单文件传输的协议，提供不复杂、开销不大的文件传输服务。TFTP 协议设计的时候是进行小文件传输的，因此它不具备通常的 FTP 的许多功能，它只能从文件服务器上获得或写入文件，不能列出目录，也不进行认证。

HTTP 是用于从 WWW 服务器传输超文本到本地浏览器的传送协议输。它可以使浏览器更加高效，使网络传输减少。它不仅保证计算机正确快速地传输超文本文档，还确定传输文档中的哪一部分，以及哪部分内容首先显示等。

SMTP 是一种提供可靠且有效的电子邮件传输的协议。SMTP 是建模在 FTP 文件传输服务上的一种邮件服务，主要用于传输系统之间的邮件信息并提供与来信有关的通知。

DHCP 分为两个部分，一个是服务器端，另一个是客户端。所有的 IP 网络设定数据都由 DHCP 服务器集中管理，并负责处理客户端的 DHCP 要求；而客户端则会使用从服务器分配下来的 IP 环境数据。DHCP 通过租约的概念，有效且动态地分配客户端的 TCP/IP 设定。DHCP 分配的 IP 地址可以分为 3 种方式，分别是固定分配、动态分配和自动分配。

NFS 是 FreeBSD 支持的文件系统中的一种，允许一个系统在网络上与他人共享目录和文件。通过使用 NFS，用户和程序可以像访问本地文件一样访问远端系统上的文件。

Telnet 是登录和仿真程序，它的基本功能是允许用户登录进入远程主机系统。以前，Telnet 是一个将所有用户输入送到远方主机进行处理的简单的终端程序。它的一些较新的版本在本地执行更多的处理，于是可以提供更好的响应，并且减少了通过链路发送到远程主机的信息数量。

DNS 用于命名组织到域层次结构中的计算机和网络服务。在 Internet 上域名与 IP 地址之间是一一对应的，域名虽然便于人们记忆，但机器之间只能互相认识 IP 地址，它们之间的转换工作称为域名解析，域名解析需要由专门的域名解析服务器来完成，DNS 就是进行域名解析的服务器。DNS 通过对用户友好的名称查找计算机和服务。当用户在浏览器中输入域名时，DNS 服务可以将此名称解析为与之相关的其他信息，如 IP 地址。

SNMP 是为了解决 Internet 上的路由器管理问题而提出的，指一系列网络管理规范的集合，包括协议本身、数据结构的定义和一些相关概念。目前 SNMP 已成为网络管理领域中事实上的工业标准，并被广泛支持和应用，大多数网络管理系统和平台都是基于

SNMP 的。

2．传输层

TCP/IP 的传输层大致对应于 OSI/RM 模型的会话层和传输层，主要包括 TCP 和 UDP，这些协议负责提供流量控制、错误校验和排序服务。所有的服务请求都使用这些协议。

TCP 是整个 TCP/IP 协议族中最重要的协议之一，它在 IP 协议提供的不可靠数据服务的基础上，采用了重发技术，为应用程序提供了一个可靠的、面向连接的、全双工的数据传输服务。TCP 协议一般用于传输数据量比较少，且对可靠性要求高的场合。

UDP 可以保证应用程序进程间的通信，与同样处在传输层的面向连接的 TCP 相比较，UDP 是一种无连接的协议，它的错误检测功能要弱得多，因此可靠性较差。可以这样说，TCP 有助于提供可靠性，而 UDP 则有助于提高传输的速率。UDP 协议一般用于传输数据量大，对可靠性要求不是很高，但要求速度快的场合。

3．网际层

TCP/IP 的网际层对应于 OSI/RM 模型的网络层，包括 IP、ICMP（Internet Control Message Protocol，网际控制报文协议）、IGMP（Internet Group Management Protocol，网际组管理协议），以及 ARP（Address Resolution Protocol，地址解析协议）和 RARP（Reverse Address Resolution Protocol，反向地址解析协议）。这些协议用于处理信息的路由及主机地址解析。

IP 所提供的服务通常被认为是无连接的和不可靠的，因此把差错检测和流量控制之类的服务授权给了其他的各层协议，这正是 TCP/IP 能够高效率工作的一个重要保证。网际层的功能主要由 IP 来提供，除了提供端到端的分组分发功能外，IP 还提供了很多扩充功能。例如，为了克服数据链路层对帧大小的限制，网络层提供了数据分块和重组功能，这使得很大的 IP 数据包能以较小的分组在网上传输。

网际层的另一个重要服务是在互相独立的局域网上建立互联网络，即网际网。网间的报文来往根据它的目的 IP 地址通过路由器传到另一网络。

ARP 用于动态地完成 IP 地址向物理地址的转换。物理地址通常是指主机的网卡地址（MAC 地址），每一网卡都有唯一的地址；RARP 用于动态完成物理地址向 IP 地址的转换。

ICMP 是一个专门用于发送差错报文的协议，由于 IP 协议是一种尽力传送的通信协议，即传送的数据可能丢失、重复、延迟或乱序传递，所以 IP 协议需要一种尽量避免差错并能在发生差错时报告的机制。

IGMP 允许 Internet 主机参加多播，也即是 IP 主机用做向相邻多目路由器报告多目组成员的协议。多目路由器是支持组播的路由器，向本地网络发送 IGMP 查询。主机通过发送 IGMP 报告来应答查询。组播路由器负责将组播包转发到网络中所有组播成员。

4．网络接口层

TCP/IP 的网络接口层大致对应于 OSI/RM 模型的数据链路层和物理层，TCP/IP 协议不包含具体的物理层和数据链路层，只定义了网络接口层作为物理层的接口规范。网络接口层处在 TCP/IP 协议的最底层，主要负责管理为物理网络准备数据所需的全部服务程序和功能。该层处理数据的格式化并将数据传输到网络电缆，为 TCP/IP 的实现基础，其中可包含 IEEE802.3 的 CSMA/CD、IEEE802.5 的 TokenRing 等。

5．端口

在 TCP/IP 网络中，传输层的所有服务都包含端口号，它们可以唯一区分每个数据包包含哪些应用协议。端口系统利用这种信息来区分包中的数据，尤其是端口号使一个接收端计算机系统能够确定它所收到的 IP 包类型，并把它交给合适的高层软件。

端口号和设备 IP 地址的组合通常称作插口（socket）。任何 TCP/IP 实现所提供的服务都用知名的 1～1023 之间的端口号。这些知名端口号由 Internet 号分配机构（Internet Assigned Numbers Authority，IANA）来管理。例如，SMTP 所用的 TCP 端口号是 25，POP3 所用的 TCP 端口号是 110，DNS 所用的 UDP 端口号为 53，WWW 服务使用的 TCP 端口号为 80。FTP 在客户与服务器的内部建立两条 TCP 连接，一条是控制连接，端口号为 21；另一条是数据连接，端口号为 20。

256～1023 之间的端口号通常由 Unix 系统占用，以提供一些特定的 UNIX 服务。也就是说，提供一些只有 UNIX 系统才有的、其他操作系统可能不提供的服务。

希赛教育专家提示：在实际应用中，用户可以改变服务器上各种服务的保留端口号，但要注意，在需要服务的客户端也要改为同一端口号。

4.2.4 网络地址与掩码

连接到 Internet 上的每台计算机都必须有一个唯一地址，称为 IP 地址。IP 地址是一个 4 字节（共 32 位）的数字，被分为 4 段，每段 8 位，段与段之间用句点分隔。为了便于表达和识别，IP 地址以十进制形式表示（例如 212.152.200.12），每段所能表示的十进制数最大不超过 255。IP 地址由两部分组成，即网络号和主机号。网络号标识的是 Internet 上的一个子网，而主机号标识的是子网中的某台主机。

1．IP 地址的分类

IP 地址可分为 5 类，分别是 A 类、B 类、C 类、D 类和 E 类，大量使用的仅为 A 类、B 类、C 类。

（1）A 类地址：最前面 1 位为 0，然后用 7 位来标识网络号，24 位标识主机号。即 A 类地址的第一段取值介于 1～126 之间。A 类地址通常为大型网络而提供，全世界总共只有 126 个可能的 A 类网络，每个 A 类网络最多可以连接 $2^{24}-2$ 台主机（有两个保留地址）。

（2）B 类地址：最前面 2 位是 10，然后用 14 位来标识网络号，16 位标识主机号。

因此，B 类地址的第一段取值介于 128～191 之间，第一段和第二段合在一起表示网络号。B 类地址适用于中等规模的网络，每个 B 类网络最多可以连接 $2^{16}-2$ 台主机（有两个保留地址）。

（3）C 类地址：最前面 3 位是 110，然后用 21 位来标识网络号，8 位标识主机号。因此，C 类地址的第一段取值介于 192～223 之间，前三段合在一起表示网络号。最后一段标识网络上的主机号。C 类地址适用于校园网等小型网络，每个 C 类网络最多可以有 $2^{8}-2$ 台主机（有两个保留地址）。

（4）D 类地址：最前面 4 位为 1110，D 类地址不分网络地址和主机地址，它是一个专门保留的地址。它并不指向特定的网络，目前 D 类地址被用在多点广播中。多点广播地址用来一次寻址一组计算机，它标识共享同一协议的一组计算机。

（5）E 类地址：最前面 5 位为 11110，E 类地址也不分网络地址和主机地址，为将来使用所保留。

希赛教育专家提示：有几种特殊的情况需要注意，例如，主机号全为 1 的地址用于广播，称为广播地址。网络号全为 0，则后面的主机号表示本网地址。主机号全为 0，此时的网络号就是本网的地址。网络号全为 1 的地址和 32 位全为 0 的地址为保留地址。

2．子网掩码

子网指一个组织中相连的网络设备的逻辑分组。一般情况下，子网可表示为某地理位置内（某大楼或相同局域网中）的所有机器。将网络划分成一个个逻辑段（即子网）的目的是便于更好地管理网络，同时提高网络性能，增强网络安全性。另外，将一个组织内的网络划分成各个子网，只需要通过单个共享网络地址，即可将这些子网连接到 Internet 上，从而减缓了 Internet 中 IP 地址的耗尽趋势。

掩码是一个 32 位二进制数字，用点分十进制来描述，默认情况下，掩码包含两个域，分别为网络域和主机域。这些内容分别对应网络号和本地可管理的网络地址部分，通过使用掩码可将本地可管理的网络地址部分划分成多个子网。

例如，假设某个 IP 地址为 176.68.160.12/22，则表示使用 22 位作为网络地址，那么主机地址就占 10 位。因此，此子网的主机数可以有 $2^{10}-2$ 个。该 IP 地址是个 B 类地址，默认掩码为 255.255.0.0（B 类地址的前 16 位为网络地址）。但这个地址中前 22 位作为网络地址，则子网掩码第三个字节的前 6 位为子网域，用 1 表示；剩余的位数为主机域，用 0 表示。即 11111100 00000000，将这个二进制信息转换成十进制作为掩码的后半部分，则可得出完整掩码为 255.255.252.0。

3．IPv6

前面介绍的 IP 地址协议的版本号是 4（简称为 IPv4），它的下一个版本就是 IPv6。IPv6 正处在不断发展和完善的过程中，它在不久的将来将取代目前被广泛使用的 IPv4。

与 IPV4 相比，IPV6 具有以下几点优势：

（1）IPv6 具有更大的地址空间。IPv4 中规定 IP 地址长度为 32 位，而 IPv6 中 IP 地址的长度为 128 位。

（2）IPv6 使用更小的路由表。IPv6 的地址分配一开始就遵循聚类的原则，这使得路由器能在路由表中用一条记录表示一个子网，大大减小了路由器中路由表的长度，提高了路由器转发数据包的速度。

（3）IPv6 增加了增强的组播支持及对流的支持，这使得网络上的多媒体应用有了长足发展的机会，为服务质量（Quality of Service，QoS）控制提供了良好的网络平台。

（4）IPv6 加入了对自动配置的支持。这是对 DHCP 协议的改进和扩展，使得网络（尤其是局域网）的管理更加方便和快捷。

（5）IPv6 具有更高的安全性。在使用 IPv6 网络时用户可以对网络层的数据进行加密并对 IP 报文进行校验，极大地增强了网络的安全性。

4.2.5 虚拟局域网

虚拟局域网（Virtual Local Area Network，VLAN）是由一些主机、交换机或路由器等组成的一个虚拟的局域网。虚拟局域网超越了传统的局域网的物理位置局限，终端系统可以分布于网络中不同的地理位置，但都属于同一逻辑广播域。

1. VLAN 的功能

管理员能够很容易地控制不同 VLAN 间的互相访问能力，可以将同一部门或属于同一访问功能组的用户划分在同一 VLAN 中，VLAN 内的用户之间可以通过交换机或路由器相互连通。网络管理员甚至还可以通过 VLAN 的安全访问列表来控制不同 VLAN 之间的访问。

VLAN 能够对广播信息进行有效的控制，最大限度地减少对终端工作站、网络服务器和处理关键业务数据的骨干部分的性能影响。采用 VLAN 还便于管理的更改，而整个网络范围内与用户增加、移动和物理位置变更相关的对管理工作的要求，也大为减少。这从很大程度上方便了网络系统的安全访问控制管理。

通过 VLAN 运行机制，可以给网络安全带来很多好处，如信息只到达应该到达的地点，因此可防止大部分基于网络监听的入侵手段；通过 VLAN 设置的访问控制，也使在虚拟网外的网络结点不能直接访问虚拟网内结点。但是，VLAN 技术也带来了新的问题：执行虚拟网交换的设备越来越复杂，从而成为被攻击的对象；基于网络广播原理的入侵监控技术在高速交换网络内需要特殊的设置；基于 MAC 的 VLAN 不能防止 MAC 欺骗攻击，因此采用基于 MAC 的 VLAN 划分将面临假冒 MAC 地址的攻击。因此，VLAN 的划分最好基于交换机端口，但这要求整个网络桌面使用交换端口或每个交换端口所在的网段机器均属于相同的 VLAN。

如果一个 VLAN 跨越多个交换机，则属于同一 VLAN 的工作站要通过 Trunk（干道）线路互相通信。Trunk 是一种封装技术，它是一条点到点的链路，主要功能就是仅通过一条链路就可以连接多个交换机从而扩展已配置的多个 VLAN。还可以采用通过 Trunk

技术和上级交换机级连的方式来扩展端口的数量，达到近似堆叠的功能，节省了网络硬件的成本，从而扩展整个网络。Trunk 承载的 VLAN 范围，默认是 1～1005，用户可以修改，但必须有一个 Trunk 协议。使用 Trunk 时，相邻端口上的协议要一致。

2．VLAN 的划分方法

目前，实现 VLAN 的划分有多种方法：

（1）按交换机端口号划分。将交换设备端口进行分组来划分 VLAN，例如，一个交换设备上的端口 1、2、5、7 所连接的客户工作站可以构成 VLAN A，而端口 3、4、6、8 则构成 VLAN B 等。在最初的实现中，VLAN 是不能跨越交换设备的，后来进一步的发展使得 VLAN 可以跨越多个交换设备。目前，按端口号划分 VLAN 仍然是构造 VLAN 的一个最常用的方法。这种方法比较简单并且非常有效。但仅靠端口分组而定义 VLAN 将无法使得同一个物理分段（或交换端口）同时参与到多个 VLAN 中，而且更重要的是当一个客户站从一个端口移至另一个端口时，网管人员将不得不对 VLAN 成员进行重新配置。

（2）按 MAC 地址划分。由网管人员指定属于同一个 VLAN 中的各客户端的 MAC 地址。由于 MAC 地址是固化在网卡中的，故移至网络中另外一个地方时将仍然保持其原先的 VLAN 成员身份而无须网管人员对之进行重新的配置，从这个意义讲，用 MAC 地址定义的 VLAN 可以看成是基于用户的 VLAN。另外，在这种方式中，同一个 MAC 地址可以处于多个 VLAN 中。这种方法的缺点是所有的用户在最初都必须被配置到（手工方式）至少一个 VLAN 中，只有在这种手工配置之后方可实现对 VLAN 成员的自动跟踪。

（3）按第三层协议划分。在决定 VLAN 成员身份时，主要考虑协议类型（支持多协议的情况下）或网络层地址（如 TCP/IP 网络的子网地址）。这种类型的 VLAN 划分需要将子网地址映射到 VLAN，交换设备则根据子网地址而将各机器的 MAC 地址同一个 VLAN 联系起来。交换设备将决定不同网络端口上连接的机器属于同一个 VLAN。在第三层定义 VLAN 有许多优点。首先，可以根据协议类型进行 VLAN 的划分，这对于那些基于服务或基于应用 VLAN 策略的网管人员无疑是极具吸引力的。其次，用户可以自由地移动他们的机器而无需对网络地址进行重新配置，并且在第三层上定义 VLAN 将不再需要报文标识，从而可以消除因在交换设备之间传递 VLAN 成员信息而花费的开销。与前两种方法相比，第三层 VLAN 方法的最大缺点就是性能问题。对报文中的网络地址进行检查将比对帧中的 MAC 地址进行检查开销更大。正是由于这个原因，使用第三层协议进行 VLAN 划分的交换设备一般都比使用第二层协议的交换设备更慢。但第三层交换机的出现，大大改善了 VLAN 成员间的通信效率。

（4）IP 组播 VLAN。在这种方法中，各站点可以自由地动态决定（通过编程的方法）参加到哪一个或哪一些 IP 组播组中。一个 IP 组播组实际上是用一个 D 类地址表示的，当向一个组播组发送一个 IP 报文时，此报文将被传送到此组中的各个站点处。从这个意义上讲，可以将一个 IP 组播组看成是一个 VLAN。但此 VLAN 中的各个成员都只具有临时性的特点。由 IP 组播定义 VLAN 的动态特性可以达到很高的灵活性，并且借助于路由器，这种 VLAN 可以很容易地扩展到整个 WAN 上。

（5）基于策略的 VLAN。基于策略的方法允许网络管理员使用任何 VLAN 策略的组合来创建满足其需求的 VLAN。通过 VLAN 策略把设备指定给 VLAN，当一个策略被指定到一个交换机时，该策略就在整个网络上应用，而设备被置入 VLAN 中。从设备发出的帧总是经过重新计算，以使 VLAN 成员身份能随着设备产生的流量类型而改变。基于策略的 VLAN 可以使用上面提到的任一种划分 VLAN 的方法，并可以把不同方法组合成一种新的策略来划分 VLAN。

（6）按用户定义、非用户授权划分。基于用户定义、非用户授权来划分 VLAN 是指为了适应特别的 VLAN 网络，根据特殊的网络用户的特殊要求来定义和设计 VLAN，而且可以让非 VLAN 群体用户访问 VLAN，但是需要提供用户密码，在得到 VLAN 管理的认证后才可以加入一个 VLAN。

希赛教育专家提示：在上述 6 种划分方法中，各方法的侧重点不同，所达到的效果也不尽相同。目前在网络产品中融合多种划分 VLAN 的方法，以便根据实际情况寻找最合适的途径。同时，随着管理软件的发展，VLAN 的划分逐渐趋向于动态化。

4.3 通信设备

在介绍通信设备之前，我们需要了解多路复用技术。采用多路复用技术能把多个信号组合起来在一条物理信道上进行传输，在远距离传输时可大大节省电缆的安装和维护费用。多路复用技术可以分为频分多路复用（Frequency Division Multiplexing，FDM）和时分多路复用（Time Division Multiplexing，TDM）两种。

FDM 按频谱划分信道，多路基带信号被调制在不同的频谱上。因此它们在频谱上不会重叠，即在频率上正交，但在时间上是重叠的，可以同时在一个信道内传输。FDM 的优点是信道复用率高，允许复用路数多，分路也很方便。因此，FDM 已成为现代模拟通信中最主要的一种复用方式，在模拟式遥测、有线通信、微波接力通信和卫星通信中得到广泛应用。

TDM 将一条物理信道按时间分成若干个时间片轮流地分配给多个信号使用。每一时间片由复用的一个信号占用，而不像 FDM 那样，同一时间同时发送多路信号。这样，利用每个信号在时间上的交叉，就可以在一条物理信道上传输多个数字信号。TDM 不仅仅局限于传输数字信号，也可以同时交叉传输模拟信号。

希赛教育专家提示：对于模拟信号，有时可以把时分多路复用和频分多路复用技术结合起来使用。一个传输系统可以频分成许多条子通道，每条子通道再利用时分多路复用技术来细分。在宽带局域网络中可以使用这种混合技术。

4.3.1　传输介质

网络传输介质是指在网络中传输信息的载体，常用的传输介质分为有线传输介质和无线传输介质两大类。无线传输介质是指在两个通信设备之间不使用任何物理连接，而是通过空间传输的一种技术。无线传输介质主要有微波、红外线和激光等。它们的抗干扰性都比较差；有线传输介质是指在两个通信设备之间实现的物理连接部分，它能将信号从一方传输到另一方，有线传输介质主要有双绞线（twist-pair）、同轴电缆和光纤3种。

1．双绞线

（1）物理特性：双绞线由按规则螺旋结构排列的两对或四对绝缘线组成。一对线可以作为一条通信电路，各个线对螺旋排列的目的是使各线对之间的电磁干扰最小。

（2）传输特性：双绞线最普遍的应用是语音信号的模拟传输。使用双绞线通过调制解调器（Modem）传输模拟数据信号时，数据传输速率目前单向可达56kbps，双向可达33.6kbps，24条音频通道总的数据传输速率可达230kbps。使用双绞线发送数字数据信号，一般总的数据传输速率可达2Mbps。

（3）连通性：双绞线可用于点对点连接，也可用于多点连接。

（4）地理范围：双绞线用于远程中继线时，最大距离可达15km；用于10Mbps局域网时，与集线器的距离最大为100m。

（5）抗干扰性：在低频传输时，其抗干扰能力相当于同轴电缆。在10～100kHz时，其抗干扰能力低于同轴电缆。

（6）价格：双绞线的价格低于其他传输介质，并且安装、维护方便。

双绞线分为屏蔽双绞线（Shielded Twisted Pair，STP）与非屏蔽双绞线（Unshielded Twisted Pair，UTP）。屏蔽双绞线在双绞线与外层绝缘封套之间有一个金属屏蔽层。屏蔽层可减少辐射，防止信息被窃听，也可阻止外部电磁干扰的进入，使屏蔽双绞线比同类的非屏蔽双绞线具有更高的传输速率。非屏蔽双绞线电缆具有以下优点：无屏蔽外套，直径小，节省所占用的空间；重量轻，易弯曲，易安装；将串扰减至最小或加以消除；具有阻燃性；具有独立性和灵活性，适用于结构化综合布线。

对于双绞线，用户最关心的是表征其性能的几个指标。这些指标包括衰减、近端串扰、阻抗特性、分布电容、直流电阻、衰减串扰比及回波损耗等。目前，常见的双绞线有三种线型，分别是5类线、超5类线和6类线，前者线径细，而后者线径粗。

（1）5类线：电缆增加了绕线密度，外套一种高质量的绝缘材料，传输率为100MHz，用于语音传输和最高传输速率为100Mbps的数据传输，主要用于100Base-T和10Base-T网络。这是最常用的以太网电缆。

（2）超5类线：具有衰减小、串扰少，并且具有更高的衰减与串扰的比值和信噪比、更小的时延误差，性能得到很大提高。主要用于千兆位以太网。

（3）6类线：电缆的传输频率为1～250MHz，6类布线系统在200MHz时综合衰减串扰比应该有较大的余量，它提供 2 倍于超 5 类的带宽。6 类布线的传输性能远远高于超 5 类标准，最适用于传输速率高于 1Gbps 的应用。6 类与超 5 类的一个重要的不同点在于：改善了在串扰以及回波损耗方面的性能，对于新一代全双工的高速网络应用而言，优良的回波损耗性能是极重要的。6 类标准中取消了基本链路模型，布线标准采用星形的拓扑结构，要求的布线距离为：永久链路的长度不能超过 90m，信道长度不能超过 100m。

2．同轴电缆

（1）物理特性：同轴电缆也由两根导体组成，有粗细之分，它由套置单根内导体的空心圆柱体构成。内导体是实芯或者是绞合的，外导体是整体的或纺织的。内导体用规则间距的绝缘环或硬的电媒体材料来固定，外导体用护套或屏蔽物包着。

（2）传输特性：50Ω电缆专用于数字传输，一般使用曼彻斯特编码，数据速率可达 2Mbps。CATV（Community Antenna Television，有线电视网）电缆可用于模拟和数字信号传输，传输模拟信号，频率可以高达 300～400MHz；对数字信号，已能达到 50Mbps。

（3）连通性：同轴电缆可用于点对点连接，也可用于多点连接。

（4）地理范围：典型基带电缆的最大距离限于数千米，而宽带网络则可以延伸到数十千米的范围。

（5）抗干扰性：同轴电缆的结构使得它的抗干扰能力较强，同轴电缆的抗干扰性取决于应用和实现。一般对较高频率的干扰，它的抗干扰性优于双绞线。

（6）价格：安装质量好的同轴电缆的成本介于双绞线和光纤之间，维护方便。

3．光纤

（1）物理特性：光学纤维是一种直径极细（2～125μm）、柔软、能传导光波的介质。各种玻璃和塑料都可用来制造光学纤维。光缆具有圆柱形的形状，由三个同心部分组成：纤芯、包层和护套。

（2）传输特性：光纤利用全内反射来传输经信号编码的光束。它分多模和单模方式两种，多模的带宽为 200MHz/km～3GHz/km，单模的带宽为 3GHz/km～50GHz/km。

（3）连通性：光纤最普通的使用是在点到点的链路上。

（4）地理范围：光纤信号衰减极小，它可以在 6～8km 的距离内不使用中继器实现高速率数据传输。

（5）抗干扰性：不受电磁干扰和噪声干扰的影响。

（6）价格：目前光纤系统比双绞线系统和同轴电缆系统贵，但随着技术的进步，它的价格会下降以与其他材料竞争。

单模光纤中，模内色散是比特率的主要制约因素。由于其比较稳定，如果需要的话，可以通过增加一段一定长度的“色散补偿单模光纤”来补偿色散。零色散补偿光纤就是使用一段有很大负色散系数的光纤来补偿在 1550nm 处具有较高色散的光纤，使得光纤在 1550nm 附近的色散很小或为零，从而可以实现光纤在 1550nm 处具有更高的传输速率。

多模光纤中，模式色散与模内色散是影响带宽的主要因素。技术工艺能够很好地控制折射率分布曲线，给出优秀的折射率分布曲线，对渐变型多模光纤，可限制模式色散而得到高的模式带宽。

单模光纤的光纤跳线一般用黄色表示，接头和保护套为蓝色，传输距离较长，芯线窄，需要激光源，耗散小，高效。多模光纤的光纤跳线一般用橙色表示，也有的用灰色表示，接头和保护套用米色或者黑色，传输距离较短，宽芯线，聚光好，耗散大，低效。

一般来说，多模光纤要比单模光纤便宜。如果对传输距离或传送数据的速率要求不严格，那么，多模光纤在大多情况下都可以表现得很好。单模光纤虽然成本高，但是具有散射小的特点，可以应用在长距离传输或者需要高速数据速率的场合。

为了便于记忆，这里把有线传输的介质归纳成如表 4-4 所示。

表 4-4　有线传输介质比较

传输介质	类　型	距　离	速　度	特　点
同轴电缆	细缆 RG58	185m	10Mbps	安装容易，成本低，抗干扰性较强
	粗缆 RG11	500m	10Mbps	安装较难，成本低，抗干扰性强
	粗缆 RG-59	大于 10km	100～150Mbps	传输模拟信号，也叫宽带同轴电缆，常使用频分多路复用方式传输信息
屏蔽双绞线	3 类/5 类	100m	16/100Mbps	相对于 UTP 更笨重，令牌环网常用，现在 7 类布线系统已开始使用
非屏蔽双绞线	5 类/超 5 类/6 类	100m	100/155/200Mbps	价格便宜，安装容易，适用于结构化综合布线，在短距离内甚至可以达到 1Gbps
光纤	多模	2km	100～1000Mbps	电磁干扰小，数据速度高，误码率小，延迟低
	单模	2～10km	1～10Gbps	与多模光纤比，特点是速度高、传输距离长、成本高及芯线细，常使用波分复用方式传输信息

在有关传输介质方面，还需要掌握各种以太网所使用的介质类型，如表 4-5 所示。

表 4-5　以太网常用传输介质

名　称	传输介质	最大段长度	每段结点数	优　点
10Base5	粗同轴电缆	500m	100	早期电缆，废弃
10Base2	细同轴电缆	185m	30	不需集线器
10Base-T	非屏蔽双绞线	100m	1024	最便宜的系统
10Base-F	光纤	2000m	1024	适合于楼间使用
100Base-T4	非屏蔽双绞线	100m		3 类线，4 对
100Base-TX	非屏蔽双绞线	100m		5 类线，全双工
100Base-FX	光纤	2000m		全双工，长距离
1000Base-SX	光纤	550m		多模光纤
1000Base-LX	光纤	5000m		单模或多模光纤
1000Base-CX	屏蔽双绞线	25m		2 对 STP
1000Base-T	非屏蔽双绞线	100m		5 类线，4 对

4.3.2 网络设备

常见的网络设备简介如下：

（1）网卡：网卡也称为网络适配器或网络接口卡（Network Interface Card，NIC），工作于数据链路层。网卡及其驱动程序已基本实现了网络协议中底部两层的功能。它们具体负责主机向媒体收/发信号，实现帧一级协议的有关功能。

（2）集线器：集线器也称为线集中器（Hub），工作于物理层，它收集多个端口传来的数据帧并广播出去。集线器把结点都集中到总线上并相互连接在一起，也可以在Hub之间相互用双绞线进一步互联接通。例如，可以先把每个小房间里的计算机连接在相应的一个 Hub 上，再把这些 Hub 互相连接而构成一个 LAN 网络。Hub 可分为共享式 Hub、堆栈式 Hub 和交换式 Hub。共享式 Hub 和堆栈式 Hub 整体作为一个网段；而交换式 Hub 的每一个端口都允许作为一个网段，速度非常快。

（3）重发器：重发器也称为中继器或转发器，工作在物理层。因为信号在传输媒体的线路上传输一段距离后必然会发生衰减或者畸变，通过重发器放大增强信号并进行转发就可以保证信号可靠传输。采用重发器把两条（或更多条）干线连接起来，可以使这两个干线段成为同一个局域网。重发器连接的两个网段，必须是同一种类型的局域网。

（4）网桥：网桥也称为桥接器（Bridge），工作在数据链路层，把同类网络互相连接起来。在网桥中可以进行两个网段之间的数据链路层的协议转换。网桥最重要的功能是对数据进行过滤。即在网桥中保存着所连接的每个网段上所有站点的地址。当收到一个帧时，可以只让必要的数据信息通过网桥或只向相应的网段转发。

（5）交换机：交换机也称为交换器。一台具有基本功能的以太网交换机的工作原理相当于一个具有很多个端口的多端口网桥，即是一种在 LAN 中互联多个网段，并可进行数据链路层和物理层协议转换的网络互联设备。当一个以太网的信息帧到达交换机的一个端口时，交换机根据在该帧内的目的地址，采用快速技术把该帧迅速地转发到另一个相应的端口（相应的主机或网段）。目前在以太网交换机中最常用的高速切换技术有直通式和存储转发式两类。交换机可以分为二层交换机、三层交换机和多层交换机。二层交换机工作在数据链路层，起到多端口网桥的作用，主要用于局域网互联。三层交换机工作在网络层，利用 IP 地址进行交换，相当于带路由功能的二层交换机。多层交换机工作在高层（传输层以上），这是带协议转换的交换机。

（6）路由器：在广域网通信过程中，需要采用一种称为路由的技术，根据地址来寻找到达目的地的路径，路由器就是实现这个过程的网络设备。路由器在属于不同网络段的广域网和局域网间根据地址建立路由，并将数据送到最终目的地。路由器工作于网络层，它根据 IP 地址转发数据报，处理的是网络层的协议数据单元。路由器通过逻辑地址进行网络间的信息转发，可完成异构网络之间的互联互通，但只能连接使用相同网络层协议的子网。

按应用范围的不同，路由协议可分为两类：在一个 AS（Autonomous System，自治系统）内的路由协议称为内部网关协议（Interior Gateway Protocol，IGP），AS 之间的路由协议称为外部网关协议（Exterior Gateway Protocol，EGP）。所谓自治系统，指一个互联网络，就是把整个 Internet 划分为许多较小的网络单位，这些小的网络有权自主地决定在本系统中应采用何种路由选择协议。常用的内部网关协议有 RIP（Routing Information Protocol，路由信息协议）-1、RIP-2、IGRP（Interior Gateway Routing Protocol，内部网关路由协议）、IS-IS 和 OSPF 等。其中 RIP-1、RIP-2 和 IGRP 采用的是距离向量算法，IS-IS 和 OSPF 采用的是链路状态算法。另外还有 EIGRP（Enhanced IGRP）协议，这是 Cisco 的私有路由协议，综合了距离矢量和链路状态的优点，它的特点包括快速收敛、减少带宽占用、支持多种网络层协议、无缝连接数据链路层协议和拓扑结构。

（7）网关：网关也称为网间连接器、信关或联网机，是网络层以上的中继系统。用网关连接两个不兼容的系统要在高层进行协议转换，因此，网关也称为协议转换器。

（8）调制解调器：应用在广域网上，作为末端系统和通信系统之间信号转换的设备。它分为同步和异步两种，分别连接路由器的同步端口和异步端口，同步用于专线、帧中继和 X.25 等高速网络连接，异步用于 PSTN 的低速连接。调制解调器工作于物理层，它的主要作用是信号变换，即把模拟信号变换成数字信号，或者把数字信号变换成模拟信号。

4.4　网络接入技术

本节主要介绍几种常见的接入网技术，包括电话线、HFC、FDDx+LAN、xDSL 接入技术等。

1．异步传输模式

电路交换网络都是按照时分多路复用的原理将信息从一个结点送到另一个结点的。根据工作模式的不同，可以分为两种：

（1）同步传输模式：根据要求的数据速率，将一个逻辑信道分配为 1 个以上的时槽，在连接生存期内，时槽是固定分配的，即采用的是同步时分复用模式。

（2）异步传输模式：则采用了与前面的不同方法分配时槽，它把用户数据组成为 53 位的信元，信元随机到达，中间可以有间隙，信元准备好就可以进入信道，即采用的是统计时分复用模式。

在 ATM 中，信元不仅是传输的基本单位，也是交换的信息单位，它是虚电路式分组交换的一个特例。与分组相比，由于信元是固定长度的，因此可以高速地进入处理和交换。ATM 的典型数据速率为 150Mbps，ATM 是面向连接的，所以在高速交换时要尽量减少信元的丢失。ATM 建立了四层架构，表 4-6 总结了它们的功能以及与 OSI 层次的对应关系。

表 4-6 ATM 层次结构

层 次	子 层	功 能	与 OSI 对应
高层		对用户数据的控制	高层
ATM 适配层	汇聚子层	为高层数据提供统一接口	第四层
	拆装子层	分割和合并用户数据	
ATM 层		虚通道和虚信道的管理；信元头的组装和拆分；信元的多路复用；流量控制	第三层
物理层	传输会聚子层	信元校验和速率控制，数据帧的组装和分拆	第二层
	物理介质子层	比特定时，物理网络接入	第一层

2．帧中继

帧中继协议在数据链路层实现，没有专门定义物理层接口（可以使用 X.21、V.35、G.703、G.704 等接口协议），在帧中继之上，可以承载 IP 数据报。而且其他协议甚至远程网桥协议都可以在帧中继上透明传输。

帧中继使用的最核心协议是公共信道 D 进行信令传输控制协议（Link Access Procedure on the D channel，LAPD）。帧中继支持交换虚电路（Switching Virtual Circuit，SVC）和固定虚电路（Permanent Virtual Circuit，PVC）两种虚电路技术。控制交换虚电路的信息是在信令信道上传送的。这些消息采用的是 LAPF（Link Access Procedure on the F channel）协议；帧中继协议在早期并没有建立交换虚电路的信令，只能够通过网络管理建立永久虚电路。PVC 的管理协议控制端到端的连接，是通过带外信令的无编号信息帧传送的。

使用帧中继进行远程连网的主要优点是：透明传输，面向连接，帧长可变，速率高，能够应对突发数据传输，没有流量控制和重传，开销小。但它并不适于对延迟敏感的应用（音频和视频），无法保证可靠的提交。

3．综合业务数据网

ISDN 可以分为窄带 ISDN（N-ISDN）和宽带 ISDN（B-ISDN）两种。其中 N-ISDN 是将数据、声音、视频信号集成进一根数字电话线路的技术。它的服务由两种信道构成：一是传送数据的运载信道（又称为 B 信道，每个信道 64kbps），二是用于处理管理信号及调用控制的信令信道（又称为 D 信道，每个信道 16kbps 或 64kbps）。然后将这两类信道进行组合，形成两种不同的 ISDN 服务，分别是基速率接口（ISDN BRI）和主速率接口（ISDN PRI）。

（1）基速率接口：一般由 2B+D 组成，常用于小型办公室与家庭，用户可以用 1B 做数据通信，另 1B 保留为语音通信，但无法使用 D 通道。当然，如果需要，也可以同时使用 2B 通道（128kbps）做数据通信。

（2）主速率接口：PRI 包括两种，一种是美国标准 23B+1D（64kbps 的 D 信道），达到与 T1 相同的 1.544Mbps 的 DS1 速度；另一种是欧洲标准 30B+2D（64kbps 信道），达到与 E1 相同的 2.048Mbps 的速度。另外，电话公司通常可以将若干个 B 信道组合成不同的 H 信道。

N-ISDN 定义了物理层、数据链路层和网络层的部分功能。在物理层建立了一个 64kbps 的线路交换连接，还提供了网络终端适配器的物理接口；在数据链路层则使用了 LAPD 来管理所有的控制和信令功能；其网络层处理所有的线路交换及分组交换服务。

B-ISDN 的关键技术是 ATM，采用 5 类双绞线或光纤，数据速率可达 155Mbps，可以传输无压缩的高清晰度电视。

4．同步光网络

同步光纤网络（Synchronous Optical Network，SONET）和同步数字体系（Synchronous Digital Hierarchy，SDH）是一组有关光纤信道上的同步数据传输的标准协议，常用于物理层构架和同步机制，两者均为传输网络物理层技术，传输速率可高达 10Gbps，除了使用的复用机制上有所不同，而其余技术均相似。SDH 的网络元素主要有同步光纤线路系统、终端复用器、分插复用器和同步数字交叉连接设备。典型的 SDH 应用是在光纤上的双环应用。SDH 每秒传送 8000 SDH 帧，SDH 是提供字节同步的物理层介质。

IP over SDH 是以 SDH 网络作为 IP 数据网络的物理传输网络，它使用链路适配及成帧协议对 IP 数据包进行封装，然后按字节同步的方式把封装后的 IP 数据包映射到 SDH 的同步净荷封装中。目前广泛使用 PPP（Point to Point Protocol，点对点协议）对 IP 数据包进行封装，并采用 HDLC（High-Level Data Link Control，高级数据链路控制）的帧格式。PPP 提供多协议封装、差错控制和链路初始化控制等功能，而 HDLC 帧格式负责同步传输链路上的 PPP 封装的 IP 数据帧的定界。

5．Internet 接入与接口层协议

Internet 是世界上最大的互联网，而一个端用户需要连接到 Internet，就需要选择一个接入点，而提供接入服务的运营商被称为 ISP（Internet Service Provider，Internet 服务提供商），在我国主要的 ISP 是各大电信运营机构。选择了接入点之后，就需要根据实际的情况来选择接入方式：终端方式或主机方式。而采用主机方式接入，根据通信线路的不同，可以分为 SLIP（Serial Line Internet Protocol，串行线路网际协议）/PPP/PPPoE（PPP over Ethernet，以太网上的 PPP）方式和 DDN（Digital Data Network，数字数据网）专线方式。

（1）终端方式：用户使用通信软件的拨号功能，通过 Modem 拨通对方主机（ISP 的已经连接在 Internet 上的主机），然后输入用户名密码，成为其一个远程终端。它并没有实现真正意义上的 Internet 连接，因此只能够使用有限的服务（通常包括 E-mail、Telnet，但不能够使用 WWW 服务）。

（2）以 SLIP/PPP/PPPoE 方式：通过拨入 ISP 的远程访问服务器来实现连接。可以实现真正意义上的连接，通常是使用电话接入技术，通过电信运营商的 PSTN 资源。

（3）以 DDN 专线方式入网：就是申请一条 DDN 专线，连接到 ISP 的 Internet 主机上，它通常使用是的电信运营商的 PDN 资源。

在接入 Internet 时，需要对用户进行认证、分配 IP 地址、协商其他通信细节等，常见的接口层协议如下：

（1）SLIP 协议：提供了提供串行通信线路上封装 IP 数据报的简单方法，但其具有以下不足：事先需要知道对方的 IP 地址，不支持动态 IP 地址分配；只支持 IP 协议；没有校验字段，需上层进行差错控制。

（2）PPP 协议：是有效的点对点通信协议，采用 HDLC 封装，可用于不同传输媒体，解决了 SLIP 的限制。远程服务器可以为本地客户机提供一个动态 IP 地址，支持 IP、IPX（Internetwork Packet eXchange protocol，互联网分组交换协议）等多种网络协议，具有差错检测功能，提供一组网络控制协议。

（3）PPPoE 协议：它利用了 PPP 的优点、结合以太网的优势，可实现多台客户机同时接入 Internet。它继承的了以太网的快速和 PPP 拨号的简捷、用户验证、IP 分配等方面的优势。PPPoE 的运行包含发现和 PPP 会话两个阶段。发现阶段以广播方式寻找可以连接的接入集线器，并获得其 MAC 地址，然后选择需要连接的主机并确定所建立的 PPP 会话识别标记；在会话阶段，用户主机与接入集线器运用 PPP 会话连接参数进行 PPP 会话。

6．FTTx 和 LAN 接入

光纤通信是指利用光导纤维（光纤）传输光波信号的一种通信方法。相对于以电为媒介的通信方式而言，光纤通信的主要优点包括：传输频带宽，通信容量大；传输损耗小；抗电磁干扰能力强；线径细、重量轻；资源丰富等。随着光纤通信技术的平民化，以及高速以太网的发展，现在许多宽带智能小区就是采用以千兆以太网技术为主干、充分利用光纤通信技术完成接入的。

实现高速以太网的宽带技术常用的方式是 FTTx+LAN，即光纤+局域网。根据光纤深入用户的程度，可以分为 5 种：FTTC（Fiber To The Curb，光纤到路边）、FTTZ（Fiber To The Zone，光纤到小区）、FTTB（Fiber To The Building，光纤到大楼）、FTTF（Fiber To The Floor，光纤到楼层）和 FTTH（Fiber To The Home，光纤到户）。

无源光纤网络（Passive Optical Network，PON）是实现 FFTB 的关键性技术，在光分支点不需要结点设备，只需安装一个简单的光分支器即可，因此具有节省光缆资源、带宽资源共享、节省机房投资、设备安全性高、建网速度快、综合建网成本低等优点。目前，PON 技术主要有 APON（ATM-PON，基于 ATM 的无源光网络）和 EPON（Ethernet-PON，基于以太网的无源光网络）两种：

（1）APON：分别选择 ATM 和 PON 作为网络协议和网络平台，其上、下行方向的信息传输都采用 ATM 传输方案，下行速率为 622Mbps 或 155Mbps，上行速率为 155Mbps。光结点到前端的距离可长达 10～20km，或者更长。采用无源双星型拓扑，使用时分复用和时分多址技术，可以实现信元中继、局域网互联、电路仿真、普通电话业务等。

（2）EPON：是以太网技术发展的新趋势，其下行速率为 1000Mbps 或者 100Mbps，上行为 100Mbps。在 EPON 中，传送的是可变长度的数据包，最长可为 65 535 个字节；而在 APON 中，传送的是 53 个字节的固定长度信元。它简化了网络结构、提高了网络速度。

7．电话线路接入

利用普通电话线接入是成本最低、应用最广的接入技术，表 4-7 总结了各种常见技术。

表 4-7　多种接入技术比较

大类	接入技术	用户速率	技术特点	其　他
PSTN	拨号接入	300bps～54kbps	通过调制技术在模拟信道上进行数据通信	最常用的设备是 Modem，每次速度的提高都依赖于调制技术的发展
ISDN	ISDN BRI 2B+D_{16}	64～128kbps	使用 TDM 技术将可用的信道分成一定数量的固定大小时隙	能够实现按需拨号、按需分配带宽（1B 数据、+1B 语音；或 2B 数据）
	ISDN PRI 23B+D_{64} 30B+D_{64}	1.544Mbps 2.048Mbps	使用 TDM 技术，复用更多的信道，适用于更大的数据通信	通常用于数字语音服务等，也可以用于宽带需求的数据通信应用
xDSL	HDSL－高速数字用户环路	1.544/2.048Mbps	对称 xDSL 技术，T1 使用 2 条线路，E1 使用 3 条线路，3～5km	典型应用于蜂窝基站、数字环路载波系统、互联网服务器、专用数据网
	SDSL	1.544/2.048Mbps	在 0.4mm 双绞线的最大传输距离是 3km 以上	单线数据用户线
	ADSL－非对称数字用户环路	上行：512kbps～1Mbps 下行：1～8Mbps	使用 FDM 和回波抵消技术实现频带分隔	非对称的 xDSL 技术，适合于视频点播、互联网接入、LAN 接入、多媒体接入等
	RADSL－速率自适应用户数字线	下行：640kbps～2Mbps 下行：128kbps～1Mbps	支持同步和非同步传输，支持数据和语音同时传输，可根据双绞线的质量优劣和距离动态调整	适用于质量千差万别的农村、山区等区别，且不怕下雨、高温等反常天气
	VDSL	可在较短的距离上获得极高的速度。当传输距离为 300～1000m 时，下行速度可达 52Mbps；上行速度可达 1.5～2.3Mbps；而当传输距离在 1.5km 以上时，下行速度就降到 13Mbps；上行速度能够维持在 1.6～2.3Mbps 左右		

8．同轴和光纤接入

同轴光纤技术（Hybrid Fiber-Coaxial，HFC）是将光缆敷设到小区，然后通过光电转换结点，利用CATV的总线式同轴电缆连接到用户，提供综合电信业务的技术。这种方式可以充分利用CATV原有的网络，因其有建网快、造价低的优势，已逐渐成为最佳的接入方式之一。HFC是由光纤干线网和同轴分配网通过光结点站结合而成，一般光纤干网采用星型拓扑，同轴电缆分配网采用树形结构。

在同轴电缆的技术方案中，用户端需要使用一个称为Cable Modem（电缆调制解调器）的设备，它不单纯是一个调制解调器，还集成了调谐器、加/解密设备、桥接器、网络接口卡、虚拟专网代理和以太网集线器的功能于一身，它无须拨号、可提供随时在线的永远连接。其上行速度已达10Mbps以上，下行速率更高。其采用的复用技术是FDM，使用的编码格式是64QAM调制。

9．无线接入

我们先介绍多址技术的概念。多址技术可以分为频分多址（Frequency Division Multiple Access，FDMA）、时分多址（Time Division Multiple Access，TDMA）和码分多址（Code Division Multiple Access，CDMA）。FDMA是采用调频的多址技术，业务信道在不同的频段分配给不同的用户；TDMA是采用时分的多址技术，业务信道在不同的时间分配给不同的用户；CDMA是采用扩频的码分多址技术，所有用户在同一时间、同一频段上，根据不同的编码获得业务信道。

移动通信技术经历过了三个发展时期，第1代移动通信系统是模拟通信，采用的是FDMA调制技术，其频谱利用率低；第2代移动通信系统是现在常用的数字通信系统，采用的是TDMA的数字调制方式，对系统的容量限制较大；第3代移动通信（3rd Generation，3G）技术则采用了CDMA数字调制技术，能够满足大容量、高质量、综合业务、软切换的要求。3G的主流技术有W-CDMA、CDMA2000和TD-SCDMA三种：

（1）W-CDMA（宽带CDMA）：这是基于GSM（Global System for Mobile Communications，全球移动通信系统）网发展出来的3G技术规范，该标准提出了在GSM基础上的升级演进策略：GSM（2G）→GPRS→EDGE→W-CDMA（3G）。

（2）CDMA2000：这是由窄带CDMA（CDMA-IS95）技术发展而来的宽带CDMA技术，该标准提出了在CDMA-IS95的基础上的升级演进策略：CDMAIS95（2G）→CDMA20001x→CDMA20003x（3G）。CDMA20003x与CDMA20001x的主要区别在于应用了多路载波技术，通过采用三载波使带宽提高。

（3）TD-SCDMA（时分同步CDMA）由我国大唐电信公司提出的3G标准，该标准提出不经过2.5代的中间环节，直接向3G过渡，非常适用于GSM系统向3G升级。

无线网络技术从服务范围上可以分为无线局域网、无线城域网和无线广域网技术。无线城域网技术主要是在成熟的微波传输技术的基础上发展起来的，其中LMDS（Local Multipoint Distribution Services，区域多点分配服务）和MMDS（Multichannel Microwave Distribution System，多通道微波分配系统）比较常见。无线广域网主要是卫星通信技术。表4-8对这3个技术的关键知识点做了总结。

表 4-8　主要无线广域网技术

项　　目	LMDS	MMDS	卫 星 通 信
工作频段	27.5～29.5GHz（无国际标准，80%国家采用）	2.5～2.7GHz	
传输距离	10km 以内，视距	50km 左右，视距	覆盖全球
速率	低速 1.2～9.6kbps 中速 9.6kbps～2Mbps 高速 2～155Mbps	最高 155Mbps	下行：400kbps～12Mbps 上行：常见 33.6kbps， 传输速率相对较低
主要优点	投资少、开通快、建设周期短、速度高、配置灵活、可提供多种协议	具有 LMDS 的所有优点，而且还能够用于电视信号的服务	覆盖面积大，频带宽，容量大，可提供大跨度、大范围、远距离的漫游和通信服务
主要缺点	受天气影响大、必须在视距范围、无国际标准	受天气影响大、必须在视距范围、无国际标准	系统需要大量卫星、投资大

4.5　网络存储技术

目前，主流的网络存储技术主要有三种，分别是直接附加存储（Direct Attached Storage，DAS）、网络附加存储（Network Attached Storage，NAS）和存储区域网络（Storage Area Network，SAN）。

4.5.1　直接附加存储

DAS 是将存储设备通过 SCSI（Small Computer System Interface，小型计算机系统接口）电缆直接连到服务器，其本身是硬件的堆叠，存储操作依赖于服务器，不带有任何存储操作系统。因此，有些文献也把直接附加存储（DAS）称为 SAS（Server Attached Storage，服务器附加存储）。

DAS 的适用环境为：

（1）服务器在地理分布上很分散，通过 SAN 或 NAS 在它们之间进行互连非常困难时；

（2）存储系统必须被直接连接到应用服务器（例如，Microsoft Cluster Server 或某些数据库使用的“原始分区”）上时；

（3）包括许多数据库应用和应用服务器在内的应用，它们需要直接连接到存储器上时。

由于 DAS 直接将存储设备连接到服务器上，这导致它在传递距离、连接数量、传输速率等方面都受到限制。因此，当存储容量增加时，DAS 方式很难扩展，这是 DAS 升级的一个巨大瓶颈；另一方面，由于数据的读取都要通过服务器来处理，必然导致服务器的处理压力增加，数据处理和传输能力将大大降低；此外，当服务器出现宕机等异常时，也会波及到存储数据，使其无法使用。目前 DAS 基本被 NAS 所代替。

4.5.2 网络附加存储

采用网络附加存储（NAS）技术的存储设备不再通过 I/O 总线附属于某个特定的服务器，而是通过网络接口与网络直接相连，由用户通过网络访问。NAS 存储系统的结构如图 4-3 所示。

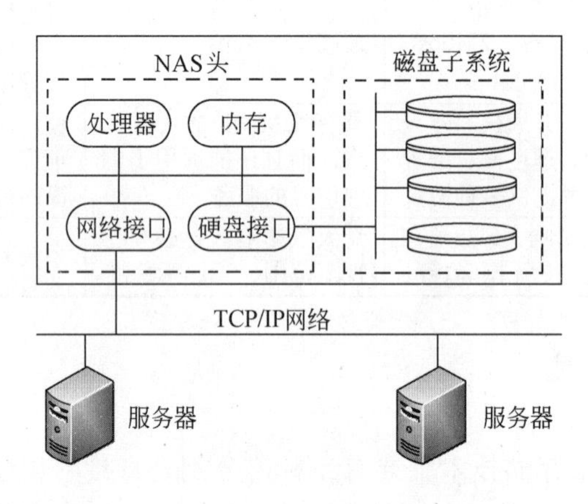

图 4-3 NAS 存储系统的结构

NAS 存储设备类似于一个专用的文件服务器，它去掉了通用服务器的大多数计算功能，而仅仅提供文件系统功能，从而降低了设备的成本。并且为方便存储设备到网络之间以最有效的方式发送数据，专门优化了系统硬软件体系结构。NAS 以数据为中心，将存储设备与服务器分离，其存储设备在功能上完全独立于网络中的主服务器，客户机与存储设备之间的数据访问不再需要文件服务器的干预，同时它允许客户机与存储设备之间进行直接的数据访问，所以不仅响应速度快，而且数据传输速率也很高。

NAS 技术支持多种 TCP/IP 网络协议，主要是 NFS（Net File System，网络文件系统）和 CIFS（Common Internet File System，通用 Internet 文件系统）来进行文件访问，所以 NAS 的性能特点是进行小文件级的共享存取。在具体使用时，NAS 设备通常配置为文件服务器，通过使用基于 Web 的管理界面来实现系统资源的配置、用户配置管理和用户访问登录等。

NAS 存储支持即插即用，可以在网络的任一位置建立存储。基于 Web 管理，从而使设备的安装、使用和管理更加容易。NAS 可以很经济地解决存储容量不足的问题，但难以获得满意的性能。

4.5.3 存储区域网络

存储区域网络（SAN）是通过专用交换机将磁盘阵列与服务器连接起来的高速专用子网。它没有采用文件共享存取方式，而是采用块（block）级别存储。SAN 是通过专用高速网将一个或多个网络存储设备和服务器连接起来的专用存储系统，其最大特点是将存储设备从传统的以太网中分离了出来，成为独立的存储区域网络 SAN 的系统结构如图 4-4 所示。

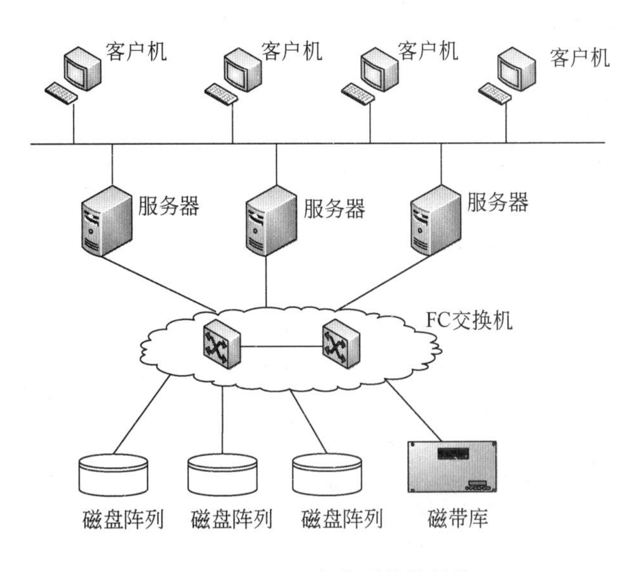

图 4-4　SAN 存储系统的结构

根据数据传输过程采用的协议，其技术划分为 FC SAN 和 IP SAN。另外，还有一种新兴的 IB SAN 技术。

（1）FC SAN。FC（Fiber Channel，光纤通道）和 SCSI 接口一样，最初也不是为硬盘设计开发的接口技术，而是专门为网络系统设计的，随着存储系统对速度的需求，才逐渐应用到硬盘系统中。光纤通道的主要特性有：支持热插拔、高速带宽、远程连接、连接设备数量大等。它是当今最昂贵和复杂的存储架构，需要在硬件、软件和人员培训方面进行大量投资。

FC SAN 由三个基本的组件构成，分别是接口（SCSI、FC）、连接设备（交换机、路由器）和协议（IP、SCSI）。这三个组件再加上附加的存储设备和服务器就构成一个 SAN 系统。它是专用、高速、高可靠的网络，允许独立、动态地增加存储设备，使得管理和集中控制更加简化。

FC SAN 有两个较大的缺陷，分别是成本和复杂性，其原因就是因为使用了 FC。在光纤通道上部署 SAN，需要每个服务器上都要有 FC 适配器、专用的 FC 交换机和独立的布线基础架构。这些设施使成本大幅增加，更不用说精通 FC 协议的人员培训成本。

（2）IP SAN。IP SAN 是基于 IP 网络实现数据块级别存储方式的存储网络。由于设备成本低，配置技术简单，可共享和使用大容量的存储空间，因而逐渐获得广泛的应用。

在具体应用上，IP 存储主要是指 iSCSI（Internet SCSI）。作为一种新兴的存储技术，

iSCSI 基于 IP 网络实现 SAN 架构，既具备了 IP 网络配置和管理简单的优势，又提供了 SAN 架构所拥有的强大功能和扩展性。iSCSI 是连接到一个 TCP/IP 网络的直接寻址的存储库，通过使用 TCP/IP 协议对 SCSI 指令进行封装，可以使指令能够通过 IP 网络进行传输，而过程完全不依赖于地点。

iSCSI 优势的主要表现在于，首先，建立在 SCSI、TCP/IP 这些稳定和熟悉的标准上，因此安装成本和维护费用都很低；其次，iSCSI 支持一般的以太网交换机而不是特殊的光纤通道交换机，从而减少了异构网络和电缆；最后，ISCSI 通过 IP 传输存储命令，因此可以在整个 Internet 上传输，没有距离限制。

iSCSI 的缺点在于，存储和网络是同一个物理接口，同时协议本身的开销较大，协议本身需要频繁地将 SCSI 命令封装到 IP 包中以及从 IP 包中将 SCSI 命令解析出来，这两个因素都造成了带宽的占用和主处理器的负担。但是，随着专门处理 ISCSI 指令的芯片的开发(解决主处理器的负担问题)，以及 10Gbps 以太网的普及(解决带宽问题)，iSCSI 将有着更好的发展。

（3）IB SAN。IB（InfiniBand，无限带宽）是一种交换结构 I/O 技术，其设计思路是通过一套中心机构（IB 交换机）在远程存储器、网络以及服务器等设备之间建立一个单一的连接链路，并由 IB 交换机来指挥流量。这种结构设计得非常紧密，大大提高了系统的性能、可靠性和有效性，能缓解各硬件设备之间的数据流量拥塞。而这是许多共享总线式技术没有解决好的问题，因为在共享总线环境中，设备之间的连接都必须通过指定的端口建立单独的链路。

IB 主要支持两种环境：一是模块对模块的计算机系统（支持 I/O 模块附加插槽），二是在数据中心环境中的机箱对机箱的互连系统、外部存储系统和外部局域网/广域网访问设备。IB 支持的带宽比现在主流的 I/O 载体（如 SCSI、FC 等）还要高，另外，由于使用 IPv6 的报头，IB 还支持与传统 Internet/Intranet 设施的有效连接。用 IB 技术替代总线结构所带来的最重要的变化就是建立了一个灵活、高效的数据中心，省去了服务器复杂的 I/O 部分。

IB SAN 采用层次结构，将系统的构成与接入设备的功能定义分开，不同的主机可通过 HCA（Host Channel Adapter，主机通道适配器）、RAID 等网络存储设备利用 TCA（Target Channel Adapter，目标通道适配器）接入 IB SAN。

IB SAN 主要具有如下特性：可伸缩的 Switched Fabric 互连结构；由硬件实现的传输层互连高效、可靠；支持多个虚信道；硬件实现自动的路径变换；高带宽，总带宽随 IB Switch 规模成倍增长；支持 SCSI 远程 DMA（Direct Memory Access，直接内存存取）协议；具有较高的容错性和抗毁性，支持热拔插。

网络存储技术的目的都是为了扩大存储能力，提高存储性能。这些存储技术都能提供集中化的数据存储并有效存取文件；都支持多种操作系统，并允许用户通过多个操作系统同时使用数据；都可以从应用服务器上分离存储，并提供数据的高可用性；同时，都能通过集中存储管理来降低长期的运营成本。

因此，从存储的本质上来看，它们的功能都是相同的。事实上，它们之间的区别正在变得模糊，所有的技术都在用户的存储需求下接受挑战。在实际应用中，需要根据系统的业务特点和要求（例如，环境要求、性能要求、价格要求等）进行选择。

4.6　无线局域网

作为互联网的延伸手段，WLAN 通过无线介质发送和接收数据，而无需线缆介质。WLAN 的数据传输速率可以达到 11Mbps（802.11b 标准），传输距离可达 20km 以上。与有线网络相比，WLAN 具有以下特点。

（1）可移动性，不受布线和接点位置的限制。

（2）数据传输速率高，大于 1Mbps。

（3）抗干扰性强，能实现很低的误码率。

（4）保密性较强，可使用户进行有效的数据提取，又不至于泄密。

（5）高可靠性，数据传输几乎没有丢包现象产生。

（6）兼容性好，采用 CSMA/CA（Carrier Sense Multiple Access with Collision Avoidance，载波监听多路访问/冲突避免）介质访问协议，遵从 IEEE 802.3 以太网协议。与标准以太网及目前的几种主流网络操作系统完全兼容，用户已有的网络软件不做任何修改就可在无线网上运行。

（7）快速安装，无线局域网的安装工作非常简单，它无需施工许可证，不需要布线或开挖沟槽。

4.6.1　无线局域网技术实现

目前常用的计算机无线通信手段有光波和无线电波。其中光波包括红外线和激光，红外线和激光易受天气影响，也不具备穿透能力，故难以实际应用。无线电波包括短波、超短波和微波等，其中采用微波通信具有很大的发展潜力。

微波扩展频谱通信（Spread Spectrum Communication，SSC）简称扩频通信，其基本特征是使用比发送的信息数据速率高许多倍的伪随机码把载有信息数据的基带信号的频谱进行扩展，形成宽带的低功率频谱密度的信号来发射。增加带宽可以在较低的信噪比情况下以相同的信息传输率来可靠地传输信息，甚至在信号被噪声淹没的情况下，只要相应地增加信号带宽，仍然能够保持可靠的通信，也就是可以用扩频方法以宽带传输信息来换取信噪比上的好处。

扩频通信技术在发射端以扩频编码进行扩频调制，在接收端以相关解调技术收取信息，这一过程使其具有许多优良特性，如抗干扰能力强；隐蔽性强，保密性好；多址通信能力强；抗多径干扰能力强；且有较好的安全机制。

实现扩频通信的基本工作方式有 4 种，分别是直接序列扩频（Direct Sequence Spread Spectrum，DSSS）、跳变频率（Frequency Hopping，FH）、跳变时间（Time Hopping，TH）和线性调频（Chirp Modulation，CM）。目前使用最多、最典型的扩频工作方式是 DSSS 方式。

4.6.2 无线局域网国际标准

无线接入技术区别于有线接入的特点之一是标准不统一，不同的标准有不同的应用。目前比较流行的有 802.11 标准、蓝牙标准以及 HomeRF（家庭网络）标准等。

1. 802.11 标准

802.11 是 1997 年 IEEE 最初制定的一个 WLAN 标准，主要用于解决办公室无线局域网和校园网中用户与用户终端的无线接入，其业务范畴主要限于数据存取，速率最高只能达 2Mbps。由于它在速率、传输距离、安全性、电磁兼容能力及服务质量方面均不尽人意，从而产生了其系列标准。

（1）802.11b：将速率扩充至 11Mbps，并可在 5.5Mbps、2Mbps 及 1Mbps 之间进行自动速率调整，也提供了 MAC 层的访问控制和加密机制，以提供与有线网络相同级别的安全保护，还提供了可选择的 40 位及 128 位的共享密钥算法，从而成为目前 802.11 系列的主流产品。而 802.11b+还可将速率增强至 22Mbps。

（2）802.11a：工作于 5GHz 频段，最高速率提升至 54Mbps。

（3）802.11g：依然工作于 2.4GHz 频段，与 802.11b 兼容，最高速率亦提升至 54Mbps。

（4）802.11c：为 MAC/LLC 性能增强。

（5）801.11d：对应 802.11b 版本，解决那些不能使用 2.4GHz 频段国家的使用问题。

（6）802.11e：则是一个瞄准扩展服务质量的标准，其分布式控制模式可提供稳定合理的服务质量，而集中控制模式可灵活支持多种服务质量策略。

（7）802.11f：用于改善 802.11 协议的切换机制，使用户能在不同无线信道或接入设备点间可漫游。

（8）802.11h：可用于比 802.11a 更好地控制发信功率（借助 PC 技术）和选择无线信道（借助动态频率选择技术），而与 802.11e 一起，可适应欧洲的更严格的标准。

（9）802.11i、802.1x：主要着重于安全性，802.11i 能支持鉴别和加密算法的多种框架协议，支持企业、公众及家庭应用；802.1x 的核心为具有可扩展认证协议，可对以太网端口鉴别，扩展至无线应用。

（10）802.11j：解决 802.11a 与欧洲 HiperLAN/2 网络的互连互通。

（11）802.11/WNG：解决 IEEE 802.11 与欧洲电信标准化协会的 BRAN-HiperLAN 及日本的 ARAB-iSWAN 统一建成全球一致的 WLAN 公共接口。

（12）802.11n：已将速率增至 108/320Mbps，并已进一步改进其管理开销及效率。

（13）802.11/RRM：与无线电资源管理有关的标准，以增强 802.11 的性能。

（14）802.11/HT：用于进一步增强 802.11 的传输能力，取得更高的吞吐量。

（15）802.11 Plus：拟制订 802.11WLAN 与 GPRS/UMTS 之类多频、多模运行标准，可有松耦合及紧耦合两种类型。

2．HiperLAN

ETSI（European Telecommunications Sdandards Institute，欧洲电信标准协会）的宽带无线电接入网络小组着手制定 Hiper（High Performance Radio）接入泛欧标准，已推出 HiperLAN1 和 HiperLAN2。HiperLAN1 推出时，由于数据速率较低，没有引起人们重视。在 2000 年，HiperLAN2 标准制定完成，HiperLAN2 标准的最高数据速率达到 54Mbps。HiperLAN2 标准详细定义了 WLAN 的检测功能和转换信令，用以支持许多无线网络，支持动态频率选择、无线信元转换、链路自适应、多束天线和功率控制等。该标准在 WLAN 性能、安全性、服务质量 QoS 等方面也给出了一些定义。

HiperLAN1 对应 IEEE 802.11b，HiperLAN2 与 IEEE 802.11a 具有相同的物理层，它们可以采用相同的部件，并且 HiperLAN2 强调与 3G 整合。

3．蓝牙

对于 802.11 来说，蓝牙（IEEE 802.15）的出现不是为了竞争而是相互补充。蓝牙是一种极其先进的大容量近距离无线数字通信的技术标准，其目标是实现最高数据传输速度 1Mbps（有效传输速率为 721kbps）。它的最大传输距离为 10cm～10m，通过增加发射功率可达到 100m。蓝牙比 802.11 更具移动性，例如，802.11 限制在办公室和校园内，而蓝牙却能把一个设备连接到 LAN 和 WAN，甚至支持全球漫游。此外，蓝牙成本低、体积小，可用于更多的设备。

4．家庭网络的 HomeRF

HomeRF 主要为家庭网络而设计，是 IEEE 802.11 与数字无绳电话标准的结合，旨在降低语音数据成本。HomeRF 也采用了扩频技术，工作在 2.4GHz 频带，能同步支持 4 条高质量语音信道。但目前 HomeRF 的传输速率只有 1～2Mbps，FCC 建议增加到 10Mbps。

5．WiMax

802.16 标准定义了无线 MAN 空中接口规范（正式的名称为 IEEEWirelessMAN* 标准）。这一无线宽带接入标准可以为无线城域网中的“最后一千米”连接提供缺少的一环。对于许多家用及商用客户而言，通过 DSL 或有线基础设施的宽带接入仍然不可行。许多客户都在 DSL 服务范围之外和/或不能得到宽带有线基础设施的支持（商业区通常没有布线）。但是依靠无线宽带，这些问题都可迎刃而解。因为其无线特性，所以无线宽带部署速度更快，扩展能力更强，灵活性更高，因此能够为那些无法享受到或不满意其有线宽带接入的客户提供服务。802.16 的 MAC 层改善了系统总吞吐量和带宽效率，并确保数据时延受到控制。

4.6.3　无线局域网联接方式

常用的无线网络设备有网卡、AP（Access Point，访问点）、无线网桥和无线路由器等。无线网络产品的多种使用方法可以组合出适合各种情况的无线联网设计，可以方便地解决许多以线缆方式难以联网的用户需求。例如，数万米远的两个局域网相联，其间或有河流、湖泊相隔，拉线困难且线缆安全难保障，或在城市中敷设专线要涉及审批复杂，周期很长的市政施工问题，无线网能以比线缆低几倍的费用在几天内实现。无线网也可方便地实现不经过大的施工改建而使旧式建筑具有智能大厦的功能。无线网络应用的典型方式有以下几种。

1．对等网方式

对等网方式有两种形式，即把 2 个局域网相联或把 1 个远程站点联入 1 个局域网。如果是两个局域网相联，则在两个局域网中分别接入无线路由器或无线网桥。如一边是单机，则在其机内插入无线网卡即可。视通信距离来联接相应天线，用无线网络软件设置相应的 ID 号、中断号和地址，即可调试天线的方向、视角。当无线网络软件指示接收质量为良好或合用时，即认为无线链路接通，双方就可做网络设置和操作了。如果网络中已有路由器，而且天线与网络有相当距离，如数十米至数百米，则应使用无线网桥尽量靠近天线以缩短射频电缆长度，降低射频信号衰减，把无线网桥和路由器以数字线缆相连。这种方式的一种扩展是在两点间的距离过远或有遮挡时，在中间增加一个无线路由器来做中继，网络的设置也作相应变动。

2．无线 Hub 方式

在一个建筑物或不大的区域内有多个定点或移动点要联入一个局域网时，可用此方式。希赛教育专家提示：各站点要与无线 Hub 使用相同的网络 ID 以顺利互通，又要有各自的地址号以相互区别。

3．一点多址方式

当要把地理上有相当距离的多个局域网相联时，则可在每个局域网中接入无线网桥。这时主站或转接站使用全向天线，各从站视距离使用定向或全向天线与之相联。各无线网桥均使用同样的网络 ID 以支持扩频通信，使用各自的地址（网段）以相区别。正确的网络设置，可以使各工作站、服务器之间互访。当需要把 10km 之内的多个定点站点或 2km 之内的多个活动站点（各站点均是单机）联入网内时，可以用无线网桥的 Hub 工作方式来方便地实现。

4．不同协议网络间互联

在联网的两边各用与当地网络环境和对方网络环境相配套的设备和相应的网络设置即可实现。

上述只是几种典型的联网方式，在实际工作中可以组合使用，变化出所需要的方式。

4.7 网络应用

在网络应用方面，主要考查邮件服务、电子商务、CDMA、3G、域名、带宽和 URL

（Uniform Resource Locator，统一资源定位符）地址等基本概念和应用。

1．万维网

WWW（万维网）是一个支持交互式访问的分布式超媒体系统。超媒体系统（在超文本的基础上，结合语音、图形、图像和动画等信息）直接扩充了传统的超文本系统（非线性的、用“链接”整合的信息结构）。Web 文档用超文本标记语言（HyperText Markup Language，HTML）来撰写。除了文本外，文档还包括指定文档版面与格式的标签，在页面中可以包含图形、音频和视频等各种多媒体信息。

在 WWW 中，依赖于标准化的 URL 地址来定位信息的内容。在进行页面访问时采用的超文本传送协议 HTTP，其服务端口就是 HTTP 服务端口（80 号端口）。首先，浏览器软件与 HTTP 端口建立一个 TCP 连接，然后发送 GET 命令，Web 服务器根据命令取出文档，发送给浏览器；最后浏览器释放连接，显示文档。

2．电子邮件

电子邮件（E-mail）是现在数据量、使用量最大的一个 Internet 应用，它用来完成人际之间的消息通信。与它相关的有以下三个协议。

（1）SMTP：简单邮件传送协议，用于邮件的发送，工作在 25 号端口上。

（2）POP3（Post Office Protocol 3，邮局协议的第 3 个版本）：用于接收邮件，工作在 110 号端口上。

（3）IMAP（Interactive Mail Access Protocol，交互式邮件存取协议）：邮件访问协议，是用于替代 POP3 协议的新协议，工作在 143 号端口上。

3．DNS

网络用户希望用有意义的名字来标识主机，而不是 IP 地址。为了解决这个需求，应运而生的是域名服务系统 DNS。它运行在 TCP 协议之上，负责将域名转换成实际相对应的 IP 地址，从而在不改变底层协议的寻址方法的基础上，为使用者提供一个直接使用符号名来确定主机的平台。

DNS 是一个分层命名系统，名字由若干个标号组成，标号之间用圆点分隔。最右边的是主域名，最左边的是主机名，中间的是子域名。

通常写域名时，最后是不加“.”的，其实这只是一个缩写，最后一个“.”代表的是“根”，如果采用全域名写法，还需要加上这个小点。这在配置 DNS 时就会见到。

除了以上讲述的名字语法规则和管理机构的设立，域名系统中还包括一个高效、可靠、通用的分布式系统用于名字到地址的映射。将域名映射到 IP 地址的机制由若干个称为名字服务器的独立、协作的系统组成。

DNS 实际上是一个服务器软件，运行在指定的计算机上，完成域名到 IP 地址的转换。它把网络中的主机按树形结构分成域和子域，子域名或主机名在上级域名结构中必须是唯一的。每一个子域都有域名服务器，它管理着本域的域名转换，各级服务器构成一棵树。这样，当用户使用域名时，应用程序先向本地域名服务器请求，本地服务器先查找自己的域名库，如果找到该域名，则返回 IP 地址；如果未找到，则分析域名，然后向相关的上级域名服务器发出申请；这样传递下去，直至有一个域名服务器找到该域名，并返回 IP 地址。如果没有域名服务器能识别该域名，则认为该域名不可知。

充分利用机器的高速缓存，暂存解析后的 IP 地址，可以提高 DNS 的查询效率；用户有时会连续访问相同的因特网地址，DNS 在第一次解析该地址后，将其存放在高速缓存中，当用户再次请求时，DNS 可直接从缓存中获得 IP 地址。

4．IIS

IIS（Intentet Information Server，Intentet 信息服务器）作为当今流行的 Web 服务器之一，提供了强大的 Internet 和 Intranet 服务功能。Windows Server 系统中自带 Internet 信息服务，在可靠性、方便性、安全性、扩展性和兼容性等方面有所增强。

5．FTP

FTP 的传输模式包括 Bin（二进制）和 ASCII（文本文件）两种，除了文本文件之外，都应该使用二进制模式传输。FTP 应用的连接模式是：在客户机和服务器之间需建立两条 TCP 连接，一条用于传送控制信息（21 号端口），另一条用于传送文件内容（20 号端口）。匿名 FTP 的用户名一般为 anonymous。

6．其他应用

（1）Gopher：Internet 早期的一种全文检索服务，WWW 出现后被取代。

（2）WebMail：是指利用浏览器通过 Web 方式来收发电子邮件的服务或技术。

（3）Usenet：新闻组是一个电子讨论组，用户可以在这里与遍及全球的用户共享信息及对某些问题的看法。

（4）VOD：视频点播，通过视频压缩、流技术及组播协议实现。

（5）NetMeeting：网络会议，通过视频压缩、流技术及组播协议实现。

4.8 网络管理

在网络管理方面，主要考查代理服务器、网络管理工具等。

4.8.1 代理服务器

代理服务器是介于浏览器和 Web 服务器之间的一台服务器，当用户通过代理服务器上网浏览时，浏览器不是直接到 Web 服务器去取回网页而是向代理服务器发出请求，由代理服务器来取回浏览器所需要的信息并传送给用户的浏览器。

代理服务器的作用主要体现在以下 5 个方面：

（1）提高访问速度。因为客户要求的数据存于代理服务器的硬盘中，因此下次这个客户或其他客户再要求相同目的站点的数据时，就会直接从代理服务器的硬盘中读取，代理服务器起到了缓存的作用。当有很多客户访问站点时，代理服务器的优势更为明显。

（2）可以起到防火墙的作用。因为所有使用代理服务器的用户都必须通过代理服务器访问远程站点，因此在代理服务器上就可以设置相应的限制，以过滤或屏蔽掉某些信息。这是局域网网管对局域网用户访问范围限制最常用的办法，也是局域网用户为什么不能浏览某些网站的原因。拨号用户如果使用代理服务器，同样必须服从代理服务器的访问限制。

（3）通过代理服务器访问一些不能直接访问的网站。Internet 上有许多开放的代理服务器，这些代理服务器的访问权限是不受限制的，客户在访问权限受到限制时，如果刚好代理服务器在客户的访问范围之内，那么客户通过代理服务器访问目标网站就成为可能。国内的高校多使用教育网，不能出国，但通过代理服务器，就能实现访问 Internet，这就是高校内代理服务器热的原因所在。

（4）安全性得到提高。无论是上聊天室还是浏览网站，目的网站只能知道用户来自于代理服务器，而用户的真实 IP 则无法测知，这就使得用户的安全性得以提高。

（5）共享 IP 地址。由于中国的 IP 地址比较紧张，通过代理服务器，可以节约一些 IP 地址。

代理技术主要有以下 6 个方面的优点：

（1）代理易于配置。因为代理是一个软件，所以它比过滤路由器更易配置，配置界面十分友好。如果代理实现得好，可以对配置协议要求较低，从而避免配置错误。

（2）代理能生成各项记录。因代理工作在应用层，它检查各项数据，所以可以按一定准则，让代理生成各项日志、记录。这些日志、记录对于流量分析、安全检验是十分重要和宝贵的。当然，也可以用于计费等应用。

（3）代理能灵活、完全地控制进出流量和内容。

（4）代理能过滤数据内容。

（5）代理能为用户提供透明的加密机制。

（6）代理可以方便地与其他安全手段集成。

代理技术的缺点主要有以下 6 个方面：

（1）代理速度较路由器慢。

（2）代理对用户不透明。

（3）对于每项服务代理可能要求不同的服务器。

（4）代理服务通常要求对客户、过程之一或两者进行限制。

（5）代理服务不能保证免受所有协议弱点的限制。

（6）代理不能改进底层协议的安全性。

4.8.2　网络管理工具

现在网络管理平台有很多，而真正具有 OSI 定义的网管五大功能的系统却不多，典型的系统包括 HP 的 Open View、IBM 的 Net View 和 Tivoli、SUN 的 SunNet、Cabletron

的 SPECTRUM。Cisco Work 则是最适用于 Cisco 网络设备密集的网络的实用性网络管理系统。

在进行网络维护时，经常需要监视网络数据流并对其进行分析，这也称为网络监视，而常见的网络监视器包括 Ethereal、NetXRay 和 Sniffer。

（1）Ethereal：提供了对 TCP、UDP、SMB、Telnet 和 FTP 等常用协议的支持，覆盖了大部分应用需求。

（2）NetXRay：主要用做以太网中的网管软件，能够对 IP、NetBEUI 和 TCP、UDP 等协议进行详细分析。

（3）Sniffer：它使网络接口处于混杂模式，以截获网络内容。它是最完善、应用最广泛的一种网络监视器。

另外，在操作系统中有 4 个常用的网络管理工具。

（1）ping 命令：基于 ICMP 协议，用于把一个测试数据包发送到规定的地址，如果一切正常则返回成功响应，并且可以从时间戳中获得链路的状态信息。它常用于以下几种情形。

- 验证 TCP/IP 协议是否正常安装：ping 127.0.0.1，如果正常返回，说明安装成功。其中 127.0.0.1 是回送地址。
- 验证 IP 地址配置是否正常：ping 本机 IP 地址。
- 查验远程主机：ping 远端主机 IP 地址。

（2）tracert：检查到达的目标 IP 地址的路径并记录结果。tracert 命令显示用于将数据包从计算机传递到目标位置的一组 IP 路由器，以及每个跳跃所需的时间。如果数据包不能传递到目标，tracert 命令将显示成功转发数据包的最后一个路由器。

（3）netstat：用于显示与 IP、TCP、UDP 和 ICMP 协议相关的统计数据，一般用于检验本机各端口的网络连接情况。

（4）IPConfig：显示当前的 TCP/IP 配置，这些信息一般用来检验人工配置的 TCP/IP 设置是否正确。

4.9 综合布线系统

综合布线工程包括综合布线设备安装、布放线缆和缆线端接等三个环节。任何一个网络系统的实施都至少包括两个部分，即逻辑设计与物理实现。网络系统的调试与安装通常分为以下几步：网络系统的详细逻辑设计，全部网络设备加电测试，模拟建网调试及连通性测试，实际网络安装调试。

综合布线系统（Premises Distributed System，PDS）是一种集成化通用传输系统，是在楼宇和园区范围内，利用双绞线或光缆来传输信息，可以连接电话、计算机、会议电视和监视电视等设备的结构化信息传输系统。综合布线系统使用标准的双绞线和光纤，支持高速率的数据传输。这种系统使用物理分层星形拓扑结构，积木式、模块化设计，遵循统一标准，使系统的集中管理成为可能，也使每个信息点的故障、改动或增删不影响其他的信息点，使安装、维护、升级和扩展都非常方便，并节省了费用。

综合布线系统可分为 6 个独立的系统（模块），如图 4-5 所示。

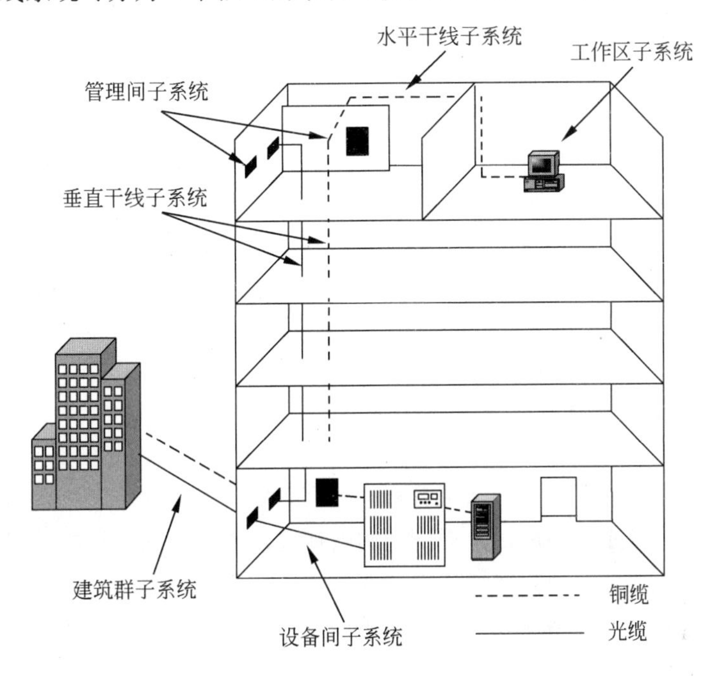

图 4-5　综合布线系统

（1）工作区子系统。工作区子系统由终端设备连接到信息插座之间的设备组成，包括信息插座、插座盒、连接跳线和适配器。

（2）水平区子系统（水平干线子系统、水平子系统）。水平区子系统应由工作区用的信息插座，以及楼层分配线设备至信息插座的水平电缆、楼层配线设备和跳线等组成。一般情况下，水平电缆应采用 4 对双绞线电缆。在水平子系统有高速率应用的场合，应采用光缆，即光纤到桌面。水平子系统根据整个综合布线系统的要求，应在二级交接间、交接间或设备间的配线设备上进行连接，以构成电话、数据、电视系统和监视系统，并方便进行管理。

（3）管理间子系统。管理间子系统设置在楼层分配线设备的房间内。管理间子系统应由交接间的配线设备，以及输入/输出设备等组成，也可应用于设备间子系统中。管理间子系统应采用单点管理双交接。交接场的结构取决于工作区、综合布线系统规模和所选用的硬件。在管理规模大、复杂、有二级交接间时，才设置双点管理双交接。在管理点，应根据应用环境用标记插入条来标出各个端接场。

（4）垂直干线子系统（垂直子系统、干线子系统）。通常是由主设备间（如计算机房、程控交换机房）提供建筑中最重要的铜线或光纤线主干线路，是整个大楼的信息交通枢纽。一般它提供位于不同楼层的设备间和布线框间的多条连接路径，也可连接单层楼的大片地区。

（5）设备间子系统。设备间是在每一幢大楼的适当地点设置进线设备，进行网络管理及管理人员值班的场所。设备间子系统应由综合布线系统的建筑物进线设备、电话、数据、计算机和不间断电源等各种主机设备及其保安配线设备等组成。

（6）建筑群子系统（楼宇子系统）。建筑群子系统将一栋建筑的线缆延伸到建筑群内的其他建筑的通信设备和设施。它包括铜线、光纤，以及防止其他建筑电缆的浪涌电压进入本建筑的保护设备。在设计建筑群子系统时，应考虑地下管道辅设的问题。

在综合布线系统的技术指标和质量参数方面，要遵循《综合布线系统工程设计规范》（GB50311-2007）和《综合布线系统工程验收规范》（GB50312-2007）的要求。

4.10 网络规划与设计

我们在网络建设前都要做一个需求分析工作，否则，网络建立起来就带有盲目性，轻则造成网络资源浪费或网络瓶颈，重则使网络瘫痪，损失无法估量的数据资源。网络建设前的需求分析，就是要规划网络建设所要做的工作。根据用户提出的要求，进行网络的设计。可以这么说，网络建设的好坏、快慢、可持续发展性等，都将取决于网络实施前的规划工作。

（1）网络的功能要求。任何网络都不可能是一个可以进行各种各样工作的“万能网”，因此，必须针对每一个具体的网络，依据使用要求、实现成本、未来发展、总预算投资等因素仔细地反复推敲，尤其是分析出网络系统要完成的所有功能。

（2）网络的性能要求。根据对网络系统的相应时间、事物，处理的实时性进行研究，确定系统需要的存储量及备用的存储量。根据网络的工作站权限、容错程度、网络安全性方面的要求等，确定采取何种措施及方案。

（3）网络运行环境的要求。根据整个局域网运行时所需要的环境要求，确定使用哪种网络操作系统、应用系统以及相应的应用软件和共享资源。

（4）网络的可扩充性和可维护性要求。如何增加工作站、怎样与其他网络联网、对软件/硬件的升级换代有何要求与限制等，都要在网络设计时加以考虑，以保证网络的可扩充性和可维护性。通常新建网络时都会给这个局域网提出一些有关使用寿命、维护代价等的要求。

在网络设计方面，主要采用层次式方法。层次式网络设计在互联网组件的通信中引入了 3 个关键层的概念，分别是核心层、汇聚层和接入层。

通常将网络中直接面向用户连接或访问网络的部分称为接入层，将位于接入层和核心层之间的部分称为分布层或汇聚层。接入层的目的是允许终端用户连接到网络，因此接入层交换机具有低成本和高端口密度特性。

汇聚层交换机是多台接入层交换机的汇聚点，它必须能够处理来自接入层设备的所有通信量，并提供到核心层的上行链路，因此汇聚层交换机与接入层交换机比较，需要更高的性能，更少的接口和更高的交换速率。汇聚层是核心层和终端用户接入层的分界面，汇聚层完成了网络访问策略控制、数据包处理、过滤、寻址，以及其他数据处理的任务。

将网络主干部分称为核心层，核心层的主要目的在于通过高速转发通信，提供优化、可靠的骨干传输结构，因此核心层交换机应拥有更高的可靠性、性能和吞吐量。核心层为网络提供了骨干组件或高速交换组件，在纯粹的分层设计中，核心层只完成数据交换的特殊任务。

4.11 物联网

物联网就是物物相连的互联网。其定义有两层意思：第一，物联网的核心和基础仍然是互联网，是在互联网基础上的延伸和扩展的网络；第二，其用户端延伸和扩展到了任何物品与物品之间，进行信息交换和通信。

物联网通过智能感知、识别技术与普适计算、广泛在网络的融合中应用，被称为继计算机、互联网之后世界信息产业发展的第三次浪潮。物联网是互联网的应用拓展，与其说物联网是网络，不如说物联网是业务和应用。因此，应用创新是物联网发展的核心，以用户体验为核心的创新 2.0 是物联网发展的灵魂。

1．物联网分层

物联网可以分为三个层次：感知层、网络层和应用层。

（1）感知层：用于识别物体、采集信息，就好比人通过视觉、嗅觉、听觉、触觉来感受事物，采集各类信息。如二维码、RFID、摄像头、传感器。

（2）网络层：传递信息和处理信息。通信网与互联网的融合网络、网络管理中心、信息中心和智能处理中心等。

（3）应用层：解决信息处理和人机交互的问题。

2．物联网关键技术

物联网涉及的技术非常多，其中常见且比较重要的包括：传感器技术、RFID、二维码等。

（1）传感器技术

大家都知道，到目前为止绝大部分计算机处理的都是数字信号。自从有计算机以来就需要传感器把模拟信号转换成数字信号计算机才能处理。传感器技术成为物联网关键技术，主要是因为物联网中经常要用到大量的传感器，如温度传感器、温度传感器、光敏传感器等。

（2）RFID

射频识别技术（Radio Frequency Identification，RFID）又称电子标签，是一种通信技术，可通过无线电讯号识别特定目标并读写相关数据，而无须识别系统与特定目标之间建立机械或光学接触。该技术是物联网的一项核心技术，很多物联网应用都离不开它。

（3）二维码

二维码是一种使用特定几何图形按一定规律在平面（二维方向）上分布的黑白相间的图形记录数据符号信息的技术，如图 4-6 所示。在代码编制上巧妙地利用构成计算机内部逻辑基础的“0”、“1”比特流的概念，使用若干个与二进制相对应的几何形体来表示文字数值信息，通过图像输入设备或光电扫描设备自动识读以实现信息自动处理。

图 4-6 二维码示意图

（4）嵌入式系统技术

嵌入式系统技术是一种综合了计算机软硬件、传感器技术、集成电路技术、电子应用技术为一体的复杂技术。经过几十年的演变，以嵌入式系统为特征的智能终端产品随处可见；小到人们身边的 MP3，大到航天航空的卫星系统。嵌入式系统正在改变着人们的生活，推动着工业生产以及国防工业的发展。如果把物联网用人体做一个简单比喻，传感器相当于人的眼睛、鼻子、皮肤等感官，网络就是神经系统用来传递信息，嵌入式系统则是人的大脑，在接收到信息后要进行分类处理。这个比喻很形象地描述了传感器、嵌入式系统在物联网中的位置与作用。

3．物联网应用

物联网技术目前可应用于众多的领域，如智能交通、环境保护、政府工作、公共安全、平安家居、智能消防、工业监测、环境监测、路灯照明管控、景观照明管控、楼宇照明管控、广场照明管控、老人护理、个人健康、花卉栽培、水系监测、食品溯源、敌情侦查。

下面介绍几个具体的应用场景：

（1）门禁系统

一个完整的门禁系统由读卡器、控制器、电锁、出门开关、门磁、电源、处理中心这 8 个模块组成，无线物联网门禁将门点的设备简化到了极致：一把电池供电的锁具（锁具通过无线与主控设备通信，当通信受阻时，还可用离线模式刷卡开门）。除了门上面要开孔装锁外，门的四周不需要设备任何辅助设备。整个系统简洁明了，施工工期大幅缩短，也能降低后期维护的资金。

（2）ZigBee 路灯控制系统

目前 ZigBee 无线路灯照明节能环保技术已广泛应用到了实际生活中。采用了 ZigBee 技术的无线路灯控制系统，不仅能根据需要调节路灯的亮度，还可以独立控制单个路灯。例如，在晚上 6 点钟，将马路上的单号或者双号路灯开启，到晚上 8 点钟，将全部路灯开启，晚上 12 点钟调节到半亮度，早上 6 点全部关闭。经相关部门测试，相对传统的控制方式可实现节能 50%。每个路段的路灯都通过内置的 ZigBee 模块组成一个无线通信子网，而每个子网都通过一个 ZigBee-GPRS 网关连接到监控中心，而监控室的服务器只需连接到互联网，即可监控市区内的每一盏路灯的状态。

4.12　例题分析

数据通信与计算机网络知识是系统架构设计师上午考试的一个重点，为了帮助考生了解在这方面的试题题型和难度，本节分析 6 道典型的试题。

例题 1

以下关于网络核心层的叙述中，正确的是________。

A．为了保障安全性，应该对分组进行尽可能多的处理

B．在区域间高速地转发数据分组

C．由多台二、三层交换机组成

D．提供多条路径来缓解通信瓶颈

例题 1 分析

三层模型主要将网络划分为核心层、汇聚层和接入层，每一层都有着特定的作用：核心层提供不同区域或者下层的高速连接和最优传送路径；汇聚层将网络业务连接到接入层，并且实施与安全、流量负载和路由相关的策略；接入层为局域网接入广域网或者终端用户访问网络提供接入。其中核心层是互连网络的高速骨干，由于其重要性，因此在设计中应该采用冗余组件设计，使其具备高可靠性，能快速适应变化。

在设计核心层设备的功能时，应尽量避免使用数据包过滤、策略路由等降低数据包转发处理的特性，以优化核心层获得低延迟和良好的可管理性。

核心层应具有有限的和一致的范围，如果核心层覆盖的范围过大，连接的设备过多，必然引起网络的复杂度加大，导致网络管理性降低；同时，如果核心层覆盖的范围不一致，必然导致大量处理不一致情况的功能都在核心层网络设备中实现，会降低核心网络设备的性能。

对于那些需要连接 Internet 和外部网络的网络工程来说，核心层应包括一条或多条连接到外部网络的连接，这样可以实现外部连接的可管理性和高效性。

例题 1 答案

B

例题 2

网络系统设计过程中，逻辑网络设计阶段的任务是________。

A．依据逻辑网络设计的要求，确定设备的物理分布和运行环境

B．分析现有网络和新网络的资源分布，掌握网络的运行状态

C．根据需求规范和通信规范，实施资源分配和安全规划

D．理解网络应该具有的功能和性能，设计出符合用户需求的网络

例题 2 分析

本题主要考查网络设计方面的基础知识。根据网络系统设计的一般规则，在逻辑网络设计阶段的任务通常是根据需求规范和通信规范，实施资源分配和安全规划。其他几个选项都不是逻辑网络设计阶段的任务。

本题考查网络设计各阶段的任务，网络设计主要分为逻辑网络设计与物理网络设计。

在逻辑网络设计阶段，需要描述满足用户需求的网络行为以及性能，详细说明数据是如何在网络上阐述的，此阶段不涉及网络元素的具体物理位置。

网络设计者利用需求分析和现有网络体系分析的结果来设计逻辑网络结构。如果现有的软件、硬件不能满足新网络的需求，现有系统就必须升级。如果现有系统能继续运行使用，可以将它们集成到新设计中来。如果不集成旧系统，网络设计小组可以找一个新系统，对它进行测试，确定是否符合用户的需求。

此阶段最后应该得到一份逻辑网络设计文档，内容包括以下几点：

（1）逻辑网络设计图；

（2）IP 地址方案；

（3）安全方案；

（4）具体的软件、硬件、广域网连接设备和基本的服务；

（5）雇佣和培训新网络员工的具体说明；

（6）对软件、硬件、服务、网络雇佣员工和培训的费用预算。

物理网络设计阶段的任务是如何实现确定的逻辑网络结构。在这一阶段，网络设计

者需要确定具体的软件、硬件、连接设备、服务和布线。

如何购买和安装设备，由网络物理结构这一阶段的输出作指导，所以网络物理设计文档必须尽可能详细、清晰，输出的内容如下：

（1）物理网络图和布线方案；

（2）设备和部件的详细列表清单；

（3）软件、硬件和安装费用的估计；

（4）安装日程表，用以详细说明实际和服务中断的时间以及期限；

（5）安装后的测试计划；

（6）用户培训计划。

例题 2 答案

C

例题 3

网络设计过程包括逻辑网络设计和物理网络设计两个阶段，下面的选项中，________应该属于逻辑网络设计阶段的任务。

A．选择路由协议　　B．设备选型

C．结构化布线　　D．机房设计

例题 3 分析

本题考查逻辑网络设计相关内容。逻辑网络设计包括网络结构设计、物理层技术选择、局域网技术选择与应用、广域网技术选择与应用、地址设计与命名模型、路由选择协议、网络管理、网络安全、逻辑网络设计文档。

物理网络设计的内容包括设备选型、结构化布线、机房设计及物理网络设计相关的文档规范（如软硬件清单、费用清单）。

例题 3 答案

A

例题 4

进行金融业务系统的网络设计时，应该优先考虑________原则。

A．先进性　　B．开放性　　C．经济性　　D．高可用性

例题 4 分析

先进性、开放性、经济性、高可用性这些原则，都是在进行网络设计时需要考虑的。根据金融业务系统的特点，在进行网络设计时，应该优先考虑高可用性原则。

例题 4 答案

D

例题 5

以下关于网络存储的叙述，正确的是________。

A．DAS 支持完全跨平台文件共享，支持所有的操作系统

B．NAS 通过 SCSI 连接至服务器，通过服务器网卡在网络上传输数据

C．FC SAN 的网络介质为光纤通道，而 IP SAN 使用标准的以太网

D．SAN 设备有自己的文件管理系统，NAS 中的存储设备没有文件管理系统

例题 5 分析

目前，主流的网络存储技术主要有 3 种，分别是直接附加存储（DAS）、网络附加存储（NAS）和存储区域网络（SAN）。

（1）直接附加存储：DAS 是将存储设备通过 SCSI 电缆直接连到服务器，其本身是硬件的堆叠，存储操作依赖于服务器，不带任何存储操作系统。因此，有些文献也把 DAS 称为 SAS（服务器附加存储）。

（2）网络附加存储：采用 NAS 技术的存储设备不再通过 I/O 总线附属于某个特定的服务器，而是通过网络接口与网络直接相连，由用户通过网络访问。NAS 存储设备类似于一个专用的文件服务器，它去掉了通用服务器的大多数计算功能，而仅仅提供文件系统功能，从而降低了设备的成本。并且为方便存储设备到网络之间以最有效的方式发送数据，专门优化了系统硬软件体系结构。NAS 以数据为中心，将存储设备与服务器分离，其存储设备在功能上完全独立于网络中的主服务器，客户机与存储设备之间的数据访问不再需要文件服务器的干预，同时它允许客户机与存储设备之间进行直接的数据访问，所以不仅响应速度快，而且数据传输速率也很高。

NAS 技术支持多种 TCP/IP 网络协议，主要是 NFS（Net File System，网络文件系统）和 CIFS（Common Internet File System，通用 Internet 文件系统）来进行文件访问，所以 NAS 的性能特点是进行小文件级的共享存取。在具体使用时，NAS 设备通常配置为文件服务器，通过使用基于 Web 的管理界面来实现系统资源的配置、用户配置管理和用户访问登录等。

NAS 存储支持即插即用，可以在网络的任一位置建立存储。基于 Web 管理，从而使设备的安装、使用和管理更加容易。NAS 可以很经济地解决存储容量不足的问题，但难以获得满意的性能。

（3）存储区域网络：SAN 是通过专用交换机将磁盘阵列与服务器连接起来的高速专用子网。它没有采用文件共享存取方式，而是采用块（block）级别存储。SAN 是通过专用高速网将一个或多个网络存储设备和服务器连接起来的专用存储系统，其最大特点是将存储设备从传统的以太网中分离了出来，成为独立的存储区域网络。

例题 5 答案

C

例题 6

设信号的波特率为 600Baud，采用 4 相 DPSK 调制，则信道支持的最大数据速率

为__________。

A．300bps　　B．600bps　　C．800bps　　D．1200bps

例题 6 分析

由题目可知，采用 4 相 DPSK 调制，也就是用 4 种码元来表示二进制信息，则每个码元可以表示 2 比特信息，根据公式 $R=B\log_2N$，将数据 B=600Baud，N=4 代入，可得 R=1200bps。

例题 6 答案

D

第5章　多媒体基础知识

根据考试大纲，本章要求考生掌握以下知识点：

（1）多媒体的类型、特点及数据格式。

（2）多媒体数据的压缩编码。

5.1　多媒体基础

多媒体技术主要是指文字、声音和图像等多种表达信息的形式和媒体，它强调多媒体信息的综合和集成处理。多媒体技术依赖于计算机的数字化和交互处理能力，它的关键技术是信息压缩技术和光盘存储技术，它的关键特性包括信息载体的多样性、交互性和集成性三个方面。

5.1.1　多媒体计算机

多媒体计算机的主要硬件除了常规的硬件如主机、软盘驱动器、硬盘驱动器、显示器、网卡之外，还要有音频信息处理硬件、视频信息处理硬件及光盘驱动器等部分。

（1）音频卡用于处理音频信息，它可以把话筒、录音机、电子乐器等输入的声音信息进行模数转换、压缩等处理，也可以把经过计算机处理的数字化的声音信号通过还原（解压缩）、数模转换后用音箱播放出来，或者用录音设备记录下来。

（2）视频卡用来支持视频信号（如电视）的输入与输出。

（3）采集卡能将电视信号转换成计算机的数字信号，便于使用软件对转换后的数字信号进行剪辑处理、加工和色彩控制。还可将处理后的数字信号输出到录像带中。

（4）扫描仪将摄影作品、绘画作品或其他印刷材料上的文字和图像，甚至实物，扫描到计算机中，以便进行加工处理。

（5）光驱分为只读光驱和可读写光驱，可读写光驱又称刻录机。用于读取或存储大容量的多媒体信息。

5.1.2　媒体的分类

媒体可分为感觉媒体、表示媒体、表现媒体、存储媒体和传输媒体。

（1）感觉媒体：直接作用于人的感官，产生感觉（视、听、嗅、味、触觉）的媒体，例如：语言、音乐、音响、图形、动画、数据、文字等都是感觉媒体。

（2）表示媒体：表示媒体是指用来表示感觉媒体的数据编码。如图像编码、文本编码和声音编码等。感觉媒体转换成表示媒体后，能够在计算机中进行加工处理和传输。

（3）表现媒体：表现媒体是指进行信息输入或输出的媒体。如键盘、鼠标、扫描仪、话筒、数码相机、摄像机为输入表现媒体，显示器、打印机、扬声器、投影仪为输出表现媒体。

（4）存储媒体：存储媒体是指用于存储表示媒体的物理实体。如硬盘、软盘、光盘等。

（5）传输媒体：传输媒体是指传输表示媒体（即数据编码）的物理实体。如电缆、光缆等。

5.1.3　存储媒体

目前存储多媒体信息的介质除了磁盘外，主要是光盘。光盘存储器利用激光束在记录表面存储信息，根据激光束的反射光来读出信息。光盘存储器主要有 CD（Compact Disk，压缩盘）、CD-ROM（Compact Disc Read-Only Memory，只读压缩盘）、DVD（Digital Video Disc，数字视频光盘）以及 EOD（Erasable Optical Disk，可擦除光盘）。

CD-ROM 的读取目前有三种方式：恒定角速度、恒定线速度和部分恒定角速度。CD-ROM 非常适用于把大批量数据分发给大量的用户。与传统磁盘存储器相比，优点是：具有更大的容量，可靠性高，光盘的复制更简易，可更换，便于携带；其缺点是只读，存取时间比较长。

DVD-ROM 技术类似于 CD-ROM 技术，但是可以提供更高的存储容量。DVD 通过减小读取激光波长，增大光学物镜数值孔径来达到提高存储容量的目的。DVD 可以分为单面单层、单面双层、双面单层和双面双层四种物理结构。

5.1.4　多媒体集成语言

同步化多媒体集成语言（Synchronized Multimedia Integration Language，SMIL）是由 W3C（World Wide Web Consortium，万维网联盟）规定的多媒体操纵语言。SMIL 与网页上用的 HTML 的语法格式非常相似。后者主要针对普通的网络媒体文件进行操纵（文字、图片、声音、动画、视频的机械堆砌），而前者则操纵多媒体片断（对多媒体片断的有机的、智能的组合）。

SMIL 语言是一套已经规定好的而且非常简单的标记。它用来规定多媒体片断在什么时候、在什么地方、以什么样的方式播放。SMIL 的主要优点体现在以下几个方面：

（1）避免使用统一的包容文件格式。因为多媒体文件的格式非常多，如果我们想在本地机器上直接播放或者在网络上用流媒体的方式来播放若干类文件。以前唯一可行的办法就是用多媒体的编辑软件把这些多媒体文件整合成一个文件，这就必须统一使用某种文件格式。如果用 SMIL 来组织这些多媒体文件，那么可以在不对源文件进行任何修改的情形下，获得我们想要的效果。

（2）同时播放在不同地方（服务器上）的多媒体片断。假如我们现在想把一段电视采访的实况（视频文件）加上解说（包括声音解说（音频文件）和文字解说）。姑且假定例子中的视频文件是甲服务器上的 A 文件，音频文件是乙服务器上的 B 文件，而解说文字却是丙服务器上的 C 文件。传统的方法在这里就束手无策了，而 SMIL 可以非常轻松地做到这一点。

（3）时间控制。如果我们不想用整个视频文件，而只想用其中的某一部分。传统的方法中唯一可行的就是用剪辑软件来剪辑，而 SMIL 可以规定播放的任意时间段。

（4）对整个演示进行布局。一般情形下，在一个区域（屏幕的上部）播放视频，在另一个区域显示文字（屏幕的底部）。而使用 SMIL，我们可以随意让文字显示在哪个区域。

（5）多语言选择支持。如果一个视频文件需要让不同国家的人播放，传统的方法就是准备不同语言版本的媒体文件，让用户来选择，然后从服务器上下载相应的版本。如果把这些版本用 SMIL 组织起来、规定好，那么 SMIL 语言将根据具体的语言设置来播放相应版本的视频。

（6）多带宽选择支持。由于各个用户连接到 Internet 的方式不尽相同，所以其连接的速度差别也较大。为了让他们都能够看到同一个演示，我们可以制作适应不同传输速度的演示。在传统的方法中，往往要用户自己选择他的机器连接所对应的传输速度，然后播放相应的演示文件。使用 SMIL 播放器检测出用户的连接速度后，就同服务器协商，要求传输并播放相应的演示文件。

5.2 压缩编码技术

本节主要介绍数据压缩的相关技术和标准。对于多媒体数据压缩算法而言，数据质量代表压缩的效果，数据量代表压缩的能力，计算复杂度代表压缩的代价，这都需要综合考虑。

5.2.1 数据压缩的基础

数据之所以能够压缩，是因为基本原始信源的数据存在着很大的冗余度。一般来说，多媒体数据中存在以下种类的数据冗余。

（1）空间冗余（几何冗余）：一幅图像的背景及其景物中，在某点自身与其相邻的一些区域内，常存在有规则的相关性。例如，一幅蔚蓝的天空中漂浮着白云的图像，其蔚蓝的天空及白云本身都具有较强的相关性，这种相关性的图像部分，在数据中就表现为冗余。空间冗余是视频图像中常见的一种冗余。

（2）时间冗余：对于电视动画类的图像，其序列中前后相邻的两幅图像之间呈现较强的相关性，这就反映为时间冗余。如某一帧图像经过 t 时间后，在某下一帧图像中带有较强的相关性（即画面像素相似）。

（3）知觉冗余：知觉冗余是指那些处于人们听觉和视觉分辨率以下的视、音频信号，若在编码时舍去这种在感知门限以下的信号，虽然这会使恢复原信号产生一定的失真，但并不能为人们所感知，为此，此种超出人们感知能力部分的编码就称为知觉冗余。例如，一般的视频图像采用 28 的灰度等级，而人们的视觉分辨率仅达 26 的等级，此差额即为知觉冗余。

（4）信息熵冗余：信息熵是指一组数据所携带的信息量。它一般定义为：

$$H = -\sum_{i=0}^{N-1} P_i \log_2 p_i$$

其中 N 为数据类数或码元个数，P_i 为码元 Y_i 发生的概率。由定义，为使单数据量 d 接近于或等于 H，应设：

$$d = \sum_{i=0}^{N-1} P_i b(y_i)$$

其中 $b(y_i)$是分配给码元 $\mathrm{Y_i}$ 的比特数，理论上应取 $b(y_i) = -\log_2 p_i$，由于在实际应用中很难估计出$\{p_0, p_1, \cdots, p_{n-1}\}$。因此一般取 $b(y_0) = b(y_1) = \cdots = b(y_{N-1})$。这样所得的 d 必然大于 H，由此带来的冗余称为信息熵冗余或编码冗余。

（5）结构冗余：有些图像从大的区域上看存在着非常强的纹理结构，例如，布纹图像和草席图像，我们说它们在结构上存在冗余。

（6）知识冗余：有许多图像的理解与某些基础知识有相当大的相关性。例如，人脸的图像有固定的结构，比如，嘴的上方有鼻子，鼻子的上方有眼睛，鼻子位于正面图像的中线上等。这类规律性的结构可由先验知识和背景知识得到，此类冗余称为知识冗余。

5.2.2 数据压缩技术的分类

数据压缩技术可以分为两大类：一类是无损压缩编码法，也称为冗余压缩法、熵编码法；另一类是有损压缩编码法，也称为熵压缩法。

无损压缩法去掉或减少了数据的冗余，这些冗余值可以重新插入到数据中，因此是可逆的，也是无失真压缩。它通常使用的是统计编码技术，包括哈夫曼编码、算术编码、行程编码等，它的压缩比较低，通常在 2:1～5:1 之间。

有损压缩法压缩了熵，会减少信息量，因此是不可逆的。它通常可以分为特征抽取和量化两大类。特征抽取包括基于模式的编码、分形编码等；量化包括零记忆量化、预测编码、直接映射、变换编码等方法。其中预测编码和变换编码是最常见的方法。有损压缩能够达到较高的压缩比。对于声音可达 4:1～8:1，对于动态的视频数据更是可高达 100:1～400:1 之多。

5.2.3 数据压缩标准

常用的数据压缩标准如下：

（1）JPEG（Joint Photographic Experts Group，联合图像专家组）。它采用基于 DCT（Discrete Cosine Transform，离散余弦变换）和可变长编码的算法，其关键技术是变换编码、量化、差分编码、哈夫曼编码和行程编码等。JPEG 2000 作为 JPEG 标准的一个更新换代标准，它的目标是进一步改进目前压缩算法的性能，以适应低带宽、高噪声的环境，以及医疗图像、电子图书馆、传真、Internet 网上服务和保安等方面的应用。它与传统 JPEG 最大的不同是，它放弃了 JPEG 所采用的以离散余弦变换为主的区块编码方式，而采用以离散小波转换为主的多解析编码方式。

（2）MPEG。MPEG（Moving Pictures Experts Group，动态图像专家组）是 ISO（International Standards Organization，国际标准化组织）制定和发布的视频、音频和数据的压缩标准。它的三大特点是兼容性好；压缩比高，可达 200:1；数据的损失很小。MPEG 采用预测和插补两种帧间编码技术。MPEG 视频压缩算法中包含两种基本技术：一种是基于 l6×16 子块的运动补偿技术，用来减少帧序列的时域冗余；另一种是基于 DCT 的压缩，用于减少帧序列的空域冗余，在帧内压缩及帧间预测中均使用了 DCT 变换。运动补偿算法是当前视频图像压缩技术中使用最普遍的方法之一。常用的 MPEG 标准如表 5-1 所示。

表 5-1　MPEG 主要标准

标　准	关 键 特 性	主 要 应 用
MPEG-1	传输速率为 1.5Mbps，每秒 30 帧，具有 CD 音质，质量与 VHS 相当，编码速率最高达 4～5Mbps，分辨率为 352×288（PAL，Phase Alternating Line ，逐行倒相）或 352×240（NTSC，National Television System Committee，美国国家电视标准委员会）	用于数据电话网络上的视频传输，也可用作记录媒体或在 Internet 上传输音频
MPEG-2	传输速率为 3Mbps～10Mbps，能够向下兼容，提供广播级视像和 CD 级音质，分辨率可达 720×480dpi	已适用于 HDTV（High Definition Television，高清晰度电视），实现了本是 MPEG-3 要实现的目标
MPEG-3	未面市就抛弃， 画面有轻度扭曲	仅用于音频
MPEG-4	传输速率为 4800～64000bps，分辨率为 176×144dpi。利用帧重建技术、压缩和传输数据，以求用最少的数据达到最佳的图像质量。而且它与前面的标准相比，最大的不同在于提供了更强的交互能力	应用于视频电话、视频电子邮件、电子新闻
MPEG-7	多媒体内容描述接口，为各类多媒体信息提供了一种标准化的描述。目标是支持数据管理的灵活性、数据资源的全球化和互操作性	音视频数据库的存储和检索、广播媒体的选择和过滤、Internet 个性服务
MPEG-21	目标是将不同的协议、标准、技术有机地融合在一起	

（3）DVI（Digital Visual Interface，数字视频接口）。与 MPEG-1 相当，可达 VHS（Video Home System，家用录像系统）水平，压缩后数据传输速率为 1.5Mbps。为了扩大 DVI 的应用，Intel 公司还推出了 DVI 算法的软件解码算法，可以将未压缩的数字视频文件压缩为原来的 1/5～1/10。

（4）H.261。它主要是针对在 ISDN 上实现电信会议应用，特别是面对面的可视电话和视频会议而设计的。它的算法类似于 MPEG（动态图像专家组），但实时编码时比 MPEG 占用 CPU 小，它在图像质量与运动幅度间进行了折中，即剧烈运动的图像要比相对静止的图像的质量差。它属于恒定码流可变质量编码。它采用 CIF（Common Intermediate Format，通用中间格式）和 QCIF（四分之一 CIF）作为可视电话的视频格式。

（5）H.263。它主要是针对低带宽通信而设计的，它在低带宽下能够提供比 H.261 更好的图像效果。不仅支持 CIF 和 QCIF，还支持 SQCIF（八分之一 CIF）、4CIF 和 16CIF。后来又推出了 H.263+，增加了在易误码、易丢包、异构网络下的传输效果，现在已基本取代了 H.261。

5.3　音频数据

音频技术用于实现计算机对声音的处理。声音是一种由物体振动而产生的波。当物体振动时，使周围的空气不断地压缩和放松，并向四周扩散，这就是声波。人可以听到的声音频率范围是 20Hz～20kHz。

5.3.1　音频技术概述

声音的三个要素是音强、音调和音色。音强是声音的强度，取决于声间的振幅；音调与声音的频率有关，频率高则声音高，频率低则声音低；音色是由混入基音的泛音决定的。每个基音又都有固有的频率和不同音强的泛音，从而使得每个声音都具有特殊的音色效果。

音频技术包括音频采集（模拟音转换为计算机识别的数字信号）、语音解码/编码、文字—声音的转换、音乐合成、语音识别与理解、音频数据传输、音频视频同步、音频效果与编辑等。通常实现计算机语音输出有两种方法，分别是录音/重放和文字—声音转换。

（1）录音/重放：可获得高音质声音，并能够保留特定人或乐器的音色，但存储量会随时呈线性增长。

（2）文字—声音转换：需预先建立语音参数数据库、发音规则库，然后通过计算机自动合成。虽然语音参数库的大小不会随时长增大，但发音规则库会随着语音质量的要求而增大。

语音合成技术可以分为发音参数合成、声音模型参数合成和波形编辑合成三种。合成策略包括频谱逼近和波形逼近。

5.3.2 音频数据存储和传输

在计算机中，要存储声音信息就必须对其数字化，通常需要经过采样、量化和编码三个步骤：

（1）采样：在模拟音频信号转换为数字音频信号时，每隔一个时间间隔就在模拟声音的波形上取一个幅度值。这个间隔时间称为采样频率。常用的采样频率为 8kHz、11.025kHz、16kHz、22.05kHz（FM 广播音质）、44.1kHz（CD 音质）、48kHz（DVD 音频或专业领域），频率越高音质越好。它的选择是由尼奎斯特理论确定的，即采样频率不应低于声音信号最高频率的两倍。

（2）量化：用数字来表示音频幅度时，把某一幅度范围内的电压用一个数字表示，这个量化的级别通常用位（bit）来表示，位数越高音质越好。

（3）编码：将声音数据写成计算机的数据格式。

在没有压缩之前，每秒钟所需的存储量可由下式估算出：

文件的字节数 = 采样频率(Hz)×量化/采样位数(位)×声道数÷8

希赛教育专家提示：如果要在网络上传输这样的文件，数据传输速率则是每秒的位数，也就是在上一个公式的基础上，将单位由字节（Byte）转换为位（bit），即将最后的“÷8”去掉。

5.3.3 音频数据格式

主要的音频数据格式如下：

（1）WAVE：扩展名为.wav，该格式记录声音的波形，故只要采样率高、采样字节长、机器速度快，利用该格式记录的声音文件能够和原声基本一致，质量非常高，但这样做的代价就是文件太大。

（2）MOD（modification）：扩展名为.mod，该格式的文件里存放乐谱和乐曲使用的各种音色样本，具有回放效果明确，音色种类无限等优点。

（3）Layer-3：扩展名为.mp3，是现在最流行的声音文件格式，因其压缩率大，在网络可视电话通信方面应用广泛，但和 CD 唱片相比，音质不能令人非常满意。Layer-3 是 MPEG 标准的一部分，是一种强有力的音频编码方案。Layer-3 在现存的 MPEG-1 和 MPEG-2 国际标准的音频部分上均有定义，简称 MP3（MPEG Audio Layer Ⅲ）。

（4）Real Audio：扩展名为.ra，这种格式具有强大的压缩能力和极小的失真度，因此与其他压缩格式相比，有一定优势。和 MP3 相同，它也是为了解决网络传输带宽资源而设计的，因此主要目标是压缩比和容错性，其次才是音质。

（5）CD Audio：扩展名为.cda，唱片采用的格式，又叫“红皮书”格式，记录的是波形流，音色纯正、HIFI。但缺点是无法编辑，文件长度太大。

（6）MIDI（Musical Instrument Digital Interface，乐器数字接口）：扩展名.mid，作为音乐工业的数据通信标准，MIDI 能指挥各音乐设备的运转，而且具有统一的标准格式，能够模仿原始乐器的各种演奏技巧，甚至无法演奏的效果。MIDI 文件是按照 MIDI 标准制成的声音文件。MIDI 文件记录声音的方法与 WAV 完全不同，它并不记录对声音的采集数据，而是记录编曲的音符、音长、音量和击键力度等信息，相当于乐谱。由于 MIDI 文件记录的不是乐曲本身，而是一些描述乐曲演奏过程中的指令，因此它占用的存储空间比 WAV 文件要小很多。即使是长达十多分钟的音乐其存储量最多也不过是几十千字节。

（7）CMF（Creative Musical Format，Creative 音乐格式）：扩展名为.cmf，Creative 公司的专用音乐格式，和 MIDI 差不多，只是音色、效果上有些特色，专用于 FM 声卡，但其兼容性也很差。

5.4　颜色空间

本节主要介绍颜色的特征、颜色空间、图形和图像等。

5.4.1　颜色属性

视觉上的彩色可用亮度、色调和饱和度来描述，任意一种彩色光都是这 3 个特征的综合效果。

亮度是光作用于人眼时所引起的明亮程度的感觉，它与被观察物体的发光强度有关；由于其强度不同，看起来可能亮一些或暗一些。对于同一物体照射的光越强，反射光也越强，感觉越亮，对于不同物体在相同照射情况下，反射性越强者看起来越亮。显然，如果彩色光的强度降至使人看不清了，在亮度等级上它应与黑色对应；同样，如果其强度变得很大，那么亮度等级应与白色对应。此外，亮度感还与人类视觉系统的视敏功能有关，即使强度相同，颜色不同的光进入视觉系统，也可能会产生不同的亮度。

色调是当人眼看到一种或多种波长的光时所产生的彩色感觉，它反映颜色的种类，是决定颜色的基本特性。如红色、绿色等都是指色调。不透明物体的色调是指该物体在日光照射下，所反射的各光谱成分作用于人眼的综合效果；透明物体的色调则是透过该物体的光谱综合作用的效果。

饱和度是指颜色的纯度，即掺入白光的程度，或者说是指颜色的深浅程度。对于同一色调的彩色光，饱和度越深，颜色越鲜明，或者说越纯。例如，当红色光加进白光之后冲淡为粉红色光，其基本色调还是红色，但饱和度降低；换句话说，淡色的饱和度比深色要低一些。饱和度还和亮度有关，因为若在饱和的彩色光中增加白光的成分，由于增加了光能，因而变得更亮了，但是它的饱和度却降低了。如果在某色调的彩色光中掺入别的彩色光，会引起色调的变化，掺入白光时仅引起饱和度的变化。

5.4.2 颜色空间

三原色原理是色度学中最基本的原理，是指自然界常见的各种颜色光，都可由红（R）、绿（G）、蓝（B）3 种颜色按不同比例相配制而成；同样绝大多数颜色光也可以分解成红、绿、蓝三种色光。当然三原色的选择并不是唯一的，也可以选择其他 3 种颜色为三原色，但是，3 种颜色必须是相互独立的，即任何一种颜色都不能由其他两种颜色合成。由于人眼对红、绿、蓝 3 种色光最敏感，因此，由这 3 种颜色相配制所得的彩色范围也最广，所以一般都选用这 3 种颜色作为基色。

（1）RGB 颜色空间。在多媒体计算机技术中，用得最多的是 RGB 颜色空间表示。因为计算机的彩色监视器的输入需要 R、G、B 3 个彩色分量，通过 3 个分量的不同比例，在显示屏幕上可以合成所需要的任意颜色，所以不管多媒体系统采用什么形式的颜色空间表示，最后的输出一定要转换成 RGB 颜色空间表示。

（2）YUV 颜色空间（YCrCb 颜色空间）。其中的 Y、U、V 不是英文单词的组合词，Y 代表亮度，UV 代表色差，U 和 V 是构成彩色的两个分量。在现代彩色电视系统中，通常采用三管彩色摄像机，把摄得的彩色图像信号经分色棱镜分成 R0、G0、B0 三个分量的信号，分别经放大和校正得到三基色，再经过矩阵变换电路得到亮度信号 Y、色差信号 R－Y 和 B－Y，最后发送端将 Y、R－Y 和 B－Y 3 个信号进行编码，用同一信道发送出去，这就是我们常用的 YUV 颜色空间。数字化位通常采用 Y∶U∶V=8∶4∶4 或者 Y∶U∶V=8∶2∶2。

（3）CMY 颜色空间。彩色印刷或彩色打印的纸张是不能发射光线的，因而印刷机或彩色打印机就只能使用一些能够吸收特定的光波而反射其他光波的油墨或颜料。油墨或颜料的三基色是青（Cyan）、品红（Magenta）和黄（Yellow），简称为 CMY。青色对应蓝绿色，品红对应紫红色。理论上说，任何一种由颜料表现的颜色都可以用这 3 种基色按不同的比例混合而成，这种颜色表示方法称 CMY 颜色空间表示法。彩色打印机和彩色印刷系统都采用 CMY 颜色空间。在彩色喷墨打印机中，将油墨进行混合后得到的颜色称为相减混色，相减混色利用了滤光特性，即在白光中减去不需要的彩色，留下所需要颜色。如印染、颜料等采用的相减混色。下面给出一些相减混色关系式：

黄色=白色–蓝色，青色=白色–红色，红色=白色–蓝色–绿色，黑色=白色–蓝色–绿色–红色。

相加混色不仅运用了三基色原理，还利用了人眼的视觉特性，产生较相减混色更宽的彩色范围。激光打印机、喷墨打印机可用减色合成法打印彩色。

5.4.3 图形与图像

在计算机科学中，图形和图像这两个概念是有区别的。

1．图像

图像也称为位图或点阵图，是指由输入设备捕捉的实际场景画面或以数字化形式存储的任意画面。图像都是由一些排成行列的像素组成的，在计算机中的存储格式有 BMP（Bit Map Picture）、TIF（Tagged Image File Format）等，一般数据量较大。它除了可以表现真实的照片，也可以表现复杂绘画的某些细节，并具有灵活和富于创造力等特点。通常把一幅位图图像作为一个点矩阵处理，矩阵中的一个元素（像素）对应图像的一个点，相应的值表示该点的灰度或颜色等级。

2．图形

图形也称矢量图形，一般指用计算机绘制的画面，如直线、圆、圆弧、任意曲线和图表等。图形是用一个指令集合来描述的，这些指令用来描述图中线条的形状、位置、颜色等各种属性和参数。

与图像文件不同，在图形文件中只记录生成图的算法和图上的某些特征点。在计算机还原输出时，相邻的特征点之间用特定的很多段小直线连接形成曲线，若曲线是一条封闭的图形，也可用色算法来填充颜色。它的最大优点是容易进行移动、缩放、旋转和扭曲等变换，主要用于表示线框型的图画、工程制图、美术字等。

常用的矢量图形文件有 3DS（Three Dimensional Studio）、DXF（Drawing Exchange Format）、WMF（Windows Metafile Format）等。图形文件只保存算法和特征点，所以相对于位图文件的大数据量来说，它占用的存储空间也较小。但由于每次屏幕显示时都需重新计算，故显示速度没有图像快。另外在打印输出和放大（缩小）时，图形的质量较高而点阵图常会发生失真。

3．分辨率

图形（图像）的主要指标有分辨率、点距、色彩数（灰度）。

（1）分辨率：可以分为屏幕分辨率和输出分辨率。屏幕分辨率是指每英寸的点阵的行数或列数，这个数值越大，显示质量就越好。输出分辨率是指每英寸的像素点数，是衡量输出设备的精度的，数值越大，质量越好。

（2）点距：指两个像素之间的距离，一般来说，分辨率越高，则像素点距的规格越小，显示效果越好。

（3）深度：图像深度确定彩色图像的每个像素可能有的颜色数，或者确定灰度图像的每个像素可能有的灰度级数。通常，图像深度也指存储每个像素所用的存储器位数，或者说用多少位存储器单元来表示，它也是用来度量图像分辨率的。每个像素颜色或灰度被量化后所占用的存储器位数越多，它能表达的颜色数目就越多，它的深度就越深。

例如，一个点有 n 位色，则说明这个点用 2^n 种颜色表示。图像文件是采用点阵（像素）来描述的，而在存储时也是针对点阵进行描述的。而每个点阵，我们将采用 n 位来表示其颜色（可以表示 2^n 种颜色）。位数越多，可以表示的色彩也就越丰富。

例如，某图像的分辨率为 640×480dpi，假设每个像素为 16 位，则该图像的容量（大小）为：

$$640 \times 480 \times (16 \div 8) = 614400\text{B} = 600\text{KB}$$

这里的“每个像素为 16 位”说明每个像素需要用 2 个字节来表示，每个像素有 2^{16}=65535 种颜色。

又如，某 256 色的图像的分辨率为 640×480dpi，则该图像的大小为：

$$640 \times 480 \times (\log_2(256) \div 8) = 307200\text{B} = 300\text{KB}$$

这里的“256 色的图像”说明每个像素需要用 1 个字节来表示（2^8=256）。

4．文件格式

常见的图形/图像文件有以下几种：

（1）BMP：PC 上最常用的位图格式，有压缩和不压缩两种形式，该格式可表现 2~24 位的色彩，分辨率也可从 480×320 至 1024dpi×768dpi。

（2）DIB（Device Independent Bitmap）：描述图像的能力基本与 BMP 相同，并且能运行于多种硬件平台，只是文件较大。

（3）PCP（PC Paintbrush）：由 Zsoft 公司创建的一种经过压缩且节约磁盘空间的 PC 位图格式，它最高可表现 24 位图形（图像）。

（4）DIF（Drawing Interchange Format）：AutoCAD 中的图形文件，它以 ASCII（American Standard Code for Information Interchange，美国国家信息交换标准码）方式存储图形，表现图形在尺寸大小方面十分精确。

（5）WMF：Microsoft Windows 图元文件，具有文件短小、图案造型化的特点。该类图形比较粗糙，并只能在 Microsoft Office 中调用编辑。

（6）GIF（Graphics Interchange Format）：在各种平台的各种图形处理软件上均可处理的经过压缩的图形格式。缺点是存储色彩最高只能达到 256 种，由于存在这种限制，目前除了 Web 网页还在使用它外，其他场合已很少使用了。

（7）JPG（Joint Photographics Expert Group）：可以大幅度地压缩图形文件的一种图形格式。对于同一幅画面，JPG 格式存储的文件是其他类型图形文件的 1/10~1/20，而且色彩数最高可达到 24 位，所以它应用相当广泛。

（8）TIF：文件体积庞大，但存储信息量亦巨大，细微层次的信息较多，有利于原稿阶调与色彩的复制。该格式有压缩和非压缩两种形式，最高支持的色彩数可达 1.6×10^7 种。

（9）EPS（Encapsulated PostScript）：用 PostScript 语言描述的 ASCII 图形文件，在 PostScript 图形打印机上能打印出高品质的图形（图像），最高能表示 32 位图形（图像）。

（10）PSD（Photoshop Standard）：Photoshop 中的标准文件格式，专门为 Photoshop 而优化的格式。

（11）CDR（CorelDraw）：CorelDraw 的文件格式。另外，CDX 是所有 CorelDraw 应用程序均能使用的图形（图像）文件，是发展成熟的 CDR 文件。

（12）IFF（Image File Format）：用于大型超级图形处理平台，如 AMIGA 机，好莱坞的特技大片多采用该图形格式处理。图形（图像）效果，包括色彩纹理等能逼真地再现原景。当然，该格式耗用的内存外存等的计算机资源也十分巨大。

（13）TGA（Tagged Graphic）：是 True vision 公司为其显示卡开发的图形文件格式，创建时期较早，最高色彩数可达 32 位。VDA、PIX、WIN、BPX、ICB 等均属其旁系。

（14）PCD（Photo CD）：由 KODAK 公司开发，其他软件系统对其只能读取。

（15）MPT（Macintosh Paintbrush）或 MAC：Macintosh 机所使用的灰度图形（图像）模式，在 Macintosh Paintbrush 中使用，其分辨率只能是 720×567dpi。

（16）SWF（Flash）：Flash 是 Adobe 公司制定的一种应用于 Internet 的动画格式，它是以矢量图作为基本的图像存储形式的。

除此之外，Macintosh 机专用的图形（图像）格式还有 PNT、PICT、PICT2 等。

5.5　视频数据

动态图像，包括动画和视频信息，是连续渐变的静态图像或图形序列沿时间轴顺次更换显示，从而构成运动视感的媒体。当序列中每帧图像是由人工或计算机产生的图像时，常称为动画；当序列中每帧图像是通过实时摄取自然的景象或活动的对象时，常称为影像视频，或简称视频。

5.5.1　视频文件格式

视频信息在计算机中存放具体格式有很多，常见的有下列几种。

（1）Quicktime：是苹果的公司的产品，采用了面向最终用户桌面系统的低成本、全运动视频的方式，在软件压缩和解压缩中也开始采用这种方式。向量量化是 Quicktime 的软件压缩技术之一，它在最高为 30 帧/秒下提供的视频分辨率是 320×240dpi，而且不用硬件帮助。向量量化预计可成为全运动视频的主要技术，向量量化方法达到的压缩比例为 25:1~200:1。其视频信息文件采用.mov 或.qt 作为扩展名。

（2）AVI（Audio Video Interleaved，音频视频交错格式）：是微软公司的视频格式，可在 160×120 的视窗中以 15 帧/秒回收视频并可带有 8 位的声音。也可以在 VGA 或超级 VGA 监视器上回收。与超过 320 线的 VCR（Video Cassette Recorder，盒式磁带录像机）分辨率相比，这一分辨率明显低于正常电视信号的分辨率。AVI 很重要的一个特点是可伸缩性，使用 AVI 算法的性能依赖于它一起使用的基础硬件。AVI 包括了几种基于软件的压缩和解压缩算法，其中某些算法被优化用于运动视频，其他算法则被优化用于静止视频。

（3）RealMedia：是 RealNetworks 公司所制定的音频/视频压缩规范，采用了流的方式播放，使用户可以边下载边播放，而且其极高的影像压缩率虽然牺牲了一些画质与音质，但却能在较慢的网速上流畅地播放 RealMedia 格式的音乐和视频。RealMedia 是目前 Internet 上最流行的跨平台的客户/服务器结构多媒体应用标准，其采用音频/视频流和同步回放技术实现了网上全带宽的多媒体回放。在 RealMedia 规范中主要包括三类文件：RealAudio（用以传输接近 CD 音质的音频数据）、RealVideo（用来传输连续视频数据）和 RealFlash（RealNetworks 公司与 Macromedia 公司合作推出的新一代高压缩比动画格式）。其文件扩展名通常为.ra 或.rm。

（4）ASF（Advanced Streaming Format，高级流格式）：是微软公司的文件压缩格式，由于它使用了 MPEG-4 的压缩算法，所以压缩率和图像的质量都很不错。因为 ASF 是以一个可以在网上即时观赏的视频流格式存在的，所以它的图像质量比 VCD 差，但比同是视频流格式的 RealMedia 格式要好。

（5）WMV（Windows Media Video，Windows 媒体视频）：是一种独立于编码方式的在 Internet 上实时传播多媒体的技术标准。主要优点包括本地或网络回放、可扩充的媒体类型、部件下载、可伸缩的媒体类型、流的优先级化、多语言支持、环境独立性、丰富的流间关系以及扩展性等。

5.5.2 流媒体

“流”是近年在 Internet 上出现的新概念，其定义非常广泛，主要指通过网络传输多媒体数据的技术总称。流媒体包含广义和狭义两种内涵：广义上的流媒体指的是使音频和视频形成稳定和连续的传输流和回放流的一系列技术、方法和协议的总称，即流媒体技术；狭义上的流媒体是相对于传统的下载-回放方式而言的，指的是一种从 Internet 上获取音频和视频等多媒体数据的新方法，它能够支持多媒体数据流的实时传输和实时播放。通过运用流媒体技术，服务器能够向客户机发送稳定和连续的多媒体数据流，客户机在接收数据的同时以一个稳定的速率回放，而不用等数据全部下载完之后再进行回放。

目前实现流媒体传输主要有两种方法：顺序流传输和实时流传输，它们分别适合不同的应用场合。

（1）顺序流传输。顺序流传输采用顺序下载的方式进行传输，在下载的同时用户可以在线回放多媒体数据，但给定时刻只能观看已经下载的部分，不能跳到尚未下载的部分，也不能在传输期间根据网络状况对下载速度进行调整。由于标准的 HTTP 服务器就可以发送这种形式的流媒体，而不需要其他特殊协议的支持，因此也常常被称作 HTTP 流式传输。顺序流式传输比较适合高质量的多媒体片段，如片头、片尾或者广告等。

（2）实时流传输。实时流式传输保证媒体信号带宽能够与当前网络状况相匹配，从而使得流媒体数据总是被实时地传送，因此特别适合现场事件。实时流传输支持随机访问，即用户可以通过快进或者后退操作来观看前面或者后面的内容。从理论上讲，实时流媒体一经播放就不会停顿，但事实上仍有可能发生周期性的暂停现象，尤其是在网络状况恶化时更是如此。与顺序流传输不同的是实时流传输需要用到特定的流媒体服务器，而且还需要特定网络协议的支持。

在流媒体传输中，使用的主要协议如下：

（1）PNA（Progressive Networks Audio，顺序网络音频）：Real 专用的实时传输协议，它一般采用 UDP 协议，并占用 7070 号端口，但当服务器在防火墙内且 7070 号端口被挡，服务器把 SmartingNetwork 设为真时，则采用 HTTP 协议，并占用默认的 80 号端口。

（2）MMS（Microsoft Media Server Protocol，微软的流媒体服务器协议）：连接 Windows Media 单播服务的默认方法。

（3）RTP（Real-time Transport Protocol，实时传输协议）：在 Internet 上处理多媒体数据流的一种网络协议，利用它能够在单播或者多播的网络环境中实现流媒体数据的实时传输。RTP 通常使用 UDP 来进行多媒体数据的传输，但如果需要的话可以使用 TCP 或者 ATM 等其他协议，整个 RTP 协议由两个密切相关的部分组成：RTP 数据协议和 RTP 控制协议。

（4）RTCP（Real-time Transport Control Protocol，实时传输控制协议）：需要与 RTP 数据协议配合使用，当应用程序启动一个 RTP 会话时将同时占用两个端口，分别供 RTP 和 RTCP 使用。RTP 本身并不能为按序传输数据包提供可靠的保证，也不提供流量控制和拥塞控制，这些都由 RTCP 来负责完成。通常 RTCP 会采用与 RTP 相同的分发机制，向会话中的所有成员周期性地发送控制信息，应用程序通过接收这些数据，从中获取会话参与者的相关资料，以及网络状况、分组丢失概率等反馈信息，从而能够对服务质量进行控制或者对网络状况进行诊断。

（5）RTSP（Real Time Streaming Protocol，实时流协议）：位于 RTP 和 RTCP 之上，其目的是希望通过 IP 网络有效地传输多媒体数据。作为一个应用层协议，RTSP 提供了一个可供扩展的框架，它的意义在于使得实时流媒体数据的受控和点播变得可能。RTSP 主要用来控制具有实时特性的数据发送，但它本身并不传输数据，而必须依赖于下层传输协议所提供的某些服务。RTSP 可以对流媒体提供诸如播放、暂停、快进等操作，它负责定义具体的控制消息、操作方法、状态码等，此外还描述了与 RTP 间的交互操作。

5.6　例题分析

为了帮助考生了解在实际考试中的多媒体知识试题的题型，本节分析 6 道典型的试题。

例题 1

在多媒体数据库中，基于内容检索的架构可分为__(1)__两个子系统。基于内容检索要解决的关键技术是__(2)__。

（1）A．多媒体数据管理和调度　　B．用户访问和数据库管理
　　C．特征提取和查询　　D．多媒体数据查询和用户访问

（2）A．多媒体特征提取和匹配技术、相似检索技术

B．多媒体数据库的管理技术、查询技术

C．多媒体数据库的管理技术、相似检索技术

D．多媒体特征提取和匹配技术、多媒体数据库的管理技术

例题 1 分析

多媒体数据库基于内容检索系统的工作原理概述如下：

基于内容的检索作为一种信息检索技术，接入或嵌入到其他多媒体系统中，提供基于多媒体数据库的检索架构。基于内容检索系统分为两个子系统，分别为特征抽取子系统和查询子系统。系统包括如下功能模块：

（1）目标识别：为用户提供自动或半自动识别静态图像、视频、镜头的代表帧，是用户感兴趣的内容或区域。视频序列图像动态目标，对目标进行特征抽取、查询，处理进行整体的或局部的内容检索，可采用全局特征或局部的特征。

（2）特征抽取：提取用户感兴趣的又适合于基于内容检索的特征。如颜色分布情况、颜色的组成情况、纹理结构、方向对称关系、轮廓形状大小。

（3）数据库：多媒体数据库，声、文、图；特征库，预处理特征；知识库，知识表达。

（4）查询接口：有 3 种输入方式：一是交互输入方式，二是模板选择输入方式，三是用户提交特征样板输入方式。多媒体特征组合功能和查询结果浏览。

（5）检索引擎：利用特征之间的距离函数来进行相似性检索。对于不同的特征用不同的相似性测度算法，检索引擎中系统有效的是相似性测度函数集。

（6）索引/过滤：通过索引和过滤达到快速搜索的目的。把全部的数据通过过滤器变成新的集合再用高维特征匹配来检索。

基于内容检索的工作过程包括以下几个步骤：

（1）提交查询要求：利用系统人机交互界面输入方式形成一个查询主条件。

（2）相似性匹配：将查询特征与数据库中的特征按一定的匹配算法进行匹配。

（3）返回候选结果：满足一定相似性的一组候选结果按相似度大小排列返回给用户。

（4）特征调整：对系统返回的一组初始特征的查询结果，用户通过浏览选择满意的结果，或进行特征调整，形成新的查询，直到查询结果满意为止。

基于内容的检索突破了传统的基于文本检索技术的局限，直接对图像、视频、音频内容进行分析，抽取特征和语义，利用这些内容特征建立索引并进行检索。在这一检索过程中，它主要以图像处理、模式识别、计算机视觉、图像理解等学科中的一些方法为部分基础技术，是多种技术的合成。

基于内容的多媒体检索是一个新兴的研究领域，在国内外仍处于研究、探索阶段，因此在基于内容的检索领域中仍然存在许多问题。这些问题主要包括多媒体特征的描述和特征的自动提取、多媒体的同步技术、匹配和结构的选择问题，以及按多相似性特征

为基础的索引、查询和检索等。

例题 1 答案

（1）C　　　（2）A

例题 2

传输一幅分辨率为 640×480，6.5 万色的照片（图像），假设采用数据传输速度为 56Kbps.大约需要_____秒钟。

（3）A．34.82　　B．42.86　　C．85.71　　D．87.77

例题 2 分析

已知照片的分辨率为 640×480dpi，即由 307 200 个点组成。每个点为 6.5 万色，即每个点需要 16 位来表示颜色（2^{16}=65536）。因此，该照片的总容量为 307200×16=4915200 位。采用数据传输速度为 56kbps，即 56000 位/秒（注意，传输速度中的 k 代表 1000），所以，大约需要 4915200/56000≈87.77 秒钟。

例题 2 答案

D

例题 3

JPEG 标准中定义了有失真的静态图像编码方案，其中的失真主要产生于_____编码步骤。

A．DCT 变换　　B．RLE　　C．熵编码　　D．变换系数量化

例题 3 分析

JPEG 标准实际上有 3 个范畴：

（1）基本顺序过程：实现有损图像压缩，重建图像质量达到人眼难以观察出来的要求。采用的是 8×8 像素自适应 DCT 算法、量化及 Huffman 型的编码器。

（2）基于 DCT 的扩展过程：使用累进工作方式，采用自适应算术编码过程。

（3）无失真过程：采用预测编码及 Huffman 编码（或算术编码），可保证重建图像数据与原始图像数据完全相同。

其中的基本顺序过程是 JPEG 最基本的压缩过程，符合 JPEG 标准的硬软件编码/解码器都必须支持和实现这个过程。另两个过程是可选扩展，对一些特定的应用项目有很大的实用价值。

基本 JPEG 算法操作可分成以下 3 个步骤：通过 DCT 去除数据冗余；使用量化表对以 DCT 系数进行量化，量化表是根据人类视觉系统和压缩图像类型的特点进行优化的量化系数矩阵；对量化后的 DCT 系数进行编码使其熵达到最小，熵编码采用 Huffman 可变字长编码。

（1）离散余弦变换：JPEG 采用 8×8 子块的二维离散余弦变换算法。在编码器的输入端，把原始图像（对彩色图像是每个颜色成分）顺序地分割成一系列 8×8 的子块。在 8×8 图像块中，像素值一般变化较平缓，因此具有较低的空间频率。

（2）量化：为了达到压缩数据的目的，对 DCT 系数需作量化处理。量化的作用是在保持一定质量前提下，丢弃图像中对视觉效果影响不大的信息。量化是多对一映射，是造成 DCT 编码信息损失的根源。

（3）行程长度编码（RLE）：64 个变换系数经量化后，左上角系数是直流分量（DC 系数），即空间域中 64 个图像采样值的均值。相邻 8×8 块之间的 DC 系数一般有很强的相关性，JPEG 标准对 DC 系数采用 DPCM 编码方法，其余 63 个交流分量（AC 系数）使用 RLE 编码，从左上角开始沿对角线方向，以 Z 字形（Zig-Zag）进行扫描直至结束。量化后的 AC 系数通常会有许多零值，以 Z 字形路径进行游程编码有效地增加了连续出现的零值个数。

（4）熵编码：为了进一步压缩数据，对 DC 码和 AC 行程编码的码字再作基于统计特性的熵编码。JPEG 标准建议使用的熵编码方法有 Huffman 编码和自适应二进制算术编码。

例题 3 答案

D

例题 4

电话话音编码使用的信号采样频率为 8kHz，是因为_____。

A．电话线的带宽只有 8kHz　　B．大部分人的话音频率不超过 4kHz

C．受电话机的话音采样处理速度的限制　　D．大部分人的话音频率不超过 8kHz

例题 4 分析

在数字通信中，根据采样定理，最小采样频率为语音信号最高频率的 2 倍。正常人耳听觉的声音频率范围大约在 20Hz～20kHz 之间，人的语音频率大概在 300Hz～3.4kHz 之间，所以电话话音编码使用的信号采样频率为 8kHz。

例题 4 答案

B

例题 5

多媒体数据量巨大，为了在有限的信道中并行开通更多业务，应该对多媒体数据进行_____压缩。

A．时间域　　B．频率域　　C．空间域　　D．能量域

例题 5 分析

数据压缩就是在一定的精度损失条件下，以最少的数据量表示信源所发出的信号。多媒体信源引起了“数据爆炸”，如果不进行数据压缩，传输和存储都难以实用化。

时间域压缩可以迅速传输媒体信源，频率域压缩可以并行开通更多业务，空间域压缩可以降低存储费用，能量域压缩可以降低发射功率。

例题 5 答案

B

第 6 章　系统性能评价

系统性能是一个系统提供给用户的众多性能指标的混合体，它既包括硬件性能，也包括网络性能和软件性能。根据考试大纲，本章要求考生掌握以下知识点：

（1）性能计算（响应时间、吞吐量、TAT）。

（2）性能设计（系统调整、Amdahl 解决方案、响应特性、负载均衡）。

（3）性能指标（SPEC-Int、SPEC-Fp、TPC、Gibsonmix、响应时间）。

（4）性能评估。

6.1　系统性能计算

计算机系统性能指标以系统响应时间、作业吞吐量为代表。考试大纲中还规定考查故障响应时间，故障响应时间是指从出现故障到该故障得到确认修复前的这段时间。该指标一般是用来反映服务水平的。显然，平均故障响应时间越短，对用户系统的影响越小。我们将在第 14 章详细介绍相关知识。

性能指标计算的主要方法有定义法、公式法、程序检测法和仪器检测法。定义法主要根据其定义直接获取其理想数据，公式法则一般适用于根据基本定义所衍生出的复合性能指标的计算，而程序检测法和仪器检测法则是通过实际的测试来得到其实际值（由于测试的环境和条件不定，其结果也可能相差比较大）。

6.1.1　响应时间

系统响应时间是指用户发出完整请求到系统完成任务给出响应的时间间隔。处于系统中不同的角色的人，对响应时间的关注点是不一样的。从系统管理员的角度来看，系统响应时间指的是服务器收到请求的时刻开始计时，到服务器完成执行请求，并将请求的信息返回给用户这一段时间的间隔。这个“服务器”包含的范围是给用户提供服务的接口服务器，中间的一些业务处理的服务器和排在最后面的数据库服务器。这里并不包含请求和响应在网络上的通信时间。

从用户的角度来看，响应时间是用户发出请求开始计时（如按下“回车”键的时刻），到用户的请求的相应结果展现在用户机器的屏幕的时候的这一段时间的间隔。这个时间称为“客户端的响应时间”，它等于客户端的请求队列加上服务器的响应时间和网络的响应时间的总和。可以看出，从用户角色感受的“响应时间”是所有响应时间中最长的，很多影响因素不在应用系统的范围内，如数据包在网络上的传输时间、域名解析时间等。

响应时间超出预期太多的应用系统会导致用户的反感，因为系统在让他们等待，这样会降低他们的工作效率，延长他们的工作时间。位于互联网上的Web网站也存在同样的问题，有调查表明，如果一个Web网页不能在8秒钟内下载到访问的用户端，访问者就会失去耐性，他们有的尝试其他同类型的网站，有的可能访问竞争者的网站，并且可能影响他们圈子里面的人访问这个网站的兴趣和取向。对于一个指望这些访问者变为客户的网站站点而言，响应时间带来的后果等同于销售额的损失。

系统的响应时间对每个用户来说都是不一样的，以下因素会影响系统的平均响应时间：

（1）和业务相关，处理不同的业务会有不同的响应时间。

（2）和业务组合有关，业务之间可能存在依赖关系或其他，也会相互影响。

（3）和用户的数量有关，大的并发操作会严重影响响应时间。

有多种方法可以用来测试响应时间，常用的有两种方法，分别是首字节响应时间和末字节响应时间。首字节响应时间是指向服务器发送请求与接收到响应的第一个字节之间的时间，末字节响应时间是指向服务器发送请求与接收到响应的最后一个字节之间的时间。通过测量响应时间，可以知道所有客户端用户完成一笔业务所用的时间以及平均时间、最大时间。

米勒曾经给出了3个经典的有关响应时间的建议，至今仍有参加价值：

（1）0.1秒：用户感觉不到任何延迟。

（2）1秒：用户愿意接受的系统立即响应的时间极限。即当执行一项任务的有效反馈时间在0.1～1秒之内时，用户是愿意接受的。超过此数据值，则意味着用户会感觉到有延迟，但只要不超过10秒，用户还是可以接受的。

（3）10秒：用户保持注意力执行本次任务的极限，如果超过此数值时仍然得不到有效的反馈，用户会在等待计算机完成当前操作时转向其他的任务。

6.1.2 吞吐量

吞吐量就是在给定的时间内，系统的吞入能力与吐出能力是多少。这里的“系统”可以是整个计算机系统，也可以是某个设备。例如，计算机的吞吐量是指流入、处理和流出系统的信息的速率，它取决于信息能够多快地输入内存，CPU能够多快地取指令，数据能够多快地从内存取出或存入，以及所得结果能够多快地从内存送给一台外围设备。这些步骤中的每一步都关系到内存，因此，计算机的吞吐量主要取决于内存的存取周期。

希赛教育专家提示：在实际应用中，用户所关心的往往不但是计算机硬件系统的吞吐量，而是整个计算机系统（包括硬件和软件）的吞吐量。从系统角度来看，吞吐量是指单位时间内系统所能完成的任务数量。显然，若一个给定系统持续地收到用户提交的任务请求，则系统的响应时间将对作业吞吐量造成一定影响。若每个任务的响应时间越短，则系统的空闲资源越多，整个系统在单位时间内完成的任务量将越大；反之，若响应时间越长，则系统的空闲资源越少，整个系统在单位时间内完成的任务量将越少。

从现实的请求与服务来看，一般都服从 M/M/1 排队模型。M/M/1 排队模型是指顾客到达时间间隔服从指数分布，则顾客到达过程为泊松分布，接受完服务的顾客和到达的顾客相互独立，服务时间分布为指数分布。且顾客的到达和服务都是随机的，服务台为一个，排队空间无限。

下面是性能计算中的两个公式：

$$\text{平均利用率}\rho=\frac{\text{平均到达事务数}}{\text{平均处理事务数}}, \quad \text{平均响应时间}=\frac{\text{平均处理时间}}{1-\rho}$$

例如，假设某计算机系统的用户在 1s 内发出 40 个服务请求，这些请求（为 M/M/1 队列）的时间间隔按指数分布，系统平均服务时间为 20ms。则该系统的吞吐量为 1000/20=50（1s=1000ms），系统的平均利用率为 40/50=0.8，系统的平均响应时间为 20/(1-0.8)=100ms。

6.2　系统性能设计

性能设计是系统设计过程的一个必备环节，在进行系统架构设计时，性能设计也非常重要。架构设计实际上是一种平衡设计，需要设计师在各种功能性需求和非功能性需求（性能需求）上做妥协选择。

6.2.1　系统调整

为了优化系统的性能，有时需要对系统进行调整，这种调整也称为性能调整，它是与性能管理相关的主要活动。当系统性能降到最基本的水平时，性能调整由查找和消除瓶颈组成，所谓瓶颈是指系统中的某个硬件或软件接近其容量限制时发生和显示出来的情况。

对于不同的系统，其调整参数也不尽相同。例如，对于数据库系统，主要包括 CPU/内存使用状况、优化数据库设计、优化 SQL 语句以及进程/线程状态、硬盘剩余空间、日志文件大小等；对于应用系统，主要包括应用系统的可用性、响应时间、并发用户数以及特定应用的系统资源占用等。

性能调整是一项循环进行的工作，包括收集、分析、配置和测试 4 个反复的步骤。在开始性能调整循环之前，必须做一些准备工作，为正在进行的性能调整活动建立框架。

（1）识别约束。约束（如可维护性）在寻求更高的性能方面是不可改变的因素，因此，在寻求提高性能的方法时，必须集中在不受约束的因素上。

（2）指定负载。确定系统的客户端需要哪些服务，以及对这些服务的需求程度。用于指定负载的最常用度量标准是客户端数目、客户端思考时间以及负载分布状况。其中客户端思考时间是指客户端接收到答复到提交新请求之间的时间间隔，负载分布状况包括稳定或波动负载、平均负载和峰值负载。

（3）设置性能目标。性能目标必须明确，包括识别用于调整的度量标准及其对应的基准值。总的系统吞吐量和响应时间是用于测量性能的两个常用度量标准。识别性能度量标准后，必须为每个度量标准建立可计量的、合理的基准值。

建立了性能调整的边界、约束和目标后，就可以开始进入调整循环了。

（1）收集。收集阶段是任何性能调整操作的起点。在此阶段，只使用为系统特定部分选择的性能计数器集合来收集数据。这些计数器可用于网络、服务器或后端数据库。不论调整的是系统的哪一部分，都需要根据基准测量来比较性能的改变。需要建立系统空闲以及系统执行特定任务时的系统行为模式。因此，可以使用第一次数据收集来建立系统行为值的基准集。基准建立在系统的行为令人满意时应该看到的典型计数器值。

（2）分析。收集了调整选定系统部分所需的性能数据后，需要对这些数据进行分析以确定瓶颈。性能数字仅具有指示性，它并不一定就可以确定实际的瓶颈在哪里，因为一个性能问题可能由多个原因所致。

（3）配置。收集了数据并完成结果分析后，可以确定系统的哪部分最适合进行配置更改，然后实现此更改。实现更改的最重要规则是：一次仅实现一个配置更改。看起来与单个组件相关的问题可能是由涉及多个组件的瓶颈导致的。因此，分别处理每个问题很重要。如果同时进行多个更改，将不可能准确地评定每次更改的影响。

（4）测试。实现了配置更改后，必须完成适当级别的测试，确定更改对调整的系统所产生的影响。如果性能提高到预期的水平（达到了预期的目标），这时便可以退出；否则，就必须重新进行调整循环。

6.2.2 阿姆达尔解决方案

阿姆达尔（Amdahl）定律是这样的：系统中对某部件采用某种更快执行方式，所获得的系统性能的改变程度，取决于这种方式被使用的频率，或所占总执行时间的比例。

阿姆达尔定律定义了采用特定部件所取得的加速比。假定我们使用某种增强部件，计算机的性能就会得到提高，那么加速比就是下式所定义的比率：

$$\text{加速比}=\frac{\text{不使用增强部件时完成整个任务的时间}}{\text{使用增强部件时完成整个任务的时间}}$$

加速比反映了使用增强部件后完成一个任务比不使用增强部件完成同一任务加快了多少。阿姆达尔定律为计算某些情况下的加速比提供了一种便捷的方法。加速比主要取决于两个因素：

（1）在原有的计算机上，能被改进并增强的部分在总执行时间中所占的比例。这个值我们称之为增强比例，它永远小于等于 1。

（2）通过增强的执行方式所取得的改进，即如果整个程序使用了增强的执行方式，那么这个任务的执行速度会有多少提高，这个值是在原来条件下程序的执行时间与使用增强功能后程序的执行时间之比。

原来的机器使用了增强功能后，执行时间等于未改进部分的执行时间加上改进部分的执行时间：

$$\text{新的执行时间} = \text{原来的执行时间} \times \left((1 - \text{增强比例}) + \frac{\text{增强比例}}{\text{增强加速比}} \right)$$

总的加速比等于两种执行时间之比：

$$\text{总加速比} = \frac{\text{原来的执行时间}}{\text{新的执行时间}} = \frac{1}{\left((1 - \text{增强比例}) + \frac{\text{增强比例}}{\text{增强加速比}} \right)}$$

6.2.3　负载均衡

负载均衡是由多台服务器以对称的方式组成一个服务器集合，每台服务器都具有等价的地位，都可以单独对外提供服务而无需其他服务器的辅助。通过某种负载分担技术，将外部发送来的请求均匀地分配到对称结构中的某一台服务器上，而接收到请求的服务器独立地回应客户的请求。

目前，比较常用的负载均衡技术主要有：

（1）基于 DNS 的负载均衡。在 DNS 中为多个地址配置同一个名字，因而查询这个名字的客户机将得到其中一个地址，从而使得不同的客户访问不同的服务器，达到负载均衡的目的。DNS 负载均衡是一种简单而有效的方法，但是它不能区分服务器的差异，也不能反映服务器的当前运行状态。

（2）代理服务器负载均衡。使用代理服务器，可以将请求转发给内部的服务器，使用这种加速模式可以提升静态网页的访问速度。然而，也可以考虑这样一种技术，使用代理服务器将请求均匀转发给多台服务器，从而达到负载均衡的目的。

（3）地址转换网关负载均衡。支持负载均衡的地址转换网关，可以将一个外部 IP 地址映射为多个内部 IP 地址，对每次 TCP 连接请求动态使用其中一个内部地址，达到负载均衡的目的。

（4）协议内部支持负载均衡。有的协议内部支持与负载均衡相关的功能，例如 HTTP 协议中的重定向能力等。

（5）NAT（Network Address Translation，网络地址转换）负载均衡。NAT 是将一个 IP 地址转换为另一个 IP 地址，一般用于未经注册的内部地址与合法的、已获注册的 IP 地址间进行转换。适用于解决 IP 地址紧张、不想让网络外部知道内部网络结构等的场合下。

（6）反向代理负载均衡。普通代理方式是代理内部网络用户访问 Internet 上服务器的连接请求，客户端必须指定代理服务器，并将本来要直接发送到 Internet 上服务器的连接请求发送给代理服务器处理。反向代理方式是指以代理服务器来接受 Internet 上的连接请求，然后将请求转发给内部网络上的服务器，并将从服务器上得到的结果返回给 Internet 上请求连接的客户端，此时代理服务器对外就表现为一个服务器。反向代理负载均衡技术是把将来自 Internet 上的连接请求以反向代理的方式动态地转发给内部网络上的多台服务器进行处理，从而达到负载均衡的目的。

（7）混合型负载均衡。在有些大型网络，由于多个服务器群内硬件设备、各自的规模、提供的服务等的差异，可以考虑给每个服务器群采用最合适的负载均衡方式，然后又在这多个服务器群间再一次负载均衡或集群起来以一个整体向外界提供服务（即把这多个服务器群当做一个新的服务器群），从而达到最佳的性能。这种方式称为混合型负载均衡，这种方式有时也用于单台均衡设备的性能不能满足大量连接请求的情况下。

6.3 系统性能评估

性能评估的常用方法有时钟频率法、指令执行速度法、等效指令速度法、数据处理速率法、综合理论性能法和基准程序法等。

1．时钟频率法

时钟频率（时钟脉冲，主频）是计算机的基本工作脉冲，它控制着计算机的工作节奏。因此，计算机的时钟频率在一定程度上反映了机器速度。显然，对同一种机型的计算机，时钟频率越高，计算机的工作速度就越快。但是，由于不同的计算机硬件电路和器件的不完全相同，所以其所需要的时钟频率范围也不一定相同。相同频率、不同架构的机器，其速度和性能可能会相差很多倍。

时钟周期也称为振荡周期，定义为时钟频率的倒数。时钟周期是计算机中最基本的、最小的时间单位。在一个时钟周期内，CPU 仅完成一个最基本的动作。

在计算机中，为了便于管理，常把一条指令的执行过程划分为若干个阶段，每一个阶段完成一项工作。例如，取指令、存储器读、存储器写等，这每一项工作称为一个基本操作。完成一个基本操作所需要的时间称为机器周期。一般情况下，一个机器周期由若干个时钟周期组成。

指令周期是执行一条指令所需要的时间，一般由若干个机器周期组成。指令不同，所需的机器周期数也不同。对于一些简单的单字节指令，在取指令周期中，指令取出到指令寄存器后，立即译码执行，不再需要其他的机器周期。对于一些比较复杂的指令，例如转移指令、乘法指令，则需要两个或者两个以上的机器周期。

为了帮助读者搞清楚这些概念之间的关系，下面，我们通过一个例子来说明。

假设微机 A 和微机 B 采用同样的 CPU，微机 A 的主频为 20MHz，微机 B 为 60MHz。如果两个时钟周期组成一个机器周期，平均 3 个机器周期可完成一条指令，则：

（1）微机 A 的时钟周期为 1/(20MHz)=50ns。因为“2 个时钟周期组成 1 个机器周期”，则一个机器周期为 2×50ns=100ns。“平均 3 个机器周期可完成 1 条指令”，则平均指令周期为 3×100ns=300ns。也就是说，指令平均执行速度为 1/(300ns)≈3.33MIPS（Million Instructions Per Second，每秒百万条指令数）。

（2）因为微机 B 的主频为 60MHz，是微机 A 主频的 60/20=3 倍，所以，微机 B 的平均指令执行速度应该比微机 A 的快 5 倍，即微机 B 的指令平均执行速度为 3.33×3≈10MIPS。

2．指令执行速度法

在计算机发展的初期，曾用加法指令的运算速度来衡量计算机的速度，速度是计算机的主要性能指标之一。因为加法指令的运算速度大体上可反映出乘法、除法等其他算术运算的速度，而且逻辑运算、转移指令等简单指令的执行时间往往设计成与加法指令相同，因此加法指令的运算速度有一定代表性。

表示机器运算速度的单位是 MIPS。常用的有峰值 MIPS、基准程序 MIPS 和以特定系统为基准的 MIPS。MFLOPS（Million Floating-point Operations Per Second，每秒百万浮点操作次数）表示每秒百万次浮点运算速度，衡量计算机的科学计算速度，常用的有峰值 MFLOPS 和以基准程序测得的 MFLOPS。

MFLOPS 可用于比较和评价在同一系统上求解同一问题的不同算法的性能，还可用于在同一源程序、同一编译器以及相同的优化措施、同样运行环境下以不同系统测试浮点运算速度。由于实际程序中各种操作所占比例不同，因此测得的 MFLOPS 也不相同。MFLOPS 值没有考虑运算部件与存储器、I/O 系统等速度之间相互协调等因素，所以只能说明在特定条件下的浮点运算速度。

3．等效指令速度法

等效指令速度法也称为吉普森混合法（Gibsonmix）或混合比例计算法。等效指令速度法是通过各类指令在程序中所占的比例（W_i）进行计算得到的。若各类指令的执行时间为 t_i，则等效指令的执行时间

$$T=\sum_{i=1}^{n} W_i t_i$$

式中 n 为指令类型数。

希赛教育专家提示：采用等效指令速度法对某些程序来说可能严重偏离实际，尤其是对复杂的指令集，其中某些指令的执行时间是不固定的，数据的长度、Cache（高速缓冲存储器）的命中率、流水线的效率等都会影响计算机的运算速度。

4．数据处理速率法

因为在不同程序中，各类指令使用频率是不同的，所以固定比例方法存在着很大的局限性，而且数据长度与指令功能的强弱对解题的速度影响极大。同时，这种方法也不能反映现代计算机中 Cache、流水线、交叉存储等结构的影响。具有这种结构的计算机的性能不仅与指令的执行频率有关，而且也与指令的执行顺序与地址的分布有关。

数据处理速率法（Processing Data Rate，PDR）法采用计算 PDR 值的方法来衡量机器性能，PDR 值越大，机器性能越好。PDR 与每条指令和每个操作数的平均位数以及每条指令的平均运算速度有关，其计算方法如下：

$$PDR=L/R$$

其中：$L=0.85G+0.15H+0.4J+0.15K$，$R=0.85M+0.09N+0.06P$。式中 G 是每条定点指令的位数，M 是平均定点加法时间，H 是每条浮点指令的位数，N 是平均浮点加法时间，J 是定点操作数的位数，P 是平均浮点乘法时间，K 是浮点操作数的位数。

此外，还作了如下规定：$G>20$ 位，$H>30$ 位；从内存取一条指令的时间等于取一个字的时间；指令与操作存放在内存，无变址或间址操作；允许有并行或先行取指令功能，此时选择平均取指令时间。PDR 值主要对 CPU 和内存储器的速度进行度量，但不适合衡量机器的整体速度，因为它没有涉及 Cache、多功能部件等技术对性能的影响。

PDR 主要是对 CPU 和内存数据处理速度进行计算而得出的，它允许并行处理和指令预取的功能，这时，所取的是指令执行的平均时间。带有 Cache 的计算机，因为存取速度加快，其 PDR 值也就相应提高。PDR 不能全面反映计算机的性能，但它曾是美国及巴黎统筹委员会用来限制计算机出口的系统性能指标估算方法。1991 年 9 月停止使用 PDR，取而代之的是 CTP（Composite Theoretical Performance，综合理论性能）。

5．综合理论性能法

CTP 是美国政府为限制较高性能计算机出口所设置的运算部件综合性能估算方法。CTP 以每秒百万次理论运算 MTOPS 表示。CTP 的估算方法为首先算出处理部件每一计算单元（如定点加法单元、定点乘法单元、浮点加单元、浮点乘法单元）的有效计算率 R，再按不同字长加以调整，得出该计算单元的理论性能 TP，所有组成该处理部件的计算单元 TP 的总和即为综合理论性能 CTP。

6．基准程序法

上述性能评价方法主要是针对 CPU（有时包括内存），但没有考虑诸如 I/O 结构、操作系统、编译程序的效率等对系统性能的影响，因此难以准确评价计算机的实际工作能力。

基准程序法（benchmark）是目前测试性能的较好方法，有多种多样的基准程序，如主要测试整数性能的基准程序逻辑、测试浮点性能的基准程序等。

（1）Khrystone 基准程序。Khrystone 是一个综合性的整数基准测试程序，它是为了测试编译器和 CPU 处理整数指令和控制功能的有效性，人为地选择一些典型指令综合起来形成的测试程序。Khrystone 基准程序用 100 条 C 语言语句编写而成，这种基准程序当今很少使用。

（2）Linpack 基准程序。Linpack 基准程序是一个用 Fortran 语言写成的子程序软件包，称为基本线性代数子程序包，此程序完成的主要操作是浮点加法和浮点乘法操作。测量计算机系统的 Linpack 性能时，让机器运行 Linpack 程序，测量运行时间，将结果用 MFLOPS 表示。

（3）Whetstone 基准程序。Whetstone 是用 Fortran 语言编写的综合性测试程序，主要由执行浮点运算、功能调用、数组变址、条件转移和超越函数的程序组成。Whetstone 的测试结果用 Kwips 表示，1 Kwips 表示机器每秒钟能执行 1000 条 Whetstone 指令。这种基准程序当今已很少使用。

（4）SPEC（System Peformance Evaluation Cooperative，系统性能评估机构）基准程序。SPEC 对计算机性能的测试有两种方法：一种是测试计算机完成单个任务有多快，称为速度测试；另一种是测试计算机在一定时间内能完成多少个任务，称为吞吐率测试。SPEC 的两种测试方法又分为基本的和非基本的两类。基本的是指在编译程序的过程中严格限制所用的优化选项；非基本的是可以使用不同的编译器和编译选项以得到最好地性能，这就使得测试结果的可比性降低。SPEC CPU2000 基准程序测试了 CPU、存储器系统和编译器的性能。SPEC 基准程序测试结果一般以 SPECmark（SPEC 分数）、SPECint（SPEC 整数）和 SPECfp（SPEC 浮点数）来表示。其中 SPEC 分数是 10 个程序的几何平均值。

（5）TPC（Transaction Processing Council，事务处理委员会）基准程序。TPC 用来评测计算机在事务处理、数据库处理、企业管理与决策支持系统等方面的性能。该基准程序的评测结果用每秒完成的事务处理数 TPC 来表示。TPC-A 基准程序规范用于评价在联机事务处理（OLTP）环境下的数据库和硬件的性能，不同系统之间用性能价格比进行比较；TPC-B 测试的是不包括网络的纯事务处理量，用于模拟企业计算环境；TPC-C 测试的是联机订货系统；TPC-D、TPC-H 和 TPC-R 测试的都是决策支持系统；TPC-W 是基于 Web 商业的测试标准，用来表示一些通过 Internet 进行市场服务和销售的商业行为，所以 TPC-W 可以看作是一个服务器的测试标准。

6.4　例题分析

为了帮助考生了解在实际考试中，有关系统配置与性能评价方面的试题题型，本节分析 5 道典型的试题。

例题 1

以下关于基准测试的叙述中，正确的是______。

A．运行某些诊断程序，加大负载，检查哪个设备会发生故障

B．验证程序模块之间的接口是否正常起作用

C．运行一个标准程序对多种计算机系统进行检查，以比较和评价它们的性能

D．根据程序的内部结构和内部逻辑，评价程序是否正确

例题 1 分析

本题考查计算机性能评价相关知识。

各种类型的计算机都具有自己的性能指标，计算机厂商当然希望自己研制的计算机有较高的性能。同样的计算机，如果采用不同的评价方法，所获得的性能指标也会不同。因此，用户希望能有一些公正的机构采用公认的评价方法来测试计算机的性能。这样的测试称为基准测试，基准测试采用的测试程序称为基准程序（Benchmark）。基准程序就是公认的标准程序，用它能测试多种计算机系统，比较和评价它们的性能，定期公布测试结果，供用户选购计算机时参考。

对计算机进行负载测试就是运行某种诊断程序，加大负载，检查哪个设备会发生故障。

在程序模块测试后进行的集成测试，主要测试各模块之间的接口是否正常起作用。

白盒测试就是根据程序内部结构和内部逻辑，测试其功能是否正确。

例题 1 答案

C

例题 2

以下关于计算机性能改进的叙述中，正确的是______。

A．如果某计算机系统的 CPU 利用率已经达到 100%，则该系统不可能再进行性能改进

B．使用虚存的计算机系统如果主存太小，则页面交换的频率将增加，CPU 的使用效率就会降低，因此应当增加更多的内存

C．如果磁盘存取速度低，引起排队，此时应安装更快的 CPU，以提高性能

D．多处理机的性能正比于 CPU 的数目，增加 CPU 是改进性能的主要途径

例题 2 分析

本题考查计算机性能优化相关知识。

计算机运行一段时间后，经常由于应用业务的扩展，发现计算机的性能需要改进。

计算机性能改进应针对出现的问题，找出问题的瓶颈，再寻求适当的解决方法。

计算机的性能包括的面很广，不单是 CPU 的利用率。即使 CPU 的利用率已经接近 100%，也只说明目前计算机正在运行大型计算任务。其他方面的任务可能被外设阻塞着，而改进外设成为当前必须解决的瓶颈问题。

如果磁盘存取速度低，则应增加新的磁盘或更换使用更先进的磁盘。安装更快的 CPU 不能解决磁盘存取速度问题。

多处理机的性能并不能正比于 CPU 的数目，因为各个 CPU 之间需要协调，需要花费一定的开销。

使用虚存的计算机系统如果主存太小，则主存与磁盘之间交换页面的频率将增加，业务处理效率就会降低，此时应当增加更多的内存。这就是说，除 CPU 主频外，内存大小对计算机实际运行的处理速度也密切相关。

例题 2 答案

B

例题 3

假设单个 CPU 的性能为 1，则由 n 个这种 CPU 组成的多处理机系统的性能 P 为：

$$p=\frac{n}{1+(n-1)a}$$

其中，a 是一个表示开销的常数。例如，a=0.1，n=4 时，P 约为 3。也就是说，由 4 个这种 CPU 组成的多机系统的性能约为 3。该公式表明，多机系统的性能有一个上限，不管 n 如何增加，P 都不会超过某个值。当 a=0.1 时，这个上限是______。

A．5　　B．10　　C．15　　D．20

例题 3 分析

本题考查的是数学方面的知识。实际上就是求 a=0.1 时，n 趋向于无穷大，P 的值。

下面是不涉及复杂的数学理论的简单分析：

首先可以将 $p=\frac{n}{1+(n-1)a}$ 转化为：

$$P=n/(1+an-a)=n/(0.9+0.1n)$$

由于当 n 趋向于无穷大时，常数 0.9 可以忽略不计，即：P=n/0.1n=10。所以上限应为：10。

例题 3 答案

（3）B

例题 4

随着业务的增长，信息系统的访问量和数据流量快速增加，采用负载均衡（Load Balance）方法可避免由此导致的系统性能下降甚至崩溃。以下关于负载均衡的叙述中，错误的是______。

A．负载均衡通常由服务器端安装的附加软件来实现

B．负载均衡并不会增加系统的吞吐量

C．负载均衡可在不同地理位置、不同网络结构的服务器群之间进行

D．负载均衡可使用户只通过一个 IP 地址或域名就能访问相应的服务器

例题 4 分析

负载均衡（LoadBalance）建立在现有网络结构之上，它提供了一种廉价、有效、透明的方法，来扩展网络设备和服务器的带宽、增加吞吐量、加强网络数据处理能力、提高网络的灵活性和可用性。

负载均衡有两方面的含义：一是，大量的并发访问或数据流量分担到多台结点设备上分别处理，减少用户等待响应的时间；二是，单个重负载的运算分担到多台结点设备上做并行处理，每个结点设备处理结束后，将结果汇总，返回给用户，系统处理能力得

到大幅度提高。

例题4答案

B

例题5

峰值 MIPS（每秒百万次指令数）用来描述计算机的定点运算速度，通过对计算机指令集中基本指令的执行速度计算得到。假设某计算机中基本指令的执行需要5个机器周期，每个机器周期为3微秒，则该计算机的定点运算速度为______MIPS。

A．8　　B．15　　C．0.125　　D．0.067

例题5分析

本题考查计算机性能评价相关知识。

由于题目中提到“计算机中基本指令的执行需要5个机器周期”且“每个机器周期为3微秒”，所以1条基本指令的执行时间为15微秒。所以1秒钟能完成的指令数为：$1\times1000\times1000/15=66666$。即0.067MIPS。

例题5答案

D

第7章　信息系统基础知识

根据考试大纲，本章要求考生掌握以下几个方面的知识点：

（1）信息系统工程总体规划：包括总体规划目标、范围；总体规划的方法论；信息系统的组成、实现。

（2）政府信息化与电子政务：包括电子政务的概念、内容、技术形式；中国政府信息化的策略和历程；电子政务建设的过程模式和技术模式。

（3）企业信息化与电子商务：包括企业信息化的概念、目的、规划、方法；企业资源计划的主要模块和主要算法，企业业务流程重组，客户关系管理、产品数据管理在企业的应用；知识管理；企业应用集成，全程供应链管理的思想；商业智能；电子商务的类型、标准。

（4）信息资源管理。

（5）国际和国内有关信息化的标准、法律和规定。

本章介绍前4个知识点，有关法律和规定知识，将在第16章（法律法规）介绍；有关标准化知识，将在第17章（标准化知识）介绍。

7.1　信息的定义

香农在《通信的数学理论》一文中对“信息”的理解是“不确定性的减少”，由此引申出信息的一个定义：“信息是系统有序程度的度量”，该定义给出了信息的定量描述，并确定了信息量的单位为比特。一比特的信息量，在变异度为2的最简单情况下，就是能消除非此即彼的不确定性所需要的信息量。香农把热力学中的熵引入信息论。在热力学中，熵是系统无序程度的度量，而信息与熵正好相反，信息是系统有序程度的度量，因而，表现为负熵。它的计算公式如下：

$$H(x) = -\sum_{i=1}^{n} P(x_i)\log_2 P(x_i)$$

式中 x_i 代表 n 个状态中的第 i 个状态，$P(x_i)$ 代表出现第 i 个状态的概率，$H(x)$ 代表用以消除系统不确定性所需的信息量，即以比特为单位的负熵。

乌家培把信息的定义分解为3个层次：

（1）语法或结构形式层次，反映信息的确定度。

（2）语义或逻辑内容层次，反映信息的真实度。

（3）语用或实用价值层次，反映信息的效用度。

对信息的量的研究，与第一个层次有关，构成经典信息论的内容；对信息本质的研究，与第二、第三两个层次有关，构成现代信息论的内容。

人们通过深入研究，发现信息的特征有：

（1）客观性。信息是客观事物在人脑中的反映。而反映的对象则有主观和客观的区别，因而，信息可分为主观信息（如决策、指令、计划等）和客观信息（如国际形势、经济发展等信息）。

（2）普遍性。物质的普遍性决定了信息的普遍存在，因而信息无所不在。

（3）无限性。客观世界是无限的，反映客观世界的信息自然也是无限的。

（4）动态性。信息是随着时间的变化而变化，因而是动态的。

（5）依附性。信息是客观世界的反映，因而要依附于一定的载体而存在，需要有物质的承担者。信息不能完全脱离物质而独立存在。

（6）变换性。信息通过处理可以实现变换或转换，使其形式和内容发生变化，以适应特定的需要。

（7）传递性。信息在时间上的传递就是存储，在空间上的传递就是转移或扩散。

（8）层次性。客观世界是分层次的，反映它的信息也是分层次的。

（9）系统性。信息可以表示为一种集合，不同类别的信息可以形成不同的整体。因而，可以形成与现实世界相对应的信息系统。

（10）转化性。信息的产生不能没有物质，信息的传递不能没有能量，但有效地使用信息可以把信息转化为物质或能量。

7.2　信息系统

系统一词源于古希腊，是指由多个元素有机地结合在一起，执行特定的功能以达到特定目标的集合体。

7.2.1　系统的特性

系统一般具有如下的特性：

（1）整体性。系统是一个整体，元素是为了达到一定的目的，按照一定的原则，有序地排列起来组成系统，从而产生出系统的特定功能。

（2）层次性。系统是由多个元素组成的，系统和元素是相对的概念。元素是相对于它所处的系统而言的，系统是从它包含元素的角度来看的，如果研究问题的角度变一变，系统就成为更高一级系统的元素，也称作子系统。

（3）目的性。任何一个系统都有一定的目的或目标。

（4）稳定性。在外界作用下的开放系统有一定的自我稳定能力，能够在一定范围内自我调节，从而保持和恢复原来的有序状态、原有的结构和功能。

（5）突变性。系统通过失稳从一种状态进入另一种状态的一种剧烈变化过程，它是系统质变的一种基本形式。

（6）自组织性。开放系统在系统内外因素的作用下，自发组织起来，使系统从无序到有序，从低级有序到高级有序。

（7）相似性。系统具有同构和同态的性质，体现在系统结构、存在方式和演化过程具有共同性。系统具有相似性，根本原因在于世界的物质统一性。

（8）相关性。元素是可分的和相互联系的，组成系统的元素必须有明确的边界，可以与别的元素区分开来。另外，元素之间是相互联系的，不是哲学上所说的普遍联系那种联系，而是实实在在的、具体的联系。

（9）环境适应性。系统总处在一定环境中，与环境发生相互作用。系统和环境之间总是在发生着一定的物质和能量交换。

7.2.2　系统理论

系统论已经成为各行、各业、各界认识和研究事物的一种科学的思想方法和研究工具。那么它包括哪些核心理论呢？由于研究的视角不同，研究者背景不同等原因，系统论还没有形成一个统一的理论体系，还处在不停的演变发展过程中，综合各种研究成果，基本都包括以下 8 个基本理论：

（1）系统的整体性原理。系统的整体性原理是指，系统是由多个元素组成的，而且这些元素之间按一定的方式相互联系、相互作用产生了系统的整体性。凡系统都有整体的形态、整体的结构、整体的边界、整体的特性、整体的行为、整体的功能、整体的空间占有和时间展开。

（2）系统的整体突变原理。又称非加和原理。系统是由若干要素按一定方式相互联系形成的有机整体，从而产生出它的元素和元素的总和所没有的新性质。这种性质只能在系统中表现，不等于各个元素的性质和功能的简单相加。

（3）系统的层次性原理。由于系统组成元素在数量和质量以及结合方式等方面存在差异，使得系统组织在地位与作用、结构与功能上表现出等级秩序，形成具有质的差异的系统等级。

（4）系统的开放性原理。系统总是从普遍联系的客观世界中相对地划分出来的，与外部世界有着密切的联系，既有元素与外部的直接联系，也有系统整体与外部的联系，系统具有不断与外界环境交换物质、能量、信息的性质和功能。

（5）系统的目的性原理。系统与环境的相互作用中，在一定范围内其发展变化不受或少受条件变化的影响，坚持表现出某种趋向预先确定的状态的特性。

（6）系统环境互塑共生原理。系统对环境有两种相反的作用和输出，一种是积极的、有利的，称之为功能，另一种是消极的、不利的，称之为污染；环境对系统也有两种相反的作用和输入，一种是积极的，有利系统发展的资源；另一种是消极的，不利系统发展的压力。

（7）系统的秩序原理。系统的形成和发展全过程中都存在有序和无序两种形态特征，有序性是系统内部和内外之间有规则、确定的相互联系，无序性是系统内部和内外之间无规则、不确定的关系。

（8）系统的生命周期原理。又称为演化原理。系统有一个从产生到发展，直至最终消亡的不断演化过程。当具备一定条件后，一个系统从内外不分到内外有别，系统在与环境相互作用过程中不断发展，最终因为内外因素的作用，导致系统发生病变、消亡。

7.2.3 系统工程

系统工程是从整体出发合理开发、设计、实施和运用系统科学的工程技术。它根据总体协调的需要，综合应用自然科学和社会科学中有关的思想、理论和方法，利用计算机作为工具，对系统的结构、元素、信息和反馈等进行分析，以达到最优规划、最优设计、最优管理和最优控制的目的。

霍尔（A.D.Hall）于 1969 年提出了系统方法的三维结构体系，通常称为霍尔三维结构，这是系统工程方法论的基础。霍尔三维结构以时间维、逻辑维、知识维组成的立体空间结构来概括地表示出系统工程的各阶段、各步骤以及所涉及的知识范围。也就是说，它将系统工程活动分为前后紧密相连的 7 个阶段和 7 个步骤，并同时考虑到为完成各阶段、各步骤所需的各种专业知识，为解决复杂的系统问题提供了一个统一的思想方法。

1．逻辑维

逻辑维是解决问题的逻辑过程。运用系统工程方法解决某一大型工程项目时，一般可分为 7 个步骤：

（1）明确问题。通过系统调查，尽量全面地搜集有关的资料和数据，把问题讲清楚。

（2）系统指标设计。选择具体的评价系统功能的指标，以利于衡量所供选择的系统方案。

（3）系统方案综合。主要是按照问题的性质和总的功能要求，形成一组可供选择的系统方案，方案是按照问题的性质和总的功能要求，形成一组可供选择的系统方案。

（4）系统分析。分析系统方案的性能、特点、对预定任务能实现的程度以及在评价目标体系上的优劣次序。

（5）系统选择。在一定的约束条件下，从各入选方案中择出最佳方案。

（6）决策。在分析、评价和优化的基础上作出裁决并选定行动方案。

（7）实施计划。这是根据最后选定的方案，将系统付诸实施。

以上 7 个步骤只是一个大致过程，其先后并无严格要求，而且往往可能要反复多次，才能得到满意的结果。

2．时间维

时间维是系统的工作进程。对于一个具体的工程项目，从制订规划起一直到更新为止，全部过程可分为 7 个阶段：

（1）规划阶段。即调研阶段，目的在于谋求活动的规划与战略。

（2）拟定方案。提出具体的计划方案。

（3）研制阶段。作出研制方案及生产计划。

（4）生产阶段。生产出系统的零部件及整个系统，并提出安装计划。

（5）安装阶段。将系统安装完毕，并完成系统的运行计划。

（6）运行阶段。系统按照预期的用途开展服务。

（7）更新阶段。即为了提高系统功能，取消旧系统而代之以新系统，或改进原有系统，使之更加有效地工作。

3．知识维

知识维完成各阶段、各步骤所需的专业科学知识。系统工程除了要求为完成上述各步骤、各阶段所需的某些共性知识外，还需要其他学科的知识和各种专业技术，霍尔把这些知识分为工程、医药、建筑、商业、法律、管理、社会科学和艺术等。各类系统工程，如军事系统工程、经济系统工程、信息系统工程等，都需要使用其他相应的专业基础知识。

7.2.4　信息系统工程

简单地说，信息系统就是输入数据，通过加工处理，产生信息的系统。

面向管理是信息系统的显著特点，以计算机为基础的信息系统可以定义为：结合管理理论和方法，应用信息技术解决管理问题，为管理决策提供支持的系统。管理模型、信息处理模型、系统实现的基础条件三者的结合产生现实信息系统，如图 7-1 所示。

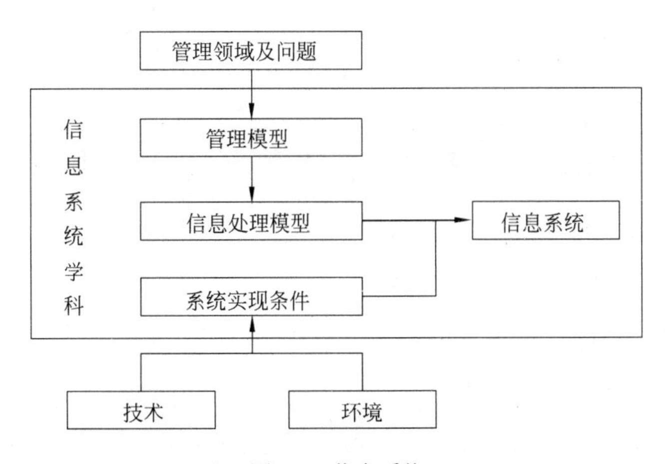

图 7-1　信息系统

管理模型指系统服务对象领域的专门知识，以及分析和处理该领域问题的模型，也称为对象的处理模型。信息处理模型指系统处理信息的结构和方法。管理模型中的理论和分析方法，在信息处理模型中转化为信息获取、存储、传输、加工、使用的规则。系统实现的基础条件指可供应用的计算机技术和通信技术、从事对象领域工作的人员，以及对这些资源的控制与融合。

从事信息系统的专业人员必须具备广阔的商务知识，懂得利用信息技术增强组织性能，有较强的分析和评判思维能力，具备良好的沟通能力、团队精神和正确的伦理价值观，如图 7-2 所示。

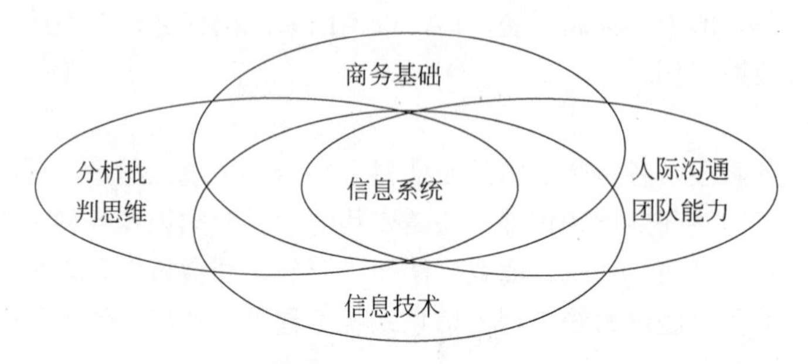

图 7-2　信息系统专业人员的四个基本能力

2．信息系统的基本功能

信息系统具有数据的输入、传输、存储、处理、输出等基本功能。

（1）数据的采集和输入。识别信息有 3 种方法：一是由决策者识别；二是系统分析员亲自观察识别；三是先由系统分析员观察得到基本信息，再向决策人员调查，加以修正、补充。

（2）数据的传输。包括计算机系统内和系统外的传输，实质是数据通信，其一般模式如图 7-3 所示。

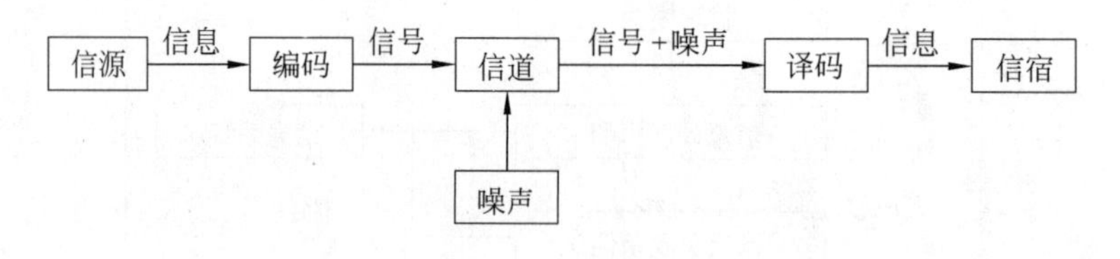

图 7-3　数据传输

信源即是信息的来源，编码是指把信息变成信号，所谓码，是指按照一定规则排列起来的、适合在信道上传输的符号序列。信道就是信息传递的通道，是传输信息的媒介，信道的关键问题是信道的容量。噪声就是杂音或干扰。译码是编码的反变换，其过程与编码相反。信宿即是信息的接收者，可以是人、机器或者另一个信息系统。

（3）信息的存储。数据存储的设备目前主要有 3 种：纸、胶卷和计算机存储器。对数据存储设备的一般按要求是存储容量大且价格便宜。信息存储的概念比数据存储的概念要广，主要问题是确定存储哪些信息、存储多长时间、以什么方式存储、经济上是否合算等，这些问题都要根据系统的目标和要求确定。

（4）信息的加工。信息加工的范围很大，从简单的查询、排序、归并到负责的模型调试及预测。

（5）信息的维护。包括经常更新存储器中的数据，使数据保持合用的状态。广义上来讲，包括系统建成后的全部数据管理工作。信息维护的主要目的在于保证信息的准确、及时、安全和保密。

（6）信息的使用。指高速度和高质量地为用户提供信息。

3．信息系统分类

信息系统分类方法很多，从应用角度，可以分成人工信息系统和基于计算机的信息系统；从独立性角度，可分成独立信息系统和综合信息系统；从处理方式角度可分为批处理信息系统和联机处理信息系统。下面主要介绍以数据环境分类和以应用层次分类。

（1）以数据环境分类。按照数据环境，可以把信息系统分为数据文件、应用数据库、主题数据库和信息检索系统。数据文件是没有使用数据库管理系统；应用数据库虽然使用了数据库管理系统，但未实现共享。主题数据库建立了一些数据库与一些具体的应用有很大的独立性，数据经过设计，其存储结构与使用它的处理过程都是独立的，各种数据通过一些共享数据库被联系和体现；在信息检索系统中，一些数据库被组织为能保证信息检索和快速查询的需要，而不是大量的事务管理。

（2）以应用层次分类。通常，一个组织的管理活动可以分成四级，分别是战略级、战术级、操作级和事务级。与此相对应的，信息系统也分为战略级信息系统（使用者都是企业最高管理层）、战术级信息系统（企业中层经理及其管理部门）、操作级信息系统（服务型企业的业务部门）和事务级信息系统（企业的管理业务人员）。

4．信息系统建设

信息系统建设周期长、投资大、风险大，比一般技术工程有更大的难度和复杂性。这是因为技术手段复杂；内容复杂，目标多样；投资密度大，效益难以计算；环境复杂多变。

信息系统在使用过程中，随着其生存环境的变化，要不断维护、修改，当它不再适应的时候就要被淘汰，就要由新系统代替老系统，这种周期循环称为信息系统的生命周期，如图 7-4 所示。

从图 7-4 可见，信息系统的生命周期可以分为系统规划、系统分析、系统设计、系统实施、系统运行和维护五个阶段。

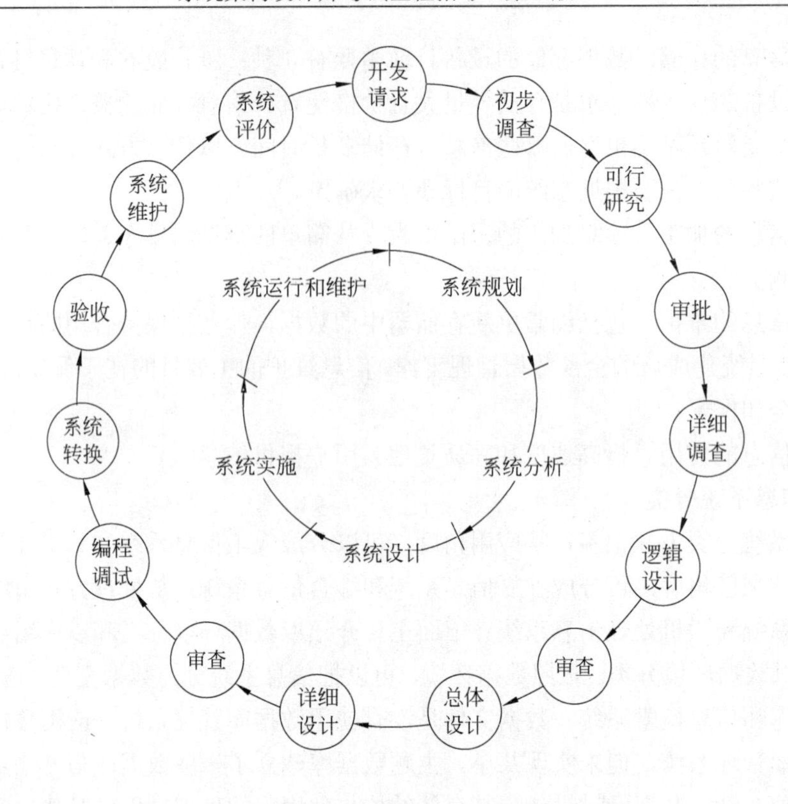

图 7-4　信息系统的生命周期

系统规划阶段的任务是对企业的环境、目标及现行系统的状况进行初步调查，根据企业目标和发展战略，确定信息系统的发展战略，对建设新系统的需求做出分析和预测，同时考虑建设新系统所受的各种约束，研究建设新系统的必要性和可能性。根据需要与可能，给出拟建系统的备选方案。对这些方案进行可行性分析，写出可行性分析报告。可行性分析报告审议通过后，将新系统建设方案及实施计划编写成系统设计任务书。

系统分析阶段的任务是根据系统设计任务书所确定的范围，对现行系统进行详细调查，描述现行系统的业务流程，指出现行系统的局限性和不足之处，确定新系统的基本目标和逻辑功能要求，即提出新系统的逻辑模型。这个阶段又称为逻辑设计阶段。这个阶段是整个系统建设的关键阶段，也是信息系统建设与一般工程项目的重要区别所在。系统分析阶段的工作成果体现在系统说明书中，这是系统建设的必备文件。它既是给用户看的，也是下一个阶段的工作依据。系统说明书一旦讨论通过，就是系统设计的依据，也是将来验收系统的依据。

简单地说，系统分析阶段的任务是回答系统“做什么”的问题，而系统设计阶段要回答的问题是“怎么做”。该阶段的任务是根据系统说明书中规定的功能要求，考虑实际条件，具体设计实现逻辑模型的技术方案，也就是设计新系统的物理模型。这个阶段又称为物理设计阶段。这个阶段又可分为总体设计和详细设计两个阶段。这个阶段的技术文档是系统设计说明书。

系统实施阶段是将设计的系统付诸实施的阶段。这一阶段的任务包括计算机等设备的购置、安装和调试、程序的编写和调试、人员培训、数据文件转换、系统调试与转换等。这个阶段的特点是几个互相联系、互相制约的任务同时展开，必须精心安排、合理组织。系统实施是按实施计划分阶段完成的，每个阶段应写出实施进展报告。系统测试之后写出系统测试分析报告。

系统投入运行后，需要经常进行维护和评价，记录系统运行的情况，根据一定的规格对系统进行必要的修改，评价系统的工作质量和经济效益。

除技术人员外，开发的各个阶段需要有业务人员的参加配合。开发的前期需要用户配合系统分析人员做好系统分析工作，后期需要用户承担测试、切换工作。为了使用户配合好开发工作，需要对用户进行培训。图 7-5 是各开发阶段人力需求曲线。

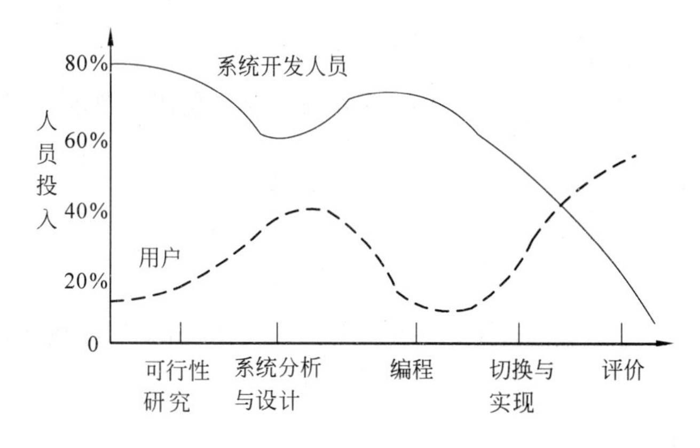

图 7-5　各个开发阶段的人力需求

5．信息系统的发展

一个单位或一个地区的信息系统，都要经历由初级到成熟的发展过程，诺兰（Nolan）总结了信息系统发展的规律，在 1973 年提出了信息系统发展的阶段理论，并在 1980 年完善了这一理论，人们称之为诺兰模型，如图 7-6 所示。

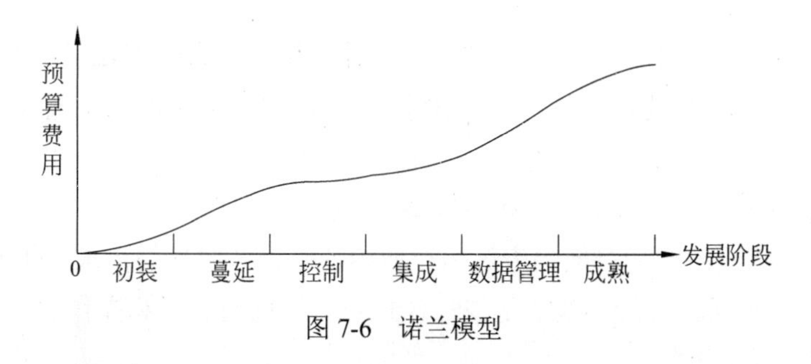

图 7-6　诺兰模型

（1）初装。从单位购买第1台计算机用于管理部门就开始了初装阶段。在这一阶段，人们初步意识到计算机对管理的作用，有少数人具备了初步应用能力。

（2）蔓延。计算机初见成效吸引力人们，使信息系统扩散到多数部门，便进入了蔓延阶段。在这一阶段，数据处理能力发展很快，但很多问题有待解决，如数据具有不一致性、共享性差等。这个阶段的投资迅速增长，但只有一部分系统取得实际效益。

（3）控制。解决蔓延阶段的问题，要求加强组织协调，对信息系统建设进行统筹规划。严格的控制代替了自由蔓延。这一阶段利用数据库技术解决数据共享问题。控制阶段投资增长较慢。

（4）集成。在控制的基础上，硬件重新链接，在软件方面建立集中式数据库和能充分利用各种信息的系统，这就是集成。诺兰认为前3个阶段属于“计算机时代”，从第4个阶段开始进入“信息时代”。这个阶段由于各种硬件、软件设备大量扩充，投资迅速增长。

（5）数据管理。集成之后进入数据管理阶段。

（6）成熟。成熟的信息系统应能满足组织各个管理层次的要求，实现真正的信息资源管理。

7.3 信息系统建设

信息系统建设的方法主要有企业系统规划方法（Business System Planning，BSP）、战略数据规划方法和信息工程方法，本节简要地介绍这些方法。

7.3.1 企业系统规划方法

BSP方法是IBM公司提出的一种方法，主要用于大型信息系统的开发。BSP方法是企业战略数据规划方法和信息工程方法的基础，也就是说，战略数据规划方法和信息工程方法是在BSP方法的基础上发展起来的，因此，了解并掌握BSP方法对于全面掌握信息系统开发方法是有帮助的。

1. BSP方法的原则

实行BSP研究的前提是，在企业内有改善计算机信息系统的要求，并且有为建设这一系统而建立总的战略的需要。因而，BSP的基本概念与组织的信息系统的长期目标有关。

（1）一个信息系统必须支持企业的战略目标。

（2）一个信息系统的战略应当表达出企业的各个管理层次的需求。对任何企业而言，都同时存在3个不同的层次。分别是战略计划层、管理控制层和操作控制层。战略计划层是决定组织的目标，以及达到这些目标所需要的资源，获取、使用、分配这些资源的策略的过程。通过管理控制层，管理人员确认资源的获取及组织的目标是否有效地使用了这些资源。操作控制层保证有效率地完成具体的任务。

（3）一个信息系统应该向整个企业提供一致的信息。

（4）一个信息系统应该适应组织机构和管理体制的改变。

（5）一个信息系统战略规划，应当由总体信息系统结构中的子系统开始实现。BSP 对大型信息系统而言是“自上而下”的系统规划、“自下而上”的分步实现。

2．BSP 方法的目标

BSP 的主要目标是提供一个信息系统规划，用以支持企业短期的和长期的信息需要。其具体目标可归纳如下：

（1）为管理者提供一种形式化的、客观的方法，明确建立信息系统的优先顺序，而不考虑部门的狭隘利益，并避免主观性。

（2）为具有较长生命周期系统的建设和投资做准备。由于系统是基于业务活动过程的，所以不因机构变化而失效。

（3）为了以最高效率支持企业目标，BSP 提供数据处理资源的管理。

（4）增加负责人的信心，坚信收效高的主要的信息系统能够实施。

（5）提供响应用户需求和优先的系统，以改善信息系统管理部门和用户之间的关系。

应将数据作为一种企业资源加以确定。为使每个用户更有效地使用这些数据，要对这些数据进行统一规划、管理和控制。

由于 BSP 方法所得到的规划是随着时间的推移而发生变化的，它只是某个时间内对企业信息资源的最佳认识，因此，BSP 方法的真正价值在于创造一种环境和提出初步的行动计划，使企业能根据这个计划对将来的系统和优先次序的改变做出积极响应，不至于造成设计的重大失误。另外，BSP 方法定义了信息系统的职能和继续规划过程。

3．BSP 方法的研究步骤

BSP 方法的研究步骤如图 7-7 所示。

BSP 的经验说明除非得到了最高领导者和某些最高管理部门参与研究的承诺，否则不要贸然开始 BSP 的研究，因为研究必须反映最高领导者关于企业的观点，研究的成果取决于管理部门能否向研究组提供企业的现状，它们对于企业的理解和对信息的需求。因此在一开始时就要对研究的范围和目标、应交付的成果取得一致意见，避免事后的分歧，这是至关重要的。在取得领导同意以后，最重要的任务就是选择研究组组长，要有一位企业领导用全部时间参加研究工作并指导研究组的活动。要确认参与研究的其他层次领导是否合适，并正确地解释由他们所在部门得到的材料。

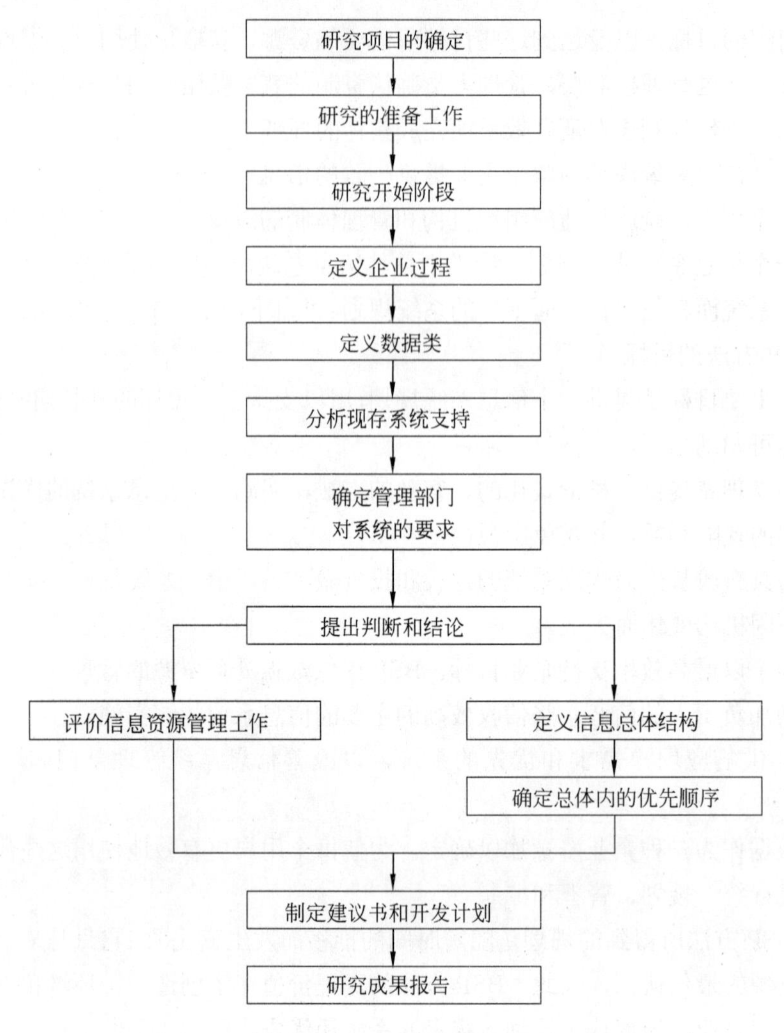

图 7-7 BSP 方法的研究步骤

准备工作的主要成果应当是研究计划的制定，其内容包括研究计划、会谈日程、与主持单位一起做复查的时间表和研究报告大纲。

在研究开始阶段，主要是对企业情况进行介绍，全体研究组成员都要参加介绍会。

企业过程是企业资源管理所需要的、逻辑相关的一组决策和活动。它们的分析和识别无须考虑与组织机构的联系。识别了企业过程过程之后，就要以企业资源为基础，通过其数据的类型识别出数据类。数据类是指支持企业所必要的逻辑上相关的数据，即数据按逻辑相关性归成类。数据类型是和信息生命周期有关的，根据信息资源的 4 个周期，数据类一般也有存档类、事务类、计划类和统计类。

分析现存系统的支持的步骤包括考察信息系统对过程的支持、识别当前的数据使用情况、确定管理部门对系统的要求、提出判断和结论；定义信息总体结构的步骤包括企业的信息结构图、确定主要系统、表示数据流向、识别子系统、先决条件的分析、信息结构的使用计划。

企业的信息结构图描绘了每一个系统的范围，产生、控制和使用的数据，系统之间的关系，对给定过程的支持，以及子系统间的数据共享。信息结构图是企业长期数据资源规划的图形表示，是现在和将来信息系统开发和运行的蓝图。为了将复杂的大信息系统分解成便于理解和实现的部分，一般将信息系统分解为若干个相对独立而以相互联系的分系统，即信息系统的主要系统。通过将过程和由它们产生的数据类分组、归并，形成主要系统。

确定总体结构中的优先顺序的过程为确定选择的标准、对子系统进行排序、描述优先子系统、选择实施方法。

信息资源管理（Information Resource Management，IRM）是指组织在业务活动中（如生产和经营活动）对信息的产生、获取、处理、存储、传输和使用进行全面的管理。信息资源与人力、物力、财力和自然资源一样，都是企业的重要资源，应该像管理其他资源那样管理信息资源。信息资源管理包括数据资源管理和信息处理管理，前者强调对数据的控制（维护和安全），后者则关心企业管理人员如何获取和处理信息（流程和方法）。

信息资源管理的基础是数据管理。数据管理与数据库管理有很大的区别，数据库管理仅仅负责物理数据库的设计、实现、安全性和维护工作；而数据管理在于确定数据规划、数据应用、数据标准、数据内容、数据范围等。

信息资源管理的基本内容包括 3 个主题，它们是：

（1）资源管理的方向和控制，要从整个企业管理的全面来分析资源的管理。其指导方针是数据可共享、数据处理机构提出应用项目、资源的有效性。

（2）建立企业信息资源指导委员会，负责制定方针政策，控制和监督信息资源功能的实施。

（3）建立信息资源的组织机构，从事数据的计划和控制、数据获取以及数据的经营管理，并包括企业应用系统的开发。该机构应由企业的一位副总裁来担任领导，并包括数据处理管理人员和数据管理人员。

通过 BSP 研究而提出的具体建议可能有以下 4 个方面：

（1）信息结构。包括对目前正在开发的系统所需要的修改，对作为未来方向和未来信息系统规划基础的信息机构的认可，对现行系统的过渡性改进。

（2）信息系统管理。包括加强数据管理以控制组织机构内的数据资源；改进信息系统的规划过程，使之更有效地支持企业和使用信息资源；提供一个测控系统，以保证未来实施工作能顺利完成。

（3）分布信息系统规划。包括分布信息系统的硬件配置，数据的组织和程序的开发。

（4）总体结构优先顺序。包括提出将被实行的优先级的系统，实行高优先级系统的先行系统的确定。

每个开发计划都应该包括项目的范围、主题和目标、预期成果、进度、潜在的效益、人员和职能、工具和技术、人员培训、通信、后勤和控制。

写出 BSP 研究报告的目的，是为了得到管理部门的支持和参与，并向管理部门介绍研究工作所做出的判断，提出建议及通过开发计划。成果报告一般应包括研究的背景、系统目标和范围、研究方法、主要问题的识别、结论及建议、对后续项目的开发计划等。

BSP 研究的后续活动是指当 BSP 研究完成后，进一步开发时应考虑和从事的活动，它是 BSP 研究主要活动的继续发展。它更偏重于确定细节和做出实现项目的计划。

7.3.2 战略数据规划方法

按照詹姆斯·马丁（James Martin）的观点，企业要搞信息化，首要任务应该是在企业战略目标的指导下做好企业战略数据规划。一个好的企业战略数据规划应该是企业核心竞争力的重要构成因素，它有非常明显的异质性和专有性，必将成为企业在市场竞争中的制胜法宝。

马丁总结了信息系统开发的经验与教训，创造性地发现企业数据处理中一个基本规律：数据类和数据之间内在的联系是相对稳定的，而对数据处理的业务过程和步骤是经常变化的。

1．自顶向下的规划

规划工作应由核心设计小组来领导，一般它由 4 个人组成，他们将得到企业内各个用户部门的帮助，并从用户部门选取一些主要人员参加到设计小组中。一般称这些部门用户参加者为用户分析员。对一个中等规模的企业，要完成一个自顶向下的规划设计，核心设计小组应包括数据处理管理人员、系统分析领导者、资源管理人员、财务总监、业务经理、客户服务经理等。核心设计小组成员应由外来顾问进行培训指导。

信息资源规划中，信息资源规划者自顶向下进行全局规划，数据管理员自底向上进行详细设计，自底向上设计是自顶向下规划的延伸。自顶向下的全局规划可分为粗略的方式和精细的方式。粗略的方式一般只描述职能范围和业务活动过程，而不描述活动。它们只描述主题数据库而不去描述组成这些数据库的实体。

数据规划的步骤如下：

（1）企业模型的建立。它大致分为三个阶段，逐步细化：

- 开发一个表示企业各职能范围的模型。
- 扩展上述模型，使它表示企业各处理过程。
- 继续扩展上述模型，使它能表示各处理过程。

（2）确定研究的边界。

（3）建立业务活动过程。

（4）确定实体和活动。

（5）对所得规划结果进行审查。

马丁认为，自顶向下的全局规划工作应该在 6 个月内完成。

2．企业模型的建立

企业模型表示该企业在经营管理中具有的职能，企业职能范围是企业中的主要业务领域。在信息资源规划中，第一个阶段就是确定企业的各个职能范围，以便从总体上把握整个企业的概况。

在一个企业中，需要一张表明该企业职能和活动的企业模型图，马丁指出，企业模型应具有完整性、适用性、持久性。

大多数企事业中，都存在着对该组织成功起关键作用的因素，一般称为企业经营关键成功因素。而在大多数企业，通常有 3～6 个决定企业成功与否的因素，为使企业获得成功，这些关键性的任务必须特别认真地完成。在一个企业的业务活动中，关键成功因素总是与那些能确保企业具有竞争能力的相关的。在不同类型的业务活动中，关键成功因素也会有很大的不同，即使在同一类型的业务活动中，在不同的时间内，其关键成功因素也不同，甚至受外部环境的影响。

3．主题数据库

战略数据规划的重要内容之一就是确定企业主题数据库，主题数据库的设计目的是为了加速应用项目的开发。它把企业的全部数据划分成一些可以管理的单位，即主题数据库。主题数据库的基本特征有：

（1）面向业务主题（不是面向单证报表）。主题数据库是面向业务主题的数据组织存储，例如，企业中需要建立的典型的主题数据库有：产品、客户、零部件、供应商、订货、员工、文件资料、工程规范等。其中，产品、客户、零部件等数据库的结构，是对有关单证、报表的数据项进行分析整理而设计的，不是按单证、报表的原样建立的。这些主题数据库与企业管理中要解决的主要问题相关联，而不是与通常的计算机应用项目相关联。

（2）信息共享（不是信息私有或部门所有）。主题数据库是对各个应用系统“自建自用”的数据库的彻底否定，强调建立各个应用系统“共建共用”的共享数据库。不同的应用系统的计算机程序可以调用这些主题数据库，例如，库存管理调用产品、零部件、订货数据库；采购调用零部件、供应商、工程规范数据库等。

（3）一次一处输入系统（不是多次多处输入系统）。主题数据库要求调研分析企业各经营管理层次上的数据源，强调数据的就地采集，就地处理、使用和存储，以及必要的传输、汇总和集中存储。同一数据必须一次、一处进入系统，保证其准确性、及时性和完整性，但可以多次、多处使用。

（4）由基本表组成。一个主题数据库的科学的数据结构，是由多个达到基本表规范（满足 3NF）要求的数据实体构成的。

主题数据库最主要的特征是面向业务主题，而不是面向应用程序，因而数据独立于程序。主题数据库应设计得尽可能的稳定，使能在较长时间内为企业的信息资源提供稳定的服务。稳定并非限制主题数据库永不发生变化，而是要求在变化后不会影响已有的应用项目的工作。要求主题数据库的逻辑结构独立于当前的计算机硬件和软件的物理实现过程，这样能保持在技术不断进步的情况下，主题数据库的逻辑结构仍然有效。

马丁推荐两种方法选择和确定主题数据库。首先，列出企业所涉及的产品和机构的组成内容。其次，可以考察业务活动过程，然后记录下每一个过程的输入和输出数据属于哪个数据类，这样得到一个数据分类表。可以将前后两种途径得到的数据分类表相互对照来建立一个联合的数据分类表，从而形成主题数据库的基础。

马丁提出，主题数据库与BSP方法中的数据类是相当的概念。当给出许多主题数据库及业务活动过程后，在实现企业信息系统时，必须把这些主题数据库组合或划分成若干可以实现的子系统。

马丁区分了计算机的4类数据环境，分别是文件环境（不使用数据管理系统）、应用数据库环境（使用数据库管理系统）、主题数据库环境（数据库的建立基本独立于具体应用）、信息检索系统环境（为自动信息检索、决策支持和办公自动化而设计，数据动态变化）。其中信息检索系统环境通常与主题数据库环境共存，把信息检索系统从生产性的数据系统中分离出来的主要原因是考虑效率问题。就主题数据库环境而言，如果管理不善，则会退化成文件环境或应用数据库环境。马丁指出，一个高效率的企业应该基本上具有3类或4类数据环境作为基础。

4．战略数据规划的执行过程

战略数据规划的执行过程包括企业的实体分析、实体活动分析、企业的重组、亲合性分析和分布数据规划。

（1）企业的实体分析。实体是数据的载体，实体可以是具体的，也可以是抽象的。例如，顾客、财务预算等。实体分析是自顶向下确定企业实体的过程，实体分析过程需要非数据处理的高级管理人员参加，实体分析结果的质量与参加的高级管理人员的素质密切相关。

（2）实体活动分析。马丁建议，把我们平常所画的树结构形式的层次结构图，改成自左向右横着绘制。马丁认为，缺乏自动化管理工具一直是数据管理不佳的一个重要原因。

（3）企业的重组。实体分析不仅把现行组织机构转换成数据结构，而且提供给高层管理人员一种手段，通过实体分析而提出询问：根据分析的结果，企业或部门应该怎样改变；或按照外部环境该组织大致怎样改变。

（4）亲合度分析。亲合度矩阵$\boldsymbol{E}$用来表明一个实体与其他实体之间的亲合程度，可用于把实体聚合成主题数据库。一般来说，如果两个实体的亲合度比较高，则它们应该在同一个主题数据库中。相反，则不能放在同一个主题数据库中。具体的分界线要根据系统的实际情况而定。

（5）分布数据规划。分布式数据存在 6 种不同的基本形式，分别是复制的数据、子集数据、重组数据、划分数据、独立模式数据和不相容数据。

7.3.3　信息工程方法

信息工程方法是马丁创立的面向企业信息系统建设的方法和实践。信息工程方法与信息系统开发的其他方法相比，有很大的不同，这就是信息工程不仅是一种方法，它还是一门工程学科。它第一次把信息系统开发过程工程化了。所谓工程化，就是指有一整套成熟的、规范的工程方法、技术、标准、程序和规范，使得开发工作摆脱随意性和多变性，其目标是信息系统的开发走上智能化、程序化和自动化的道路。

信息工程的组成包括系统的方法论、完备的工具集、信息工程环境和成熟的经验总结 4 个部分。信息工程方法认为，与企业的信息系统密切相关的三个要素是企业的各种信息、企业的业务活动过程和企业采用的信息技术。也就是说，信息、过程和技术构成了企业信息系统的三要素。

1．信息工程步骤

信息工程自上而下的把整个信息系统的开发过程分为 4 个实施阶段，分别是信息战略规划阶段、业务领域分析阶段、系统设计阶段和系统构成阶段。这 4 个阶段在具体的实施中，根据其任务和性质一般可再划分为如下的 7 个步骤：

（1）信息战略规划：分析并建立起企业信息需求的全面视图，并产生企业的信息战略规划。

（2）业务领域分析：对特定业务领域进行详细分析，并产生业务领域说明。

（3）业务系统设计：详细描述支持特定业务领域的应用系统，并产生业务系统说明书。

（4）技术系统设计：将业务系统设计的结果定制在特定的目标计算环境，并产生技术系统说明书。

（5）系统构成：建立系统的全部可执行部分，完成用户认可的系统功能，并完成相应的用户规程和操作程序，实现系统构成。

（6）系统转换：将新构成的应用系统安装到生产环境中，以代替原有的系统，实现系统转换。

（7）系统运行：系统投入生产，并充分认识应用系统所带来的效益，完成系统运行。

2．信息战略规划

信息战略规划是信息工程实施的起点，其流程包括评估企业的信息需求、建立企业总体信息结构、建立企业业务系统结构、建立企业技术结构和提交信息战略规划。

（1）评估企业的信息需求。包括确定企业使命、战略、目标、关键成功因素、企业业务流程、部门的信息需求，确定什么样的信息技术能更有效地实现企业目标和新的业务机会以及竞争优势。

（2）建立企业总体信息结构。确定企业的实体（数据的载体，用记录作为属性）并分析实体间的联系，建立结构化的实体关系图，建立实体/业务功能 U/C（Use/Create，使用/创建）矩阵。依据过程/数据类矩阵将过程数据类组合，从而将整个系统分解为既相互独立又相互联系的若干主要系统。将各个主要系统进一步细化为子系统，确定子系统的轮廓，分析子系统间的依赖性，确定其开发顺序。当确定了信息结构的主要系统和子系统后，就建立了企业将来信息支持的概貌。

（3）建立企业业务系统结构。对 U/C 矩阵进行实体活动分析，根据分析结果对企业进行重组。对 U/C 矩阵进行亲合度分析，使实体类聚合成若干聚合实体类组（即将来的数据库）。对业务功能之间的亲合度进行分析，形成聚合的业务功能组，即企业预期的业务系统。建立业务系统结构图，对预期的业务系统进行分类，并建立预期系统之间的信息流。最后调整预期系统。建立预期业务系统/预期数据存储矩阵，通过该矩阵得到业务领域的正确划分。进而建立业务领域/预期系统矩阵、业务领域/业务功能矩阵和业务领域/实体类矩阵。

（4）建立企业技术结构。通过给出每个预期的数据库和文件的分布状况形成预期的数据存储/地点矩阵，进而形成每个地点数据分布决策表的办法建立数据分布矩阵。建立业务系统分布矩阵，规划不同地理位置的场所和部门的业务系统。对数据分布进行分析，建立有关地点的系统/数据存储矩阵，建立有关地点的业务系统和相应数据库或文件之间交互关系矩阵，制定每个地点的计算机、数据库配置计划，进而制定出企业整体网络规划。

（5）提交信息战略规划。即提交完整的规划方案，通过此规划方案，可以行之有效地指导信息系统的建设。规划的内容为企业合理的定位，其推荐的计划将根据更多的意见做进一步讨论和修正。

根据上述流程，信息战略规划的具体任务包括以下 6 个方面：

（1）制定信息战略规划项目的计划。

（2）初始评估。评估企业信息需求、组织机构和信息环境。

（3）定义信息结构。

（4）评估当前的环境，包括业务环境和技术环境。

（5）确定业务系统结构。

（6）完成信息战略规划项目，提交信息战略规划报告。

3．数据和资料的收集

为了制定企业信息战略规划，将涉及到有关制定企业计划的资料、有关组织结构的资料、有关业务活动的资料、现有系统的环境资料和当前技术环境的资料。

（1）有关制定企业计划的资料。包括任务、目标、战略、计划和关键成功因素的资料。

（2）有关组织结构的资料。组织结构是指所定义的组织单元间的关系，组织单元是指由若干组织角色所构成的组成企业的实体或与企业进行交易的外部实体，组织角色是指根据所承担的工作，分配给个人或组织单元的职位类型。

（3）有关业务活动的资料。包括业务功能、业务活动、主题域、实体类型、实体联系的资料。

（4）现有系统的环境资料。现有系统的环境是指支持当前企业各方面业务活动的计算机系统，应获取每个系统的名称、类型和功能以及其覆盖的业务范围、采用的产品或技术、对现行业务的支持程度。计算机系统可分为决策性系统、规划性系统、控制性系统和操作性系统。

（5）当前技术环境的资料。包括硬件产品、软件产品、网络产品和应用系统的资料。

收集上述资料的主要途径是进行采访（用户调查）。在制定信息战略规划时，一般应采访 3 类人员，分别是最高管理者、中层管理者和其他相关人员。信息工程方法根据经验形成了所谓的结构化采访技术，包括采访人员、采访准备、进行采访、整理结果、时间和次数。

收集到有关资料后，就形成正式的文档并进行分类，包括业务文档、技术文档和系统文档。然后，对这些文档进行复审。

4．信息战略规划报告

信息战略规划报告是所有前期工作的总结，该报告将成为企业信息系统建设的依据。信息战略规划报告的读者首先应该是企业的高层领导者，因此，不能把报告写成一份纯技术性的文件。信息战略规划报告应包括摘要、规划和附录三个部分。

摘要通常不要超过 5 页，其内容应涉及下列主题：

（1）信息战略规划所涉及的范围。

（2）企业的业务目标和战略重点。

（3）信息技术对企业业务的影响。

（4）对现有信息环境的评价。

（5）推荐的系统战略（关于信息结构规划和业务系统结构规划的总结）。

（6）推荐的技术战略（关于技术结构的总结）。

（7）推荐的组织战略（关于信息系统组织进行机构改革的建议）。

（8）推荐的行动计划（要执行的主要项目、项目的持续时间、硬件设备获得的时间）。

规划是信息战略规划报告的主体内容，详细描述执行摘要中的相关要点、所使用的表格、图形和插图表达的重要信息。规划的篇幅一般在 40～70 页之间，不宜过长。其主要内容包括：

（1）阐述总体内容。包括规划的范围、规划委托人、规划组成员。

（2）业务环境描述。包括企业的任务、目标、关键成功因素、信息需求及组织结构。

（3）评价现有信息环境，确定在满足业务环境需求方面存在的问题。

（4）通过可选择方案和推荐的信息结构、业务系统结构、技术结构，阐明其优点、确定问题的解决方案。

（5）最后给出推荐的行动计划。

大部分规划的详细内容可包含在附录中。另外，除了规划报告之外，还有利用必要的场合和手段展示规划成果。

7.4 信息化基础

所谓信息化，可以认为是现代信息技术与社会各个领域及其各个层面相互作用的动态过程及其结果。在这一相互作用过程中，信息技术自身和整个社会都发生着质的变化。从本质上看，信息化应该是以信息资源开发利用为核心，以网络技术、通信技术等高科技技术为依托的一种新技术扩散的过程。

我国信息化管理部门列出了国家信息化体系的6个要素，分别是信息资源、信息网络、信息技术应用、信息产业、信息化人才，以及信息化政策、法规、标准和规范。这6个要素可以作为区域信息化、行业信息化、企业信息化等的参考。实际上，信息化的内容总是围绕着这6个要素展开的。

7.4.1 企业资源计划

企业的所有资源包括3大流，分别是物质流、资金流和信息流。企业资源计划（Enterprise Resources Planning，ERP）也就是对这3种资源进行全面集成管理的管理信息系统。概括地说，ERP是建立在信息技术基础上，利用现代企业的先进管理思想，全面地集成了企业所有资源信息，并为企业提供决策、计划、控制与经营业绩评估的全方位和系统化的管理平台。ERP系统是一种管理理论和管理思想，不仅仅是信息系统。它利用企业的所有资源，包括内部资源与外部市场资源，为企业制造产品或提供服务创造最优的解决方案，最终达到企业的经营目标。ERP理论与系统是从MRP-II（制造资源计划II）发展而来的，它的主线也是计划，但ERP已将管理的重心转移到财务上，在企业整个经营运作过程中贯穿了财务成本控制的概念。

在设计和开发ERP系统时，应该把握住一个中心、两类业务、三条干线的总体思路。一个中心就是以财务数据库为中心；两类业务就是计划与执行；三条干线则是指供应链管理、生产管理和财务管理。在ERP设计时常用的工具包括：业务分析、数据流程图、实体关系图及功能模块图。

1. ERP的功能

ERP的功能模块比较多，涉及企业管理的各个方面。

（1）财会管理。ERP中的财务模块与一般的财务软件不同，作为ERP系统中的一部分，它和系统的其他模块有相应的接口，能够相互集成。一般的ERP软件的财务部分分为会计核算与财务管理两大块。会计核算主要是记录、核算、反映和分析资金在企业经济活动中的变动过程及其结果，它由总账模块、应收账模块、应付账模块、现金模块、固定资产模块、多币制模块、工资核算模块、成本模块等部分构成；财务管理的功能主要是基于会计核算的数据，再加以分析，从而进行相应的预测、管理和控制活动，它主要包括财务计划、控制、分析和预测。其中，财务计划是根据前期财务分析做出下期的财务计划、预算等；财务分析提供查询功能和通过用户定义的差异数据的图形显示进行财务绩效评估，账户分析等；财务决策是财务管理的核心部分，中心内容是做出有关资金的决策，包括资金筹集、投放及资金管理等模块。

（2）生产控制管理。生产控制管理功能是 ERP 系统的核心所在，它将企业的整个生产过程有机地结合在一起，使得企业能够有效地降低库存，提高效率；同时使得生产流程能够自动前后连贯地进行，而不会出现生产脱节，耽误生产交货时间。生产控制管理是一个以计划为导向的先进的生产、管理方法。首先，企业确定它的一个总生产计划，再经过系统层层细分后，下达到各部门去执行。即生产部门以此为依据进行生产，采购部门以此为依据进行采购等。包括主生产计划、物料需求计划、能力需求计划、车间控制、制造标准等模块。

（3）物流管理。包括销售管理、库存控制、采购管理等模块。

（4）人力资源管理。包括人力资源规划的辅助决策、招聘管理、工资核算、工时管理、差旅核算等模块。

2．ERP 的实施

而实施 ERP 则是一场耗资大、周期长、涉及面广的系统工程。由于 ERP 软件原本是个实用性强、牵涉面较广的管理系统，在实施过程中应该采取规范的方法，严格按照 ERP 软件的实施方法论进行。ERP 实施方法论的核心是实现管理思想的革命和管理信息化技术的提升。实施可以分为三个时期：

（1）前期：主要是基础数据准备和标准化。

（2）中期：进行交接面界定，业务流程重组。

（3）后期：实施适应期，实行手工与计算机（或新旧系统）并行作业，逐步解决不适应性。

整个实施过程包括项目启动、组建团队、设计、编码、测试、数据准备、软件安装、软件调试、项目试运行、项目正式运行等环节。具体来说包括以下工作：

（1）明确观点、统一认识、建立实施团队。

（2）明确目标和制订实施计划。

（3）根据企业人员知识结构和技术水平组织培训。

（4）根据企业现状进行业务需求分析。

（5）根据需求分析结果建模和进行原型分析。

（6）根据实际业务流程和具体情况进行系统功能和参数配置以及系统实施。

（7）根据业务原型进行试运行试验。

（8）制订技术解决方案。

（9）调试环境、培训和测试。

（10）做上线准备、数据准备。

（11）系统上线，投入运行。

（12）进行系统优化、周期性系统运行审查。

7.4.2 业务流程重组

业务流程重组（Business Process Reengineering，BPR）是指为了在衡量绩效的关键指标上取得显著改进，从根本上重新思考、彻底改进业务流程。其中，衡量绩效的关键指标包括产品和服务质量、顾客满意度、成本、员工工作效率等。与以往的目标管理、全面质量管理、战略管理等理论相比，业务流程重组要求企业管理者从根本上重新思考业已形成的基本信念，即对长期以来企业在经营中所遵循的基本信念，如分工思想、等级制度、规模经营、标准化生产等体制性问题进行重新思考。这就需要打破原有的思维定势，进行创造性思维。业务流程进行重组的第一步，就是要先决定自己应该做什么，以及怎样做，而不能在既定的框框中实施重组。这是因为，业务流程重组不是对组织进行肤浅的调整修补，而是要进行脱胎换骨式的彻底改进，抛弃现有的业务流程和组织结构，以及陈规陋习，另起炉灶。

确切地说，是针对企业业务流程的基本问题进行反思，并对它进行彻底的重新设计，以便在成本、质量、服务和速度等当今衡量企业业绩的这些重要指标上取得显著性的提高。

1．基本原则

首先，要明确BPR涉及的业务流程和它的覆盖范围。一般来说，业务流程可分为管理流程、操作流程和支持流程3类。操作流程直接与满足外部顾客的需求相关。支持流程指为保证操作流程的顺利执行，在资金、人力、设备管理和信息系统支撑方面的各种活动。管理流程指企业整体目标和经营战略产生的流程，这些流程指导了企业整体运作方向，确定了企业的价值取向，所以是一类比较重要的流程。应该说，BPR的流程覆盖了企业活动的各个方面和产品的全部生命周期，即设计流程、生产流程、管理流程、营销流程。

海默（Hammer）曾经提出7条原则用以指导BPR项目：

（1）组织机构设计要围绕企业的产出，而不是一项一项的任务。

（2）要那些使用过程输出的人来执行过程操作。

（3）将信息处理工作结合到该信息产生的实际过程中去。

（4）把地理分散的资源当作是集中的来处理。

（5）平行活动的连接要更紧密，而不是单单集成各自的活动结果。

（6）将决策点下放到基层活动中，并建立对过程的控制。

（7）尽量在信息产生的源头，一次获取信息，同时保持信息的一致性。

BPR 另外一个基本思想是在组织上建立跨功能的任务团队。一些 BPR 项目之所以失败也正是由于他们将 BPR 局限于孤立的单个功能领域。BPR 这一特点也相应要求从上到下、全企业范围内的支持。要争取尽可能多的总经理的时间，投入到 BPR 项目中。有人说至少 20%～50%，才能使 BPR 的项目得以成功。

麦金赛（McKinsey）从 BPR 项目的具体实施角度出发，给出了一些建议：

（1）要保证 BPR 项目在启动时就建立起有效的领导机制。

（2）企业人员应参与到重组的具体工作中。

（3）争取全体企业员工对 BPR 项目的理解和参与。

（4）调研范围要广泛和全面，但研究和实施中则要突出具体领域，抓住主要矛盾，

（5）进行成本和效益分析。

（6）对无法衡量的部分，BPR 实施中尽量不触及。

（7）加强工作中的交流。

（8）不要放过各种可能的重组流程，尽管其中一些流程输出不显著。

2．KBSI 的 BPR 实施框架

美国 KBSI 公司的 BPR 框架提出了从以下 3 个方面对 BPR 的特征进行描述：

（1）实施 BPR 指导原则。包括正确领导（这是实施 BPR 最重要的，放在首位的原则）、目标驱动、流程驱动、以价值为中心、对顾客需求的响应、并行性、范例变换、非冗余、模块化、虚拟资源、管理信息和知识财富。

（2）BPR 的实施过程（BPR 活动与活动之间的关系的集合）。包括制订 BPR 远景、使命与目标；获取现有系统描述；确认改进机会；规划未来流程，进行未来系统设计；制订过渡方案；实施未来系统；维护系统。

（3）各种方法和工具以及它们在支持 BPR 方面的作用。

3．多层的 BPR 实施框架

为实现顾客满意度的明显增强，BPR 兼顾产品质量和服务质量，倡导以顾客为中心的企业文化。

BPR 的实施会引起企业多方面、多层次的变化，主要包括企业文化与观念的变化、业务流程的变化、组织与管理的变化。

多层的 BPR 实施框架将 BPR 的实施分为 3 个层次，分别是观念重建层、流程重建层和组织重建层，每层各有其自身的对象、方法和目标，各层次还存在相互作用关系。

4．BPR 实施步骤

业务流程重组的实施步骤有：

（1）BPR 项目的启动。包括确立发起人的地位、引进变革思想、采取有效的行动。在项目启动阶段，发起人应完成以下活动：描述变革的预期结果并传递给组织和干系人；建立对目标的统一定义；任命领导小组和项目小组；正确的人安排在正确的位置，提供

支持，解决行政问题，消除组织前进的障碍；监视进程和结果。

（2）拟订变革计划。包括组成领导小组、建立高级管理层变革的概念、对环境和组织进行调查、开发经营案例、关联努力方向和经营战略、筛选变革项目、开发行动的整体计划。

（3）建立项目团队。针对团队组织的有关建议如下：项目团队的规模不能太大，一般最理想的成员数是 6～10 名；团队应该有正确的混合型技能和经验；团队拥有不同层次的代表；项目组应该将主要精力放在变革项目上；团队的目标必须清晰、现实、有挑战性和可测量性；项目组必须讲求效率。

（4）分析目标流程。包括叙述性描述、社会系统分析。

（5）重新设计目标流程。包括确定设计原则、重新设计组织。有关原则如下：构造有助于控制关键偏差的组织，工作的基础单元是整体工作，工作团队成为组织的构建模块，在源头控制偏差的发生，提供信息反馈系统，在工作点进行决策，将控制流程与信息流程集成，设计能够激励员工的工作，核心活动吸引支持活动，一次性获取数据，功能存在冗余，工作团队是一个学习系统，使用信息技术获取、处理和分享信息。

（6）实施新的设计。包括关注实施的特殊问题、文化的彻底变革、与组织性能相关的问题、改进文化的关键、使用桥头堡战略实施变革。所谓桥头堡战略是指选择一个区域（桥头堡），建立一个表现非凡的工作团队，然后逐个阶段地覆盖整个流程。

（7）持续改进。包括建立流程优化团队、定义优化目标、绘制流程图、形成改进项目的计划（确定根本原因、开发解决方案、实施变革、结果评估）。

（8）重新开始。指导小组要通过刷新他们的经营战略、改进计划和选择其他流程进行优化，继续业务流程改进的另一个周期。

5. BPR 与信息系统规划

业务流程的改进之所以能获得巨大的提高就在于充分发挥了信息技术的潜能，即利用信息技术改变业务的过程，简化业务过程。由此可见，信息技术的应用是业务流程实施的重要技术保证。而信息技术应用的前提是有一个与其配套的信息系统规划，这是因为，业务流程实施与信息系统规划相互作用，相辅相成。

一方面，信息系统规划要以流程改进为前提，并且在系统规划的整个规程中以业务流程为主线。随着业务流程重组的深入，要求业务信息系统不断提高其集成化、智能化，以及网络化的程度，对信息系统规划提出了新的要求，要求信息系统定位于面向客户、面向不断变化的业务流程。

另一方面，面向流程的信息系统规划驱动企业的业务流程改进。信息系统的科学规划，使得信息的收集、存储、整理、利用和共享更为方便快捷，使得产品的市场调查、产品构想、工程设计、生产制造、销售服务等环节的并行成为可能，从而打破了企业传统的专业化分工，为业务战略的实现，设计新的业务流程或改进已有流程，借助信息系统的规划与信息系统的最终实施来实现企业业务流程的改进创造了条件。基于业务流程的信息系统规划能够适应企业当前或未来的发展需要，使信息系统的建设更具有效性与灵活性。

基于业务流程的系统规划一定要突破以现行职能式管理模式的局限，从供应商、组织、客户的价值链出发，确定企业信息化的长远目标，选择核心业务流程为实施的突破口，在业务流程创新及规范化的基础上，进行系统规划与功能规划。

基于业务流程的信息系统规划主要步骤如下：

（1）战略规划。主要是明确企业的战略目标，认清企业的发展方向，了解企业运营模式；进行业务流程调查，确定成功实施企业战略的成功因素，并在此基础上定义业务流程，制定信息系统战略规划，使得信息系统目标与企业的目标保持一致，为业务流程实施提供战略指导。

（2）流程规划。面向业务流程的信息系统规划，是数据规划与功能规划的基础。主要任务是选择核心业务流程，并进行流程分析，识别出关键业务流程，以及需要改进的业务流程，画出改进后的业务流程图。

（3）数据规划。在业务流程规划的基础上识别由流程所产生、控制和使用的数据，并对数据进行相应的分类。首先定义数据类，所谓数据类指的是支持业务流程所必需的逻辑上的相关数据。然后进行数据的规划，按时间长短可以将数据分为历史数据、年报数据、季报数据、月报数据、日报数据等；按数据是否共享可以分为共享数据和内部专用数据；按数据的用途可分为系统数据、基础数据和综合数据等。

（4）功能规划。在对数据类和业务流程了解的基础上，建立数据类与过程的关系矩阵（U/C 矩阵）对它们的关系进行综合，并通过 U/C 矩阵识别子系统，进一步进行系统总体逻辑结构规划，即功能规划，识别功能模块。

（5）系统实施。由于基于业务流程的信息系统和借助于信息技术的业务流程实施方案在本质上是统一的，其区别只在于考虑问题的角度不同，因此，对于业务流程实施和信息系统应以何为主，应根据企业实际情况进行策略选择。

7.4.3　客户关系管理

客户关系管理（Customer Relationship Management，CRM）是一种旨在改善企业与客户之间关系的新型管理机制。它通过提供更快速、更周到的优质服务来吸引或保持更多的客户。CRM 集成了信息系统和办公系统等的一整套应用系统，从而确保了客户满意度的提高，以及通过对业务流程的全面管理来降低企业的成本。

CRM 在坚持以客户为中心的理念的基础上，重构包括市场营销和客户服务等业务流程。CRM 的目标不仅要使这些业务流程自动化，而且要确保前台应用系统能够改进客户满意度、增加客户忠诚度，以达到使企业获利的最终目标。

CRM 实际上是一个概念，也是一种理念；同时，它又不仅是一个概念，也不仅是一种理念，它是企业参与市场竞争的新的管理模式，它是一种以客户为中心的业务模型，并由集成了前台和后台业务流程的一系列应用程序来支撑。这些整合的应用系统保证了更令人满意的客户体验，因而会使企业直接受益。

CRM 的根本要求就是与客户建立起一种互相学习的关系，即从与客户的接触中了解他们在使用产品中遇到的问题，以及对产品的意见和建议，并帮助他们加以解决。在与客户互动的过程中，了解他们的姓名、通讯地址、个人喜好以及购买习惯，并在此基础上进行“一对一”的个性化服务，甚至拓展新的市场需求。例如，你在订票中心预订了机票之后，CRM 就会根据了解的信息向你提供唤醒服务或是出租车登记等增值服务。因此，我们可以看到，CRM 解决方案的核心思想就是通过跟客户的“接触”，搜集客户的意见、建议和要求，并通过数据挖掘和分析，提供完善的个性化服务。

一般说来 CRM 由两部分构成，即触发中心和挖掘中心，触发中心是指客户和 CRM 通过电话、传真、Web、E-mail 等多种方式“触发”进行沟通；挖掘中心则是指 CRM 记录交流沟通的信息和进行智能分析。由此可见，一个有效的 CRM 解决方案应该具备以下要素：

（1）畅通有效的客户交流渠道（触发中心）。在通信手段极为丰富的今天，能否支持电话、Web、传真、E-mail 等各种触发手段进行交流，无疑是十分关键的。

（2）对所获信息进行有效分析（挖掘中心）。

（3）CRM 必须能与 ERP 很好地集成。作为企业管理的前台，CRM 的市场营销和客户服务的信息必须能及时传达到后台的财务、生产等部门，这是企业能否有效运营的关键。

CRM 的实现过程具体说来，它包含三方面的工作。一是客户服务与支持，即通过控制服务品质以赢得顾客的忠诚度，如对客户快速准确的技术支持、对客户投诉的快速反应、对客户提供产品查询等。二是客户群维系，即通过与顾客的交流实现新的销售，如通过交流赢得失去的客户等。三是商机管理，即利用数据库开展销售，如利用现有客户数据库做新产品推广测试，通过电话促销调查，确定目标客户群等。

7.4.4 供应链管理

供应链管理（Supply Chain Management，SCM）的核心是供应链。供应链是指一个整体的网络用来传送产品和服务，从原材料开始一直到最终客户（消费者），它凭借一个设计好的信息流、物流和现金流来完成。现代意义的供应链是利用计算机网络技术全面规划供应链中的商流、物流、信息流、资金流等并进行计划、组织、协调和控制。

供应链有两层含义，一层含义是任何一个企业内部都有一条或几条供应链，包括从生产到发货的各个环节；另一层含义是一个企业必定处于市场更长的供应链之中，包括从供应商的供应商到顾客的顾客的每一个环节。供应链是企业赖以生存的商业循环系统，是企业电子商务中最重要的课题。统计数据表明，企业供应链可以耗费企业高达 25%的运营成本。

供应链管理至少包括以下六大应用功能：需求管理（预测和协作工具）、供应链计划（多工厂计划）、生产计划、生产调度、配送计划、运输计划。新型的供应链管理借助于 Internet 使这个“供应群”能够实现大规模的协作，成为企业降低成本、提高经营效率的关键。

供应链中的信息流覆盖了从供应商、制造商到分销商，再到零售商等供应链中的所有环节。其信息流分为需求信息流和供应信息流，这是两个不同流向的信息流。当需求信息（如客户订单、生产计划、采购合同等）从需方向供方流动时，便引发物流。同时供应信息（如入库单、完工报告单、库存记录、可供销售量、提货发运单等）又同物料一起沿着供应链从供方向需方流动。

由于供应链中的企业是一种协作关系和利益共同体，因而供应链中的信息获取渠道众多，对于需求信息来说既有来自顾客也有来自分销商和零售商的；供应信息则来自于各供应商，这些信息通过供应链信息系统而在所有的企业里流动与分享。对于单个企业情况来说，由于没有与上下游企业形成利益共同体，上下游企业也就没有为它提供信息的责任和动力，因此单个企业的信息获取则完全倚赖于自己的收集。

处于供应链核心环节的企业要将与自己业务有关（直接和间接）的上下游企业纳入一条环环相扣的供应链中，使多个企业能在一个整体的信息系统管理下实现协作经营和协调运作，把这些企业的分散计划纳入整个供应链的计划中，实现资源和信息共享，增强了该供应链在市场中的整体优势，同时也使每个企业均可实现以最小的个别成本和转换成本来获得成本优势。这种网络化的企业运作模式拆除了企业的围墙，将各个企业独立的信息孤岛连接在一起，通过网络、电子商务把过去分离的业务过程集成起来，覆盖了从供应商到客户的全部过程。对供应链中的企业进行流程再造，建立网络化的企业运作模式是建立企业间的供应链信息共享系统的基石。

7.4.5　产品数据管理

产品数据管理（Product Data Management，PDM）是一门用来管理所有与产品相关信息（包括零件信息、配置、文档、设计文件、结构、权限信息等）和所有与产品相关过程（包括过程定义和管理）的技术。

对于制造企业而言，虽然各单元的计算机辅助技术已经日益成熟，但都自成体系，彼此之间缺少有效的信息共享和利用，形成所谓的“信息孤岛”；并且随着计算机应用的飞速发展，随之而来的各种数据也急剧膨胀，对企业的相应管理形成巨大压力：数据种类繁多，数据重复冗余，数据检索困难，数据的安全性及共享管理等。许多企业已经意识到，实现信息的有序管理将成为在未来的竞争中保持领先的关键因素。在这一背景下产生了一项新的管理思想和技术 PDM，即以软件技术为基础，以产品为核心，实现对产品相关的数据、过程、资源一体化集成管理的技术。PDM 明确定位为面向制造企业，以产品为管理的核心，以数据、过程和资源为管理信息的三大要素。PDM 进行信息管理的两条主线是静态的产品结构和动态的产品设计流程，所有的信息组织和资源管理都是围绕产品设计展开的，这也是PDM系统有别于其他的信息管理系统的关键所在。

PDM的确是一种“管得很宽”的软件，凡是最终可以转换成计算机描述和存储的数据，它都可以加以管理。PDM可以广泛地应用于各工业领域中。但每个领域都有其自身的特点和需求，应用的层次要求和水平都不相同，因而并无万能的PDM系统可以包容。

在企业的信息集成过程中，PDM系统可以被看作是起到一个集成框架的作用，各种应用程序将通过各种各样的方式，如应用接口、开发（封装）等，直接作为一个个对象而被集成进来，使得分布在企业各个地方、在各个应用中使用（运行）的所有产品数据得以高度集成、协调、共享，所有产品研发过程得以高度优化或重组。

一个能够满足企业各方面应用的PDM产品应具有的九大功能，包括文档管理、工作流和过程管理、产品结构与配置管理、查看和批注、扫描和图像服务、设计检索和零件库、项目管理、电子协作、工具与“集成件”功能。

7.4.6 产品生命周期管理

产品生命周期管理（Product Lifecycle Management，PLM）是一种应用于在单一地点的企业内部、分散在多个地点的企业内部，以及在产品研发领域具有协作关系的企业之间的，支持产品全生命周期的信息的创建、管理、分发和应用的一系列应用解决方案，它能够集成与产品相关的人力资源、流程、应用系统和信息。

产品的生命周期一般包括五个阶段，分别是培育期、成长期、成熟期、衰退期、结束期。PLM通过培育期的研发成本最小化和成长期至结束期的企业利润最大化来达到降低成本和增加利润的目标。

1．三个层面

一般认为PLM实质上包含3个层面的概念，即PLM领域、PLM理念和PLM软件。PLM包含以下方面的内容：

（1）基础技术和标准（如可视化、协同和企业应用集成）；

（2）信息创建和分析的工具（如设计工具、计算机辅助软件工程、信息发布工具等）；

（3）核心功能（如数据仓库、文档和内容管理、工作流和任务管理等）；

（4）应用功能（如配置管理）；

（5）面向业务/行业的解决方案和咨询服务（如汽车和高科技行业）。

PLM主要包含3部分，即CAX软件（产品创新的工具类软件）、cPDM软件（产品创新的管理类软件，包括PDM和在网上共享产品模型信息的协同软件等）和相关的咨询服务。

从另一个角度而言，PLM是一种理念，即对产品从创建到使用，到最终报废等全生命周期的产品数据信息进行管理的理念。在PLM理念产生之前，PDM主要是针对产品研发过程的数据和过程的管理。而在PLM理念之下，PDM的概念得到延伸，成为cPDM，即基于协同的 PDM，可以实现研发部门、企业各相关部门，甚至企业间对产品数据的协同应用。

软件厂商推出的 PLM 软件是 PLM 第 3 个层次的概念。这些软件部分地覆盖了 CIMDATA 定义中 cPDM 应包含的功能，即不仅针对研发过程中的产品数据进行管理，同时也包括产品数据在生产、营销、采购、服务、维修等部门的应用。

2．与其他系统的关系

在 ERP、SCM、CRM 以及 PLM 这 4 个系统中，PLM 的成长和成熟花费了最长的时间，并且最不容易被人所理解。它也与其他系统有着较大的区别，这是因为迄今为止，它是唯一面向产品创新的系统，也是最具互操作性的系统。例如，如果企业为了制造的用途，使用 PLM 软件来真正管理一个产品的全生命周期，它需要与 SCM、CRM 特别是 ERP 进行集成。

从技术角度上来说，PLM 是一种对所有与产品相关的数据、在其整个生命周期内进行管理的技术。既然 PLM 与所有与产品相关的数据的管理有关，那么就必然与 PDM 密不可分，有着深刻的渊源关系，可以说 PLM 完全包含了 PDM 的全部内容，PDM 功能是 PLM 中的一个子集。但是 PLM 又强调了对产品生命周期内跨越供应链的所有信息进行管理和利用的概念，这是与 PDM 的本质区别。首先要理解到，由于 PLM 策略是完全从事于不同的商业使命，因而它需要更复杂的系统架构。

7.4.7　知识管理

法拉普多（Frappuolo）认为，知识应有外部化、内部化、中介化和认知化 4 种功能。外部化是从外部获取知识，并按照一定的分类将它组织起来，其目的是让想拥有知识的人拥有通过内部化和中介化而获得的知识。内部化和中介化所关注的分别主要是可表述知识和隐含类知识（或称为意会知识）的转移。认知化则是将通过上述 3 种功能获得的知识加以应用，是知识管理的终极目标。

1．知识管理概述

知识管理就是对有价值的信息进行管理，包括知识的识别、获取、分解、储存、传递、共享、价值评判和保护，以及知识的资本化和产品化。希赛教育专家提示：虽然知识管理经常需要 IT 技术帮助，但是知识管理本身不是一门技术。

知识管理主要涉及 4 个方面：

（1）自上而下地监测、推动与知识有关的活动。

（2）创造和维护知识基础设施。

（3）更新组织和转化知识资产。

（4）使用知识以提高其价值。

知识管理的目标包括 6 个方面：

（1）知识发布，以使一个组织内的所有成员都能应用知识。

（2）确保知识在需要时是可得的。

（3）推进新知识的有效开发。

（4）支持从外部获取知识。

（5）确保知识、新知识在组织内的扩散。

（6）确保组织内部的人知道所需的知识在何处。

2．知识的分类

知识可分为两类，分别是显性知识（explicit knowledge）与隐性知识（tacit knowledge）。

凡是能以文字与数字来表达，而且以资料、科学法则、特定规格及手册等形式展现者皆属显性知识。这种知识随时都可在个人之间正式而有系统地相互传送。显性知识管理是一个战略过程，有5个步骤对实现显性知识的有效管理而言是必需的，即采集、过滤、组织、传播、应用。确保显性知识适当地传播的两个重要因素是交流的便利和组织文化的开发。

隐性知识是指难以表达、隐含于过程和行动中的非结构化知识，是知窍（Know-how，技能知识）和知人（Know-who，人力知识）两方面的知识，具体表现为个人的技能、经验或诀窍、心智模式、解决问题的方式和组织惯例。隐性知识是相当个人化而富弹性的东西，因人而异，很难用刻板的公式来加以说明，因而也就难以流传或与别人分享。个人主观的洞察力、直觉与预感等皆属隐性知识。隐性知识深植于个人的行动与经验之中，同时也贮藏在一个人所抱持的理想与价值或所珍惜的情怀之中。隐性知识有下列两个层面：

（1）技术层面：包括一些非正式的个人技巧或技艺。

（2）认知层面：包括信念、理想、价值、心意与心智模型等深植于内心深处，而经常视为理所当然的东西。隐性知识的这个认知层面虽然难以明说，但却深深地影响人们对这个世界的看法。

隐性知识共享的方法主要有编码化、面对面交流、人员轮换和网络。编码化是指将知识进行编码（文档化），以促进知识流动，并且有利于个人知识和局部知识转化为组织级的知识。

3．知识管理工具

知识管理工具是实现知识的生成、编码和转移技术的集合。知识工具不是仅以计算机为基础的技术集合，只要是能够对知识的生成、编码和传送有帮助的技术和方法都可以称为知识工具。

知识管理工具和数据/信息管理工具有很大区别，知识管理工具不仅仅是数据/信息管理工具的简单改进。从这3种工具的功能来看，数据管理工具处理的重点支持企业运营的“原材料”，如销售数据，库存记录等基本数据。它通过数据图表的方式，使组织能够生成、访问、存储和分析数据。数据管理工具包括数据库、数据仓库、搜索引擎和数据建模工具。信息管理工具主要用于信息处理，例如，自动化的信息搜索代理、决策支持技术、经理信息系统和文档管理系统。因此，数据/信息管理工具与知识管理工具最大的区别在于能否为使用者提供理解信息的语境，以及各种信息之间的相互关系。

知识管理工具是实现知识的生成、编码和转移的手段和方法。知识管理工具不仅具备数据、信息管理工具的全部功能，而且能为使用者提供理解信息的语境，以及各种信息之间的相互关系。通常，可以把知识管理工具分为知识生成工具、知识编码工具和知识转移工具三大类。知识生成工具包括知识获取、知识合成和知识创新三大功能。知识编码则是通过标准的形式表现知识，使知识能够方便地被共享和交流。知识的转移工具就是要使知识能在组织内传播、分享。

4．知识管理系统

知识管理不同于信息管理，也不是资源的管理，它是通过知识共享、运用集体的智慧提高应变和创新能力的。知识管理系统注重的是，让知识工作者可以通过网络随时随地地方便得到自己所需要的各种各样经过提炼和加工后的信息，经过对信息的深层次加工后形成有用的知识。知识管理通过数据中心建立的完善的数据仓库，对数据进行深层次的挖掘、统计分析，从而构造一个决策支持智能化知识库系统。而信息管理只是简单地对大容量信息进行提取和再现，对信息的加工层次较浅，一般不具备信息有机合成与知识提取的功能。

在知识管理系统中，每个人既是信息的受益者，也是信息的缔造者。知识管理系统涵盖全面的信息处理，包括信息的发布、信息的分类、信息的采集、信息的搜索、信息的加工，传统的信息系统只涵盖部分的信息处理。

7.4.8　企业应用集成

企业应用集成（Enterprise Application Integration，EAI）是伴随着企业信息系统的发展而产生和演变的。企业的价值取向是推动应用集成技术发展的原动力，而应用集成的实现反过来也驱动公司竞争优势的提升。EAI 技术是将过程、软件、标准和硬件联合起来，在两个或更多的企业信息系统之间实现无缝集成，使它们就像一个整体一样。EAI 一般表现为对一个商业实体（例如一家公司）的信息系统进行业务应用集成，但当遇到多个企业系统之间进行商务交易时，EAI 也表现为不同公司实体之间的企业系统集成，例如 B2B 的电子商务。

EAI 主要包括两个方面，分别是企业内部应用集成和企业间应用集成。

1．企业内的集成

企业内的应用集成，就是要解决在企业内部业务流程和数据流量，包括业务流程是否进行自动流转，或怎样流转，以及业务过程的重要性。对于应用集成，这点非常重要，因为从本质上讲，企业应用集成就是维持数据正确而自动地流转。同时，不同的 EAI 解决方案采取不同的技术途径，而不同的技术途径也就决定了 EAI 处于不同的层次，从应用和技术上综合考虑，EAI分为界面集成、平台集成、数据集成、应用集成和过程集成。

（1）界面集成。这是比较原始和最浅层次的集成，但又是常用的集成。这种方法就是把用户界面作为公共的集成点，把原有零散的系统界面集中在一个新的、通常是浏览器的界面之中。

（2）平台集成。这种集成要实现系统基础的集成，使得底层的结构、软件、硬件以及异构网络的特殊需求都必须得到集成。平台集成要应用一些过程和工具，以保证这些系统进行快速安全的通信。

（3）数据集成。为了完成应用集成和过程集成，必须首先解决数据和数据库的集成问题。在集成之前，必须首先对数据进行标识并编成目录，另外还要确定元数据模型，保证数据在数据库系统中分布和共享。

（4）应用集成。这种集成能够为两个应用中的数据和函数提供接近实时的集成。例如，在一些B2B集成中实现CRM系统与企业后端应用和Web的集成，构建能够充分利用多个业务系统资源的电子商务网站。

（5）过程集成。当进行过程集成时，企业必须对各种业务信息的交换进行定义、授权和管理，以便改进操作、减少成本、提高响应速度。过程集成包括业务管理、进程模拟等，还包括业务处理中每一步都需要的工具。

2．企业间应用集成

EAI技术可以适用于大多数要实施电子商务的企业，以及企业之间的应用集成。EAI使得应用集成架构里的客户和业务伙伴，都可以通过集成供应链内的所有应用和数据库实现信息共享。

传统的电子商务应用了诸如电子数据交换和专用增值网络技术。然而今天，大多数电子商务则采用了实时性更强的、基于Internet的技术，如基于Internet的消息代理技术、应用服务器，以及像XML（eXtensible Markup Language，可扩展标记语言）等新的数据交换标准。许多公司的供应链系统也可能包括交易系统，新的EAI技术可以首先在交易双方之间创建连接，然后再共享数据和业务过程。

3．集成模式

目前市场主流的集成模式有3种，分别是面向信息的集成技术、面向过程的集成技术和面向服务的集成技术。

在数据集成的层面上，信息集成技术仍然是必选的方法。信息集成采用的主要数据处理技术有数据复制、数据聚合和接口集成等。其中，接口集成仍然是一种主流技术。它通过一种集成代理的方式实现集成，即为应用系统创建适配器作为自己的代理，适配器通过其开放或私有接口将信息从应用系统中提取出来，并通过开放接口与外界系统实现信息交互，而假如适配器的结构支持一定的标准，则将极大的简化集成的复杂度，并有助于标准化，这也是面向接口集成方法的主要优势来源。标准化的适配器技术可以使企业从第三方供应商获取适配器，从而使集成技术简单化。

面向过程的集成技术其实是一种过程流集成的思想，它不需要处理用户界面开发、数据库逻辑、事务逻辑等，而只是处理系统之间的过程逻辑，和核心业务逻辑相分离。在结构上，面向过程的集成方法在面向接口的集成方案之上，定义了另外的过程逻辑层；而在该结构的底层，应用服务器、消息中间件提供了支持数据传输和跨过程协调的基础服务。对于提供集成代理、消息中间件以及应用服务器的厂商来说，提供用于业务过程集成是对其产品的重要拓展，也是目前应用集成市场的重要需求。

基于 SOA（Service Oriented Architecture，面向服务架构）和 Web Service（Web 服务）技术的应用集成是业务集成技术上的一次重要的变化，被认为是新一代的应用集成技术。集成的对象是一个个的 Web 服务或者是封装成 Web 服务的业务处理。Web 服务技术由于是基于最广为接受的、开放的技术标准（如 HTTP、SMTP 等），支持服务接口描述和服务处理的分离、服务描述的集中化存储和发布、服务的自动查找和动态绑定以及服务的组合，成为新一代面向服务的应用系统的构建和应用系统集成的基础设施。

7.4.9 商业智能

商业智能（Business Intelligence，BI）是企业对商业数据的搜集、管理和分析的系统过程，目的是使企业的各级决策者获得知识或洞察力，帮助他们做出对企业更有利的决策。BI 技术并不是基础技术或者产品技术，它是数据仓库、OLAP 和数据挖掘等相关技术走向商业应用后形成的一种应用技术。

BI 系统主要实现将原始业务数据转换为企业决策信息的过程。与一般的信息系统不同，它在处理海量数据、数据分析和信息展现等多个方面都具有突出的性能。

一般认为数据仓库、OLAP 和数据挖掘技术是 BI 的三大组成部分。BI 系统主要包括数据预处理、建立数据仓库、数据分析及数据展现四个主要阶段。数据预处理是整合企业原始数据的第一步，它包括数据的抽取、转换和装载 3 个过程。建立数据仓库则是处理海量数据的基础。数据分析是体现系统智能的关键，一般采用 OLAP 和数据挖掘两大技术。联机分析处理不仅进行数据汇总/聚集，同时还提供切片、切块、下钻、上卷和旋转等数据分析功能，用户可以方便地对海量数据进行多维分析。数据挖掘的目标则是挖掘数据背后隐藏的知识，通过关联分析、聚类和分类等方法建立分析模型，预测企业未来发展趋势和将要面临的问题。在海量数据和分析手段增多的情况下，数据展现则主要保障系统分析结果的可视化。

7.4.10 企业门户

按照实际应用领域，企业门户可以划分为 3 类：信息门户、知识门户和应用门户。

1．信息门户

企业信息门户（Enterprise Information Portal，EIP）的基本作用是为人们提供企业信息，它强调对结构化与非结构化数据的收集、访问、管理和无缝集成。这类门户必须提供数据查询、分析、报告等基本功能，企业员工、合作伙伴、客户、供应商都可以通过企业信息门户非常方便地获取自己所需的信息。

对访问者来说，企业信息门户提供了一个单一的访问入口，所有访问者都可以通过这个入口获得个性化的信息和服务，可以快速了解企业的相关信息。对企业来说，信息门户既是一个展示企业的窗口，也可以无缝地集成企业的业务内容、商务活动、社区等，动态地发布存储在企业内部和外部的各种信息，同时还可以支持网上的虚拟社区，访问者可以相互讨论和交换信息。

在目前企业门户的应用中，信息门户被企业所广泛认同。实际上，各企业建立的企业网站都可以算做企业信息门户的雏形。

2．知识门户

企业知识门户（Enterprise Knowledge Portal，EKP）是企业员工日常工作所涉及相关主题内容的“总店”。企业员工可以通过它方便地了解当天的最新消息、工作内容、完成这些工作所需的知识等。通过企业知识门户，任何员工都可以实时地与工作团队中的其他成员取得联系，寻找到能够提供帮助的专家或者快速地连接到相关的门户。

不难看出，企业知识门户的使用对象是企业员工，它的建立和使用可以大大提高企业范围内的知识共享，并由此提高企业员工的工作效率。当然，企业知识门户还应该具有信息搜集、整理、提炼的功能，可以对已有的知识进行分类，建立企业知识库并随时更新知识库的内容。目前，一些咨询、服务型企业已经开始建立企业知识门户。

3．应用门户

企业应用门户（Enterprise Application Portal，EAP）实际上是对企业业务流程的集成。它以商业流程和企业应用为核心，把商业流程中功能不同的应用模块通过门户技术集成在一起。从某种意义上说，可以把企业应用门户看成是企业信息系统的集成界面。企业员工和合作伙伴可以通过企业应用门户访问相应的应用系统，实现移动办公、进行网上交易等。

以上三类门户虽然能满足不同应用的需求，但随着企业信息系统复杂程度的增加，越来越多的企业需要能够将以上三类门户有机地整合在一起的通用型企业门户。按照IDC的定义，通用型的企业门户应该随访问者角色的不同，允许其访问企业内部网上的相应应用和信息资源。除此之外，企业门户还要提供先进的搜索功能、内容聚合能力、目录服务、安全性、应用/过程/数据集成、协作支持、知识获取、前后台业务系统集成等多种功能。给企业员工、客户、合作伙伴、供应商提供一个虚拟的工作场所。

7.4.11 电子政务

电子政务就是政府机构应用现代信息和通信技术，将管理和服务通过网络技术进行集成，在互联网上实现政府组织结构和工作流程的优化重组，超越时间和空间及部门之间的分隔限制，向社会提供优质和全方位的、规范而透明的、符合国际水准的管理与服务。电子政务的主要模式有 4 种：

（1）G2G（Government To Government，政府对政府）：政府内部、政府上下级之间、不同地区和不同职能部门之间实现的电子政务活动。G2G 模式是电子政务的基本模式，包括电子法规政策系统、电子公文系统、电子司法档案系统、电子财政管理系统、电子办公系统、电子培训系统和业绩评价系统等。

（2）G2E（Government To Employee，政府对公务员）：政府与公务员（即政府雇员）之间的电子政务，主要是利用 Intranet 建立起有效的行政办公和员工管理体系，为提高政府工作效率和公务员管理水平服务。G2E 是政府机构通过网络技术实现内部电子化管理的重要形式，也是电子政务的其他模式的基础。

（3）G2B（Government To Business，政府对企业）：政府与企业之间的电子政务，包括电子采购与招标、电子税务、电子证照办理、信息咨询服务和中小企业电子服务等。

（4）G2C（Government To Citizen，政府对公民）：政府与公民之间的电子政务，是指政府通过电子网络系统为公民提供各种服务。包括教育培训服务、就业服务、电子医疗服务、社会保险网络服务、公民信息服务、交通管理服务、公民电子税务和电子证件服务等。

7.4.12　电子商务

电子商务是指买卖双方利用现代开放的 Internet 网络，按照一定的标准所进行的各类商业活动，主要包括网上购物、企业之间的网上交易和在线电子支付等新型的商业运营模式。狭义的电子商务是指利用 Web 提供的通信手段在网上买卖产品或提供服务；广义的电子商务除了以上内容外，还包括企业内部的商务活动，如生产、管理、财务等，以及企业间的商务活动，即把买家、卖家、厂家和合作伙伴通过 Internet、Intranet 和 Extranet 连接起来所开展的业务。

电子商务分 3 个方面，即电子商情广告、电子选购和交易，电子交易凭证的交换、电子支付与结算，以及网上售后服务等。参与电子商务的实体有 4 类：顾客（个人消费者或集团购买）、商户（包括销售商、制造商和储运商）、银行（包括发卡行和收单行）及认证中心。电子商务主要有 3 种模式：

（1）B2B（Business To Business，企业对企业）是指企业与企业之间通过互联网进行产品、服务及信息的交换。B2B 电子商务模式包括两种基本模式，一种是企业之间直接进行的电子商务（如制造商的在线采购和在线供货等），另一种是通过第三方电子商务网站平台进行的商务活动。

（2）B2C（Business To Customer，企业对个人）是商家对消费者，也就是通常说的商业零售，即直接面向消费者销售产品和服务。最具有代表性的 B2C 电子商务模式就是网上零售网站。B2C 电子商务的模式并不是唯一的，专门依靠网站开展网上零售只是 B2C 电子商务的一种形式，企业网站也可以开设面向消费者的在线直接销售，这也是

B2C 电子商务的表现形式。

（3）C2C（Customer To Customer，个人对个人）是消费者对消费者的交易，简单地说就是消费者本身提供服务或产品给消费者，最常见的形态就是个人工作者提供服务给消费者，如保险从业人员、促销人员的在线服务及销售网点或是商品竞标网站。此类网站非企业对消费者，而是由提供服务的消费者与需求服务的消费者私下达成交易的方式。C2C 商务平台就是通过为买卖双方提供一个在线交易平台，使卖方可以主动提供商品上网拍卖，而买方可以自行选择商品进行竞价。

7.5　例题分析

为了帮助考生了解考试中有关信息系统建设方面的试题题型，本节讨论 5 道典型的试题。

例题 1

企业应用集成通过采用多种集成模式构建统一标准的基础平台，将具有不同功能和目的且独立运行的企业信息系统联合起来。其中，面向____的集成模式强调处理不同应用系统之间的交互逻辑，与核心业务逻辑相分离，并通过不同应用系统之间的协作共同完成某项业务功能。

A．数据　　B．接口　　C．过程　　D．界面

例题 1 分析

本题考查企业应用集成的方式和特点。

企业应用集成通过采用多种集成模式，构建统一标准的基础平台，将具有不同功能和目的而又独立运行的企业信息系统联合起来。目前市场上主流的集成模式有 3 种，分别是面向信息的集成、面向过程的集成和面向服务的集成。其中面向过程的集成模式强调处理不同应用系统之间的交互逻辑，与核心业务逻辑相分离，并通过不同应用系统之间的协作共同完成某项业务功能。

例题 1 答案

C

例题 2

希赛公司欲开发一个门户系统，该系统以商业流程和企业应用为核心，将商业流程中不同的功能模块通过门户集成在一起，以提高公司的集中贸易能力、协同能力和信息管理能力。根据这种需求，采用企业_____门户解决方案最为合适。

A．信息　　B．知识　　C．应用　　D．垂直

例题 2 分析

按照实际应用领域，企业门户可以划分为四类，分别是企业网站、企业信息门户、企业知识门户和企业应用门户。

（1）企业网站。随着互联网的兴起，企业纷纷建立自己的网站，供用户或企业员工浏览。这些网站往往功能简单，注重信息的单向传送，忽视用户与企业间、用户相互之间的信息互动。这些网站面向特定的使用人群，为企业服务，因此，可以被看作是 EP 发展的雏形。

（2）企业信息门户。企业信息门户（Enterprise Information Portal，EIP）是指在 Internet 环境下，把各种应用系统、数据资源和互联网资源统一集成到 EP 之下，根据每个用户使用特点和角色的不同，形成个性化的应用界面，并通过对事件和消息的处理传输把用户有机地联系在一起。EIP 不仅仅局限于建立一个企业网站，提供一些企业和产品/服务的信息，更重要的是要求企业能实现多业务系统的集成，能对客户的各种要求做出快速响应，并且能对整个供应链进行统一管理。企业员工、合作伙伴、客户、供应商都可以通过 EIP 非常方便地获取自己所需的信息。对访问者来说，EIP 提供了一个单一的访问入口，所有访问者都可以通过这个入口获得个性化的信息和服务，可以快速了解企业的相关信息；对企业来说，EIP 既是一个展示企业的窗口，也可以无缝地集成企业的业务内容、商务活动、社区等，动态地发布存储在企业内部和外部的各种信息，同时还可以支持网上的虚拟社区，访问者可以相互讨论和交换信息。

（3）企业知识门户。企业知识门户（Enterprise Knowledge Portal，EKP）是企业员工日常工作所涉及相关主题内容的“总店”。企业员工可以通过 EKP 方便地了解当天的最新消息、工作内容、完成这些工作所需的知识等。通过 EKP，任何员工都可以实时地与工作团队中的其他成员取得联系，寻找到能够提供帮助的专家或者快速地连接到相关的门户。不难看出，EKP 的使用对象是企业员工，它的建立和使用可以大大提高企业范围内的知识共享，并由此提高企业员工的工作效率。当然，EKP 还应该具有信息搜集、整理、提炼的功能，可以对已有的知识进行分类，建立企业知识库并随时更新知识库的内容。目前，一些咨询和服务型企业已经开始建立企业知识门户。

（4）企业应用门户。企业应用门户（Enterprise Application Portal，EAP）实际上是对企业业务流程的集成。它以业务流程和企业应用为核心，把业务流程中功能不同的应用模块通过门户技术集成在一起。从某种意义上说，可以把 EAP 看成是企业信息系统的集成界面。企业员工和合作伙伴可以通过 EAP 访问相应的应用系统，实现移动办公、进行网上交易等。

例题 2 答案

C

例题 3

客户关系管理（CRM）系统将市场营销的科学管理理念通过信息技术的手段集成在软件上，能够帮助企业构建良好的客户关系。以下关于 CRM 系统的叙述中，错误的是_____。

A．销售自动化是 CRM 系统中最基本的模块

B．营销自动化作为销售自动化的补充，包括营销计划的编制和执行、计划结果分析等

C．CRM 系统能够与 ERP 系统在财务、制造、库存等环节进行连接，但两者关系相对松散，一般不会形成闭环结构

D．客户服务与支持是 CRM 系统的重要功能。目前，客户服务与支持的主要手段是通过呼叫中心和互联网来实现

例题 3 分析

客户关系管理（CRM）系统将市场营销的科学管理理念通过信息技术的手段集成在软件上，能够帮助企业构建良好的客户关系。在客户管理系统中，销售自动化是其中最为基本的模块，营销自动化作为销售自动化的补充，包括营销计划的编制和执行、计划结果分析等功能。客户服务与支持是 CRM 系统的重要功能。目前，客户服务与支持的主要手段有两种，分别是呼叫中心和互联网。CRM 系统能够与 ERP 系统在财务、制造、库存等环节进行连接，两者之间虽然关系比较独立，但由于两者之间具有一定的关系，因此会形成一定的闭环反馈结构。

例题 3 答案

C

例题 4

运用信息技术进行知识的挖掘和_____的管理是企业信息化建设的重要活动。

A．业务流程　　B．IT 基础设施　　C．数据架构　　D．规章制度

例题 4 分析

企业信息化建设是通过 IT 技术的部署来提高企业的生产运维效率，从而降低经营成本。这个过程中业务流程的管理与知识的挖掘是重要的活动。因为在进行信息化过程中，由于计算机技术的引入，使得企业原本手工化的业务流程需要优化，从而适应计算机化的快速处理。同时从企业已积累的资源库中，挖掘有价值的信息，也是信息化建设的重点，这些知识的挖掘，能给企业带来丰厚的利润。

例题 4 答案

A

例题 5

ERP 中的企业资源包括______。

A．物流、资金流和信息流　　B．物流、工作流和信息流

C．物流、资金流和工作流　　D．资金流、工作流和信息流

例题 5 分析

本题考查信息化中 ERP 的相关知识。

无论是在 ERP 中，还是在电子商务中，都有“三流”和“四流”的提法。

三流指的是：物流、资金流和信息流，其中信息流是核心，而资金流与物流是辅助。

若提到四流，则是在三流的基础之上加了商流。

例题 5 答案

A

第 8 章 系统开发基础知识

系统开发知识是系统架构设计师考试的重点，无论是信息系统综合知识考试，还是案例分析试题和论文试题，重点都将落在系统开发知识上，因此，考生必须要掌握本章的内容。

8.1 考点分析

根据考试大纲，在系统开发知识方面，要求考生掌握以下知识点：

1．信息系统综合知识

（1）开发管理：包括项目的范围、时间、成本；文档管理工作、配置管理；软件开发的质量与风险，软件的运行与评价；软件过程改进。

（2）需求管理：包括需求变更、需求跟踪、需求变更风险管理。

（3）软件开发方法：包括软件开发生命周期、软件开发模型（瀑布模型、演化模型、增量模型、螺旋模型、原型、构件组装模型、RUP、敏捷方法）、构件与软件重用、逆向工程、形式化方法。

（4）软件开发环境与工具：包括集成开发环境、开发工具（建模工具、分析设计工具、编程工具、测试工具、项目管理工具等）。

（5）设计方法：包括分析设计图示（DFD、ERD、UML、流程图、NS 图、PAD），结构化分析与设计，模块设计，面向对象的分析与设计，I/O 设计、人机界面设计，设计模式。

（6）基于构件的开发：包括构件的概念与分类、中间件技术、典型应用架构（J2EE、.NET）。

（7）应用系统构建：包括应用系统设计与开发（分析与设计方法的使用、外部设计、内部设计、程序设计、测试）。软件包的使用（开发工具、运行管理工具、业务处理工具、ERP、群件、OA 工具）。

（8）测试与评审：包括测试评审方法，验证与确认（V&V），测试自动化，测试设计和管理方法。

2．系统架构设计案例分析

（1）系统规划：包括系统项目的提出与可行性分析；系统方案的制定、评价和改进；新旧系统的分析和比较；现有软件、硬件和数据资源的有效利用。

（2）系统设计：包括处理流程设计；人机界面设计；文件设计；存储设计；数据库

设计；网络应用系统的设计；系统运行环境的集成与设计；中间件、应用服务器；性能设计与性能评估，系统转换计划。

（3）软件系统建模：包括系统需求；建模的作用和意义；定义问题（目标、功能、性能等）与归结模型（静态结构模型、动态行为模型、物理模型）；结构化系统建模、数据流图；面向对象系统建模；统一建模语言；数据库建模、E-R图；逆向工程。

3．系统架构设计论文

（1）系统建模：包括定义问题与归结模型；结构化系统建模；面向对象系统建模；数据库建模。

（2）系统设计：包括处理流程设计；系统人机界面设计；文件设计、存储设计；数据库设计；网络应用系统的设计；系统运行环境的集成与设计；系统性能设计；中间件、应用服务器。

在以上知识点中：

（1）有关数据库设计、数据库建模、E-R图等与数据库相关的知识点，我们已经在第2章进行了介绍。

（2）有关网络应用系统设计的知识，我们已经在第4章进行了介绍。

（3）有关性能设计与性能评估方面的知识，我们已经在第6章进行了介绍。

（4）有关面向对象建模、面向对象分析与设计、统一建模语言等与面向对象方法相关的知识点，我们将在第9章中进行介绍。

（5）有关构件与软件重用、基于构件的开发、中间件、应用服务器、典型应用架构等技术，我们将在第10章进行介绍。

（6）有关开发管理方面的内容，我们将在第11章进行介绍。

（7）有关设计模式方面的知识点，将在第12章介绍。

（8）其他的知识点在本章中进行介绍。

8.2 软件开发生命周期

《GB/T 8566—2001 信息技术 软件生存周期过程》（IDT ISO/IEC 12207-1995）规定了在含有软件的系统、独立软件产品和软件服务（软件包括固件的软件部分）的获取期间，以及在软件产品的供应、开发、运作和维护期间需应用的过程、活动和任务。过程指一系列活动、任务和它们之间的关系，它们共同把一组输入转换成所需要的输出。活动是一个过程的组成元素，任务是构成活动的基本元素，由若干个任务构成一项活动。

该标准还提供一种过程，这种过程能用来确定、控制和改进软件生存周期过程，软件生存周期的过程、活动和任务如表8-1所示。

表 8-1　软件生存周期的过程、活动和任务

过　程　名		主要活动和任务描述
主要过程	获取过程	定义、分析需求或委托供方进行需求分析而后认可；招标准备；合同准备以及验收
	供应过程	评审需求；准备投标，签定合同，制订并实施项目计划，开展评审及评价，交付产品
	开发过程	过程实施；系统需求分析、系统结构设计、软件需求分析、软件结构设计、软件详细设计、软件编码和测试、软件集成、软件合格测试、系统集成、系统合格测试、软件安装及软件验收支持
	运行过程	制订并实施运行计划；运行测试、系统运行、对用户提供帮助和咨询
	维护过程	问题和变更分析、实施变更、维护评审及维护验收、软件移植及软件退役
支持过程	文档编制过程	设计文档编制标准；确认文档输入数据的来源和适宜性，文档的评审及编辑，文档发布前的批准，文档的生产与提交、储存和控制，文档的维护
	配置管理过程	配置标志；配置控制、记录配置状态、评价配置、发行管理与交付
	质量保证过程	软件产品的质量保证；软件过程的质量保证，以及按 ISO 9001 标准实施的质量体系保证
	验证过程	合同、过程、需求、设计、编码、集成和文档等的验证
	确认过程	为分析测试结果实施特定的测试，确认软件产品的用途，测试软件产品的适用性
	联合评审过程	实施项目管理评审（项目计划、进度、标准、指南等的评价），技术评审（评审软件产品的完整性、标准符合性等）
	审计过程	审核项目是否符合需求、计划、合同，以及规格说明和标准
	问题解决过程	分析和解决开发、运行、维护或其他过程中出现的问题，提出响应对策，使问题得到解决
组织过程	管理过程	制定计划；监控计划的实施，评价计划实施，涉及有关过程的产品管理、项目管理和任务管理
	基础设施过程	为其他过程所需的硬件、软件、工具、技术、标准，以及开发、运行或维护所用的各种基础设施的建立和维护服务
	改进过程	对整个软件生存期过程进行评估、度量、控制和改进
	培训过程	制订培训计划；编写培训资料；培训计划的实施

8.3　软件开发方法

软件方法学是以软件开发方法为研究对象的学科。从开发风范上看，软件方法学可分为自顶向下开发方法和自底向上开发方法。自顶向下开发方法强调开发过程是由问题到解答、由总体到局部、由一般到具体；自底向上开发方法从系统实现的最基础部分着手，由简单到复杂，逐层向上构造，直至得到所需的软件。

从性质上看，软件方法学可分为形式化方法与非形式化方法。形式化方法是建立在严格数学基础上的软件开发方法。在软件开发的各个阶段中，凡是采用严格的数学语言，具有精确的数学语义的方法，称为形式化方法。采用形式化方法可避免系统中的歧义性、不完全性和不一致性。而非形式化方法则不把严格作为其主要着眼点。

从适用范围上看，软件方法学可分为整体性方法和局部性方法。整体性方法适用于软件开发的全过程，例如，自顶向下方法、自底向上方法、软件自动化方法等；局部性方法适用于软件开发过程的某个具体阶段，例如，各种需求分析方法、设计方法等。

软件自动化方法是尽可能借助计算机系统实现软件开发的方法。也可狭义地理解为从形式的软件功能规约到可执行的程序代码这一过程的自动化，其实现途径主要有过程途径（过程实现）、演绎途径（演绎综合）、转换途径（程序转换）和归纳途径（归纳综合）等。

8.3.1 净室方法

净室软件工程（净室方法）是软件开发的一种形式化方法，它可以生成高质量的软件。它使用盒结构规约进行分析和设计建模，并且强调将正确性验证（而不是测试）作为发现和消除错误的主要机制，使用统计的测试来获取认证被交付的软件的可靠性所必需的出错率信息。

净室方法从使用盒结构表示的分析和设计模型入手，一个“盒”在某特定的抽象层次上封装系统（或系统的某些方面）。通过逐步求精的过程，盒被精化为层次，其中每个盒具有引用透明性：每个盒规约的信息内容对定义其精华是足够的，不需要信赖于任何其他盒的实现。这使得分析人员能够层次地划分一个系统，从在顶层的本质表示转移向在底层的实现特定的细节。净室方法主要使用以下 3 种盒类型：

（1）黑盒。这种盒刻划系统或系统的某部分的行为。通过运用由激发得到反应的一组变迁规则，系统（或部分）对特定的激发（事件）作出反应。

（2）状态盒。这种盒以类似于对象的方式封装状态数据和服务（操作）。在这个规约视图中，表示出状态盒的输入（激发）和输出（反应）。状态盒也表示黑盒“激活历史”，即，封装在状态盒中的，必须在蕴含的变迁间保留的数据。

（3）清晰盒。在清晰盒中定义状态盒所蕴含的变迁功能，简单地说，清晰盒包含了对状态盒的过程设计。

一旦完成了盒结构设计，则运用正确性验证。软件构件的过程设计被划分为一系列子函数，为了证明每个子函数的正确性，要为每个函数定义出口条件并实施一组子证明。如果每个出口条件均被满足，则设计一定是正确的。

一旦完成了正确性验证，便开始统计的使用测试。和传统测试不同，净室软件工程并不强调单元测试或集成测试，而是通过定义一组使用场景、确定对每个场景的使用概率及定义符合概率的随机测试来进行软件测试（这种活动称为正确性验证）。将产生的错误记录和取样、构件和认证模型相结合使得可以数学地计算软件构件的可靠性（这种活动称为基于统计的测试）。

希赛教育专家提示：净室方法是一种严格的软件工程方法，它是一种强调正确性的数学验证和软件可靠性的认证的软件过程模型，其目标和结果是非常低的出错率，这是使用非形式化方法难以实现或不可能达到的。

8.3.2 结构化方法

结构化方法属于自顶向下的开发方法，其基本思想是“自顶向下，逐步求精”，强调开发方法的结构合理性及所开发软件的结构合理性。结构是指系统内各个组成要素之间的相互联系、相互作用的框架。结构化开发方法提出了一组提高软件结构合理性的准则，如分解与抽象、模块独立性、信息隐蔽等。针对软件生存周期各个不同的阶段，它包括了结构化分析（Structured Analysis，SA）、结构化设计（Structured Design，SD）和结构化程序设计（Structured Programing，SP）等方法。本章后续介绍的分析、设计、测试等内容，都是以结构化方法为基础的。

1．结构化方法的基本原则

为保证系统开发的顺利进行，结构化方法强调遵循以下几个基本原则：

（1）面向用户的观点。在开发过程中，开发人员应该始终与用户保持联系，从调查研究入手，充分理解用户的信息需求和业务活动，不断地让用户了解工作的进展情况，校准工作方向。

（2）严格区分工作阶段，每个阶段有明确的任务和应得的成果。

（3）按照系统的观点，自顶向下地完成系统的开发工作。

（4）充分考虑变化的情况。在系统设计中，把系统的可变更性放在首位。

（5）工作成果文献化、文档化。

2．结构化分析

SA 方法使用抽象模型的概念，按照软件内部数据传递、变换的关系，自顶向下、逐层分解，直至找到满足功能要求的所有可实现的软件为止。SA 方法给出一组帮助系统分析人员产生功能规约的原理与技术。它一般利用图形表达用户需求，使用的手段主要有数据流图、数据字典、结构化语言、判定表及判定树等。

SA 方法的步骤如下：

（1）分析当前的情况，做出反映当前物理模型的数据流图（Data Flow Diagram，DFD）。

（2）推导出等价的逻辑模型的 DFD。

（3）设计新的逻辑系统，生成数据字典和基元描述。

（4）建立人机接口，提出可供选择的目标系统物理模型的 DFD。

（5）确定各种方案的成本和风险等级，据此对各种方案进行分析。

（6）选择一种方案。

（7）建立完整的需求规约。

3．结构化设计

SD方法给出一组帮助设计人员在模块层次上区分设计质量的原理与技术。它通常与SA方法衔接起来使用，以数据流图为基础得到软件的模块结构。SD方法尤其适用于变换型结构和事务型结构的目标系统。在设计过程中，它从整个程序的结构出发，利用模块结构图表述程序模块之间的关系。

SD方法的步骤如下：

（1）评审和细化数据流图。

（2）确定数据流图的类型。

（3）把数据流图映射到软件模块结构，设计出模块结构的上层。

（4）基于数据流图逐步分解高层模块，设计中下层模块。

（5）对模块结构进行优化，得到更为合理的软件结构。

（6）描述模块接口。

SD方法的设计原则是：

（1）使每个模块执行一个功能（坚持功能性内聚）。

（2）每个模块使用过程语句（或函数方式等）调用其他模块。

（3）模块间传送的参数作为数据使用。

（4）尽量减少模块间共用的信息（如参数等）。

4．结构化方法的缺点

结构化方法是目前最成熟、应用较广泛的一种工程化方法。当然，这种方法也有不足和局限性：

（1）开发周期长。一方面使用户在较长的时间内不能得到一个可实际运行的物理系统，另一方面难于适应环境变化。

（2）早期的结构化方法注重系统功能，兼顾数据结构方面不多。

（3）结构化程度较低的系统，在开发初期难于锁定功能要求。

这些问题在应用中有的已经解决，同时也产生了其他一些方法，例如原型法、面向对象方法等。

8.3.3 面向对象方法

面向对象方法是当前的主流开发方法，拥有大量不同的方法，主要包括OMT（Object Model Technology，对象建模技术）方法、Coad/Yourdon方法、OOSE（Object-Oriented Software Engineering，面向对象的软件工程）及Booch方法等，而OMT、OOSE及Booch最后可统一成为UML（United Model Language，统一建模语言）。

1．Coad/Yourdon方法

Coad/Yourdon方法主要由面向对象的分析（Object-Oriented Analysis，OOA）和面向对象的设计（Object-Oriented Design，OOD）构成，特别强调OOA和OOD采用完全一

致的概念和表示法，使分析和设计之间不需要表示法的转换。该方法的特点是表示简炼、易学，对于对象、结构、服务的认定较系统、完整，可操作性强。

在 Coda/Yourdon 方法中，OOA 的任务主要是建立问题域的分析模型。分析过程和构造 OOA 概念模型的顺序由 5 个层次组成，分别是类与对象层、属性层、服务层、结构层和主题层，它们表示分析的不同侧面。OOA 需要经过 5 个步骤来完成整个分析工作，即标识对象类、标识结构与关联（包括继承、聚合、组合及实例化等）、划分主题、定义属性和定义服务。

OOD 中将继续贯穿 OOA 中的 5 个层次和 5 个活动，它由 4 个部分组成，分别是人机交互部件、问题域部件、任务管理部件和数据管理部件，其主要的活动就是这 4 个部件的设计工作。

2．Booch 方法

Booch 认为软件开发是一个螺旋上升的过程，每个周期包括 4 个步骤，分别是标识类和对象、确定类和对象的含义、标识关系、说明每个类的接口和实现。Booch 方法的开发模型包括静态模型和动态模型，静态模型分为逻辑模型（类图、对象图）和物理模型（模块图、进程图），描述了系统的构成和结构。动态模型包括状态图和时序图。该方法对每一步都做了详细的描述，描述手段丰富而灵活。

希赛教育专家提示：Booch 不仅建立了开发方法，还提出了设计人员的技术要求，以及不同开发阶段的人力资源配置。Booch 方法的基本模型包括类图与对象图，主张在分析和设计中既使用类图，也使用对象图。

3．OMT 方法

OMT 作为一种软件工程方法学，支持整个软件生存周期，覆盖了问题构成分析、设计和实现等阶段。OMT 方法使用了建模的思想，讨论如何建立一个实际的应用模型。从 3 个不同而又相关的角度建立了三类模型，分别是对象模型、动态模型和函数模型，OMT 为每一个模型提供了图形表示。

（1）对象模型。描述系统中对象的静态结构、对象之间的关系、属性和操作。它表示静态的、结构上的、系统的“数据”特征。主要用对象图来实现对象模型。

（2）动态模型。描述与时间和操作顺序有关的系统特征，如激发事件、事件序列、确定事件先后关系的状态。它表示瞬时、行为上的和系统的“控制”特征。主要用状态图来实现动态模型。

（3）功能模型。描述与值的变换有关的系统特征，包括功能、映射、约束和函数依赖。主要用数据流图来实现功能模型。

在进行 OMT 建模时，通常包括 4 个活动，分别是分析、系统设计、对象设计和实现。

（1）分析：建立可理解的现实世界模型。通常从问题陈述入手，通过与客户的不断交互及对现实世界背景知识的了解，对能够反映系统的 3 个本质特征（对象类及它们之间的关系，动态的控制流，受约束的数据的函数变换）进行分析，构造出现实世界的模型。

（2）系统设计：确定整个系统的架构，形成求解问题和建立解答的高层策略。

（3）对象设计：在分析的基础上，建立基于分析模型的设计模型，并考虑实现细节。其焦点是实现每个类的数据结构及所需的算法。

（4）实现：将对象设计阶段开发的对象类及其关系转换为程序设计语言、数据库或硬件的实现。

4．OOSE

OOSE 在 OMT 的基础上，对功能模型进行了补充，提出了用例（use case）的概念，最终取代了数据流图来进行需求分析和建立功能模型。

OOSE 方法采用 5 类模型来建立目标系统：

（1）需求模型：获取用户的需求，识别对象。主要的描述手段有用例图、问题域对象模型及用户界面。

（2）分析模型：定义系统的基本结构。将分析模型中的对象分别识别到分析模型中的实体对象、界面对象和控制对象三类对象中。每类对象都有自己的任务、目标并模拟系统的某个方面。实体对象模拟那些在系统中需要长期保存并加以处理的信息。实体对象由使用事件确定，通常与现实生活中的一些概念相符合。界面对象的任务是提供用户与系统之间的双向通信，在使用事件中所指定的所有功能都直接依赖于系统环境，它们都放在界面对象中。控制对象的典型作用是将另外一些对象组合形成一个事件。

（3）设计模型：分析模型只注重系统的逻辑构造，而设计模型需要考虑具体的运行环境，即将在分析模型中的对象定义为模块。

（4）实现模型：用面向对象的语言来实现。

（5）测试模型：测试的重要依据是需求模型和分析模型，测试的方法与 8.8 节所介绍的方法类似，而底层是对类（对象）的测试。测试模型实际上是一个测试报告。

OOSE 的开发活动主要分为三类，分别是分析、构造和测试。其中分析过程分为需求分析和健壮性分析两个子过程，分析活动分别产生需求模型和分析模型。构造活动包括设计和实现两个子过程，分别产生设计模型和实现模型。测试过程包括单元测试、集成测试和系统测试 3 个过程，共同产生测试模型。

用例是 OOSE 中的重要概念，在开发各种模型时，它是贯穿 OOSE 活动的核心，描述了系统的需求及功能。用例实际上是描述系统用户（使用者、执行者）对于系统的使用情况，是从使用者的角度来确定系统的功能。因此，首先必须分析确定系统的使用者，然后进一步考虑使用者的主要任务、使用的方式、识别所使用的事件，即用例。

8.3.4 原型法

结构化方法和面向对象方法有一个共同点：在系统开发初期必须明确系统的功能要

求，确定系统边界。从工程学角度来看，这是十分自然的：解决问题之前必须明确要解决的问题是什么，然而对于信息系统建设而言，明确问题本身不是一件轻松的事情。

通常，原型是指模拟某种产品的原始模型。在软件开发中，原型是软件的一个早期可运行的版本，它反映最终系统的部分重要特性。如果在获得一组基本需求说明后，通过快速分析构造出一个小型的软件系统，满足用户的基本要求，使得用户可在试用原型系统的过程中得到亲身感受和受到启发，做出反应和评价，然后开发者根据用户的意见对原型加以改进。随着不断试验、纠错、使用、评价和修改，获得新的原型版本，如此周而复始，逐步减少分析和通信中的误解，弥补不足之处，进一步确定各种需求细节，适应需求的变更，从而提高最终产品的质量。

1．原型的分类

软件原型是所提出的新产品的部分实现，建立原型的主要目的是为了解决在产品开发的早期阶段的需求不确定的问题，其目的是：明确并完善需求、探索设计选择方案、发展为最终的产品。

原型有很多种分类分类方法。从原型是否实现功能来分，软件原型可分为水平原型和垂直原型两种。水平原型也称为行为原型，用来探索预期系统的一些特定行为，并达到细化需求的目的。水平原型通常只是功能的导航，但并没有真实地实现功能。水平原型主要用在界面上。垂直原型也称为结构化原型，实现了一部分功能。垂直原型主要用在复杂的算法实现上。

从原型的最终结果来分，软件原型可分为抛弃型原型和演化型原型。抛弃型原型也称为探索型原型，是指达到预期目的后，原型本身被抛弃。抛弃型原型主要用在解决需求不确定性、二义性、不完整性、含糊性等。演化型原型为开发增量式产品提供基础，是螺旋模型的一部分，也是面向对象软件开发过程的一部分。演化型原型主要用在必须易于升级和优化，适用于 Web 项目。

有些文献把原型分为实验型、探索型和演化型。探索型原型的目的是要弄清对目标系统的要求，确定所希望的特性，并探讨多种方案的可行性。实验型原型用于大规模开发和实现之前，考核方案是否合适，规格说明是否可靠。进化型原型的目的不在于改进规格说明，而是将系统建造得易于变化，在改进原型的过程中，逐步将原型进化成最终系统。

还有些文献也把原型分为抛弃式原型、演化式原型和递增式原型。

2．原型类型的选择

如果是在需求分析阶段要使用原型化方法，必须从系统结构、逻辑结构、用户特征、应用约束、项目管理和项目环境等多方面来考虑，以决定是否采用原型化方法。

（1）系统结构：联机事务处理系统，相互关联的应用系统适合于用原型化方法，而批处理、批修改等结构不适宜用原型化方法。

（2）逻辑结构：有结构的系统，如操作支持系统、管理信息系统、记录管理系统等适于用原型化方法，而基于大量算法的系统不适宜用原型化方法。

（3）用户特征：不满足于预先做系统定义说明，愿意为定义和修改原型投资，不易确定详细需求，愿意承担决策的责任，准备积极参与的用户是适合使用原型的用户。

（4）应用约束：对已经运行系统的补充，不能用原型化方法。

（5）项目管理：只有项目负责人愿意使用原型化方法，才适于用原型化的方法。

（6）项目环境：需求说明技术应当根据每个项目的实际环境来选择。

当系统规模很大、要求复杂、系统服务不清晰时，在需求分析阶段先开发一个系统原型是很值得的。特别是当性能要求比较高时，在系统原型上先做一些试验也是很必要的。

3．原型生存期

原型的开发和使用过程叫做原型生存期。图 8-1（a）是原型开发模型，图 8-1（b）是模型的细化过程。

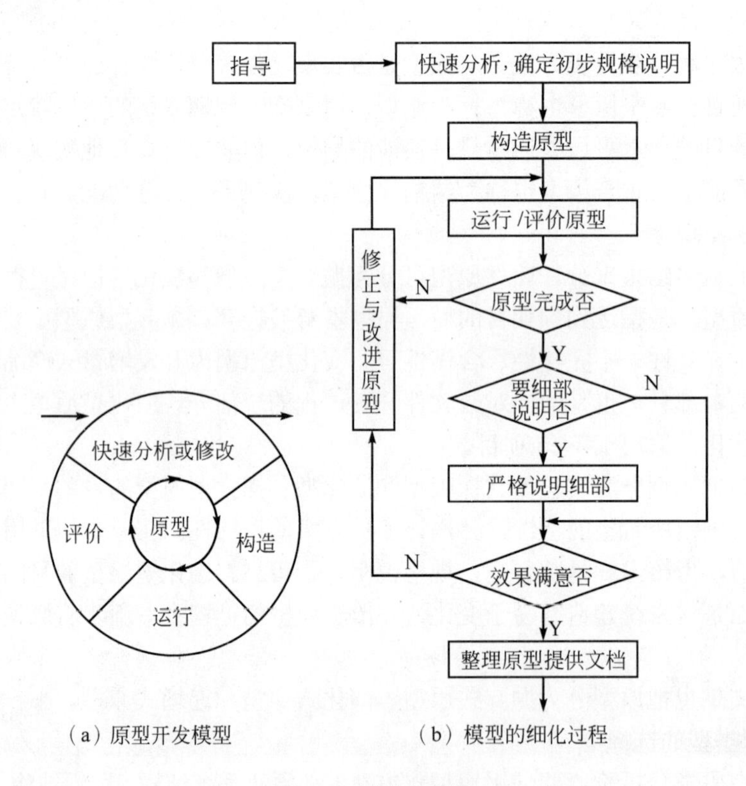

（a）原型开发模型　　（b）模型的细化过程

图 8-1　原型生存期

（1）快速分析：在分析者和用户的紧密配合下，快速确定软件系统的基本要求。

（2）构造原型：在快速分析基础上，根据基本需求，尽快实现一个可运行的系统。构造原型时要注意两个基本原则，即集成原则（尽可能用现有软件和模型来构成，这需要相应的原型工具）和最小系统原则（耗资一般不超过总投资的 10%）。

（3）运行和评价原型：用户在开发者指导下试用原型，在试用的过程中考核评价原型的特性，分析其运行结果是否满足规格说明的要求，以及规格说明描述是否满足用户愿望。

（4）修正和改进：根据修改意见进行修改。如果用修改原型的过程代替快速分析，就形成了原型开发的迭代过程。开发者和用户在一次次的迭代过程中不断将原型完善，以接近系统的最终要求。

（5）判定原型完成：如果经过修改或改进的原型，达到参与者一致认可，则原型开发的迭代过程可以结束。为此，应判断有关应用的实质是否已经掌握，迭代周期是否可以结束等。判定的结果有两个不同的转向，一是继续迭代验证，二是进行详细说明。

（6）判断原型细部是否说明：判断组成原型的细部是否需要严格地加以说明。原型化方法允许对系统必要成分或不能通过模型进行说明的成分进行严格的和详细的说明。

（7）原型细部的说明：对于那些不能通过原型说明的所有项目，仍需通过文件加以说明。严格说明的成分要作为原型化方法的模型编入词典。

（8）判定原型效果：考查用户新加入的需求信息和细部说明信息，其对模型效果有什么影响？是否会影响模块的有效性？如果模型效果受到影响，甚至导致模型失效，则要进行修正和改进。

（9）整理原型和提供文档。

总之，利用原型化技术，可为软件的开发提供一种完整的、灵活的、近似动态的规格说明方法。

4．原型开发技术

通常用于构造原型的一些技术包括可执行规格说明、基于场景的设计、自动程序设计、专用语言、可复用的软件构件、简化假设和面向对象技术等。其中前 3 种还适用于用户界面的设计。

（1）可执行规格说明：可执行规格说明是用于需求规格说明的一种自动化技术。可执行规格说明语言可描述系统要“做什么”，但它并不描述系统要“怎样做”。使用这种方法，人们可以直接观察他们用语言规定的任何系统性行为。可执行规格说明包括形式化规格说明、有限状态模型和可执行的数据流图。

（2）基于场景的设计：一个场景可模拟在系统运行期间用户经历的事件。由于它提供了输入—处理—输出的屏幕格式和有关对话的模型。因此，场景能够给用户显示系统的逼真的视图，使用户得以判断是否符合他的意图。

（3）自动程序设计：自动程序设计是可执行规格说明的替身，主要是指在程序自动生成环境的支持下，利用计算机实现软件的开发。它可以自动地或半自动地把用户的非过程性问题规格说明转换为某种高级语言程序。

（4）专用语言：专用语言是应用领域的模型化语言。在原型开发中使用专用语言，可方便用户和软件开发者在计划中的系统特性方面的交流。

（5）软件复用技术：软件复用技术可分为两大类：合成技术和生成技术。

① 合成技术：可复用的软件构件可以是对某一函数、过程、子程序、数据类型、算法等可复用软件成分的抽象，利用这些构件来构造软件系统。用构件合成较大的构件有3种方式：一是连接，二是消息传递和继承，三是管道机制。

② 生成技术：利用可复用的模式，通过生成程序产生一个新的程序或程序段，产生的程序可以看做是模式的实例。可复用的模式有两种不同的形式：代码模式和规则模式。前者的例子是应用生成器，可复用的代码模式就存在于生成器自身。通过特定的参数替换，生成抽象软件模块的具体实体。后者的例子是变换系统，它通常采用超高级的规格说明语言，形式化地给出软件的需求规格说明，利用程序变换系统（有时要经过一系列的变换），把用超高级规格说明语言编写的程序转化成某种可执行语言的程序。

（6）简化假设：简化假设是在开发过程中使设计者迅速得到一个简化的系统所做的假设。尽管这些假设可能实际上并不能成立，但它们在原型开发过程中可以使开发者的注意力集中在一些主要的方面。

（7）面向对象技术：通常是指OO程序设计语言和面向对象的数据库等有关分析与设计技术的综合。使用OO技术，可以把现实世界中已存在的问题与实体，都采用对象去构成，能更好地体现出自然性、模块化、共享特性、并发特性、继承性、封装隐蔽性与可重用性等一系列功能化要求。如果能把OO数据库和OO程序设计语言等技术用于可重用的构件与原型语言，并且在其中体现出一致的“对象模型”本质，那么就会有可能去统一“重用构件库”语言与原型化语言等。

希赛教育专家提示：原型法适合于用户需求不明确的场合。它是先根据已给的和分析的需求，建立一个原始模型，这是一个可以修改的模型。在软件开发的各个阶段都把有关信息相互反馈，直至模型的修改，使模型渐趋完善。在这个过程中，用户的参与和决策加强了，缩短了开发周期，降低了开发风险，最终的结果是更适合用户的要求。原型法成败的关键及效率的高低，在于模型的建立及建模的速度。

8.3.5 逆向工程

随着维护次数的增加，可能会造成软件结构的混乱，使软件的可维护性降低，束缚了新软件的开发。同时，那些待维护的软件又常是业务的关键，不可能废弃或重新开发。于是引出了软件再工程（Reengineering），即需要对旧的软件进行重新处理、调整，提高其可维护性。

1. 再工程

再工程是对现有软件系统的重新开发过程，包括逆向工程（Reverse Engineering，又称反向工程）、新需求的考虑（软件重构）和正向工程三个步骤。再工程不仅能从已有的程序中重新获得设计信息，而且还能使用这些信息改建或重构现有的系统，以改进它的综合质量。一般，软件人员利用再工程重新实现已存在的程序，同时加进新的功能或改善它的性能。

软件再工程旨在对现存的大量软件系统进行挖掘、整理以得到有用的软件构件，或对已有软件构件进行维护以延长其生存期。它是一个工程过程，能够将逆向工程、重构和正向工程组合起来，将现存系统重新构造为新的形式。

再工程的基础是系统理解，包括对运行系统、源代码、设计、分析和文档等的全面理解。但在很多情况下，由于各类文档的缺失，只能对源代码进行理解，即程序理解。

2．软件重构

软件重构是对源代码、数据进行修改，使其易于修改和维护，以适应将来的变更。通常软件重构并不修改软件体系结构，而是关注模块的细节。

（1）代码重构。代码重构的目标是生成可提供功能相同，而质量更高的程序。由于需要重构的模块通常难以理解、测试和维护，因此，首先用重构工具分析代码，标注出需要重构的部分，然后进行重构，复审和测试重构后的代码，更新代码的内部文档。

（2）数据重构。发生在较低的抽象层次上，是一种全局的再工程活动。数据重构通常以逆向工程活动开始，理解现存的数据结构，又称数据分析，再重新设计数据，包括数据标准化、数据命名合理、文件格式转换、数据库格式转换等。

软件重构的意义在于提高软件质量和生产率，减少维护工作量，提高软件可维护性。

3．逆向工程

逆向工程是分析程序，力图在比源代码更高的抽象层次上建立程序表示的过程。逆向工程是一个设计恢复的过程，其工具可以从已有的程序中抽取数据结构、体系结构和程序设计信息。

逆向工程过程及用于实现该过程的工具的抽象层次是指可从源代码中抽取出来的设计信息的精密程度。理想地，抽象层次应该尽可能高，即逆向工程过程应该能够导出过程的设计表示（一种低层的抽象）、程序和数据结构信息（稍高一点层次的抽象）、数据和控制流模型（一种相对高层的抽象），以及实体关系模型（一种高层抽象）。随着抽象层次增高，软件工程师获得更有助于理解程序的信息。

逆向工程过程的完整性是指在某抽象层次提供的细节程度。在大多数情况，随着抽象层次增高，完整性就降低。例如，给定源代码列表，得到一个完整的过程设计表示是相对容易的，简单的数据流表示也可被导出，但是，要得到数据流图或状态——变迁图的完整集合却困难得多。

8.4　软件开发模型

对于开发模型知识点，要掌握软件生命周期的概念、各种开发模型的特点和应用场合。主要的开发模型有瀑布模型、增量模型、螺旋模型、喷泉模型、智能模型、V 模型、快速应用开发模型、构件组装模型、敏捷方法和统一过程等。

8.4.1 瀑布模型

瀑布模型也称为生命周期法，是结构化方法中最常用的开发模型，它把软件开发的过程分为软件计划、需求分析、软件设计、程序编码、软件测试和运行维护 6 个阶段，规定了它们自上而下、相互衔接的固定次序，如同瀑布流水，逐级下落。采用瀑布模型的软件过程如图 8-2 所示。

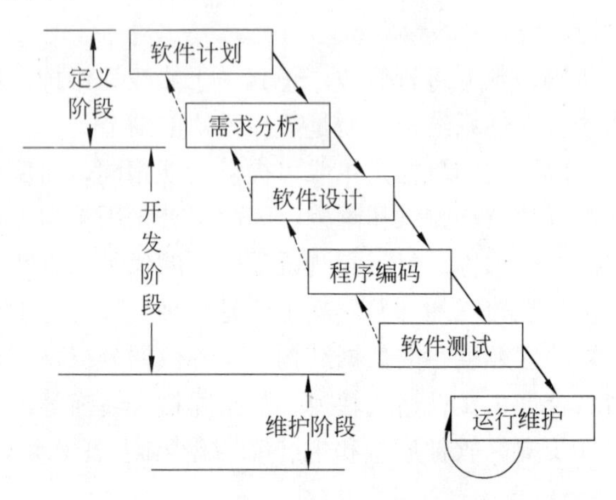

图 8-2 软件生存周期的瀑布模型

（1）软件计划（问题的定义及规划）：主要确定软件的开发目标及其可行性。

（2）需求分析：在确定软件开发可行的情况下，对软件需要实现的各个功能进行详细分析。需求分析阶段是一个很重要的阶段，这一阶段做得好，将为整个软件开发项目的成功打下良好的基础。

（3）软件设计：主要是指根据需求分析的结果，对整个软件系统进行设计，如系统框架设计和数据库设计等。软件设计一般分为总体设计（概要设计）和详细设计。

（4）程序编码：将软件设计的结果转换成计算机可运行的程序代码。在程序编写中必须要制定统一的、符合标准的编写规范，以保证程序的可读性和易维护性，提高程序的运行效率。

（5）软件测试：在软件设计完成后要经过严密的测试，以发现软件在整个设计过程中存在的问题并加以纠正。在测试过程中需要建立详细的测试计划并严格按照测试计划进行测试，以减少测试的随意性。

（6）软件维护：软件维护是软件生命周期中持续时间最长的阶段。在软件开发完成并投入使用后，由于多方面的原因，软件可能会不能继续适应用户的要求，这时如果要延续软件的使用寿命，就必须对软件进行维护。

瀑布模型是最早出现的软件开发模型，在软件工程中占有重要的地位，它提供了软件开发的基本框架。瀑布模型的本质是“一次通过”，即每个活动只做一次，最后得到软件产品，也称做“线性顺序模型”或者“传统生命周期”，其过程是从上一项活动接收该项活动的工作对象并作为输入，利用这一输入实施该项活动应完成的内容，给出该项活动的工作成果，然后作为输出传给下一项活动。同时对该项活动实施的工作进行评审，若其工作得到确认，则继续下一项活动，否则返回前项，甚至更前项的活动进行返工。

瀑布模型有利于大型软件开发过程中人员的组织与管理，有利于软件开发方法和工具的研究与使用，从而提高了大型软件项目开发的质量和效率。然而软件开发的实践表明，上述各项活动之间并非完全是自上而下的，而是呈线性图式，因此，瀑布模型存在严重的缺陷。

（1）由于开发模型呈线性，所以当开发成果尚未经过测试时，用户无法看到软件的效果。这样，软件与用户见面的时间间隔较长，也增加了一定的风险。

（2）在软件开发前期未发现的错误传到后面的开发活动中时，可能会扩散，进而可能会导致整个软件项目开发失败。

（3）在软件需求分析阶段，完全确定用户的所有需求是比较困难的，甚至可以说是不太可能的。

希赛教育专家提示：瀑布模型适用于需求明确或很少变更的项目。

8.4.2　其他经典模型

本节简单介绍一些经典模型，包括演化模型、螺旋模型、喷泉模型、智能模型、增量模型、构件组装模型、迭代模型等。

（1）演化模型：也称为变换模型，是在快速开发一个原型的基础上，根据用户在调用原型的过程中提出的反馈意见和建议，对原型进行改进，获得原型的新版本，重复这一过程，直到演化成最终的软件产品。

（2）螺旋模型：将瀑布模型和变换模型相结合，综合了两者的优点，并增加了风险分析。它以原型为基础，沿着螺线自内向外旋转，每旋转一圈都要经过制订计划、风险分析、实施工程及客户评价等活动，并开发原型的一个新版本。经过若干次螺旋上升的过程，得到最终的系统。

（3）喷泉模型：为软件复用和生存周期中多项开发活动的集成提供了支持，主要支持面向对象的开发方法。“喷泉”一词本身体现了迭代和无间隙特性。系统某个部分常常重复工作多次，相关功能在每次迭代中随之加入演进的系统。所谓无间隙是指在开发活动中，分析、设计和编码之间不存在明显的边界。

（4）智能模型：是基于知识的软件开发模型，它综合了上述若干模型，并与专家系统结合在一起。该模型应用基于规则的系统，采用归约和推理机制，帮助软件人员完成开发工作，并使维护在系统规格说明一级进行。

（5）增量模型：融合了瀑布模型的基本成分（重复的应用）和原型实现的迭代特征。增量模型采用随着时间的进展而交错的线性序列，每一个线性序列产生软件的一个可发布的增量。当使用增量模型时，第一个增量往往是核心的产品，也就是说第一个增量实现了基本的需求，但很多补充的特征还没有发布。客户对每一个增量的使用和评估，都作为下一个增量发布的新特征和功能。这个过程在每一个增量发布后不断重复，直到产生最终的完善产品。增量模型强调每一个增量均发布一个可操作的产品。增量模型像原型实现模型和其他演化方法一样，本质上是迭代的。

但与原型实现不同的是，增量模型强调每一个增量均发布一个可操作产品。增量模型的特点是引进了增量包的概念，无须等到所有需求都出来，只要某个需求的增量包出来即可进行开发。虽然某个增量包可能还需要进一步适应客户的需求，而且还需要更改，但只要这个增量包足够小，其影响对整个项目来说是可以承受的。采用增量模型的优点是人员分配灵活，刚开始不用投入大量人力资源，如果核心产品很受欢迎，则可以增加人力实现下一个增量；当配备的人员不能在设定的期限内完成产品时，它提供了一种先推出核心产品的途径，这样就可以先发布部分功能给客户，对客户起到“镇静剂”的作用。此外，增量能够有计划地管理技术风险。增量模型的缺点是如果增量包之间存在相交的情况且不能很好地处理，就必须做全盘的系统分析。增量模型采用的将功能细化、分别开发的方法适用于需求经常改变的软件开发过程。

（6）迭代模型：迭代包括产生产品发布（稳定、可执行的产品版本）的全部开发活动和要使用该发布必需的所有其他外围元素。所以，在某种程度上，开发迭代是一次完整地经过所有工作流程的过程：（至少包括）需求工作流程、分析设计工作流程、实施工作流程和测试工作流程。在迭代模型中，每一次的迭代都会产生一个可以发布的产品，这个产品是最终产品的一个子集。迭代模型适用于项目事先不能完整定义产品所有需求、计划多期开发的软件开发。在现代的开发方法中，例如 XP、RUP 等，无一例外地都推荐、主张采用能显著减少风险的迭代模型。迭代模型适用于项目事先不能完整定义产品所有需求、计划多期开发的软件开发中。

（7）构件组装模型：基于构件的软件开发（Component Based Software Development，CBSD）模型是利用模块化方法，将整个系统模块化，并在一定构件模型的支持下，复用构件库中的一个或多个软件构件，通过组合手段高效率、高质量地构造应用软件系统的过程。CBSD 模型融合了螺旋模型的许多特征，本质上是演化型的，开发过程是迭代的。

CBSD 方法由软件的需求分析和定义、架构设计、构件库的建立、应用软件构建、测试和发布 5 个阶段组成。CBSD 方法使得软件开发不再一切从头开始，开发的过程就是构件组装的过程，维护的过程就是构件升级、替换和扩充的过程，其优点是提高了软件开发的效率；构件可由一方定义其规格说明，被另一方实现，然后供给第三方使用，CBSD 允许多个项目同时开发，降低了费用，提高了可维护性，可实现分步提交软件产品。该方法的缺点是：由于采用自定义的组装结构标准，缺乏通用的组装结构标准，引入具有较大的风险；可重用性和软件高效性不易协调，需要精干的、有经验的分析人员和开发人员，一般的开发人员插不上手，客户的满意度低；过分依赖于构件，构件库的质量影响着产品质量。

8.4.3　V 模型

在瀑布模型及其他的经典模型中，测试常常作为亡羊补牢的事后行为，但也有以测试为中心的开发模型，那就是 V 模型。V 模型宣称测试并不是一个事后弥补行为，而是一个同开发过程同样重要的过程，如图 8-3 所示。

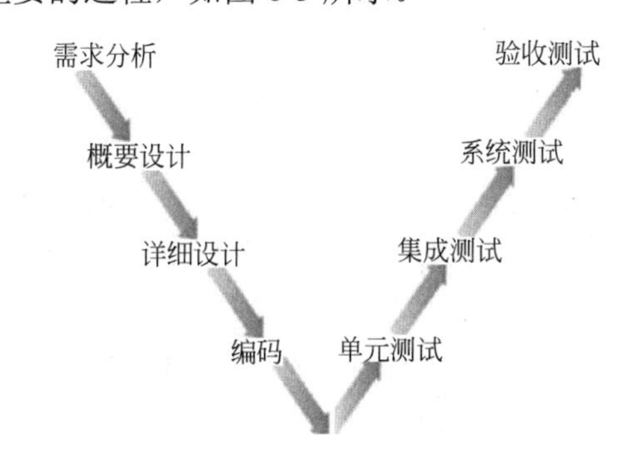

图 8-3　V 模型示意图

V 模型描述了一些不同的测试级别，并说明了这些级别所对应的生命周期中不同的阶段。在图 8-3 中，左边下降的是开发过程各阶段，与此相对应的是右边上升的部分，即测试过程的各个阶段。请注意在不同的组织中，对测试阶段的命名可能有所不同。

V 模型的价值在于它非常明确地标明了测试过程中存在的不同级别，并且清楚地描述了这些测试阶段和开发过程期间各阶段的对应关系。

（1）单元测试的主要目的是针对编码过程中可能存在的各种错误。例如，用户输入验证过程中的边界值错误。

（2）集成测试的主要目的是针对详细设计中可能存在的问题，尤其是检查各单元与其他程序部分之间的接口中可能存在的错误。

（3）系统测试主要针对概要设计，检查系统作为一个整体是否有效地得到运行。例如，在产品设置中是否达到了预期的性能。

（4）验收测试通常由业务专家或用户进行，以确认产品能真正符合用户业务上的需要。

8.4.4　快速应用开发

快速应用开发（Rapid Application Development，RAD）模型是一个增量型的软件开发过程模型，强调极短的开发周期。RAD模型是瀑布模型的一个高速变种，通过大量使用可复用构件，采用基于构件的建造方法赢得快速开发。如果需求理解得好且约束了项目的范围，利用这种模型可以很快地创建出功能完善的信息系统。其流程从业务建模开始，随后是数据建模、过程建模、应用生成、测试及反复。

RAD模型各个活动期所要完成的任务如下：

（1）业务建模：以什么信息驱动业务过程运作？要生成什么信息？谁生成它？信息流的去向是哪里？由谁处理？可以辅之以数据流图回答以上问题。

（2）数据建模：为支持业务过程的数据流找到数据对象集合，定义数据对象属性，并与其他数据对象的关系构成数据模型，可辅之以E-R图。

（3）过程建模：使数据对象在信息流中完成各业务功能。创建过程以描述数据对象的增加、修改、删除和查找，即细化数据流图中的处理框。

（4）应用程序生成：利用第四代语言（4GL）写出处理程序，重用已有构件或创建新的可重用构件，利用环境提供的工具自动生成并构造出整个应用系统。

（5）测试与交付：由于大量重用，一般只做总体测试，但新创建的构件还是要测试的。

与瀑布模型相比，RAD模型不采用传统的第三代程序设计语言来创建软件，而是采用基于构件的开发方法，复用已有的程序结构（如果可能的话）或使用可复用构件，或者创建可复用的构件（如果需要的话）。在所有情况下，均使用自动化工具辅助进行软件创造。很显然，加在一个RAD模型项目上的时间约束需要“一个可伸缩的范围”。如果一个业务能够被模块化使得其中每一个主要功能均可以在不到三个月的时间内完成，那么它就是RAD的一个候选者。每一个主要功能可由一个单独的RAD组来实现，最后再集成起来形成一个整体。

RAD模型通过大量使用可复用构件加快了开发速度，对信息系统的开发特别有效。但是像所有其他软件过程模型一样，RAD方法也有以下一些缺陷：

（1）并非所有应用都适合RAD。RAD模型对模块化要求比较高，如果有哪一项功能不能被模块化，那么建造RAD所需要的构件就会有问题；如果高性能是一个指标，且该指标必须通过调整接口使其适应系统构件才能赢得，RAD方法也有可能不能奏效。

（2）开发者和客户必须在很短的时间完成一系列的需求分析，任何一方配合不当都会导致RAD项目失败。

（3）RAD只能用于信息系统开发，不适合技术风险很高的情况。当一个新应用要采用很多新技术或当新软件要求与已有的计算机程序有较高的互操作性时，这种情况就会发生。

8.4.5 敏捷方法

敏捷软件开发简称敏捷开发，是从20世纪90年代开始逐渐引起广泛关注的一些新型软件开发方法，以应对快速变化的需求。它们的具体名称、理念、过程、术语都不尽相同，相对于“非敏捷”，更强调程序员团队与业务专家之间的紧密协作、面对面沟通、频繁交付新的软件版本、紧凑而自我组织型的团队、能够很好地适应需求变化的代码编写和团队组织方法，也更注重人的作用。

敏捷开发的发展过程中，出现了多个不同的流派，例如，极限编程（ExtremeProgramming，XP）、自适应软件开发、水晶方法、特性驱动开发等。但其中的基本原则是一致的。从开发者的角度，主要的关注点有短平快会议（Stand Up）、小版本发布（Frequent Release）、较少的文档（Minimal Documentation）、合作为重（Collaborative Focus）、客户直接参与（Customer Engagement）、自动化测试 （Automated Testing）、适应性计划调整 （Adaptive Planning）和结对编程 （Pair Programming）；从管理者的角度，主要的关注点有测试驱动开发（Test-Driven Development）、持续集成（Continuous Integration）和重构（Refactoring）。

XP 是一种轻量（敏捷）、高效、低风险、柔性、可预测、科学且充满乐趣的软件开发方式，适用于小型或中型软件开发团队，并且客户的需求模糊或需求多变。与其他方法相比，其最大的不同如下：

（1）在更短的周期内，更早地提供具体、持续的反馈信息。

（2）迭代地进行计划编制，首先在最开始迅速生成一个总体计划，然后在整个项目开发过程中不断地发展它。

（3）依赖于自动测试程序来监控开发进度，并及早地捕获缺陷。

（4）依赖于口头交流、测试和源程序进行沟通。

（5）倡导持续的演化式的设计。

（6）依赖于开发团队内部的紧密协作。

（7）尽可能达到程序员短期利益和项目长期利益的平衡。

XP 由价值观、原则、实践和行为四个部分组成，它们彼此相互依赖、关联，并通过行为贯穿于整个生命周期。XP 的核心是其总结的 4 大价值观，即沟通、简单、反馈和勇气。它们是 XP 的基础，也是 XP 的灵魂。XP 的 5 个原则是快速反馈、简单性假设、逐步修改、提倡更改和优质工作。而在 XP 方法中，贯彻的是“小步快走”的开发原则，因此工作质量决不可打折扣，通常采用测试先行的编码方式来提供支持。

在 XP 中，集成了 12 个最佳实践：计划游戏、小型发布、隐喻、简单设计、测试先行、重构、结对编程、集体代码所有制、持续集成、每周工作 40 小时、现场客户和编码标准。

希赛教育专家提示：敏捷方法主要适用于小规模软件的开发和小型团队的开发。这些方法所提出来的一些所谓的“最佳实践”并非对每个项目都是最佳的，需要项目团队根据实际情况决定。而且，敏捷方法的有些原则在应用中不一定能得到贯彻和执行。因此，在实际工作中，我们可以“取其精华，去其糟粕”，把敏捷方法和其他方法结合起来。

8.4.6　统一过程

统一过程（Unified Process，UP）是一个通用过程框架，可以用于种类广泛的软件系统、不同的应用领域、不同的组织类型、不同的性能水平和不同的项目规模。UP 是基于构件的，在为软件系统建模时，UP 使用的是 UML。与其他软件过程相比，UP 具有三个显著的特点，即用例驱动、以基本架构为中心、迭代和增量。

UP 中的软件过程在时间上被分解为 4 个顺序的阶段，分别是初始阶段、细化阶段、构建阶段和交付阶段。每个阶段结束时都要安排一次技术评审，以确定这个阶段的目标是否已经达到。如果评审结果令人满意，就可以允许项目进入下一个阶段。

基于 UP 的软件过程是一个迭代过程。初始、细化、构建和交付 4 个阶段就是一个开发周期，每次经过这四个阶段就会产生一代软件。除非产品退役，否则通过重复同样的四个阶段，产品将演化为下一代产品，但每一次的侧重点都将放在不同的阶段上。这些随后的过程称为演化过程。

初始阶段的任务是为系统建立业务模型并确定项目的边界。在初始阶段，必须识别所有与系统交互的外部实体，定义系统与外部实体交互的特性。在这个阶段中所关注的是整个项目的业务和需求方面的主要风险。对于建立在原有系统基础上的开发项目来说，初始阶段可能很短。

细化阶段的任务是分析问题领域，建立健全的架构基础，淘汰项目中最高风险的元素。在细化阶段，必须在理解整个系统的基础上，对架构做出决策，包括其范围、主要功能和诸如性能等非功能需求，同时为项目建立支持环境。

在构建阶段，要开发所有剩余的构件和应用程序功能，把这些构件集成为产品，并进行详细测试。从某种意义上说，构建阶段是一个制造过程，其重点放在管理资源及控制操作，以优化成本、进度和质量。构建阶段的主要任务是通过优化资源和避免不必要的报废和返工，使开发成本降到最低；完成所有所需功能的分析、开发和测试，快速完成可用的版本；确定软件、场地和用户是否已经为部署软件做好准备。在构建阶段，开发团队的工作可以实现某种程度的并行。即使是较小的项目，也通常包括可以相互独立开发的构件，从而使各团队之间实现并行开发。

当基线已经足够完善，可以安装到最终用户实际环境中时，则进入交付阶段。交付阶段的重点是确保软件对最终用户是可用的。交付阶段的主要任务是进行 β 测试，制作产品发布版本；对最终用户支持文档定稿；按用户的需求确认新系统；培训用户和维护人员；获得用户对当前版本的反馈，基于反馈调整产品，如进行调试、性能或可用性的增强等。根据产品的种类，交付阶段可能非常简单，也可能非常复杂。例如，发布现有桌面产品的新发布版本可能十分简单，而替换一个国家的航空交通管制系统可能就非常复杂。交付阶段结束时也要进行技术评审，评审目标是否实现，是否应该开始演化过程，用户对交付的产品是否满意等。

在进度和工作量方面，所有阶段都各不相同。尽管不同的项目有很大的不同，但一个中等规模项目的典型初始开发周期应该预先考虑到工作量和进度间的分配，如表 8-2 所示。

表 8-2　RUP 各阶段的工作量和进度分配

	初始阶段	细化阶段	构建阶段	交付阶段
工作量	5%	20%	65%	10%
进度	10%	30%	50%	10%

对于演进周期，初始和细化阶段就小得多了。能够自动完成某些构建工作的工具将会缓解此现象，并使得构建阶段比初始阶段和细化阶段的总和还要小很多。

通过这四个阶段就是一个开发周期，每次经过这四个阶段就会产生一代软件。产品经历几个周期后，新一代产品随之产生。

UP 的工作流程分为两部分，即核心工作流程与核心支持工作流程。核心工作流程（在项目中的流程）包括业务需求建模、分析设计、实施、测试和部署；核心支持工作流程（在组织中的流程）包括环境、项目管理、配置与变更管理。

希赛教育专家提示：由于统一过程首先是 Rational 公司提出来的，所以一般称为 RUP（Rational Unified Process）。后来由于 Rational 公司被 IBM 公司收购，于是又有人称之为 IBM RUP。

8.5　系统规划与问题定义

总体规划阶段的主要目标是制定软件的长期发展方案，决定软件在整个生命周期内的发展方向、规模和发展进程。总体规划阶段的主要任务如下：

（1）制定软件的发展战略。

（2）确定组织的主要信息需求，形成软件的总体结构方案，安排项目开发计划。

（3）制定系统建设的资源分配计划。

进行软件系统的总体规划一般包括如下几个阶段：

（1）对当前系统进行初步的调查。初步调查包括一般调查和软件需求初步调查，其中软件需求初步调查是主要内容。

（2）分析和确定系统目标。

（3）分析子系统的组成以及基本功能。

（4）拟定系统的实施方案。

（5）进行系统的可行性分析。

（6）编写可行性报告。

进行系统的总体规划的方法主要有关键成功因素法（Critical Success Factors，CSF）、战略目标集转化法（Strategy Set Transformation，SST）和企业系统规划方法。

（1）关键成功因素法。包括了解企业目标、识别关键成功因素、识别性能的指标和标准、识别测量性能的数据4个步骤。关键成功因素法简单易用，从重要需求引发规划，但容易忽视次要问题，总体规划受成功因素分析结果的制约。

（2）战略目标集转化法。把战略目标看成是一个信息集合，由使命、目标、战略和其他战略变量等组成。系统的战略规划过程就是把组织的战略目标转变成系统的战略目标的过程。具体步骤包括识别组织的战略集、将组织战略集转化为信息系统战略。

（3）企业系统规划方法。请参考7.3.1节。

8.5.1 可行性分析

可行性研究的任务就是研究系统开发的必要性和可能性，用最少的代价在尽可能短的时间内确定问题是否值得解决和是否能够解决。要达到这个目的，必须分析几种主要的可能解法的利弊，从而判断原定的系统目标和规模是否现实，系统完成后所能带来的效益是否大到值得投资开发这个系统的程度。

1．可行性分析的内容

一般来说，系统可行性研究可从技术可行性、经济可行性和操作可行性三个方面进行考虑。

（1）技术可行性。要确定使用现有的技术能否实现系统，就要对待开发系统的功能、性能、限制条件进行分析，确定在现有的资源条件下，技术风险有多大，系统能否实现。技术可行性一般要考虑的情况包括：在给出的限制范围内，能否设计出系统并实现必需的功能和性能；可用于开发的人员是否存在问题。可用于建立系统的其他资源是否具备；相关技术的发展是否支持这个系统。

（2）经济可行性。进行开发成本的估算以及了解取得效益的评估，确定要开发的系统是否值得投资开发。对于大多数系统，一般衡量经济上是否合算，应考虑一个最小利润值。经济可行性研究范围较广，包括成本效益分析、公司经营长期策略、开发所需的成本和资源、潜在的市场前景等。

（3）操作可行性。也称为运行环境可行性，包括法律可行性和操作使用可行性（执行可行性）等方面。法律方面主要是指在系统开发过程中可能涉及的各种合同、侵权、责任以及各种与法律相抵触的问题。操作使用方面主要指系统使用单位在行政管理、工作制度和人员素质等因素上能否满足系统操作方式的要求。

2．可行性分析的步骤

可行性分析工作的步骤如下：

（1）核实问题定义与目标。系统分析师开始正式进行可行性分析工作之前，首先要做的一个工作，就是对该项工作的基础（问题定义）再次核实。这一步骤的关键目标是：

使得问题定义更加清晰、明确、没有歧义性，并且对于系统的目标、规模以及相关约束与限制条件做出更加细致的定义，确保可行性分析小组的所有成员达成共识。

（2）研究分析现有系统。对现有系统的仔细分析与研究是十分重要的一项工作，因为它是新系统开发的最好参照物，对其的充分分解有助于新系统的开发。

（3）为新系统建模。在问题定义、现有系统研究的基础上，就可以开始对新的系统进行建模，建模的目的是为了获得一个对新系统的框架认识、概念性认识。通常可以采用以下几种技术：

- 系统上下文关系范围图：也就是数据流图的 0 层图，将系统与外界实体（可能是人、可能是外部系统）的关系（主要是数据流和控制流）体现出来，从而清晰地界定出系统的范围，实现共识。
- 实体关系图：这是系统的数据模型，这个阶段并不需要生成完整的 E-R 图，而是找到主要的实体以及实体之间的关系即可。
- 用例模型：这是系统的一个动态模型，有关知识将在第 9 章中详细介绍。
- 域模型：这是采用面向对象的思想，找到系统中主要的实体类，并说明实体类的主要特征和它们之间的关系。
- IPO（Input/ Process/Output，输入/处理/输出）表：这是采用传统的结构化思想，从输入、处理、输出的角度进行描述系统。

（4）用户复核。系统模型建立之后，一项十分重要的工作就是与客户一起进行复核。在这个过程中，如果发现模型与用户的目标有不一致的地方，就应该再次通过访谈、现场观摩、对现有系统分析等手段进行了解，然后在此基础上修改模型。因此也可以说，步骤（1）～步骤（4）是一个循环，周而复始，直至客户确认了新的系统模型为止。

（5）提出并评价解决方案。应该尽量列举出各种可行的解决方案，并且对这些解决方案的优点、缺点做一个综合性的评价，以便于下一步决策。希赛教育专家提示：对于那些明显不可行的，如技术上还没有相应的办法、经济角度明显不可行的、违背企业或行业实际情况的解决方案应该直接过滤掉。

（6）确定最终推荐的解决方案。明确指出该项目是否可行，如果可行，什么方面是最合理的？对于这两个问题的回答，是可行性分析研究工作的核心目标。因此在各种解决方案提出之后，紧接下来就应该从中选中一个最合理、最可行的解决方案，并且更加详细地说明理由，并且还要对其进行更加完善的成本效益分析。

（7）草拟开发计划。制订一个最粗略的开发计划，说明开发所需的资源、人员和时间进度安排。这也将作为可行性分析的一个重要依据，和立项开发后制订项目计划的基础。

（8）提交可行性分析报告。将研究的结果整理成文，提交用户和管理层，进行审查通过。在国家标准 GB8567-88 中，规定了可行性分析报告的详细格式和内容，大致包括引言、可行性研究的前提、对现有系统的分析、所建议的系统、可选择的其他系统方案、投资及效益分析、社会因素方面的可行性、结论。

8.5.2 成本效益分析

成本效益分析首先是估算新系统的开发成本，然后与可能取得的效益（有形的和无形的）进行比较权衡。有形的效益可以用货币的时间价值、投资回收期、投资回收率等指标进行度量。无形的效益主要是从性质上、心理上进行衡量，很难直接进行量上的比较。

系统的经济效益等于因使用新系统而增加的收入加上使用新系统可以节省的运行费用。运行费用包括操作员人数、工作时间、消耗的物资等。

1．货币的时间价值

成本估算的目的是要求对项目投资。但投资在前，取得效益在后。因此要考虑货币的时间价值。通常用利率表示货币的时间价值。

（1）单利与复利

利息的计算方式分为单利和复利。

单利仅以本金为基数计算利息，即不论年限有多长，每年均按原始本金为基数计算利息，已取得的利息不再计算利息。单利的计算公式为

$$F = P \times (1 + i \times n)$$

其中 P 为本金，n 为年期，i 为利率，F 为 P 元钱在 n 年后的价值。

复利计算以本金与累计利息之和为基数计算利息。复利的本利计算公式为：

$$F = P \times (1 + i)^n$$

这就是 P 元钱在 n 年后的价值。

（2）折现率与折现系数

折现也称贴现，就是把将来某一时点的资金额换算成现在时点的等值金额。折现时所使用的利率称为折现率（贴现率）。

若 n 年后能收入 F 元，那么这些钱现在的价值（现值）$P = F/(1+i)^n$，其中 $1/(1+i)^n$ 称为折现系数。

2．净现值分析法

净现值（Net Present Value，NPV）是指项目在生命周期内各年的净现金流量按照一定的、相同的贴现率贴现到初时的现值之和，即

$$\mathrm{NPV} = \sum_{t=0}^{n} \frac{(\mathrm{CI} - \mathrm{CO})_t}{(1+i)^t}$$

其中 $(\mathrm{CI} - \mathrm{CO})_t$ 为第 t 年的净现金流量，CI 为现金流入，CO 为现金流出。i 为折现率或行业基准收益率。

净现值表示在规定的折现率 i 的情况下，方案在不同时点发生的净现金流量，折现到期初时，整个生命期内所能得到的净收益。如果 NPV=0，表示正好达到了规定的基准

收益率水平；如果 NPV>0，则表示除能达到规定的基准收益率之外，还能得到超额收益，因此方案是可行的；如果 NPV<0，则表示方案达不到规定的基准收益率水平，说明投资方案不可行。如果同时有多个可行的方案，则一般以净现值越大为越好。

一般情况下，同一净现金流量的净现值随着折现率 i 的增大而减小，故基准折现率 i 定得越高，能被接受的方案就越少。因此，规定的折现率 i 对评价起重要的作用。i 定得较高，计算的 NPV 比较小，容易小于零，使方案不容易通过评价标准，容易否定投资方案；反之，i 定得较低，计算的 NPV 比较大，使方案容易通过评价标准，容易接受投资方案。

采用净现值法评价投资方案，需要预先给定折现率，而给定折现率的高低又直接影响净现值的大小。在投资制约的条件下，方案净现值的大小一般不能直接评定投资额不同的方案的优劣。比如，方案甲投资 100 万元（现值），净现值为 50 万元，方案乙投资 10 万元（现值），按同一折现率计算的净现值为 20 万元，我们可以认为两个方案都可行，因为两个方案在规定的折现率下都存在超额收益。但是，在资金有限的条件下，不能因为方案甲的净现值大于方案乙的净现值，就说方案甲优于方案乙。此时，还应考虑效益费用比，因为甲方案的投资现值为乙方案的 10 倍，而其净现值只达 2.5 倍，如果建设 10 个乙方案项目，则净现值可达 200 万元，与甲方案投资相同而效益翻两番。

在基准折现率随着投资总额变动的情况下，按净现值大小选取项目不一定会遵循原有项目排列顺序。例如，假设在一定的基准折现率 i 和投资限额 P0 下，净现值大于零的项目有 4 个，其投资总额恰为 P0，故这 4 个项目均被接受。按净现值大小，设其排列顺序为 A、B、C、D。但若现在的投资总额减少至 P1 时，所选项目不一定仍然会按 A、B、C、D 的原顺序。这是因为随着投资限额的减少，需要减少被选取的方案数，应当提高基准折现率，此时由于各方案净现值被基准折现率影响的程度不同，可能改变原有的项目排列顺序。

净现值指标用于多个方案比较时，由于没有考虑各方案投资额的大小，因而不直接反映资金的利用效率。为了考察资金的利用效率，人们通常用净现值率（Net Present Value Ratio，NPVR）作为净现值的辅助指标。净现值率是项目净现值与项目投资总额现值 P 之比，是一种效率型指标，其经济含义是单位投资现值所能带来的净现值。其计算公式为

$$\mathrm{NPVR}=\mathrm{NPV}/P=\frac{\sum_{t=0}^{n}(\mathrm{CI}-\mathrm{CO})_t(1+i)^{-t}}{\sum_{t=0}^{n}I_t(1+i)^{-t}}$$

其中 I_t 为第 t 年的投资额。

因为 P>0，对于单一方案评价而言，若 NPV≥0，则 NPVR≥0；若 NPV<0，则 NPVR<0。

因此，净现值与净现值率是等效的评价指标。

3．现值指数分析法

在几个方案的原投资额不相同的情况下，仅凭净现值的绝对数大小进行决策是不够的，还需要结合现值指数进行分析。现值指数（Net Present Value Index，NPVI）是投资方案经营期各年末净现金流入量的总现值与建设期各年初投资额总现值之比，即

$$\mathrm{NPVI}=\frac{\sum_{t=1}^{m}\frac{N_t}{(1+i)^{t+n-1}}}{\sum_{t=1}^{n}\frac{P_t}{(1+i)^{t-1}}}$$

其中：N_t为经营期各年末的净现金流入量，P_t为建设期各年初的投资额，t为年数，m为经营期年数，n为建设期年数，i为年利率或行业基准收益率。

现值指数分析和净现值分析一样，都考虑了货币的时间价值，所不同的是现值指数以相对数表示，便于在不同投资额的方案之间进行对比。

现值指数也称投资收益率，它是一个重要的经济效益指标，特别是在资金紧缺时尤为重要。凡现值指数大于1的方案均为可接受的方案，否则为不可行方案。如果有好几个可行方案，以现值指数越大为越好。

4．内含报酬率的分析

实际折现率不是一成不变的，往往会因为各种不确定的因素使其偏高于银行贷款利率。随着实际折现率的升高，方案的可行性在下降，这就存在一个临界点，当实际折现率高于此值时，方案就不可行。这个临界点，我们通常称为内含报酬率（内部收益率），即一种能够使投资方案的净现值为零的折现率。

为了简化计算，通常使用线性插值法来求内含报酬率：

$$\mathrm{IRR}=i_1+(i_2-i_1)\times|b|/(|b|+|c|)$$

其中，IRR（Internal Rate of Return）表示内含报酬率，i_1表示有剩余净现值的低折现率，i_2表示产生负净现值的高折现率，$|b|$表示为低折现率时的剩余净现值绝对值，$|c|$表示为高折现率时的负净现值绝对值。

对某个方案而言，当其利率小于内含报酬率时，该方案可行，否则不可行。如果有好几个可行方案，以内含报酬率越大为越好。

内含报酬率是项目投资的盈利率，由项目现金流量决定，即内生决定的，反映了投资的使用效率。但是，内含报酬率反映的是项目生命期内没有回收的投资的盈利率，而不是初始投资在整个生命期内的盈利率。因为在项目的整个生命周期内按内含报酬率折现计算，始终存在未被回收的投资，而在生命结束时，投资恰好被全部收回。也就是说，在项目生命周期内，项目始终处于“偿付”未被收回的投资的状况，内含报酬率正是反映了项目“偿付”未被收回投资的能力，它取决于项目内部。

内含报酬率最大的优点是，它排除了项目大小、生命周期长短等因素，给出了评价

不同项目经济效益的统一指标。

5．案例分析

例如，希赛 IT 教育研发中心打算上线远程视频教学项目，有甲、乙、丙 3 种解决方案，投资总额均为 500 万元，建设期均为 2 年，运营期均为 4 年，运营期各年末净现金流入量总和为 1000 万元，假设年利率为 10%，年复利一次。三种方案的现金流量表如表 8-3 所示。

表 8-3　三种方案的现金流量

年份方案		建设期			运营期				
		0	1	合计	2	3	4	5	合计
甲	年初投资额	350.0	150.0	500.0	—	—	—	—	—
	年末净现金流入量	—	—	—	150.0	200.0	250.0	400.0	1000.0
乙	年初投资额	300.0	200.0	500.0	—	—	—	—	—
	年末净现金流入量	—	—	—	100.0	200.0	300.0	400.0	1000.0
丙	年初投资额	400.0	100.0	500.0	—	—	—	—	—
	年末净现金流入量	—	—	—	200.0	250.0	250.0	300.0	1000.0

按照公式 $1/(1+i)^t$ 计算各年度的折现系数，由各年初投资额和各年末净现金流入量，按照公式 $P=F/(1+i)^t$ 计算贴现值，所得结果如表 8-4 所示。

表 8-4　三种方案的现值表

年份方案		建设期			运营期				
		0	1	合计	2	3	4	5	合计
折现系数		1	0.91	—	0.83	0.75	0.68	0.62	
甲	年初投资额	350.0	150.0	500.0	—	—	—	—	—
	年末净现金流入量	—	—	—	150.0	200.0	250.0	400.0	1000.0
	折现值	350.0	136.5	486.5	124.5	150.0	170.0	248.0	692.5
乙	年初投资额	300.0	200.0	500.0	—	—	—	—	—
	年末净现金流入量	—	—	—	100.0	200.0	300.0	400.0	1000.0
	折现值	300.0	182.0	482.0	83.0	150.0	204.0	248.0	685.0
丙	年初投资额	400.0	100.0	500.0	—	—	—	—	—
	年末净现金流入量	—	—	—	200.0	250.0	250.0	300.0	1000.0
	折现值	400.0	91.0	491.0	166.0	187.5	170.0	186.0	709.5

（1）利用净现值法进行投资决策分析

对方案甲而言，$\text{NPV}=692.5-486.5=206$ 万元。

对方案乙而言，$\text{NPV}=685-482=203$ 万元。

对方案丙而言，$\text{NPV}=709.5-491=218.5$ 万元。

其中方案丙的净现值最大，所以是最优方案。

（2）利用现值指数法进行投资决策分析

利用公式求出各种方案的现值指数。

对方案甲而言，NPVI = 692.5/486.5 = 1.423。

对方案乙而言，NPVI = 685/482 = 1.421。

对方案丙而言，NPVI = 709.5/491 = 1.445。

其中方案丙的现值指数最大，所以是最优方案。

（3）利用内含报酬率分析法

因为前面得出的结果都是方案丙最优，所以我们对方案丙进行内含报酬率分析。

首先要求出两个折现率 i_1 和 i_2，使得 NPV(i_1)>0 且 NPV(i_2)<0。对方案丙而言，当折现率取年利率 10%时，NPV=218.5>0，所以我们可以设 i_1=10%，NPV(i_1)=218.5。假设令 i_2=25%，则各年度现金流量如表 8-5 所示。

表 8-5　丙方案各年度现金流量

年份方案		建设期			运营期				
		0	1	合计	2	3	4	5	合计
丙	年初投资额	400.0	100.0	500.0	—	—	—	—	—
	年末净现金流入量	—	—	—	200.0	250.0	250.0	300.0	1000.0
	折现系数	1	0.8	—	0.64	0.51	0.41	0.33	—
	折现值	400.0	80.0	483.0	128.0	127.5	102.5	99.0	457.0

由表 8-5 可知，这种情况下：

NPV(i_2) = 457.0–483.0 = -26 <0

因此满足条件。现在利用插值公式求解内含报酬率，即：

IRR = 0.10+(0.25–0.10)×218.5÷(218.5+26) = 0.23

6．投资回收期

投资回收期是指投资回收的期限，也就是用投资方案所产生的净现金收入回收初始全部投资所需的时间。对于投资者来讲，投资回收期越短越好，从而减少投资的风险。

计算投资回收期时，根据是否考虑资金的时间价值，可分为静态投资回收期（不考虑资金时间价值因素）和动态投资回收期（考虑资金时间价值因素）。投资回收期从信息系统项目开始投入之日算起，即包括建设期，单位通常用“年”表示。

（1）静态投资回收期

根据投资及净现金收入的情况不同，投资回收期的计算公式分以下几种。

第 1 种情况，项目在期初一次性支付全部投资 P，当年产生收益，每年的净现金收入不变，为收入 CI 减去支出 CO（不包括投资支出），此时静态投资回收期 T 的计算公式为：

$$T = \frac{P}{\mathrm{CI} - \mathrm{CO}}$$

例如，一笔 1000 元的投资，当年收益，以后每年的净现金收入为 500 元，则静态投资回收期 T=1000/500=2 年。

第 2 种情况，项目仍在期初一次性支付投资 P，但是每年的净现金收入由于生产及销售情况的变化而不一样，设 t 年的收入为 CI，t 年的支出为 CO，则能够使得下面公式成立的 T 即为静态投资回收期：

$$P=\sum_{t=0}^{T}(\mathrm{CI}-\mathrm{CO})_t$$

第 3 种情况，如果投资在建设期 m 年内分期投入，t 年的投资假如为 P_t，t 年的净现金收入仍为 $(\mathrm{CI}-\mathrm{CO})_t$，则能够使得下面公式成立的 T 即为静态投资回收期。

$$\sum_{t=0}^{m}P_t=\sum_{t=0}^{T}(\mathrm{CI}-\mathrm{CO})_t$$

要解这个方程比较负责，因此，一般使用下列实用公式：

T= 累计净现金开始出现正值的年份数–1+｜上年累计净现金｜/当年净现金

（2）动态投资回收期

如果将 t 年的收入视为现金流入 CI，将 t 年的支出以及投资都视为现金流出 CO，即第 t 年的净现金流量为 $(\mathrm{CI}-\mathrm{CO})_t$，并考虑资金的时间价值，则动态投资回收期 T_p 的计算公式，应满足

$$\sum_{t=0}^{Tp}(\mathrm{CI}-\mathrm{CO})_t(1+i)^{-t}=0$$

式中 i 为折现率。要解这个方程，不是一项简单的工作，因此，一般使用下列实用公式：T_p= 累计折现值开始出现正值的年份数–1+｜上年累计折现值｜/当年折现值

动态投资回收期的计算公式表明，在给定的折现率 i 下，要经过 T_P 年，才能使累计的现金流入折现值抵消累计的现金流出折现值，投资回收期反映了投资回收的快慢。

7．投资回收率

投资回收率（投资收益率）反应企业投资的获利能力，其计算公式为：

投资回收率 =1/动态投资回收期×100%

例如，希赛公司 2009 年初计划投资 1000 万元开发远程教育平台产品，预计从 2010 年开始，年实现产品销售收入 1500 万元，年市场销售成本 1000 万元。该产品的系统分析员张博士根据财务总监提供的折现率，制作了产品销售现金流量表 8-6。

表 8-6 产品销售现金流量表

年度	2009	2010	2011	2012	20013
投资	1000	-	-	-	-
成本	-	1000	1000	1000	1000
收入	-	1500	1500	1500	1500
净现金流量	-1000	500	500	500	500
折现值	-925.93	428.67	396.92	367.51	340.29

根据表8-6，第3年（2012年）累计折现值开始大于0，所以

动态投资回收期 = 3-1+|428.67+396.92-925.93|/367.51 = 2.27。

投资回收率 = 1/2.27×100% = 44%。

8.5.3 新旧系统的分析和比较

新旧系统分析和比较的主要目的包括：

（1）评估旧系统存在的问题，评估升级旧系统的价值和升级的代价。

（2）在项目可行性分析和方案设计阶段，通过分析旧的系统，寻找旧系统中存在的主要问题，为新的系统的设计目标提供参考。

（3）在新系统方案确定后，进行新旧系统比较以便验证新系统的设计是否完备。

（4）理解新旧系统之间的差异、确定新旧系统转换的技术路线。

1．分析原则

为了明确旧系统完成的功能，需要对旧系统进行建模。对旧系统的建模，可使用类似数据流图、数据字典这样的工具进行高阶的业务建模。旧系统的分析结果可以是若干高阶的数据流图、功能点清单和性能清单等。其中描述了旧系统的主要工作过程、功能和问题。

（1）比较新旧系统。通过比较新旧系统的逻辑模型、并参考新系统的目标和规模、可以确定新旧系统的主要差异。对新系统提出的要求至少包括：新系统必须实现旧系统的基本功能；新系统必须改正旧系统存在的问题，包括错误、缺陷；新系统应提供全新的功能和性能、并覆盖需求和分析阶段发现的软件需求。

（2）复查问题。完成新系统设计后，复查在分析旧系统阶段发现的全部问题定义、并根据新系统的设计模型比较系统规模、功能改变、性能改进、与预期的开发目标之间的关系等，检查是否存在系统分析师对系统的误解、或在新方案设计中没有涵盖的潜在问题。

（3）控制规模。对旧系统的分析和建模，应控制在一个较小的开销规模上。因为新旧系统比较的目的主要是发现和复查问题，而不是得到旧系统的详细设计。

2．转换策略

根据新旧系统比较的结果，可以得到未来新系统建设完成后的转换策略。通常新旧系统的转换有直接转换、逐步转换和并行转换3种主要的策略。

（1）直接转换策略。新系统是完全重构的系统，可能采用了全新的技术平台和软件来构建、或者用户业务和使用方式发生了剧烈变化，对原有系统只能进行抛弃处理。采用这种策略的优点是新系统能够非常灵活地适应业务需要，功能齐全、结构合理、系统稳定、扩展性强，整个软件系统的利用率比较高。但也存在着一些问题，主要是：

- 新旧系统之间的转换代价比较大；
- 由于需要一套比较完整的业务需求，开发新系统的周期比较长，一次性投资巨大，

未经广泛使用并证明是成熟可靠的新技术平台通常具有一定的技术风险；

- 旧系统通常积累下了大量的业务数据、必须将业务数据的录入、转换、检查以及在新系统中的重建作为重要的工作进行考虑，尽量减小在新旧系统转换的时候对用户现有业务的冲击；

新旧系统转换还需要考虑诸如：维持新系统运行的日常开销、由于使用习惯改变带来的学习时间、培训人员的成本等因素。

（2）逐步转换策略。逐步转换策略又称为分段转换、向导转换、试点过渡法等。这种策略是部分继承原有系统，部分进行新系统的更新和开发的技术路线，每成熟一部分新系统软件，就更新一部分旧系统软件，最终采取渐进的方式，过渡到新的软件平台上来。这种策略的优点是，新旧系统的转换震动比较小，用户容易接受，但也由于是采用渐进式，导致新旧系统的转换周期加长，同时由于需求的变化，给新系统的稳定造成比较大的影响。在转换过程中，需要开发新旧系统之间的接口、还需要制订阶段性的转换目标和计划。

（3）并行转换策略。这种策略是在一定的阶段并行使用新旧系统，将同样的业务在新旧系统中都完成一次。然后在确认新系统已经可以稳定工作后、停止旧的系统和全面启用新系统。并行转换策略会较多增加用户的工作量，并且难以控制新旧系统中的数据变化，因此很少使用。

希赛教育专家提示：对于现有信息系统比较稳定、能够适应自身业务发展需要的建设单位、或新旧系统转换风险很大（例如：订票系统或银行的中间业务系统），可以采用渐进方式；对于现有信息系统本身就存在问题，比如已经不能满足业务需要，存在安全、性能等方面问题的，应采用直接转换策略。

8.5.4　结构化系统建模

通常软件开发项目是要实现目标系统的物理模型，即确定待开发软件的系统元素，并将功能和数据结构分配到这些系统元素中，它是软件实现的基础。但是目标系统的具体物理模型是由它的逻辑模型经实例化，即具体到某个业务领域而得到的。与物理模型不同，逻辑模型忽视实现机制与细节，只描述系统要完成的功能和要处理的数据。作为目标系统的参考，系统分析的任务就是借助于当前系统的逻辑模型导出目标系统的逻辑模型，解决目标系统的“做什么”的问题。

结合现有系统（当前）分析，进行新系统设计的过程如图 8-4 所示。

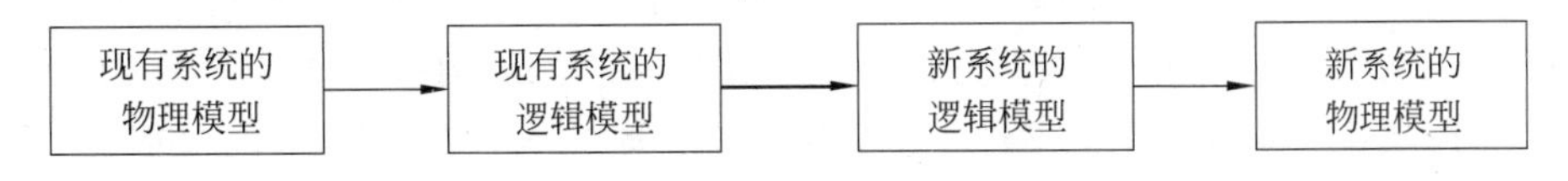

图 8-4　现有系统的研究和分析过程

（1）获得当前系统的物理模型。当前系统可能是需要改进的某个已在计算机运行的数据处理系统，也可能是一个人工的数据处理过程。在这一步首先分析、理解当前系统是如何运行的，了解当前系统的组织机构、输入输出、资源利用情况和日常数据处理过程，并用一个具体模型来反映自己对当前系统的理解。这一模型应客观地反映现实世界的实际情况。

（2）抽象出当前系统的逻辑模型。在理解当前系统“怎样做”的基础上，抽取其“做什么”的本质，从而从当前系统的物理模型抽象出当前系统的逻辑模型。在物理模型中有许多物理因素，随着分析工作的深入，有些非本质的物理因素就成为不必要的负担，因而需要对物理模型进行分析，区分出本质的和非本质的因素，去掉那些非本质的因素即可获得反映系统本质的逻辑模型。

（3）建立目标系统的逻辑模型。分析目标系统与当前系统逻辑上的差别，明确目标系统统到底要“做什么”，从当前系统的逻辑模型导出目标系统的逻辑模型。

（4）建立目标系统的物理模型。根据新系统的逻辑模型构建出相应的物理模型。

希赛教育专家提示：原有系统可以是一个正在运行的软件系统，也可以是一个纯手工运作的流程。

8.5.5 问题定义

软件系统的目的是为了解决问题，因此在建模之初最重要的步骤是问题的分析与定义，并在此基础上归结模型，这样才能够获得切实有效的模型。定义问题的过程包括理解真实世界中的问题和用户的需要，并提出满足这些需要的解决方案的过程。问题分析的目标就是在开始开发之前对要解决的问题有一个更透彻的理解。为了达到这一目标，通常需要经过在问题定义上达成共识、理解问题的本质、确定项目干系人（stakeholders，风险承担着、涉众）、定义系统的界限、确定系统实现的约束这5个步骤。

（1）在问题定义上达成共识。要检验大家是否在问题的定义上达成了共识，最简单的方法就是把问题写出来，看看是否能够获得大家的认可。而要使得这个过程更加有效，应该将问题用标准化的格式写出来。在问题定义上达成共识，就能够有效地将开发团队的理解与用户的需求形成一致，这样就能够使得整个系统的开发沿着合理的方向进展。

（2）理解问题的本质。每一句描述都会夹杂着叙述者的个人理解和判断，因此透过表面深入本质，理解问题背后的问题，是在问题分析阶段的一个十分关键的任务。其中一种技术是“根本原因”分析，这是一种提示问题或其表象的根本原因的系统化方法。在实际的应用中，常使用因果鱼骨图和帕雷托图两种方法。

（3）确定项目干系人。要想有效地解决问题，必须了解用户和其他相关的项目干系人（任何将从新系统或应用的实现中受到实质性影响的人）的需要。不同的项目干系人通常对问题有不同的看法和不同的需要，这些在解决问题时必须加以考虑。

（4）定义系统的连界。系统的边界是指解决方案系统和现实世界之间的边界。在系统边界中，信息以输入和输出的形式流入系统并由系统流向系统外的用户，所有和系统的交互都是通过系统和外界的接口进行的。要描述系统的边界有两种方法：一种是结构化分析中的上下文范围图，另一种则是面向对象分析中的用例模型。

（5）确定系统实现的约束。由于各种因素的存在，我们会对解决方案的选择进行一定的限制，称这种限制为约束。每条约束都将影响到最后的解决方案的形成，甚至会影响是否能够提出解决方案。在考虑约束时，首先应该考察到不同的约束源，其中包括进度、投资收益、人员、设备预算、环境、操作系统、数据库、主机和客户机系统、技术问题、行政问题、已有软件、公司总体战略和程序、工具和语言的选择、人员及其他资源限制等等。

通过对问题进行细致周密的分析，就可以对其进行综合的定义。对于一个问题的完整定义，通常应包括目标、功能需求和非功能需求 3 个方面。

（1）目标。目标是指构建系统的原因，它是最高层次的用户需求，是业务上的需要，而功能、性能需求则必须是以某种形式对该目标做出贡献。

（2）功能。功能性需求是用来指明系统必须做的事情，只有这些行为的存在，才有系统存在的价值。功能需求应该源于业务需求，它只与问题域相关，与解决方案域无关。

（3）非功能需求。非功能需求（性能）是系统必须具备的属性，这些属性可以看作是一些特征或属性，它们使产品具有吸引力、易用、快速或可靠。

8.6　需求工程

需求工程是包括创建和维护系统需求文档所必需的一切活动的过程，可分为需求开发和需求管理两大工作。

（1）需求开发：包括需求获取、需求分析、编写规格说明书（需求定义）和需求验证 4 个阶段。在需求开发阶段需要确定产品所期望的用户类型、获取每种用户类型的需求、了解实际的用户任务和目标，以及这些任务所支持的业务需求。同时还包括分析源于用户的信息、对需求进行优先级分类、将所收集的需求编写成为软件规格说明书和需求分析模型，以及对需求进行评审等工作。

（2）需求管理：通常包括定义需求基线、处理需求变更及需求跟踪等方面的工作。

这两个方面是相辅相成的，需求开发是主线，是目标；需求管理是支持，是保障。换句话来说，需求开发是努力更清晰、更明确地掌握客户对系统的需求；而需求管理则是对需求的变化进行管理的过程。

8.6.1　需求开发概述

需求开发所要做的工作是深入描述软件的功能和性能，确定软件设计的限制和软件与其他系统元素的接口细节，定义软件的其他有效性需求，细化软件要处理的数据域。用一句话概括就是：需求开发主要确定开发软件的功能、性能、数据和界面等要求。

希赛教育专家提示：在不严格区分需求开发和需求管理的情况下，往往就把“需求分析”当作“需求开发”。也就是说，广义的“需求分析”就是指需求开发中的 4 个阶段的总体。

1．需求开发的工作

具体来说，需求开发的工作可以分成以下 4 个方面：

（1）问题识别：用于发现和描述需求，并预先估计以后系统可能达到的目标。

（2）分析与综合：对问题进行分析，然后在此基础上整合出解决方案。这个步骤经常是反复进行的，常用的方法有面向数据流的结构化分析方法，面向数据结构的 Jackson 方法，面向对象的分析方法，以及用于建立动态模型的状态迁移图和 Petri 网。

（3）编制需求分析的文档：也就是对已经确定的需求进行文档化描述，该文档通常称为软件需求说明书（需求规格说明书）。

（4）需求分析与评审：它是需求分析工作的最后一步，主要是对功能的正确性、完整性和清晰性，以及其他需求给予评价。

2．需求开发的原则

在软件需求开发的过程中，必须遵循以下原则：

（1）必须能够表达和理解问题的信息域和功能域。

（2）必须表示软件的行为（作为外部事件的结果）。

（3）必须划分描述信息、功能和行为的模型，从而可以以层次的方式揭示细节。

（4）分析过程应该从要素信息移向细节实现。

（5）必须按自顶向下、逐层分解的方式对问题进行分解和不断细化。

（6）要给出系统的逻辑视图和物理视图。

通过应用这些原则，系统分析师可以系统地处理某些问题，包括检查信息域以使得功能可以被更完整地理解，使用模型以使得可以以简捷的方式交流功能和行为的特征，应用划分以减少问题的复杂性等。在这些处理过程中，软件的要素和视图实现由处理需求带来的逻辑约束与由其他系统元素带来的物理约束是必需的。

3．需求的分类

软件需求就是系统必须完成的事，以及必须具备的品质。具体来说，软件需求包括功能需求、非功能需求和设计约束 3 个方面的内容。

（1）功能需求：是指系统必须完成的那些事，即为了向它的用户提供有用的功能，产品必须执行的动作。

（2）非功能需求：是指产品必须具备的性能或品质，例如，可靠性、容错性等。

（3）设计约束：也称为限制条件、补充规约，通常是对解决方案的一些约束说明，例如，某系统必须采用国有自主知识版权的数据库，必须运行在 UNIX 系统之下，等等。

除了这 3 种需求之外，还有业务需求、用户需求和系统需求这 3 个处于不同层面下的概念，充分理解这些需求才能够更加清晰地理清需求的脉络。

（1）业务需求：是指反映组织机构或客户对系统、产品高层次的目标要求，通常问题定义本身就是业务需求。

（2）用户需求：是指描述用户使用产品必须要完成什么任务、怎么完成的需求，通常是在问题定义的基础上进行用户访谈、调查，对用户使用的场景进行整理，然后建立的从用户角度的需求。

（3）系统需求：是从系统的角度来说明软件的需求，它包括了用特性说明的功能需求，质量属性及其他非功能需求，还有设计约束。

我们经常围绕着“功能需求”来展开工作，而功能需求大部分都是从“系统需求”的角度来分析与理解的，也就是用“开发人员”的视角来理解需求。但要想真正地得到完整的需求，仅戴上“开发人员”的眼镜是不够的，还需要“领域专家”的眼镜，从更高的角度来理解需求，这就是“业务需求”；同时还应该更好地深入用户，了解他们的使用场景，了解他们的所思所想，这就是“用户需求”。这是一个理解层次的问题，并不仅仅是简单的概念。

8.6.2　需求获取

在需求获取的过程中，主要解决需求调查的问题。要想做好需求调查，必须清楚地了解 3 个问题：

（1）What：应该搜集什么信息。

（2）Where：从什么地方搜集这些信息。

（3）How：用什么机制或者技术来搜集这些信息。

1．要捕获的信息

从宏观的角度来看，要获取的信息包括三大类：一是与问题域相关的信息（如业务资料、组织结构图、业务处理流程等），二是与要求解决的问题相关的信息，三是用户对系统的特别期望与施加的任何约束信息。

2．信息的来源

除了要明确地知道我们需要什么方面的信息，还要知道它们可以从哪里获得。而通常情况下，这些你需要的信息会藏于客户、原有系统、原有系统用户、新系统的潜在用户、原有产品、竞争对手的产品、领域专家、技术法规与标准里。

面对这么许多种可能，在具体实践中该从何下手呢？其实也很简单，首先从人的角度来说，应该首先对项目干系人进行分类，然后从每一类项目干系人中找到 1 或 2 名代表；而对于文档、产品而言，则更容易有选择地查阅。

在制定需求获取计划的时候，我们可以列出一个表格，第 1 列是我们想了解的信息，第 2 列是信息可能的来源，这样就能够建立起一一对应的关系，使得需求获取工作更加有的放矢，也更加高效。

3．需求捕获技术

当我们知道需要去寻找什么信息，并且也找到了信息的来源地，接下来就需要选择合适的技术进行需求获取了。

（1）用户访谈。用户访谈是最基本的一种需求获取手段，其形式包括结构化和非结构化两种，结构化是指事先准备好一系列问题，有针对地进行；非结构化则是只列出一个粗略的想法，根据访谈的具体情况发挥。最有效的访谈是结合这两种方法进行。用户访谈具有良好的灵活性，用较宽广的应用范围，但是也存在着许多困难，诸如客户经常较忙，你难以安排到时间；面谈时信息量大，记录较为困难；沟通需要很多技巧，同时需要分析员有足够的领域知识；另外，在访谈时会遇到一些对于组织来说比较机密和敏感的话题。因此，这看似简单的技术，也需要分析人员拥有足够多的经验和较强的沟通能力。

（2）用户调查。用户访谈时最大的难处在于很多关键的人员时间有限，不容易安排过多的时间；而且客户面经常较广，不可能一一访谈。因此，我们就需要借助用户调查，通过精心设计要问的问题，然后下发到相关的人员手里，让他们填写答案。这样就可以有效地克服前面提到的两个问题。但是与用户访谈相比，用户调查最大的不足就是缺乏灵活性；而且双方未见面，分析人员无法从他们的表情等其他动作来获取一些更隐性的信息；还有就是客户有可能在心理上会不重视一张小小的表格，不认真对待从而使得反馈的信息不全面。因此较好的做法是将这两种技术结合使用。具体来说，就是先设计问题，制作成为用户调查表，下发填写完后，进行仔细的分组、整理、分析，以获得基础信息，然后再针对这个结果进行小范围的用户访谈，作为补充。

（3）现场观摩。对于许多较为复杂的流程和操作而言，是比较难以用言语表达清楚的，而且这样做也会显得很低效。因此，针对这一现象，分析团队可以就一些较复杂、较难理解的流程、操作采用现场观摩的方法来获取需求。具体来说，就是走到客户的工作现场，一边观察，一边听客户的讲解，甚至可以安排人员跟随客户工作一小段时间。这样就可以使得分析人员更加直观地理解需求。

（4）阅读历史文档。这种方式也称为“文档考古”。对于一些数据流比较复杂的，工作表单较多的项目，有时是难以通过语言，或者通过观察来了解需求细节的。这个时候就可以借助于阅读历史文档的方法，对历史存在的一些文档进行研究，从中获得所需的信息。这个方法的主要风险是历史的文档可能与新系统的流程、数据有一些不吻合的地方，并且还可以承载一些原有系统的缺陷。要想有效地避免和发现这些问题，就需要分析人员能够运用自己的聪明才智，将其与其他需求捕获技术结合对照。还有一个负面因素就是，这些历史的文档中记载的信息有可能涉及客户的商业秘密，因此对数据信息的保密也是分析人员基本的职业道德。

（5）联合讨论会。这是一种相对来说成本较高的需求获取方法，但也是十分有效的一种。它通过联合各个关键客户代表、分析人员、开发团队代表一起，通过有组织的会议来讨论需求。通常该会议的参与人数为 6～18 人，召开时间为 1～5 小时。在会议之前，应该将与讨论主题相关的材料提前分发给所有将要参加会议的人。在会议开始之后，首先应该花一些时间让所有的与会者互相认识，以使交流在更加轻松的气氛下进行。会议的最初，就是针对所列举的问题进行逐项专题讨论，然后对原有系统、类似系统的不足进行开放性交流，第三步则是大家在此基础上对新的解决方案进行一番设想，在过程中将这些想法、问题、不足记录下来，形成一个要点清单。第四步就是针对这个要点清单进行整理，明确优先级，并进行评审。这种联合讨论会将会起到群策群力的效果，对于一些问题最有歧义的时候、对需求最不清晰地领域都是十分有用的一种技术。而且最大的难度就是会议的组织，要做到言之有物，气氛开放，否则将难以达到预想的效果。

4．需求捕获的策略

在整个需求过程中，需求捕获、需求分析、需求定义、需求验证四个阶段不是瀑布式的发展，而且应该采用迭代式的演化过程。也就是说，在进行需求捕获时，不要期望着一次就将需求收集完，而且应该捕获到一些信息后，进行相应的需求分析，并针对分析中发现的疑问和不足，带着问题再进行有针对性的需求捕获工作。

8.6.3　需求分析

需求分析的方法种类繁多，不过如果按照分解的方式不同，可以很容易地划分出几种大类型：

（1）结构化分析方法。本节后续内容将详细讨论 SA 的内容。

（2）面向对象分析方法。将在 9.4 节中进行详细介绍。

（3）面向问题域的分析（Problem Domain Oriented Analysis，PDOA）方法。PDOA 更多地强调描述，而少强调建模。它的描述大致分为关注问题域和关注解系统的待求行为这两个方面。问题框架是 PDOA 的核心元素，是将问题域建模成为一系列相互关联的子域。也可以把问题框架看作是开发上下文图，但不同的是上下文图的建模对象是针对解系统，而问题框架则是针对问题域。也就是说，问题框架的目标就是大量地捕获更多有关问题域的信息。PDOA 方法现在还在研究阶段，并未广泛应用。

1．业务流程分析

业务流程分析的目的是了解各个业务流程的过程，明确各个部门之间的业务关系和每个业务处理的意义，为业务流程的合理化改造提供建议，为系统的数据流程变化提供依据。

业务流程分析的步骤如下：

（1）通过调查掌握基本情况。

（2）描述现有业务流程（绘制业务流程图）。

（3）确认现有业务流程。

（4）对业务流程进行分析。

（5）发现问题，提出解决方案。

（6）提出优化后的业务流程。

在业务流程图中使用的基本符号如图8-5所示。

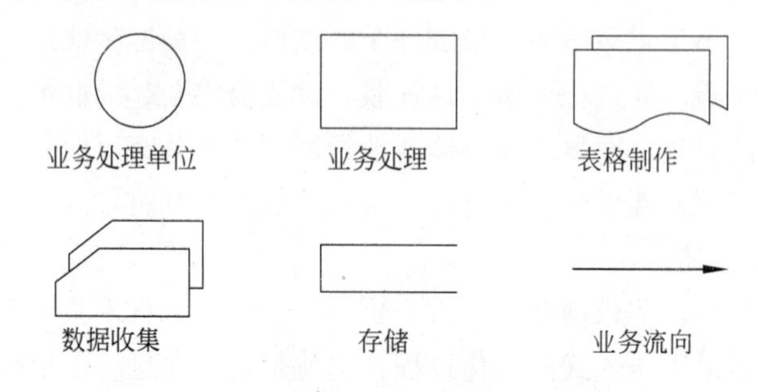

图8-5 业务流程图符号

2．数据流图

DFD是结构化分析中的重要方法和工具，是表达系统内数据的流动并通过数据流描述系统功能的一种方法。DFD还可被认为是一个系统模型，在信息系统开发中，一般将它作为需求说明书的组成部分。

DFD从数据传递和加工的角度，利用图形符号通过逐层细分描述系统内各个部件的功能和数据在它们之间传递的情况，来说明系统所完成的功能。具体来说，DFD的主要作用如下：

（1）DFD是理解和表达用户需求的工具，是系统分析的手段。由于DFD简明易懂，理解它不需要任何计算机专业知识，因此通过它同客户交流很方便。

（2）DFD概括地描述了系统的内部逻辑过程，是系统分析结果的表达工具，因而也是系统设计的重要参考资料，是系统设计的起点。

（3）DFD作为一个存档的文字材料，是进一步修改和充实开发计划的依据。

在DFD中，通常会出现4种基本符号，分别是数据流、加工、数据存储和外部实体（数据源及数据终点）。数据流是具有名字和流向的数据，在DFD中用标有名字的箭头表示。加工是对数据流的变换，一般用圆圈表示。数据存储是可访问的存储信息，一般用直线段表示。外部实体是位于被建模的系统之外的信息生产者或消费者，是不能由计算机处理的成分，它们分别表明数据处理过程的数据来源及数据去向，用标有名字的方框表示。图8-6是一个典型的DFD示例。

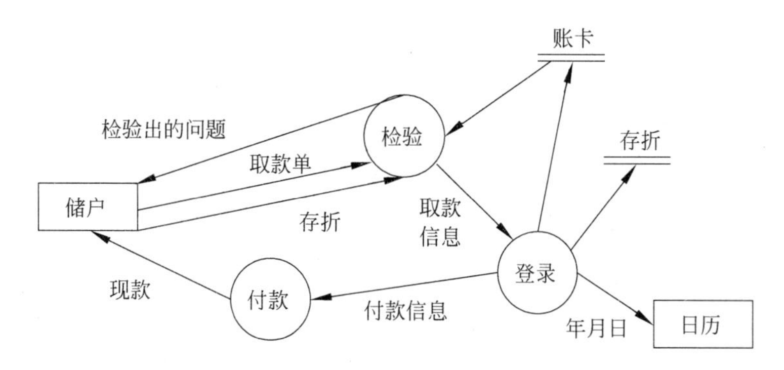

图 8-6　办理取款手续的 DFD

为了表达数据处理过程中的数据加工情况，用一个 DFD 是不够的。稍微复杂的实际问题，在 DFD 中常常出现十几个甚至几十个加工。这样的 DFD 看起来很不清楚。层次结构的 DFD 能很好地解决这一问题。按照系统的层次结构进行逐步分解，并以分层的 DFD 反映这种结构关系，能清楚地表达整个系统。

图 8-7 给出分层 DFD 的示例。数据处理 S 包括三个子系统 1、2、3。顶层下面的第一层 DFD 为 DFD/L1，第二层的 DFD/L2.1、DFD/L2.2 及 DFD/L2.3 分别是子系统 1、2 和 3 的细化。对任何一层数据流图来说，我们称它的上层图为父图，在它下一层的图则称为子图。

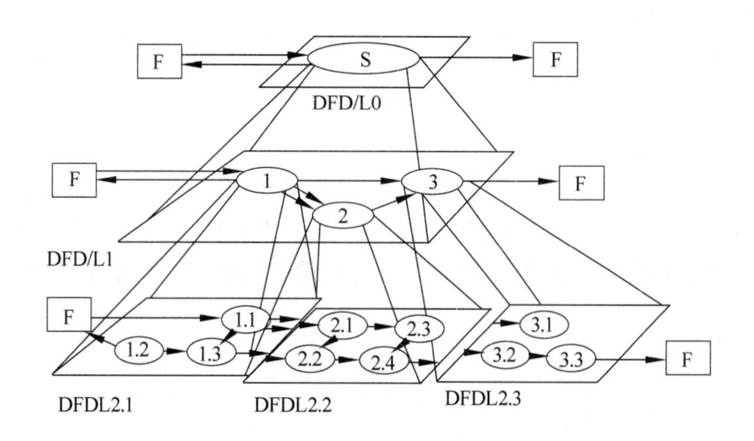

图 8-7　分层数据流图

概括地说，画 DFD 的基本步骤，就是“自顶向下，逐层分解”。检查和修改的原则如下：

（1）DFD 中的所有图形符号只限于前述 4 种基本图形元素。

（2）顶层 DFD 必须包括前述 4 种基本元素，缺一不可。

（3）顶层 DFD 中的数据流必须封闭在外部实体之间。

（4）每个加工至少有一个输入数据流和一个输出数据流。

（5）在 DFD 中，需按层给加工框编号。编号表明了该加工处在哪一层，以及上下层的父图与子图的对应关系。

（6）规定任何一个数据流子图必须与它上一层的一个加工对应，两者的输入数据流和输出数据流必须一致。此即父图与子图的平衡。

（7）可以在 DFD 中加入物质流，帮助用户理解 DFD。

（8）图上每个元素都必须有名字。

（9）DFD 中不可夹带控制流。

3．数据字典

数据字典是关于数据的信息的集合，也就是对 DFD 中包含的所有元素的定义的集合。DFD 和数据字典共同构成系统的逻辑模型。没有 DFD，数据字典难以发挥作用；没有数据字典，DFD 就不严格。只有把 DFD 和对 DFD 中每个元素的精确定义放在一起，才能共同构成系统的规格说明。

数据字典的设计包括：数据流设计、数据元素字典设计、数据处理字典设计、数据结构字典设计和数据存储设计。这些设计涵盖了数据的采集和范围的确定等信息。在数据字典的每一个词条中应包含以下信息名称、别名或编号、分类、描述、何处使用。

对加工的描述是数据字典的组成内容之一，常用的加工描述方法有结构化语言、判定树及判定表。

（1）结构化语言：介于自然语言和形式语言之间的一种半形式语言，在自然语言基础之上加了一些限度，使用有限的词汇和有限的语句来描述加工逻辑。结构化语言是受结构化程序设计思想启发而扩展出来的。结构化程序设计只允许 3 种基本结构。结构化语言也只允许 3 种基本语句，即简单的祈使语句、判断语句和循环语句。与程序设计语言的差别在于结构化语言没有严格的语法规定，与自然语言的不同在于它只有极其有限的词汇和语句。结构化语言使用三类词汇：祈使句中的动词、数据字典中定义的名词及某些逻辑表达式中的保留字。

（2）判定树：若一个动作的执行不只依赖一个条件，而与多个条件有关，那么这项策略的表达就比较复杂。如果用结构化语言的判断语句，就有多重嵌套，层次一多，可读性就会下降。用判定树来表示，可以更直观一些。

（3）判定表：一些条件较多、在每个条件下取值也较多的判定问题，可以用判定表表示。判定表能清晰地表达复杂的条件组合与应做动作之间的对应关系，判定表的优点是能够简洁、无二义性地描述所有的处理规则。但判定表表示的是静态逻辑，是在某种条件取值组合情况下可能的结果，它不能表达加工的顺序，也不能表达循环结构，因此判定表不能成为一种通用的设计工具。

8.6.4 需求定义

需求定义的过程也就是形成需求规格说明书的过程，通常有两种需求定义的方法，分别是严格定义方法和原型方法。

1．严格定义方法

严格定义（预先定义）是目前采用较多的一种需求定义方法。在采用严格定义的传统的结构化开发方法中，各个工作阶段排列成一个理想的线性开发序列，在每一工作阶段中，都用上一阶段所提供的完整、严格的文档作为指导文件，因此它本质上是一种顺序型的开发方法。

在传统的结构化开发中，需求的严格定义建立在以下的基本假设上：

（1）所有需求都能够被预先定义。假设意味着，在没有实际系统运行经验的情况下，全部的系统需求均可通过逻辑推断得到。这对某些规模较小、功能简单的系统是可能的，但对那些功能庞大、复杂且较大的系统显然是困难的。即使事先做了深入细致的调查和分析，当用户见到新系统的实际效果时，也往往会改变原先的看法，会提出修改或更进一步增加系统功能的要求，所以再好的预先定义技术也会经常反复。这是因为人们对新事物的认识与理解将随着直观、实践的过程进一步加深，这是与人类认识世界的客观规律相一致的。所以，能够预先定义出所有需求的假设在许多场合是不能成立的。

（2）开发人员与用户之间能够准确而清晰地交流。假设认为，用户与开发人员之间，虽然每人都有自己的专业、观点、行话，但在系统开发过程中可以使用图形 / 文档等通信工具进行交流，进行清晰、有效的沟通，这种沟通是必不可少的。可是，在实际开发中，往往对一些共同的约定，每个人可能都会产生自己的理解和解释。即使采用结构化语言、判定树、判定表等工具，仍然存在精确的、技术上的不严密感。这将导致人们有意无意地带有个人的不同理解而各行其事，所以在多学科、多行业人员之间进行有效的通信交流是有一定困难的。

（3）采用图形/文字可以充分体现最终系统。在使用严格定义需求的开发过程中，开发人员与用户之间交流、通信的主要工具是定义报告，包括叙述文字、图形、逻辑规则和数据字典等技术工具。它们都是静止的、被动的，不能实际表演，很难在用户头脑中形成一个具体的形象。因此，要用静止的图形/文字描述来体现一个动态的系统是比较困难的。

除了所论述的情况外，上述基本假设还将导致严格定义的结构化开发方法存在以下缺陷：

（1）文档量大。由于在结构化方法的每个阶段都必须写出规范、严密的各种文档，这些文档虽然有助于开发人员之间、用户与开发人员间的通信交流，有助于开发过程的规范化，但由于编写文档花费大量人力和时间，导致系统开发周期增大。

（2）开发过程可见性差，来自用户的反馈太迟。由于在需求定义、系统设计阶段都不能在用户终端显示新系统的实际效果，一直到系统实现阶段结束，用户才有机会通过对新系统的实际操作和体会来提出他们对新系统的看法和意见，但此时整个开发已近尾声，若想修改前几段的工作或修改需求定义，都将付出较大的代价，有时这种修改甚至会导致整个系统的失败。

希赛教育专家提示：需求的严格定义的基本假设在许多情况下并不成立，传统的结构化方法面临着一些难以跨越的障碍。为此，需要探求一种变通的方法。

2．原型方法

原型方法以一种与严格定义法截然不同的观点看待需求定义问题。原型化的需求定义过程是一个开发人员与用户通力合作的反复过程。从一个能满足用户基本需求的原型系统开始，允许用户在开发过程中提出更好的要求，根据用户的要求不断地对系统进行完善，它实质上是一种迭代的循环型的开发方式。

采用原型方法时需要注意的几个问题。

（1）并非所有的需求都能在系统开发前被准确地说明。事实上，要想严密、准确地定义任何事情都是有一定难度的，更不用说是定义一个庞大系统的全部需求。用户虽然可以叙述他们所需最终系统的目标及大致功能，但是对某些细节问题却往往不可能十分清楚。一个系统的开发过程，无论对于开发人员还是用户来说，都是一个学习和实践的过程，为了帮助他们在这个过程中提出更完善的需求，最好的方法就是提供现实世界的实例——原型，对原型进行研究、实践，并进行评价。

（2）项目参加者之间通常都存在交流上的困难，原型提供了克服该困难的一个手段。用户和开发人员通过屏幕、键盘进行对话和讨论、交流，从他们自身的理解出发来测试原型，一个具体的原型系统，由于直观性、动态性而使得项目参加者之间的交流上的困难得到较好的克服。

（3）需要实际的、可供用户参与的系统模型。虽然图形和文字描述是一种较好的通信交流工具，但是，其最大缺陷是缺乏直观的、感性的特征，因而不易理解对象的全部含义。交互式的系统原型能够提供生动的规格说明，用户见到的是一个“活”的、实际运行着的系统。实际使用在计算机上运行的系统，显然比理解纸面上的系统要深刻得多。

（4）有合适的系统开发环境。随着计算机硬件、软件技术和软件工具的迅速发展，软件的设计与实现工作越来越方便，对系统进行局部性修改甚至重新开发的代价大大降低。所以，对大系统的原型化已经成为可能。

（5）反复是完全需要和值得提倡的，需求一旦确定，就应遵从严格的方法。

对系统改进的建议来自经验的发展，应该鼓励用户改进他们的系统，只有做必要的改变后，才能使用户和系统间获得更加良好的匹配，所以，从某种意义上说，严格定义需求的方法实际上抑制了用户在需求定义以后再改进的要求，这对提高最终系统的质量是有害的。另一方面，原型方法的使用并不排除严格定义方法的运用，当通过原型并在演示中得到明确的需求定义后，应采用行之有效的结构化方法来完成最终系统的开发。

3．软件需求说明书

软件需求说明书（Software Requirements Specification，SRS）是需求开发阶段的成果，代表用户和开发人员对软件系统的共同理解，是软件项目后期开发和维护的基础。不仅是系统测试和用户文档的基础，也是所有子系列项目规划、设计和编码的基础。SRS 需要把用户对软件的功能需求和非功能需求进行详细记录和准确描述，它应该尽可能完整地描述系统预期的外部行为和用户可视化行为。除了设计和实现上的限制，软件需求说明不应该包括设计、构造、测试或工程管理的细节，也不应该包括对算法的详细过程描述。

可以使用以下 3 种方法编写 SRS：

（1）用好的结构化和自然语言编写文本型文档。

（2）建立图形化模型，这些模型可以描绘转换过程、系统状态和它们之间的变化、数据关系、逻辑流或对象类和它们的关系。

（3）编写形式化规格说明，这可以通过使用数学上精确的形式化逻辑语言来定义需求。

由于形式化规格说明具有很强的严密性和精确度，因此，所使用的形式化语言只有极少数软件开发人员才熟悉，更不用说客户了。虽然结构化的自然语言具有许多缺点，但在大多数软件工程中，它仍是编写需求文档最现实的方法。包含了功能和非功能需求的基于文本的软件需求规格说明已经为大多数项目所接受。图形化分析模型通过提供另一种需求视图，增强了软件需求规格说明。

8.6.5　需求管理

需求管理通常包括定义需求基线、处理需求变更及需求跟踪等方面的工作。根据考试大纲，本节要求考生掌握需求变更、需求跟踪和需求变更风险管理三个方面的知识。本节只简单介绍有关需求跟踪方面的知识。有关定义需求基线和需求变更的知识，请阅读 11.5.3 节；有关风险管理方面的知识，请阅读 11.7 节。

需求跟踪的主要目的如下：

（1）审核。跟踪能力信息可以帮助审核确保所有需求被应用。

（2）在增加、删除、修改需求时可以确保不忽略每个受到影响的系统元素。

（3）使得维护时能正确、完整地实施变更，从而提高生产率。

（4）获得计划功能当前实现状态的记录。

（5）再工程。可以列出旧系统中将要替换的功能，记录它们在新系统的需求和软件组件中的位置。

（6）重新利用跟踪信息可以帮助开发人员在新系统中对相同的功能利用旧系统相关资源。

（7）可以减少由于关键成员离开项目带来的风险。

（8）可以在测试出错时指出最可能有问题的代码段。

在信息系统项目中，需求变更是不可避免的，如何以可控的方式管理软件的需求，对于项目的顺利进行有着重要的意义。如果匆匆忙忙地完成用户调研与分析，则往往意味着不稳定的需求。所以需求管理要保证需求分析各个活动都得到了充分的执行。对于需求变更的管理，则主要使用需求变更流程和需求跟踪矩阵的管理方式。

需求跟踪包括编制每个需求与系统元素之间的联系文档。这些元素包括已识别的需求、约束、其他设计部件、源代码模块、测试、帮助文件、文档等。需求跟踪分为正向跟踪和逆向跟踪，一般合称为“双向跟踪”。不论采用何种跟踪方式，都要建立与维护需求跟踪矩阵（即表格）。需求跟踪矩阵保存了需求与后续工作成果的对应关系，通过需求跟踪矩阵可以跟踪一个需求使用期限的全过程，即从需求源到实现的前后生存期。它跟踪的是已明确的需求的实现过程，不涉及需求开发人员的职责，也无法用于防止变更矩阵单元之间的可能存在“一对一”、“一对多”或“多对多”的关系。由于对应关系比较复杂，最好在表格中加必要的文字解释。当需求文档或后续工作成果发生变更时，要及时更新需求跟踪矩阵。

8.7 软件设计

从工程管理角度来看，软件设计可分为概要设计和详细设计两个阶段。

概要设计也称为高层设计或总体设计，即将软件需求转化为数据结构和软件的系统结构。例如，如果采用结构化设计，则从宏观的角度将软件划分成各个组成模块，并确定模块的功能及模块之间的调用关系。概要设计主要包括设计软件的结构，确定系统由哪些模块组成以及每个模块之间的关系。它采用的是结构图（包括模块、调用和数据）来描述程序的结构，还可以使用层次图和 HIPO（层次图加输入/处理/输出图）。整个过程主要包括复查基本系统模型、复查并精化数据流图、确定数据流图的信息流类型（包括变换流和事务流）、根据流类型分别实施变换分析或事务分析，以及根据软件设计原则对得到的软件结构图进一步进行优化。

详细设计也称为低层设计，即对结构图进行细化，得到详细的数据结构与算法。同样如果采用结构化设计，则详细设计的任务就是为每个模块进行设计。详细设计确定应该如何具体地实现所要求的系统，得出对目标系统的精确描述。它采用自顶向下、逐步求精的设计方式和单入口单出口的控制结构。经常使用的工具包括程序流程图、盒图、PAD 图（Problem Analysis Diagram，问题分析图）及 PDL（Program Design Language，伪代码）。

总的来说，在整个软件设计过程中，需完成以下工作任务：

（1）制定规范，作为设计的共同标准。

（2）完成软件系统结构的总体设计，将复杂系统按功能划分为模块的层次结构，然后确定模块的功能，以及模块间的调用关系和组成关系。

（3）设计处理方式，包括算法、性能、周转时间、响应时间、吞吐量和精度等。

（4）设计数据结构。

（5）可靠性设计。

（6）编写设计文档，包括概要设计说明书、详细设计说明书、数据库设计说明书、用户手册和初步的测试计划等。

（7）设计评审，主要是对设计文档进行评审。

希赛教育专家提示：在设计阶段，必须根据要解决的问题，做出设计的选择。例如，半结构化决策问题就适合由交互式计算机软件来解决。

8.7.1 软件设计活动

软件设计包括 4 个既独立又相互联系的活动，即数据设计、软件结构设计、人机界面设计和过程设计。这 4 个活动完成以后就得到了全面的软件设计模型。设计方法也是以后实现设计模型的蓝图和软件工程活动的基础。

数据设计是实施软件工程中的 4 个设计活动中的第一个。由于数据结构对程序结构和过程复杂性都有影响，因此数据结构对软件质量的影响是很深远的。好的数据设计将改善程序结构和模块划分，降低过程复杂性。数据设计将分析时创建的信息域模型变换成实现软件所需的数据结构。在 E-R 图中定义的数据对象和关系，以及数据字典中描述的详细数据内容为数据设计活动奠定了基础。

软件结构设计的主要目标是开发一个模块化的程序结构，并表示出模块间的控制关系。此外，软件结构设计将程序结构和数据结构相结合，为数据在程序中的流动定义了接口。

人机界面设计（接口设计）描述了软件内部、软件和协作系统之间，以及软件与人（用户）之间如何通信。一个接口意味着一个信息流（如数据和/或控制流），因此，数据和控制流图提供了人机界面设计所需的信息。人机界面设计要实现的内容包括一般交互、信息显示和数据输入。人机界面设计主要包括以下 3 个方面。

（1）设计软件模块间的接口。

（2）设计模块和其他非人的信息生产者和消费者（比如外部实体）之间的接口。

（3）设计人（用户）和计算机间的接口（通常简称为“人机接口”或“人机界面”）。

过程设计应该在数据设计、架构设计和接口设计完成之后进行。所有的程序都可以建立在一组已有的逻辑构成元素上，这一组逻辑构成元素强调了“对功能域的维护”，其中每一个逻辑构成元素有可预测的逻辑结构，即从顶端进入，从底端退出，读者可以很容易地理解过程流。

8.7.2 结构化设计

结构化设计包括架构设计、接口设计、数据设计和过程设计等任务。它是一种面向数据流的设计方法，是以结构化分析阶段所产生的成果为基础，进一步自顶而下、逐步求精和模块化的过程。

在结构化方法中，模块化是一个很重要的概念，它是指将一个待开发的软件分解成为若干个小的简单部分——模块。每个模块可以独立地开发、测试。这是一种复杂问题的“分而治之”原则，其目的是使程序的结构清晰、易于测试与修改。

具体来说，模块是指执行某一特定任务的数据结构和程序代码。通常将模块的接口和功能定义为其外部特性，将模块的局部数据和实现该模块的程序代码称为内部特性。在模块设计时，最重要的原则就是实现信息隐蔽和模块独立。模块通常具有连续性，也就意味着作用于系统的小变动将导致行为上的小变化，同时规模说明的小变动也将影响到一小部分模块。

1．抽象化

对软件进行模块设计的时候，可以有不同的抽象层次。在最高的抽象层次上，可以使用问题所处环境的语言描述问题的解法。而在较低的抽象层次上，则宜采用过程化的方法。抽象化包括对过程的抽象、对数据的抽象和对控制的抽象。

（1）过程的抽象。在软件工程过程中，从系统定义到实现，每进展一步都可以看做是对软件解决方案的抽象化过程的一次细化。在从概要设计到详细设计的过程中，抽象化的层次逐渐降低，当产生源程序时到达最低的抽象层次。

（2）数据抽象。数据抽象与过程抽象一样，允许设计人员在不同层次上描述数据对象的细节。

（3）控制抽象。控制抽象可以包含一个程序控制机制而无须规定其内部细节。

2．自顶向下，逐步求精

将软件的架构按自顶向下方式，对各个层次的过程细节和数据细节逐层细化，直到用程序设计语言的语句能够实现为止，从而最后确立整个架构。最初的说明只是概念性地描述了系统的功能或信息，但并未提供有关功能的内部实现机制或有关信息的内部结构的任何信息。设计人员对初始说明仔细推敲，进行功能细化或信息细化，给出实现的细节，划分出若干成分。然后再对这些成分，施行同样的细化工作。随着细化工作的逐步展开，设计人员就能得到越来越多的细节。

3．信息隐蔽

信息隐蔽是开发整体程序结构时使用的法则，即将每个程序的成分隐蔽或封装在一个单一的设计模块中，并且尽可能少地暴露其内部的处理过程。通常会将困难的决策、可能修改的决策、数据结构的内部连接，以及对它们所做的操作细节、内部特征码、与计算机硬件有关的细节等隐蔽起来。

通过信息隐蔽可以提高软件的可修改性、可测试性和可移植性，它也是现代软件设计的一个关键性原则。

4．模块独立

模块独立是指每个模块完成一个相对独立的特定子功能，并且与其他模块之间的联系最简单。保持模块的高度独立性，也是在设计时的一个很重要的原则。通常用耦合（模块之间联系的紧密程度）和内聚（模块内部各元素之间联系的紧密程度）两个标准来衡量，我们的目标是“高内聚、低耦合”。

模块的内聚类型通常可以分为 7 种，根据内聚度从高到低的排序如表 8-7 所示。

表 8-7　模块的内聚类型

内聚类型	描　　述
功能内聚	完成一个单一功能，各个部分协同工作，缺一不可
顺序内聚	处理元素相关，而且必须顺序执行
通信内聚	所有处理元素集中在一个数据结构的区域上
过程内聚	处理元素相关，而且必须按特定的次序执行
瞬时内聚	所包含的任务必须在同一时间间隔内执行（如初始化模块）
逻辑内聚	完成逻辑上相关的一组任务
偶然内聚	完成一组没有关系或松散关系的任务

模块的耦合类型通常也分为 7 种，根据耦合度从低到高排序如表 8-8 所示。

表 8-8　模块的耦合类型

耦合类型	描　　述
非直接耦合	没有直接联系，互相不依赖对方
数据耦合	借助参数表传递简单数据
标记耦合	一个数据结构的一部分借助于模块接口被传递
控制耦合	模块间传递的信息中包含用于控制模块内部逻辑的信息
外部耦合	与软件以外的环境有关
公共耦合	多个模块引用同一个全局数据区
内容耦合	一个模块访问另一个模块的内部数据；一个模块不通过正常入口转到另一模块的内部；两个模块有一部分程序代码重叠；一个模块有多个入口

除了满足以上两大基本原则之外，通常在模块分解时还需要注意：保持模块的大小适中；尽可能减少调用的深度；直接调用该模块的次数应该尽量多，但调用其他模块的次数则不宜过多；保证模块是单入口、单出口的；模块的作用域应该在模块之内；功能应该是可预测的。

8.7.3　工作流设计

工作流（Work Flow）就是自动运作的业务过程部分或整体，表现为参与者对文件、信息或任务按照规程采取行动，并令其在参与者之间传递。简单地说，工作流就是一系列相互衔接、自动进行的业务活动或任务。我们可以将整个业务过程看作是一条河，其中流过的就是工作流。

工作流管理（Workflow Management，WFM）是人与计算机共同工作的自动化协调、控制和通信，在电脑化的业务过程上，通过在网络上运行软件，使所有命令的执行都处于受控状态。在工作流管理下，工作量可以被监督，分派工作到不同的用户达成平衡。

工作流管理系统（Workflow Management System，WFMS）通过软件定义、创建工作流并管理其执行。它运行在一个或多个工作流引擎上，这些引擎解释对过程的定义，与工作流的参与者（包括人或软件）相互作用，并根据需要调用其他的IT工具或应用。

总体来说，实际企业中运作的工作流管理系统，是一个“人-计算机”结合的系统。它的基本功能体现在几个方面：

（1）定义工作流，包括具体的活动、规则等，这些定义是同时被人及电脑所“理解”的。

（2）遵循定义创建和运行实际的工作流。

（3）监察、控制、管理运行中的业务（工作流），例如任务、工作量与进度的检察、平衡等。

1．工作流与BPR

企业流程自动化的应用平台工作流管理系统最直接的用途就是和企业业务流程重组（Business Process Reengineering，BPR）技术相结合管理企业的各种流程，实现企业流程的自动化。BPR是对企业过程中的核心流程进行根本的重思考和彻底的重设计，以便在现有衡量企业表现的关键如成本、品质、服务和速度等方面获得戏剧化的改善。

工作流管理系统则提供了流程自动执行、流程统计分析、实例实时监控和跟踪等功能的一系列软件工具集，一方面实现了流程在计算机上的自动处理，大大缩短了流程的生命周期，提高了企业的工作和生产效率；另一方面，又可以使用户方便地分析企业业务流程，找出不合理之处，快速给出流程重组的方案。因此，工作流是业务流程重构技术的实现和延伸。

2．工作流机

工作流机是一个为工作流实例的执行提供运行环境的软件服务或“引擎”。它主要提供以下功能：对过程定义进行解释；控制过程实例的生成、激活、挂起、终止等；控制活动实例间的转换，包括串行或并行操作、工作流相关数据的解释等；支持用户操作的界面；维护工作流控制数据和工作流相关数据，在应用或用户间传递工作流相关数据；提供一个用于激活外部应用程序和访问工作流相关数据的界面；提供控制、管理和监督的功能。

工作流机的一个重要功能就是控制实例和活动实例的状态转换。工作流管理联盟的参考模型中为过程实例的运行状态和活动实例的状态进行了定义，并给出了状态转换的条件。

3. 以工作流实现 ERP 和 OA 集成

ERP 系统是对企业能够提供业务数据支持的信息系统，OA 系统是实现公文收发、流转、签发、归档等群组化办公作业自动化的信息系统。两者都是为实现单一目标而运行的信息系统。

在企业的业务活动中，经常有些业务是贯穿 ERP 和 OA 两个系统的。如采购流程：采购申请生成、采购定单生成、验收单生成是在 ERP 系统进行；采购单申批、入库准备单流转在 OA 系统进行。企业中存在对 OA 和 ERP 两个系统集成的需求。另外，ERP 系统和 OA 系统实施的难度差别造成一个时期内系统覆盖范围不同，将两个系统集成，ERP 的实施效果可以事半功倍。

将两个系统集成，涉及组织、角色、任务和过程的定义和管理。通过工作流系统进行集成，不但可以把两个系统中的多个模型统一，还可以使企业专注于应用业务，更方便地进行 BPR。

对 ERP 和 OA 两个系统的集成，主要的工作有集成方案的确定、系统集成功能范围的确定、工作流系统的创建或改造、组织模型的统一等。

8.8 软件测试

软件测试是软件质量保证的主要手段之一，也是在将软件交付给客户之前所必须完成的步骤。目前，软件的正确性证明尚未得到根本的解决，软件测试仍是发现软件错误和缺陷的主要手段。软件测试的目的就是在软件投入生产性运行之前，尽可能多地发现软件产品（主要是指程序）中的错误和缺陷。

Bill Hetzel 指出：“测试是以评价一个程序或系统属性为目标的任何一种活动。测试是对软件质量的度量”。Grenford J. Myers 指出：

（1）软件测试是为了发现错误而执行程序的过程。

（2）测试是为了证明程序有错，而不是证明程序无错误。

（3）一个好的测试用例在于它能发现至今未发现的错误。

（4）一个成功的测试是发现了至今未发现的错误的测试。

这种观点可以提醒人们测试要以查找错误为中心，而不是为了演示软件的正确功能。但是仅凭字面意思理解这一观点可能会产生误导，认为发现错误是软件测试的唯一目的，查找不出错误的测试就是没有价值的，事实并非如此。

首先，测试并不仅仅是为了要找出错误。通过分析错误产生的原因和错误的分布特征，可以帮助项目管理人员发现当前所采用的软件过程的缺陷，以便改进。同时，这种分析也能帮助我们设计出有针对性的检测方法，改善测试的有效性。

其次，没有发现错误的测试也是有价值的，完整的测试是评定软件质量的一种方法。

希赛教育专家提示：软件测试可以验证软件是否满足软件需求规格说明和软件设计所规定的功能、性能及软件质量特性的要求，为软件质量的评价提供依据。软件测试只是软件质量保证的手段之一，不能单凭测试来保证软件质量。

8.8.1 测试的类型

软件测试方法一般分为两大类，分别为动态测试和静态测试。

1．动态测试

动态测试指通过运行程序发现错误，分为黑盒测试法、白盒测试法和灰盒测试法等。

（1）黑盒法。把被测试对象看成一个黑盒子，测试人员完全不考虑程序的内部结构和处理过程，只在软件的接口处进行测试，依据需求规格说明书，检查程序是否满足功能要求。因此，黑盒测试又称为功能测试或数据驱动测试，使用这种方法，为了做到穷尽测试，至少必须对所有输入数据的各种可能值的排列组合都进行测试。黑盒测试使用所有有效和无效的输入数据来测试程序是不现实的，所以黑盒测试同样不能做到穷尽测试，只能选取少量最有代表性的输入数据，以期用较少的代价暴露出较多的程序错误。常用的黑盒测试用例的设计方法有等价类划分、边界值分析、错误推测和因果图等。

等价类划分把程序的输入域划分成若干部分，然后从每个部分中选取少数有代表性的数据作为测试用例，每一类代表性数据在测试中的作用等价于这一类中的其他值。划分等价类时，首先把数目极多的输入分成若干个等价类。所谓等价类就是某个输入域的集合，对于一个等价类中的输入值来说，它们揭示程序中错误的作用是等效的。

边界值分析是一种补充等价类划分的测试用例设计技术，它不选择等价类的任意元素，而选择等价类边界的测试用例。实践证明，为检验边界附近的处理而专门设计测试用例，常常可以取得良好的测试效果。

错误推测法基于经验和直觉推测程序中所有可能存在的各种错误，有针对性地设计测试用例的方法。基本思想是列举出程序中所有可能的错误和容易发生错误的特殊情况，再根据它们选择测试用例。

因果图法从自然语言书写的程序规格说明的描述中找出因（输入条件）和果（输出或程序状态的改变），通过因果图转换为判定表。

（2）白盒法。把测试对象看做一个打开的盒子，测试人员须了解程序的内部结构和处理过程，以检查处理过程的细节为基础，对程序中尽可能多的逻辑路径进行测试，检验内部控制结构和数据结构是否有错，实际的运行状态与预期的状态是否一致。由于白盒测试是结构测试，所以被测对象基本上是源程序，以程序的内部逻辑为基础设计测试用例。常用的白盒测试用例设计方法有基本路径测试、循环覆盖测试及逻辑覆盖测试等。

逻辑覆盖以程序内部逻辑为基础的测试技术，常用的有语句覆盖、判定覆盖、条件覆盖、条件判定覆盖、修正的条件判断覆盖、条件组合覆盖、点覆盖、边覆盖和路径覆盖等。

循环覆盖是指覆盖程序中所有的循环，包括单循环及嵌套循环。

基本路径法在程序控制流程图的基础上，通过分析控制结构的环路复杂性导出基本路径集合，然后设计测试用例，保证这些路径都至少通过一次。

（3）灰盒法。灰盒测试是一种介于白盒测试与黑盒测试之间的测试，它关注输出对于输入的正确性，同时也关注内部表现，但这种关注不像白盒测试那样详细且完整，而只是通过一些表征性的现象、事件及标志来判断程序内部的运行状态。

灰盒测试结合了白盒测试和黑盒测试的要素，考虑了用户端、特定的系统知识和操作环境，在系统组件的协同性环境中评价应用软件的设计。

2．静态测试

静态测试指被测试程序不在机器上运行，而采用人工检测和计算机辅助静态分析的手段对程序进行检测。静态分析中进行人工测试的主要方法有桌前检查（Desk Checking）、代码审查和代码走查。经验表明，使用这种方法能够有效地发现 30%～70%的逻辑设计和编码错误。

（1）桌前检查。由程序员自己检查自己编写的程序。程序员在程序通过编译之后，进行单元测试设计之前，对源程序代码进行分析、检验，并补充相关的文档，目的是发现程序中的错误。检查项目包括检查变量的交叉引用表；检查标号的交叉引用表；检查子程序、宏、函数；等值性检查；常量检查；标准检查；风格检查；比较控制流；选择、激活路径；对照程序的规格说明，详细阅读源代码；补充文档。

由于程序员熟悉自己的程序和自身的程序设计风格，这种桌前检查可以节省很多的检查时间，但应避免主观片面性。

（2）代码审查。代码审查是由若干程序员和测试员组成一个会审小组，通过阅读、讨论和争议，对程序进行静态分析的过程。代码审查分两步。

第一步，小组负责人提前把设计规格说明书、控制流程图、程序文本及有关要求、规范等分发给小组成员，作为评审的依据。小组成员在充分阅读这些材料之后，进入审查的第二步。

第二步，召开程序审查会。在会上，首先由程序员逐句讲解程序的逻辑。在此过程中，程序员或其他小组成员可以提出问题，展开讨论，审查错误是否存在。实践表明，程序员在讲解过程中能发现许多原来自己没有发现的错误，而讨论和争议则促进了问题的暴露。

在会前，应当给会审小组每个成员准备一份常见错误的清单，把以往所有可能发生的常见错误罗列出来，供与会者对照检查，以提高会审的实效。这个常见错误清单也叫做检查表，它把程序中可能发生的各种错误进行分类，对每一类列举出尽可能多的典型错误，然后把它们制成表格，供在会审时使用。

（3）代码走查。代码走查与代码审查基本相同，其过程也分为两步。

第一步，把材料先发给走查小组每个成员，让他们认真研究程序，然后再开会。

第二步，开会的程序与代码会审不同，不是简单地读程序和对照错误检查表进行检查，而是让与会者“充当”计算机。即首先由测试组成员为被测程序准备一批有代表性的测试用例，提交给走查小组。走查小组开会，集体扮演计算机角色，让测试用例沿程序的逻辑运行一遍，随时记录程序的踪迹，供分析和讨论使用。

希赛教育专家提示：使用静态测试的方法也可以实现白盒测试。例如，使用人工检查代码的方法来检查代码的逻辑问题，也属于白盒测试的范畴。

8.8.2　测试的阶段

为了保证系统的质量和可靠性，应力求在分析、设计等各个开发阶段结束前，对软件进行严格的技术评审。而软件测试则是为了发现错误而执行程序的过程，根据测试的目的、阶段的不同，可以把测试分为单元测试、集成测试、确认测试和系统测试等几类。

1．单元测试

单元测试又称为模块测试，是针对软件设计的最小单位（程序模块）进行正确性检验的测试工作。其目的在于检查每个程序单元能否正确实现详细设计说明中的模块功能、性能、接口和设计约束等要求，以及发现各模块内部可能存在的各种错误。单元测试需要从程序的内部结构出发设计测试用例，多个模块可以平行地独立进行单元测试。

单元测试根据详细设计说明书，包括模块接口测试、局部数据结构测试、路径测试、错误处理测试和边界测试等。单元测试通常由开发人员自己负责。由于通常程序模块不是单独存在的，因此常常要借助驱动模块（相当于用于测试模拟的主程序）和桩模块（子模块）完成。单元测试的计划通常是在软件详细设计阶段完成的，单元测试一般使用白盒测试方法。

2．集成测试

集成测试也称为组装测试、联合测试（对于子系统而言，则称为部件测试）。它将已通过单元测试的模块集成在一起，主要测试模块之间的协作性。从组装策略而言，可以分为一次性组装和增量式组装（包括自顶向下、自底向上及混合式）两种。集成测试计划通常是在软件概要设计阶段完成的，集成测试一般采用黑盒测试方法。

模块并不是一个独立的程序，在考虑测试模块时，同时要考虑它和外界的联系，用一些辅助模块去模拟与被测模块相联系的其他模块。这些辅助模块分为两种：

（1）驱动模块：相当于被测模块的主程序。它接收测试数据，把这些数据传送给被测模块，最后输出实测结果。

（2）桩模块：用以代替被测模块调用的子模块。桩模块可以做少量的数据操作，不需要把子模块所有功能都带进来，但不允许什么事情也不做。

各种模块之间的关系如图8-8所示。

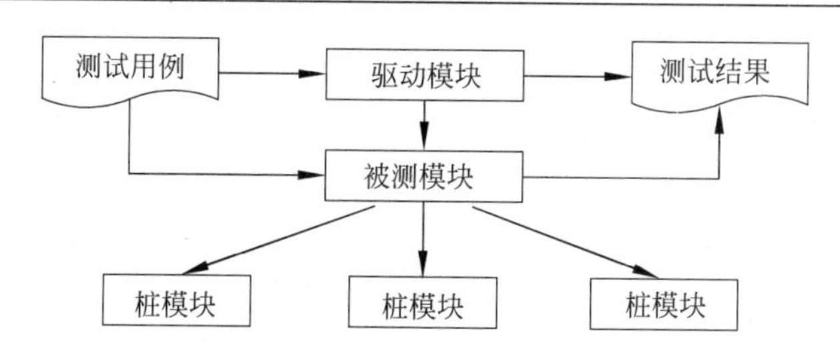

图 8-8　各种模块之间的关系

在自底向上增殖式集成时，因为模块是自底向上进行组装，对于一个给定层次的模块，它的子模块（包括子模块的所有下属模块）已经组装并测试完成，所以不再需要桩模块。在模块的测试过程中需要从子模块得到的信息可以直接运行子模块得到。

希赛教育专家提示：软件集成的过程是一个持续的过程，会形成多个临时版本。在不断的集成过程中，功能集成的稳定性是真正的挑战。在每个版本提交时，都需要进行“冒烟”测试，即对程序主要功能进行验证。冒烟测试也称为版本验证测试或提交测试。

3．确认测试

确认测试也称为有效性测试，主要包括验证软件的功能、性能及其他特性是否与用户要求（需求）一致。确认测试计划通常是在需求分析阶段完成的。根据用户的参与程度，通常包括以下 4 种类型：

（1）内部确认测试：主要由软件开发组织内部按软件需求说明书进行测试。

（2）Alpha 测试：由用户在开发环境下进行测试。

（3）Beta 测试：由用户在实际使用环境下进行测试。

（4）验收测试：针对软件需求说明书，在交付前以用户为主进行的测试。

4．系统测试

如果项目不只包含软件，还有硬件和网络等，则要将软件与外部支持的硬件、外设、支持软件、数据等其他系统元素结合在一起，在实际运行环境下，对计算机系统进行一系列集成与确认测试。一般来说，系统测试的主要内容包括功能测试、健壮性测试、性能测试、用户界面测试、安全性测试、安装与反安装测试等。系统测试计划通常在系统分析阶段（需求分析阶段）完成。

8.8.3　性能测试

性能测试是通过自动化的测试工具模拟多种正常、峰值及异常负载条件来对系统的各项性能指标进行测试。负载测试和压力测试都属于性能测试，两者可以结合进行，统称为负载压力测试。通过负载测试，确定在各种工作负载下系统的性能，目标是测试当负载逐渐增加时，系统各项性能指标的变化情况。压力测试是通过确定一个系统的瓶颈或不能接收的性能点，来获得系统能提供的最大服务级别的测试。

1．性能测试的目的

性能测试的目的是验证软件系统是否能够达到用户提出的性能指标，同时发现软件系统中存在的性能瓶颈，并优化软件，最后起到优化系统的目的。具体来说，包括以下几个方面。

（1）评估系统的能力：测试中得到的负荷和响应时间数据可以被用于验证所计划的模型的能力，并帮助做出决策。

（2）识别体系中的弱点：受控的负荷可以被增加到一个极端的水平，并突破它，从而修复体系的瓶颈或薄弱的地方。

（3）系统调优：重复运行测试，验证调整系统的活动得到了预期的结果，从而改进性能。

（4）检测软件中的问题：长时间的测试执行可导致程序发生由于内存泄露等引起的失败，揭示程序中的隐含的问题或冲突。

（5）验证稳定性和可靠性：在一个生产负荷下执行测试一定的时间是评估系统稳定性和可靠性是否满足要求的唯一方法。

2．性能测试的类型

性能测试类型包括负载测试、强度测试和容量测试等。

（1）负载测试：负载测试是一种性能测试，指数据在超负荷环境中运行，程序是否能够承担。

（2）强度测试：强度测试是在系统资源特别低的情况下考查软件系统运行情况。

（3）容量测试：确定系统可处理的同时在线的最大用户数。

3．性能测试的步骤

由于工程和项目的不同，所选用的度量及评估方法也有不同之处。不过仍然有一些通用的步骤可帮助我们完成一个性能测试项目。其步骤如下：

（1）制定目标和分析系统。

（2）选择测试度量的方法。

（3）学习相关技术和工具。

（4）制定评估标准。

（5）设计测试用例。

（6）运行测试用例。

（7）分析测试结果。

4．负载压力测试

系统的负载压力测试（负载测试）中的负载是指系统在某种指定软件、硬件及网络环境下承受的流量，例如并发用户数、持续运行时间、数据量等，其中并发用户数是负载压力的重要体现。系统在应用环境下主要承受并发访问用户数、无故障稳定运行时间和大数据量操作等负载压力。

负载压力测试的目的如下：

（1）在真实环境下检测系统性能，评估系统性能是否可以满足系统的性能设计要求。

（2）预见系统负载压力承受力，对系统的预期性能进行评估。

（3）进行系统瓶颈分析、优化系统。

在网络应用系统中，负载压力测试应重点关注客户端、网络及服务器（包括应用服务器和数据库服务器）的性能。应获取的关键测试指标如下：

（1）客户端：并发用户数、响应时间、交易通过率及吞吐量等。

（2）网络：带宽利用率、网络负载、延迟，以及网络传输和应用错误等。

（3）服务器：操作系统的 CPU 占用率、内存使用和硬盘 I/O 等；数据库服务器的会话执行情况、SQL 执行情况、资源争用及死锁等；应用服务器的并发连接数、请求响应时间等。

8.8.4　测试自动化

为了提高软件测试的效率，运用既有的测试工具或开发相应的测试程序进行测试，这个过程我们称为自动化测试。具体而言，引入自动化测试的好处主要体现在以下几个方面：

（1）提高测试执行的速度。显然，机器的速度总比人的速度要快。

（2）提高运行效率。由于自动化测试工具的运行，节省出的时间可以让测试人员重新计划和安排测试工作，设计新的测试用例，开发新的测试工具。

（3）保证测试结果的准确性。测试过程是枯燥而烦琐的，任何一点疏忽都可能导致测试结果不准确而需要返工。测试工具不同，完成的脚本会忠实地记录测试过程中发生的一切。

（4）连续运行测试脚本。测试工具可以 24 小时运行测试脚本，不间断地进行测试，这是测试人员所不能比拟的。

（5）模拟现实环境下受约束的情况。测试过程基本上是模拟真实环境执行相关操作，然而有些情况是很难完全模拟的。

引入自动化测试好处很多，但它不是解决所有测试问题的“银弹”，它不能做到：

（1）所有测试活动都可以自动完成。自动化测试不能代替人完成所有工作，是否需要自动化测试要根据实际需要来决定。

（2）减少人力成本。引入自动化测试只是测试过程规范化的一种必然结果，如果因此减少人力资源的话意味着测试过程的不完整，以及项目风险的提升。

（3）可以免费获得。测试人员对他们进行培训使其能够正确使用工具，培训测试人员是一个长期的过程，测试数据和代码的维护也需要占用资源，这些都需要成本。

（4）降低测试工作量。自动化测试的结果是需要进行分析和评估的，没有经过人工处理过的测试结果只是一堆垃圾。

由于软件项目或产品都面临时间有限和资源有限的两个问题，软件测试自动化也就需要从这两个方面着手进行选择。虽然自动化测试包含的内容涉及测试的许多方面，但可以总结为以下 3 个类别：分析自动化（静态分析、动态分析）、功能测试类和系统测试类。

选择测试工具主要应该考虑企业的情况，例如，企业规模、开发模式和对工具的实际需求等。目前测试工具提供商很多，Rational、Compuware、Mercury 等都是不错的选择，选择时主要是比较成本，但更重要的是注意这些工具对系统特性方面的一些约束，例如，Rational 支持的协议开放性就不是很强。

希赛教育专家提示：对于产品相对单一，或者是开发周期长的项目，我们更倾向于自己开发测试工具，无论是从节省测试成本还是从企业长远发展考虑，这样做都是有利的。

8.8.5 软件调试

在软件测试的过程中，就会发现软件中的一些错误，但是，这种错误的发生只是一种表象，错误究竟是由什么原因引起的，是由哪段代码引起的，这些问题就需要进行调试才能确定。

调试主要由 3 个步骤组成，它从表示程序中存在错误的某迹象开始，首先确定错误的准确位置，也就是找出哪个模块或哪个语句引起的错误。然后仔细研究推断代码以确定问题的原因，并设法改正，最后进行回归测试。总的来说有 3 种调试的实现方法，分别是蛮力法、回溯法、原因排除法。

蛮力法的调试可能是为了找到错误原因而使用的最普通但是最低效的方法了。当所有其他的方法都失败的情形下，我们才会使用这种方法。根据“让计算机自己来寻找错误”的思想，进行内存映像，激活运行时的跟踪。

回溯是在小程序中经常能够奏效的相当常用的调试方法。从发现症状的地方开始，开始（手工地）向回跟踪源代码，直到发现错误原因。

原因排除法是通过演绎和归纳，以及二分法来实现的。对和错误发生有关的数据进行分析可寻找到潜在的原因。先假设一个可能的错误原因，然后利用数据来证明或者否定这个假设。也可以先列出所有可能的原因，然后进行检测来一个个地进行排除。如果最初的测试表明某个原因看起来很像的话，那么就要对数据进行细化来精确定位错误。

上面的每一种方法都可以使用调试工具来辅助完成。我们可以使用许多带调试功能的编译器、动态的调试辅助工具（跟踪器）、自动的测试用例生成器、内存映象工具以及交叉引用生成工具。

软件调试与测试的区别主要体现在以下几个方面：

（1）测试的目的是找出存在的错误，而调试的目的是定位错误并修改程序以修正错误。

（2）调试是测试之后的活动，测试和调试在目标、方法和思路上都有所不同。

（3）测试从一个已知的条件开始，使用预先定义的过程，有预知的结果；调试从一个未知的条件开始，结束的过程不可预计。

（4）测试过程可以实现设计，进度可实现确定；调试不能描述过程或持续时间。

8.8.6　测试设计

就每一项测试而言，软件测试过程包括测试计划、测试设计、测试执行和测试评估等阶段。测试设计是整个测试过程中非常重要的一个环节，测试设计的输出结果是测试执行活动依赖的执行标准，测试设计的充分性决定了整个软件过程的测试质量。为了保证测试质量，应从多方面来综合考虑系统需求的实现情况，从以下几个层次来进行测试设计：用户层、应用层、功能层、子系统层、协议层。

用户层测试是面向产品最终的使用操作者的测试，重点突出的是从操作者角度上，测试系统对用户支持的情况，用户界面的规范性、友好性、可操作性，以及数据的安全性等。主要包括用户支持测试、用户界面测试、可维护性测试和安全性测试。

应用层测试是针对产品工程应用或行业应用的测试，重点站在系统应用的角度，模拟实际应用环境，对系统的兼容性、可靠性、性能等进行测试。主要包括系统性能测试、系统可靠性、系统稳定性测试、系统兼容性测试、系统组网测试和系统安装升级测试。

功能层测试是针对产品具体功能实现的测试，主要包括功能覆盖测试、功能分解测试、功能组合测试和功能冲突测试。

子系统层测试是针对产品内部结构性能的测试，重点关注子系统内部的性能、模块间接口的瓶颈。主要包括单个子系统性能测试、子系统间的接口瓶颈测试和子系统间的相互影响测试。

协议层测试是针对系统支持的协议的测试，主要包括协议一致性测试和协议互通测试。

8.8.7　测试管理

为了保证软件的开发质量，软件测试应贯穿开发的整个过程，包括对设计和所有实现结果的检测。因此，要成立专门的测试管理组，由测试管理组对测试进行统一、规范的管理。测试管理组包括评审小组、测试小组和支持小组。

软件测试管理的目的是确保软件测试技术能在软件项目的整个生命周期内得到顺利实施，并产生预期的效果。按照管理的对象不同，软件测试管理大致分为测试团队管理、测试计划管理、错误（缺陷）跟踪管理和测试件（testware）管理四大部分。

（1）测试团队管理。首先，一个好的测试团队要有一个具有极为丰富的开发经验、具有亲和力和人格魅力的带头人。其次，测试团队还应有具备一技之长（如对某些自动化测试工具运用娴熟或能轻而易举地编写自动化测试脚本）的成员。另外，测试团队还应有兼职的同行专家。

（2）测试计划管理。测试计划也称软件验证与确认计划，它详细规定测试的要求，包括测试的目的、内容、方法、步骤以及测试的准则等，以用来验证软件需求规格说明书中的需求是否已由软件设计说明书描述的设计实现。软件设计说明书表达的设计是否已由编码实现，编码的执行是否与软件需求规格说明书中所规定的需求相一致。由于要测试的内容可能涉及软件的需求和软件的设计，因此必须及早开始测试计划的编写工作。不应在着手测试时，才开始考虑测试计划。通常，测试计划的编写从需求分析阶段开始，到软件设计阶段结束时完成。

（3）错误（缺陷）跟踪管理。当测试团队发现文档或代码中存在缺陷以后，并不是交一份测试报告就草草了事，而是在递交报告以后继续督促开发团队及时改正已知错误。当开发团队改正了测试报告中的错误以后，测试团队还需进行回归测试以验证开发团队在改错过程中没有引入新的错误。

（4）测试件管理。测试件指测试工作形成的产品，包括测试团队在长期实践过程中逐步积累起来的经验教训、测试技巧、测试工具、规格文档以及一些经过少量修改能推广通用的测试脚本程序。测试件管理工作做得越好，测试团队在实际测试过程中就能越少走弯路，测试团队内部的知识交流和传递就越充分，测试脚本或规格文档的重复开发工作也就能被有效地避免。

8.9　软件维护

软件经过测试，交付给用户后，在使用和运行过程中可能在软件运行/维护阶段对软件产品进行的修改就是维护。

软件可维护性是指纠正软件系统出现的错误和缺陷，以及为满足新的要求进行修改、扩充和压缩的容易程度。目前广泛用来衡量程序可维护性的因素包括可理解性、可测试性和可修改性等。

软件维护占整个软件生命周期的60%～80%，维护的类型主要有以下3种。

（1）改正性维护：为了识别和纠正软件错误、改正软件性能上的缺陷、排除实施中的误使用，应当进行的诊断和改正错误的过程就叫做改正性维护。

（2）适应性维护：在使用过程中，外部环境（新的硬、软件配置）、数据环境（数据库、数据格式、数据输入/输出方式、数据存储介质）可能发生变化。为使软件适应这种变化，而去修改软件的过程就叫做适应性维护。

（3）完善性维护：在软件的使用过程中，用户往往会对软件提出新的功能与性能要求。为了满足这些要求，需要修改或再开发软件，以扩充软件功能、增强软件性能、改进加工效率、提高软件的可维护性。这种情况下进行的维护活动叫做完善性维护。

除了以上三类维护之外，还有一类维护活动，叫做预防性维护。这是指预先提高软件的可维护性、可靠性等，为以后进一步改进软件打下良好基础。通常，预防性维护可定义为“把今天的方法学用于昨天的系统以满足明天的需要”。也就是说，采用先进的软件工程方法对需要维护的软件或软件中的某一部分（重新）进行设计、编制和测试。

以上各种维护类型占整个软件维护工作量的大致比例如图 8-9 所示。

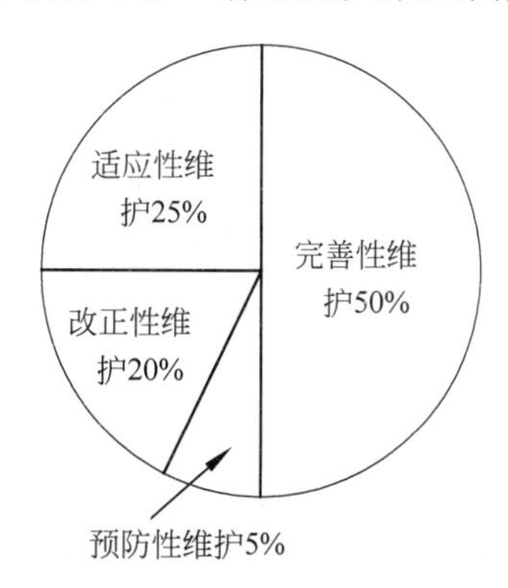

图 8-9　各种维护所占的比例

影响维护工作量的因素主要有系统大小、程序设计语言、系统年龄、数据库技术的应用、先进的软件开发技术等五个方面。

程序修改的步骤为分析和理解程序、修改程序和重新验证程序。经过分析，全面、准确、迅速地理解程序是决定维护成败和质量好坏的关键。为了轻松地理解程序，要求自顶向下地理解现有源程序的程序结构和数据结构，为此可采用如下方法：分析程序结构图、数据跟踪、控制跟踪、分析现有文档的合理性等。

对程序的修改，必须事先做出计划，有预谋地、周密有效地实施修改。在修改时，要防止修改程序的副作用（修改代码的副作用、修改数据的副作用、文档的副作用）。在将修改后的程序提交用户之前，需要用以下的方法进行充分的确认和测试，以保证整个修改后的程序的正确性。这种验证可分为静态确认、计算机确认和维护后的验收。

希赛教育专家提示：在软件开发过程中，错误纠正成本在逐步放大。也就是说，错误发现得越早，纠正错误所花费的成本就会越低，反之则越高。例如，如果在软件设计阶段有个错误未被发现，而待编码阶段时才发现，这时纠正这个设计错误比纠正源代码错误需要更大的成本。

8.10　软件开发环境与工具

GB/T 15853—1995《软件支持环境》规定了软件支持环境的基本要求，软件开发支持环境的内容及实现方法，以及对软件生存期支持部门软件支持能力的具体要求。该标准适用于软件支持环境的设计、建立、管理和评价。按照该标准，软件支持环境是指一个宿主机系统，加上其他有关的设备和规程而构成。它能对目标机系统（或对功能和物理上相关的一组目标机系统）的软件提供全面的支持，包括性能评价、系统与软件生成、开发与修改测试、模拟与仿真、培训、软件集成、配置管理，以及软件的运行分配。软件支持环境可分为如下两种类型：

（1）软件开发支持环境：由软件承办单位确定、并经任务委托单位认可的资源，用于支持合同项目中的软件需求。

（2）软件生存期支持环境：由软件生存期支持部门使用的（属于任务委托单位的）资源，用于为指定的目标机系统提供整个生存期内的软件支持。

8.10.1 软件开发环境

软件开发环境把一组相关的工具集成在环境中，通常，软件开发环境可由环境机制和工具集构成。

环境机制提供工具集成（数据集成、控制集成、界面集成）和方法集成等机制。数据集成机制为工具提供统一的数据接口；控制集成机制实现工具间的通信和协同工作；界面集成机制使这些工具具有统一的界面风格，从而为软件开发、维护、管理等过程中的各项活动提供连续的、一致的全方位支持；方法集成机制把软件开发过程中的各种方法进行集成。按照功能划分，环境机制又可分为环境信息库、过程控制和消息服务、用户界面规范。其中环境信息库存储软件工程项目在生存周期中的全部信息，是软件开发环境的核心。

工具集包括事务系统规划工具、项目管理工具、支撑工具、分析设计工具、程序设计工具、测试工具、原型建造工具、维护工具和框架工具等，所有这些工具可分为贯穿整个开发过程的工具（例如，软件项目管理工具）和解决软件生命周期中某一阶段问题的工具（例如，软件价格模型及估算工具）。

软件开发环境具有集成性、开放性、可裁减性、数据格式一致性、风格统一的用户界面等特性，因而能大幅度提高软件生产率。其中开放性是指允许其他的软件工具加入到软件开发环境之中。

随着软件开发工具的积累与自动化工具的增多，软件开发环境进入了第三代 ICASE（Integrated Computer-Aided Software Engineering，集成化计算机辅助软件工程）。系统集成方式经历了从数据交换（早期 CASE 采用的集成方式：点到点的数据转换），到公共用户界面（第二代 CASE：在一致的界面下调用众多不同的工具），再到目前的信息中心库方式，这是 ICASE 的主要集成方式。

ICASE 信息库是一组实现“数据-工具”以及“数据-数据”集成的机制和数据结构，它提供了明显的 DBMS 的功能。此外，中心库还完成以下功能：

（1）数据完整性：包括确认中心库的数据项，保证相关对象间的一致性，以及当对一个对象的修改需要对其相关对象进行某些修改时，自动完成级联修改等功能。

（2）信息共享：提供在多个开发者和多个开发工具间共享信息的机制，管理和控制对数据及加锁/解锁对象的多用户访问，以使得修改不会被相互间不经意地覆盖。

（3）数据-工具集成：建立可以被环境中所有工具访问的数据模型，控制对数据的访问，实现了配置管理功能。

（4）数据-数据集成：数据库管理系统建立数据对象间的关系，使得可以完成其他功能。

（5）方法学实施：存储在中心库中的数据的 E-R 模型可能蕴含了特定的软件工程范型。至少，关系和对象定义了一系列为了建立中心库的内容而必须进行的步骤。

（6）文档标准化：在数据库中对象的定义直接导致了创建软件工程文档的标准方法。

希赛教育专家提示：ICASE 的最终目标是实现应用软件的全自动开发，即开发人员只要写好软件的需求规格说明书，软件开发环境就自动完成从需求分析开始的所有的软件开发工作，自动生成供用户直接使用的软件及有关文档。

8.10.2　软件开发工具

软件开发工具是指用于辅助软件开发过程活动的各种软件，包括建模工具、分析设计工具、编程工具、测试工具、项目管理工具等。

1．建模工具

简单地说，建模就是建立软件系统的抽象模型。系统模型贯穿于软件生命周期的整个过程，包括分析模型、设计模型、实现模型、测试模型等，但通常所说的“系统模型”主要指分析模型和设计模型。

UML 建模专家提出了建模工具应该具有的 8 条特性：

（1）全面支持 UML。

（2）能自动保持源代码和模型的同步，无须人工干预。

（3）具有强大的文档生成能力。

（4）能与软件工程领域的其他工具进行集成。

（5）能支持团队工作。

（6）支持设计模式。

（7）支持重构。

（8）具有逆向工程能力。

目前，典型的建模工具有 Rose、Together、WinA&D、QuickUML、Metamill 等。

IBM Rational 公司的 Rose 是 UML 建模的主要工具之一，为大型软件工程提供了可塑性和柔韧性极强的解决方案，能够完成正向建模和逆向建模工作。

Borland 公司的 Together Designer Community Edition 是一个与平台、语言和 IDE（Integrated Development Environment，集成开发环境）无关的建模应用软件，支持所有的 UML 图形，可以将模型以 XML 规范的方式导出。

Excel公司的WinA&D是一种用于需求管理、软件建模、代码生成、再工程以及报告生成的工程工具，可进行基于UML的面向对象的分析和设计、结构化分析和设计、多任务设计和数据库设计。

Excel公司的QuickUML是一种提供UML主要模型之间的紧密结合及同步的面向对象的建模工具。QuickUML通过卡片窗口的形式提供对用例、类模型、对象模型、字典和代码的支持，支持跨平台和不同的编程语言。

Metamill公司的Metamill的是一个基于UML的可视化建模工具，具有直觉而快捷的用户接口，支持对C、C++、C#和Java的双向代码工程，支持HTML文档生成。

2．设计工具

设计工具是指辅助软件设计过程活动的各种软件，它辅助设计人员从软件的需求分析模型出发，得到相应的设计模型。常用的设计工具包括面向对象的设计工具、结构化设计工具和数据库设计工具等。

在面向对象的设计工具方面，全部建模工具均可作为面向对象的设计工具，目前软件设计人员最常用的设计工具就是IBM Rational Rose。除此之外，IBM Rational的Software Architect和Software Modeler也经常用于软件架构设计。

在结构化设计工具方面，根据结构化方法学，软件系统的设计模型通常采用模块结构图、E-R图和流程图等图形元素描述，WinA&D可以辅助结构化设计活动。

在数据库设计工具方面，主要有Rose Data Modeler、PowerDesigner、AllFusion ERwin Data Modeler等。

IBM Rational公司的Rose Data Modeler是一个独特的基于UML的数据库设计工具，它使数据库设计人员、业务分析人员和开发人员——所有需要理解数据库构造，以及数据库与应用程序之间的交互和映射方式的人员可以用同一种工具和语言协同合作。

Sybase公司的PowerDesigner是最具集成特性的设计工具集，用于创建高度优化和功能强大的数据库、数据仓库以及与数据密切相关的构件。PowerDesigner提供了一个完整的数据库设计解决方案，业务或系统分析人员、设计人员、数据库管理员和开发人员可以对其裁剪，以满足他们的特定需要，而其模块化的结构为用户购买和扩展提供了极大的灵活性，从而使开发单位可以根据其项目的规模和范围来使用他们所需要的工具。

Computer Associates公司的AllFusion ERwin Data Modeler 4.0（简称ERwin）是关系数据库应用开发的优秀CASE工具，可用来建立E-R模型。ERwin可以方便地构造实体和联系，表达实体间的各种约束关系，并根据模板创建相应的存储过程、包、触发器、角色等，还可编写相应的PowerBuilder扩展属性，如编辑样式、显示风格、有效性验证规则等。

3．编程工具

编程工具是指辅助编程过程活动的各类软件。从方法学上分类，可分为结构化编程工具和面向对象的编程工具；从使用方式上分类，可分为批处理编程工具（目前已很少见到）和可视化编程工具；从功能上分类，可细分为编辑工具、编译（汇编）工具、组装（building）工具和排错工具等，目前的编程过程多采用集成化开发环境工具。

目前，典型的集成式可视化编程工具有 Visual Studio .NET、JBuilder、Delphi 等。

4．测试工具

测试工具是指辅助测试过程活动的各类软件，通常可分为白盒测试工具、黑盒测试工具和测试管理工具等。比较有代表性的白盒测试工具包括 Compuware 的 Numega 系列工具、ParaSoft 的 Java Solution 和 C/C++ Solution 系列工具以及开放源代码的以 Junit、Dunit、HttpUnit 为代表的 Xunit 系列工具；比较有代表性的黑盒测试工具包括 Mercury Interactive 的 TestSuite 系列工具、IBM Rational 的 TestStudio 系列工具和 Compuware 的 QACenter 系列工具；比较有代表性的测试管理工具包括 Mercury Interactive 的 TestDirector、Empirix 的 d-Tracker、Segue 的 Silkplan pro、Compuware 的 TrackRecord 和 IBM Rational 的 ClearQuest。

下面重点介绍 Mercury Interactive 公司的功能测试工具 WinRunner、性能负载测试工具 LoadRunner 和测试管理工具 TestDirector。

WinRunner 是一种企业级的功能测试工具，用于检测应用程序是否能够达到预期的功能以及是否能够正常运行。通过自动录制、检测和回放用户的应用操作，WinRunner 能够有效地帮助测试人员对复杂的企业级应用的不同发布版进行测试，提高测试人员的工作效率和质量，确保跨平台的、复杂的企业级应用无故障发布及长期稳定运行。

LoadRunner 是一种预测系统行为和性能的负载测试工具。通过模拟上千万用户实施并发负载及实时性能监测的方式来确认和查找问题，LoadRunner 能够对整个企业架构进行测试。通过使用 LoadRunner，企业能最大限度地缩短测试时间，优化性能和加速应用系统的发布周期。LoadRunner 是一种适用于各种体系架构的自动负载测试工具，它能预测系统行为并优化系统性能。LoadRunner 的测试对象是整个企业的系统，它通过模拟实际用户的操作行为和实行实时性能监测，来帮助开发人员更快地查找和发现问题。此外，LoadRunner 能支持广泛的协议和技术，为特殊环境提供特殊地解决方案。

TestDirector 是业界第一个基于 Web 的测试管理系统，它可以在公司内部或外部进行全球范围内测试的管理。TestDirector 在一个整体的应用系统中集成了测试管理的各个部分，包括需求管理、测试计划、测试执行以及错误跟踪等功能。TestDirector 能消除组织机构间、地域间的障碍，让测试人员、开发人员或其他人员通过一个中央数据仓库，在不同地方交互测试信息。TestDirector 将测试过程流水化，从测试需求管理，到测试计划、测试日程安排、测试执行，再到出错后的错误跟踪，仅在一个基于浏览器的应用中便可完成，而不需要每个客户端都安装一套客户端程序。

5．项目管理工具

项目管理工具是指辅助项目管理活动的各类软件。项目管理工具分很多类别，有的管理工具只能用于项目管理的某个方面（如成本估算、质量控制等），有的管理工具则可用于项目管理的许多方面。综合性项目管理工具主要有 Microsoft Project Server、PMOffice、P3E、Artemis Views 4 等。

Microsoft Project Server是Microsoft Project系列中的新的服务器产品，当与Microsoft Project配合使用时，Microsoft Project Server 可为发布项目和资源信息提供一个集中的储存库，使企业能够统一保存数据，从而保证报告的时效性。Microsoft Project Server 提供企业规模、安全性和性能能力，用于满足企业不断增长的项目和资源管理需求。

PMOffice（简称 PMO）是 System 公司和 IBM 公司合作开发的企业集成项目管理工具。PMO 认为，项目活动可分为计划、执行和监控等 3 类活动，参与项目活动的角色可分为系统管理员/业务管理员、项目经理、项目成员、项目主管和功能部门经理等 5 类角色。不同的角色在 PMO 这个公共平台上，各司其职，协同完成各类项目活动。

P3E（Primavera Project Planner for Enterpriser）是 Primavera 公司开发的企业集成项目管理工具。P3E 包括 4 个模块，分别是计划模块、进度汇报模块、Primavision 模块、Portfolio Analyst 模块。

Artemis Views 4 是 Artemis 公司推出的企业级项目管理工具。

8.11 例题分析

系统开发知识是系统架构设计师上午考试的重点，也是下午考试的基础，因此考生必须要牢固地掌握这些理论和方法。为了帮助考生了解考试中系统开发知识方面的试题题型，本节分析 10 道典型的试题。

例题 1

用户文档主要描述所交付系统的功能和使用方法。下列文档中，____属于用户文档。

A．需求说明书　　B．系统设计文档

C．安装文档　　D．系统测试计划

例题 1 分析

用户文档主要描述所交付系统的功能和使用方法，并不关心这些功能是怎样实现的。用户文档是了解系统的第一步，它可以让用户获得对系统准确的初步印象。

用户文档一般包括以下内容：

① 功能描述：说明系统能做什么。

② 安装文档：说明怎样安装这个系统以及怎样使系统适应特定的硬件配置。

③ 使用手册：简要说明如何着手使用这个系统（通过丰富的例子说明怎样使用常用的系统功能，并说明用户操作错误是怎样恢复和重新启动的）。

④ 参考手册：详尽描述用户可以使用的所有系统设施以及它们的使用方法，并解释系统可能产生的各种出错信息的含义（对参考手册最主要的要求是完整，因此通常使用形式化的描述技术）。

⑤ 操作员指南（如果需要有系统操作员的话）：说明操作员应如何处理使用中出现的各种情况。

试题中只有安装文档属于用户文档。其他的需求说明书、系统设计文档、系统测试计划均属于开发文档。

例题 1 答案

C

例题 2

下列关于各种软件开发方法的叙述中，错误的是_____。

A．结构化开发方法的缺点是开发周期较长，难以适应需求变化

B．可以把结构化方法和面向对象方法结合起来进行系统开发，使用面向对象方法进行自顶向下的划分，自底向上地使用结构化方法开发系统

C．与传统方法相比，敏捷开发方法比较适合需求变化较大或者开发前期需求不是很清晰的项目，以它的灵活性来适应需求的变化

D．面向服务的方法以粗粒度、松散耦合和基于标准的服务为基础，增强了系统的灵活性、可复用性和可演化性

例题 2 分析

本题考查开发相关的一系列知识。B 选项中“自底向上地使用结构化方法开发系统”显然是错误的，因为结构化方法的一个核心特色为“自顶向下，逐步求精”，而非自底向上。

例题 2 答案

B

例题 3

以下关于软件测试工具的叙述，错误的是______。

A．静态测试工具可用于对软件需求、结构设计、详细设计和代码进行评审、走查和审查

B．静态测试工具可对软件的复杂度分析、数据流分析、控制流分析和接口分析提供支持

C．动态测试工具可用于软件的覆盖分析和性能分析

D．动态测试工具不支持软件的仿真测试和变异测试

例题 3 分析

测试工具根据工作原理不同可分为静态测试工具和动态测试工具。其中静态测试工具是对代码进行语法扫描，找到不符合编码规范的地方，根据某种质量模型评价代码的质量，生成系统的调用关系图等。它直接对代码进行分析，不需要运行代码，也不需要对代码编译链接和生成可执行文件，静态测试工具可用于对软件需求、结构设计、详细设计和代码进行评审、走审和审查，也可用于对软件的复杂度分析、数据流分析、控制

流分析和接口分析提供支持；动态测试工具与静态测试工具不同，它需要运行被测试系统，并设置探针，向代码生成的可执行文件中插入检测代码，可用于软件的覆盖分析和性能分析，也可用于软件的模拟、建模、仿真测试和变异测试等。

例题3答案

D

例题4

利用需求跟踪能力链（traceability link）可以跟踪一个需求使用的全过程，也就是从初始需求到实现的前后生存期。需求跟踪能力链有4类，如图8-10所示。

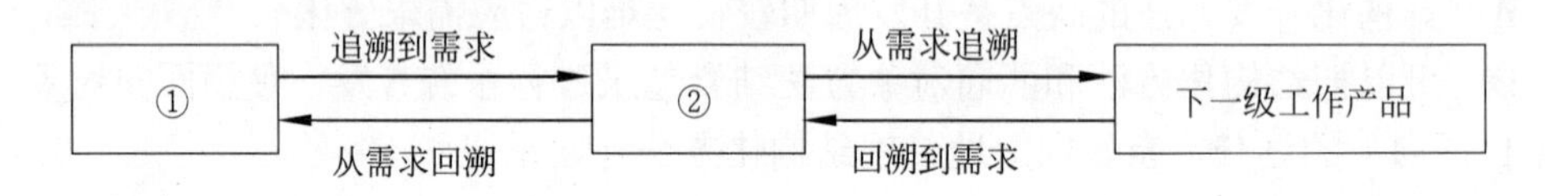

图8-10 需求跟踪能力链示意图

其中的①和②分别是_______。

A．客户需求、软件需求　　B．软件需求、客户需求

C．客户需求、当前工作产品　　D．软件需求、当前工作产品

例题4分析

本题考查需求跟踪相关内容。需求跟踪时，是分层次进行的，首先需要确认从用户方获取的需求，是否与软件需求能一一对应，然后再看软件需求到下一级工作产品之间是对存在一一对应的关系。这样层层传递的方式，可以尽量避免开发不需要的功能，以及遗漏该开发的内容。

例题4答案

A

例题5

RUP是一个二维的软件开发模型，其核心特点之一是(1)。RUP将软件开发生存周期划分为多个循环（cycle），每个循环由4个连续的阶段组成，每个阶段完成确定的任务。设计及确定系统的体系结构，制定工作计划及资源要求是在(2)阶段完成的。

（1）A．数据驱动　B．模型驱动　C．用例驱动　D．状态驱动

（2）A．初始（inception）　B．细化（elaboration）

C．构造（construction）　D．移交（transition）

例题5分析

RUP也称为UP、统一过程，其核心特点是：以架构为中心，用例驱动，迭代与增量。该开发模型分4个阶段，分别为初始、细化、构造、移交。其中题干所述的“确定系统的体系结构”是细化阶段的主要工作，所以该空应填细化。

例题 5 答案

（1）C　　　（2）B

例题 6

以下关于软件生存周期模型的叙述，正确的是______。

A．在瀑布模型中，前一个阶段的错误和疏漏会隐蔽地带到后一个阶段

B．在任何情况下使用演化模型，都能在一定周期内由原型演化到最终产品

C．软件生存周期模型的主要目标是为了加快软件开发的速度

D．当一个软件系统的生存周期结束之后，它就进入到一个新的生存周期模型

例题 6 分析

本题考查软件生存周期模型的相关知识。

软件产品从形成概念开始，经过开发、使用和维护，直到最后退役的全过程成为软件生存周期。一个完整的软件生存周期是以需求为出发点，从提出软件开发计划的那一刻开始，直到软件在实际应用中完全报废为止。软件生存周期的提出是为了更好地管理、维护和升级软件，其中更大的意义在于管理软件开发的步骤和方法。

软件生存周期模型又称软件开发模型（software develop model）或软件过程模型（software process model），它是从某个特定角度提出的软件过程的简化描述。软件生存周期模型主要有瀑布模型、演化模型、原型模型、螺旋模型喷泉模型和基于可重用构件的模型等。软件生存周期模型的主要目标是降低开发风险，提高软件品质，而非一味地提高开发速度。

瀑布模型是一个有着严格阶段划分的模型，这种模型要求完成一个阶段，才能开始下一个阶段的工作，先是需求分析，然后是设计、编码、测试。该模型最大的缺陷在于，一个阶段的错误若没有被发现，将隐蔽地带到下一个阶段，使下一个阶段接着出错，所以 A 选项的描述是正确的。

演化模型是根据用户的基本需求，通过快速分析构造出该软件的一个初始可运行版本，这个初始的软件通常称之为原型，然后根据用户在使用原型的过程中提出的意见和建议对原型进行改进，获得原型的新版本。重复这一过程，最终可得到令用户满意的软件产品。采用演化模型的开发过程，实际上就是从初始的原型逐步演化成最终软件产品的过程。演化模型特别适用于对软件需求缺乏准确认识的情况。

例题 6 答案

A

例题 7

软件______是指改正产生于系统开发阶段而在系统测试阶段尚未发现的错误。

A．完善性维护　　　　B．适应性维护

C．正确性维护　　　　D．预防性维护

例题7分析

本题考查软件维护相关知识。

软件维护的类型包括改正性维护（正确性维护）、适应性维护、完善性维护、预防性维护。

改正性维护：在软件交付使用后，必然会有一部分隐藏的错误被带到运行阶段来。这些隐藏下来的错误在某些特定的使用环境下就会暴露出来。为了识别和纠正软件错误、改正软件性能上的缺陷、排除实施中的误使用，应当进行的诊断和改正错误的过程，就叫做改正性维护。

适应性维护：随着计算机的飞速发展，外部环境（新的硬、软件配置）或数据环境（数据库、数据格式、数据输入/输出方式、数据存储介质）可能发生变化，为了使软件适应这种变化，而去修改软件的过程就叫做适应性维护。

完善性维护：在软件的使用过程中，用户往往会对软件提出新的功能与性能要求。为了满足这些要求，需要修改或再开发软件，以扩充软件功能、增强软件性能、改进加工效率、提高软件的可维护性。这种情况下进行的维护活动叫做完善性维护。

预防性维护：为了提高软件的可维护性、可靠性等而提出的一种维护类型，它为以后进一步改进软件打下良好基础。通常，预防性维护定义为："把今天的方法学用于昨天的系统以满足明天的需要"。也就是说，采用先进的软件工程方法对需要维护的软件或软件中的某一部分（重新）进行设计、编制和测试。

例题7答案

C

例题8

快速迭代式的原型开发能够有效控制成本，______是指在开发过程中逐步改进和细化原型，直至产生出目标系统。

A．可视化原型开发　　　　B．抛弃式原型开发

C．演化式原型开发　　　　D．增量式原型开发

例题8分析

原型开发分两人类：快速原型法（又称抛弃式原型法）和演化式原型法。其中快速原型法是快速开发出一个原型，利用该原型获取用户需求，然后将该原型抛弃。而演化式原型法是将原型逐步进化为最终的目标系统。所以本题应选C。

例题8答案

C

例题9

系统设计是软件开发的重要阶段，_______主要是按系统需求说明来确定此系统的软件结构，并设计出各个部分的功能和接口。

A．外部设计　　B．内部设计　　C．程序设计　　D．输入/输出设计

例题 9 分析

在软件开发中，外部设计又称为概要设计，其主要职能是设计各个部分的功能、接口、相互如何关联。内部设计又称为详细设计，其主要职能是设计具体一个模块的实现。所以本题应选 A。

例题 9 答案

A

例题 10

需求分析是一种软件工程活动，它在系统级软件分配和软件设计间起到桥梁的作用。需求分析使得系统工程师能够刻画出软件的<u>（1）</u>，指明软件和其他系统元素的接口，并建立软件必须满足的约束。需求分析是发现、求精、建模和规约的过程。包括详细地精化由系统工程师建立并在软件项目计划中精化的软件范围，创建所需数据、信息和<u>（2）</u>以及操作行为的模型，此外还有分析可选择的解决方案，并将它们分配到各软件元素中去。

（1）A．功能和性能　B．数据和操作　C．实体和对象　D．操作和对象

（2）A．事件流　B．消息流　C．对象流　D．控制流

例题 10 分析

需求分析使得系统工程师能够刻画出软件的功能需求（明确所开发的软件必须具备什么样的功能）、性能需求（明确待开发的软件的技术性能指标）、环境需求（明确软件运行时所需要的软、硬件的要求）、用户界面需求（明确人机交互方式、输入输出数据格式）。需求分析要指明软件和其他系统元素的接口、并建立软件必须满足的约束。需求分析是发现、求精、建模和规约的过程。包括详细地精化由系统工程师建立并在软件项目计划中精化的软件范围，创建所需数据、信息和控制流以及操作行为的模型。

例题 10 答案

（1）A　（2）D

第 9 章　面向对象方法

面向对象（Object-Oriented，OO）方法是当前的主流开发方法，因此，系统架构设计师必须要熟悉有关面向对象方法的一些知识。根据考试大纲，本章要求考生掌握以下知识点：

（1）信息系统综合知识：包括面向对象的分析与设计、统一建模语言。

（2）系统架构设计案例分析：包括面向对象系统建模。

9.1　基本概念

面向对象方法包括面向对象的分析、面向对象的设计和面向对象的程序设计。下面首先介绍面向对象方法的一些基本概念。

（1）对象。在计算机系统中，对象是指一组属性及这组属性上的专用操作的封装体。属性可以是一些数据，也可以是另一个对象。每个对象都有它自己的属性值，表示该对象的状态，用户只能看见对象封装界面上的信息，对象的内部实现对用户是隐蔽的。封装的目的是使对象的使用者和生产者分离，使对象的定义和实现分开。一个对象通常可由三部分组成，分别是对象名、属性和操作（方法）。

（2）类。类是一组具有相同属性和相同操作的对象的集合。一个类中的每个对象都是这个类的一个实例（instance）。在分析和设计时，我们通常把注意力集中在类上，而不是具体的对象上。通常把一个类和这个类的所有对象称为类及对象或对象类。一个类通常可由三部分组成，分别是类名、属性和操作（方法）。每个类一般都有实例，没有实例的类是抽象类。抽象类不能被实例化，也就是说不能用 new 关键字去产生对象，抽象方法只需声明，而不需实现。抽象类的子类必须覆盖所有的抽象方法后才能被实例化，否则这个子类还是个抽象类。是否建立了丰富的类库是衡量一个面向对象程序设计语言成熟与否的重要标志之一。

（3）继承。继承是在某个类的层次关联中不同的类共享属性和操作的一种机制。一个父类可以有多个子类，这些子类都是父类的特例。父类描述了这些子类的公共属性和操作，子类还可以定义它自己的属性和操作。一个子类只有唯一的父类，这种继承称为单一继承。一个子类有多个父类，可以从多个父类中继承特性，这种继承称为多重继承。对于两个类 A 和 B，如果 A 类是 B 类的子类，则 B 类是 A 类的泛化。继承是面向对象方法区别于其他方法的一个核心思想。

（4）封装。面向对象系统中的封装单位是对象，对象之间只能通过接口进行信息交流，外部不能对对象中的数据随意地进行访问，这就造成了对象内部数据结构的不可访问性，也使得数据被隐藏在对象中。封装的优点体现在以下三个方面：

- 好的封装能减少耦合。
- 类内部的实现可以自由改变。
- 一个类有更清晰的接口。

（5）消息。消息是对象间通信的手段、一个对象通过向另一对象发送消息来请求其服务。一个消息通常包括接收对象名、调用的操作名和适当的参数（如有必要）。消息只告诉接收对象需要完成什么操作，但并不能指示接收者怎样完成操作。消息完全由接收者解释，接收者独立决定采用什么方法来完成所需的操作。

（6）多态性。多态性是指同一个操作作用于不同的对象时可以有不同的解释，并产生不同的执行结果。与多态性密切相关的一个概念就是动态绑定。传统的程序设计语言把过程调用与目标代码的连接放在程序运行前进行，称为静态绑定。而动态绑定则是指把这种连接推迟到运行时才进行。在运行过程中，当一个对象发送消息请求服务时，要根据接收对象的具体情况将请求的操作与实现的方法连接，即动态绑定。

9.2　统一建模语言

UML 是一种定义良好、易于表达、功能强大且普遍适用的建模语言。它融入了软件工程领域的新思想、新方法和新技术。它的作用域不限于支持面向对象的分析与设计，还支持从需求分析开始的软件开发的全过程。

9.2.1　UML 的结构

UML 的结构包括基本构造块、支配这些构造块如何放在一起的规则（架构）和一些运用于整个 UML 的机制。

1．构造块

UML 有 3 种基本的构造块，分别是事物（thing）、关系（relationship）和图（diagram）。事物是 UML 中重要的组成部分，关系把事物紧密联系在一起，图是很多有相互相关的事物的组。

2．公共机制

公共机制是指达到特定目标的公共 UML 方法，主要包括规格说明（详细说明）、修饰、公共分类（通用划分）和扩展机制四种。

（1）规格说明：规格说明是事物语义的文本描述，它是模型真正的核心。

（2）修饰：UML 为每一个事物设置了一个简单的记号，还可以通过修饰来表达更多的信息。

（3）公共分类：包括类与对象（类表示概念，而对象表示具体的实体）、接口和实现（接口用来定义契约，而实现是具体的内容）两组公共分类。

（4）扩展机制：包括约束（添加新规则来扩展事物的语义）、构造型（用于定义新的事物）、标记值（添加新的特殊信息来扩展事物的规格说明）。

3．规则

UML 用于描述事物的语义规则分别是为事物、关系和图命名。给一个名字以特定含义的语境，即范围；怎样使用或看见名字，即可见性；事物如何正确、一致地相互联系，即完整性；运行或模拟动态模型的含义是什么，即执行。

UML 对系统架构的定义是系统的组织结构，包括系统分解的组成部分、它们的关联性、交互、机制和指导原则等这些提供系统设计的信息。而具体来说，就是指 5 个系统视图，分别是逻辑视图、进程视图、实现视图、部署视图和用例视图。

（1）逻辑视图：以问题域的语汇组成的类和对象集合。

（2）进程视图：可执行线程和进程作为活动类的建模，它是逻辑视图的一次执行实例，描绘了所设计的并发与同步结构。

（3）实现视图：对组成基于系统的物理代码的文件和构件进行建模。

（4）部署视图：把构件物理地部署到一组物理的、可计算的结点上，表示软件到硬件的映射及分布结构。

（5）用例视图：最基本的需求分析模型。

另外，UML 还允许在一定的阶段隐藏模型的某些元素、遗漏某些元素以及不保证模型的完整性，但模型逐步地要达到完整和一致。

9.2.2　事物

UML 中的事物也称为建模元素，包括结构事物（structural things）、行为事物（behavioral things，动作事物）、分组事物（grouping things）和注释事物（annotational things，注解事物）。这些事物是 UML 模型中最基本的面向对象的构造块。

（1）结构事物。结构事物在模型中属于最静态的部分，代表概念上等或物理上的元素。总共有 7 种结构事物：

第 1 种是类，类是描述具有相同属性、方法、关系和语义的对象的集合。一个类实现一个或多个接口。

第 2 种是接口，接口是指类或构件提供特定服务的一组操作的集合。因此，一个接口描述了类或构件的对外可见的动作。一个接口可以实现类或构件的全部动作，也可以只实现一部分。

第 3 种是协作，协作定义了交互的操作，是一些角色和其他元素一起工作，提供一些合作的动作，这些动作比元素的总和要大。因此，协作具有结构化、动作化、维的特性。一个给定的类可能是几个协作的组成部分。这些协作代表构成系统的模式的实现。

第 4 种是用例，用例是描述一系列的动作，这些动作是系统对一个特定角色执行，产生值得注意的结果的值。在模型中用例通常用来组织行为事物。用例是通过协作来实现的。

第 5 种是活动类，活动类是这种类，它的对象有一个或多个进程或线程。活动类和类很相像，只是它的对象代表的元素的行为和其他的元素是同时存在的。

第 6 种是构件，构件是物理上或可替换的系统部分，它实现了一个接口集合。在一个系统中，可能会遇到不同种类的构件。

第 7 种是结点，结点是一个物理元素，它在运行时存在，代表一个可计算的资源，通常占用一些内存和具有处理能力。一个构件集合一般来说位于一个结点，但有可能从一个结点转到另一个结点。

（2）行为事物：行为事物是 UML 模型中的动态部分。它们是模型的动词，代表时间和空间上的动作。总共有两种主要的行为事物。

第一种是交互（内部活动），交互是由一组对象之间在特定上下文中，为达到特定的目的而进行的一系列消息交换而组成的动作。交互中组成动作的对象的每个操作都要详细列出，包括消息、动作次序（消息产生的动作）、连接（对象之间的连接）。

第二种是状态机，状态机由一系列对象的状态组成。

内部活动和状态机是 UML 模型中最基本的两个动态事物，它们通常和其他的结构事物、主要的类、对象连接在一起。

（3）分组事物。分组事物是 UML 模型中组织的部分，可以把它们看成是个盒子，模型可以在其中被分解。总共只有一种分组事物，称为包。包是一种将有组织的事物分组的机制。结构事物、行为事物甚至其他的分组事物都有可能放在一个包中。与构件（存在于运行时）不同的是包纯粹是一种概念上的东西，只存在于开发阶段。

（4）注释事物。注释事物是 UML 模型的解释部分。

9.2.3 关系

UML 用关系把事物结合在一起，UML 中的关系主要有 4 种：

（1）依赖（dependencies）：两个事物之间的语义关系，其中一个事物发生变化会影响另一个事物的语义。

（2）关联（association）：一种描述一组对象之间连接的结构关系，如聚合关系（描述了整体和部分间的结构关系）。

（3）泛化（generalization）：一种一般化和特殊化的关系，描述特殊元素的对象可替换一般元素的对象。

（4）实现（realization）：类之间的语义关系，其中的一个类指定了由另一个类保证执行的契约。

1. 用例之间的关系

两个用例之间的关系可以概括为两种情况。一种是用于重用的包含关系，用构造型

<<include>>表示；另一种是用于分离出不同行为的扩展关系，用构造型<<extend>>表示。

（1）包含关系：当可以从两个或两个以上的原始用例中提取公共行为，或者发现能够使用一个构件来实现某一个用例很重要的部分功能时，应该使用包含关系来表示它们。其中这个提取出来的公共用例称为抽象用例。

（2）扩展关系：如果一个用例明显地混合了两种或两种以上的不同场景，即根据情况可能发生多种事情，则可以将这个用例分为一个主用例和一个或多个辅用例进行描述可能更加清晰。

另外，用例之间还存在一种泛化关系。用例可以被特别列举为一个或多个子用例，这被称做用例泛化。当父用例能够被使用时，任何子用例也可以被使用。例如，购买飞机票时，既可以通过电话订票，也可以通过网上订票，则订票用例就是电话订票和网上订票的泛化。

2. 类之间的关系

（1）关联关系。描述了给定类的单独对象之间语义上的连接。关联提供了不同类之间的对象可以相互作用的连接。其余的关系涉及类元自身的描述，而不是它们的实例。用“————”表示关联关系。

（2）依赖关系。有两个元素 X、Y，如果修改元素 X 的定义可能会引起对另一个元素 Y 的定义的修改，则称元素 Y 依赖于元素 X。在 UML 中，使用带箭头的虚线“------▶”表示依赖关系。

在类中，依赖由各种原因引起，例如，一个类向另一个类发送消息；一个类是另一个类的数据成员；一个类是另一个类的某个操作参数。如果一个类的接口改变，则它发出的任何消息都可能不再合法。

（3）泛化关系。泛化关系描述了一般事物与该事物中的特殊种类之间的关系，也就是父类与子类之间的关系。继承关系是泛化关系的反关系，也就是说子类是从父类继承的，而父类则是子类的泛化。在 UML 中，使用带空心箭头的实线“————▷”表示泛化关系，箭头指向父类。

（4）聚合关系。聚合是一种特殊形式的关联，它是传递和反对称的。聚合表示类之间的关系是整体与部分的关系。例如，一辆轿车包含四个车轮、一个方向盘、一个发动机和一个底盘，这就是聚合的一个例子。在 UML 中，使用一个带空心菱形的实线“————◇”表示聚合关系，空心菱形指向的是代表“整体”的类。

（5）组合关系。如果聚合关系中的表示“部分”的类的存在与否，与表示“整体”的类有着紧密的关系，例如“公司”与“部门”之间的关系，那么就应该使用“组合”关系来表示这种关系。在 UML 中，使用带有实心菱形的实线“————◆”表示组合关系。

（6）实现关系。将说明和实现联系起来。接口是对行为而非实现的说明，而类中则包含了实现的结构。一个或多个类可以实现一个接口，而每个类分别实现接口中的操作。

实现关系用“ - - - - - -▷”表示。

（7）流关系。将一个对象的两个版本以连续的方式连接起来。它表示一个对象的值、状态和位置的转换。流关系可以将类元角色在一次相互作用中连接起来。流的种类包括变成（同一个对象的不同版本）和复制（从现有对象创造出一个新的对象）两种。用“ - - - - - ->”表示。

希赛教育专家提示：对于聚合关系和组合关系，各种文献的说法有些区别。在这些文献中，首先定义聚集关系（整体与部分的关系），然后再把聚集关系分为两种，分别是组合聚集（相当于上述的“组合关系”）和共享聚集（相当于上述的“聚合关系”）。

9.2.4　图形

UML 2.0 使用了 14 种图，列举如下：

（1）类图（class diagram）：描述一组类、接口、协作和它们之间的关系。在面向对象系统的建模中，最常见的图就是类图。类图给出了系统的静态设计视图，活动类的类图给出了系统的静态进程视图。

（2）对象图（object diagram）：描述一组对象及它们之间的关系。对象图描述了在类图中所建立的事物实例的静态快照。和类图一样，这些图给出了系统的静态设计视图或静态进程视图，但它们是从真实案例或原型案例的角度建立的。

（3）构件图（component diagram）：描述一个封装的类和它的接口、端口，以及由内嵌的构件和连接件构成的内部结构。构件图用于表示系统的静态设计实现视图。对于由小的部件构建大的系统来说，构件图是很重要的。构件图是类图的变体。

（4）组合结构图（composite structure diagram）：描述结构化类（例如构件或类）的内部结构，包括结构化类与系统其余部分的交互点。它显示联合执行包含结构化类的行为的构件配置。组合结构图用于画出结构化类的内部内容。

（5）用例图（use case diagram）：描述一组用例、参与者（一种特殊的类）及它们之间的关系。用例图给出系统的静态用例视图。这些图在对系统的行为进行组织和建模时是非常重要的。

（6）顺序图（sequence diagram，序列图）：是一种交互图（interaction diagram），交互图展现了一种交互，它由一组对象或角色以及它们之间可能发送的消息构成。交互图专注于系统的动态视图。顺序图是强调消息的时间次序的交互图。

（7）通信图（communication diagram）：也是一种交互图，它强调收发消息的对象或角色的结构组织。顺序图和通信图表达了类似的基本概念，但每种图所强调的概念不同，顺序图强调的是时序，通信图则强调消息流经的数据结构。

（8）定时图（timing diagram，计时图）：也是一种交互图，它强调消息跨越不同对象或角色的实际时间，而不仅仅只是关心消息的相对顺序。

（9）状态图（state diagram）：描述一个状态机，它由状态、转移、事件和活动组成。

状态图给出了对象的动态视图。它对于接口、类或协作的行为建模尤为重要，而且它强调事件导致的对象行为，这非常有助于对反应式系统建模。

（10）活动图（activity diagram）：将进程或其他计算的结构展示为计算内部一步步的控制流和数据流。活动图专注于系统的动态视图。它对系统的功能建模特别重要，并强调对象间的控制流程。

（11）部署图（deployment diagram）：描述对运行时的处理结点及在其中生存的构件的配置。部署图给出了架构的静态部署视图，通常一个结点包含一个或多个部署图。

（12）制品图（artifact diagram）：描述计算机中一个系统的物理结构。制品包括文件、数据库和类似的物理比特集合。制品图通常与部署图一起使用。制品也给出了它们实现的类和构件。

（13）包图（package diagram）：描述由模型本身分解而成的组织单元，以及它们的依赖关系。

（14）交互概览图（interaction overview diagram）：是活动图和顺序图的混合物。

9.3　面向对象分析

OOA 就是直接将问题域中客观存在的事物或概念识别为对象，建立分析模型，用对象的属性和服务分别描述事物的静态特征和行为，并且保留问题域中事物之间关系的原貌。问题域是指一个包含现实世界事物与概念的领域，这些事物和概念与所设计的系统要解决的问题有关。

希赛教育专家提示：分析模型独立于具体实现，即不考虑与系统具体实现有关的因素，这也是 OOA 和 OOD 的区别所在。OOA 的任务是“做什么”，OOD 的任务是“怎么做”。

9.3.1　用例模型

OOA 的基本任务是运用面向对象方法，对问题域和系统责任进行分析和理解，正确认识其中的事物及它们之间的关系，找出描述问题域及系统责任所需的类和对象，定义它们的属性和服务，以及它们之间所形成的结构、静态联系和动态联系。最终产生一个符合用户需求，并能直接反映问题域和系统责任的 OOA 模型及其详细说明。

用例分析方法的创始人 Ivar Jacobson 给用例的定义是：“用例实例是在系统中执行的一系列动作，这些动作将生成特定参与者可见的价值结果。一个用例则定义一组用例实例。”从这个定义中，我们可以得知用例是由一组用例实例组成的，用例实例也就是常说的“使用场景”，就是用户使用系统的一个实际的、特定的场景；其次，可以知道，用例应该给参与者带来可见的价值，这点很关键；最后还可以得知，用例是在系统中的。

用例分析技术为软件需求规格化提供了一个基本的元素，而且该元素是可验证、可度量的。用例可以作为项目计划、进度控制、测试等环节的基础。而且用例还可以使开发团队与客户之间的交流更加顺畅。构建用例模型需要经历识别参与者、合并需求获得用例、细化用例描述三个阶段。

（1）识别参与者。参与者（actor）是系统之外与系统进行交互的任何事物，参与者可以是使用系统的用户，也可以是其他外部系统、外部设备等外部实体。在 UML 中采用小人符号来表示参与者。参与者有主要参与者和次要参与者之分，开发用例的重点是要找到主要参与者。

（2）合并需求获得用例。将参与者都找到之后，接下来就是仔细地检查参与者，为每一个参与者确定用例。而其中的依据主要可以来源于已经获取得到的特征表。首先，将特征分配给相应的参与者，然后进行合并操作，最后绘制成用例图。在确定用例的过程中，不能混淆用例和用例所包含的步骤，要注意区分业务用例和系统用例。

（3）细化用例描述。用例建模的主要工作是书写用例规约（use case specification），而不是画图。用例模板为一个给定项目的所有人员定义了用例规约的结果，其内容至少包括用例名、参与者、目标、前置条件、事件流（基本事件流、扩展事件流）、后置条件等，其他的还可以包括非功能需求、用例优先级等。

希赛教育专家提示：一个较为复杂的系统会有较多的用例，为便于理解，可以为它们建立多张用例图。更为复杂的情况将导致所有用例难以维持一种平面结构，这时可以对用例进行分组。UML 使用用例主题划分用例图，一组用例放置在以主题命名的方框中（类似于系统边界），每个主题中可以包含多个用例图。

9.3.2　分析模型

9.3.1 节从用户的观点对系统进行了用例建模，但获得了用例并不意味着分析的结束，还要对需求进行深入研究，获取关于问题域本质内容的分析模型。分析模型描述系统的基本逻辑结构，展示对象和类如何组成系统（静态模型），以及它们如何保持通信实现系统行为（动态模型）。

为了使模型独立于具体的开发语言，需要把注意力集中在概念性问题上而不是软件技术问题上，这些技术的起始点就是领域模型。领域模型又称为概念模型或域模型，也就是找到代表那些事物与概念的对象，即概念类。概念类可以从用例模型中获得灵感，经过完善将形成分析模型中的分析类。在迭代开发过程中，每一个用例对应一个类图，描述参与这个用例实现的所有概念类，用例的实现主要通过交互图来表示。

建立分析模型包括以下基本活动：

（1）发现领域对象，定义概念类。发现类的方法有很多种，其中最广泛应用的莫过于“名词动词法”。它的主要规则是从名词与名词短语中提取对象与属性；从动词与动词短语中提取操作与关联；而所有格短语通常表明名词应该是属性而不是对象。

（2）识别对象的属性。属性是描述对象静态特征的一个数据项。可以与用户进行交谈，提出问题来帮助寻找对象的属性。属性是概念类所拥有的特性，从概念建模的角度看，属性越简单越好，要保持属性的简单性，应该做到 4 个方面：仅定义与系统责任和系统目标有关的属性；使用简单数据类型来定义属性；不使用可由其他属性导出的属性（冗余属性）；不为对象关联定义属性。最后，要对属性加以说明，包括名称和解释、数据类型，以及其他的一些要求。

（3）识别对象的关系，包括建立类的泛化关系、对象的关联关系。理清类之间的层次关系，决定类之间的关系类型，确定关系的多重性和角色的导向性。多重性指定所在类可以实例化的对象数量（重数），即该类的多少个对象在一段特定的时间内可以与另一个类的一个对象相关联；导向性表示可以通过关联从源类导向到目标类，也就是说给定关联一端的对象就能够容易并直接地得到另一端的对象。

（4）为类添加职责。找到了反映问题域本质的主要概念类，而且还理清它们之间的协作关系之后，我们就可以为这些类添加其相应的职责。类的职责包括两个主要内容，分别是类所维护的知识、类能够执行的行为。可以使用状态图来描述系统中单个对象的行为。

（5）建立交互图。多个对象的行为通常采用对象交互来表示，UML 2.0 提供的交互图有顺序图、交互概览图、通信图和定时图。每种图出于不同视点对行为有不同的表现能力，其中最常用的是顺序图，几乎可以用在任何系统的场合。顺序图的基本元素有对象、参与者、生命线、激活框、消息和消息路线，其中消息是顺序图的灵魂。

希赛教育专家提示：在整个开发的过程中，分析模型是不断演变的，最初的分析模型主要是围绕着领域知识进行的，对现实的事物进行建模。而后，则不断地加入设计的元素，演变成为运行于计算机上的架构和结构。其演变过程中最主要的变化体现在以下 3 个方面：

（1）根据鲁棒分析和交互分析的结果，补充类的属性和操作，不断地细化其内容，更细致地刻化类之间的关联关系，以便体现代码的核心。

（2）添加许多与计算机实现相关的技术类，以体现系统的实现结构。

（3）利用分析模式、设计模式对类模型进行优化。

9.4 面向对象设计

面向对象设计是把分析阶段得到的需求转变成符合成本和质量要求的、抽象的系统实现方案的过程。从面向对象分析到面向对象设计，是一个逐渐扩充模型的过程。瀑布模型把设计进一步划分成概要设计和详细设计两个阶段，类似地，也可以把面向对象设计再细分为系统设计和对象设计。系统设计确定实现系统的策略和目标系统的高层结构。对象设计确定解空间中的类、关联、接口形式及实现操作的算法。

面向对象设计的一些基本准则是：模块化、抽象、信息隐藏、高内聚和低耦合。下面，我们具体介绍一些面向对象设计（含设计模式）的原则，这些原则有助于开发人员设计出具有弹性的系统，从而消除系统设计中存在的问题。

（1）单一职责原则：这是模块内聚性在类和类的职责中的体现，如果一个类承担的职责过多，意味着这些职责耦合在一起，形成的很有可能是一个“杂凑类”，任一个职责的变化可能会削弱或者抑制该类完成其他职责的能力，并影响到构建、测试和部署等活动。通过业务分离可以对概念进行解耦，从而得到目的单一的类。

（2）开放-封闭原则。在模块本身不变动的情况下，通过改变模块周围的环境达到修改目的。遵循开放-封闭原则设计出的模块具有一个主要特征，即对于扩展是开放的，对于修改是封闭的。也就是说，模块的行为是可扩展的，当应用的需求改变时，在模块上进行扩展使其具有满足那些改变的新行为。当模块进行扩展时，不必改动模块的源代码或二进制代码。

（3）李氏（Liskov）替换原则。子类型必须能够替换掉它们的基类型；子类具有扩展父类的责任，而不是重写的责任。也就是说，基类的使用者不必为了使用子类而做任何其他的事情，他们可以在根本不了解子类的特殊性，甚至不必知道是否存在子类，存在哪些子类的情况下来调用基类的抽象方法。这样多态性才能顺利实现。事实上，正是 Livkov 替换原则，才使开放-封闭原则得以实现。因为正是子类的可替换性才使得基类的模块在无需修改的情况下就可以扩展。

（4）依赖倒置原则。高层模块不应该依赖于低层模块，二者都应该依赖于抽象；抽象不应该依赖于细节，细节应该依赖于抽象。每个较高的层次都为它需要的服务声明一个抽象接口，较低的层次实现这个接口，每个高层类都通过该抽象接口使用下一层；要依赖于抽象，而不是具体实现。也可以这样说，要针对接口编程，不要针对实现编程。

（5）接口隔离原则。应当为客户端提供尽量小的单独的接口，而不是提供大的接口；使用多个专门的接口比使用单一的总接口要好。也就是说，一个类对另外一个类的依赖性应当是建立在最小的接口上的。这里的“接口”往往有两种不同的含义：一种是指一个类型所具有的方法特征的集合，仅仅是一种逻辑上的抽象；另外一种是指某种语言具体的“接口”定义，有严格的定义和结构。在进行 OOD 的时候，一个重要的工作就是恰当地划分角色和角色对应的接口。将没有关系的接口合并在一起，是对角色和接口的“污染”。如果将一些看上去差不多的接口合并，并认为这是一种代码优化，这也是错误的。不同的角色应该交给不同的接口，而不能都交给一个接口。

（6）组合重用原则：要尽量使用组合，而不是继承关系达到重用目的。组合相对继承而言，具有更大的灵活性而不会影响调用代码；具有更短的编译时间；适用性更广；具有较好的健壮性和安全性，减少的复杂性和脆弱性，具有更好的可维护性；能够在运行期创建新的对象。当然，耦合度的降低又会增加设计的难度、系统的复杂性以及实现的成本等，因此，在设计过程中，必须对这些因素综合考虑。

（7）迪米特（Demeter）原则：又称最少知识法则（Least Knowledge Principle，LKP），

就是说一个对象应当对其他对象有尽可能少的了解。遵循类之间的迪米特原则会使一个系统的局部设计简化，因为每一个局部都不会和远距离的对象有直接的关联。但是，这也会造成系统的不同模块之间的通信效率降低，也会使系统的不同模块之间不容易协调。迪米特原则在类的设计上主要体现在：优先考虑将类设置成不变类，尽量降低类的访问权限，谨慎使用 Serializable，尽量降低成员的访问权限。但遵循该原则，会在系统中造出大量的小方法，这些方法仅仅是传递间接的调用，与系统的商务逻辑无关。

9.5 面向对象测试

面向对象软件在编程方面具有类继承、接口封装支持等的显著特性，对软件测试的影响是非常大的，它大大提高了软件的可重用性，但由于对语言特性的支持导致数据屏蔽，有时候为了辅助测试还必须把操作加入接口中，软件测试随之改变也就成为必然。尽管如此，面向对象软件的测试与传统软件的测试仍然非常类似：虽然“单元”的范围已经拓展，我们仍然需要做单元测试；仍然需要做集成测试以保证各种类型的子系统可以协调运行；仍然需要做系统测试以确保软件能满足需求；仍然需要做回归测试以保证最后一轮的修改不会对软件以前的部分产生进一步的影响。

传统测试模式与面向对象的测试模式最主要的区别在于，面向对象的测试更关注对象而不是完成输入/输出的单一功能，这样的话测试可以在分析与设计阶段就先行介入，使得测试能更好地配合软件生产过程并为之服务。与传统测试模式相比，面向对象测试的优点在于：

（1）更早地定义出测试用例，甚至在需求被确定之前，可以帮助系统分析员和设计师更好地理解需求并且保证需求是可测试的。

（2）由于修改错误的成本与发现错误的时间成正比，早期介入可以降低成本。

（3）尽早地编写系统测试用例以便开发人员与测试人员对系统需求的理解保持一致

（4）面向对象的测试模式更注重于软件的实质，例如，对于可复用的设计方式，采用面向对象的测试方法可以只专注于那些未覆盖的错误，而传统测试模式无法做到这一点。

面向对象测试是与采用面向对象开发相对应的测试技术，它通常包括 4 个测试层次，从低到高排列，分别是算法层、类层、模板层和系统层。

（1）算法层：用于测试类中定义的每个方法，基本上相当于传统软件测试中的单元测试。

（2）类层：用于测试封装在同一个类中的所有方法与属性之间的相互作用。在面向对象软件中类是基本模块，因此可以认为这是面向对象测试中所特有的模块（单元）测试。

（3）模板层：也称为主题层，用于测试一组协同工作的类或对象之间的相互作用。大体上相当于传统软件测试中的子系统测试，但是也有面向对象软件的特点（例如，对象之间通过发送消息相互作用）。

（4）系统层：用于把各个子系统组装成完整的面向对象软件系统，在组装过程中同时进行测试。

希赛教育专家提示：设计测试方案的传统技术，例如，逻辑覆盖、等价划分、边界值分析和错误推测等方法，仍然可以作为测试类中每个方法的主要技术。面向对象测试的主要目标，也是用尽可能低的测试成本和尽可能少的测试方案，发现尽可能多的错误。但是，面向对象程序中特有的封装、继承和多态等机制，也给面向对象测试带来一些新问题，增加了测试和调试的难度。

9.6　例题分析

面向对象知识是系统架构设计师上午考试的重点，也是下午考试的基础，因此考生必须牢固地掌握这些理论和方法。为了帮助考生了解考试中面向对象知识方面的试题题型，本节分析 7 道典型的试题。

例题 1

下列关于面向对象的分析与设计的描述，正确的是____。

A．面向对象设计描述软件要做什么

B．面向对象分析不需要考虑技术和实现层面的细节

C．面向对象分析的输入是面向对象设计的结果

D．面向对象设计的结果是简单的分析模型

例题 1 分析

OOA 是软件需求分析的一种方法，而需求分析所关心的是软件要做什么，不需要考虑技术和实现层面的细节问题。OOA 的结果是分析模型及说明文档，同时 OOA 的结果是 OOD 的输入。

例题 1 答案

B

例题 2

用例（use case）用来描述系统对事件做出响应时所采取的行动。用例之间是具有相关性的。在一个“订单输入子系统”中，创建新订单和更新订单都需要核查用户账号是否正确。用例“创建新订单”、“更新订单”与用例“核查客户账号”之间是____关系。

A．包含（include）　　　　B．扩展（extend）

C．分类（classification）　　　　D．聚集（aggregation）

例题 2 分析

用例是在系统中执行的一系列动作，这些动作将生成特定参与者可见的价值结果。它确定了一个和系统参与者进行交互，并可由系统执行的动作序列。用例模型描述的是

外部执行者（actor）所理解的系统功能。用例模型用于需求分析阶段，它的建立是系统开发者和用户反复讨论的结果，表明了开发者和用户对需求规格达成的共识。

两个用例之间的关系主要有两种情况：一种是用于重用的包含关系，用构造型 include 表示；另一种是用于分离出不同行为的扩展，用构造型 extend 表示。

① 包含关系：当可以从两个或两个以上的原始用例中提取公共行为，或者发现能够使用一个构件来实现某一个用例的部分功能是很重要的事时，应该使用包含关系来表示它们。

② 扩展关系：如果一个用例明显地混合了两种或两种以上的不同场景，即根据情况可能发生多种事情，可以断定将这个用例分为一个主用例和一个或多个辅用例描述可能更加清晰。

例题 2 答案

A

例题 3

面向对象的设计模型包含以__(1)__表示的软件体系结构图，以__(2)__表示的用例实现图，完整精确的类图，针对复杂对象的状态图和用以描述流程化处理的活动图等。

（1）A．部署图　　B．包图　　C．协同图　　D．交互图

（2）A．部署图　　B．包图　　C．协同图　　D．交互图

例题 3 分析

面向对象的设计模型包含以包图表示的软件体系结构图、以交互图表示的用例实现图、完整精确的类图、针对复杂对象的状态图和用以描述流程化处理的活动图等。

例题 3 答案

（1）B　　（2）D

例题 4

在面向对象设计中，用于描述目标软件与外部环境之间交互的类被称为__(1)__，它可以__(2)__。

① A．实体类　　B．边界类　　C．模型类　　D．控制类

② A．表示目标软件系统中具有持久意义的信息项及其操作

B．协调、控制其他类完成用例规定的功能或行为

C．实现目标软件系统与外部系统或外部设备之间的信息交流和互操作

D．分解任务并把子任务分派给适当的辅助类

例题 4 分析

面向对象技术中的类分为 3 种：实体类、边界类、控制类。

实体类是用于对必须存储的信息和相关行为建模的类。实体对象（实体类的实例）用于保存和更新一些现象的有关信息，例如，事件、人员或者一些现实生活中的对象。

实体类通常都是永久性的，它们所具有的属性和关系是长期需要的，有时甚至在系统的整个生存期都需要。

边界类是一种用于对系统外部环境与其内部运作之间的交互进行建模的类。这种交互包括转换事件，并记录系统表示方式（如接口）中的变更。

常见的边界类有窗口、通信协议、打印机接口、传感器和终端。如果使用 GUI 生成器，就不必将按钮之类的常规接口部件作为单独的边界类来建模。通常，整个窗口就是最精制的边界类对象。边界类还有助于获取那些可能不面向任何对象的 API（如遗留代码）的接口。

控制类用于对一个或几个用例所特有的控制行为进行建模。控制对象（控制类的实例）通常控制其他对象，因此它们的行为具有协调性质。控制类将用例的特有行为进行封装。

例题 4 答案

（1）B　　　　　　（2）C

例题 5

对于违反里氏替换原则的两个类 A 和 B，可以采用的候选解决方案是____。

A．尽量将一些需要扩展的类或者存在变化的类设计为抽象类或者接口，并将其作为基类，在程序中尽量使用基类对象进行编程

B．创建一个新的抽象类 C，作为两个具体类的超类，将 A 和 B 共同的行为移动到 C 中，从而解决 A 和 B 行为不完全一致的问题

C．将 B 到 A 的继承关系改成组合关系

D．区分是 Is-a 还是 Has-a。如果是 Is-a，可以使用继承关系，如果是 Has-a，应该改成组合或聚合关系

例题 5 分析

里氏替换原则是面向对象设计原则之一，由 Barbara Liskov 提出，其基本思想是，一个软件实体如果使用的是一个基类对象，那么一定适用于其子类对象，而且觉察不出基类对象和子类对象的区别，即把基类都替换成它的子类，程序的行为没有变化。反过来则不一定成立，如果一个软件实体使用的是一个子类对象，那么它不一定适用于基类对象。

在运用里氏替换原则时，尽量将一些需要扩展的类或者存在变化的类设计为抽象类或者接口，并将其作为基类，在程序中尽量使用基类对象进行编程。由于子类继承基类并实现其中的方法，程序运行时，子类对象可以替换基类对象，如果需要对类的行为进行修改，可以扩展基类，增加新的子类，而无须修改调用该基类对象的代码。

例题 5 答案

A

例题 6

希赛公司欲开发一个在线交易系统。为了能够精确地表达用户与系统的复杂交互过程，应该采用 UML 的____进行交互过程建模。

A．类图　　B．序列图　　C．部署图　　D．对象图

例题 6 分析

显然，为了能够精确地表达用户与系统的复杂交互过程，应该使用交互图。在 UML 中，交互图包括顺序图、交互概览图、通信图和定时图。顺序图也称为序列图，强调消息的时间次序；通信图强调消息流经的数据结构；定时图强调消息跨越不同对象或角色的实际时间；交互概览图是活动图和顺序图的一个综合体。

例题 6 答案

B

例题 7

下列关于 UML 的叙述中，正确的是____。

A．UML 是一种语言，语言的使用者不能对其扩展

B．UML 仅是一组图形的集合

C．UML 仅适用于系统的分析与设计阶段

D．UML 是独立于软件开发过程的

例题 7 分析

UML 是一个通用的可视化建模语言，用于对软件进行描述、可视化处理、构造和建立软件系统的文档。它记录了对必须构造的系统的决定和理解，可用于对系统的理解、设计、浏览、配置、维护和信息控制。

UML 是独立于软件开发过程的，它适用于各种软件开发方法、软件生命周期的各个阶段、各种应用领域以及各种开发工具，UML 是一种总结了以往建模技术的经验并吸收当今优秀成果的标准建模方法。UML 包括概念的语义、表示法和说明，提供了静态、动态、系统环境及组织结构的模型，它允许用户对其进行扩展。它可被交互的可视化建模工具所支持，这些工具提供了代码生成器和报表生成器。UML 标准并没有定义一种标准的开发过程，但它适用于迭代式的开发过程。它是为支持大部分现存的面向对象开发过程而设计的。

UML 不是一种可视化的编程语言，但是 UML 描述的模型可与各种编程语言直接相连，即可把用 UML 描述的模型映射成编程语言。

例题 7 答案

D

第 10 章　基于构件的开发

根据考试大纲，本章要求考生掌握以下知识点：

（1）信息系统综合知识：包括构件与软件复用、构件的概念与分类、中间件技术、典型应用架构（J2EE、.NET）。

（2）系统架构设计案例分析：包括中间件、应用服务器。

10.1　构件与软件重用

构件（component，又称组件）是一个功能相对独立的、具有可重用价值的软件单元。在面向对象方法中，一个构件由一组对象构成，包含了一些协作的类的集合，它们共同工作来提供一种系统功能。

10.1.1　软件重用

可重用性（可复用性）是指系统和（或）其组成部分能在其他系统中重复使用的程度。软件开发的全生命周期都有可重用的价值，包括项目的组织、软件需求、设计、文档、实现、测试方法和测试用例，都是可以被重复利用和借鉴的有效资源。可重用性体现在软件的各个层次，通用的、可重用性高的软件模块往往已经由操作系统或开发工具提供，如通用库、标准组件和标准模板库等，它们并不需要程序员重新开发。

软件重用（软件复用）是使用已有的软件产品（如设计、代码、文档等）来开发新的软件系统的过程。软件重用的形式大体可分为垂直式重用和水平式重用。水平式重用是重用不同应用领域中的软件元素，如数据结构、排序算法、人机界面构件等。标准函数库是一种典型的原始的水平式重用机制。垂直式重用是在一类具有较多公共性的应用领域之间重用软件构件。由于在两个截然不同的应用领域之间进行软件重用潜力不大，所以垂直式重用受到广泛关注。

垂直式重用活动的主要关键点在于领域分析：根据应用领域的特征和相似性，预测软件构件的可重用性。一旦根据领域分析确认了软件构件的可重用价值，即可进行软件构件的开发，并对具有可重用价值的软件构件做一般化处理，使它们能够适应新的类似的应用领域。然后将软件构件和它们的文档存入可重用构件库，成为可供未来开发项目使用的可重用资源。

软件重用的范围不仅涉及源程序代码，Caper Jones 定义了 10 种可能重用的软件要素，分别是项目计划、成本估计、架构、需求模型和规格说明、设计、源程序代码、用户文档和技术文档、用户界面、数据结构和测试用例。

有一个组织叫做基于面向对象技术的重用（Reuse Based on Object-Oriented Techniques，REBOOT）开发了支持重用的两种过程模型，分别是为重用开发和利用重用进行开发。该组织还开发了一系列工具，称为 REBOOT 环境。他们强调的一个原则是“未来重用者的需求，就是对可重用构件的信心”。开发者的倾向是抵制重用，因为他们缺乏这种信心。为了克服这种状态，REBOOT 推荐一种文档结构，包括测试信息和重用者的经验。

美国国防部的一项称为可适应、可靠性的软件技术（Software Technology for Adaptable，Reliable Softeware，STARS）关注过程、架构和重用三者的集成。STARS 认为软件产品线开发的软件周期应该包括过程驱动、软件架构、领域工程、可重用构件库这 4 个概念。

系统的软件重用由可重用的资产（构件）的开发、管理、支持和重用 4 个过程组成。工作在重用资产开发过程中的是构件开发者和领域工程师，工作在应用项目开发过程中的是应用工程师。如果要系统地实施软件重用，需要遵循以下原则：

（1）需要高层领导的支持，并需要有长期的经费支持。

（2）为了渐进地推行系统的重用，需要规划和调整系统的架构、开发过程、组织结构，并以小规模的先行项目为典型示范，而后再铺开。

（3）为了重用，先规划架构及其逐步实施的过程。

（4）过渡到明确的重用组织机构，将可重用构件的创建工作与重用工作分离开，并且提供明确的支持职能。

（5）在真实的环境中，进行可重用构件的创建和改进工作。

（6）要将应用系统和可重用构件作为一个经济核算的产品整体进行管理，应当注重公用构件在应用系统及其子系统领域中的高盈利作用。

（7）要认识到单独的对象技术或者单独的构件技术都是不够的。

（8）采用竞赛和更换负责人的办法，进行开发单位的文化建设和演化。

（9）对基础设施、重用教育、技巧培训，要投资和持续地改进。

（10）要采用度量方法测量重用过程，并要优化重用程序。

10.1.2 构件标准

构件是软件系统可替换的、物理的组成部分，它封装了实现体（实现某个职能），并提供了一组接口的实现方法。可以认为构件是一个封装的代码模块或大粒度的运行时模块，也可以将构件理解为具有一定功能、能够独立工作或与其他构件组合起来协调工作的对象。

对于构件，应当按可重用的要求进行设计、实现、打包、编写文档。构件应当是内聚的，并具有相当稳定的、公开的接口。为了使构件更切合实际、更有效地被重用，构件应当具备可变性，以提高其通用性。构件应向重用者提供一些公共特性，另一方面还要提供可变的特性。针对不同的应用系统，只需对其可变部分进行适当的调整，重用者要根据重用的具体需要，改造构件的可变特性，即客户化。需要进行客户化的构件称为抽象构件，而可以直接重用的构件称为具体构件。通用性越好，其被重用的面就越广。可变性越好，构件就越易于调整，以便适用于具体的应用环境。

为了将不同软件生产商在不同软硬件平台上开发的构件组装成一个应用系统，必须解决异构平台各构件间的互操作问题，目前已出现了一些支持互操作的构件标准，3 个主要流派为 OMG（Object Management Group，对象管理集团）的 CORBA（Common Object Request Broker Architecture，公共对象请求代理）、Microsoft 的 COM（Component Object Model，构件对象模型）/DCOM（Distributed Component Object Model，分布式构件对象模型）和 Sun 的 EJB（Enterprise JavaBean，企业 JavaBean）。

CORBA 是由 OMG 制定的一个工业标准，其主要目标是提供一种机制，使得对象可以透明地发出请求和获得应答，从而建立起一个异质的分布式应用环境。CORBA 技术规范的主要内容包括接口定义语言、接口池、动态调用接口、对象适配器等。

EJB 是用于开发和部署多层结构的、分布式的、面向对象的 Java 应用系统的跨平台的构建架构。使用 EJB 编写的应用程序具有可扩展性、交互性，以及多用户安全的特性。这些应用只需要写一次，就可以发布到任何支持 EJB 规范的服务器平台上。有 3 种类型的 EJB，分别是会话 Bean、实体 Bean 和消息驱动 Bean。

Microsoft 的分布式 DCOM 扩展了 COM，使其能够支持在局域网、广域网甚至 Internet 上不同计算机的对象之间的通信。使用 DCOM，应用程序就可以在位置上达到分布性，从而满足客户和应用的需求。因为 DCOM 是 COM 的无缝扩展，所以可以将基于 COM 的应用、构件、工具，以及知识转移到标准化的分布式计算领域中来。在做分布式计算时，DCOM 处理网络协议的低层次细节问题，从而使我们能够集中精力解决用户所要求的问题。DCOM 具有语言无关性。任何语言都可以用来创建 COM 构件，并且这些构件可以使用更多的语言和工具。

10.1.3 构件获取

存在大量可重用构件是有效地使用重用技术的前提。通过对可重用信息与领域的分析，可以得到：

（1）可重用信息具有领域特定性，即可重用性不是信息的一种孤立属性，它依赖于特定问题和特定问题解决方法。为此，在识别、获取和表示可重用信息时，应采用面向领域的策略。

（2）领域具有内聚性和稳定性，即关于领域的解决方法是充分内聚和充分稳定的。一个领域的规约和实现知识的内聚性，使得可以通过一组有限的、相对较少的可重用信息来解决大量问题。领域的稳定性使得获取的信息可以在较长的时间内多次重用。

领域是一组具有相似或相近软件需求的应用系统所覆盖的功能区域，领域工程是一组相似或相近系统的应用工程建立基本能力和必备基础的过程。领域工程过程可划分为领域分析、领域设计和领域实现等多个活动，其中的活动与结果如图 10-1 所示。

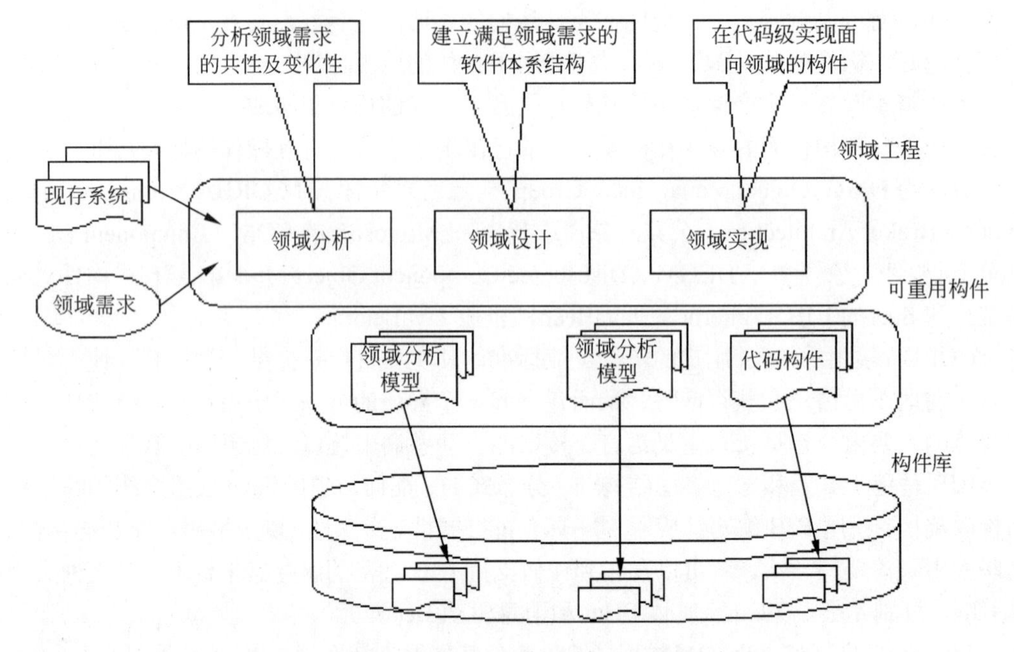

图 10-1 领域工程中的活动与结果

在建立基于构件的软件开发中，构件获取可以有多种不同的途径：

（1）从现有构件中获得符合要求的构件，直接使用或作适应性（flexibility）修改，得到可重用构件。

（2）通过遗留工程（legacy engineering），将具有潜在重用价值的构件提取出来，得到可重用构件。

（3）从市场上购买现成的商业构件，即 COTS（Commercial Off-The-Shell）构件。

（4）开发新的符合要求的构件。

一个组织在进行以上决策时，必须考虑到不同方式获取构件的一次性成本和以后的维护成本（直接成本和间接成本），然后做出最优的选择。

10.1.4 构件管理

对大量的构件进行有效的管理，以方便构件的存储、检索和提取，是成功重用构件的必要保证。构件管理的内容包括构件描述、构件分类、构件库组织、人员及权限管理和用户意见反馈等。

构件模型是对构件本质的抽象描述，主要是为构件的开发与构件的重用提供依据；

从管理角度出发，也需要对构件进行描述，例如，实现方式、实现体、注释、生产者、生产日期、大小、价格、版本和关联构件等信息，它们与构件模型共同组成了对构件的完整描述。

1. 构件的组织

为了给使用者在查询构件时提供方便，同时也为了更好地重用构件，我们必须对收集和开发的构件进行分类，并置于构件库的适当位置。构件的分类方法及相应的库结构对构件的检索和理解有极为深刻的影响。因此，构件库的组织应方便构件的存储和检索。

可重用技术对构件库组织方法的要求是：

（1）支持构件库的各种维护动作，如增加、删除以及修改构件，尽量不要影响构件库的结构。

（2）不仅要支持精确匹配，还要支持相似构件的查找。

（3）不仅能进行简单的语法匹配，而且能够查找在功能或行为方面等价或相似的构件。

（4）对应用领域具有较强的描述能力和较好的描述精度。

（5）库管理员和用户容易使用。

目前，已有的构件分类方法可以归纳为三大类，分别是关键字分类法、刻面分类法和超文本组织方法。

（1）关键字分类法（keyword classification）：根据领域分析的结果将应用领域的概念按照从抽象到具体的顺序逐次分解为树形或有向无回路图结构。每个概念用一个描述性关键字表示。不可分解的原子级关键字包含隶属于它的某些构件。当加入构件时，库管理员必须对构件的功能或行为进行分析，在浏览上述关键字分类结构的同时，将构件置于最合适的原子级关键字之下。如果无法找到构件的属主关键字，可以扩充现有的关键字分类结构，引进新的关键字。但库管理员必须保证新关键字有相同的领域分析结果作为支持。

（2）刻面分类法（faceted classification）：定义若干用于刻画构件特征的“面”（facet），每个面包含若干概念，这些概念描述构件在面上的特征。刻面可以描述构件执行的功能、被操作的数据、构件应用的语境或任意其他特征。描述构件的刻面的集合称为刻面描述符（facet descriptor），通常，刻面描述被限定不超过 7 或 8 个刻面。

关键字分类法和刻面分类法都是以数据库系统作为实现背景的。尽管关系数据库可供选用，但面向对象数据库更适于实现构件库，因为其中的复合对象、多重继承等机制与表格相比更适合描述构件及其相互关系。

（3）超文本方法（hypertext classification）：与基于数据库系统的构件库组织方法不同，它基于全文检索技术。其主要思想是：所有构件必须辅以详尽的功能或行为说明文档；说明中出现的重要概念或构件以网状链接方式相互连接；检索者在阅读文档的过程中可按照人类的联想思维方式任意跳转到包含相关概念或构件的文档；全文检索系统将用户给出的关键字与说明文档中的文字进行匹配，实现构件的浏览式检索。超文本是一种非线性的网状信息组织方法，它以结点为基本单位，链作为结点之间的联想式关联。超文本组织方法为构造构件和重用构件提供了友好、直观的多媒体方式。由于网状结构比较自由、松散，因此，超文本方法比前两种方法更易于修改构件库的结构。

2. 构件分类

如果把软件系统看成构件的集合，那么从构件的外部形态来看，构成一个系统的构件可分为5类：

（1）独立而成熟的构件。独立而成熟的构件得到了实际运行环境的多次检验，该类构件隐藏了所有接口，用户只需用规定好的命令进行使用。例如，数据库管理系统和操作系统等。

（2）有限制的构件。有限制的构件提供了接口，指出了使用的条件和前提，这种构件在装配时，会产生资源冲突、覆盖等影响，在使用时需要加以测试。例如，各种面向对象程序设计语言中的基础类库等。

（3）适应性构件。适应性构件进行了包装或使用了接口技术，处理了不兼容性、资源冲突等，可以直接使用。这种构件可以不加修改地使用在各种环境中，例如ActiveX等。

（4）装配的构件。装配的构件在安装时，已经装配在操作系统、数据库管理系统或信息系统不同层次上，使用胶水代码（glue code）就可以进行连接使用。目前一些软件商提供的大多数软件产品都属这一类。

（5）可修改的构件。可修改的构件可以进行版本替换。如果对原构件修改错误、增加新功能，可以利用重新“包装”或写接口来实现构件的替换。这种构件在应用系统开发中使用得比较多。

3. 人员及权限管理

构件库系统是一个开放的公共构件共享机制，任何使用者都可以通过网络访问构件库，这在为使用者带来便利的同时，也给系统的安全性带来了一定的风险，因此有必要对不同使用者的访问权限作出适当的限制，以保证数据安全。

一般来讲，构件库系统可包括5类用户，即注册用户、公共用户、构件提交者、一般系统管理员和超级系统管理员。他们对构件库分别有不同的职责和权限，这些人员相互协作，共同维护着构件库系统的正常运作。同时，系统为每一种操作定义一个权限，包括提交构件、管理构件、查询构件及下载构件。每一用户可被赋予一项或多项操作权限，这些操作权限组合形成该人员的权限，从而支持对操作的分工，为权限分配提供了灵活性。

10.1.5 构件重用

构件开发的目的是重用，为了让构件在新的软件项目中发挥作用，库的使用者必须完成以下工作：检索与提取构件，理解与评价构件、修改构件，最后将构件组装到新的软件产品中。

1. 检索与提取构件

构件库的检索方法与组织方式密切相关，因此，我们针对 10.1.4 节介绍的关键字分类法、刻面分类法和超文本组织方法分别讨论相应的检索方法。

（1）基于关键字的检索。系统在图形用户界面上将构件库的关键字树形结构直观地展示给用户；用户通过对树形结构的逐级浏览寻找需要的关键字并提取相应的构件。当然，用户也可直接给出关键字（其中可含通配符），由系统自动给出合适的候选构件清单。这种方法的优点是简单、易于实现，但在某些场合没有应用价值，因为用户往往无法用构件库中已有的关键字描述期望的构件功能或行为，对库的浏览也容易使用户迷失方向。

（2）刻面检索法。该方法基于刻面分类法，由 3 个步骤构成，分别是构造查询、检索构件、对构件进行排序。这种方法的优点是它易于实现相似构件的查找，但用户在构造查询时比较麻烦。

（3）超文本检索法。用户首先给出一个或数个关键字，系统在构件的说明文档中进行精确或模糊的语法匹配，匹配成功后，向用户列出相应的构件说明。这种方法的优点是用户界面友好，但在某些情况下用户难以在超文本浏览过程中正确选取构件。

（4）其他检索方法。上述检索方法基于语法（syntax）匹配，要求使用者对构件库中出现的众多词汇有较全面的把握、较精确的理解。理论的检索方法是语义（semantic）匹配：构件库的用户以形式化手段描述所需要的构件的功能或行为语义，系统通过定理证明及基于知识的推理过程寻找语义上等价或相近的构件。遗憾的是，这种基于语义的检索方法涉及许多人工智能难题，目前尚难于支持大型构件库的工程实现。

2. 理解与评价构件

要使库中的构件在当前的开发项目中发挥作用，准确地理解构件是至关重要的。当开发人员需要对构件进行某些修改时，情况更是如此。考虑到设计信息对于理解构件的必要性以及构件的用户逆向发掘设计信息的困难性，必须要求构件的开发过程遵循公共软件工程规范，并且在构件库的文档中，全面、准确地说明构件的功能与行为、相关的领域知识、可适应性约束条件与例外情形、可以预见的修改部分及修改方法。

但是，如果软件开发人员希望重用以前并非专为重用而设计的构件，上述假设则不能成立。此时开发人员必须借助于 CASE 工具对候选构件进行分析。这种 CASE 工具对构件进行扫描，将各类信息存入某种浏览数据库，然后回答构件用户的各类查询，进而帮助理解。

逆向工程是理解构件的另一种重要手段。它试图通过对构件的分析，结合领域知识，半自动地生成相应的设计信息，然后借助设计信息完成对构件的理解和修改。

对构件可重用的评价，是通过收集并分析构件的用户在实际重用该构件的历史过程中的各种反馈信息来完成的。这些信息包括：重用成功的次数，对构件的修改量，构件的健壮性度量，性能度量等。

3. 修改构件

理想的情形是对构件库中的构件不作修改而直接用于新的软件项目。但是，在大多数情况下，必须对构件进行或多或少的修改，以适应新的需求。为了减少构件修改的工作量，要求开发人员尽量使构件的功能、行为和接口设计更为抽象化、通用化和参数化。这样，构件的用户即可通过对实参的选取来调整构件的功能或行为。如果这种调整仍不足以使构件适用于新的软件项目，用户就必须借助设计信息和文档来理解、修改构件。所以，与构件有关的文档和抽象层次更高的设计信息对于构件的修改至关重要。例如，如果需要将C语言书写的构件改写为Java语言形式，构件的算法描述就十分重要。

4. 构件组装

构件组装是指将库中的构件经适当修改后相互连接，或者将它们与当前开发项目中的软件元素相连接，最终构成新的目标软件。构件组装技术大致可分为基于功能的组装技术、基于数据的组装技术和面向对象的组装技术。

（1）基于功能的组装技术。基于功能的组装技术采用子程序调用和参数传递的方式将构件组装起来。它要求库中的构件以子程序/过程/函数的形式出现，并且接口说明必须清晰。当使用这种组装技术进行软件开发时，开发人员首先应对目标软件系统进行功能分解，将系统分解为强内聚、松耦合的功能模块。然后根据各模块的功能需求提取构件，对它进行适应性修改后再挂接在上述功能分解框架（framework）中。

（2）基于数据的组装技术。基于数据的组装技术首先根据当前软件问题的核心数据结构设计出一个框架，然后根据框架中各结点的需求提取构件并进行适应性修改，再将构件逐个分配至框架中的适当位置。此后，构件的组装方式仍然是传统的子程序调用与参数传递。这种组装技术也要求库中构件以子程序形式出现，但它所依赖的软件设计方法不再是将功能分解，而是面向数据的设计方法，例如Jackson系统开发方法。

（3）面向对象的组装技术。由于封装和继承特征，面向对象方法比其他软件开发方法更适合支持软件重用。在面向对象的软件开发方法中，如果从类库中检索出来的基类能够完全满足新软件项目的需求，则可以直接应用；否则，必须以类库中的基类为父类采用构造法或子类法生成子类。

10.2　中间件技术

为解决分布异构问题，人们提出了中间件的概念。中间件是位于平台（硬件和操作系统）和应用之间的通用服务，这些服务具有标准的程序接口和协议。针对不同的操作系统和硬件平台，它们可以有符合接口和协议规范的多种实现。目前还没有对中间件形成统一的定义，相对来说，业界比较认可的两种定义如下：

（1）在一个分布式系统环境中处于操作系统和应用程序之间的软件。

（2）中间件是一种独立的系统软件或服务程序，分布式应用软件借助这种软件在不同的技术之间共享资源，中间件位于客户机/服务器的操作系统之上，管理计算资源和网络通信。

从这些定义中可以看出：

（1）中间件是一类软件，而非一种软件。

（2）中间件不仅仅实现互连，还要实现应用之间的互操作。

（3）中间件是基于分布式处理的软件，最突出的特点是其网络通信功能。

中间件是处于操作系统和应用程序之间的软件，也有人认为它应该是属于操作系统中的一部分。这个定义也限定了只有用于分布式系统中才能称为中间件，同时还可以把它与支撑软件和实用软件区分开来。人们在使用中间件时，往往是一组中间件集成在一起，构成一个平台。随着中间件应用的不断增长，中间件的范围已经覆盖了分布式对象和组件、消息通信，以及移动应用等软件系统。

10.2.1　中间件的功能

中间件的基本功能包括以下几个：

（1）负责客户机和服务器间的连接和通信。

（2）提供客户机与应用层的高效率通信机制。

（3）提供应用层不同服务之间的互操作机制。

（4）提供应用层与数据库之间的连接和控制机制。

（5）提供一个多层结构应用开发和运行的平台。

（6）提供一个应用开发框架，支持模块化的应用开发。

（7）屏蔽硬件、操作系统、网络和数据库。

（8）提供交易管理机制，保证交易的一致性。

（9）提供应用的负载均衡和高可用性。

（10）提供应用的安全机制与管理功能。

（11）提供一组通用的服务去执行不同的功能，为的是避免重复的工作和使应用之间可以协作。

中间件作为一大类系统软件，与操作系统、数据库管理系统并称“三驾马车”，它的优越性体现在这样几个方面：缩短应用的开发周期，节约应用的开发成本，减少系统初期的建设成本，降低应用开发的失败率，保护已有的投资，简化应用集成，减少维护费用，提高应用的开发质量，保证技术进步的连续性，增强应用的生命力。

具体地说，中间件屏蔽了底层操作系统的复杂性，使程序开发人员面对一个简单而统一的开发环境，减少程序设计的复杂性，将注意力集中在自己的业务上，不必再为程序在不同系统软件上的移植而重复工作，从而大大减少了技术上的负担。

中间件为上层应用屏蔽了异构平台的差异，而其上的框架又定义了相应领域内的应用的系统结构、标准的服务组件等，用户只需告诉框架所关心的事件，然后提供处理这些事件的代码。当事件发生时，框架则会调用用户的代码。用户代码不用调用框架，用户程序也不必关心框架结构、执行流程、对系统级API的调用等，所有这些由框架负责完成。因此，基于中间件开发的应用具有良好的可扩充性、易管理性、高可用性和可移植性。

10.2.2 中间件的分类

中间件的任务是使应用程序开发变得更容易，通过提供统一的程序抽象，隐藏异构系统和分布式系统下低级别编程的复杂度。中间件分类有很多方式和很多种类型。

从中间件的层次上来划分，可分为底层型中间件、通用型中间件和集成型中间件3个大的层次。底层型中间件的主流技术有JVM（Java Virtual Machine，Java虚拟机）、CLR（Common Language Runtime，公用语言运行时）、ACE（Adaptive Communication Environment，自适应通信环境）、JDBC和ODBC等，代表产品有Sun的JVM和Microsoft的CLR；通用型中间件的主流技术有CORBA、EJB、COM/DCOM等，代表产品主要有IONA Orbix、BEA WebLogic和IBM MQSeries等；集成型中间件的主流技术有WorkFlow和EAI等，代表产品主要有BEA WebLogic和IBM WebSphere等。

由于中间件需要屏蔽分布环境中异构的操作系统和网络协议，它必须能够提供分布环境下的通信服务，我们将这种通信服务称之为平台。基于目的和实现机制的不同，可将平台分为远程过程调用（Remote Procedure Call，RPC）、面向消息的中间件（Message-Oriented Middleware，MOM）、对象请求代理（Object Request Brokers，ORB）3类。它们可向上提供不同形式的通讯服务，包括同步、排队、订阅发布、广播等，在这些基本的通信平台之上，可构筑各种框架，为应用程序提供不同领域内的服务。

1．RPC

RPC是一种广泛使用的分布式应用程序处理方法。一个应用程序使用RPC来远程执行一个位于不同地址空间里的过程，并且从效果上看和执行本地调用相同。一个RPC应用分为两个部分，分别是服务器和客户机。服务器提供一个或多个远程过程，客户机向服务器发出远程调用。要说明的是，这里的服务器和客户机并不是指计算机硬件，而是指应用程序。服务器和客户机可以位于同一台计算机，也可以位于不同的计算机，甚至运行在不同的操作系统之上，它们通过网络进行通信。在这里，RPC通信是同步的，如果采用线程则可以进行异步调用。

在RPC模型中，客户机和服务器只要具备了相应的RPC接口，并且具有RPC运行支持，就可以完成相应的互操作，而不必限制于特定的服务器。因此，RPC为C/S分布式计算提供了有力的支持。同时，RPC所提供的是基于过程的服务访问，客户机与服务器进行直接连接，没有中间机构来处理请求，因此也具有一定的局限性。例如，RPC通常需要一些网络细节以定位服务器；在客户机发出请求的同时，要求服务器必须是活动的，等等。

希赛教育专家提示：在 Java 开发环境中，可以使用 Java 远程方法调用（Remote Methode Invocation，RMI）来代替 RPC。RMI 提供了 Java 程序语言的远程通信功能，这种特性使客户机上运行的程序可以调用远程服务器上的对象，使 Java 编程人员能够在网络环境中分布操作。

2．MOM

利用高效可靠的消息传递机制进行平台无关的数据交流，并基于数据通信来进行分布式系统的集成。通过提供消息传递和消息排队模型，MOM 可在分布环境下扩展进程间的通信，并支持多通信协议、语言、应用程序、硬件和软件平台。目前流行的 MOM 中间件产品有 IBM 的 MQSeries、BEA 的 MessageQ 等。消息传递和排队技术有以下 3 个主要特点：

（1）通信程序可在不同的时间运行：程序不在网络上直接相互通话，而是间接地将消息放入消息队列，因为程序间没有直接的联系。所以它们不必同时运行。消息放入适当的队列时，目标程序甚至根本不需要正在运行；即使目标程序在运行，也不意味着要立即处理该消息。

（2）对应用程序的结构没有约束：在复杂的应用场合中，通信程序之间不仅可以是一对一的关系，还可以进行一对多和多对一方式，甚至是上述多种方式的组合。多种通信方式的构造并没有增加应用程序的复杂性。

（3）程序与网络复杂性相隔离：程序将消息放入消息队列或从消息队列中取出消息来进行通信，与此关联的全部活动，如维护消息队列、维护程序和队列之间的关系、处理网络的重新启动和在网络中移动消息等是 MOM 的任务，程序不直接与其他程序通话，并且它们不涉及网络通信的复杂性。

3．ORB

ORB 是 OMG 推出的对象管理结构（Object Management Architecture，OMA）模型的核心组件，它的作用在于提供一个通信框架，透明地在异构的分布计算环境中传递对象请求。CORBA 规范包括了 ORB 的所有标准接口。ORB 是对象总线，它在 CORBA 规范中处于核心地位，定义异构环境下对象透明地发送请求和接收响应的基本机制，是建立对象之间 C/S 关系的中间件。ORB 使得对象可以透明地向其他对象发出请求或接受其他对象的响应，这些对象可以位于本地也可以位于远程机器。ORB 拦截请求调用，并负责找到可以实现请求的对象、传送参数、调用相应的方法、返回结果等。客户机对象并不知道与服务器对象通信、激活或存储服务器对象的机制，也不必知道服务器对象位于何处、它是用何种语言实现的、使用什么操作系统或其他不属于对象接口的系统成分。

希赛教育专家提示：客户机和服务器角色只是用来协调对象之间的相互作用，根据相应的场合，ORB 上的对象可以是客户机，也可以是服务器，甚至兼有两者。当对象发出一个请求时，它是处于客户机角色；当它在接收请求时，它就处于服务器角色。大部分对象都是既扮演客户机角色又扮演服务器角色。另外由于 ORB 负责对象请求的传送和服务器的管理，客户机和服务器之间并不直接连接，因此，与 RPC 所支持的单纯的 C/S 结构相比，ORB 可以支持更加复杂的结构。

10.3 应用服务器

应用服务器（application server）是在当今 Internet 上企业级应用迅速发展，电子商务应用出现并将快速膨胀的需求下，产生的一种新技术，通过它能将一个企业的商务活动安全、有效地实施到 Internet 上，实现电子商务。它并非是传统意义上的软件，而是一个可以提供通过 Internet 来实施电子商务的平台，所以有人又称之为“Internet 上的操作系统”，在美国被称为 Future Technology（未来技术）。

我们可以把应用服务器看作一种构件服务器，它为三层架构的中间层提供服务。例如，我们在应用服务器中运行中间层的业务逻辑组件、开发者使用应用服务器提供的中间件来简化开发过程、同时大多数应用服务器还提供了内容管理、负载均衡、容错、连接池、对象持久性等功能。详细知识，请阅读 12.3.3 节。

10.3.1 应用服务器的作用

应用服务器可以解决传统的两层客户/服务器计算中的其他不足，并且能够提供许多新的优点。

（1）可升级性。在传统的两层计算模式下，工作的服务器只能够有一台，而无论花费多少钱购买最先进的超级服务器，其计算力也是有限的。而采用了应用服务器后，可以利用负载均衡技术将计算工作量在几台机器之间进行分担，因此计算力的提高可以通过增加中等规模的服务器实现，以量取胜。而且，在原来的模式下，要更新设备时，不得不停机，将对业务造成影响，而采用了应用服务器后，将可在不影响原有系统工作的前提下，直接安装部署新服务器，以分担计算压力。

（2）分布式处理。采用应用服务器的另一个优点就是数据库和应用服务器可以尽可能地按照靠近要完成工作的地方部署，从而最大可能地降低网络传输量。另外，分布式还可用于将远程数据进行本地化存储。

（3）可重用的业务对象。应用服务器是一个反映业务处理过程的服务和对象的仓库，一旦应用服务器开发、实现完成后，其中的对象和服务就可能为另一个应用所重用。而且因其拥有标准接口和组件模型，因此重用更加容易而且能够降低成本。

（4）业务规则。在两层计算模式中，其软件设计主要强调以数据中心，因此对业务规则的处理显得不够有力。而在应用服务器的开发中则强调业务对象的构建，很容易在计算机系统中封装模拟实际的业务规则和处理过程。

（5）跨平台集成。应用服务器在跨平台集成方面已经做了大量基础工作，因此开发人员不必关心底层的数据格式转换、字节顺序等平台相关因素，使得跨平台集成、跨平台部署更容易实现。

在具体的应用中，应用服务器能够解决以下问题：

（1）集成遗留系统和数据库。应用服务器可以用来为遗留系统提供一个基于 Web 的前端，可以和原有的系统、数据库进行交互。也就是说，通过使用应用服务器来模拟对遗留系统、数据库的交互访问，从而保持其不变。

（2）为 Web 站点提供支持。应用服务器技术可以生成动态的 Web 页面，在需要时自动构造出页面，并且还可以充分地利用模板文件与原有系统结合起来，使得其开发和维护更为简单。

（3）开发 Web 集成系统。对于现在开发的新信息系统而言，基于 Web 的界面一定是其主要的组成部分之一。以应用服务器为中心的架构为构造这种系统提供了有力的支持，使其变得更为简单。这是因为应用服务器在接口方面已经有了明确定义，在各个部分的开发中，只需要最小的协调就可以有效地完成。

（4）个人计算机的部署。当个人计算机网络出现之后，使得原来只能够运行在大型机网络上的服务变得可以在桌面上运行了。但是部署这类系统将对开发人员带来新的挑战，开始需要关心多任务环境、安全机制、负载均衡等问题。而应用服务器则对这些问题进行了一种封装，使得开发人员可以站在巨人的肩膀上，开发出更高效、安全、稳定的系统。

（5）电子商务。使用应用服务器技术，可以有效地为电子商务提供支持，具体表现在 3 个方面：业务逻辑的实现与扩展、稳定可靠的性能、快速有效的开发。

（6）性能管理。管理拥有 Web 界面的大型系统的性能。

10.3.2　应用服务器的类型

尽管应用服务器的体系结构已经在许多厂商的产品中得到广泛应用，但每个产品的术语和具体设计却不尽相同。根据它们的技术实现的不同，可以分成以下 4 种类型：

（1）操作系统型。就是将应用服务器与操作系统紧密地捆绑在一起。最典型的就是 Microsoft 的应用服务器解决方案，其 Windows Server 就是一种应用服务器。

（2）集成型。Web 服务器或数据库产品的一部分。不过其通常是一个黑盒子，要么全用，要么全不用。

（3）插件型。在设计上类似于集成型应用服务器，不过它不是 Web 服务器、数据库服务器的一部分。它可以与大部分第三方 Web 服务器共同使用。

（4）独立型。是一个完整的应用服务器，它允许用户创建自己的系统，按用户自己觉得合适的方式组合和搭配 Web 服务器与数据库。

就具体的产品类型来看，目前市场中主要有 6 种类型，分别是事务服务器、知识服务器、带有集成开发工具的应用服务器、协作服务器、瘦服务器和主机访问服务器。不过，具体的服务器产品并不一定会有某种特点功能，往往是兼而有之。

事务服务器包括从电子商务实施到处理桌面的部门服务器的种种功能，带有集成开发工具的事务服务器和应用服务器正合并成一种能同时处理事务管理和开发需求的服务器；知识服务器能从结构化和非结构化来源中搜集数据并编索引，这些服务器通常具有HTTP 支持、编索引功能和支持广泛的数据和文件格式的检查和析取的工具。知识服务器还可以支持工作流和业务逻辑处理能力。由于知识服务器支持工作流，因而，协作服务器可能会与之合并；瘦服务器解决方案通常是支持 HTTP 及另外的具体功能的软、硬件的组件；主机访问服务器管理着主机应用的访问和表示，下一代主机访问服务器可能将通过支持对主机数据更具客户化的访问与其他应用服务器合并。

10.3.3 应用服务器产品

应用服务器是电子商务应用的基础，它可以大大缩短开发周期、减小风险、降低成本。该技术现在已成为电子商务技术主流。目前美国已出现了多家应用服务器开发商，下面，我们就针对几个主要应用服务器提供商的产品进行综合性介绍。

（1）BEA WebLogic。BEA WebLogic 产品系列包括可单独使用或结合使用的适用于各种规模企业的一系列应用服务器解决方案：BEA WebLogic Enterprise 是高可伸缩、高可用、支持企业 Java 标准和 CORBA，且具有主机互操作性的企业应用服务器；BEA WebLogic Server 通过支持建立在网络上互联的 Java 应用程序而对 BEA WebLogic Express 进行扩展。BEA WebLogic Server 是第一个提供 EJB 构件、Java 消息传递和事件服务、COM 集成以及零管理客户机的 Web 应用服务器；BEA WebLogic Express 为用户提供了一个入门级 Web 应用服务器。使用 BEA WebLogic Express 能够生成动态 Web 页面并放入数据库查询结果中。

（2）IBM WebSphere Application Server。IBM WebSphere 应用服务器是一个完善的、开放的 Web 应用服务器，严格遵循普遍流行的开放标准。WebSphere 应用服务器基于 Java Servlet 引擎，将通常的 Web 服务器增强为基于 Java 的 Web 应用服务器。作为 IBM 电子商务应用架构的核心，WebSphere 应用服务器提供了无限的扩展性，允许用户利用 IBM 或其他厂商提供的 Java 技术扩展其运行环境。

（3）Microsoft Transaction Server（MTS）。MTS 采用 COM 技术，简化以服务器为中心的应用程序的开发和配置。MTS 完全分成 3 层结构，从表示层到应用逻辑，这使 MTS 开发人员在构造他们的应用程序时，就像收集一组单用户 COM 构件，然后在相应的层设置这些构件一样。MTS 提供全面的构件功能，如自动事务支持、简单但强大的基于角色的安全性、访问各种数据库及消息队列产品等。IIS（Internet Information Server，Internet 信息服务器）与 MTS 集成 ，使用 MTS 进行许多运行时刻服务，如事务管理。MTS 与 MSMQ（Microsoft Message Queue Server，Microsoft 消息队列服务器）的集成使基于 MTS 的应用程序能够以可靠、松散耦合的方式通信。MTS 与 Microsoft SNA Server 的集成有助于主机应用程序的构建及相应的事务管理。

（4）Oracle Application Server。Oracle 应用服务器提供了一个开放的标准架构，是开发部署 Web 上的应用的理想平台。它的伸缩性、分布架构和高度数据库集成是支持关键事务，交易型应用的基础。以符合 CORBA2.0 标准的 ORB（Object Request Broker，对象请求代理）为基础，Oracle 应用服务器将应用程序插件与所有系统服务作为分布对象。这样的设计使应用处理能被分散于数部主机，有效而经济地解决了性能瓶颈。Oracle 应用服务器是联系数据网络应用程序和数据库最简单的方法，提高了对各种构件模型提供的易于扩展的能力。

（5）SilverStream。SilverStream 是一个全面的集成产品。它既包含了高性能的应用服务器，又包含了高效的开发环境。在统一的界面中，既支持 HTML 开发，又支持 Java 开发；既支持一般数据，又支持多媒体数据。特别是，许多服务器基于对 Web 的扩充，而 SilverStream 则基于对标准的完整集成。用户可以使用 SilverStream 管理控制台来管理和监控任何事情，这包括安全性、服务器统计数据、均衡负载能力、数据库、电子邮件等，或者通过 SilverStream 管理应用编程接口，创建自己的管理应用程序。这无疑给用户提供了很大的灵活性。

（6）Sybase Enterprise Application Server。Sybase 企业应用服务器是 Sybase Internet 应用开发包 Enterprise Application Studio 3.0 中的重要组成部分，它将 Sybase 的构件事务处理服务器 Jaguar CTS（Common Type System，公共类型系统）和 Web 应用服务器 PowerDynamo 紧密集成并加以发展，是同时实现 Web OLTP 和动态信息发布的企业级应用服务器平台，并且支持所有标准的构件模型。Jaguar CTS 支持基于各种构件模式和客户类型的应用的迅速开发和提交，而 PowerDynamo 支持标准的 Web 技术，二者的联合对于要求动态页面服务、基于构件的业务逻辑和事务处理的 Web 应用非常有利。

希赛教育专家提示：面对如此多的应用服务器产品，主要应该从以下两个方面进行考虑，选择最合适的产品：开发效率和可重用性、可伸缩性和可靠性。

10.4　J2EE 与.NET 平台

在这个部分，要求考生主要掌握 J2EE（Java 2 Platform,Enterprise Edition，Java2 平台企业版）和.NET 平台的区别，以及它们各自的应用场合。

10.4.1　J2EE 的核心技术

J2EE 为设计、开发、装配和部署企业级应用程序提供了一个基于构件的解决方案。使用 J2EE 可以有效地减少费用，快速设计和开发企业级的应用程序。J2EE 平台提供了一个多层结构的分布式应用程序模型，该模型具有重用构件的能力、基于 XML 的数据交换、统一的安全模式和灵活的事务控制。使用 J2EE 不仅可以更快地发布新的解决方案，而且独立于平台的特性让使用 J2EE 的解决方案不受任何提供商的产品和 API 的限制。用户可以选择最合适自己的商业应用和所需技术的产品和构件。

（1）EJB。EJB 是 Java 服务器端的构件模型。EJB 容器作为 EJB 构件的执行环境，提供服务器端的系统级功能，包括线程管理、状态管理和安全管理等。EJB 定义了访问构件服务的分布式客户接口模型，通过 RMI-IIOP（Java Remote Method Invocation-Internet Inter-ORB Protocol），EJB 可以同 COBRA 对象进行互操作。使用 Java 开发的 EJB 具有一次编写到处运行的优点，按照标准开发的 EJB 构件可以部署到任何一个支持 EJB 标准的应用服务器中。使用 EJB 开发企业应用，可以缩短开发周期，开发人员只需要将注意力集中在业务逻辑的实现上，底层服务完全由 EJB 容器提供。使用 EJB 开发的业务逻辑部分具有很好的移植性，不需要更改 EJB 的代码，开发人员能够将 EJB 从一种操作环境移植到另一种操作环境。

（2）JDBC。JDBC 是 Java 语言连接数据库的标准，从免费的 Mysql 到企业级的 DB2 和 Oracle，JDBC 都提供了很好的接口。JDBC API 有两个部分，一个用来访问数据库的应用程序级的接口，另一个用来将 JDBC 驱动整合到 J2EE 平台中的服务提供商接口。

（3）Java Servlet（Java 服务器端小程序）。在 Servlet 技术中封装了 HTTP 协议，开发者不需要处理复杂的网络连接和数据包，就可以扩展 Web 服务器的功能。类似于其他服务器端程序，Servlet 完全运行于 Web 服务器中，具有不错的效率和更好的移植性。

（4）JSP（Java Server Page，Java 服务器页面）。可以认为这是一种高层的 Servlet，在服务器端，JSP 总是首先被编译成 Servlet 运行的。如同在 ASP（Active Server Page，动态服务器页面）中直接使用 VBScript 一样，使用 JSP 可以直接在 HTML 代码中嵌入 Java 代码，并提交给服务器运行。使用 JSP 便于逻辑和表现形式的分离。

（5）JMS（Java Message Service，Java 消息服务）。JMS 是一个消息标准，它允许 J2EE 应用程序建立、发送、接收和阅读消息。它使得建立连接简单的、可靠的和异步的分布式通信成为可能。

（6）JNDI（Java Naming and Directory Interface，Java 命名目录接口）。JNDI 提供命名的目录功能，为应用程序提供标准的目录操作的方法，例如，获得对象的关联属性、根据它们的属性搜寻对象等。使用 JNDI，一个 J2EE 应用程序可以存储和重新得到任何类型的命名 Java 对象。因为 JNDI 不依赖于任何特定的执行，应用程序可以使用 JNDI 访问各种命名目录服务，这使得 J2EE 应用程序可以和传统的应用程序与系统共存。

（7）JTA（Java Transaction API，Java 事务 API）。JTA 提供事务处理的标准接口，EJB 使用 JTA 与事务处理服务器通信。JTA 提供启动事务、加入现有的事务、执行事务处理和恢复事务的编程接口。

（8）Java Mail API（Java 邮件 API）。J2EE 应用程序可以使用 Java Mail API 来发送电子邮件。Java Mail API 包含两部分，分别是应用程序级接口和服务接口。

（9）JAXP（Java XML 解析 API）。JAXP 支持 DOM、SAX（Simple API for XML，简单应用程序接口）、XSLT（eXtensible Stylesheet Language for Transformation）转换引

擎。JAXP 使得应用程序可以更简单的处理 XML。

（10）JCA（J2EE Connector Architecture，J2EE 连接架构）。JCA 是对 J2EE 标准集的重要补充，它注重的是用于将 Java 程序连接到非 Java 程序和软件包的中间件的开发。JCA 包括 3 个关键的元素，分别是资源适配器、系统界面、通用客户界面。JCA 在功能上比 Web 服务要丰富，但是它发布起来更难，而且限制了只能从 Java 环境访问它们。

（11）JAAS（Java Authentication Authorization Service，Java 认证和授权服务）。JAAS 提供灵活和可伸缩的机制来保证客户端或服务器端的 Java 程序，它让开发者能够将一些标准的安全机制通过一种通用的，可配置的方式集成到系统中。

10.4.2　.NET 平台

Microsoft .NET 平台包括 5 个部分：

（1）操作系统是.NET 平台的基础，在操作系统方面，Microsoft 有着强大的开发能力，目前的.NET 平台可以运行在多个由 Microsoft 提供的操作系统中。

（2）.NET Enterprise Servers 提供了包括 Application Center、BizTalk Server、Commerce Server 等一系列服务器产品，通过这些产品可以缩短构建大型企业应用系统的周期。

（3）.NET Building Block Services 指的是一些成型的服务，例如，由 Microsoft 提供的 NET Passport 服务等。.NET 的开发者可以以付费方式直接将这些服务集成在自己的应用程序中。

（4）.NET Framework 位于整个.NET 平台的中央，为开发.NET 应用提供低层的支持。.NET Framework 的核心部分是 CLR。CLR 是.NET 程序的执行引擎，.NET 的众多优点也是由 CLR 所赋予的。CLR 同 JVM 的功能类似，提供了单一的运行环境。任何.NET 应用程序都会被最终编译成为 IL（Intermediate Language，中间语言），并在这个统一的环境中运行。也就是说，CLR 可以用于任何针对它的编程语言，这也就是.NET 的多语言支持功能。CLR 还负责.NET 应用程序的内存管理、对象生命期的管理、线程管理、安全等一系列服务。

（5）Visual Studio.NET 是.NET 应用程序的集成开发环境，它位于.NET 平台的顶端。Visual Studio.NET 是一个强大的开发工具集合，里面集成了一系列.NET 开发工具，如 C#.NET、VB.NET、XML Schema Editor 等。

10.4.3　比较分析

要对 J2EE 和.NET 进行比较，需要明确它们的目标，这两个平台都是为了解决构建企业计算等大型平台而出现的。在这两个平台中都包含了一系列技术，通过这些技术可以缩短开发周期，提高开发效率，节省构造成本，同时这两个平台都在安全性、扩展性、性能方面做出了努力，都提供了一系列技术可供选择。从这个角度来说，这两个平台都实现了它们的目标，都是成功的。因为这两个平台要解决的问题类似，所以很多技术也非常类似，有些概念甚至仅仅是名称上的差别而已，两个平台的类似之处远远多于相异之处。

在开发语言的选择范围中，.NET 的语言选择范围相当大；而构建 J2EE 应用，在语言选择方面，则只能使用 Java 语言。

在对企业计算的支持方面，虽然技术都是完备的，但二者还是有较大的差别。.NET 虽然可以被认为是平台中的技术标准，但与 J2EE 不同，.NET 的标准并没有完全开放。使用.NET 来开发企业计算平台唯一可以不选用 Microsoft 产品的可能就只有数据库了，然而在.NET 中，ADO.NET 直接支持的也仅仅是 MS SQL Server 和 Access，对于其他数据库（如 DB2），则必须使用 OLE DB 来访问（现已增加了对 Oracle 的支持）。而使用 J2EE 的选择余地则很大。J2EE 是一种开放式的标准，任何厂商都可以根据这些标准来开发自己的产品。无论是开发工具还是应用服务器和操作系统都有极大的选择余地，这有助于降低系统成本，减少开发费用。同样，由于 J2EE 的开放性，它也可以支持更多的技术标准。也就是说，虽然.NET 中的技术标准可以构造完整的分布式应用，但 J2EE 的选择范围更多。

希赛教育专家提示：对于需要进行平台选择的企业和开发者来说，根据自己的实际需要（例如开发团队的现状、遗留系统的现状、客户的要求等），才能做出最恰当的选择。

10.5 例题分析

为了帮助考生了解考试中有关构件方面的试题题型，本节分析 4 道典型的试题。

例题 1

基于构件的开发模型包括软件的需求分析定义、__（1）__、__（2）__、__（3）__以及测试和发布 5 个顺序执行的阶段。

（1）A．构件接口设计　　B．体系结构设计
　　C．元数据设计　　D．集成环境设计

（2）A．数据库建模　　B．业务过程建模
　　C．对象建模　　D．构件库建立

（3）A．应用软件构建　　B．构件配置管理
　　C．构件单元测试　　D．构件编码实现

例题 1 分析

基于构件的开发模型利用模块化方法将整个系统模块化，并在一定构件模型的支持下复用构件库中的一个或多个软件构件，通过组合手段高效率、高质量地构造应用软件系统的过程。基于构件的开发模型融合了螺旋模型的许多特征，本质上是演化型的，开发过程是迭代的。基于构件的开发模型由软件的需求分析定义、体系结构设计、构件库建立、应用软件构建以及测试和发布 5 个阶段组成。

例题 1 答案

（1）B　　（2）D　　（3）A

例题 2

以下关于软件中间件的叙述中，错误的是____。

A．中间件通过标准接口实现与应用程序的关联，提供特定功能的服务

B．使用中间件可以提高应用软件可移植性

C．使用中间件将增加应用软件设计的复杂度

D．使用中间件有助于提高开发效率

例题 2 分析

中间件是一类较为特殊的构件。中间件工作于操作系统与应用程序之间，分布式应用软件借助这种软件在不同的技术之间共享资源。中间件有以下几种类型：

（1）远程过程调用：它是一种广泛使用的分布式应用程序处理方法。应用程序使用 RPC 来远程执行一个位于不同地址空间里的过程，并且从效果上看和执行本地调用相同。要注意的是，这里的“远程”既可以指不同的计算机，也可以指同一台计算机上的不同进程。一个 RPC 应用可分为两个部分，分别是服务器和客户。这里的“服务器”和“客户”是指逻辑上的进程，而不是指物理计算机。

（2）面向消息的中间件：利用高效可靠的消息传递机制进行平台无关的数据交换，并基于数据通信来进行分布式系统的集成。通过提供消息传递和消息排队模型，它可在分布式环境下扩展进程间的通信，并支持多种通信协议、语言、应用程序、硬件和软件平台。例如，IBM 的 MQSeries、BEA 的 MessageQ 等都属于面向消息的中间件产品。

（3）事务处理监控器：也称为交易中间件，是当前应用最广泛的中间件之一。它能支持数以万计的客户进程对服务器的并发访问，使系统具有极强的扩展性，因此，适于电信、金融、证券等拥有大量客户的领域。在对效率、可靠性要求严格的关键任务系统中具有明显优势。TPM 一般支持负载均衡，支持分布式两阶段提交，保证事务完整性和数据完整性，并具有安全认证和故障恢复等功能，能很好地满足应用开发的要求。

（4）数据库访问中间件：通过一个抽象层访问数据库的技术，从而允许使用相同或相似的代码访问不同的数据库资源。例如常见的 ODBC 与 JDBC 就属于数据库访问中间件。

通过引入中间件技术，可以使应用软件可移植性提高、开发效率提高，同时由于一些复杂的应用程序之间的通信可由中间件完成，所以还降低了应用软件设计的复杂性。所以 C 选项的描述不正确。

例题 2 答案

C

例题 3

实施软件重用的目的是要使软件开发工作进行得__（1）__。软件重用的实际效益除

了（2）之外，在企业的经营管理方面也可望达到理想的效益。

（1）A．更简捷 B．更方便 C．更快、更好、更省 D．更丰富

（2）A．重用率 B．功能扩充 C．效率 D．空间利用率

例题3分析

实施软件重用的目的是要使软件开发工作进行得是更快、更好、更省。“更快”是指在市场竞争环境中，软件开发工作能满足市场上时间方面的要求（即在提供软件产品的时间方面能赛过竞争对手）；“更好”是指开发出来的软件在未来的运行中失效的可能性小；“更省”是指在开发和维护期间所花费的开销小。

日美一些大公司的资料表明，软件重用率最高可望达到90%，而且软件重用使得企业在及时满足市场、软件质量、软件开发和维护费用等方面都得到显著的改进。

例题3答案

（1）C （2）A

例题4

在CORBA架构中，____属于客户端接口。

A．静态IDL Skeletons B．POA

C．静态IDL Stubs D．动态Skeletons

例题4分析

在CORBA架构中，ORB负责处理底层网络细节，它可以运行在各种不同的底层网络协议上，例如TCP/IP、IPX等。在此基础上，ORB实现了一系列功能，例如对象定位、编组与解组、初始化服务和接口库等。它为客户端和服务器端提供标准API，使得客户不用考虑底层网络细节，通过对象引用来实现对远程对象的请求调用。

IDL（Interface Definition Language，接口定义语言）定义客户机和服务器之间的静态接口，通过它实现了对象接口与对象实现的分离，屏蔽了语言和系统软件带来的异构件。通过标准的IDL编译器，可生成客户机端的IDL存根（stub）和服务器端的骨架（skeleton），这两者就如同客户机端程序和服务器端程序连接ORB的粘合剂，IDL存根提供了访问对象服务的静态接口，而骨架则包含了服务对象的静态接口并负责实现与对象实现中具体方法的连接。

IDL存根称为静态调用接口，由IDL编译器编译目标对象的IDL接口描述文件而自动产生，客户程序与它直接相连。IDL存根的作用相当于本地调用，由存根向ORB透明地提供一个接口，以实现对操作参数的编码和解释。IDL存根把请求从特定的编程语言表示形式转换为适于传递到目标对象的形式进行通信传输。存根为客户提供了一种机制，使得客户能够不关心ORB的存在，而把请求交给存根，由存根负责对请求参数的封装和发送，以及对返回结果的接收和解封装。

静态IDL骨架是静态IDL存根在服务器端的对应，在请求的接收端提供与存根类似的服务。当ORB接收到请求时，由骨架将请求参数解封装，识别客户所请求的服务，（向

上）调用服务器中的对象实现，当服务器完成了对请求的处理后，骨架把执行结果封装，并将结果返回给客户程序。

由于存根和骨架都是从用户的接口定义编译而来，所以它们都和具体的接口有关，并且，在请求发生前，存根和骨架早已分别被直接连接到客户程序和对象实现中去。为此，通过存根和骨架的调用通称为静态调用。IDL 存根和 IDL 骨架之间没有必须配对的限制。

动态骨架接口（Dynamic Skeleton Interface，DSI）允许动态调用对象，对象实现需要实现动态调用例程的接口。DSI 允许用户在没有静态骨架信息的条件下来获得对象实现。DSI 从进入的消息找出调用的目标对象及相应的方法，并提供运行时的连接机制。

POA（Portable Object Adapter，可携带对象适配器）是一个引导客户端的请求到具体的对象应用的机制。POA 提供了标准的 API 去登记对象应用，或激活对象应用。POA 是灵活的 CORBA 编程模型模块，并且提供了大量规则去配置它的行为。

例题 4 答案

C

第 11 章　开发管理

开发管理的范围很大，涉及信息系统开发的各个方面，但是，根据考试大纲，本章只要求考生掌握以下知识点：

（1）项目的范围、时间、成本。

（2）文档管理工作、配置管理。

（3）软件开发的质量与风险、软件质量属性。

（4）软件的运行与评价。

（5）软件过程改进。

有关文档管理方面的知识，需要考生掌握国家有关文档管理的标准，该项内容将在 17.2 节中进行介绍。

11.1　项目管理概述

项目是在特定条件下，具有特定目标的一次性任务，是在一定时间内，满足一系列特定目标的多项相关工作的总称。项目的定义包含 3 层含义：第一，项目是一项有待完成的任务，且有特定的环境与要求；第二，在一定的组织机构内，利用有限资源（人力、物力、财力等）在规定的时间内完成任务；第三，任务要满足一定性能、质量、数量、技术指标等要求。

根据项目的定义，项目的目标应该包括成果性目标和约束性目标。成果性目标都是由一系列技术指标来定义的，如性能、质量、数量、技术指标等；而项目的约束性目标往往是多重的，如时间、费用等。因为项目的目标就是满足客户、管理层和供应商在时间、费用和性能上的不同要求，所以，项目的总目标可以表示为一个空间向量。

不难看出，作为在特定的环境与限制下，有待完成的一次性任务，项目具有一次性、独特性、目标的确定性、组织的临时性和开放性、成果的不可挽回性。

项目管理就是把各种资源应用于目标，以实现项目的目标，满足各方面既定的需求。项目管理的主要要素有环境、资源、目标、组织。与传统的部门管理相比，项目管理的最大特点就是项目管理注重于综合性管理，并且项目管理工作有严格的时间限制。

项目的生命周期划分方法可以非常灵活，不同类型、不同组织的项目生命周期管理都不相同，但大致原理一样。一般来说，项目的生命周期有几个基本的阶段：概念阶段、开发阶段、实施阶段、结束阶段。项目在不同阶段，其管理的内容也不相同。

（1）概念阶段。提出并论证项目是否可行。很多大的软件研发公司都有产品预研部专门负责新产品的预研，预研工作包括需求的收集、项目策划、可行性研究、风险评估，以及项目建议书等工作。这个阶段需要投入的人力、物力不多，但对后期的影响很大。对于一般的招标项目，概念阶段的大部分工作已经由业主完成。

（2）开发阶段。主要任务是对项目任务和资源进行详尽计划和配置，包括确定范围和目标，确立项目组主要成员，确立技术路线，工作分解，确定主计划、转项计划（费用、质量保证、风险控制、沟通）等工作。

（3）实施阶段。按项目计划实施项目的工作。实施阶段是项目生命周期中时间最长、完成的工作量最大、资源消耗最多的阶段。这个阶段要根据项目的工作分解结构（Work Breakdown Structure，WBS）和网络计划来组织协调，确保各项任务保质量、按时间完成。指导、监督、预测、控制是这一时期的管理重点。

（4）结束阶段。项目结束的有关工作包括完成项目的工作，使最终产品成型。项目组织者要对项目进行财务清算、文档总结、评估验收、最终交付客户使用和对项目总结评价。结束阶段的工作不多，但很重要。一个项目成功的经验能够得到保持和发扬，失败的教训能够避免，对后续项目能产生很好的影响。

11.2　范围管理

项目范围是为了达到项目目标，为了交付具有某种特制的产品和服务，项目所规定要做的内容。项目的范围管理就是要确定哪些工作是项目应该做的，哪些不应该包括在项目中。项目范围是项目目标的更具体的表达。

项目的范围管理影响到信息系统项目的成功。在实践中，需求蔓延是信息系统失败最常见的原因之一，信息系统项目往往在项目启动、计划、执行，甚至收尾时不断加入新功能，无论是客户的要求还是项目实现人员对新技术的试验，都可能导致信息系统项目范围的失控，从而使信息系统项目在时间、资源和质量上都受到严重影响。

在信息系统项目中，实际上存在两个相互关联的范围：产品范围和项目范围。

产品范围是指信息系统产品或者服务所应该包含的功能，如何确定信息系统的范围在软件工程中常常称为“需求分析”。项目范围是指为了能够交付信息系统项目所必须做的工作。

显然，产品范围是项目范围的基础，产品的范围定义是信息系统要求的量度，而项目范围的定义是产生项目计划的基础，两种范围在应用上有区别。另外的区别在于需求分析更加偏重于软件技术，而项目范围管理则更偏向于管理。判断项目范围是否完成，要以项目管理计划、项目范围说明书、WBS、WBS 词汇表来衡量。而信息系统产品或服务是否完成，则根据产品或服务是否满足了需求规格说明书的要求。

产品范围描述是项目范围说明书的重要组成部分，因此产品范围变更后，首先受到影响的是项目的范围。在项目的范围调整之后，才能调整项目的进度表和质量基线等。

项目的范围基准是经过批准的详细的项目范围说明书、WBS 和 WBS 词汇表。

11.2.1 范围管理计划

项目范围对项目的成功有重要的影响，范围管理包括如何定义项目的范围，如何管理和控制项目范围的变化，如何考虑和权衡工具、方法、过程和程序，以确保为项目范围所付出的劳动和资源能够和项目的大小、复杂性、重要性相称，使用不同的决策行为要依据范围管理计划。

项目范围管理计划说明项目组将如何进行项目的范围管理。具体来说，包括如何进行项目范围定义，如何制定 WBS，如何进行项目范围确认和控制等。范围管理计划应该对怎样变化、变化频率，以及变化了多少这些项目范围预期的稳定性进行评估。范围管理计划也应该包括对变化范围怎样确定、变化应归为哪一类等问题进行清楚的描述。在信息系统项目的产品范围还没有确定之前，确定这些问题非常困难，但是仍然有必要进行。

项目范围管理计划可能在项目管理计划之中，也可能作为单独的一项。根据不同的项目，可以是详细的或者概括的，可以是正式的或者非正式的。

范围计划编制的输出是范围管理计划，项目的范围管理计划是对项目的范围进行确定、记载、核实管理和控制的行动指南，与项目范围计划不同，范围计划是描述的是项目的边界，而范围管理计划是如何保证项目边界应该采取的行为。

项目的范围管理计划包括如下内容：

（1）如何从项目初步的范围说明书来编制详细的范围说明书。

（2）如何进行更加详细的项目范围说明书编制 WBS，如何核准和维持编制的 WBS。

（3）如何核实和验收项目所完成的可交付成果。

（4）如何进行变更请求的批准。

11.2.2 范围定义

范围定义可以增加项目时间、费用和资源估算的准确度，定义实施项目控制的依据，明确相关责任人在项目中的责任，明确项目的范围、合理性、目标，以及主要可交付成果。

范围定义所编制的详细的范围说明书根据项目的主要可交付成果、假设和制约因素，具体地说明和确定项目的范围。项目范围定义是在项目方案决定之后才进行的，但是在进行项目范围定义的过程中，必然又对项目的目标和方案进行疑问，如果在此期间发现项目的目标和方案有错误，应该立即提出疑问。

（1）范围边界。范围定义最重要的任务就是详细定义项目的范围边界，范围边界是应该做的工作和不需要做的工作的分界线。项目小组应该把工作时间和资源放在范围边界之内的工作上。如果相反，把精力和时间放在项目范围边界之外的工作上，那么得到的回报将非常少。范围边界的定义往往来源于项目初步范围说明书和批准的变更。有些项目并没有项目的初步范围说明书，而常常利用产品的范围说明书。

（2）可交付成果。项目范围需要定义项目的主要可交付成果，所有需要的主要工作要在这个可交付的成果中列出，而不是必需的工作则不应该列出。这个列表应该考虑到所有项目干系人，通常用户或者客户是最重要的可交付成果接受人，但也不应该忘记其他的项目干系人。对于传统的项目，这个列表应该列出 95%以上的可交付成果，但是对于探索和新开发的项目，这个比例可能会降低。如果项目的可交付成果没有仔细定义，那么预算、进度和资源的消耗都会受到很大影响。

11.2.3　创建工作分解结构

WBS 是面向可交付物的项目元素的层次分解，它组织并定义了整个项目范围。当一个项目的 WBS 分解完成后，项目相关人员对完成的 WBS 应该给予确认，并对此达成共识，然后才能据此进行时间估算和成本估算。

WBS 把项目整体或者主要的可交付成果分解成容易管理、方便控制的若干个子项目或者工作包，子项目需要继续分解为工作包，持续这个过程，直到整个项目都分解为可管理的工作包，这些工作包的总和是项目的所有工作范围。

最普通的 WBS 如表 11-1 所示。

表 11-1　WBS 的分层

<table>
<tr><th></th><th>层</th><th>描述</th><th>目的</th></tr>
<tr><td rowspan="3">管理层</td><td>1</td><td>总项目</td><td>工作授权和解除</td></tr>
<tr><td>2</td><td>项目</td><td>预算编制</td></tr>
<tr><td>3</td><td>任务</td><td>进度计划编制</td></tr>
<tr><td rowspan="3">技术层</td><td>4</td><td>子任务</td><td rowspan="3">内部控制</td></tr>
<tr><td>5</td><td>工作包</td></tr>
<tr><td>6</td><td>努力水平</td></tr>
</table>

WBS 的上面 3 层通常由客户指定，不应该和具体的某个部门相联系，下面 3 层由项目组内部进行控制。这样分层的特点有：

（1）每层中的所有要素之和是下一层的工作之和。

（2）每个工作要素应该具体指派一个层次，而不应该指派给多个层次。

（3）WBS 需要有投入工作的范围描述，这样才能使所有的人对要完成的工作有全面的了解。

在每个分解单元中都存在可交付成果和里程碑。里程碑标志着某个可交付成果或者阶段的正式完成。里程碑和可交付成果紧密联系在一起，但并不是一个事物。可交付成果可能包括报告、原型、成果和最终系统。而里程碑则关注于是否完成，例如，正式的用户认可文件。WBS 中的任务有明确的开始时间和结束时间，任务的结果可以和预期的结果相比较。

最底层的工作单元称为工作包，由于它应该便于完整地分派给不同的人或组织，所以要求明确各工作单元直接的界面。工作包应该非常具体，以便承担者能明确自己的任务、努力的目标和承担的责任，工作包是基层任务或工作的指派，同时其具有检测和报告工作的作用。所有工作包的描述必然让成本会计管理者和项目监管人员理解，并能够清楚地区分不同工作包的工作。同时，工作包的大小也是需要考虑的细节，如果工作包太大，那么难以达到可管理和可控制的目标，如果工作包太小，那么 WBS 就要消耗项目管理人员和项目组成员的大量时间和精力。

在制作 WBS 过程中，要给 WBS 的每个部分赋予一个账户编码标志符，它们是费用、进度和资源使用信息汇总的层次结构。需要生成一些配套的文件，这些文件需要和 WBS 配套使用，称为 WBS 词汇表，它包括 WBS 组成部分的详细内容、账户编码、工作说明、负责人、进度里程碑清单等，还可能包括合同信息、质量要求、技术文献，计划活动、资源和费用估计等。

希赛教育专家提示：创建 WBS 没有所谓的正确的方式，可以使用白板、草图等，或者使用专门的项目管理软件，例如 Microsoft Project 等。

11.2.4 范围变更

范围变更是对达成一致的、WBS 定义的项目范围的修改。范围变更的原因包括项目外部环境发生变化（如法律、对手的新产品等），范围计划不周，有错误或者遗漏，出现了新的技术、手段和方案，项目实施组织发生了变化，项目业主对项目或者项目产品的要求发生变化等。

范围变更控制是指对有关项目范围的变更实施控制，审批项目范围变更的一系列过程，包括书面文件、跟踪系统和授权变更所必须的批准级别。

在项目的实施过程中，项目的范围难免会因为很多因素，需要或者至少为项目干系人提出变更，如何控制项目的范围变更，这需要与项目的时间控制、成本控制，以及质量控制要结合起来管理。在整个项目周期内，项目范围发生变化，则要进行范围变更控制，范围变更控制的主要工作有：

（1）影响造成项目变化的因素，并尽量使这些因素向有利的方面发展。

（2）判断项目变化范围是否已经发生。

（3）一旦范围变化已经发生，就要采取实际的处理措施。

范围控制管理依赖于范围变更控制系统。这个系统定义了项目范围发生变化所应遵循的程序。这个程序包括使用正式的书面报告，建立必要的跟踪系统和核准变更需求的批准系统。项目范围变更控制系统是整个项目变化控制系统的一部分。

对于范围变更的处理流程，请阅读 11.5 节。

11.3　成本管理

项目的成本管理要估计为了提交项目可交付成果所进行的所有任务和活动，以及这些任务和活动需要进行的时间和所需要的资源。这些都要消耗组织的资金，只有把所有的这些成本累加，项目经理才能真正了解项目的成本并进行相应的成本控制。

11.3.1　成本估算

成本估算是对项目投入的各种资源的成本进行估算，并编制费用估算书。要进行项目成本的估算，需要大量的数据资料，这些资料包括资源要求的品种和数量、每种资源的单价、每项资源占有的时间。

成本估算主要靠分解和类推的手段进行，基本估算方法分为 3 类，分别是自顶向下的估算法、自底向上的估算法和差别估算法。

1．自顶向下的估算法

这种方法的主要思想是从项目的整体出发，进行类推。即估算人员根据以前已完成项目所消耗的总成本（或总工作量），来推算将要开发的软件的总成本（或总工作量），然后按比例将它分配到各开发任务单元中去。

自顶向下估算的主要优点是管理层会综合考虑项目中的资源分配，由于管理层的经验，他们能相对准确地把握项目的整体需要，能够把预算控制在有效的范围内，并且避免有些任务有过多的预算，而另外一些被忽视。自顶向下估算工作量小，速度快。

自顶向下估算的主要缺点是如果下层人员认为所估算的成本不足以完成任务时，由于在公司地位的不同，下层人员有很可能保持沉默，而不是试图和管理层进行有效的沟通，讨论更为合理的估算，默默地等待管理层发现估算中的问题再自行纠正。这样会使项目的执行出现困难，甚至是失败。自顶向下估算对项目中的特殊困难估计不足，估算出来的成本盲目性大，有时会遗漏被开发软件的某些部分。

虽然这样的估算被广泛地采用，但是信息系统项目本身的不确定性和高度的定制化性使得在信息系统项目中，自顶向下的成本估算往往很不准确。由于技术的发展和客户的需求各不相同，许多信息系统项目根本没有以前的项目例子作为估算的参考。

2．自底向上的估算法

自底向上估算的主要思想是把待开发的软件细分，直到每一个子任务都已经明确所需要的开发工作量，然后把它们加起来，得到软件开发的总工作量。这是一种常见的估算方法。

自底向上的估算的主要优点是在任务和子任务上的估算更为精确，这是由于项目实施人员更了解每个子任务所需要的资源。这种方法也能够避免项目实施人员对管理层所估算值的不满和对立。缺点是缺少各项子任务之间相互联系所需要的工作量，还缺少许多与软件开发有关的系统级工作量（配置管理、质量管理、项目管理）。所以往往估算值偏低，必须用其他方法进行检验和校正。

自底向上估算精确的前提条件是项目实施人员对所做的子任务的了解和精通上。这种方式的估算的关键是要保证所有的项目任务都要涉及，这一点也相当困难。另外，由于进行估算的项目实施人员会认为管理层会按照比例削减自己所估算的成本需要，或者出于安全的估计，他们会高估自己任务所需要的成本，而这必然导致总体成本的高估。管理层会认为需要削减，削减证实了估算人员的估计，这样，所有的项目估算参与人员就陷入了一个怪圈。

3．差别估算法

这种方法综合了上述两种方法的优点，其主要思想是把待开发的软件项目与过去已完成的软件项目进行类比，从其开发的各个子任务中区分出类似的部分和不同的部分。类似的部分按实际量进行计算，不同的部分则采用相应的方法进行估算。这种的方法的优点是可以提高估算的准确程度，缺点是不容易明确“类似”的界限。

11.3.2 成本预算

项目成本预算是进行项目成本控制的基础，是将项目的成本估算分配到项目的各项具体工作上，以确定项目各项工作和活动的成本定额，制定项目成本的控制标准，规定项目意外成本的划分与使用规则。

1．成本预算技术

项目成本预算使用的工具和技术有成本总计、管理储备、参数模型、支出的合理化原则。

管理储备是为范围和成本的潜在变化而预留的预算，它们是未知的，项目经理在使用之前必须得到批准。管理储备不是项目成本基线的一部分，但包含在项目的预算中。它们未被作为预算进行分配，因而不是挣值计算的一部分。

建立参数模型指在数学模型中运用项目特点（参数）来预测项目成本。所建立的模型既可以是简单模型，也可以是复合模型。参数模型无论在成本上还是在准确性上，彼此相差都很悬殊。在下述情况下，参数模型有可能比较可靠：

（1）用以建立参数模型的历史资料准确

（2）模型中使用的参数容易量化

（3）模型具有可缩放性（即它既适用于规模甚大的项目，也适用于规模很小的项目）。

所谓支出的合理化原则，是指对于组织运营而言，资金周期性开销中的巨大变化是不愿被看到的。因此，项目资金的支付需要调整到比较平滑或对开销进行管制。这可以通过给一些工作包或结构加以日期限制来达到。由于这将影响资源分配，除非资金被用作限制性资源，否则进度开发过程不必用此新日期限制来重复。这些迭代的最终产物就是成本基线。

2．预算的步骤

不管使用什么技术和工具来编制项目的成本预算，都必须经过下列 3 个步骤：

（1）分摊项目总成本到 WBS 的各个工作包中，为每一个工作包建立总预算成本，在将所有工作包的预算成本进行相加时，结果不能超过项目的总预算成本。

（2）将每个工作包分配得到的成本再二次分配到工作包所包含的各项活动上。

（3）确定各项成本预算支出的时间计划，以及每一时间点对应的累积预算成本，制定出项目成本预算计划。

3．直接成本与间接成本

在进行项目预算时，除了要考虑项目的直接成本，还要考虑其间接成本和一些对成本有影响的其他因素，可能包括以下一些：

（1）非直接成本。包括租金、保险和其他管理费用。例如，如果项目中有些任务是项目组成员在项目期限内无法完成的，那么就可能需要进行项目的外包或者聘请专业的顾问。如果项目进行需要专门的工具或者设备，而采购这些设备并非明智，那么采用租用的方式就必须付租金。

（2）隐没成本。隐没成本是当前项目的以前尝试已经发生过的成本。例如，一个系统的上一次失败的产品花费了 *N* 元，那么这 *N* 元就是为同一个系统的下一个项目的隐没成本。考虑到已经投入了许多的成本，人们往往不愿意再继续投入，但是在项目选择时，隐没成本应该被忘记，不应该成为项目选择的理由。

（3）学习曲线。如果在信息系统项目中采用了项目组成员未使用过的技术和方法，那么在使用这些技术和方法的初期，项目组成员有一个学习的过程，许多时间和劳动投入到尝试和试验中。这些尝试和试验会增加项目的成本。同样，对于项目组从未从事的项目要比对原有项目的升级的成本高得多，也是由于项目组必须学习新的行业的术语、原理和流程。

（4）项目完成的时限。一般来说，项目需要完成的时限越短，那么项目完成的成本就越高，压缩信息系统的交付日期不仅要支付项目组成员的加班费用，而且如果过于压缩进度，项目组可能在设计和测试上就会减少投入，项目的风险就会提高。

（5）质量要求。显然，项目的成本估算中要根据产品的质量要求的不同而不同。登月火箭的控制软件和微波炉的控制软件不但完成的功能不同，而且质量要求也大相径庭，其成本估算自然有很大的差异。

（6）保留。保留是为风险和未预料的情况而准备的预留成本。遗憾的是，有时候管理层和客户会把保留的成本进行削减。没有保留，将使得项目的抗风险能力降低。

4．零基准预算

零基准的预算是指在项目预算中，并不以过去的相似的项目成本作为成本预算的基准，然后根据项目之间的规模、性质、质量要求、工期要求等不同，对基准进行调节来对新的项目进行成本预算。而是项目以零作为基准，估计所有的工作任务的成本。

例如，希赛网在上一个 Web 查询应用项目中，成本是 2 万元。现在有一个新的 Web 查询应用项目，那么对比两个项目之间的差距，如果新的项目范围估计要扩大 20%，则成本预算可以在 2 万元的基础上增加 20%。而零基准的成本预算却不能在过去的项目基础上进行增加。这种成本预算的方法必须以零作为基准。零基准的预算的主要目标是减少浪费，避免一些实际上没有继续存在必要的成本支出，由于预算人员的惰性或者疏忽而继续在新的项目中存在。

希赛教育专家提示：零基准预算通常用于一系列的项目，整个组织和时间跨度为几年的项目。

11.3.3 挣值分析

挣值分析是一种进度和成本测量技术，可用来估计和确定变更的程度和范围。故而它又常被称为偏差分析法。挣值法通过测量和计算已完成的工作的预算费用与已完成工作的实际费用和计划工作的预算费用得到有关计划实施的进度和费用偏差，而达到判断项目预算和进度计划执行情况的目的。因而它的独特之处在于以预算和费用来衡量工程的进度。

1．基本参数

（1）计划工作量的预算费用（Budgeted Cost for work Scheduled，BCWS）：指项目实施过程中某阶段计划要求完成的工作量所需的预算工时（或费用）。计算公式为：

BCWS＝ 计划工作量×预算定额

BCWS 主要反映的是进度计划应当完成的工作量，而不是反映应消耗的工时或费用。BCWS 有时也称为 PV（Planned Value）。

（2）已完成工作量的实际费用（Actual Cost for Work Performed，ACWP）：项目实施过程中某阶段实际完成的工作量所消耗的工时（或费用）。ACWP 主要反映项目执行的实际消耗指标，也简称为 AC。

（3）已完成工作量的预算成本（Budgeted Cost for Work Performed，BCWP）：项目实施过程中某阶段实际完成工作量及按预算定额计算出来的工时（或费用），即挣值（Earned Value，EV）。BCWP 的计算公式为：

BCWP＝ 已完成工作量×预算定额

（4）剩余工作的成本（Estimate to Completion，ETC）：完成项目剩余工作预计还需要花费的成本。ETC 用于预测项目完工所需要花费的成本，其计算公式为：

ETC = BCWS–BCWP = PV-EV

或

ETC＝ 剩余工作的 PV×AC/EV

2．评价指标

（1）进度偏差（Schedule Variance，SV）：指检查日期 BCWP 与 BCWS 之间的差异。

其计算公式为：

$$SV = BCWP-BCWS = EV-PV$$

当 SV>0 时，表示进度提前；当 SV<0 时，表示进度延误；当 SV=0 时，表示实际进度与计划进度一致。

（2）费用偏差（Cost Variance，CV）：检查期间 BCWP 与 ACWP 之间的差异，计算公式为：

$$CV = BCWP-ACWP = EV-AC$$

当 CV<0 时，表示执行效果不佳，即实际消耗费用超过预算值即超支；当 CV>0 时，表示实际消耗费用低于预算值，即有节余或效率高；当 CV=0 时，表示实际消耗费用等于预算值。

（3）成本绩效指数（Cost Performance Index，CPI）：预算费用与实际费用值之比（或工时值之比），即：

$$CPI = BCWP/ACWP = EV/AC$$

当 CPI>1 时，表示低于预算，即实际费用低于预算费用；当 CPI<1 时，表示超出预算，即实际费用高于预算费用；当 CPI=1 时，表示实际费用等于预算费用。

（4）进度绩效指数（Schedul Performance Index，SPI）：项目挣值与计划之比，即

$$SPI = BCWP/BCWS = EV/PV$$

当 SPI>1 时，表示进度提前，即实际进度比计划进度快；当 SPI<1 时，表示进度延误，即实际进度比计划进度慢；当 SPI=1 时，表示实际进度等于计划进度。

3．评价曲线

挣值法评价曲线如图 11-1 所示，图的横坐标表示时间，纵坐标则表示费用。图中 BCWS 曲线为计划工作量的预算费用曲线，表示项目投入的费用随时间的推移在不断积累，直至项目结束达到它的最大值，所以曲线呈 S 形状，也称为 S 曲线。ACWP 已完成工作量的实际费用，同样是进度的时间参数，随项目推进而不断增加的，也是呈 S 形的曲线。利用挣值法评价曲线可进行费用进度评价，例如图 11-1 所示的项目中，CV<0，SV<0，这表示项目执行效果不佳，即费用超支，进度延误，应采取相应的补救措施。

4．项目完成成本再预测

项目出现成本偏差，意味着原来的成本预算出现了问题，已完成工作的预算成本和实际成本不相符。这必然会对项目的总体实际成本带来影响，这时候需要重新估算项目的成本。这个重新估算的成本也称为最终估算成本（Estimate at Completion，EAC），也称为完工估算。有 3 种再次进行预算的方法。

（1）认为项目日后的工作将和以前的工作效率相同，未完成的工作的实际成本和未完成工作预算的比例与已完成工作的实际成本和预算的比率相同。

$$EAC = (ACWP/BCWP) \times BAC = (AC/EV) \times BAC = BAC/CPI = AC+(BAC-EV)/CPI$$

其中，BAC 为完成工作预算（Budget at Completion），即整个项目的所有阶段的预算的

总和，也就是整个项目成本的预算值。

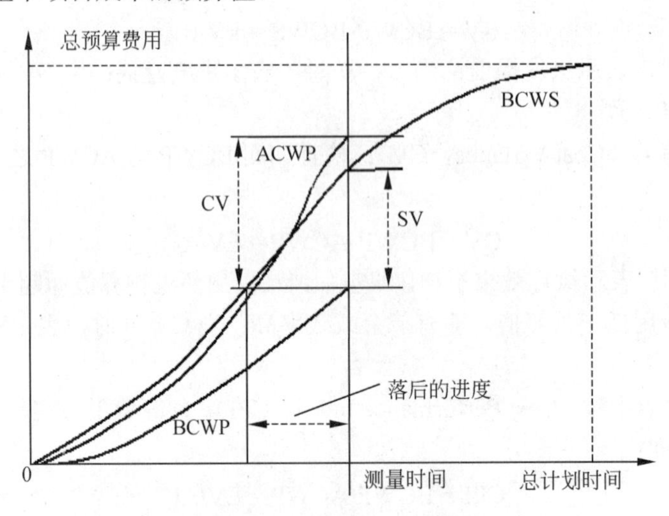

图 **11-1** 挣值评价曲线图

（2）假定未完成的工作的效率和已完成的工作的效率没有什么关系，对未完成的工作，依然使用原来的预算值，那么，对于最终估算成本就是已完成工作的实际成本加上未完成工作的预算成本：

$$EAC = ACWP+BAC-BCWP = AC+BAC-EV$$

（3）重新对未完成的工作进行预算工作，这需要一定的工作量。当使用这种方法时，实际上是对计划中的成本预算的否定，认为需要进行重新的预算。

$$EAC = ACWP+ETC$$

这里举一个非常简单的例子。希赛教育网在线测试项目涉及对 10 个函数代码的编写（假设每个函数代码的编写工作量相等），项目由 2 个程序员进行结对编程，计划在 10 天内完成，总体预算是 1000 元，每个函数的平均成本是 100 元。项目进行到了第 5 天，实际成本是 400 元，完成了 3 个函数代码的编写。根据这些信息，我们可以计算在第 5 天项目的各种指标数据如下：

- 计划预算成本：BCWS = 100×5=500 元。
- 已完成工作的实际成本：ACWP = 400 元。
- 已完成工作的预算成本：BCWP = 3×100=300 元。

偏差数据如下：

- 成本偏差：CV = BCWP-ACWP = 300-400 = -100 元。
- 进度偏差：SV = BCWP-BCWS = 300-500 = -200 元。
- 成本绩效指数：CPI = BCWP/ACWP = 300/400 = 0.75。

从指标数据可以看出，这个项目如同许多信息系统项目一样，不但进度落后，而且成本超支。这时候，为了降低项目成本，可以采用把结对编程改为由单个程序员编写代码，降低程序员工资等措施来降低成本。对于剩下的工作的成本预算，3 种方法得出的结论也各不相同：

如果认为剩下工作的效率和已完成的工作的效率相同，则：

$$EAC = (ACWP/BCWP) \times BAC = (400/300) \times 1000 = 1333 \text{ 元}$$

如果认为剩下工作的效率和已完成的工作效率无关，则：

$$EAC = ACWP+(BAC-BCWP) = 400+(1000-300) = 1100 \text{ 元}$$

如果重新对剩下的工作进行预算时，如果项目组使用了代码生成工具，可以极大地提高效率，减少人工成本，使得每个函数代码的成本预算有望降为 70 元，则新的预算为：

$$EAC = ACWP+\text{未完成工作新的成本估算值} = 400+7\times 70 = 890 \text{ 元}$$

11.4　时间管理

在给定的时间内完成项目是项目的重要约束性目标，能否按进度交付是衡量项目是否成功的重要标志。因此，进度控制是项目控制的首要内容，是项目的灵魂。同时，由于项目管理是一个带有创造性的过程，项目不确定性很大，进度控制是项目管理中的最大难点。

11.4.1　活动排序

在项目中，一个活动的执行可能需要依赖于另外一些活动的完成，也就是说它的执行必须在某些活动完成之后，这就是活动的先后依赖关系。一般说来，依赖关系的确定应首先分析活动之间本身存在的逻辑关系，在此逻辑关系确定的基础上再加以充分分析，以确定各活动之间的组织关系，这就是活动排序。

1. 前导图法

前导图法（Precedence Diagramming Method，PDM）也称为单代号网络图法（Active on the Node，AON），即一种用方格或矩形（结点）表示活动，并用表示依赖关系的箭线将结点连接起来的一种项目网络图的绘制法。在 PDM 中，每项活动有唯一的活动号，每项活动都注明了预计工期。每个结点的活动有最早开始时间（ES）、最迟开始时间（LS）、最早结束时间（EF）和最迟结束时间（LF）。PDM 结点的几种表示方法如图 11-2 所示。

PDM 包括 4 种依赖关系或先后关系：

- 完成对开始（FS）：后一活动的开始要等到前一活动的完成。
- 完成对完成（FF）：后一活动的完成要等到前一活动的完成。
- 开始对开始（SS）：后一活动的开始要等到前一活动的开始。
- 开始对完成（SF）：后一活动的完成要等到前一活动的开始。

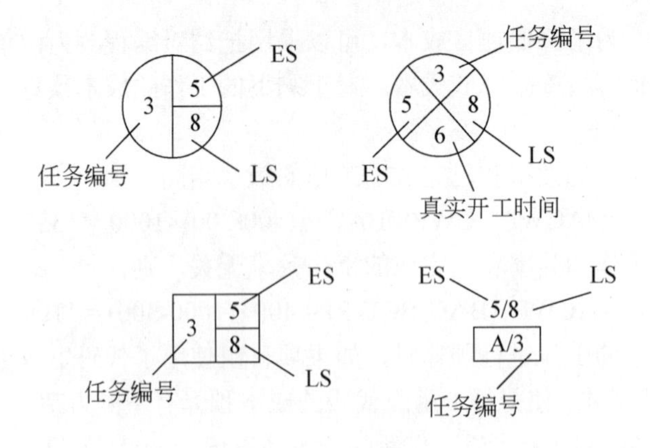

图 11-2　结点表示法

以上 4 种关系的表示如图 11-3 所示。

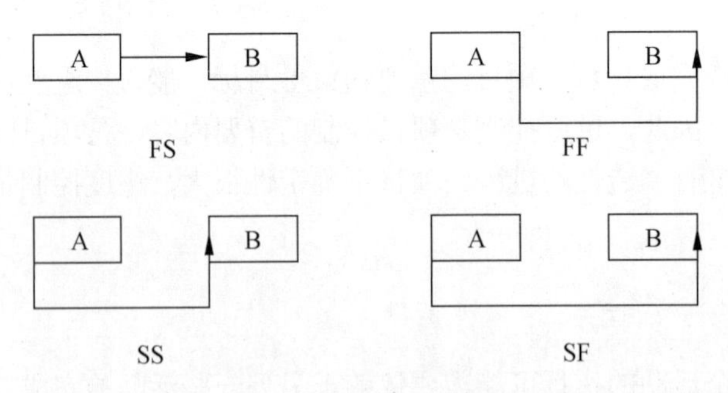

图 11-3　活动依赖关系图

在 PDM 图中，完成对开始是最常用的逻辑关系类型。开始对完成关系很少用， 通常仅有专门制订进度的工程师才使用。

2．箭线图法

箭线图法（Arrow Diagramming Method，ADM）也称为双代号网络图法（Active On the Arrow，AOA），是一种利用箭线表示活动，并在结点处将其连接起来，以表示其依赖关系的一种项目网络图的绘制法。在 ADM 中，给每个事件而不是每项活动指定一个唯一的号码。活动的开始（箭尾）事件叫做该活动的紧前事件（precede event），活动的结束（箭线）事件叫做该活动的紧随事件（successor event，紧后事件）。在 ADM 中，有 3 个基本原则：

（1）网络图中每一事件必须有唯一的一个代号，即网络图中不会有相同的代号。

（2）任何两项活动紧前事件和紧随事件代号至少有一个不相同，结点序号沿箭线方向越来越大。

（3）流入（流出）同一事件的活动，均有共同的后继活动（或先行活动）。

ADM 只使用完成-开始依赖关系，因此可能要使用虚活动（dummy activity）才能正确地定义所有的逻辑关系。虚活动不消耗时间和资源，用虚箭线表示。在复杂的网络图中，为避免多个起点或终点引起的混淆，我们也可以用虚活动来解决，如图 11-4 所示。

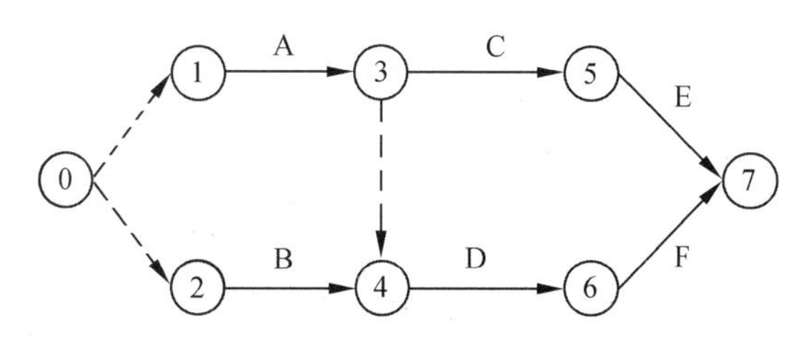

图 11-4　箭线图法

3．确定依赖关系

活动之间的先后顺序称为依赖关系，依赖关系包括工艺关系和组织关系。在时间管理中，通常使用 3 种依赖关系来进行活动排序，分别是强制性依赖关系、可自由处理的依赖关系和外部依赖关系。

（1）强制性依赖关系：也称为硬逻辑关系、工艺关系。这是活动固有的依赖关系，这种关系是活动之间本身存在的、无法改变的逻辑关系。

（2）可自由处理的依赖关系：也称为软逻辑关系、组织关系、首选逻辑关系、优先逻辑关系。这是人为组织确定的一种先后关系，例如可以是项目管理团队确定的一种关系。

（3）外部依赖关系：是涉及项目与非项目活动之间的关系。

逻辑关系的表达可以分为平行、顺序和搭接 3 种形式。

（1）平行关系：也称为并行关系，相邻两项活动同时开始即为平行关系。例如，在图 11-4 中，活动 A 和 B 是平行关系。

（2）顺序关系：相邻两项活动先后进行即为顺序关系。如前一活动完成后，后一活动马上开始则为紧连顺序关系。如后一活动在前一活动完成后隔一段时间才开始，则为间隔顺序关系。在顺序关系中，当一项活动只有在另一项活动完成以后才能开始，并且中间不插入其他活动，则称另一项活动为该活动的紧前活动；反之，当一项活动只有在完成之后，另一项活动才能开始，并且中间不插入其他活动，则称另一活动为该活动的紧后活动。例如，在图 11-4 中，活动 A 和 C 为紧连顺序关系，A 和 E 是间隔顺序关系，A 是 C 的紧前活动，C 是 A 的紧后活动。

（3）搭接关系：两项活动只有一段时间是平行进行的，则称为搭接关系。

11.4.2　活动历时估算

活动历时估算直接关系到各项具体活动、各项工作网络时间和完成整个项目所需要总体时间的估算。活动历时估算通常同时要考虑间隔时间。项目团队需要对项目的工作时间做出客观、合理的估计。在估算时，要在综合考虑各种资源、人力、物力、财力的情况下，把项目中各工作分别进行时间估计。若活动时间估算太短，则在工作中会出现被动紧张的局面；反之如果活动时间估算太长，则会使整个项目的完工期限延长，从而造成损失。

1．软件项目的工作量

软件项目的工作量和工期的估算历来是比较复杂的事，因为软件本身的复杂性、历史经验的缺乏、估算工具缺乏，以及一些人为错误，导致软件项目的规模估算往往和实际情况相差甚远。因此，估算错误已被列入软件项目失败的四大原因之一。

软件开发项目通常用 LOC（Line of Code）衡量项目规模，LOC 指所有的可执行的源代码行数，包括可交付的工作控制语言语句、数据定义、数据类型声明、等价声明、输入/输出格式声明等。可以根据对历史项目的审计来核算组织的单行代码价值。

例如，希赛公司开发部王总统计发现，该公司每一万行 Java 语言源代码形成的源文件约为 250KB，视频点播系统项目的源文件大小为 3.75MB，则可估计该项目源代码大约为 15 万行，该项目累计投入工作量为 240 人月，每人月费用为 10000 元（包括人均工资、福利、办公费用公摊等），则该项目中 1LOC 的价值为：

$$(240\times10000)/150000 = 16\text{ 元/LOC}$$

该项目的人月平均代码行数为：

$$150000/240 = 625\text{LOC/人月}$$

2．德尔菲法

德尔菲法（Delphi 法）是最流行的专家评估技术，该方法结合了专家判断法和三点估算法，在没有历史数据的情况下，这种方式适用于评定过去与将来，新技术与特定程序之间的差别，但专家“专”的程度及对项目的理解程度是工作中的难点，尽管德尔菲法可以减轻这种偏差，专家评估技术在评定一个新软件实际成本时用得不多，但是，这种方式对决定其他模型的输入时特别有用。

德尔菲法的步骤如下：

（1）组织者发给每位专家一份软件系统的规格说明书（略去名称和单位）和一张记录估算值的表格，请他们进行估算。

（2）专家详细研究软件规格说明书的内容，对该软件提出 3 个规模的估算值，即：

a_i：该软件可能的最小规模（最少源代码行数）。

m_i：该软件最有可能的规模（最可能的源代码行数）。

b_i：该软件可能的最大规模（最多源代码行数）。

无记名地填写表格，并说明做此估算的理由。在填表的过程中，专家互相不进行讨论，但可以向组织者提问。

（3）组织者对专家们填在表格中的答复进行整理，做以下事情：

① 计算各位专家（序号为 i，$i=1, 2, \ldots, n$，共 n 位专家）的估算期望值 E_i，并综合各位专家估算值的期望中值 E。

$$E_i = \frac{a_i + 4m_i + b_i}{6}, \quad E = \frac{1}{n}\sum_{i=1}^{n} E_i$$

② 对专家的估算结果进行分类摘要。

（4）在综合专家估算结果的基础上，组织专家再次无记名地填写表格。然后比较两次估算的结果。若差异很大，则要通过查询找出差异的原因。

（5）上述过程可重复多次。最终可获得一个得到多数专家共识的软件规模（源代码行数）。在此过程中不得进行小组讨论。

最后，通过与历史资料进行类比，根据过去完成软件项目的规模和成本等信息，推算出该软件每行源代码所需要的成本。然后再乘以该软件源代码行数的估算值，就可得到该软件的成本估算值。

此方法的缺点是人们无法利用其他参加者的估算值来调整自己的估算值。宽带德尔菲法技术克服了这个缺点。在专家正式将估算值填入表格之前，由组织者召集小组会议，专家们与组织者一起对估算问题进行讨论，然后专家们再无记名填表。组织者对各位专家在表中填写的估算值进行综合和分类后，再召集会议，请专家们对其估算值有很大变动之处进行讨论，请专家们重新无记名填表。这样适当重复几次，得到比较准确的估计值。由于增加了协商的机会，集思广益，使得估算值更趋于合理。

总的来说，德尔菲法的不足之处在于，易受专家主观意识和思维局限影响，而且技术上，征询表的设计对预测结果的影响较大。德尔菲法对减少数据中人为的偏见、防止任何人对结果不适当地产生过大的影响尤其有用。

3．类比估算法

类比估算法适合评估一些与历史项目在应用领域、环境和复杂度等方面相似的项目，通过新项目与历史项目的比较得到规模估计。由于类比估算法估计结果的精确度取决于历史项目数据的完整性和准确度，因此，用好类比估算法的前提条件之一是组织建立起较好的项目后评价与分析机制，对历史项目的数据分析是可信赖的。

其基本步骤是：

（1）整理出项目功能列表和实现每个功能的代码行。

（2）标识出每个功能列表与历史项目的相同点和不同点，特别要注意历史项目中做得不够的地方。

（3）通过步骤（1）和步骤（2）得出各个功能的估计值。

（4）产生规模估计。

软件项目中用类比估算法，往往还要解决可重用代码的估算问题。估计可重用代码量的最好办法就是由程序员或系统分析员详细地考查已存在的代码，估算出新项目可重用的代码中需重新设计的代码百分比、需重新编码或修改的代码百分比，以及需重新测试的代码百分比。根据这 3 个百分比，可用下面的计算公式计算等价新代码行：

等价代码行=[(重新设计% +重新编码% +重新测试%)/3]×已有代码行

例如，有 10000 行代码，假定 30%需要重新设计，50%需要重新编码，70%需要重新测试，那么其等价的代码行可以计算为：

[(30%+50%+70%)/3]×10000 = 5000

即重用这 10000 代码相当于编写 5000 代码行的工作量。

4．功能点估计法

功能点测量是在需求分析阶段基于系统功能的一种规模估计方法。通过研究初始应用需求来确定各种输入、输出，计算与数据库需求的数量和特性。通常的步骤是：

（1）计算输入、输出、查询、主控文件与接口需求的数目。

（2）将这些数据进行加权乘。

（3）估计者根据对复杂度的判断，总数可以用+25%、0 或-25%调整。

统计发现，对一个软件产品的开发，功能点对项目早期的规模估计很有帮助。

11.4.3 关键路径法

关键路线法（Critical Path Method，CPM）是借助网络图和各活动所需时间（估计值），计算每一活动的最早或最迟开始和结束时间。CPM 法的关键是计算总时差，这样可决定哪一活动有最小时间弹性。CPM 算法的核心思想是将 WBS 分解的活动按逻辑关系加以整合，统筹计算出整个项目的工期和关键路径。

1．关键路径

因网络图中的某些活动可以并行地进行，所以完成工程的最少时间是从开始结点到结束结点的最长路径长度，称从开始结点到结束结点的最长路径为关键路径（临界路径），关键路径上的活动为关键活动。

有关关键路径的具体求法的内容请阅读 18.1.3 节。

2．时差

一般来说，不在关键路径上的活动时间的缩短，不能缩短整个工期。而不在关键路径上的活动时间的延长，可能导致关键路径的变化，因此可能影响整个工期。

活动的总时差是指在不延误总工期的前提下，该活动的机动时间。活动的总时差等于该活动最迟完成时间与最早完成时间之差，或该活动最迟开始时间与最早开始时间之差。

活动的自由时差是指在不影响紧后活动的最早开始时间前提下，该活动的机动时间。活动自由时差的计算应按以下两种情况分别考虑：

（1）对于有紧后活动的活动，其自由时差等于所有紧后活动最早开始时间减本活动最早完成时间所得之差的最小值。例如，假设活动 A 的最早完成时间为 4，活动 A 有两项紧后活动 A 和 B，其最早开始时间分别为 5 和 7，则 A 的自由时差为 1。

（2）对于没有紧后活动的活动，也就是以网络计划终点结点为完成结点的活动，其自由时差等于计划工期与本活动最早完成时间之差。

希赛教育专家提示：对于网络计划中以终点结点为完成结点的活动，其自由时差与总时差相等。此外，由于活动的自由时差是其总时差的构成部分，所以，当活动的总时差为零时，其自由时差必然为零，可不必进行专门计算。

3．费用斜率

一项活动所用的时间可以有标准所需时间 S 和特急所需时间 E，对应的费用分别为 SC 和 EC，则活动的费用斜率的计算公式如下：

$$C = (\mathrm{EC}\text{-}\mathrm{SC})/(S\text{-}E)$$

由上述公式可以发现，费用斜率描述的是某一项活动加急所需要的代价比，即平均每加急一个时间单位所需要付出的代价。因此，在实际制定进度计划时，要选择费用斜率较低的活动进行优化，缩短其时间。

4．进度压缩

进度压缩是指在不改变项目范围的条件下缩短项目进度的途径。常用的进度压缩的技术有赶工、快速跟进等。进度压缩的方法有加强控制、资源优化（增加资源数量）、提高资源利用率（提高资源质量）、改变工艺或流程、加强沟通、加班、外包、缩小范围等。

赶工是一种通过分配更多的资源，达到以成本的最低增加进行最大限度的进度压缩的目的，赶工不改变活动之间的顺序；快速跟进也称为快速追踪，是指并行或重叠执行原来计划串行执行的活动。快速跟进会改变工作网络图原来的顺序。

在软件工程项目中必须处理好进度与质量之间的关系。在软件开发实践中常常会遇到这样的事情，当任务未能按计划完成时，只好设法加快进度赶上去。但事实告诉我们，在进度压力下赶任务，其成果往往是以牺牲产品的质量为代价的。因此，当某一开发项目的进度有可能拖期时，应该分析拖期原因，加以补救；不应该盲目地投入新的人员或推迟预定完成日期，增加资源有可能导致产生额外的问题，并且降低效率。Brooks 曾指出：为延期的软件项目增加人员将可能使其进度更慢。

11.4.4　计划评审技术

PERT 技术（Plan Evaluation and Review Technique，计划评审技术）和 CPM 都是安排项目进度，制定项目进度计划的最常用的方法。

另外，优先进度图示法、搭接网络、图形评审技术、风险评审技术等也称为网络计划技术。它们都采用网络图来描述一个项目的任务网络，也就是从一个项目的开始到结束，把应当完成的任务用图或表的形式表示出来。通常用两张表来定义网络图。一张表给出与一特定软件项目有关的所有任务（也称为任务分解结构），另一张表给出应当按照什么样的次序来完成这些任务（也称为限制表）。PERT 图不仅可以表达子任务的计划安排，还可在任务计划执行过程中估计任务完成的形势，分析某些子任务完成情况对全局的影响，找出影响全局的区域和关键子任务，以便及早采取措施，确保整个任务的完成。

在 PERT 图中，用箭号表示事件，即要完成的任务。箭头旁给出子任务的名称和完成该子任务所需要的时间。用圆圈结点表示事件的起点和终点。

1．活动的时间估计

PERT 对各个项目活动的完成时间按 3 种不同情况估计：

（1）乐观时间（optimistic time）：任何事情都顺利的情况下，完成某项工作的时间。

（2）最可能时间（most likely time）：正常情况下，完成某项工作的时间。

（3）悲观时间（pessimistic time）：最不利的情况下，完成某项工作的时间。

假定 3 个估计服从 β 分布，由此可算出每个活动的期望 t_i：

$$t_i = \frac{a_i + 4m_i + b_i}{6}$$

其中 a_i 表示第 i 项活动的乐观时间，m_i 表示第 i 项活动的最可能时间，b_i 表示第 i 项活动的悲观时间。

根据 β 分布的方差计算方法，第 i 项活动的持续时间方差为：

$$\sigma_i^2 = \left(\frac{b_i - a_i}{6}\right)^2$$

例如，希赛教育网在线辅导平台系统的建设可分解为需求分析、设计编码、测试、安装部署这 4 个活动，各个活动按顺次进行，没有时间上的重叠，活动的完成时间估计如图 11-5 所示。

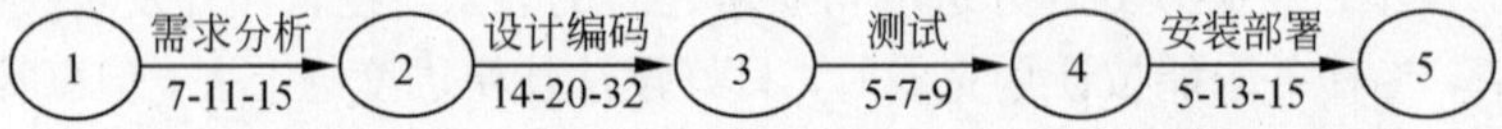

1 —需求分析 7-11-15→ 2 —设计编码 14-20-32→ 3 —测试 5-7-9→ 4 —安装部署 5-13-15→ 5

图 11-5　工作分解和活动工期估计

则各活动的期望工期和方差为：

$$t_{需求分析} = \frac{7+4\times11+15}{6} = 11 \qquad \sigma^2_{需求分析} = \left(\frac{15-7}{6}\right)^2 = 1.778$$

$$t_{设计编码} = \frac{14+4\times20+32}{6} = 21 \qquad \sigma^2_{设计编码} = \left(\frac{32-14}{6}\right)^2 = 9$$

$$t_{测试} = \frac{5+4\times7+9}{6} = 7 \qquad \sigma^2_{测试} = \left(\frac{9-5}{6}\right)^2 = 0.444$$

$$t_{安装部署} = \frac{5+4\times13+15}{6} = 12 \qquad \sigma^2_{安装部署} = \left(\frac{15-5}{6}\right)^2 = 2.778$$

2．项目周期估算

PERT 认为整个项目的完成时间是各个活动完成时间之和，且服从正态分布。整个

项目完成的时间 t 的数学期望 T 和方差 σ^2 分别等于：

$$\sigma^2 = \sum \sigma_i^2 = 1.778 + 9 + 0.444 + 2.778 = 14$$
$$T = \sum t_i = 11 + 21 + 7 + 12 = 51$$

标准差为：

$$\sigma = \sqrt{\sigma^2} = \sqrt{14} = 3.742$$

据此，可以得出正态分布曲线如图 11-6 所示。

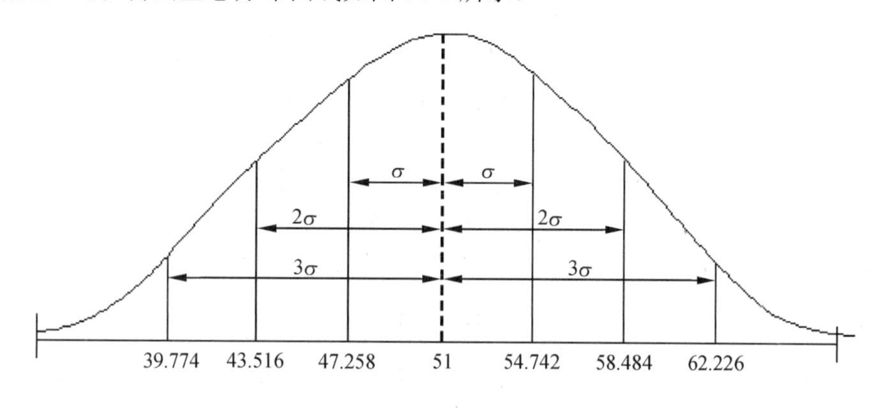

图 11-6　项目的工期正态分布

因为图 11-6 是正态曲线，根据正态分布规律，在±σ 范围内，即在 47.258 天与 54.742 天之间完成的概率大约为 68%；在±2σ 范围内，即在 43.516 天到 58.484 天完成的概率大约为 95%；在±3σ 范围内，即 39.774 天到 62.226 天完成的概率大约为 99%。如果客户要求在 39 天内完成，则可完成的概率几乎为 0，也就是说，项目有不可压缩的最小周期，这是客观规律。

11.4.5　甘特图和时标网络图

甘特图（Gantt 图）也称为横道图或条形图，把计划和进度安排两种智能结合在一起。用水平线段表示活动的工作阶段，线段的起点和终点分别对应着活动的开始时间和完成时间，线段的长度表示完成活动所需的时间。图 11-7 给出了一个具有 5 个任务的甘特图。

如果图中 5 条线段分别代表完成活动的计划时间，则在横坐标方向附加一条可向右移动的纵线。它可随着项目的进展，指明已完成的活动（纵线扫过的）和有待完成的活动(纵线尚未扫过的)。我们从甘特图上可以很清楚地看出各子活动在时间上的对比关系。

在甘特图中，每一活动完成的标准，不是以能否继续下一阶段活动为标准，而是必须以交付应交付的文档与通过评审为标准。因此在甘特图中，文档编制与评审是项目进度的里程碑。甘特图的优点是标明了各活动的计划进度和当前进度，能动态地反映项目进展情况，能反映活动之间的静态的逻辑关系。缺点是难以反映多个活动之间存在的复杂的逻辑关系，没有指出影响项目生命周期的关键所在，不利于合理地组织安排整个系统，更不利于对整个系统进行动态优化管理。

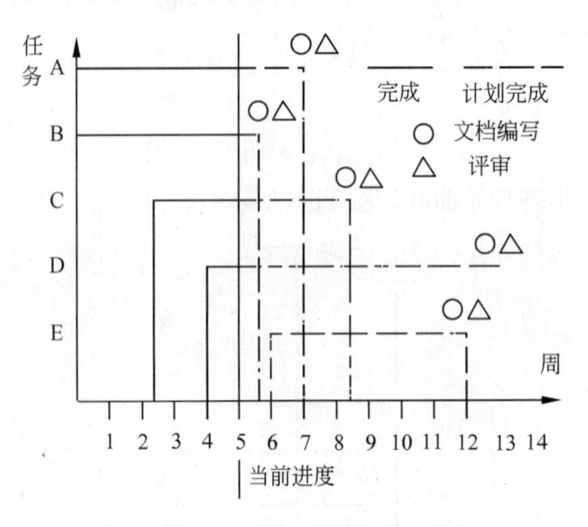

图 11-7 甘特图

时标网络图（Time Scalar Network）克服了甘特图的缺点，用带有时标的网状图表示各子任务的进度情况，以反映各子任务在进度上的依赖关系。如图 11-8 所示，E2 的开始取决于 A3 的完成。在图 11-8 中，虚箭头表示虚任务，即耗时为 0 的任务，只用于表示活动间的相互关系。

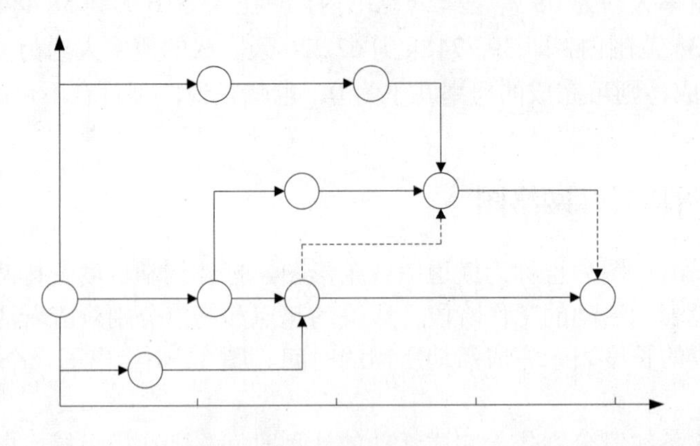

图 11-8 时标网状图

11.4.6 进度控制

将实际进度与计划进度进行比较并分析结果，以保持项目工期不变，保证项目质量和所耗费用最少为目标，做出有效对策，进行项目进度更新，这是进行进度控制和进度管理的宗旨。项目进度更新主要包括两方面工作，即分析进度偏差的影响和进行项目进度计划的调整。

1．分析进度偏差的影响

当出现进度偏差时，需要分析该偏差对后续活动及总工期的影响。主要从以下几方面进行分析：

（1）分析产生进度偏差的活动是否为关键活动。若出现偏差的活动是关键活动，则无论其偏差大小，对后续活动及总工期都会产生影响，必须进行进度计划更新；若出现偏差的活动为非关键活动，则需根据偏差值与总时差和自由时差的大小关系，确定其对后续活动和总工期的影响程度。

（2）分析进度偏差是否大于总时差。如果活动的进度偏差大于总时差，则必将影响后续活动和总工期，应采取相应的调整措施；若活动的进度偏差小于或等于该活动的总时差，表明对总工期无影响；但其对后续活动的影响，需要将其偏差与其自由时差相比较才能做出判断。

（3）分析进度偏差是否大于自由时差。如果活动的进度偏差大于该活动的自由时差，则会对后续活动产生影响，如何调整应根据后续活动允许影响的程度而定；若活动的进度偏差小于或等于该活动的自由时差，则对后续活动无影响，进度计划可不进行调整更新。

经过上述分析，项目管理人员可以确定应该调整产生进度偏差的活动和调整偏差值的大小，以便确定应采取的调整更新措施，形成新的符合实际进度情况和计划目标的进度计划。

2．项目进度计划的调整

项目进度计划的调整往往是一个持续反复的过程，一般分以下几种情况：

（1）关键活动的调整。对于关键路径，由于其中任一活动持续时间的缩短或延长都会对整个项目工期产生影响。因此，关键活动的调整是项目进度更新的重点。有以下两种情况：

① 关键活动的实际进度较计划进度提前时的调整方法。

若仅要求按计划工期执行，则可利用该机会降低资源强度及费用。实现的方法是，选择后续关键活动中资源消耗量大或直接费用高的予以适当延长，延长的时间不应超过已完成的关键活动提前的量；若要求缩短工期，则应将计划的未完成部分作为一个新的计划，重新计算与调整，按新的计划执行，并保证新的关键活动按新计算的时间完成。

② 关键活动的实际进度较计划进度落后时的调整方法。

调整的目标就是采取措施将耽误的时间补回来，保证项目按期完成。调整的方法主要是缩短后续关键活动的持续时间。这种方法是指在原计划的基础上，采取组织措施或技术措施缩短后续工作的持续时间以弥补时间损失，以确保总工期不延长。

实际上，不得不延长工期的情况非常普遍，在项目总计划的制定中要充分考虑到适当的时间冗余。当预计到项目时间要拖延时应该分析原因，第一时间给项目干系人通报，并征求业主的意见，这也是项目进度控制的重要工作内容。

（2）非关键活动的调整。当非关键线路上某些工作的持续时间延长，但不超过其时差范围时，则不会影响项目工期，进度计划不必调整。为了更充分地利用资源，降低成本，必要时可对非关键活动的时差做适当调整，但不得超出总时差，且每次调整均需进行时间参数计算，以观察每次调整对计划的影响。

非关键活动的调整方法有3种：在总时差范围内延长非关键活动的持续时间、缩短工作的持续时间、调整工作的开始或完成时间。

当非关键线路上某些工作的持续时间延长而超出总时差范围时，则必然影响整个项目工期，关键线路就会转移。这时，其调整方法与关键线路的调整方法相同。

（3）增减工作项目。由于编制计划时考虑不周，或因某些原因需要增加或取消某些工作，则需重新调整网络计划，计算网络参数。增减工作项目不应影响原计划总的逻辑关系，以便使原计划得以实施，因此，增减工作项目只能改变局部的逻辑关系。

增加工作项目，只对原遗漏或不具体的逻辑关系进行补充；减少工作项目，只是对提前完成的工作项目或原不应设置的工作项目予以消除。增减工作项目后，应重新计算网络时间参数，以分析此项调整是否对原计划工期产生影响，若有影响，应采取措施使之保持不变。

（4）资源调整。若资源供应发生异常时，应进行资源调整。资源供应发生异常是指因供应满足不了需要，如资源强度降低或中断，影响到计划工期的实现。资源调整的前提是保证工期不变或使工期更加合理。资源调整的方法是进行资源优化。

11.5 配置管理

按国际标准ISO9000的说法，配置管理是一个管理学科，它对配置项的开发和支持生存期给予技术和管理上的指导。配置管理的应用取决于项目的规模、复杂程序和风险大小。

《软件工程术语》国家标准GB/T 11457—1995给配置管理下了定义：配置管理是标识和确定系统中配置项的过程，在系统整个生存期内控制这些配置项的投放和更动，记录并报告配置的状态和变动要求，验证配置项的完整性和正确性，并对下列工作进行技术和行动指导与监督的一套规范：

（1）对配置项的功能特性和物理特性进行标识和文件编制工作。

（2）控制这些特性的变动情况。

（3）记录并报告这些变动进行的处理和实现的状态。

CMMI对配置管理的定义：配置管理的目的在于运用配置标识、配置控制、配置状态和配置审计，建立和维护工作产品的完整性。CMMI把配置管理分为9大部分，分别是制定配置管理计划、识别配置项、建立配置管理系统、创建或发行基线、跟踪变更、控制变更、建立配置管理记录、执行配置审核、版本控制。

《信息技术——软件生存周期过程》国际标准 ISO/IEC 12207：1995 所规定的软件配置管理过程的活动有过程实施、配置标识、配置控制、配置状态报告、配置评价、发行管理和交付。

11.5.1　配置管理流程

配置管理的活动主要有编制项目配置管理计划、配置标识、变更管理和配置控制、配置状态说明、配置审核，以及进行版本管理和发行管理。

（1）编制项目配置管理计划。在项目启动阶段，项目经理首先要制定整个项目的开发计划，它是整个项目研发工作的基础。配置管理计划是项目管理计划的一部分，通常要涉及该项目对配置管理的要求，实施配置管理的责任人、责任组织及其职责，开展的配置管理活动、方法和工具等。

（2）配置标识。配置标识是配置管理的基础性工作，是管理配置管理的前提。配置标识是确定哪些内容应该进入配置管理形成配置项，并确定配置项如何命名，用哪些信息来描述该配置项。

（3）变更管理和配置控制。配置管理的最重要的任务就是对变更加以控制和管理，其目的是对于复杂，无形的软件，防止在多次变更下失控，出现混乱。

（4）配置状态说明。配置状态说明也称为配置状态报告，它是配置管理的一个组成部分，其任务是有效地记录报告管理配置所需要的信息，目的是及时、准确地给出配置项的当前状况，供相关人员了解，以加强配置管理工作。

（5）配置审核。配置审核的任务便是验证配置项对配置标识的一致性。软件开发的实践表明，尽管对配置项做了标识，实现了变更控制和版本控制，但如果不做检查或验证仍然会出现混乱。配置审核的实施是为了确保软件配置管理的有效性，体现配置管理的最根本要求，不允许出现任何混乱。

（6）版本管理和发行管理。版本控制用于将管理信息工程中生成的各种不同的配置的规程和相关管理工具结合起来。配置管理中，版本包括配置项的版本和配置的版本，这两种版本的标识应该各有特点，配置项的版本应该体现出其版本的继承关系，它主要是在开发人员内部进行区分，另外还需要对重要的版本做一些标记，如对纳入基线的配置项版本就应该做一个标识。

11.5.2　配置标识

配置标识是配置管理的基础性工作，是管理配置管理的前提。配置标识是确定哪些内容应该进入配置管理形成配置项，并确定配置项如何命名，用哪些信息来描述该配置项。

1．确定配置项

信息系统项目中形成的技术性文档和管理性文档，除一些临时性的文档外一般都应该进行配置管理。一般来讲，判定一个文档是否进行配置管理的标准应该是此文档是否有多个人需要使用，这些文档往往在项目的进程中不断地修正和扩展，要保证每个使用者都使用同一版本的文档，就必须将这些文档纳入配置管理，成为受控的配置项。

（1）识别配置项。可能成为配置项组成部分的主要工作产品有过程描述、需求、设计、测试计划和规程、测试结果、代码/模块、工具（如编辑器）、接口描述等。在软件工程方面，Roger S.Pressman 认为至少以下所列的文档应该成为配置项：系统规格说明书、项目计划、需求规格说明书、用户手册、设计规格说明、源代码、测试规格说明、操作和安装手册、可执行程序、数据库描述、联机用户手册、维护文档、软件工程标准和规程。

（2）配置项命名。确定了配置项后，还需要对配置项进行合理、科学的命名。配置项的命名绝不能随意为之，必须满足唯一性和可追溯性。一个典型的实例是采用层次式的命名规则来反映树状结构，树状结构上结点之间存在着层次的继承关系。

（3）配置项的描述。由于配置项除了名称外还有一些其他属性和与其他配置项的关系，因此它可以采用描述对象的方式来进行描述。每个配置项用一组特征信息（名字、描述、一组资源、实现）唯一地标识。配置项间的关系有整体和部分的关系及层次关系，也有关联关系。配置项间的关系可以用 MIL 语言（Module Interconnection Language）表示。MIL 描述的是配置项间的相互依赖关系，可自动构造系统的任何版本。

（4）识别配置项的步骤。识别配置项的主要步骤如下：

- 识别配置项。
- 为每个配置项指定唯一性的标识代号。
- 确定每个配置项的重要特征。配置项的特征主要包括作者、文档类型、代码文档的程序设计语言。
- 确定配置项进入配置管理的时间。
- 确定每个配置项的拥有者及责任。
- 填写配置管理表。
- 审批配置管理表。CCB 审查配置管理表是否符合配置管理计划和项目计划文档的规定，审批配置管理表。

2．基线

基线（baseline）是项目生存期各开发阶段末尾的特定点，也称为里程碑（milestone），在这些特定点上，阶段工作已结束，并且已经形成了正式的阶段性产品。

建立基线的概念是为了把各开发阶段的工作划分得更加明确，使得本来连续开展的开发工作在这些点上被分割开，从而更加有利于检验和肯定阶段工作的成果，同时有利于进行变更控制。有了基线的规定就可以禁止跨越里程碑去修改另一开发阶段的工作成果，并且认为建立了里程碑，有些完成的阶段成果已被冻结。

作为阶段工作的正式产品，基线应该是稳定的，如作为设计基线的设计规格说明应该是通过评审的。如果还只是设计草稿，就不能作为基线，不能被冻结。

如果把软件看作是系统的一个组成部分，以下 3 种基线最受人们关注的：功能基线、分配基线、产品基线。

（1）功能基线：指在系统分析与软件定义阶段结束时，经过正式评审和批准的系统设计规格说明书中对待开发系统的规格说明；或是指经过项目委托单位和项目承办单位双方签字同意的协议书或合同中所规定的对待开发软件系统的规格说明；或是由下级申请经上级同意或直接由上级下达的项目任务书中所规定的对待开发软件系统的规格说明。功能基线是最初批准的功能配置标志。

（2）分配基线（指派基线）：指在软件需求分析阶段结束时，经过正式评审和批准的软件需求的规格说明。指派基线是最初批准的指派配置标志。

（3）产品基线：指在软件组装与系统测试阶段结束时，经过正式评审批准的有关所开发的软件产品的全部配置项的规格说明。产品基线是最初批准的产品配置标志。

另外，交付给外部顾客的基线一般称为发行基线，内部使用的基线称为构造基线。释放是指在软件生存周期的各个阶段结束时，由该阶段向下阶段提交该阶段产品的过程。它也指将集成与系统测试阶段结束时所获得的最终产品向用户提交的过程。后面这个过程也称为交付。

希赛教育专家提示：提出基线的概念本来是为了更好地实现变更控制，但如果把每个基线都当成一个整体来看待会造成麻烦。因为一个变更很可能只涉及基线的很小部分。例如，假定某个大型软件中的一个模块修改了，如果将这一变更当做整个软件产品基线的变更，就很不方便。

3．建立配置管理系统

在配置管理中，要建立并维护配置管理系统和变更管理系统。建立配置管理系统的主要步骤如下：

（1）建立适用于多控制等级配置管理的管理机制。生存周期中不同时间所需的控制等级不同，不同的系统类型所需的控制等级不同，满足专属性和安全性方面的不同的控制等级。

（2）存储和检索配置项。

（3）共享和转换配置项。

（4）存储和复原配置项的归档版本。

（5）存储、更新和检索配置管理记录。

（6）创建配置管理报告。

（7）保护配置管理系统的内容。配置管理系统的主要功能有文档的备份与恢复、文档的建档、从配置管理的差错状态下复原。

（8）权限分配。CMO 的权限最高，一般项目成员可拥有添加、检入/检出、下载的权限，但是不能有删除的权限。

4．创建基线或发行基线

创建基线或发行基线的步骤如下：

（1）获得 CCB 的授权。CMO 根据项目进展情况或项目组的要求和基线计划规定，提出创建基线的书面请求，提请 CCB 授权。

（2）创建构造基线或发行基线。

（3）形成文件。

（4）使基线可用。

11.5.3 变更管理

变更是指在信息系统项目的实施过程中，由于项目环境或者其他的各种原因对项目的部分或项目的全部功能、性能、架构、技术、指标、集成方法和项目进度等方面做出改变。项目变更是正常的、不可避免的。在项目实施过程中，变更越早，损失越小；变更越迟，难度越大，损失也越大。项目在失控的情况下，任何微小变化的积累，最终都会对项目的质量、成本和进度产生较大影响，这是一个从量变到质变的过程。

变更产生的原因主要有以下几个方面：

（1）项目外部环境发生变化，如政府政策的变化。

（2）项目总体设计、项目需求分析不够周密详细，有一定的错误或遗漏。

（3）新技术的出现，设计人员提出了新的设计方案或新的实现手段。

（4）建设单位由于机构重组等原因造成业务流程的变化。

1．配置库

配置库也称为配置项库，是用来存放配置项的工具。配置库记录与配置相关的所有信息，其中存放受控的配置项是很重要的内容，利用库中的信息可评价变更的后果，这对变更控制有着重要的意义。

配置库有3类：

（1）开发库（development library）。存放开发过程中需要保留的各种信息，供开发人员个人专用。库中的信息可能有较为频繁的修改，只要开发库的使用者认为有必要，无须对其做任何限制。因为这通常不会影响到项目的其他部分。开发库对应配置管理系统中的动态系统（开发者系统、开发系统、工作空间）。

（2）受控库（controlled library）。在信息系统开发的某个阶段工作结束时，将工作产品存入或将有关的信息存入。存入的信息包括计算机可读的，以及人工可读的文档资料。应该对库内信息的读写和修改加以控制。受控库也称为主库，对应配置管理系统中的主系统（受控系统）。

（3）产品库（product library）。在开发的信息系统产品完成系统测试之后，作为最终产品存入库内，等待交付用户或现场安装。库内的信息也应加以控制。产品库也称为备份库，对应配置管理系统中的静态系统（受控系统）。

作为配置管理的重要手段，上述受控库和产品库的规范化运行能够实现对信息系统配置项的管理。

2．变更控制

变更控制系统是一套事先确定的修改项目文件或改变项目活动时应遵循的程序，其中包括必要的表格或其他书面文件，责任追踪，以及变更审批制度、人员和权限。变更控制系统应当明确规定变更控制委员会的责任和权力，并由所有的项目干系人认可。在审批变更时，要加强对变更风险和变更效果的评估，并选择对项目影响最小的变更方案，尽量防止增加项目投资。变更控制系统可细分为整体、范围、进度、费用和合同变更控制系统。变更控制系统应当同项目管理信息系统一起通盘考虑，形成整体。

（1）变更控制委员会

变更控制委员会（Change Control Board，CCB）也称配置控制委员会（Configuration Control Board），其任务是对建议的配置项变更做出评价、审批，以及监督已批准变更的实施。CCB 的成员通常包括项目经理、用户代表、质量控制人员、配置控制人员。这个组织不必是常设机构，可以根据工作的需要组成，其中的人员可以全职的，也可以是兼职的。

如果 CCB 除控制变更以外，还要承担更多的配置管理任务，那就应该包括基线的审定、标识的审定，以及产品的审定，并且可能实际的工作需分为项目层、系统层和组织层来组建，使其完成不同层面的配置管理任务。

（2）变更控制的流程

变更管理的基本流程如下：

① 变更申请。应记录变更的提出人、日期、申请变更的内容等信息。

② 变更评估。对变更的影响范围、严重程度、经济和技术可行性进行系统分析。

③ 变更决策。由具有相应权限的人员或机构决定是否实施变更。

④ 变更实施。由管理者指定的工作人员在受控状态下实施变更。

⑤ 变更验证。由配置管理人员或受到变更影响的人对变更结果进行评价，确定变更结果和预期是否相符、相关内容是否进行了更新、工作产物是否符合版本管理的要求。

⑥ 沟通存档。将变更后的内容通知可能会受到影响的人员，并将变更记录汇总归档。如提出的变更在决策时被否决，其初始记录也应予以保存。

变更申请需要采用书面的形式提出，主要内容有如下 3 个方面：

① 变更描述。包括变更理由、变更的影响、变更的优先级等，就是要描述做什么变更，为什么要做，以及打算怎么做的问题。

② 对变更的审批。对变更的必要性、可行性的审批意见，主要是由配置管理员和 CCB 对此项变更把关。

③ 变更实施的信息。

（3）利用配置库实现变更控制

配置项可以有3种状态，分别是工作状态、评审状态和受控状态。开发中的配置项尚未稳定下来，对于其他配置项来说是处于不处理工作状态下（自由状态），此时它并未受到配置管理的控制，开发人员的变更并未受到限制。但当开发人员认为工作已告完成，可供其他配置项使用时，它就开始于稳定。把它交出评审，就开始进入评审状态；若通过评审，可作为基线进入配置库（实施检入），开始冻结，此时开发人员不允许对其任意修改，因为它已处于受控状态。通过评审表明它确已达到质量要求；但若未能通过评审，则将其回归到工作状态，重新进行调整。配置项的状态变化过程如图11-9所示。

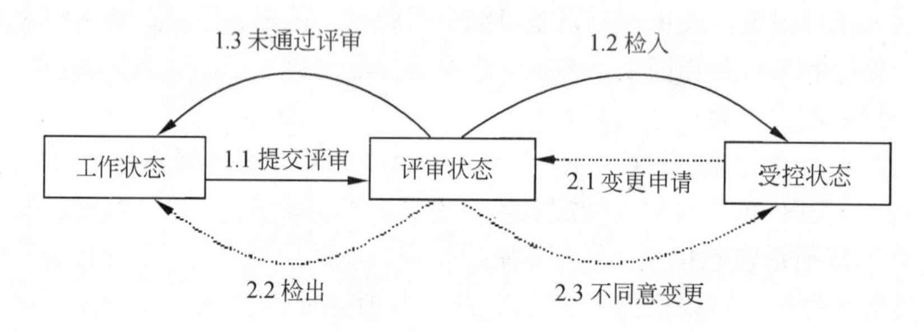

图11-9　配置项的状态变化过程

处于受控状态下的配置项原则上不允许修改，但这不是绝对的，如果由于多种原因需要变更，就需要提出变更请求。在变更请求得到批准的情况下，允许配置项从库中检出，待变更完成，并经评审后，确认变更无误方可重新入库，使其恢复到受控状态。

11.5.4　版本管理

在配置管理中，所有的配置项都应列入版本控制的范畴。对于信息产品的版本有两个方面的意思，一是为满足不同用户的不同使用要求，如用于不同运行环境的系列产品。如适合Linux、Windows、Solaris用户的软件产品分别称为Linux版、Windows版和Solaris版。它们在功能和性能上是相当的，原则上没有差别，或者说，这些是并列的系列产品。对于这类差别很小的不同版本，互相也称为变体（variant）。

另一种版本的含义是在信息系统产品投产使用后，产品经过一系列的变更，如纠错，增加功能，提高性能，而形成的一系列的顺序演化的产品，这些产品也称为一个版本，每个版本都可说出它是从哪个版本导出的演化过程。

必须注意到，修正后的新版本往往不能完全代替老版本，尽管新版本有某些优越的特性。因为一些用户仍然使用着老版本，并且不能立刻做到以旧换新，否则可能会打扰老版本原有的工作环境。显然，多个版本被多个用户同时使用的情况是不可避免的现实，这就要求多个版本共存，这也就是配置管理要解决的一个重要课题。

配置项的状态通常有 3 种，分别是草稿、正式发布和正在修改。一般来说，配置项版本控制的流程如下：

（1）创建配置项。

（2）修改处于草稿状态的配置项。

（3）技术评审或领导审批。

（4）正式发布。

（5）变更和修改版本号。

版本管理要解决的第一个问题是版本标识，也就是为区分不同的版本，要给它们科学的命名。通常有两种版本命名的方法，分别是号码版本标识和符号版本标识。其中号码版本标识以数字表示，如用 1.0，2.0，1.2，2.1.1 等表示版本号；符号版本标识是将重要的版本属性有选择地给出，如 Windows XP、Windows 2003、Jbuilder 2005 将版本产生的时间给出。为了从版本标识上看到更多信息，可能给出更多的属性，如面向的客户群、开发语言、硬件平台、生成日期等。

在配置管理中，版本包括配置项的版本和配置的版本，这两种的版本的标识应该各有特点，配置项的版本应该体现出其版本的继承关系，它主要是在开发人员内部进行区分。另外，还需要对重要的版本做一些标记，如对纳入基线的配置项版本应该做一个标识。

11.5.5　配置审核

配置审核的任务是验证配置项对配置标识的一致性。信息系统开发的实践表明，尽管对配置项做了标识，实践了变更控制和版本控制，但如果不做检查或验证仍然会出现混乱。这种验证包括：

（1）对配置项的处理是否有背离初始的规格说明或已批准的变更请求的现象。

（2）配置标识的准则是否得到了遵循。

（3）变更控制规程是否已遵循，变更记录是否可供使用。

（4）在规格说明、信息系统产品和变更请求之间是否保持了可追溯性。

配置审核工作主要集中在两个方面，一是功能配置审核，即验证配置项的实际功效是与其信息系统需求是一致的；二是物理配置审核，即确定配置项符合预期的物理特性。这里所说的物理特性是指定的媒体形式。

配置审核要选择适当的时机，由项目经理决定何时进行配置审核工作。一般来说，应该选择以下几种情况实施配置审核：

（1）产品交付或是产品正式发行前。

（2）开发的阶段工作结束之后。

（3）在维护工作中，定期地进行。

实施配置审核的审核人员可以包括项目组人员及非项目组人员，例如，其他项目的配置管理人员、组织的内部审核员，以及组织的配置管理人员。

配置审核的目的就是要证实整个项目生存期中各项产品在技术上和管理上的完整性。同时，还要确保所有文档的内容变动不超出当初确定的信息系统要求范围。使得配置具有良好的可跟踪性。这是项目变更控制人员掌握配置情况、进行审批的依据，除了进行配置审核外，还可以进行正式技术评审。

正式的技术评审着重检查已完成修改的配置项的技术正确性，评审者评价配置项，决定它与其他配置项的一致性，是否有遗漏或可能引起的副作用。正式技术评审应对所有的变更进行，除了那些最无价值的变更之外。

配置审核作为正式技术评审的补充，评价在评审期间通常没有被考虑的配置项的特性。在某些情形下，配置审核的问题是作为正式技术评审的一部分提出的。但是当配置管理成为一项正式活动时，配置审核就被分开，而由质量保证小组执行了。

11.5.6 配置状态报告

配置状态报告是配置管理的一个组成部分，其任务是有效地记录报告管理配置所需要的信息，目的是及时、准确地给出配置项的当前状况，供相关人员了解，以加强配置管理工作。为了清楚、及时地记载配置的变化，不致于到后期造成延误，需要对开发的过程作出系统的记录，以反映开发活动的历史情况，这就是配置状态记录。该项活动主要是完成配置状态报告的编制工作。

在配置状态报告中，需要对每一项变更进行详细的记录，包括发生了什么？为什么会发生？谁做的？什么时候发生的？会有什么影响？整个配置状态报告的信息流如图 11-10 所示。

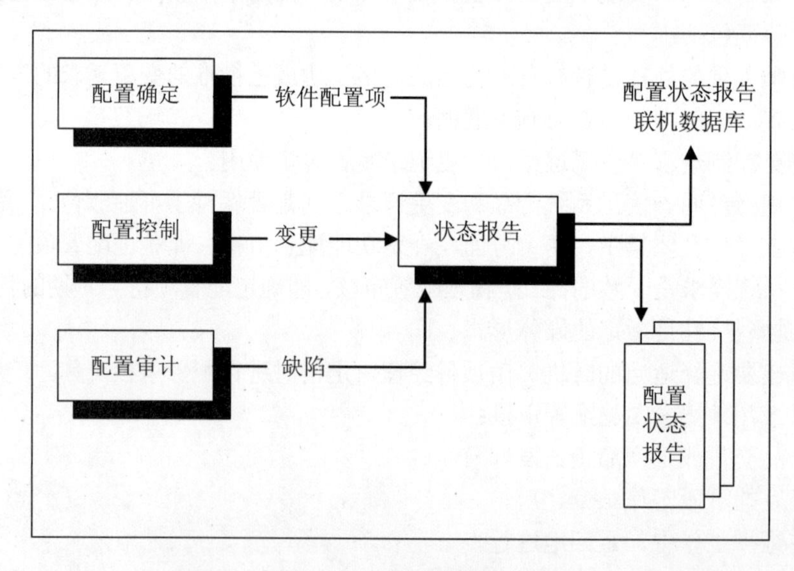

图 11-10 配置状态报告

正如图 11-10 所示，每次新分配一个配置项或更新一个已有配置项或更新一个已有配置项的标识，或者一项变更申请被变更控制负责人批准，并给出了一个工程变更顺序时，在配置状态报告中就要增加一条变更记录条目，一旦进行了配置审计，其结果也应该写入报告中。配置状态报告可以放在一个联机数据库中，以便开发人员或者维护人员可以对它进行查询或修改。此外在配置报告中新记录的变更应当及时通知给管理人员和其他工程师。

配置状态报告对于大型开发项目的成功起着至关重要的作用。它提高了所有开发人员之间的通信能力，避免了可能出现的不一致和冲突。它通过支持创建和修改记录、管理报告配置项的状态或需求变化并审核变化来实现，它提供用户需要的功能，跟踪任意模式的软件项，提供完整的各种变化的历史版本和汇总信息。

配置状态报告的内容一般包括以下各项。

（1）各变更请求概要：变更请求号、日期、申请人、状态、估计工作量、实际工作量、发行版本、变更结束日期。

（2）基线库状态。

（3）发行信息。

（4）备份信息。

（5）配置管理工具状态。

（6）配置管理培训状态。

在变更请求批准后，实施变更需要一段时间，要设置一种管理手段来反映变更所处的状态，这就是变更状态说明，它可供项目经理和 CCB 追踪变更的情况。状态说明的信息可以通过变更请求和故障报告得到，变更状态可分为活动（正在实施变更）、完成状态（已完成变更）和未列入变更状态 3 种。

11.6　质量管理

项目的实施过程，也是质量的形成过程。质量并不是只存在于开发产品或项目实施起始阶段，也不只是在交付客户的时候才存在，而是关系到产品的整个生命周期，并涉及产品的各层面。

美国质量管理协会对质量的定义为“过程、产品或服务满足明确或隐含的需求能力的特征”。国际标准化组织 ISO 对质量的定义为“一组固有特性满足需求的程度”。需求指明确的、通常隐含的或必须履行的需求或期望，特性是指可区分的特征，可以是固有的或赋予的、定性或定量的、各种类别（物理的、感官的、行为的、时间的、功能的等）。

《软件工程术语标准 GB/T 11457—1995》中对质量的定义为“产品或服务的全部性质和特征，能表明产品满足给定的要求”。《计算机软件质量保证计划规范（GB/T 12504—1990)》对软件质量的定义为“软件产品中能满足给定需求的各种特性的总和。这些特性称为质量特性，它包括功能度、可靠性、时间经济性、资源经济性、可维护性和移植性等”。

根据 GB/T19000—ISO 9000（2000）的定义，质量管理是指确立质量方针及实施质量方针的全部职能及工作内容，并对其工作效果进行评价和改进的一系列工作。ISO 9000 系列标准是现代质量管理和质量保证的结晶，ISO 9000 由 4 个项目标准组成：

（1）ISO 9000：2000 质量管理体系——基础和术语。

（2）ISO 9001：2000 质量管理体系——要求。

（3）ISO 9004：2000 质量管理体系——业绩改进指南。

（4）ISO 19011：2000 质量和环境审核指南。

ISO 9000 实际上是由计划、控制和文档工作 3 个部分组成循环的体系。ISO 9000 标准是以质量管理中的 8 项原则为基础的，它们分别是：以顾客为关注焦点、领导作用、全员参与、过程方法、管理的系统方法、持续改进、以事实为基础进行决策、与供方互利的关系。

11.6.1 质量保证

在明确了项目的质量标准和质量目标之后，需要根据项目的具体情况，如用户需求、技术细节、产品特征，严格地实施流程和规范，以此保证项目按照流程和规范达到预先设定的质量标准，并为质量检查、改进和提高提供具体的度量手段，使质量保证和控制有切实可行的依据。所有这些在质量系统内实施的活动都属于质量保证，质量保证的另一个目标是不断地进行质量改进，为持续改进过程提供保证。

项目质量保证指为项目符合相关质量标准要求树立信心，而在质量系统内部实施的各项有计划的系统活动，质量保证应贯穿于项目的始终。质量保证往往由质量保证部门或项目管理部门提供，但并非必须由此类单位提供。质量保证可以分为内部质量保证和外部质量保证，内部质量保证由项目管理团队，以及实施组织的管理层实施，外部质量保证由客户和其他未实际参与项目工作的人们实施。

质量保证的工具和技术有质量计划工具和技术、质量审计、过程分析、质量控制工具和技术、基准分析。

质量审计是对特定管理活动进行结构化审查，找出教训以改进现在或将来项目的实施。质量审计可以是定期的，也可以是随时的，可由公司质量审计人员或在信息系统领域有专门知识的第三方执行。在传统行业质量审计常常由行业审计机构执行，他们通常为一个项目定义特定的质量尺度，并在整个项目过程中运用和分析这些质量尺度。

过程分析遵循过程改进计划的步骤，从一个组织或技术的立场上来识别需要的改进。这个分析也检查了执行过程中经历的问题、经历的约束和无附加价值的活动。过程分析是非常有效的质量保证方法，通过采用价值分析、作业成本分析及流程分析等分析方法，质量保证的作用将大大提高。

软件质量保证（Software Quality Assurance，SQA）是指为保证软件系统或软件产品充分满足用户要求的质量而进行的有计划、有组织的活动，这些活动贯穿于软件生产的各个阶段即整个生命周期。

SQA 由各项任务构成，这些任务的参与者有两种人：软件开发人员和质量保证人员。前者负责技术工作，后者负责质量保证的计划、监督、记录、分析及报告工作。软件开发人员通过采用可靠的技术方法和措施，进行正式的技术评审，执行软件测试来保证软件产品的质量。SQA 人员则辅助软件开发组得到高质量的最终产品。

1993 年美国卡耐基•梅隆大学软件工程研究所推荐了一组有关质量保证的计划、监督、记录、分析及报告的 SQA 活动。这些活动将由一个独立的 SQA 小组执行。

（1）制定 SQA 计划。SQA 计划在制定项目计划时制定，由相关部门审定。它规定了软件开发小组和质量保证小组需要执行的质量保证活动，其要点包括需要进行哪些评价？需要进行哪些审计和评审？项目采用的标准；错误报告的要求和跟踪过程；SQA 小组应产生哪些文档？为软件项目组提供的反馈数量等。

（2）参与开发该软件项目的软件过程描述。软件开发小组为将要开展的工作选择软件过程，SQA 小组则要评审过程说明，以保证该过程与组织政策、内部的软件标准、外界所制定的标准以及软件项目计划的其他部分相符。

（3）评审。评审各项软件工程活动，核实其是否符合已定义的软件过程。SQA 小组识别、记录和跟踪所有偏离过程的偏差，核实其是否已经改正。

（4）审计。审计指定的软件工作产品，核实其是否符合已定义的软件过程中的相应部分。SQA 小组对选出的产品进行评审，识别、记录和跟踪出现的偏差，核实其是否已经改正，定期向项目负责人报告工作结果。

（5）记录并处理偏差。确保软件工作及工作产品中的偏差已被记录在案，并根据预定规程进行处理。偏差可能出现在项目计划、过程描述、采用的标准或技术工作产品中。

（6）报告。记录所有不符合部分，并向上级管理部门报告。跟踪不符合的部分直到问题得到解决。

除了进行上述活动外，SQA 小组还需要协调变更的控制与管理，并帮助收集和分析软件度量的信息。

11.6.2　质量控制

质量控制指监视项目的具体结果，确定其是否符合相关的质量标准，并判断如何能够去除造成不合格结果的根源。质量控制应贯穿于项目的始终。

质量控制通常由机构中的质量控制部或名称相似的部门实施，但实际上并不是非得由此类部门实施。项目管理层应当具备关于质量控制的必要统计知识，尤其是关于抽样与概率的知识，以便评估质量控制的输出。其中，项目管理层尤其应注意弄清以下事项之间的区别：

（1）预防（保证过程中不出现错误）与检查（保证错误不落到顾客手中）。

（2）特殊抽样（结果合格或不合格）与变量抽样（按量度合格度的连续尺度衡量所得结果）。

（3）特殊原因（异常事件）与随机原因（正常过程差异）。

（4）许可的误差（在许可的误差规定范围内的结果可以接受）和控制范围（结果在控制范围之内，则过程处于控制之中）。

项目结果既包括产品结果（如可交付成果），也包括项目管理结果（如成本与进度绩效）。因此，项目的质量控制主要从项目产品/服务的质量控制和项目管理过程的质量控制两个方面进行的，其中项目管理过程的质量控制是通过项目审计来进行的，项目审计是将管理过程的任务与成功实践的标准进行比较所做的详细检查。

在项目实施过程中，严格按照流程进行，并通过质量审核、指标检验来监控特定的项目结果，判断是否满足原定的质量标准。满足标准说明项目正常进行，需再接再厉；不满足则识别原因，找出真正解决问题的办法，从而保证项目质量。特别需要强调的是，企业对于项目质量管理能力的提高不可能一蹴而就，而需要在实践不断改进、更正、提高。项目质量控制过程对质量偏差的识别和分析往往是进行质量持续改进的重要基础。

11.6.3 软件质量管理

软件质量是指软件产品中能满足给定需求的各种特性的综合。这些特性称作质量特性，它包括功能性、可靠性、易使用性、时间经济性、资源经济性、可维护性和可移植性等。具体地说，软件质量是软件与明确叙述的功能和性能需求、文档中明确描述的开发标准，以及任何专业开发的软件产品都应该具有的隐含特征相一致的程度。

软件质量特性度量有两类：预测型和验收型。预测度量是利用定量或定性的方法，估算软件质量的评价值，以得到软件质量的比较精确的估算值。验收度量是在软件开发各阶段的检查点，对软件的要求质量进行确认性检查的具体评价值，它是对开发过程中的预测进行评价。

预测度量有两种。第1种叫做尺度度量，这是一种定量度量。它适用于一些能够直接度量的特性，例如，出错率定义为：错误数/KLOC/单位时间。第2种叫做二元度量，这是一种定性度量。它适用于一些只能间接度量的特性，如可使用性、灵活性等。

在这个部分，考生还需要理解与软件质量相关的3个概念：

（1）验证：指在软件开发周期中的一个给定阶段的产品是否达到在上一阶段确立的需求的过程。

（2）确认：指在软件开发过程结束时对软件进行评价以确定它是否和软件需求相一致的过程。

（3）测试：指通过执行程序来有意识地发现程序中的设计错误和编码错误的过程。测试是验证和确认的手段之一。

为了能够统一地描述软件质量特性，形成了许多质量特性标准，其中最常用的有国际通用的 ISO/IEC 9126-1:2001 软件质量模型和 Mc Call 软件质量模型。

IEO/IEC 9126-1:2001 模型已被采纳为我国的国家标准 GB/T 16260.1—2006《软件工程产品质量 第 1 部分：质量模型》。该标准定义了 6 个质量特性和 21 个质量子特性，它们以最小的重叠描述了软件质量。质量特性和质量子特性如表 11-2 所示。

表 11-2　质量特性和质量子特性

质 量 特 性	质量子特性
功能性（functionality）	适宜性（suitability）
	准确性（accurateness）
	互用性（interoperability）
	依从性（compliance）
	安全性（security）
可靠性（reliability）	成熟性（maturity）
	容错性（fault tolerance）
	可恢复性（recoverability）
可用性（usability）	可理解性（understandability）
	易学性（learnability）
	可操作性（operability）
效率（efficiency）	时间特性（time behavior）
	资源特性（resource behavior）
可维护性（maintainability）	可分析性（analyzability）
	可修改性（changeability）
	稳定性（stability）
	可测试性（testability）
可移植性（portability）	适应性（adaptability）
	易安装性（installability）
	一致性（conformance）
	可替换性（replaceability）

McCall 质量模型体系如表 11-3 所示。

表 11-3　McCall 质量模型体系

类别	质量特性	含　义
软件运行	正确性	程序能够满足规格说明和完成用户业务目标的程度
	可靠性	程序能够按要求的精确度实现其预期功能的程度
	效率	程序实现其功能所需要的计算资源量
	完整性	软件或数据不受未授权人控制的程度
	可使用性	学习、操作程序、为其准备输入数据、解释其输出的工作量
软件修改	可维护性	对运行的程序找到错误并排错的工作量
	可测试性	为保证程序执行规定功能所需的测试工作量
	灵活性	修改运行的程序所需的工作量

续表

类别	质量特性	含　义
软件转移	可移植性	将程序从一种硬件配置和/或环境转移到另一硬件配置和/或环境所需工作量
	可重用性	程序可被用于与其实现功能相关的其他应用问题的程度
	互操作性	让系统与另一系统协同运行所需的工作量

11.7 风险管理

任何项目都有风险，由于项目中总有这样或那样的不确定因素，所以无论项目进行到什么阶段，无论项目的进展多么顺利，随时都会出现风险，进而产生问题。风险发生后既可能给项目带来问题，也可能会给项目带来机会，关键取决于项目的风险管理水平。

11.7.1 风险与风险管理

项目风险是一种不确定的事件或条件，一旦发生，会对项目目标产生某种正面或负面的影响。风险有其成因，同时，如果风险发生，也会导致某种后果。当事件、活动或项目有损失或收益与之相联系，涉及某种或然性或不确定性和涉及某种选择时，才称为有风险。以上三条，每一个都是风险定义的必要条件，不是充分条件。具有不确定性的事件不一定是风险。

风险管理就是要对项目风险进行认真的分析和科学的管理，这样，是能够避开不利条件、少受损失、取得预期的结果并实现项目目标的，能够争取避免风险的发生或尽量减小风险发生后的影响。但是，完全避开或消除风险，或者只享受权益而不承担风险是不可能的。

1．风险的定义

Robert Charette 在他关于风险分析和驾驭的书中对风险的概念给出定义，他所关心的是3个方面：

（1）关心未来：风险是否会导致项目失败?

（2）关心变化：在用户需求、开发技术、目标机器以及所有其他与项目、工作和全面完成有关的实体中会发生什么样的变化?

（3）关心选择：应采用什么方法和工具，应配备多少人力，在质量上强调到什么程度才满足要求?

风险表达了一种概率，具有偶发性。对于项目中的风险可以简单地理解为项目中的不确定因素。从广义的角度说，不确定因素一旦确定了，既可能对当前情况产生积极的影响，也可能产生消极的影响。也就是说，风险发生后既可能给项目带来问题，也可能会项目带来机会。

在对于风险的理解上，我们不要把风险简单地看作是问题。风险并不是一发生就消失了。首先，历史经常会重演，只要引发风险的因素没有消除，风险依然存在，它很可能在另外某个时候跳出来影响项目进程。例如，不充分的设计是一种常见的风险，这个风险在编码阶段转化为问题。但问题发生了并不意味着设计就充分了，如果没有采取相应的措施，设计的问题还会接二连三地冒出来。其次，对于整个项目来说，发生问题则意味着系统状态发生了变化，这种变化往往带来新的不确定因素，引发新的风险。例如，团队成员不稳定的风险也是项目中常见的，风险一旦发生，出现人员的流失，即便是补充了新的成员进来，新成员是否能够在多长时间内熟悉问题域也会成为新的风险。

不过，对于项目而言，风险不仅仅意味着问题的隐患，风险与机会并存，高风险的项目往往有着高的收益。相反，没有任何风险的项目（如果存在的话），不会有任何利润可图。作为项目经理，要管理好项目中的风险，避免风险造成的损失，提高项目的收益率。

2．风险的特点

虽然不能说项目的失败都是由于风险造成的，但成功的项目必然是有效地进行了风险管理。任何项目都有风险，由于项目中总是有这样那样的不确定因素，所以无论项目进行到什么阶段，无论项目的进展多么顺利，随时都会出现风险，进而产生问题。

风险具有两个基本属性，分别是随机性和相对性。随机性是指风险事件的发生及其后果都具有偶然性；相对性是指风险总是相对项目活动主体而言的，同样的风险对于不同的主体有不同的影响。人们对于风险的承受能力因活动、人和时间而不同，主要受以下 3 个因素的影响：

（1）收益的大小。损失的可能性和数额越大，人们希望为弥补损失而得到的收益也越大。反过来，收益越大，人们愿意承担的风险也就越大。

（2）投入的大小。项目活动投入得越多，人们对成功的希望也越大，愿意冒的风险也就越小。

（3）项目活动主体的地位和拥有的资源。管理人员中级别高的与级别低的相比，能够承担较大的风险。个人或组织拥有的资源越多，其风险承受能力也越大。

另外，项目风险还具有以下特点：

（1）风险存在的客观性和普遍性。作为损失发生的不确定性，风险是不以人的意志为转移并超越人们主观意识的客观存在，而且在项目的全生命周期内，风险无处不在、无时没有。这些说明为什么虽然人类一直希望认识和控制风险，但直到现在也只能在有限的空间和时间内改变风险存在和发生的条件，降低其发生的频率，减少损失程度，而不能、也不可能完全消除风险。

（2）某一具体风险发生的偶然性和大量风险发生的必然性。任一具体风险的发生都是诸多风险因素和其他因素共同作用的结果，是一种随机现象。个别风险事故的发生是偶然的、杂乱无章的，但对大量风险事故资料的观察和统计分析，发现其呈现出明显的运动规律，这就使人们有可能用概率统计方法及其他现代风险分析方法去计算风险发生的概率和损失程度，同时也导致风险管理的迅猛发展。

（3）风险的可变性。在项目实施的过程中，各种风险在质和量上是可以变化的。随着项目的进行，有些风险得到控制并消除，有些风险会发生并得到处理，同时在项目的每一阶段都可能产生新的风险。

（4）风险的多样性和多层次性。大型开发项目周期长、规模大、涉及范围广、风险因素数量多且种类繁杂，致使其在生命周期内面临的风险多种多样。而且大量风险因素之间的内在关系错综复杂、各风险因素之间与外界交叉影响又使风险显示出多层次性。

3．风险的分类

从不同的角度进行分类，就有不同的分类方法，风险的分类如表 11-4 所示。

表 11-4　风险的分类

分类角度	分　类	说　明
风险后果	纯粹风险	不能带来机会、无获得利益可能。只有 2 种可能后果：造成损失和不造成损失，这种损失是全社会的损失，没有人从中获得好处
	投机风险	既可能带来机会、获得利益，又隐含威胁、造成损失。有 3 种可能后果：造成损失、不造成损失、获得利益
	纯粹风险和投机风险在一定条件下可以相互转化，项目经理必须避免投机风险转化为纯粹风险	
风险来源	自然风险	由于自然力的作用，造成财产损毁或人员伤亡的风险
	人为风险	由于人的活动而带来的风险，可细分为行为、经济、技术、政治和组织风险
可管理	可管理风险	可以预测，并可采取相应措施加以控制的风险
	不可管理风险	不可预测的风险
影响范围	局部风险	影响的范围小
	总体风险	影响的范围大
	局部风险和总体风险是相对而言的，项目经理要特别注意总体风险	
可预测性	已知风险	能够明确的，后果也可预见的风险。发生的概率高，但后果轻微
	可预测风险	根据经验可以预见其发生，但其后果不可预见。后果有可能相当严重
	不可预测风险	不能预见的风险，也称为未知风险、未识别的风险。一般是外部因素作用的结果

4．风险管理的流程

项目需要以有限的成本，在有限的时间内达到项目目标，而风险会影响这一点。风险成本是指风险事件造成的损失或减少的收益，以及为防止发生风险事件采取预防措施而支付的费用。风险成本可以分为有形成本、无形成本，以及预防与控制风险的费用。有形成本包括直接损失和间接损失，直接损失是指财产损毁和人员伤亡的价值，间接损失是指直接损失以外的其他损失；无形成本指由于风险所具有的不确定性而使项目主体在风险事件发生之前或发生之后付出的代价，主要表现在风险损失减少了机会、风险阻碍了生产率的提高、风险造成资源分配不当。

风险管理的目的就是最小化风险对项目目标的负面影响，抓住风险带来的机会，增加项目干系人的收益。作为项目经理，必须评估项目中的风险，制定风险应对策略，有针对性地分配资源，制订计划，保证项目顺利地进行。项目风险管理的基本过程包括下列活动：

（1）风险管理计划编制。描述如何为项目处理和执行风险管理活动。

（2）风险识别。识别和确定出项目究竟有哪些风险，这些项目风险究竟有哪些基本的特性，这些项目风险可能会影响项目的哪些方面。

（3）风险定性分析。对已识别风险进行优先级排序，以便采取进一步措施，如进行风险量化分析或风险应对。

（4）风险定量分析。定量地分析风险对项目目标的影响。它对不确定因素提供了一种量化的方法，以帮助我们做出尽可能恰当的决策。

（5）风险应对计划编制。通过开发备用的方法、制定某些措施以便提高项目成功的机会，同时降低失败的威胁。

（6）风险监控。跟踪已识别的危险，监测残余风险和识别新的风险，保证风险计划的执行，并评价这些计划对减轻风险的有效性。

11.7.2　风险分析

在得到了项目风险列表后，需要对其中的风险做进一步的分析，以明确各风险的属性和要素，这样才可以更好地制定风险应对措施。风险分析可以分为定性分析和定量分析两种方式。风险定性分析是一种快捷有效的风险分析方法，一般经过定性分析的风险已经有足够的信息制定风险应对措施并进行跟踪与监控了。在定性风险分析的基础上，可以进行风险定量分析。定量分析的目的并不是获得数字化的结果，而是得当更精确的风险情况，以便进行决策。

1．风险定性分析

风险定性分析包括对已经识别的风险进行优先级排序，以便采取进一步措施。进行定性分析的依据是项目管理计划（风险管理计划、风险记录）、组织过程资产、工作绩效信息、项目范围说明、风险记录。在分析过程中，需要根据这些输入对已识别的风险进行逐项的评估，并更新风险列表。风险定性分析的工具和技术主要有风险概率及影响评估、概率及影响矩阵、风险数据质量评估、风险种类、风险紧急度评估。

（1）风险可能性与影响分析。可能性评估需要根据风险管理计划中的定义，确定每一个风险的发生可能性，并记录下来。除了风险发生的可能性，还应当分析风险对项目的影响。风险影响分析应当全面，需要包括对时间、成本、范围等各方面的影响。其中不仅仅包括对项目的负面影响，还应当分析风险带来的机会，这有助于项目经理更精确地把握风险。对于同一个风险，由于不同的角色和参与者会有不同的看法，因此一般采用会议的方式进行风险可能性与影响的分析。因为风险分析需要一定的经验和技巧，也需要对风险所在的领域有一定的经验，因此，在分析时最好邀请相关领域的资深人士参加以提高分析结果的准确性。例如，对于技术类风险的分析就可以邀请技术专家参与评估。

（2）确定风险优先级。在确定了风险的可能性和影响后，需要进一步确定风险的优先级。风险优先级的概念与风险可能性和影响既有联系又不完全相同。例如，发生地震可能会造成项目终止，这个风险的影响很严重，直接造成项目失败，但其发生的可能性非常小，因此优先级并不高。又如，坏天气可能造成项目组成员工作效率下降，虽然这种可能性很大，每周都会出现，但造成的影响非常小，几乎可以忽略不计，因此，优先级也不高。

风险优先级是一个综合的指标，优先级的高低反映了风险对项目的综合影响，也就是说，高优先级的风险最可能对项目造成严重的影响。一种常用的方法是风险优先级矩阵，当分析出特定风险的可能性和影响后，根据其发生的可能性和影响在矩阵中找到特定的区域，就可以得到风险的优先级。

（3）确定风险类型。在进行风险定性分析的时候需要确定风险的类型，这一过程比较简单。根据风险管理计划中定义的风险类型列表，可以为分析中的风险找到合适的类型。如果经过分析后，发现在现有的风险类型列表中没有合适的定义，则可以修订风险管理计划，加入这个新的风险类型。

2．风险定量分析

相对于定性分析来说，风险定量分析更难操作。由于在分析方法不恰当或缺少相应模型的情况下，风险的定量分析并不能带来更多有价值的信息，反而会在分析过程中占用一定的人力和物力。因此一般先进行风险的定性分析，在有了对风险相对清晰的认识后，再进行定量分析，分析风险对项目负面的和正面的影响，制定相应的策略。

定量分析着重于整个系统的风险情况而不是单个风险。事实上，风险定量分析并不需要直接制定出风险应对措施，而是确定项目的预算、进度要求和风险情况，并将这些作为风险应对策略的选择依据。在风险跟踪的过程中，也需要根据最新的情况对风险定量分析的结果进行更新，以保证定量分析的精确性。

风险定量分析的工具和方法主要有数据收集和表示技术（风险信息访谈、概率分布、专家判断）、定量风险分析和建模技术（灵敏度分析、期望货币价值分析、决策树分析、建模和仿真）。

（1）决策树分析。决策树分析法通常用决策树图表进行分析，它描述了每种可能的选择和这种情况发生的概率。期望货币价值分析分析方法常用在决策树分析方法中，有关这方面的知识，请阅读 18.2.3 节。

（2）灵敏度分析。灵敏度分析也称为敏感性分析，通常先从诸多不确定性因素中找出对模型结果具有重要影响的敏感性参数，然后从定量分析的角度研究其对结果的影响程度和敏感性程度，使对企业价值的评估结果的判断有更为深入的认识。托那多图

（Tornado Diagram，龙卷风图）是灵敏度分析中非常有效的常用图示，它将各敏感参数按其敏感性进行排序，形象地反映出各敏感参数对价值评估结果的影响程度。运用托那多图进行灵敏度分析的具体步骤包括：选择参数、设定范围、敏感性测试、将各敏感参数对价值结果的影响按其敏感性大小进行排序。

（3）蒙特卡罗模拟。蒙特卡罗（MonteCarlo）方法作为一种统计模拟方法，在各行业广泛运用。蒙特卡罗方法在定量分析中的运用较为复杂，牵涉复杂的数理概率模型。它将对一个多元函数的取值范围问题分解为对若干个主要参数的概率问题，然后用统计方法进行处理，得到该多元函数的综合概率，在此基础上分析该多元函数的取值范围可能性。蒙特卡罗方法的关键是找到一组随机数作为统计模拟之用，这一方法的精度取决于随机数的均匀性与独立性。就运用于风险分析而言，蒙特卡罗方法主要通过分析各种不确定因素，灵活地模拟真实情况下的某个系统中的各主要因素变化对风险结果的影响。由于计算过程极其繁复，蒙特卡罗方法不适合简单（单变量）模型，而对于复杂（有多种不确定性因素）模型则是一种很好的方法。其具体步骤包括选取变量、分析各变量的概率分布、选取各变量的样本、模拟价值结果、分析结果。

11.7.3　风险应对措施

到目前为止，我们先后介绍了制定风险管理计划、识别并分析风险。我们最终的目的是减少项目中风险发生的可能性、降低风险带来的危害、提高风险带来的收益。可见，还必须针对识别出的风险制定相应的措施来防范风险的发生或增加风险收益，这些措施就体现在风险应对计划中。在风险应对计划中，包括了应对每一个风险的措施、风险的责任人等内容。项目经理可以将风险应对措施和责任人编排到项目进度表中，并进行跟踪和监控。

制定风险应对计划时有多种不同的策略，对于相同的风险，采用不同的应对策略会有不同的应对方法。通常可以把风险应对策略分为两种类型：防范策略和响应策略。防范策略指的是在风险发生前，项目组会采取一定的措施对风险进行防范；而响应策略则是在风险发生后采取的相应措施以降低风险带来的损失。

1．制订风险防范策略

消极的风险（负面风险，威胁）防范策略是最常用的策略，其目的是降低风险发生的概率或减轻风险带来的损失。例如，避免策略、转移策略和减轻策略。

（1）避免策略。指想方设法阻止风险的发生或消除风险发生的危害。避免策略如果成功则可以消除风险对项目的影响。例如，针对技术风险可以采取聘请技术专家的方法；针对项目进度风险可以采取延长项目时间或缩减项目范围的办法。

（2）转移策略。指将风险转嫁给其他的组织或个体，通过这种方式来降低风险发生后的损失。例如，在固定成本的项目中，进行需求签字确认，对于超出签字范围的需求变更需要客户增加费用。这种方式就是一种将需求风险转移的策略。经过转移的风险并没有消失，其发生的可能性也没有变化，但对于项目组而言，风险发生后的损失降低了。

（3）减轻策略。当风险很难避免或转移时，可以考虑采取减轻策略来降低风险发生的概率或减轻风险带来的损失。风险是一种不确定因素，可以通过前期的一些工作来降低风险发生的可能性，或者也可以通过一些准备来降低风险发生的损失。例如，对于需求风险，如果认为需求变化可能很剧烈，那么可以考虑采用柔性设计的方法降低需求变更的代价。尤其对于IT项目而言，越早发现问题越容易解决。例如，对于需求风险带来的问题，在设计阶段发现要好过在编码阶段才发现。针对这种特点，也可以采用尽早暴露风险的方法降低风险的发生损失。

对于正向风险（机会）的应对策略也有3种，分别是开拓、分享和强大。

（1）开拓。当组织希望更充分地利用机会的时候采用开拓策略，其目的是创造条件使机会确实发生，减少不确定性。一般的做法是分配更多的资源给该项目，使之可以提供比计划更好的成果。

（2）分享。包括将相关重要信息提供给一个能够更加有效利用该机会的第三方，使项目得到更大的好处。

（3）强大。目的是通过增加可能性和积极的影响来改变机会的大小，发现和强化带来机会的关键因素，寻求促进或加强机会的因素，积极地加强其发生的可能性。

需要说明的是，制定出的风险防范措施需要对应到项目进度表中，安排出专门的人员来执行一些工作来防范风险的发生。否则制定出风险防范措施也不会对项目有太大的意义。

2．制订风险响应策略

虽然我们采用了很多方法来防范风险的发生。但风险本身就是一种不确定因素，不可能在项目中完全消除。那么，我们还需要制定一些风险发生后的应急措施来解决风险带来的问题。例如，对于系统性能的风险，由于不清楚目前的系统架构是否能够满足用户的需求，可能在系统发布后出现系统性能不足的问题。对于这个风险，我们可以定义其风险响应策略来增加硬件资源以提高系统性能。

风险响应策略与风险防范策略不同，无论风险是否发生，风险防范策略都需要体现在项目计划中，在项目过程中需要有人来执行相应的防范策略；而风险响应策略是事件触发的，直到当风险发生后才会被执行，如果始终没有发生该风险，则始终不会被安排到项目活动中。

11.7.4 信息系统常见风险

本节从宏观、微观、细节3个方面，介绍信息系统项目常见的风险。

1．宏观

从宏观上来看，信息系统项目风险可以分为项目风险、技术风险和商业风险。

项目风险是指潜在的预算、进度、个人（包括人员和组织）、资源、用户和需求方面的问题，以及它们对软件项目的影响。项目复杂性、规模和结构的不确定性也构成项目的（估算）风险因素。项目风险威胁到项目计划，一旦项目风险成为现实，可能会拖延项目进度，增加项目的成本。

技术风险是指潜在的设计、实现、接口、测试和维护方面的问题。此外，规格说明的多义性、技术上的不确定性、技术陈旧、最新技术（不成熟）也是风险因素。技术风险之所以出现是由于问题的解决比我们预想的要复杂，技术风险威胁到待开发软件的质量和预定的交付时间。如果技术风险成为现实，开发工作可能会变得很困难或根本不可能。

商业风险威胁到待开发软件的生存能力。5 种主要的商业风险是：

（1）建立的软件虽然很优秀但不是市场真正所想要的（市场风险）。

（2）建立的软件不再符合公司的整个软件产品战略（策略风险）。

（3）建立了销售部门不清楚如何推销的软件（销售风险）。

（4）由于重点转移或人员变动而失去上级管理部门的支持（管理风险）。

（5）没有得到预算或人员的保证（预算风险）。

2．微观

从微观上看，信息系统项目面临的主要风险分类如表 11-5 所示。

表 11-5　风险的分类

	知　识	基　础	时间选择
组织	技术竞争力	开发平台	技术生命周期
开发	评估和计划	人员流动	开发工具
业务	理解	采购承诺	业务变化

3．细节

在具体细节方面，对于不同的风险，要采用不同的应对方法。在信息系统开发项目中，常见的风险项、产生原因及应对措施如表 11-6 所示。

表 11-6　常见的风险及应对措施

风　险　项	产生原因	应对措施
没有正确理解业务问题	项目干系人对业务问题的认识不足，计算起来过于复杂，不合理的业务压力，不现实的期限	培训用户、得到系统所有者和用户的承诺和参与，使用高水平的系统分析师
用户不能恰当地使用系统	信息系统没有与组织战略相结合，对用户没有做足够的解释，帮助手册编写得不好，用户培训工作做得不够	需要用户的定期参与，项目分阶段交付，加强用户培训，完善信息系统文档
拒绝需求变化	固定预算，固定期限，决策者对市场和技术缺乏正确的理解	变更管理，应急措施
对工作的分析和评估不足	缺乏项目管理经验、工作压力过大、对项目工作不熟悉	采用标准技术，使用具有丰富经验的项目管理师

续表

风　险　项	产 生 原 因	应 对 措 施
人员流动	不现实的工作条件，较差的工作关系，缺乏对职员的长远期望，行业发展不规范，企业规模比较小	保持好的职员条件，确保人与工作匹配，保持候补，外聘、行业规范
缺乏合适的开发工具	技术经验不足，缺乏技术管理准则，技术人员的市场调研或对市场理解有误，研究预算不足，组织实力不够	预先测试，教育培训，选择替代工具，增强组织实力
缺乏合适的开发和实施人员	对组织架构缺乏认识，缺乏中长期的人力资源计划，组织不重视技术人才和技术工作，行业人才紧缺	外聘，招募，培训
缺乏合适的开发平台	缺乏远见，没有市场和技术研究，团队庞大、陈旧难以转型，缺乏预算	全面评估，推迟决策
使用了过时的技术	缺乏技术前瞻人才、轻视技术、缺乏预算	延迟项目，标准检测，进行前期研究、加强培训

11.8　软件运行与评价

软件运行与评价问题涉及有关软件运行管理、软件系统评价等问题。

11.8.1　系统评价

系统评价可分为广义和狭义两种。广义的系统评价是指从系统开发的一开始到结束的每一个阶段都需要进行评价，狭义的系统评价则是指在系统建成并投入运行之后所进行的全面、综合的评价。按评价时间与系统所处的阶段的关系，可把系统评价分为立项评价、中期评价和结项评价。

（1）立项评价：指信息系统方案在系统开发前的预评价，即系统规划阶段中的可行性研究。

（2）中期评价：项目中期评价有两种含义，一种是指项目方案在实施过程中，因外部环境发生重大变化，或者发现原先的设计出现重大失误等，需要对项目的方案进行重新评价，以决定是否继续执行或终止该方案；另一种是指阶段评价，即在系统开发正常的情况下，对系统设计、系统分析、系统实施阶段的阶段性成果进行评价。由于一般都将阶段性成果的提交视为软件开发的里程碑，所以，阶段评价又叫里程碑评价。

（3）结项评价：指项目准备结束时对系统的评价，一般是指在软件系统投入正式运行以后，为了了解系统是否达到了预期的目的和要求而对系统运行的实际效果进行的综合评价。因此，结项评价是狭义的评价。系统鉴定是结项评价的一种正规的形式。

对系统进行评价时，要从系统的组成部分、系统的评价对象、系统的经济效益等方面进行。系统评价的指标主要有系统质量、技术水平（技术先进性、技术首创性、开发效率）、运行质量、用户需求、系统成本（开发成本、运行成本、管理成本、维护成本）、系统效益（经济效益、社会效益）、财务评价等几个方面。

11.8.2　运行管理

为了保证软件系统能正常运行，必须要制订有关机房的安全运行管理制度和其他管理制度，要有系统运行情况的记录、系统运行的日常维护等工作，要能够对系统的运行进行审计跟踪。

在审计跟踪系统中，建立日志是一种基本的方法。对于审计内容，可以在 3 个层次上设定：

（1）语句审计：对于特定的数据库语句所进行的审计。

（2）特权审计：对于特定的权限使用所进行的审计。

（3）对象审计：规定对特定的对象审计特定的语句。

除此之外，还要特别注意对软件系统的文档的管理。文档也有其自身的生命周期，包括创建期、处理期、存储期、使用期和销毁期。绝大多数软件的文档要在相应的系统淘汰 3～5 年才能销毁。文档管理主要从以下几个方面着手：

（1）文档管理的制度化。

（2）文档要标准化、规范化。

（3）文档管理的人员保证。

（4）维护文档的一致性。

（5）维护文档的可追踪性。

项目小组要至少设立一位文档保管人员，负责集中保管本项目已有的两套主文本，两套文档内容要完全一致，其中一套可以按一定的手续办理借阅。软件文档一般按照文件的级别进行管理，文件记录应该包括文档名、责任者、事件、密级、保管期限、分类号、关键词等。

11.9　软件过程改进

在软件过程改进方面，主要考查软件过程能力成熟度模型（Capability Maturity Model，CMM）和能力成熟度模型集成（Capability Maturity Model Integration，CMMI）。

11.9.1　CMM

CMM 模型描述和分析了软件过程能力的发展程度，确立了一个软件过程成熟程度的分级标准。

（1）初始级：软件过程的特点是无秩序的，有时甚至是混乱的。软件过程定义几乎处于无章法和无步骤可循的状态，软件产品所取得的成功往往依赖于极个别人的努力和机遇。初始级的软件过程是未加定义的随意过程，项目的执行是随意甚至是混乱的。也许，有些企业制定了一些软件工程规范，但若这些规范未能覆盖基本的关键过程要求，且执行时没有政策、资源等方面的保证，那么它仍然被视为初始级。

（2）可重复级：已经建立了基本的项目管理过程，可用于对成本、进度和功能特性进行跟踪。对类似的应用项目，有章可循并能重复以往所取得的成功。焦点集中在软件管理过程上。一个可管理的过程则是一个可重复的过程，一个可重复的过程则能逐渐演化和成熟。从管理角度可以看到一个按计划执行的且阶段可控的软件开发过程。

（3）已定义级：用于管理方面和工程方面的软件过程均已文档化、标准化，并形成整个软件组织的标准软件过程。全部项目均采用与实际情况相吻合的、适当修改后的标准软件过程来进行操作。它要求制定企业范围的工程化标准，而且无论是管理还是工程开发都需要一套文档化的标准，并将这些标准集成到企业软件开发标准过程中去。所有开发的项目需根据这个标准过程，剪裁出项目适宜的过程，并执行这些过程。过程的剪裁不是随意的，在使用前需经过企业有关人员的批准。

（4）已管理级：软件过程和产品质量有详细的度量标准。软件过程和产品质量得到了定量的认识和控制。已管理级的管理是量化的管理。所有过程需建立相应的度量方式，所有产品的质量（包括工作产品和提交给用户的产品）需有明确的度量指标。这些度量应是详尽的，且可用于理解和控制软件过程和产品，量化控制将使软件开发真正变成为一个工业生产活动。

（5）优化级：通过对来自过程、新概念和新技术等方面的各种有用信息的定量分析，能够不断地、持续地进行过程改进。如果一个企业达到了这一级，表明该企业能够根据实际的项目性质、技术等因素，不断调整软件生产过程以求达到最佳。

在CMM中，每个成熟度等级（第一级除外）规定了不同的关键过程域（Key Process Area，KPA），一个软件组织如果希望达到某一个成熟度级别，就必须完全满足关键过程域所规定的要求，即满足关键过程域的目标。每个级别对应的关键过程域见表11-7。

表11-7 关键过程域的分类

等级 \ 过程分类	管 理 方 面	组 织 方 面	工 程 方 面
优化级	—	技术改进管理 过程改进管理	缺陷预防
可管理级	定量管理过程		软件质量管理
已定义级	集成（综合）软件管理 组间协调	组织过程焦点 组织过程定义 培训程序	软件产品工程 同级评审
可重复级	需求管理 软件项目计划 软件项目跟踪与监控 软件子合同管理 软件质量保证 软件配置管理	—	—

11.9.2　CMMI

与 CMM 相比，CMMI 涉及面更广，专业领域覆盖软件工程、系统工程、集成产品开发和系统采购。据美国国防部资料显示，运用 CMMI 模型管理的项目，不仅降低了项目的成本，而且提高了项目的质量与按期完成率。

可以这样看，CMMI 把各种 CMM 集成到了一个系列的模型中，CMMI 的基础源模型包括软件 CMM、系统工程 CMM，以及集成化产品和过程开发 CMM 等。CMMI 也描述了 5 个不同的成熟度级别。

每一种 CMMI 模型都有两种表示法，即阶段式和连续式。这是因为在 CMMI 的 3 个源模型中，CMM 是“阶段式”模型，系统工程能力模型是“连续式”模型，而集成产品开发（IPD）CMM 是一个混合模型，组合了阶段式和连续式两者的特点。两种表示法在以前的使用中各有优势，都有很多支持者，因此，CMMI 产品开发组在集成这 3 种模型时，为了避免由于淘汰其中任何一种表示法而失去用户对 CMMI 的支持，并没有选择单一的结构表示法，而是为每一个 CMMI 都推出了两种不同表示法的版本。

不同表示法的模型具有不同的结构。连续式表示法强调的是单个过程域的能力，从过程域的角度考查基线和度量结果的改善，其关键术语是“能力”；而阶段式表示法强调的是组织的成熟度，从过程域集合的角度考查整个组织的过程成熟度阶段，其关键术语是“成熟度”。

尽管两种表示法的模型在结构上有所不同，但 CMMI 产品开发组仍然尽最大努力确保了两者在逻辑上的一致性，两者的需要构件和期望部件基本上都是一样的。过程域、目标在两种表示法中都一样，特定实践和共性实践在两种表示法中也不存在根本区别。因此，模型的两种表示法并不存在本质上的不同。组织在进行集成化过程改进时，可以从实用角度出发选择某一种偏爱的表示法，而不必从哲学角度考虑两种表示法之间的差异。

阶段式模型也把组织分为以下 5 个不同的级别。

（1）初始级：代表了以不可预测结果为特征的过程成熟度，过程处于无序状态，成功主要取决于团队的技能。

（2）已管理级：代表了以可重复项目执行为特征的过程成熟度。组织使用基本纪律进行需求管理、项目计划、项目监督和控制、供应商协议管理、产品和过程质量保证、配置管理，以及度量和分析。对于级别 2 而言，主要的过程焦点在于项目级的活动和实践。

（3）严格定义级：代表了以组织内改进项目执行为特征的过程成熟度。强调级别 3 的关键过程域的前后一致的、项目级的纪律，以建立组织级的活动和实践。

（4）定量管理级：代表了以改进组织性能为特征的过程成熟度。4 级项目的历史结果可用来交替使用，在业务表现的竞争尺度（成本、质量、时间）方面的结果是可预测的。

（5）优化级：代表了以可快速进行重新配置的组织性能和定量的、持续的过程改进为特征的过程成熟度。

CMMI 的具体目标是：

（1）改进组织的过程，提高对产品开发和维护的管理能力。

（2）给出能支持将来集成其他科目 CMM 的公共框架。

（3）确保所开发的全部有关产品符合软件过程改进的国际标准 ISO/IEC15504 对软件过程评估的要求。

使用在 CMMI 框架内开发的模型具有下列优点：

（1）过程改进能扩展到整个企业级。

（2）先前各模型之间的不一致和矛盾将得到解决。

（3）既有分级的模型表示，也有连续的模型表示，可任意选用。

（4）原先单科目过程改进的工作可与其他科目的过程改进工作结合起来。

（5）基于 CMMI 的评估将与组织原先评估得分相协调，从而保护当前的投资，并与 ISO/IEC15504 评估结果相一致。

（6）节省费用，特别是当要运用多科目改进时，以及进行相关的培训和评估时。

（7）鼓励组织内各科目之间进行沟通和交流。

11.10　例题分析

为了帮助考生了解考试中开发管理知识方面的试题题型，本节分析 10 道典型的试题。

例题 1

__（1）__不是项目目标特性。

A．多目标性　　B．优先性　　C．临时性　　D．层次性

例题 1 分析

项目是在特定条件下，具有特定目标的一次性任务，是在一定时间内，满足一系列特定目标的多项相关工作的总称。

根据项目的定义，项目的目标应该包括成果性目标和约束性目标。成果性目标都是由一系列技术指标来定义的，如性能、质量、数量、技术指标等；而项目的约束性目标往往是多重的，如时间、费用等。因为项目的目标就是满足客户、管理层和供应商在时间、费用和性能上的不同要求，所以，项目的总目标可以表示为一个空间向量。因此，项目的目标可以是一个也可以是多个，在多个目标之间必须要区分一个优先级，也就是层次性。

例题 1 答案

C

例题 2

项目管理工具用来辅助项目经理实施软件开发过程中的项目管理活动，它不能＿（1）＿。＿（2）＿就是一种典型的项目管理工具。

（1）A．覆盖整个软件生存周期
　　B．确定关键路径、松弛时间、超前时间和滞后时间
　　C．生成固定格式的报表和裁剪项目报告
　　D．指导软件设计人员按软件生存周期各个阶段的适用技术进行设计工作

（2）A．需求分析工具　　B．成本估算工具
　　C．软件评价工具　　D．文档分析工具

例题 2 分析

项目管理工具用来辅助软件的项目管理活动。通常项目管理活动包括项目的计划、调度、通信、成本估算、资源分配及质量控制等。一个项目管理工具通常把重点放在某一个或某几个特定的管理环节上，而不提供对管理活动包罗万象的支持。

项目管理工具具有以下特征：

（1）覆盖整个软件生存周期。

（2）为项目调度提供多种有效手段。

（3）利用估算模型对软件费用和工作量进行估算。

（4）支持多个项目和子项目的管理。

（5）确定关键路径，松弛时间，超前时间和滞后时间。

（6）对项目组成员和项目任务之间的通信给予辅助。

（7）自动进行资源平衡。

（8）跟踪资源的使用。

（9）生成固定格式的报表和剪裁项目报告。

成本估算工具就是一种典型的项目管理工具。

例题 2 答案

（1）D　　（2）B

例题 3

配置项是构成产品配置的主要元素，其中＿＿＿不属于配置项。

A．设备清单　　B．项目质量报告
C．源代码　　D．测试用例

例题 3 分析

配置项是构成产品配置的主要元素，配置项主要有以下两大类：

（1）属于产品组成部分的工作成果：如需求文档、设计文档、源代码和测试用例等。

（2）属于项目管理和机构支撑过程域产生的文档：如工作计划、项目质量报告和项目跟踪报告等。

这些文档虽然不是产品的组成部分，但是值得保存。所以设备清单不属于配置项。

例题 3 答案

A

例题 4

在项目的一个阶段末，开始下一阶段之前，应该确保____。

A．能得到下个阶段的资源

B．进程达到它的基准

C．采取纠正措施获得项目结果

D．达到阶段的目标以及正式接受项目阶段成果

例题 4 分析

在项目管理中，通常在一些特定的阶段设置里程碑，待该阶段结束时，就需要对这个里程碑进行评审，看是否达到了预期的目标，确保达到阶段的目标以及正式接受项目阶段成果之后，才能进入下一个阶段。

例题 4 答案

D

例题 5

详细的项目范围说明书是项目成功的关键。____不应该属于范围定义的输入。

A．项目章程　　B．项目范围管理计划

C．批准的变更申请　　D．项目文档管理方案

例题 5 分析

本题考查项目管理中范围管理的相关知识。

本题所述的详细的项目范围说明书是范围定义的输出。而范围定义的输入包括以下内容：

① 项目章程。如果项目章程或初始的范围说明书没有在项目执行组织中使用，同样的信息需要进一步收集和开发，以产生详细的项目范围说明书。

② 项目范围管理计划。

③ 组织过程资产。

④ 批准的变更申请。

所以项目文档管理方案不属于范围定义的输入。

例题 5 答案

D

例题 6

某项目最初的网络图如图 11-11 所示，为了压缩进度，项目经理根据实际情况使用

了快速跟进的方法：在任务 A 已经开始一天后开始实施任务 C，从而使任务 C 与任务 A 并行 3 天。这种做法将使项目____。

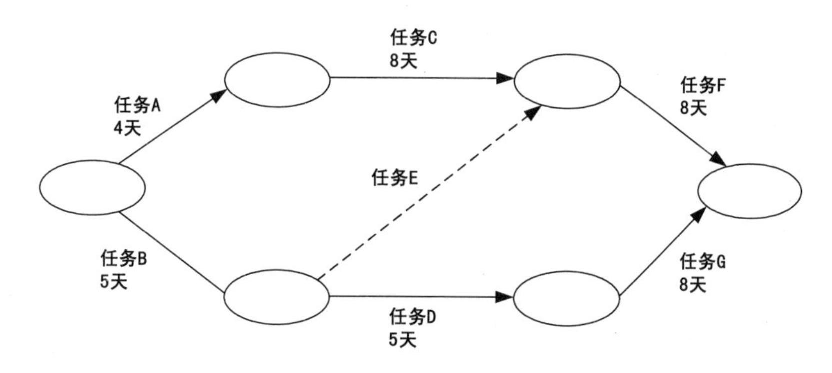

图 11-11　某项目网络图

A．完工日期不变　　　　B．提前 4 天完成
C．提前 3 天完成　　　　D．提前 2 天完成

例题 6 分析

根据项目网络图 11-11，其关键路径为 ACF，项目工期为 20 天。

使用快速跟进的方法压缩进度后，该项目的关键路径改为 BDG，项目的工期为 18 天。因此，项目提前 2 天完成。

例题 6 答案

D

例题 7

在实际的项目开发中，人们总是希望使用自动工具来执行需求变更控制过程。下列描述中，____不是这类工具所具有的功能。

A．可以定义变更请求的数据项以及变更请求生存期的状态转换图
B．记录每一种状态变更的数据，确认做出变更的人员
C．可以加强状态转换图使经授权的用户仅能做出所允许的状态变更
D．定义变更控制计划，并指导设计人员按照所制定的计划实施变更

例题 7 分析

对许多项目来说，系统软件总需要不断完善，一些需求的改进是合理的而且不可避免，要使得软件需求完全不变更，也许是不可能的，但毫无控制的变更是项目陷入混乱、不能按进度完成或者软件质量无法保证的主要原因之一。

一个好的变更控制过程，给项目风险承担者提供了正式的建议需求变更机制。可以通过需求变更控制过程来跟踪已建议变更的状态，使已建议的变更确保不会丢失或疏忽。在实际中，人们总是希望使用自动工具来执行变更控制过程。有许多人使用商业问题跟

踪工具来收集、存储、管理需求变更；可以使用工具对一系列最近提交的变更建议产生一个列表给变更控制委员会开会时做议程用。问题跟踪工具也可以随时按变更状态分类统计变更请求的数目。

挑选工具时可以考虑以下几个方面：

① 可以定义变更请求的数据项。

② 可以定义变更请求生存期的状态转换图。

③ 可以加强状态转换图使经授权的用户仅能做出所允许的状态变更。

④ 记录每一种状态变更的数据，确认做出变更的人员。

⑤ 可以定义在提交新请求或请求状态被更新后应该自动通知的设计人员。

⑥ 可以根据需要生成标准的或定制的报告和图表。

例题7答案

D

例题8

项目时间管理包括使项目按时完成所必需的管理过程，活动定义是其中的一个重要过程。通常可以使用____来进行活动定义。

A．鱼骨图　　　　B．工作分解结构（WBS）

C．层次分解结构　　　　D．功能分解图

例题8分析

本题考查项目管理中时间管理的相关知识。

项目时间管理包括使项目按时完成所必需的管理过程。项目时间管理中的过程包括：活动定义、活动排序、活动的资源估算、活动历时估算、制定进度计划以及进度控制。

其中活动定义往往是在范围管理中的工作分解结构完成之后进行。活动定义时，可以将已得到的工作分解结构进行进一步的细化。分析完成该工作包，具体需要哪些活动，然后将其定义出来。所以本题应选B。

例题8答案

B

例题9

某工程包括A、B、C、D、E、F、G七个作业，各个作业的紧前作业、所需时间、所需人数如表11-9所示：

表11-9　作业所需时间和人员表

作　业	A	B	C	D	E	F	G
紧前作业	—	—	A	B	B	C,D	E
所需时间（周）	1	1	1	3	2	3	2
所需人数	5	9	3	5	2	6	1

该工程的计算工期为＿（1）＿周。按此工期，整个工程至少需要＿（2）＿人。

（1）A．7　　B．8　　C．10　　D．13

（2）A．9　　B．10　　C．12　　D．14

例题 9 分析

根据试题给出的表格，我们画出如图 11-14 所示的网络图，其中箭头上面的字母表示作业，箭头下面的数字前半部分表示作业所需要的时间，后半部分表示作业所需要的人数。

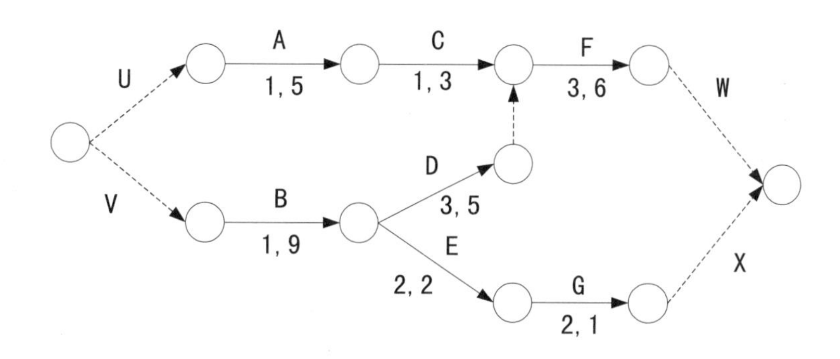

图 11-14　网络计划图

图 11-14 比较简单，我们可以很快求得关键路径为 V→B→D→F→W，总工期为 7 周。

在对人员的安排时，需要考查哪些作业是并行工作的，例如，A、B 并行工作 1 天，合计需要 5+9=14 人；C、D、E 并行工作 1 天，合计需要 3+5+2=10 人；F、G 并行工作 2 天，合计需要 7 人。这样下来，似乎需要 14 人。但是，因为 A、C、E、G 不在关键路径上（且其总时差为 2），所以可以延后。因此，项目人员可以这样安排：

第 1 天安排 9 人做 B 作业。

第 2 天再增加 1 人，其中安排 5 人做 D 作业、5 人做 A 作业。

第 3 天安排 5 人做 D 作业、2 人做 E 作业、3 人做 C 作业。

第 4 天安排 5 人做 D 作业、2 人做 E 作业。

第 5、6 天安排 6 人做 F 作业、1 人做 G 作业。

第 7 天安排 6 人做 F 作业。

这样，整个工程只要 10 人就可以按期完成。

例题 9 答案

（1）A　　（2）B

例题 10

软件质量保证是软件项目控制的重要手段，＿＿＿是软件质量保证的主要活动之一。

A．风险评估　　B．软件评审　　C．需求分析　　D．架构设计

例题10分析

软件质量保证是软件质量管理的重要组成部分。软件质量保证主要是从软件产品的过程规范性角度来保证软件的质量。其主要活动包括质量审计（包括软件评审）和过程分析。

例题10答案

B

第 12 章　软件架构设计

软件架构设计是系统架构设计师考试的核心内容，也是该考试的根本之所在。根据考试大纲，本章要求考生掌握以下知识点：

（1）信息系统综合知识：包括软件架构的概念、软件架构的风格、特定领域软件架构、基于架构的软件开发方法、软件架构评估、软件产品线，设计模式的概念、设计模式的组成、模式和软件架构、设计模式分类、设计模式的实现。

（2）系统架构设计案例分析：包括软件架构设计、XML 技术、基于架构的软件开发过程、架构模型（风格）、特定领域软件架构、基于架构的软件开发方法、架构评估、软件产品线、系统演化，设计模式的概念，设计模式的组成，模式和软件架构，设计模式分类；设计模式的实现。

（3）系统架构设计论文：包括软件架构设计、特定领域软件架构、基于架构的软件开发方法、软件演化。

限于篇幅，本章只是在知识点上进行剖析，而不展开讨论。有关软件架构设计的深入的和详细的知识，请考生阅读《软件体系结构原理、方法与实践》（张友生著，清华大学出版社），除了形式化（抽象描述）理论外，该书的内容是系统架构设计师必须要掌握的。

12.1　软件架构概述

软件架构是具有一定形式的结构化元素，即构件的集合，包括处理构件、数据构件和连接构件。处理构件负责对数据进行加工，数据构件是被加工的信息，连接构件把架构的不同部分组合连接起来。软件架构是软件设计过程中的一个层次，这一层次超越计算过程中的算法设计和数据结构设计。架构问题包括总体组织和全局控制、通信协议、同步、数据存取，给设计元素分配特定功能，设计元素的组织，规模和性能，在各设计方案间进行选择等。软件架构处理算法与数据结构之上关于整体系统结构设计和描述方面的一些问题，如全局组织和全局控制结构、关于通信、同步与数据存取的协议，设计构件功能定义，物理分布与合成，设计方案的选择、评估与实现等。

软件架构包括一个或一组软件构件、软件构件的外部的可见特性及其相互关系。其中，“软件外部的可见特性”是指软件构件提供的服务、性能、特性、错误处理、共享资源使用等。对于复杂系统和大型系统的开发而言，设计好软件架构是保证软件质量的根本措施。具体来说，软件架构具有以下作用：

（1）软件架构是项目干系人进行交流的手段。架构代表了系统的公共的高层次的抽象。这样，系统的大部分有关人员（即使不是全部）能把它作为建立一个互相理解的基础，形成统一认识，互相交流。

（2）软件架构是早期设计决策的体现。架构体现了系统的最早的一组设计决策，这些早期的约束比起以后的开发、设计、编码或运行服务及维护阶段的工作重要得多，对系统生命周期的影响也大得多。早期决策的正确性最难以保证，而且这些决策也最难以改变，影响范围也最大。软件架构明确了对系统实现的约束条件，决定了开发和维护组织的组织结构；架构制约着系统的质量属性，通过研究软件架构可能预测软件的质量；架构使推理和控制更改更简单，有助于循序渐进的原型设计；架构可以作为培训的基础。

（3）软件架构是可传递和可重用的模型。架构体现了一个相对来说比较小又可理解的模型。架构级的重用意味着架构的决策能在具有相似需求的多个系统中发生影响，这比代码级的重用要有更大的好处。

12.2 软件架构建模

设计软件架构的首要问题是如何表示软件架构，即如何对软件架构建模。根据建模的侧重点不同，可以将软件架构的模型分为5种，分别是结构模型、框架模型、动态模型、过程模型和功能模型。

（1）结构模型：这是一个最直观、最普遍的建模方法。这种方法以架构的构件、连接件（connector）和其他概念来刻画结构，并力图通过结构来反映系统的重要语义内容，包括系统的配置、约束、隐含的假设条件、风格、性质等。研究结构模型的核心是架构描述语言。

（2）框架模型：框架模型与结构模型类似，但它不太侧重描述结构的细节而更侧重于整体的结构。框架模型主要以一些特殊的问题为目标建立只针对和适应该问题的结构。

（3）动态模型：动态模型是对结构或框架模型的补充，研究系统的“大颗粒”的行为性质。例如，描述系统的重新配置或演化。动态可以指系统总体结构的配置、建立或拆除通信通道或计算的过程。这类系统常是激励型的。

（4）过程模型：过程模型研究构造系统的步骤和过程。因而结构是遵循某些过程脚本的结果。

（5）功能模型：该模型认为架构是由一组功能构件按层次组成，下层向上层提供服务。它可以看作是一种特殊的框架模型。

在这5种模型中，最常用的是结构模型和动态模型。这5种模型各有所长，将5种模型有机地统一在一起，形成一个完整的模型来刻画软件架构更合适。例如，Kruchten在1995年提出了一个“4+1”的视图模型。“4+1”视图模型从5个不同的视角包括逻辑视图、进程视图、物理视图、开发视图和场景视图来描述软件架构。每一个视图只关心系统的一个侧面，5 个视图结合在一起才能反映系统的软件架构的全部内容。“4+1”视图模型如图 12-1 所示。

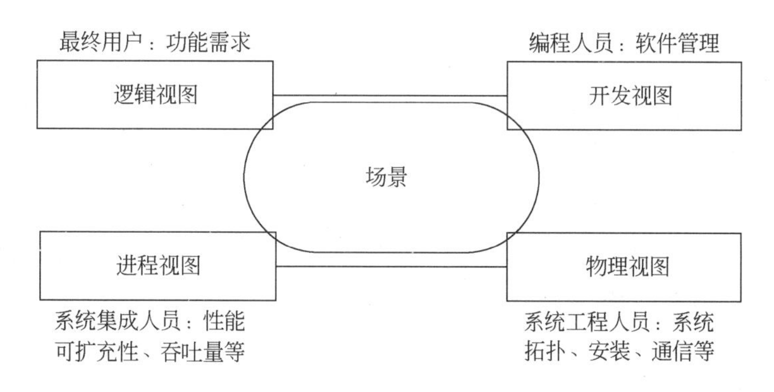

图 12-1　“4+1”视图模型

（1）逻辑视图（logic view）：主要支持系统的功能需求，即系统提供给最终用户的服务。在逻辑视图中，系统分解成一系列的功能抽象，这些抽象主要来自问题领域。这种分解不但可以用来进行功能分析，而且可用作标识在整个系统的各个不同部分的通用机制和设计元素。在面向对象技术中，通过抽象、封装和继承，可以用对象模型来代表逻辑视图，用类图来描述逻辑视图。逻辑视图中使用的风格为面向对象的风格，逻辑视图设计中要注意的主要问题是要保持一个单一的、内聚的对象模型贯穿整个系统。

（2）开发视图（development view）：也称为模块视图（module view），主要侧重于软件模块的组织和管理。软件可通过程序库或子系统进行组织，这样，对于一个软件系统，就可以由不同的人进行开发。开发视图要考虑软件内部的需求，如软件开发的容易性、软件的重用和软件的通用性，要充分考虑由于具体开发工具的不同而带来的局限性。开发视图通过系统输入输出关系的模型图和子系统图来描述。可以在确定了软件包含的所有元素之后描述完整的开发角度，也可以在确定每个元素之前，列出开发视图原则。

（3）进程视图（process view）：侧重于系统的运行特性，主要关注一些非功能性的需求，例如系统的性能和可用性。进程视图强调并发性、分布性、系统集成性和容错能力，以及逻辑视图中的主要抽象如何适合进程结构。它也定义逻辑视图中的各个类的操作具体是在哪一个线程中被执行的。进程视图可以描述成多层抽象，每个级别分别关注不同的方面。

（4）物理视图（physical view）：主要考虑如何把软件映射到硬件上，它通常要考虑到解决系统拓扑结构、系统安装、通信等问题。当软件运行于不同的结点上时，各视图中的构件都直接或间接地对应于系统的不同结点上。因此，从软件到结点的映射要有较高的灵活性，当环境改变时，对系统其他视图的影响最小。

（5）场景（scenarios）：可以看作是那些重要系统活动的抽象，它使四个视图有机联系起来，从某种意义上说场景是最重要的需求抽象。在开发架构时，它可以帮助设计者找到架构的构件和它们之间的作用关系。同时，也可以用场景来分析一个特定的视图，或描述不同视图构件间是如何相互作用的。场景可以用文本表示，也可以用图形表示。

希赛教育专家提示：逻辑视图和开发视图描述系统的静态结构，而进程视图和物理视图描述系统的动态结构。对于不同的软件系统来说，侧重点也有所不同。例如，对于管理信息系统来说，比较侧重于从逻辑视图和开发视图来描述系统，而对于实时控制系统来说，则比较注重于从进程视图和物理视图来描述系统。

12.3 软件架构风格

软件架构设计的一个核心问题是能否使用重复的架构模式，即能否达到架构级的软件重用。也就是说，能否在不同的软件系统中，使用同一架构。软件架构风格是描述某一特定应用领域中系统组织方式的惯用模式（idiomatic paradigm）。架构风格定义了一个系统家族，即一个架构定义一个词汇表和一组约束。词汇表中包含一些构件和连接件类型，而这组约束指出系统是如何将这些构件和连接件组合起来的。架构风格反映了领域中众多系统所共有的结构和语义特性，并指导如何将各个模块和子系统有效地组织成一个完整的系统。按这种方式理解，软件架构风格定义了用于描述系统的术语表和一组指导构件系统的规则。

通用架构风格的分类如下：

（1）数据流风格：批处理序列，管道/过滤器。

（2）调用/返回风格：主程序/子程序，面向对象风格，层次结构。

（3）独立构件风格：进程通信，事件系统。

（4）虚拟机风格：解释器，基于规则的系统。

（5）仓库风格：数据库系统，超文本系统，黑板系统。

12.3.1 经典软件架构风格

本节简单介绍几种经典的软件架构风格。

1．管道/过滤器

在管道/过滤器风格中，每个构件都有一组输入和输出，构件读输入的数据流，经过内部处理，然后产生输出数据流。因此，这里的构件被称为过滤器，这种风格的连接件就像是数据流传输的管道，将一个过滤器的输出传到另一个过滤器的输入。此风格中特别重要的过滤器必须是独立的实体，它不能与其他的过滤器共享数据，而且一个过滤器不知道它上游和下游的标识。

一个典型的管道/过滤器架构的例子是以UNIX shell编写的程序。UNIX既提供一种符号，以连接各组成部分（UNIX的进程），又提供某种进程运行机制以实现管道。另一个著名的例子是传统的编译器。传统的编译器一直被认为是一种管道系统，在该系统中，一个阶段（包括词法分析、语法分析、语义分析和代码生成）的输出是另一个阶段的输入。

管道/过滤器风格的软件架构具有许多很好的特点：

（1）使得构件具有良好的隐蔽性和高内聚、低耦合的特点。

（2）允许设计者将整个系统的 I/O 行为看成是多个过滤器行为的简单合成。

（3）支持软件重用。只要提供适合在两个过滤器之间传送的数据，任何两个过滤器都可被连接起来。

（4）系统维护简单，可扩展性好。新的过滤器可以添加到现有系统中来；旧的可以被改进的过滤器替换掉。

（5）允许对一些属性，如吞吐量、死锁等进行分析。

（6）支持并行执行。每个过滤器是作为一个单独的任务完成，因此可与其他任务并行执行。

但是，这样的系统也存在着若干不利因素：

（1）通常导致进程成为批处理的结构。这是因为虽然过滤器可增量式地处理数据，但它们是独立的，所以设计者必须将每个过滤器看成一个完整的从输入到输出的转换。

（2）不适合处理交互的应用。当需要增量地显示改变时，这个问题尤为严重。

（3）因为在数据传输上没有通用的标准，每个过滤器都增加了解析和合成数据的工作，这样就导致了系统性能下降，并增加了编写过滤器的复杂性。

2．面向对象风格

面向对象风格建立在数据抽象和面向对象的基础上，数据的表示方法和它们的相应操作封装在一个抽象数据类型或对象中。这种风格的构件是对象，或者说是抽象数据类型的实例。

面向对象的系统有许多的优点：

（1）因为对象对其他对象隐藏它的表示，所以可以改变一个对象的表示，而不影响其他的对象。

（2）设计者可将一些数据存取操作的问题分解成一些交互的代理程序的集合。

但是，面向对象的系统也存在着某些问题：

（1）为了使一个对象和另一个对象通过过程调用等进行交互，必须知道对象的标识。只要一个对象的标识改变了，就必须修改所有其他明确调用它的对象。

（2）必须修改所有显式调用它的其他对象，并消除由此带来的一些副作用。例如，如果 A 使用了对象 B，C 也使用了对象 B，那么，C 对 B 的使用所造成的对 A 的影响可能是料想不到的。

3．基于事件的隐式调用

基于事件的隐式调用风格的思想是构件不直接调用一个过程，而是触发或广播一个多事件。系统中的其他构件中的过程在一个或多个事件中注册，当一个事件被触发，系统自动调用在这个事件中注册的所有过程，这样，一个事件的触发就导致了另一模块中的过程的调用。

从架构上说，这种风格的构件是一些模块，这些模块既可以是一些过程，又可以是一些事件的集合。过程可以用通用的方式调用，也可以在系统事件中注册一些过程，当发生这些事件时，过程被调用。

基于事件的隐式调用风格的主要特点是事件的触发者并不知道哪些构件会受到这些事件影响。由于不能假定构件的处理顺序，甚至不知道哪些过程会被调用，因此，许多隐式调用的系统也包含显式调用作为构件交互的补充形式。

基于事件的隐式调用系统的主要优点有：

（1）为软件重用提供了强大的支持。当需要将一个构件加入现存系统中时，只需将它注册到系统的事件中。

（2）为改进系统带来了方便。当用一个构件代替另一个构件时，不会影响到其他构件的接口。

隐式调用系统的主要缺点有：

（1）构件放弃了对系统计算的控制。一个构件触发一个事件时，不能确定其他构件是否会响应它，而且，即使它知道事件注册了哪些构件的过程，它也不能保证这些过程被调用的顺序。

（2）数据交换的问题。有时数据可被一个事件传递，但在另一些情况下，基于事件的系统必须依靠一个共享的仓库进行交互。在这些情况下，全局性能和资源管理便成了问题。

（3）既然过程的语义必须依赖于被触发事件的上下文约束，关于正确性的推理就存在问题。

4．分层系统

层次系统组织成一个层次结构，每一层为上层服务，并作为下层的客户。在一些层次系统中，除了一些精心挑选的输出函数外，内部的层只对相邻的层可见。这样的系统中构件在一些层实现了虚拟机（在另一些层次系统中层是部分不透明的），连接件通过决定层间如何交互的协议来定义。这种风格支持基于可增加抽象层的设计。这样，允许将一个复杂问题分解成一个增量步骤序列的实现。由于每一层最多只影响两层，同时只要给相邻层提供相同的接口，允许每层用不同的方法实现，同样为软件重用提供了强大的支持。

图12-2是层次系统风格的示意图。层次系统最广泛的应用是分层通信协议。在这一应用领域中，每一层提供一个抽象的功能，作为上层通信的基础。较低的层次定义低层的交互，最低层通常只定义硬件物理连接。

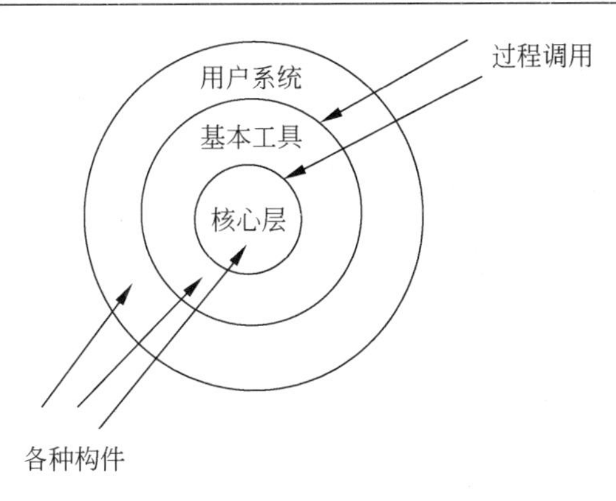

图 12-2　层次系统风格

层次系统有许多可取的属性：

（1）支持基于抽象程度递增的系统设计，使设计者可以把一个复杂系统按递增的步骤进行分解。

（2）支持功能增强，因为每一层至多和相邻的上下层交互，因此功能的改变最多影响相邻的上下层。

（3）支持重用。只要提供的服务接口定义不变，同一层的不同实现可以交换使用。这样，就可以定义一组标准的接口，而允许各种不同的实现方法。

但是，层次系统也有其不足之处：

（1）并不是每个系统都可以很容易地划分为分层的模式，甚至即使一个系统的逻辑结构是层次化的，出于对系统性能的考虑，架构设计师不得不把一些低级或高级的功能综合起来。

（2）很难找到一个合适的、正确的层次抽象方法。

5．仓库系统及知识库

在仓库（repository）风格中，有两种不同的构件：中央数据结构说明当前状态，独立构件在中央数据存储上执行。控制原则的选取产生两个主要的子类。若输入流中某类时间触发进程执行的选择，则仓库是一传统型数据库；另一方面，若中央数据结构的当前状态触发进程执行的选择，则仓库是一黑板系统。

黑板系统的传统应用是信号处理领域，主要由 3 部分组成：

（1）知识源。知识源中包含独立的、与应用程序相关的知识，知识源之间不直接进行通讯，它们之间的交互只通过黑板来完成。

（2）黑板数据结构。黑板数据是按照与应用程序相关的层次来组织的解决问题的数据，知识源通过不断地改变黑板数据来解决问题。

（3）控制。控制完全由黑板的状态驱动，黑板状态的改变决定使用的特定知识。

6．C2 风格

C2（Component-Connector）架构风格可以概括为：通过连接件绑定在一起的按照一

组规则运作的并行构件网络。C2 风格中的系统组织规则如下：

（1）系统中的构件和连接件都有一个顶部和一个底部。

（2）构件的顶部应连接到某连接件的底部，构件的底部则应连接到某连接件的顶部，而构件与构件之间的直接连接是不允许的。

（3）一个连接件可以和任意数目的其他构件和连接件连接。

（4）当两个连接件进行直接连接时，必须由其中一个的底部连接到另一个的顶部。

从 C2 风格的组织规则和结构图中，我们可以得出 C2 风格具有以下特点：

（1）系统中的构件可实现应用需求，并能将任意复杂度的功能封装在一起。

（2）所有构件之间的通信是通过以连接件为中介的异步消息交换机制来实现的。

（3）构件相对独立，构件之间依赖性较少。系统中不存在某些构件将在同一地址空间内执行，或某些构件共享特定控制线程之类的相关性假设。

12.3.2 客户机/服务器风格

C/S 架构可以是二层的，也可以是三层的。本节介绍二层的 C/S 架构，12.3.3 节介绍三层的 C/S 架构。

二层 C/S 架构是基于资源不对等，且为实现共享而提出来的，C/S 架构定义了工作站如何与服务器相连，以实现数据和应用分布到多个处理机上。C/S 架构有 3 个主要组成部分，分别是数据库服务器、客户应用程序和网络。

服务器负责有效地管理系统的资源，其任务集中于：数据库安全性的要求、数据库访问并发性的控制、数据库前端的客户应用程序的全局数据完整性规则、数据库的备份与恢复；客户应用程序的主要任务是：提供用户与数据库交互的界面，向数据库服务器提交用户请求并接收来自数据库服务器的信息，利用客户应用程序对存在于客户端的数据执行应用逻辑要求；网络通信软件的主要作用是完成数据库服务器和客户应用程序之间的数据传输。

C/S 架构将应用一分为二，服务器（后台）负责数据管理，客户机（前台）完成与用户的交互任务。服务器为多个客户应用程序管理数据，而客户程序发送、请求和分析从服务器接收的数据，这是一种胖客户机（fat client）、瘦服务器（thin server）的软件架构。其数据流图如图 12-3 所示。

在一个 C/S 架构的软件系统中，客户应用程序是针对一个小的、特定的数据集，如一个表的行来进行操作，而不是像文件服务器那样针对整个文件进行，对某一条记录进行封锁，而不是对整个文件进行封锁，因此保证了系统的并发性，并使网络上传输的数据量减到最少，从而改善了系统的性能。

C/S 架构的优点主要在于系统的客户应用程序和服务器构件分别运行在不同的计算机上，系统中每台服务器都可以适合各构件的要求，这对于硬件和软件的变化显示出极大的适应性和灵活性，而且易于对系统进行扩充和缩小。在 C/S 架构中，系统中的功能构件充分隔离，客户应用程序的开发集中于数据的显示和分析，而数据库服务器的开发则集中于数据的管理，不必在每一个新的应用程序中都要对一个 DBMS 进行编码。将大的应用处理任务分布到许多通过网络连接的低成本计算机上，以节约大量费用。

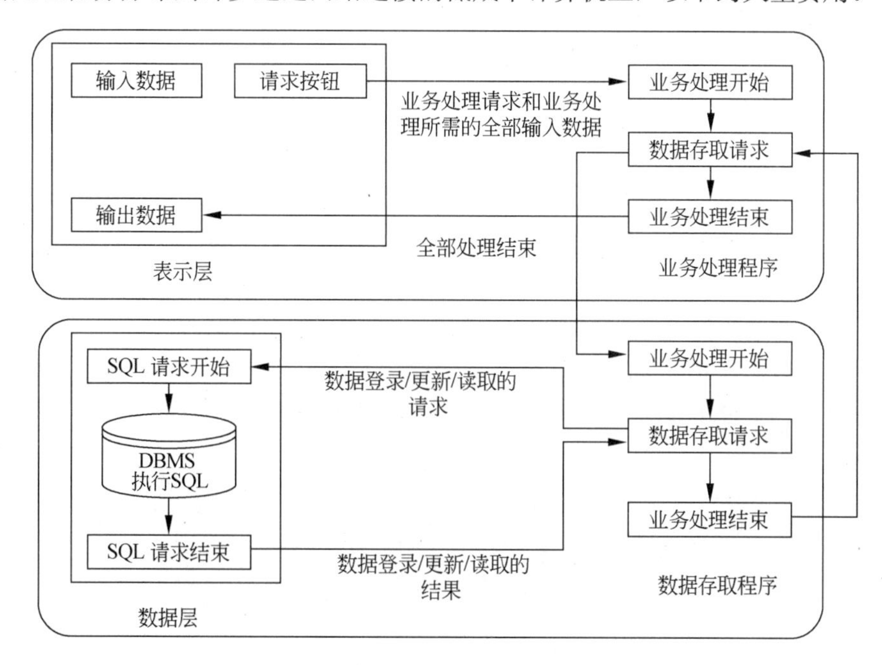

图 12-3　C/S 结构的一般处理流程

C/S 架构具有强大的数据操作和事务处理能力，模型思想简单，易于人们理解和接受。但随着企业规模的日益扩大，软件的复杂程度不断提高，C/S 架构逐渐暴露了以下缺点：

（1）开发成本较高。C/S 架构对客户端软硬件配置要求较高，尤其是软件的不断升级，对硬件要求不断提高，增加了整个系统的成本，且客户端变得越来越臃肿。

（2）客户端程序设计复杂。采用 C/S 架构进行软件开发，大部分工作量放在客户端的程序设计上，客户端显得十分庞大。

（3）信息内容和形式单一，因为传统应用一般为事务处理，界面基本遵循数据库的字段解释，开发之初就已确定，用户获得的只是单纯的字符和数字，既枯燥又死板。

（4）用户界面风格不一，使用繁杂，不利于推广使用。

（5）软件移植困难。采用不同开发工具或平台开发的软件，一般互不兼容，不能或很难移植到其他平台上运行。

（6）软件维护和升级困难。采用 C/S 架构的软件要升级，开发人员必须到现场为客户机升级，每个客户机上的软件都需维护。对软件的一个小小改动，每一个客户端都必须更新。

（7）新技术不能轻易应用。因为一个软件平台及开发工具一旦选定，不可能轻易更改。

12.3.3 多层架构风格

二层 C/S 架构是单一服务器且以局域网为中心的，所以难以扩展至大型企业广域网或 Internet，软、硬件的组合及集成能力有限。客户机的负荷太重，难以管理大量的客户机，系统的性能容易变坏。另外，因为客户端程序可以直接访问数据库服务器，那么，在客户端计算机上的其他程序也可想办法访问数据库服务器，从而使数据库的安全性受到威胁。正是因为二层 C/S 架构有这么多缺点，因此，三层 C/S 架构应运而生。

1．三层 C/S 架构模型

与二层 C/S 架构相比，在三层 C/S 架构中，增加了一个应用服务器。可以将整个应用逻辑驻留在应用服务器上，而只有表示层存在于客户机上。这种结构称为瘦客户机（thin client）。三层 C/S 架构是将应用功能分成表示层、功能层和数据层三个部分，如图 12-4 所示。

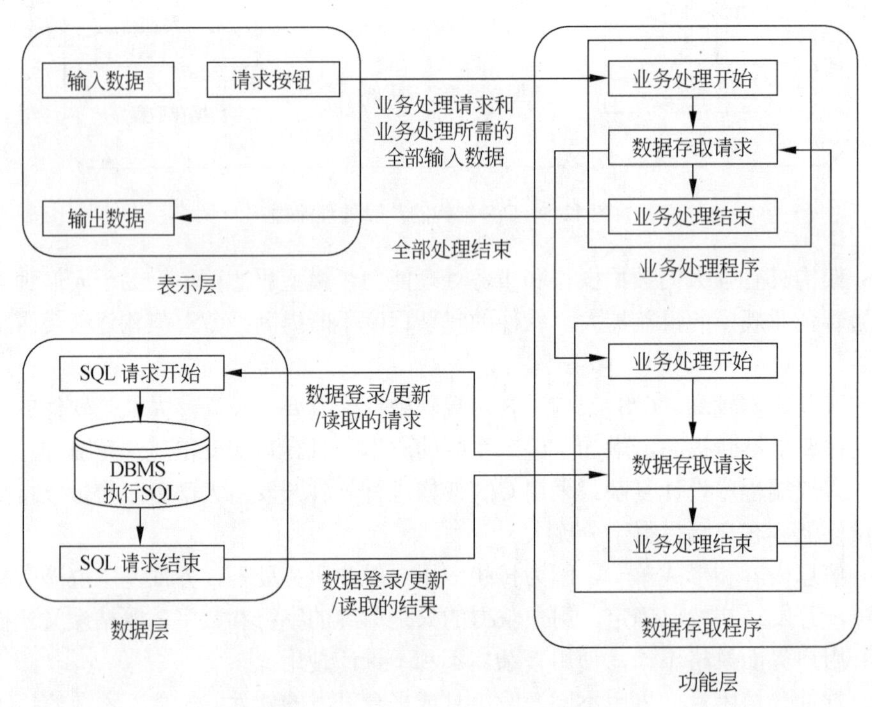

图 12-4 三层 C/S 架构的一般处理流程

（1）表示层。表示层是应用的用户接口部分，它担负着用户与应用间的对话功能。它用于检查用户从键盘等输入的数据，显示应用输出的数据。为使用户能直观地进行操作，一般要使用图形用户界面，使得操作简单、易学易用。在变更用户界面时，只需改写显示控制和数据检查程序，而不影响其他两层。检查的内容也只限于数据的形式和取值的范围，不包括有关业务本身的处理逻辑。

（2）功能层。功能层相当于应用的本体，它是将具体的业务处理逻辑编入程序中。例如，在制作订购合同时要计算合同金额，按照定好的格式配置数据、打印订购合同，而处理所需的数据则要从表示层或数据层取得。表示层和功能层之间的数据交往要尽可能简捷。例如，用户检索数据时，要设法将有关检索要求的信息一次性地传送给功能层，而由功能层处理过的检索结果数据也一次性地传送给表示层。

（3）数据层。数据层就是 DBMS，负责管理对数据库数据的读写。

2．解决方案

三层 C/S 的解决方案是：对这三层进行明确分割，并在逻辑上使其独立。原来的数据层作为 DBMS 已经独立出来，所以，关键是要将表示层和功能层分离成各自独立的程序，并且还要使这两层间的接口简洁明了。

一般情况是只将表示层配置在客户机中，如图 12-5 中（1）或（2）所示。如果像图 12-5 中（3）所示的那样连功能层也放在客户机中，与二层 C/S 架构相比，其程序的可维护性要好得多，但是其他问题并未得到解决。客户机的负荷太重，其业务处理所需的数据要从服务器传给客户机，所以系统的性能容易变差。

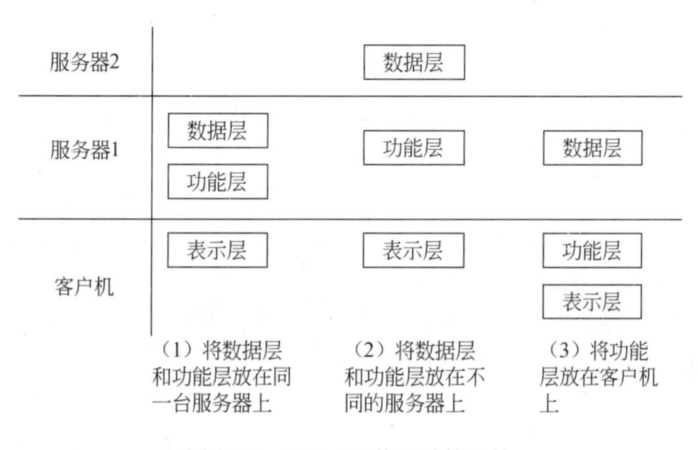

图 12-5　三层 C/S 物理结构比较

如果将功能层和数据层分别放在不同的服务器中，如图 12-5 中（2）所示，则服务器和服务器之间也要进行数据传送。但是，由于在这种形态中三层是分别放在各自不同的硬件系统上的，所以灵活性很高，能够适应客户机数目的增加和处理负荷的变动。例如，在追加新业务处理时，可以相应增加装载功能层的服务器（应用服务器）。因此，系统规模越大这种形态的优点就越显著。在三层 C/S 架构中，中间件是最重要的构件，有关中间件的知识，请阅读 10.2 节。

3．三层C/S架构的优点

与传统的二层结构相比，三层C/S架构具有以下优点：

（1）允许合理地划分三层结构的功能，使之在逻辑上保持相对独立，从而使整个系统的逻辑结构更为清晰，能提高系统和软件的可维护性和可扩展性。

（2）允许更灵活有效地选用相应的平台和硬件系统，使之在处理负荷能力上与处理特性上分别适应于结构清晰的三层；并且这些平台和各个组成部分可以具有良好的可升级性和开放性。

（3）三层C/S架构中，应用的各层可以并行开发，各层也可以选择各自最适合的开发语言，使之能并行地、而且是高效地进行开发，达到较高的性能价格比；对每一层的处理逻辑的开发和维护也会更容易些。

（4）允许充分利用功能层有效地隔离开表示层与数据层，未授权的用户难以绕过功能层而利用数据库工具或黑客手段去非法地访问数据层，这就为严格的安全管理奠定了坚实的基础；整个系统的管理层次也更加合理和可控制。

希赛教育专家提示：三层C/S架构各层间的通信效率若不高，即使分配给各层的硬件能力很强，其作为整体来说也达不到所要求的性能。此外，设计时必须慎重考虑三层间的通信方法、通信频度及数据量，这和提高各层的独立性一样是三层C/S架构的关键问题。

4．B/S架构

在三层C/S架构中，表示层负责处理用户的输入和向客户的输出（出于效率的考虑，它可能在向上传输用户的输入前进行合法性验证）。功能层负责建立数据库的连接，根据用户的请求生成访问数据库的SQL语句，并把结果返回给客户端。数据层负责实际的数据库存储和检索，响应功能层的数据处理请求，并将结果返回给功能层。

浏览器/服务器（Browser/Server，B/S）风格就是上述三层应用结构的一种实现方式，其具体结构为：浏览器/Web 服务器/数据库服务器。B/S 架构主要是利用不断成熟的WWW浏览器技术，结合浏览器的多种脚本语言，用通用浏览器就实现了原来需要复杂的专用软件才能实现的强大功能，并节约了开发成本。从某种程度上来说，B/S 结构是一种全新的软件架构。

在B/S架构中，除了数据库服务器外，应用程序以网页形式存放于Web服务器上，用户运行某个应用程序时只须在客户端上的浏览器中输入相应的网址，调用Web服务器上的应用程序并对数据库进行操作完成相应的数据处理工作，最后将结果通过浏览器显示给用户。可以说，在B/S模式的计算机应用系统中，应用（程序）在一定程度上具有集中特征。

基于B/S架构的软件，系统安装、修改和维护全在服务器端解决。用户在使用系统时，仅仅需要一个浏览器就可运行全部的模块，真正达到了“零客户端”的功能，很容易在运行时自动升级。B/S架构还提供了异种机、异种网、异种应用服务的联机、联网、统一服务的最现实的开放性基础。

与 C/S 架构相比，B/S 架构也有许多不足之处，例如：

（1）B/S 架构缺乏对动态页面的支持能力，没有集成有效的数据库处理功能。

（2）B/S 架构的系统扩展能力差，安全性难以控制。

（3）采用 B/S 架构的应用系统，在数据查询等响应速度上，要远远地低于 C/S 架构。

（4）B/S 架构的数据提交一般以页面为单位，数据的动态交互性不强，不利于 OLTP 应用。

12.3.4 富互联网应用

为了弥补 B/S 架构存在的一些不足，提高用户体验，RIA（Rich Internet Application，富互联网应用）应运而生。RIA 是一个用户接口，它比用 HTML 能实现的接口更加健壮、反应更加灵敏和更具有令人感兴趣的可视化特性。RIA 结合了 C/S 架构反应速度快、交互性强的优点与 B/S 架构传播范围广及容易传播的特性。RIA 简化并改进了 B/S 架构的用户交互。这样，用户开发的应用程序可以提供更丰富、更具有交互性的用户体验。

1．RIA 的优势

RIA 利用相对健壮的客户端描述引擎，提供内容密集、响应速度快和图形丰富的用户界面。除了可以提供具有各种控件的界面之外，一般还允许使用 SVG（Scalable Vector Graphics，可伸缩向量图）或其他技术来随时构建图形。一些 RIA 技术甚至能够提供全活动的动画来对数据变化作出响应。

RIA 的另一个好处在于，数据能够被缓存在客户端，从而可以实现一个比基于 HTML 的响应速度更快且数据往返于服务器的次数更少的用户界面。对于无线设备和需要偶尔连接的设备来说，将来的趋势肯定是向富客户端的方向发展，并且会逐渐远离基于文本的 Web 客户端。

2．RIA 技术平台简介

一个新的技术是否能够被广泛应用，与该技术的支持平台的多少以及平台功能是否强大、是否易用等因素密切相关。下面就来简单介绍一下支持 RIA 的技术平台。

（1）Flash/Flex。今天，几乎每个人都可以使用基于 Flash 的 RIA。Flex 是为满足希望开发 RIA 的企业级程序员的需求而推出的表示服务器和应用程序框架，它可以运行于 J2EE 和.NET 平台。Flex 应用程序框架由 MXML（Macromedia XML）、ActionScript 2.0 及 Flex 类库构成。开发人员利用 MXML 及 ActionScript 2.0 编写 Flex 应用程序。利用 MXML 定义应用程序用户界面元素，利用 ActionScript 2.0 定义客户逻辑与程序控制。Flex 类库中包括 Flex 组件、管理器及行为等。该语言由 Flex 服务器翻译成 SWF 格式的客户端应用程序，在 Flash Player 中运行。

（2）Bindows。Bindow 是用 Javascript 和 DHTML（Dynamic HTML，动态 HTML）开发的 Web 窗体框架。Javascript 用于客户端界面的显示和处理，XML 和 HTTP 用于客

户端与服务器的信息传输。Bindows 的一个主要缺点是它采用一次全部载入的方式来实现脚本库，在窗口的加载期，需要一个漫长的等待过程，甚至浏览器的进程会产生无响应的情况。这点 Bindows 根本没有遵循“用多少取多少”的准则。另外，内部大量利用了 IE（Internet Explorer）的技术，没有考虑到非 IE 的浏览器，限制了 Bindows 的流行。

（3）Java。一些相当复杂的客户端应用程序（如 Eclipse）都是用 Java 编写的，这说明可以用 Java 来建立几乎任何一个能够想象得到的 RIA。开发人员可以利用 Java 编写 Applet 代码，而且能够提供几乎所有编程语言所具备的完整灵活性。不过，在实际应用中，Applet 的下载和执行性能较差，在不同操作系统上的执行也很不连贯。因此，虽然 Java 是最受欢迎的服务器端代码开发平台之一，但它的 Applet 在实际应用中并不是非常普及。使用 Java 建立 RIA 的主要障碍是它的复杂性（即使对简单的窗体和图形也要求编写非常烦琐的代码）。

（4）AJAX（Asynchronous JavaScript and XML，异步 JavaScript 和 XML）。AJAX 用来描述一组技术，它使浏览器可以为用户提供更为自然的浏览体验。借助于 AJAX，可以在用户单击按钮时，使用 JavaScript 和 DHTML 立即更新用户界面，并向服务器发出异步请求，以执行更新或查询数据库。当请求返回时，就可以使用 JavaScript 和 CSS 来相应地更新用户界面，而不是刷新整个页面。最重要的是，用户甚至不知道浏览器正在与服务器通信，Web 站点看起来是即时响应的。AJAX 是由几种蓬勃发展的技术以新的方式组合而成的，包含基于 XHTML（eXtensible HyperText Markup Language，可扩展超文本标识语言）和 CSS（Cascading Style Sheets，层叠样式表）标准的表示；使用 DOM（Document Object Model，文档对象模型）进行动态显示和交互；使用 XMLHttpRequest 与服务器进行异步通信；使用 JavaScript 绑定一切。

（5）Laszlo。Laszlo 是一个开源的 RIA 开发环境。使用 Laszlo 平台时，开发者只需编写名为 LZX 的描述语言（其中整合了 XML 和 Javascript），运行在 J2EE 应用服务器上的 Laszlo 表示服务器会将其编译成 SWF 格式的文件并传输给客户端展示。从这点上来说，Laszlo 的本质和 Flex 是一样的。

（6）XUL（XML User Interface Language，基于 XML 的用户界面语言）。XUL 可用于建立窗体应用程序，这些应用程序不但可以在 Mozilla 浏览器上运行，而且也可以运行在其他描述引擎上。XUL 描述引擎都非常小（通常都在 100KB 以下），它既可以使用 XML 数据，也可以生成 XML 数据。XUL 最大的优点在于它与 Gecko 引擎的集成，与大多数其他 XML 用户界面描述语言相比，它是一种非常具有表达力和简洁的语言。

（7）Avalon。Avalon 是 Vista 的一部分，是一个图形和展示引擎，主要由新加到.NET 框架中的一组类集合而成。Avalon 定义了一个在 Longhorn 中使用的新标记语言，其代号为 XAML（eXtensible Application Markup Language，可扩展应用程序标记语言）。可以使用 XAML 来定义文本、图像和控件的布局，程序代码可以直接嵌入到 XAML 中，也可以将它保留在一个单独的文件内。这与 Flex 中的 MXML 或者 Laszlo 中的 LZX 非常相似。不同的是：基于 Avalon 的应用程序必须运行在 Longhorn 环境中，而 Flex 和 Laszlo 是不依赖于平台的，仅仅需要装有 Flash 播放器的浏览器即可。

12.3.5　正交软件架构

正交（orthogonal）软件架构由组织层和线索的构件构成。层是由一组具有相同抽象级别的构件构成；线索是子系统的特例，它是由完成不同层次功能的构件组成（通过相互调用来关联），每一条线索完成整个系统中相对独立的一部分功能。每一条线索的实现与其他线索的实现无关或关联很少，在同一层中的构件之间是不存在相互调用的。

如果线索是相互独立的，即不同线索中的构件之间没有相互调用，那么这个结构就是完全正交的。从以上定义，我们可以看出，正交软件架构是一种以垂直线索构件族为基础的层次化结构，其基本思想是把应用系统的结构按功能的正交相关性，垂直分割为若干个线索（子系统），线索又分为几个层次，每个线索由多个具有不同层次功能和不同抽象级别的构件构成。各线索的相同层次的构件具有相同的抽象级别。因此，我们可以归纳正交软件架构的主要特征如下：

（1）正交软件架构由完成不同功能的 n（$n>1$）个线索（子系统）组成。

（2）系统具有 m（$m>1$）个不同抽象级别的层。

（3）线索之间是相互独立的（正交的）。

（4）系统有一个公共驱动层（一般为最高层）和公共数据结构（一般为最低层）。

对于大型的和复杂的软件系统，其子线索（一级子线索）还可以划分为更低一级的子线索（二级子线索），形成多级正交结构。正交软件架构的框架如图 12-6 所示。

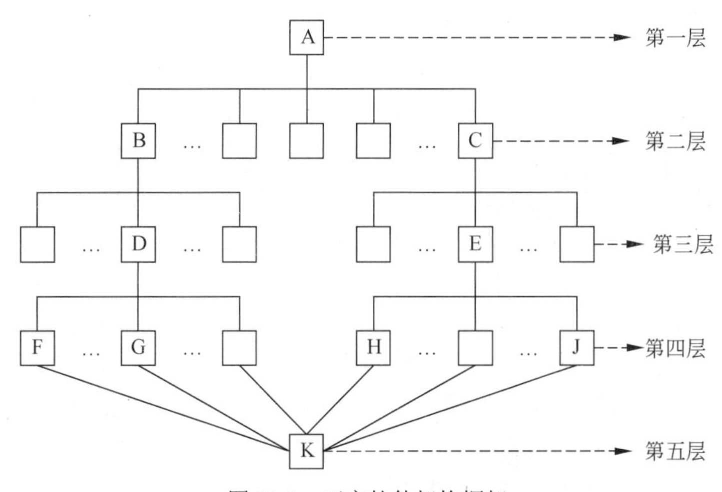

图 12-6　正交软件架构框架

图 12-6 是一个三级线索、五层结构的正交软件架构框架图。在该图中，ABDFK 组成了一条线索，ACEJK 也是一条线索。因为 B、C 处于同一层次中，所以不允许进行互

相调用；H、J处于同一层次中，也不允许进行互相调用。一般来讲，第五层是一个物理数据库连接构件或设备构件，供整个系统公用。

正交软件架构具有以下优点：

（1）结构清晰，易于理解。正交软件架构的形式有利于理解。由于线索功能相互独立，不进行互相调用，结构简单、清晰，构件在结构图中的位置已经说明它所实现的是哪一级抽象，担负的是什么功能。

（2）易修改，可维护性强。由于线索之间是相互独立的，所以对一个线索的修改不会影响到其他线索。因此，当软件需求发生变化时，可以将新需求分解为独立的子需求，然后以线索和其中的构件为主要对象分别对各个子需求进行处理，这样软件修改就很容易实现。系统功能的增加或减少，只需相应的增删线索构件族，而不影响整个正交架构，因此能方便地实现结构调整。

（3）可移植性强，重用粒度大。因为正交结构可以为一个领域内的所有应用程序所共享，这些软件有着相同或类似的层次和线索，可以实现架构级的重用。

12.3.6　基于层次消息总线的架构

层次消息总线（Hierarchy Message Bus，HMB）的架构风格基于层次消息总线、支持构件的分布和并发，构件之间通过消息总线进行通讯，如图12-7所示。

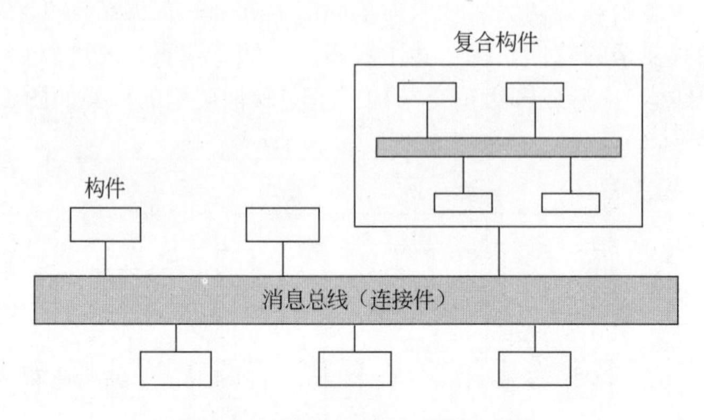

图12-7　HMB风格的系统示意图

消息总线是系统的连接件，负责消息的分派、传递和过滤以及处理结果的返回。各个构件挂接在消息总线上，向总线登记感兴趣的消息类型。构件根据需要发出消息，由消息总线负责把该消息分派到系统中所有对此消息感兴趣的构件，消息是构件之间通信的唯一方式。构件接收到消息后，根据自身状态对消息进行响应，并通过总线返回处理结果。由于构件通过总线进行连接，并不要求各个构件具有相同的地址空间或局限在一台机器上。该风格可以较好地刻画分布式并发系统，以及基于CORBA、DCOM和EJB规范的系统。

如图 12-7 所示，系统中的复杂构件可以分解为比较低层的子构件，这些子构件通过局部消息总线进行连接，这种复杂的构件称为复合构件。如果子构件仍然比较复杂，可以进一步分解，如此分解下去，整个系统形成了树状的拓扑结构，树结构的末端结点称为叶结点，它们是系统中的原子构件，不再包含子构件，原子构件的内部可以采用不同于 HMB 的风格，例如前面提到的数据流风格、面向对象风格及管道-过滤器风格等，这些属于构件的内部实现细节。但要集成到 HMB 风格的系统中，必须满足 HMB 风格的构件模型的要求，主要是在接口规约方面的要求。另外，整个系统也可以作为一个构件，通过更高层的消息总线，集成到更大的系统中。于是，可以采用统一的方式刻画整个系统和组成系统的单个构件。

12.4 特定领域软件架构

特定领域软件架构（Domain Specific Software Architecture，DSSA）是在一个特定应用领域中为一组应用提供组织结构参考的标准软件架构，是一个特定的问题领域中支持一组应用的领域模型、参考需求、参考架构等组成的开发基础，其目标是支持在一个特定领域中多个应用的生成。

关于 DSSA 中“领域”的含义，从功能覆盖的范围角度可以有两种理解方式：

（1）垂直域：定义了一个特定的系统族，包含整个系统族内的多个系统，结果是在该领域中可作为系统的可行解决方案的一个通用软件架构。

（2）水平域：定义了在多个系统和多个系统族中功能区域的共有部分，在子系统级上涵盖多个系统族的特定部分功能，但无法为系统提供完整的通用架构。

希赛教育专家提示：在垂直域上定义的 DSSA 只能应用于一个成熟的、稳定的领域，但这个条件比较难以满足；若将领域分割成较小的范围，则更相对容易，也容易得到一个一致的解决方案。

12.4.1 DSSA 的基本活动

实施 DSSA 的过程中包含了一些基本的活动。虽然具体的 DSSA 方法可能定义不同的概念、步骤、产品等，但这些基本活动是大体上一致的。以下将分 3 个阶段介绍这些活动。

（1）领域分析。这个阶段的主要目标是获得领域模型。领域模型描述领域中系统之间的共同的需求。我们称领域模型所描述的需求为领域需求。在这个阶段中首先要进行一些准备性的活动，包括定义领域的边界，从而明确分析的对象；识别信息源，即领域分析和整个领域工程过程中信息的来源。在此基础上，就可以分析领域中系统的需求，确定哪些需求是被领域中的系统广泛共享的，从而建立领域模型。领域分析的机制如图 12-8 所示。

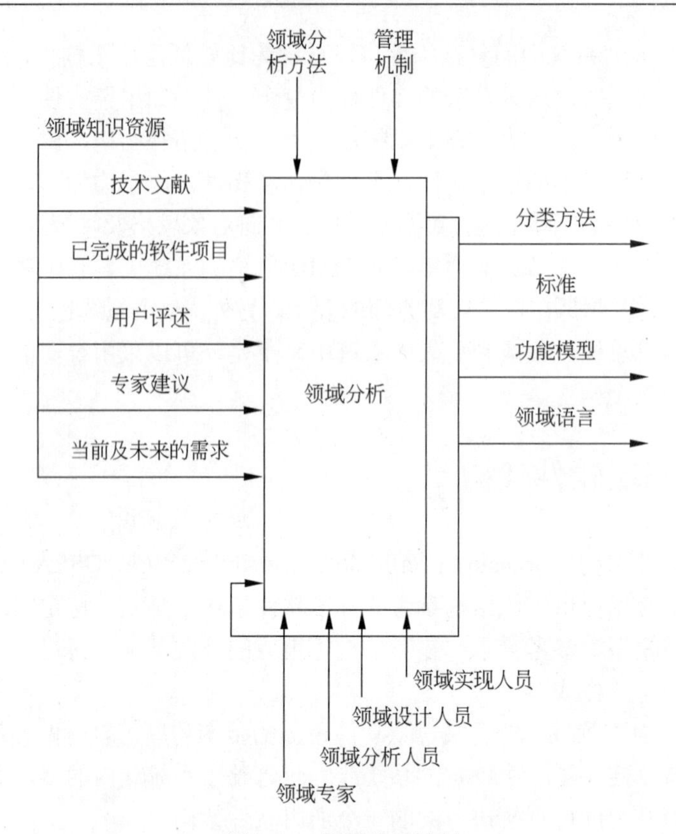

图 12-8　领域分析机制

（2）领域设计。这个阶段的目标是获得 DSSA。DSSA 描述在领域模型中表示的需求的解决方案，它不是单个系统的表示，而是能够适应领域中多个系统的需求的一个高层次的设计。建立了领域模型之后，就可以派生出满足这些被建模的领域需求的 DSSA。由于领域模型中的领域需求具有一定的变化性，DSSA 也要相应地具有变化性。它可以通过表示多选一的、可选的解决方案等来做到这一点。由于重用基础设施是依据领域模型和 DSSA 来组织的，因此在这个阶段通过获得 DSSA，也就同时形成了重用基础设施的规约。

（3）领域实现。这个阶段的主要目标是依据领域模型和 DSSA 开发和组织可重用信息。这些可重用信息可能是从现有系统中提取得到，也可能需要通过新的开发得到。

希赛教育专家提示：以上过程是一个反复的、逐渐求精的过程。在实施领域工程的每个阶段中，都可能返回到以前的步骤，对以前的步骤得到的结果进行修改和完善，再回到当前步骤，在新的基础上进行本阶段的活动。

如图 12-8 所示，参与 DSSA 的人员可以划分为 4 种角色：领域专家、领域分析师、领域设计人员和领域实现人员。

12.4.2　DSSA 的建立过程

因所在的领域不同，DSSA 的创建和使用过程也各有差异，Tracz 曾提出了一个通用的 DSSA 应用过程，这些过程也需要根据所应用到的领域来进行调整。DSSA 的建立过程分为 5 个阶段，每个阶段可以进一步划分为一些步骤或子阶段。每个阶段包括一组需要回答的问题，一组需要的输入，一组将产生的输出和验证标准。DSSA 的建立过程是并发的、递归的、反复的，或者可以说，它是螺旋型的。

（1）定义领域范围：确定什么在感兴趣的领域中以及本过程到何时结束。这个阶段的一个主要输出是领域中的应用需要满足一系列用户的需求。

（2）定义领域特定的元素：编译领域字典和领域术语的同义词词典。在领域工程过程的前一个阶段产生的高层块图将被增加更多的细节，特别是识别领域中应用间的共同性和差异性。

（3）定义领域特定的设计和实现需求约束：描述解空间中有差别的特性。不仅要识别出约束，并且要记录约束对设计和实现决定造成的后果，还要记录对处理这些问题时产生的所有问题的讨论。

（4）定义领域模型和架构：产生一般的架构，并说明构成它们的模块或构件的语法和语义。

（5）产生、搜集可重用的产品单元：为 DSSA 增加构件使得它可以被用来产生问题域中的新应用。

DSSA 的建立过程的目的是将用户的需要映射为基于实现限制集合的软件需求，这些需求定义了 DSSA。图 12-9 是 DSSA 的一个三层次系统模型。

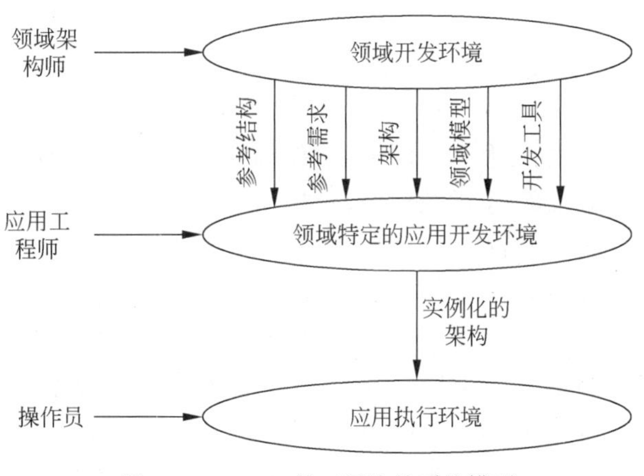

图 12-9　DSSA 的三层次的系统模型

DSSA 的建立需要架构设计师对所在特定应用领域（包括问题域和解决域）必须精通，他们要找到合适的抽象方式来实现 DSSA 的通用性和可重用性。通常 DSSA 以一种逐渐演化的方式发展。

12.4.3 DSSA与架构风格的比较

在软件架构的发展过程中，因为研究者的出发点不同，出现了两个互相正交的方法和学科分支：以问题域为出发点的DSSA和以解决域为出发点的软件架构风格。因为两者侧重点不同，它们在软件开发中具有不同的应用特点。

DSSA只对某一个领域进行设计专家知识的提取、存储和组织，但可以同时使用多种架构风格；而在某个架构风格中进行架构设计专家知识的组织时，可以将提取的公共结构和设计方法扩展到多个应用领域。

DSSA的特定领域参考架构通常选用一个或多个适合所研究领域的架构风格，并设计一个该领域专用的架构分析设计工具。但该方法提取的专家知识只能用于一个较小的范围（所在领域中）。不同参考架构之间基础和概念的共同点较少，所以为一个领域开发DSSA及其工具在另一个领域中是不适应的或不可重用的，而工具的开发成本是相当高的。

架构风格的定义和该风格应用的领域是正交的，提取的设计知识比用DSSA提取的设计专家知识的应用范围要广。一般的、可调整的系统基础可以避免涉及特定的领域背景，所以建立一个特定风格的架构设计环境的成本比建立一个DSSA参考架构和工具库的成本要低得很多。因为对特定领域内的专家知识和经验的忽略，使其在一个具体的应用开发中所起的作用并不比DSSA要大。

DSSA和架构风格是互为补充的两种技术。在大型软件开发项目中基于领域的设计专家知识和以风格为中心的架构设计专家知识都扮演着重要的角色。

12.5 架构设计与演化

对于软件项目的开发来说，一个清晰的架构是首要的。即使在初始原型阶段，也不例外。然而，在系统开发的初始阶段就设计好系统的最终结构是不可能的，也是不现实的，因为，需求还在不断地发生变化。所以，一个好的软件架构应该可以创建或再创建功能、用户界面和问题域模型，演化原型以满足新的软件需求。也就是说，软件架构本身也是可演化的，这种演化可基于需求的变化、增进了的对问题域的理解、对实现系统的技术方式的进一步理解的基础上。从这种意义上来说，不但软件系统以原型方式演化，架构本身也以原型方式演化。

一个软件系统开发完毕正式投入使用之后，如果要将该系统移植到另一个环境运行，且新环境的需求也有相应的变化时，软件也要进行修改。通常，这种修改所需的工作量与软件需求变化的多少和变化的范围有直接关系。但是，一个好的软件架构能大大减少修改工作量。

12.5.1　设计和演化过程

基于架构的软件开发过程可以分为独立的两个阶段，这两个阶段分别是实验原型阶段和演化开发阶段。

（1）实验原型阶段。这一阶段考虑的首要问题是要获得对系统支持的问题域的理解。为了达到这个目的，软件开发组织需要构建一系列原型，与实际的最终用户一起进行讨论和评审，这些原型应该演示和支持全局改进的实现。但是，来自用户的最终需求是很模糊的，因此，整个第一个阶段的作用是使最终系统更加精确化，有助于决定实际开发的可行性。

（2）演化开发阶段。实验原型阶段的结果可以决定是否开始实现最终系统，如果可以，开发将进入第二个阶段。与实验原型阶段相比，演化开发阶段的重点放在最终产品的开发上。这时，原型即被当作系统的规格说明，又可当作系统的演示版本。这意味着演化开发阶段的重点将转移到构件的精确化。

虽然实验原型阶段的结果可以决定是否开始实现最终系统，但在实验原型阶段之后，还会有些功能需求不能足够准确地得到表达。然而，系统有哪些组成部分和这些部分该如何相互作用应该是明确的了。

在每个阶段中，都必须以一系列的开发周期为单位安排和组织工作，一个开发周期的时间长短可根据软件项目的性质、功能复杂性、开发阶段等因素决定。每一个开发周期都要有不同的着重点，要有一个分析、设计和实现的过程，这个过程取决于当前对系统的理解和前一个开发周期的结果。为了控制开发进度，在每一个开发周期结束时，都必须对当前产品安排一次技术评审，评审组成员由最终用户代表和开发组织的管理人员组成。技术评审的目的是指出当前产品中可能存在的问题，制订下一个开发周期的工作计划。

12.5.2　实验原型阶段

一般地，实验原型阶段的第一个开发周期没有具体的、明确的目标。此时，为了提高开发效率，缩短开发周期，所有开发人员可以分成了两个小组，一个小组创建图形用户界面，另一个小组创建一个问题域模型。两个小组要并行地工作，尽量不发生相互牵制的现象。

在第一个周期结束时，形成了两个版本，一个是图形用户界面的初始设计，主要包括一些屏幕元素，例如窗口、菜单等；另一个是问题域模型，该模型覆盖了问题域的子集。用户界面设计由水平原型表示，也就是说，运行的程序只是实现一些用户界面控制，没有实现真正的系统功能。问题域模型可由一个统一建模语言类图表示，该类图并不是运行的原型的一部分。然而，它并不只是一个简单的类图，可由一个 CASE 工具（如 IBM Rational Rose）自动产生代码，而且，当一个新的元素增加到模型中时，这些代码会自动进行增量更新。

第二个开发周期的任务是设计和建立一个软件架构，该架构应该具有以下特征：

（1）必须足够灵活，不但能包含现有的元素，而且能包含新增的功能。

（2）必须提供一个相当稳定的结构，在这个结构中，原型能在实验原型阶段进行演化。

（3）必须支持一个高效的开发组织，允许所有开发人员并行地在原型的基础上进行开发。

整个第二个开发周期又可细分为以下 5 个小阶段：

（1）标识构件。为系统生成初始逻辑结构，包含大致的构件。这一阶段又可分为 3 个小步骤：生成类图、对类进行分组、把类打包成构件。

（2）提出软件架构模型。在建立架构的初期，选择一个合适的架构风格是首要的。在这个风格基础上，开发人员通过架构模型，可以获得关于架构属性（如程序逻辑结构、开发平台等）的理解。此时，虽然这个模型是理想化的（其中的某些部分可能错误地表示了应用的特征），但是，该模型为将来的调整和演化过程建立了目标。

（3）把已标识的构件映射到软件架构中。把在第（1）阶段已标识的构件映射到架构中，将产生一个中间结构，这个中间结构只包含那些能明确适合架构模型的构件。

（4）分析构件之间的相互作用。为了把所有已标识的构件集成到架构中，必须认真分析这些构件的相互作用和关系。

（5）产生软件架构。一旦决定了关键的构件之间的关系和相互作用，就可以在第（3）阶段得到的中间结构的基础上进行细化。可以利用顺序图标识中间结构中的构件和剩下的构件之间的依赖关系，分析第（2）阶段模型的不一致性（如丢失连接等）。

12.5.3　演化开发阶段

一旦软件的架构得以确定，就可以开始正式的构件开发工作。在构件开发过程中，最终用户的需求可能还有变动。在软件开发完毕，正常运行后，由一个单位移植到另一个单位，需求也会发生变化。在这两种情况下，就必须使用系统演化步骤去修改应用，以满足新的需求。主要包括以下 8 个步骤：

（1）需求变动归类。首先必须对用户需求的变化进行归类，使变化的需求与已有构件和线索对应。对找不到对应构件和线索的变动，也要作好标记，在后续工作中，将创建新的构件或线索，以对应这部分变化的需求。

（2）制订架构演化计划。在改变原有结构之前，开发组织必须制订一个周密的架构演化计划，作为后续演化开发工作的指南。

（3）修改、增加或删除构件。在演化计划的基础上，开发人员可根据在第（1）步得到的需求变动的归类情况，决定是否修改或删除存在的构件、增加新构件。

（4）更新构件的相互作用。随着构件的增加、删除和修改，构件之间的控制流必须得到更新。

（5）产生演化后的架构。在原来系统上所作的所有修改必须集成到原来的架构中。这个架构将作为改变的详细设计和实现的基础。

（6）迭代。如果在第（5）步得到的架构还不够详细，不能实现改变的需求，可以把第（3）～（5）步再迭代一次。

（7）对以上步骤进行确认，进行阶段性技术评审。

（8）对所做的标记进行处理。重新开发新线索中的所有构件，对已有构件按照标记的要求进行修改、删除或更换。完成一次演化过程。

12.6　基于架构的软件开发

传统的软件开发过程可以划分为从概念直到实现的若干个阶段，包括问题定义、需求分析、软件设计、软件实现及软件测试等。如果采用传统的软件开发模型，软件架构的建立应位于需求分析之后，概要设计之前。

传统软件开发模型存在开发效率不高，不能很好地支持软件重用等缺点。基于架构的软件开发模型可以弥补这个缺点，它把整个基于架构的软件过程划分为架构需求、设计、文档化、复审、实现、演化等 6 个子过程。

（1）架构需求。架构需求受技术环境和架构设计师的经验影响。需求过程主要是获取用户需求，标识系统中所要用到的构件。架构需求可以分为需求获取、标识构件、需求评审 3 个步骤。

（2）架构设计。需求用来激发和调整设计决策，不同的视图被用来表达与质量目标有关的信息。架构设计是一个迭代过程，可以分为提出软件架构模型、把已标识的构件映射到软件架构中、分析构件之间的相互作用、产生软件架构、设计评审 5 个步骤。

（3）架构文档化。绝大多数的架构都是抽象的，由一些概念上的构件组成。例如，层的概念在任何程序设计语言中都不存在。因此，要让开发人员去实现架构，还必须把架构进行文档化。架构文档化过程的主要输出结果是架构需求规格说明和测试架构需求的质量设计说明书这两个文档。软件架构的文档要求与软件开发项目中的其他文档是类似的。

（4）架构复审。架构设计、文档化和复审是一个迭代过程。从这个方面来说，在一个主版本的软件架构分析之后，要安排一次由外部人员（用户代表和领域专家）参加的复审。复审的目的是标识潜在的风险，及早发现架构设计中的缺陷和错误，包括架构能否满足需求、质量需求是否在设计中得到体现、层次是否清晰、构件的划分是否合理、文档表达是否明确、构件的设计是否满足功能与性能的要求等。由外部人员进行复审的目的是保证架构的设计能够公正地进行检验，使组织的管理者能够决定正式实现架构。

（5）架构实现。所谓实现就是要用实体来显示出一个软件架构，即要符合架构所描述的结构性设计决策，分割成规定的构件，按规定方式互相交互。整个实现过程是以复审后的文档化的架构说明书为基础的。在架构说明书中，已经定义了系统中的构件及它们之间的关系，可以从构件库中查找符合接口约束的构件，必要时开发新的满足要求的构件。然后，按照设计提供的结构，通过组装支持工具把这些构件的实现体组装起来，完成整个软件系统的连接与合成。最后一步是测试，包括单个构件的功能性测试和被组装应用的整体功能和性能测试。

（6）架构演化。有关架构演化的过程，请参考 12.5.3 节。

12.7 软件架构评估

架构评估可以只针对一个架构，也可以针对一组架构。在架构评估过程中，评估人员所关注的是系统的质量属性。有关质量属性，请参考 11.6.3 节。

为了后面讨论的需要，我们先介绍两个概念：敏感点（sensitivity point）和权衡点（tradeoff point）。敏感点和权衡点是关键的架构决策。敏感点是一个或多个构件（和/或构件之间的关系）的特性。研究敏感点可使架构设计师或系统分析师明确在搞清楚如何实现质量目标时应注意什么。权衡点是影响多个质量属性的特性，是多个质量属性的敏感点。例如，改变加密级别可能会对安全性和性能产生非常重要的影响。提高加密级别可以提高安全性，但可能要耗费更多的处理时间，影响系统性能。如果某个机密消息的处理有严格的时间延迟要求，则加密级别可能就会成为一个权衡点。

12.7.1 主要的评估方式

从目前已有的软件架构评估技术来看，基本可以归纳为 3 类主要的评估方式：基于调查问卷或检查表的方式、基于场景的方式和基于度量的方式。

1．基于调查问卷或检查表的评估方式

CMU/SEI（Carnegie Mellon University/Software Engineering Institute，卡耐基梅隆大学的软件工程研究所）的软件风险评估过程采用了这一方式。调查问卷是一系列可以应用到各种架构评估的相关问题，其中有些问题可能涉及到架构的设计决策；有些问题涉及架构的文档，例如架构的表示用的是何种 ADL（Architecture Description Language，架构描述语言）；有的问题针对架构描述本身的细节问题，如系统的核心功能是否与界面分开。检查表中也包含一系列比调查问卷更细节和具体的问题，它们更趋向于考察某些关心的质量属性。例如，对实时信息系统的性能进行考察时，很可能问到系统是否反复多次地将同样的数据写入磁盘等。

这一评估方式比较自由灵活，可评估多种质量属性，也可以在软件架构设计的多个阶段进行。但是由于评估的结果很大程度上来自评估人员的主观推断，因此不同的评估人员可能会产生不同甚至截然相反的结果，而且评估人员对领域的熟悉程度、是否具有丰富的相关经验也成为评估结果是否正确的重要因素。尽管基于调查问卷与检查表的评估方式相对比较主观，但由于系统相关的人员的经验和知识是评估软件架构的重要信息来源，因而它仍然是进行软件架构评估的重要途径之一。

2．基于场景的评估方式

场景是一系列有序的使用或修改系统的步骤。基于场景的方式主要应用在架构权衡分析方法（Architecture Tradeoff Analysis Method，ATAM）和软件架构分析方法（Software Architecture Analysis Method，SAAM）中。在架构评估中，一般采用刺激（stimulus）、环境（environment）和响应（response）3 方面来对场景进行描述。刺激是场景中解释或描述项目干系人怎样引发与系统的交互部分，环境描述的是刺激发生时的情况，响应是指系统是如何通过架构对刺激作出反应的。

基于场景的方式分析软件架构对场景的支持程度，从而判断该架构对这一场景所代表的质量需求的满足程度。例如，用一系列对软件的修改来反映易修改性方面的需求，用一系列攻击性操作来代表安全性方面的需求等。这一评估方式考虑到了所有与系统相关的人员对质量的要求，涉及到的基本活动包括：确定应用领域的功能和软件架构的结构之间的映射，设计用于体现待评估质量属性的场景，以及分析软件架构对场景的支持程度。

不同的系统对同一质量属性的理解可能不同，例如，对操作系统来说，可移植性被理解为系统可在不同的硬件平台上运行，而对于普通的应用系统而言，可移植性往往是指该系统可在不同的操作系统上运行。由于存在这种不一致性，对一个领域适合的场景设计在另一个领域内未必合适，因此基于场景的评估方式是特定于领域的。这一评估方式的实施者一方面需要有丰富的领域知识，以对某一质量需求设计出合理的场景；另一方面，必须对待评估的软件架构有一定的了解，以准确判断它是否支持场景描述的一系列活动。

3．基于度量的评估方式

度量是指为软件产品的某一属性所赋予的数值，如代码行数、方法调用层数、构件个数等。传统的度量研究主要针对代码，但近年来也出现了一些针对高层设计的度量，软件架构度量即是其中之一。基于度量的评估技术都涉及 3 个基本活动：首先，需要建立质量属性和度量之间的映射原则，即确定怎样从度量结果推出系统具有什么样的质量属性；然后，从软件架构文档中获取度量信息；最后，根据映射原则分析推导出系统的某些质量属性。

基于度量的评估方式提供更为客观和量化的质量评估，需要在软件架构的设计基本完成以后才能进行，而且需要评估人员对评估的架构十分了解，否则不能获取准确的度量。

4．比较

经过对 3 类主要的软件架构评估方式的分析，我们用表 12-1 从通用性、评估者对架构的了解程度、评估实施阶段、评估方式的客观程度等方面对这 3 种方式进行简单的比较。

表 12-1 3 类评估方式比较表

评 估 方 式	调查问卷或检查表		场 景	度 量
	调查问卷	检查表		
通用性	通用	特定领域	特定系统	通用或特定领域
评估者对架构的了解程度	粗略了解	无限制	中等了解	精确了解
实施阶段	早	中	中	中
客观性	主观	主观	较主观	较客观

12.7.2 ATAM 评估方法

使用 ATAM 方法对软件架构进行评估的目标，是理解架构关于软件的质量属性需求决策的结果。ATAM 方法不但揭示了架构如何满足特定的质量目标（如性能和可修改性），而且还提供了这些质量目标是如何交互的，即它们之间是如何权衡的。这些设计决策很重要，一直会影响到整个软件生命周期，并且在软件实现后很难以修改这些决策。

1．ATAM 评估的步骤

整个 ATAM 评估过程包括 9 个步骤：

（1）描述 ATAM 方法。评估小组负责人向参加会议的项目干系人介绍 ATAM 评估方法。在这一步，要解释每个人将要参与的过程，并预留出解答疑问的时间，设置好其他活动的环境和预期结果。关键是要使每个人都知道要收集哪些信息，如何描述这些信息，将要向谁报告等。

（2）描述业务动机。参加评估的所有人员必须理解待评估的系统，在这一步，项目经理要从业务角度介绍系统的概况。

（3）描述架构。首席架构设计师或设计小组要对架构进行详略适当的介绍。这一步很重要，将直接影响到可能要做的分析及分析的质量。在进行更详细的分析之前，评估小组通常需要收集和记录一些额外的架构信息。

（4）确定架构方法。ATAM 评估方法主要通过理解架构方法来分析架构，在这一步，由架构设计师确定架构方法，由分析小组捕获，但不进行分析。

（5）生成质量属性效用树。评估小组、设计小组、管理人员和客户代表一起确定系统最重要的质量属性目标，并对这些质量目标设置优先级和细化。这一步很关键，它对以后的分析工作起指导作用。

（6）分析架构方法。一旦有了效用树的结果，评估小组可以对实现重要质量属性的架构方法进行考察。这是通过文档化这些架构决策和确定它们的风险、敏感点和权衡点等来实现的。在这一步中，评估小组要对每一种架构方法都考察足够的信息，完成与该方法有关的质量属性的初步分析。这一步的主要结果是一个架构方法或风格的列表，与之相关的一些问题，以及架构设计师对这些问题的回答。通常产生一个风险列表、敏感点和权衡点列表。

（7）讨论和对场景分级。场景在驱动 ATAM 测试阶段起主导作用，实践证明，当有很多项目干系人参与 ATAM 评估时，生成一组场景可为讨论提供极大的方便。

（8）分析架构方法。在收集并分析了场景之后，架构设计师就可把最高级别的场景映射到所描述的架构中，并对相关的架构如何有助于该场景的实现做出解释。在这一步中，评估小组要重复第（6）步中的工作，把新得到的最高优先级场景与尚未得到的架构工作产品对应起来。在第（7）步中，如果未产生任何在以前的分析步骤中都没有发现的高优先级场景，则进入第（8）步，就是测试步骤。

（9）描述评估结果。最后，要把 ATAM 分析中所得到的各种信息进行归纳，并反馈给项目干系人。这种描述一般要采用辅以幻灯片的形式，但也可以在 ATAM 评估结束之后，提交更完整的书面报告。在描述过程中，评估负责人要介绍 ATAM 评估的各个步骤，以及各步骤中得到的各种信息，包括业务环境、驱动需求、约束条件和架构等。最重要的是要介绍 ATAM 评估的结果。

希赛教育专家提示：我们可以修改这 9 个步骤的顺序，以满足架构信息的特殊需求。也就是说，虽然这 9 个步骤按编号排列，但并不总是一个瀑布过程，评估人员可在这 9 个步骤中跳转或进行迭代。

2．ATAM 评估的阶段

ATAM 方法的各个步骤是随着时间的推移而展开的，可大致分为两个阶段。第一个阶段以架构为中心，重点是获取架构信息并进行分析；第二个阶段以项目干系人为中心，重点是获取项目干系人的观点，验证第一个阶段的结果。

之所以要分为两个阶段，是因为评估人员要在第一个阶段收集信息。在整个 ATAM 评估过程中，评估小组中的部分人（通常是 1～3 人）要与架构设计师、1 或 2 个其他关键的项目干系人（例如，项目经理、客户经理、市场代表）一起工作，收集信息。对支持分析而言，在大多数情况下，这种信息是不完整的或不适当的，所以，评估小组必须与架构设计师一起协作引导出必须的信息，这种协作通常要花几周的时间。当评估人员觉得已经收集了足够的信息，并已把这些信息记录成文档，则就可以进入第二个阶段了。

12.7.3　SAAM 评估方法

SAAM 方法是最早形成文档并得到广泛使用的软件架构分析方法，最初是用来分析架构的可修改性的，但实践证明，SAAM 方法也可用于对许多其他质量属性及系统功能进行快速评估。

与 ATAM 方法相比，SAAM 比较简单，这种方法易学易用，进行培训和准备的工作量都比较少。SAAM 评估可以分 6 个步骤进行，在这些步骤进行之前，通常有必要对系统做简要的介绍，包括对架构的业务目标的说明等。

（1）形成场景。在形成场景的过程中，要注意全面捕捉系统的主要用途、系统用户类型、系统将来可能的变更、系统在当前及可预见的未来必须满足的质量属性等信息。只有这样，形成的场景才能代表与各种项目干系人相关的任务。

（2）描述架构。在这一步，架构设计师应该采用参加评估的所有人员都能够充分理解的形式，对待评估的架构进行适当的描述。这种描述必须要说明系统中的运算和数据构件，也要讲清它们之间的联系。除了要描述这些静态特性外，还要对系统在某段时间内的动态特征做出说明。描述既可采用自然语言，也可采用形式化的手段。

（3）对场景进行分类和确定优先级。在SAAM评估中，场景就是对所期望的系统中某个使用情况的简短描述。架构可能直接支持该场景，即这一预计的使用情况不需要对架构做任何修改即可实现，一般可以通过演示现有的架构在执行此场景时的表示来确定。在SAAM评估方法中称这样的场景为直接场景。也就是说，直接场景就是按照现有架构开发出来的系统能够直接实现的场景。与在设计时已经考虑过的需求相对应的直接场景并不会让项目干系人们感到意外，但将增进对架构的理解，促进对诸如性能和可靠性等其他质量属性的研究。

（4）对间接场景的单个评估。一旦确定了要考虑的一组场景，就要把这些场景与架构的描述对应起来。对于直接场景而言，架构设计师需要讲清所评估的架构将如何执行这些场景；对于间接场景而言，架构设计师应说明需要对架构做哪些修改才能适应间接场景的要求。

（5）评估场景的相互作用。当两个或多个间接场景要求更改架构的同一个构件时，我们就称这些场景在这一组构件上相互作用。

（6）形成总体评估。最后，评估人员要对场景和场景之间的交互作一个总体的权衡和评价，这一权衡反映该组织对表现在不同场景中的目标的考虑优先级。根据对系统成功的相对重要性来为每个场景设置一个权值，权值的确定通常要与每个场景所支持的业务目标联系起来。如果是要比较多个架构，或者针对同一架构提出了多个不同的方案，则可通过权值的确定来得出总体评价。权值的设置具有很强的主观性，所以，应该让所有项目干系人共同参与，但也应合理组织，要允许对权值及其基本思想进行公开讨论。

上述6个步骤是关于SAAM评估中技术方面的问题，与ATAM评估方法类似，在进行SAAM评估时，也要考虑合作关系、准备工作等问题。需要对评估会议的时间做出安排、确定评估小组的人员组成、确定会议室、邀请各类项目干系人、编制会议日程等，这些工作都是必需的。

12.8　软件产品线

根据CMU/SEI的定义，软件产品线（software product line）是一个产品集合，这些产品共享一个公共的、可管理的特征集，这个特征集能满足选定的市场或任务领域的特定需求。这些系统遵循一个预描述的方式，在公共的核心资源（core assets）基础上开发的。

软件产品线主要由两部分组成，分别是核心资源和产品集合。核心资源是领域工程的所有结果的集合，是产品线中产品构造的基础。核心资源必定包含产品线中所有产品共享的产品线架构，新设计开发的或者通过对现有系统的再工程得到的、需要在整个产品线中系统化重用的软件构件。与软件构件相关的测试计划、测试实例以及所有设计文档，需求说明书、领域模型、领域范围的定义，以及采用 COTS 的构件也属于核心资源。产品线架构和构件是用于软件产品线中的产品构建的最重要的核心资源。

软件产品线开发有 4 个基本技术特点，即过程驱动、特定领域、技术支持和架构为中心。与其他软件开发方法相比，组织选择软件产品线的宏观原因有：对产品线及其实现所需的专家知识领域的清楚界定；对产品线的长期远景进行了战略性规划。

12.8.1　产品线的过程模型

软件产品线的过程模型主要有双生命周期模型、SEI 模型和三生命周期模型。

1．双生命周期模型

最初的和最简单的软件产品线开发过程的双生命周期模型来自 STARS，分成两个重叠的生命周期：领域工程和应用工程。两个周期内部都分成分析、设计和实现 3 个阶段，如图 12-10 所示。

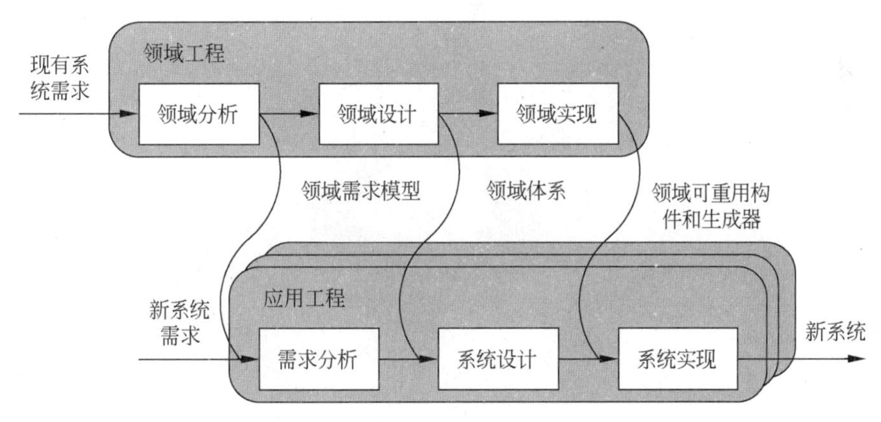

图 12-10　产品线的双生命周期模型

领域工程阶段的主要任务有：

（1）领域分析：利用现有系统的设计、架构和需求建立领域模型。

（2）领域设计：用领域模型确定领域/产品线的共性和可变性，为产品线设计架构。

（3）领域实现：基于领域架构开发领域可重用资源（构件、文档、代码生成器）。

应用工程在领域工程结果的基础上构造新产品。应用工程需要根据每个应用独特的需求，经过以下阶段，生成新产品。

（1）需求分析：将系统需求与领域需求比较，划分成领域公共需求和独特需求两部分，得出系统说明书。

（2）系统设计：在领域架构基础上，结合系统独特需求设计应用的软件架构。

（3）系统实现：根据应用架构，用领域可重用资源实现领域公共需求，用定制开发的构件满足系统独特需求，构建新的系统。

应用工程将产品线资源不能满足的需求返回给领域工程以检验是否将之合并入产品线的需求中。领域工程从应用工程中获得反馈或结合新产品的需求进入又一次周期性发展，称此为产品线的演化。

双生命周期模型定义了典型的产品线开发过程的基本活动、各活动内容和结果以及产品线的演化方式。这种产品线方法综合了软件架构和软件重用的概念，在模型中定义了一个软件工程化的开发过程，目的是提高软件生产率、可靠性和质量，降低开发成本，缩短开发时间。

2．SEI模型

SEI将产品线的基本活动分为3部分，分别是核心资源开发（即领域工程）、产品开发（即应用工程）和管理，如图12-11所示。

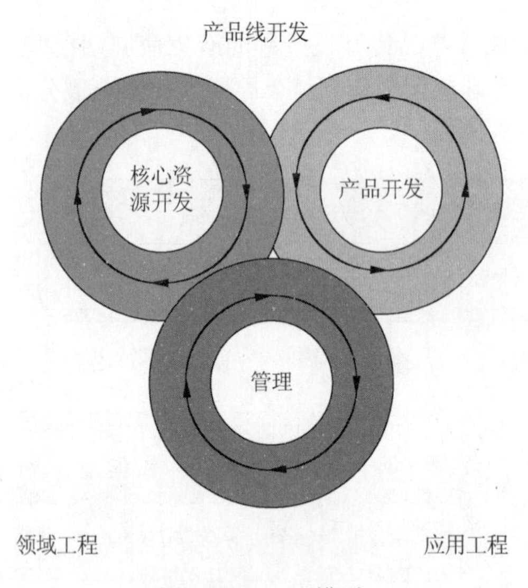

图12-11　SEI模型

从本质上看，产品线开发包括核心资源库的开发和使用核心资源的产品开发，这两者都需要技术和组织的管理。核心资源的开发和产品开发可同时进行，也可交叉进行，例如，新产品的构建以核心资源库为基础，或者核心资源库可从已存在的系统中抽取。有时，我们把核心资源库的开发也称为领域工程，把产品开发称为应用工程。

每个旋转环代表一个基本活动，3个环连接在一起，不停地运动着。3个基本活动交错连接，次序可以发生改变，且可以高度重叠。旋转的箭头表示不但核心资源库可以用来开发产品，而且已存在的核心资源的修订，甚至新的核心资源常常可以来自产品开发。

在核心资源和产品开发之间有一个强的反馈环，当新产品开发时，核心资源库就得到刷新。对核心资源的使用反过来又会促进核心资源的开发活动。另外，核心资源的价值通过使用它们的产品开发来得到体现。

SEI 模型的主要特点是：

（1）循环重复是产品线开发过程的特征，也是核心资源开发、产品线开发以及核心资源和产品之间协作的特征。

（2）核心资源开发和产品开发没有先后之分。

（3）管理活动协调整个产品线开发过程的各个活动，对产品线的成败负责。

（4）核心资源开发和产品开发是两个互动的过程，3 个活动和整个产品线开发之间也是双向互动的。

3．三生命周期模型

Fred 在针对大型软件企业的软件产品线开发对双生命周期模型进行了改进，提出了三生命周期软件工程模型，如图 12-12 所示。

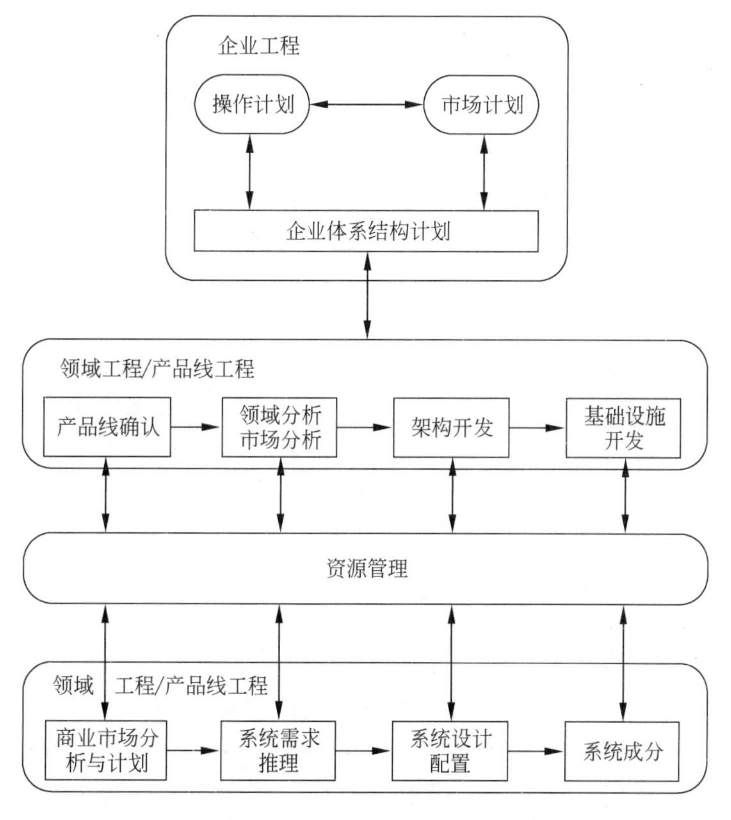

图 12-12　产品线的三生命周期模型

为有多个产品线的大型企业增加企业工程（enterprise engineering）流程，以便在企业范围内对所有资源的创建、设计和重用提供合理规划。为了强调产品线工程在满足市场需求上与一般的系统化重用的区别，在领域工程中增加了产品线确定作为起始阶段，和领域分析阶段、架构开发阶段、基础资源开发阶段组成整个领域工程，还为领域分析阶段增加市场分析的任务；同样为应用领域增加了商务/市场分析和规划。在领域工程和应用工程之间的双向交互中添加核心资源管理作为桥梁，核心资源管理和领域工程、应用工程之间的支持和交互是双向的，以便于产品线核心资源的管理和演化。

以上描述的软件产品线开发过程并没有明确描述如何重用软件组织内遗留资源（legacy assets）。实际上大多数将要建立软件产品线的软件组织都积累有产品线所在领域的大量应用代码和相关文档，这些代码和文档中包含的知识对领域工程来说是至关重要的。

12.8.2 产品线的组织结构

软件产品线开发过程分为领域工程和应用工程，相应的软件开发的组织结构也应该有两个基本组成部分，即负责核心资源的小组和负责产品的小组。这也是产品线开发与独立系统开发的主要区别。

1．独立核心资源小组

设有独立核心资源小组的组织结构通常适合于至少由50～100人组成的较大型的软件开发组织，设立独立的核心资源小组可以使小组成员将精力和时间集中在核心资源的设计和开发上，得到更通用的资源。但独立的核心资源小组很容易迷失于建立极好的高度抽象、高度可重用的核心资源上，而忽视了这些资源对应用工程中需求的满足程度，因为这样的结构容易抑制应用工程中的反馈，使得所开发的核心资源无法在整个产品线中获得良好的应用。

另外一种典型的组织结构不设立独立的核心资源小组，核心资源的开发融入各系统开发小组中，只是设立专人负责核心资源开发的管理。这种组织结构的重点不在核心资源的开发上，所以比较适合于组成产品线的产品共性相对较少，开发独立产品所需的工作量相对较大的情况。也是小型软件组织向软件产品线开发过渡时采用的一种方法。

2．组织模型

Jan Bosch在研究了众多采用软件产品线开发方法的公司后，将软件产品线的组织结构归纳为四种组织模型。

（1）开发部门：所有的软件开发集中在一个部门，每个人都可承担领域工程和应用工程中适合的任务，简单、利于沟通，适用于不超过30人的组织。

（2）商务部门：每个部门负责产品线中一个和多个相似的系统，共性资源由需要使用它的一个和几个部门协作开发，整个团体都可享用。资源更容易共享，适用于30～100人的组织，主要缺点是商务部门更注重自己的产品而将产品线的整体利益放在第二位。

（3）领域工程部门：有一个专门的单位——领域工程部门负责核心资源库的开发和维护，其他商务单位使用这些核心资源来构建产品。这种结构可有效的降低通信的复杂度、保持资源的通用性，适用于超过 100 人的组织。缺点是难以管理领域工程部门和不同产品工程部门之间的需求冲突和因此导致的开发周期增长。

（4）层次领域工程部门：对于非常巨大和复杂的产品线，可以设立多层（一般为两层）领域工程部门，不同层部门服务的范围不同。这种模型趋向臃肿，对新需求的响应慢。

3. 动态组织结构

对于中小型软件开发组织来说，我们建议采用一种动态的组织结构，根据产品线的建立方式和发展阶段、成熟程度的变化，由一种组织结构向另一种组织结构演变。这种方法的主要依据是在产品线不同发展阶段，领域工程和应用工程的在总工作量中所占的比例是不同的。例如对于从零开始建立的产品线，在其建立初期，核心资源的开发工作量要大大多于产品的开发。此时集中力量组织成专门的小组进行核心资源的开发，当核心资源基本完成时，可以将该小组部分成员逐步转移到产品开发中。而对于已有多个产品的情况下建立产品线的演变过程使用相反的方向更为合适。

这种动态的组织结构可以使中小型组织采用产品线开发方式造成的在人力资源上的压力得到缓解，使人力资源的需求在产品线的整个开发工程中趋于平稳。人员在两种小组之间的流动可以使流动人员作为小组之间信息交流的一种补充方式，虽然这不是一种最好的、合乎规范的信息交流方式，但毕竟也是一种快速有效的方式。组织结构的变化对产品线来说是一个很重要的问题，需要制定相应的变化规划并要有良好的管理技术的支持来保证整个产品线的成功。

12.8.3 产品线的建立方式

软件产品线的建立通常有 4 种方式，其划分依据有两个，第 1 个是该组织是用演化方式（evolutionary）还是革命方式（revolutionary）引入产品线开发过程，第 2 个是基于现有产品还是开发全新的产品线。4 种方式基本特征见表 12-2。

表 12-2 软件产品线建立方式基本特征

	演化方式	革命方式
基于现有产品集	基于现有产品架构开发产品线的架构，经演化现有构件的文件一次开发一个产品线构件	产品线核心资源的开发基于现有产品集的需求和可预测的、将来需求的超集
全新产品线	产品线核心资源随产品新成员的需求而演化	开发满足所有预期产品线成员的需求的产品线核心资源

（1）将现有产品演化为产品线。在基于现有产品架构设计的产品线架构的基础上，

将特定产品的构件逐步地、越来越多地转化为产品线的共用构件，从基于产品的方法“慢慢地”转化为基于产品线的软件开发。这种方法的主要优点是通过对投资回报周期的分解、对现有系统演化的维持，使产品线方法的实施风险降到了最小，但完成产品线核心资源的总周期和总投资都比使用革命方式要大。

（2）用软件产品线替代现有产品集。基本停止现有产品的开发，所有努力直接针对软件产品线的核心资源开发。遗留系统只有在符合架构和构件需求的情况下，才可以和新的构件协作。这种方法的目标是开发一个不受现有产品集存在问题的限制的、全新的平台、总周期和总投资较演化方法要少，但因重要需求的变化导致的初始投资报废的风险加大。另外，基于核心资源的第1个产品面世的时间将会推后。现有产品集中软硬件结合的紧密程度，以及不同产品在硬件方面的需求的差异，也是产品线开发采用演化还是革命方式的决策依据。对于软硬件结合密切且硬件需求差异大的现有产品集因无法满足产品线方法对软硬件同步的需求，只能采用革命方式替代现有产品集。

（3）全新软件产品线的演化。当一个软件组织进入一个全新的领域，要开发该领域的一系列产品时，同样也有演化和革命两种方式。演化方式将每一个新产品的需求与产品线核心资源进行协调。这种方式的好处是先期投资少，风险较小，第一个产品面世时间早。另外，因为是进入一个全新的领域，演化方法可以减少和简化因经验不足造成的初始阶段错误的修正代价；缺点是已有的产品线核心资源会影响新产品的需求协调，使得成本加大。

（4）全新软件产品线的开发。架构设计师和开发工程师首先要得到产品线所有可能的需求，基于这个需求超集来设计和开发产品线核心资源。第一个产品将在产品线核心资源全部完成之后才开始构造。这种方式的优点是一旦产品线核心资源完成后，新产品的开发速度将非常快，总成本也将减少；缺点是对新领域的需求很难做到全面和正确，使得核心资源不能像预期的那样支持新产品的开发。

12.9 设计模式

模式是指从某个具体的形式中得到的一种抽象，在特殊的非任意性的环境中，该形式不断地重复出现。软件架构的模式描述了一个出现在特定设计语境中的特殊的再现设计问题，并为它的解决方案提供了一个经过充分验证的通用图示。这种图形通过描述架构的组成构件及其责任和相互关系，以及它们的协作方式来具体说明解决方案。

12.9.1 设计模式的组成

一般来说，一个模式有4个基本成分，分别是模式名称、问题、解决方案和效果。

（1）模式名称。每个模式都有一个名字，帮助我们讨论模式和它所给出的信息。模式名称通常用来描述一个设计问题、它的解法和效果，由一到两个词组成。模式名称的产生使我们可以在更高的抽象层次上进行设计并交流设计思想。

（2）问题。问题告诉我们什么时候要使用设计模式、解释问题及其背景。例如，MVC（Model-View-Controler，模型-视图-控制器）模式关心用户界面经常变化的问题。它可能描述诸如如何将一个算法表示成一个对象这样的特殊设计问题。在应用这个模式之前.也许还要给出一些该模式的适用条件。

（3）解决方案。解决方案描述设计的基本要素，它们的关系、各自的任务以及相互之间的合作。解决方案并不是针对某一个特殊问题而给出的。设计模式提供有关设计问题的一个抽象描述以及如何安排这些基本要素以解决问题。—个模式就像一个可以在许多不同环境下使用的模板，抽象的描述使我们可以把该模式应用于解决许多不同的问题。

模式的解决方案部分给出了如何解决再现问题，或者更恰当地说是如何平衡与之相关的强制条件。在软件架构中，这样的解决方案包括两个方面。

第一，每个模式规定了一个特定的结构，即元素的一个空间配置。例如，MVC 模式的描述包括以下语句:“把一个交互应用程序划分成 3 部分，分别是处理、输入和输出”。

第二，每个模式规定了运行期间的行为。例如，MVC 模式的解决方案部分包括以下陈述：“控制器接收输入，而输入往往是鼠标移动、点击鼠标按键或键盘输入等事件。事件转换成服务请求，这些请求再发送给模型或视图”。

希赛教育专家提示：解决方案不必解决与问题相关的所有强制条件，而可以集中于特殊的强制条件，对于剩下的强制条件进行部分解决或完全不解决，特别是在强制条件相互矛盾的情况下。

（4）效果。效果描述应用设计模式后的结果和权衡。比较与其他设计方法的异同，得到应用设计模式的代价和优点。对于软件设计来说，通常要考虑的是空间和时间的权衡。也会涉及到语言问题和实现问题。对于一个面向对象的设计而言，可重用性很重要，效果还包括对系统灵活性、可扩充性及可移植性的影响。明确看出这些效果有助于理解和评价设计模式。

12.9.2　模式和软件架构

判断模式取得成功的一个重要准则是它们在多大程度上达到了软件工程的目标。模式必须支持复杂的、大规模系统的开发、维护以及演化。

1．模式作为架构构造块

我们已经知道，在开发软件时，模式是处理受限的特定设计方面的有用构造块。因此，对软件架构而言，模式的一个重要目标就是用已定义属性进行特定的软件架构的构造。例如，MVC 模式提供了一个结构，用于交互应用程序的用户界面的裁剪。

软件架构的一般技术，例如使用面向对象特征（如继承和多态性），并没有针对特定问题的解决方案。绝大多数现有的分析和设计方法在这一层次也是失败的。它们仅仅提供构建软件的一般技术，特定架构的创建仍然基于直觉和经验。模式使用特定的面向问题的技术来有效补充这些通用的与问题无关的架构技术。注意，模式不会舍弃软件架构的现有解决方案，相反，它们填补了一个没有被现有技术覆盖的缺口。

2．构造异构架构

单个模式不能完成一个完整的软件架构的详细构造，它仅仅帮助设计师设计应用程序的某个方面，即使正确设计了这个方面，整个架构仍然可能达不到期望的所有属性。为整体上达到软件架构的需求，我们需要一套丰富的涵盖许多不同设计问题的模式。可获得的模式越多，能够被适当解决的设计问题也会越多，并且可以更有力地支持构造带有已定义属性的软件架构。

为了有效使用模式，我们需要将它们组织成模式系统。模式系统统一描述模式，对它们分类，更重要的是，说明它们之间如何交互。模式系统也有助于设计师找到正确的模式来解决一个问题或确认一个可选解决方案。这和模式目录相反，在模式目录中每个模式描述的多少与别的模式无关。

3．模式和方法

好的模式描述也包含它的实现指南，可将其看成是一种微方法，用来创建解决一个特定问题的方案。通过提供方法的步骤来解决软件开发中的具体再现问题，这些微方法补充了通用的但与问题无关的分析和设计方法。

4．模式的实现

从模式与软件架构的集成中产生的另一个方面是用来实现这些模式的一个范例。目前的许多软件模式具有独特的面向对象风格。所以，人们往往认为，能够有效实现模式的唯一方式是使用面向对象编程语言，其实不然。

一方面，许多模式确实使用了诸如多态性和继承性等面向对象技术。策略模式和代理模式是这种模式的例子；另一方面，面向对象特征对实现这些模式并不是最重要的。例如，在 C 语言中实现策略模式可以通过采用函数指针来代替多态性和继承性。

在设计层次，大多数模式只需要适当的编程语言的抽象机制，如模块或数据抽象。因此，可以用几乎所有的编程范例并在几乎所有的编程语言中来实现模式。另外，每种编程语言都有它自己特定的模式，即语言的惯用法。这些惯用法捕获了现有的有关该语言的编程经验并为它定义了一个编程风格。

12.9.3 设计模式的分类

本节简单地介绍设计模式的分类，有关各模式的具体实现，请参考专门讨论设计模式的书籍。

1．Coad 的面向对象模式

Peter Coad 从 MVC 的角度对面向对象系统进行了讨论，设计模式由最底层的构成部分（类和对象）及其关系来区分。他使用了一种通用的方式来描述一种设计模式，将模式划分为以下 3 类：

（1）基本的继承和交互模式：主要包括 OOP 所提供的基本建模功能，继承模式声明了类能够在其子类中被修改或被补充，交互模式描述了在有多个类的情况下消息的传递。

（2）面向对象软件系统的结构化模式：描述了在适当情况下，一组类如何支持面向对象软件架构的建模。主要包括条目（item）描述模式、为角色变动服务的设计模式和处理对象集合的模式。

（3）与 MVC 框架相关的模式。几乎所有的由 Peter Coad 提出的模式都指明了如何构造面向对象的软件，有便于设计单个的或者一小组构件，描述了 MVC 框架的各个方面。但是，他没有重视抽象类和框架，没有说明如何改造框架。

2．代码模式

代码模式的抽象方式与 OOP 语言中的代码规范很相似，该类模式有助于解决某种 OOP 语言中的特定问题。代码模式的主要目标在于：

（1）指明结合基本语言概念的可用方式。

（2）构成源码结构与命名规范的基础。

（3）避免 OOP 语言（尤其是 C++语言）的缺陷。

代码模式与具体的程序设计语言或者类库有关，它们主要从语法的角度对于软件系统的结构方面提供一些基本的规范。这些模式对于类的设计不适用，同时也不支持程序员开发和应用框架，命名规范是类库中的名字标准化的基本方法，以免在使用类库时产生混淆。

3．框架应用模式

在应用程序框架“菜谱”（application framework cookbook recipes）中有很多“菜谱条”，它们用一种不很规范的方式描述了如何应用框架来解决特定的问题。程序员将框架作为应用程序开发的基础，特定的框架适用于特定的需求。“菜谱条”通常并不讲解框架的内部设计实现，只讲如何使用。

4．形式合约

形式合约（formal contracts）也是一种描述框架设计的方法，强调组成框架的对象间的交互关系。有人认为它是面向交互的设计，对其他方法的发展有启迪作用。但形式化方法由于其过于抽象，而有很大的局限性，仅在小规模程序中使用。

形式合约模式有如下优点：

（1）符号所包含的元素很少，并且其中引入的概念能够被映射成为面向对象程序设计语言中的概念。例如，参与者映射成为对象。

（2）形式合约中考虑到了复杂行为是由简单行为组成的事实，合约的修订和扩充操作使得这种方法很灵活，易于应用。

形式合约模式的缺点有以下 3 点：

（1）在某些情况下很难用，过于繁琐。若引入新的符号，则又使符号系统复杂化。

（2）强制性的要求过分精密，从而在说明中可能发生隐患（如冗余）。

（3）形式合约的抽象程度过低，接近OOP语言，不易分清主次。

5．设计模式目录的内容

Erich Gamma在他的博士论文中总结了一系列的设计模式，做出了开创性的工作。他用一种类似分类目录的形式将设计模式记载下来。我们称这些设计模式为设计模式目录。根据模式的目标（所做的事情），可以将它们分成创建性模式（creational）、结构性模式（structural）和行为性模式（behavioral）。创建性模式处理的是对象的创建过程，结构性模式处理的是对象/类的组合，行为性模式处理类和对象间的交互方式和任务分布。根据它们主要的应用对象，又可以分为主要应用于类的和主要应用于对象的。

表12-3是Erich Gamma等总结的23种设计模式，这些设计模式通常称为GoF（Gang of Four，四人组）模式。因为这些模式是在"Design Patterns: Elements of Reusable Object-Oriented Software"中正式提出的，而该书的作者是Erich Gamma、Richard Helm、Ralph Johnson 和 John Vlissides，这几位作者常被称为"四人组"。

表12-3 设计模式目录的分类

目的	设计模式	简要说明	可改变的方面
创建型	Abstract Factory 抽象工厂模式	提供一个接口，可以创建一系列相关或相互依赖的对象，而无须指定它们具体的类	产品对象族
	Builder 生成器模式	将一个复杂类的表示与其构造相分离，使得相同的构建过程能够得出不同的表示	如何建立一种组合对象
	Factory Method* 工厂方法模式	定义一个创建对象的接口，但由子类决定需要实例化哪一个类。工厂方法使得子类实例化的过程推迟	实例化子类的对象
	Prototype 原型模式	用原型实例指定创建对象的类型，并且通过复制这个原型来创建新的对象	实例化类的对象
	Singleton 单子模式	保证一个类只有一个实例，并提供一个访问它的全局访问点	类的单个实例
结构型	Adapter* 适配器模式	将一个类的接口转换成用户希望得到的另一种接口。它使原本不相容的接口得以协同工作	与对象的接口
	Bridge 桥模式	将类的抽象部分和它的实现部分分离开来，使它们可以独立地变化	对象的实现
	Composite 组合模式	将对象组合成树型结构以表示"整体-部分"的层次结构，使得用户对单个对象和组合对象的使用具有一致性	对象的结构和组合
	Decorator 装饰模式	动态地给一个对象添加一些额外的职责。它提供了用子类扩展功能的一个灵活的替代，比派生一个子类更加灵活	无子类对象的责任
	Facade 外观模式	定义一个高层接口，为子系统中的一组接口提供一个一致的外观，从而简化了该子系统的使用	与子系统的接口

续表

目的	设 计 模 式	简 要 说 明	可改变的方面
结构型	Flyweight 享元模式	提供支持大量细粒度对象共享的有效方法	对象的存储代价
	Proxy 代理模式	为其他对象提供一种代理以控制这个对象的访问	如何访问对象，对象位置
行为型	Chain of Responsibility 职责链模式	通过给多个对象处理请求的机会，减少请求的发送者与接收者之间的耦合。将接收对象链接起来，在链中传递请求，直到有一个对象处理这个请求	可满足请求的对象
	Command 命令模式	将一个请求封装为一个对象，从而可用不同的请求对客户进行参数化，将请求排队或记录请求日志，支持可撤销的操作	何时及如何满足一个请求
	Interpreter* 解释器模式	给定一种语言，定义它的文法表示，并定义一个解释器，该解释器用来根据文法表示来解释语言中的句子	语言的语法和解释
	Iterator 迭代器模式	提供一种方法来顺序访问一个聚合对象中的各个元素，而不需要暴露该对象的内部表示	如何访问、遍历聚合的元素
	Mediator 中介者模式	用一个中介对象来封装一系列的对象交互。它使各对象不需要显式地相互调用，从而达到低耦合，还可以独立地改变对象间的交互	对象之间如何交互及哪些对象交互
	Memento 备忘录模式	在不破坏封装性的前提下，捕获一个对象的内部状态，并在该对象之外保存这个状态，从而可以在以后将该对象恢复到原先保存的状态	何时及哪些私有信息存储在对象之外
	Observer 观察者模式	定义对象间的一种一对多的依赖关系，当一个对象的状态发生改变时，所有依赖于它的对象都得到通知并自动更新	依赖于另一对象的数量
	State 状态模式	允许一个对象在其内部状态改变时改变它的行为	对象的状态
	Strategy 策略模式	定义一系列算法，把它们一个个封装起来，并且使它们之间可互相替换，从而让算法可以独立于使用它的用户而变化	算法
	Template Method* 模板模式	定义一个操作中的算法骨架，而将一些步骤延迟到子类中，使得子类可以不改变一个算法的结构即可重新定义算法的某些特定步骤	算法的步骤
	Visitor 访问者模式	表示一个作用于某对象结构中的各元素的操作，使得在不改变各元素的类的前提下定义作用于这些元素的新操作	无须改变其类而可应用于对象的操作

其中带*模式是关于类的，其他模式是关于对象的。

12.10　可扩展标记语言

XML 是一套定义语义标记的规则，这些标记将文档分成许多部件并对这些部件加以标识。它也是元标记语言，用于定义其他与特定领域有关的、语义的、结构化的标记语言的句法语言。

12.10.1 XML 简介

与 HTML 一样，XML 是从所有标记语言的元语 SGML（Standard Generalized Markup Language，标准通用标记语言）中派生出来的。SGML 是一种元语言，XML 也是一种元语言，一个定义 Web 应用的 SGML 子集。和 SGML 一样，也可以用 XML 来定义种种不同的标记语言以满足不同应用的需要。

随着越来越多的规范对 XML 的支持，使得 XML 的功能日趋强大，不仅在 Web 世界，而且在整个软件系统架构过程中都发挥出巨大的作用。

（1）实现不同数据的集成。不同的数据库系统，其存储结构、应用程序接口都存在着许多不同点，因此基本上无法开发出一套能够针对这些相互不兼容的数据库的查询程序。而 XML 的出现，则改变了这个现象，由于数据是结构化的，因此即使它们的来源不同，也能够很容易地结合在一起。在开发时，可以在中间层的服务器上对从后端数据库和其他应用来的数据进行集成。然后，数据就能被发送到客户或其他服务器做进一步的集合、处理和分发。

（2）使用于多种应用环境。XML 的高扩展性、高灵活性特性，使其可以描述各种不同种类的应用软件中的各种不同类型的数据。另外，XML 独有自描述性，可以很容易地进行交换、处理，而且还不需要多余的内部描述。

（3）客户端数据处理与计算。由于 XML 格式的标准化，许多浏览器软件都能够提供很好的支持，因此只需简单地将 XML 格式的数据发送给客户端，客户端就可以自行对其进行编辑和处理，而不仅是显示。而且，DOM 还允许客户端利用脚本或其他编程语言处理数据，而无须回到服务器端。这种将数据视图与内容分离的机制，可以更容易地创建出基于 Web 的、功能强大的应用，而无需基于高端数据库。

（4）数据显示多样化。XML 将显示和数据内容分离，提供了一种简单、开放、扩展的方式来描述结构化数据。与 HTML 不同的是，HTML 描述了数据的外观，而 XML 则描述的是数据本身。因此，XML 定义的数据可以指定不同的显示方式，利用 CSS 或 XSL（eXtensible Stylesheet Language，可扩展样式表语言）等工具来提供显示机制。

（5）局部数据更新。通过 XML，数据可以实现局部的更新。也就是说，当有其中的一部分数据变化时，并不需要重发整个结构化的数据，服务器只需将变化的元素发送给客户。而不是像现在的情况，只要一条数据变化了，整页都必须重建。而且，还可以将新增的信息加入到已存在的页面中，这样就可以使得应用的性能更高。

12.10.2 XML 相关技术

XML 主要是一种数据描述方法，其魅力要在与其相关的技术的结合中才能显示出来。XML 相关的技术有很多，但主要有 3 个，分别是 Schema、XSL 和 XLL（eXtensible Link Language，可扩展连接语言）。

（1）DTD（Document Type Definition，文档类型定义）与 Schema：用来对文档格式进行定义的语言，就相当于数据库中需要定义数据模式一样，DTD 和 Schema 决定了文档的内容应该是些什么类型的东西。其中 DTD 是从 SGML 继承下来的，而 Schema 是专门为 XML 文档格式而设计的，它们都规定了 XML 文件的逻辑结构，定义了 XML 文件中的元素、元素的属性以及元素之间的关系。

（2）CSS 和 XSL：由于 XML 是内容和格式分离的语言，所以需要专门的协议来定义 XML 文档的显示格式，CSS 和 XSL 就是用来定义 XML 文档显示格式的。其中 CSS 是随着 HTML 的出现而出现的，它是一种极其简单的样式语言；XSL 则是专门为 XML 设计的样式语言，它被定义为一套元素集的 XML 语法规范，该语法用来将 XML 文件转换为 HTML 或者其他格式的文档。

（3）Xpath、Xpointer 与 Xlink：都用于扩展 Web 上的链接。Xlink 是 XML 标准的一部分，用于定义对 XML 的链接。Xlink 与 HTML 中的<a>标记的功能很类似，可以在 XML 文档中插入元素，用于创建不同资源间的链接；Xpath 是一门语言，用于把 XML 文档作为带有各种结点的树来查看。使用 Xpath 可以定位 XML 文档树的任意结点。在 XML 中，链接分为两部分，即 Xlink 和 Xpointer。Xlink 是 XML 的链接语言，用于描述一个文档如何链接到另一个文档。Xpointer 是 XML 语言的指针，用于定义如何寻址一个文档的各个组成部分。Xpointer 是对 Xpath 的扩展，它可以确定结点的位置和范围，通过字符串匹配查找信息。Xlink 必须与 Xpath 或 Xpointer 配合工作。

（4）XML 名字空间：当多个文档创建 DTD 或者 Schema 时，需要某种方式来确定每个定义的起源。名字空间（Namespace）的使用可以有效地防止名字冲突的发生。

（5）XML 查询语句：XQL（XML Query Language，XML 查询语言）和 XML-QL（XML-Query Language，XML 查询语言）是两种比较有影响力的查询语言，它们是对 XSL 的一种自然的扩充，并在 XSL 的基础上提供了筛选操作、布尔操作和对结点集进行索引，并为查询、定位等提供了单一的语法形式。

（6）RDF（Resource Description Framework，资源描述框架）：元数据是有关数据的数据和有关信息的信息。元数据在 Web 上有很多用途，包括管理、搜索、过滤和个性化 Web 网站。RDF 是用于编译、交换和重新使用结构化元数据的 W3C 指令的 XML 应用程序，它能使软件更容易理解 Web 站点的内容，以便可以发现 Web 站点上的资源。

（7）DOM、SAX 和 XML 解析器：DOM 使用树状结构来表示 XML 文档，以便更好地看出层次关系，这是很直观，方便的方法。但用 DOM 处理 XML 文档，在处理前要对整个文档进行分析，把整个 XML 文档转换成树状结构放到内存中，在文档很大时将占用很大的内存空间。SAX 的目的是为处理大型文档而进行优化的标准的解析接口。它是事件驱动的，每当它发现一个新的 XML 标记，就用一个 SAX 解析器注册句柄，激活回调函数。XML Parser（解析器）是一个用于处理XML文档的软件包，它为用户提供了操作XML文档的接口，以便减轻应用程序处理XML数据的负担。目前解析器的类型可以分为验证的和非验证的两种。

12.11 Web服务架构

W3C将服务定义为："服务提供者完成一组工作，为服务使用者交付所需的最终结果"。Web Service（Web服务）是解决应用程序之间相互通信的一项技术。严格地说，Web服务是描述一系列操作的接口，它使用标准的、规范的XML描述接口。这一描述中包括了与服务进行交互所需要的全部细节，还包括消息格式、传输协议和服务位置。而在对外的接口中隐藏了服务实现的细节，仅提供一系列可执行的操作，这些操作独立于软、硬件平台和编写服务所用的编程语言。Web服务既可单独使用，也可与其他Web服务一起，实现复杂的业务功能。

12.11.1 Web服务模型

在Web服务模型的解决方案中，一共有3种工作角色，其中服务提供者（服务器）和服务请求者（客户端）是必须的，服务注册中心是一个可选的角色。它们之间的交互和操作构成了Web服务的架构，如图12-13所示。

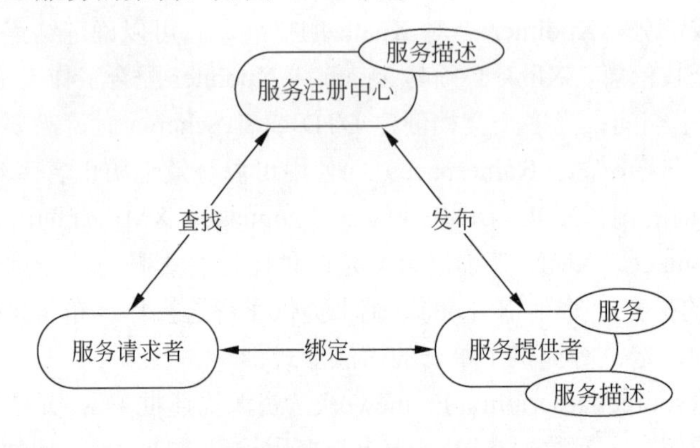

图12-13 Web服务模型

（1）服务提供者。即Web服务的所有者，该角色负责定义并实现Web服务，使用WSDL（Web Service Description Language，Web服务描述语言）对Web服务进行详细、准确、规范的描述，并将该描述发布到服务注册中心供服务请求者查找并绑定使用。

（2）服务请求者。即Web服务的使用者，虽然Web服务面向的是程序，但程序的最终使用者仍然是用户。从体系结构的角度看，服务请求者是查找、绑定并调用服务，或与服务进行交互的应用程序。服务请求者角色可以由浏览器来担当，由人或程序（如另外一个 Web 服务）来控制。

（3）服务注册中心。服务注册中心是连接服务提供者和服务请求者的纽带，服务提供者在此发布他们的服务描述，而服务请求者在服务注册中心查找他们需要的 Web 服务。不过，在某些情况下，服务注册中心是整个模型中的可选角色，如使用静态绑定的 Web 服务，服务提供者可以把描述直接发送给服务请求者。

在 Web 服务模型中的操作包含 3 种：发布服务描述、查找服务描述、根据服务描述绑定或调用服务。这些操作可以单次或反复出现。

（1）发布。为了使用户能够访问 Web 服务，服务提供者需要发布服务描述使得服务请求者可以查找它。

（2）查找。在查找操作中，服务请求者直接检索服务描述或在服务注册中心查询所要求的服务类型。对于服务请求者，可能会在生命周期的两个不同阶段中牵涉到查找操作。在设计阶段，为了程序开发而查找服务的接口描述；在运行阶段，为了调用而查找服务的位置描述。

（3）绑定。在绑定操作中，服务请求者使用服务描述中的绑定细节来定位、联系并调用服务，从而在运行时与服务进行交互。绑定可以分为动态绑定和静态绑定。在动态绑定中，服务请求者通过服务注册中心查找服务描述，并动态的同 Web 服务交互；在静态绑定中，服务请求者实际已经同服务提供者达成默契，通过本地文件或其他的方式直接同 Web 服务进行绑定。

12.11.2　Web 服务协议堆栈

2004 年 2 月 11 日，W3C 提出了最新的 Web Service 协议栈，其内容如图 12-14 所示。

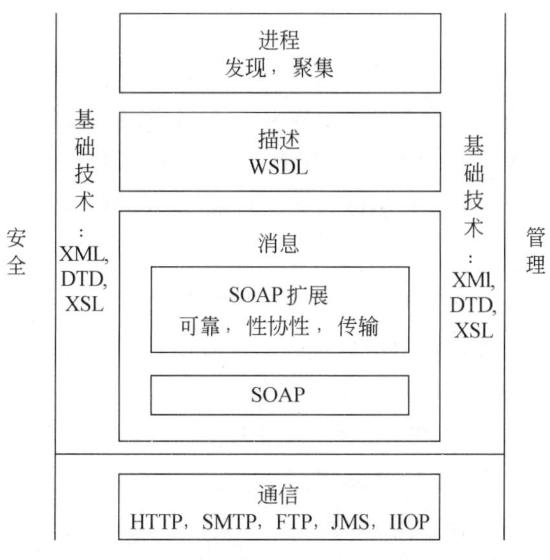

图 12-14　Web 服务协议栈

Web服务协议堆栈的下层为网络通信部分，Web服务继承了Web的访问方式，使用HTTP(S)作为网络传输的基础，除此之外Web服务还采用了其他的传输协议，如SMTP、FTP、JMS、IIOP等。在消息处理方面，Web服务使用了SOAP（Simple Object Access Protocol，简单对象访问协议）作为消息的传送标准。在此之上是WSDL，用以描述Web服务的访问方法。位于最顶层的是与Web服务和应用程序以及Web服务之间相互集成相关的协议，其中包含发现、集成等若干方面。除了底层的传输协议外，整个Web服务协议栈是以XML为基础的，XML语义的精确性和灵活性赋予了Web服务强大的功能。除这些基本协议外，还有一些需要讨论的问题，那就是安全和管理，这两大问题不是Web服务可以独立解决的，例如，在安全方面就需要与PKI（Public Key Infrastructure，公共密钥基础设施）、LDAP（Lightweight Directory Access Protocol，轻量目录访问协议）等相结合。

（1）SOAP。SOAP是一种基于XML的协议，通过SOAP，应用程序可以在网络中进行数据交换和远程调用。SOAP使用XML进行编码，是一个开放式的协议。SOAP本身并没有定义信息的语义、服务质量、事务处理等问题，它仅仅是一个对象通信协议，与应用平台完全无关。我们可以将SOAP理解为：HTTP+XML+RPC（Remote Procedure Call，远程过程调用）。在这里，HTTP是网络中的通信协议；XML是数据格式的协议；虽然将SOAP理解为RPC的一种并不准确，因为SOAP并非单纯的远程过程调用，SOAP要强大得多。但以RPC的观点看待SOAP，有助于理解SOAP。由于SOAP采用XML和HTTP封装通信消息，所以SOAP需要增加XML解析和HTTP传输的额外开销。

（2）WSDL。WSDL包含了一套基于XML的语法，将Web服务描述为能够进行消息交换的服务访问点的集合，从而满足了这种需求。WSDL定义了可被机器识别的SDK（Software Development Kit，软件开发工具包）文档，同时，WSDL也可用于描述自动执行应用程序在通信中所涉及的细节问题。WSDL的目标是描述如何使用程序来调用Web服务，所以我们可以把WSDL理解为Web服务的SDK标准，或者是Web服务的接口定义。对于服务提供者来说，既需要描述它们提供的Web服务是做什么的，还要描述如何使用他们提供的Web服务。

（3）UDDI（Universal Description Discovery and Integration，统一描述、发现和集成）。UDDI提供了一种Web服务的发布、查找和定位方法。我们可以将UDDI理解为一种目录服务，Web服务提供者使用UDDI将服务发布到服务注册中心，而Web服务使用者通过UDDI查找并定位服务。UDDI除了目录服务之外，还定义了一个用XML表示的服务描述标准。UDDI定义了一种Web服务的发布方式。UDDI商业注册中心可以为程序或程序员提供Web服务的位置和技术信息。服务提供者可以向专用的UDDI结点发布服务的描述信息，而服务的使用者可以动态的查询并连接到特定的Web服务。

12.11.3　Web 服务架构的优势

Web 服务是近年来提出的一种新的面向服务的架构，同传统分布式架构相比，Web 服务架构的主要优势体现在以下 4 个方面：

（1）很好的通用性和易用性：Web 服务利用标准的 Internet 协议（如 HTTP、SMTP 等），解决了面向 Web 的分布式计算模型，提高了系统的开放性、通用性和可扩展性；而 CORBA、DCOM 和 EJB 等使用私有协议，只能解决企业内部的对等实体间的分布式计算。此外，HTTP 能够很容易地跨越系统的防火墙，具有很好的易用性。

（2）完全的平台、语言独立性：Web 服务进行了更高程度的抽象，只要遵循 Web 服务的接口即可进行服务的请求和调用。Web 服务将 XML 作为信息交换格式，使信息的处理更加简单，厂商之间的信息很容易实现沟通，这种信息格式最适合跨平台应用。此外，Web 服务基于 SOAP 协议进行远程对象访问，可以通过各种开发工具来具体实现，而不需要绑定到特定的工具上，这很容易适应不同客户、不同系统平台以及不同的开发平台。而 CORBA、DCOM 和 EJB 等模型要求在对等架构间才能进行通信。

（3）高度的集成性：Web 服务实质上就是通过服务的组合来完成业务逻辑的，因此，表现出高度的组装性和集成性。可以说集成性是 Web 服务的一个重要特征。Web 服务架构是建立在服务提供者和使用者之间的松耦合之上的，这样使得企业应用易于更改。相对于传统的集成方式，Web 服务集成体现了高度的灵活性。Web 服务还可以提供动态的服务接口来实现动态的集成，这也是传统的 EAI 解决方案所不能提供的。

（4）容易部署和发布：Web 服务架构方案通过 UDDI、WSDL 和 SOAP 等技术协议，很容易实现系统的部署。

12.12　面向服务的架构

迄今为止，对于面向服务的架构（Service-Oriented Architecture，SOA）还没有一个公认的定义。许多组织从不同的角度和不同的侧面对 SOA 进行了描述，较为典型的有：

（1）W3C 将 SOA 定义为：“一种应用程序架构，在这种架构中，所有功能都定义为独立的服务，这些服务带有定义明确的可调用接口，能够以定义好的顺序调用这些服务来形成业务流程”。

（2）Service-architecture.com 将 SOA 定义为：“本质上是服务的集合，服务间彼此通信，这种通信可能是简单的数据传送，也可能是两个或更多的服务协调进行某些活动。服务间需要某些方法进行连接。所谓服务就是精确定义、封装完善、独立于其他服务所处环境和状态的函数”。

（3）Gartner 则将 SOA 描述为：“客户端/服务器的软件设计方法，一项应用由软件服务和软件服务使用者组成，SOA 与大多数通用的客户端/服务器模型不同之处，在于它着重强调软件构件的松散耦合，并使用独立的标准接口”。

12.12.1 SOA 概述

SOA 并不仅是一种现成的技术，而且是一种架构和组织 IT 基础结构及业务功能的方法，是一种在计算环境中设计、开发、部署和管理离散逻辑单元（服务）模型的方法。图 12-15 描述了一个完整的面向服务的架构模型。

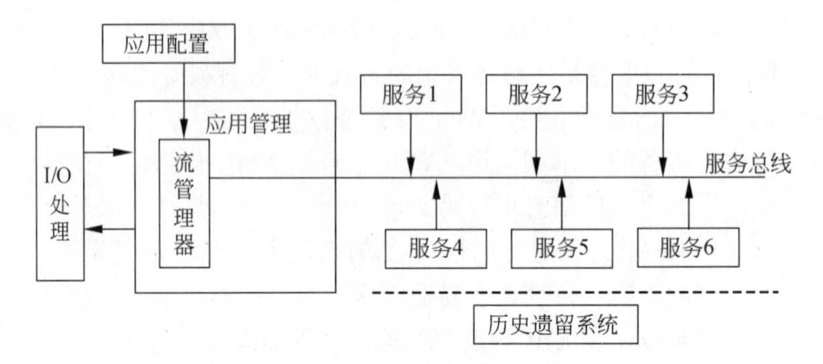

图 12-15 面向服务的架构

在 SOA 架构模型中，首先，所有的功能都定义成了独立的服务。服务之间通过交互、协调作业从而完成业务的整体逻辑。所有的服务通过服务总线（services bus）或流程管理器来连接服务和提高服务请求的路径。这种松散耦合的架构使得各服务在交互过程中无须考虑双方的内部实现细节，以及部署在什么平台上。应用程序的松散耦合还提供了一定级别的灵活性和互操作性，使用传统的方法构建高度集成的、跨平台的程序对程序的通信环境所能提供的灵活性和互操作性无法与之相比。

下面从微观的角度，看看独立的单个服务内部的结构模型。一个独立的服务基本结构模型如图 12-16 所示。

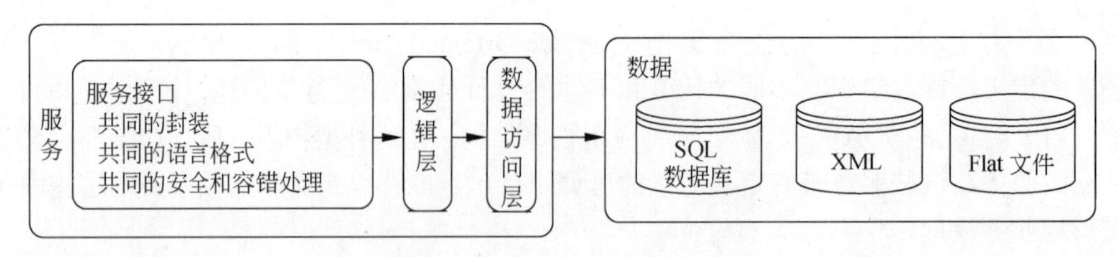

图 12-16 单个服务内部结构

由图 12-16 可以看出，与构件模型的区别在于，服务模型的表示层从逻辑层分离出来，中间增加了服务对外的接口层。服务接口的意义在功能上表现为：更多、更灵活的功能可以在服务接口中实现。

此外，更加突出的变革性突破在于，通过服务接口的标准化描述从而使得该服务可以提供给在任何异构平台和任何用户接口使用。这允许并支持基于 Web 服务的应用程序成为松散耦合、面向构件和跨技术实现。调用程序很可能根本不知道该服务在哪里运行、由哪种语言编写以及消息的传输路径。只需要提出服务请求，然后就会得到答案。同时，由于服务模型中的业务逻辑构件之上增加了一层可以被大部分系统都认可的协议，从而使得系统的集成不再是一个问题。

SOA 是一种粗粒度、松耦合的服务架构，其服务之间通过简单、精确定义接口进行通讯，不涉及底层编程接口和通信模型。这种模型具有下面 3 个特征：

（1）松散耦合。SOA 是松散耦合构件服务，这一点区别于大多数其他的构件架构。松散耦合旨在将服务使用者和服务提供者在服务实现和客户如何使用服务方面隔离开来。服务提供者和服务使用者间松散耦合背后的关键点是服务接口作为与服务实现分离的实体而存在。这是服务实现能够在完全不影响服务使用者的情况下进行修改。大多数松散耦合方法都依靠基于服务接口的消息，基于消息的接口能够兼容多种传输方式，可以采用同步或异步协议实现。

（2）粗粒度服务。服务粒度（service granularity）指的是服务所公开功能的范围，一般分为细粒度和粗粒度，其中，细粒度服务是那些能够提供少量商业流程可用性的服务。粗粒度服务是那些能够提供高层业务逻辑的可用性服务。选择正确的抽象级别是 SOA 建模的一个关键问题。设计中应该在不损失或损坏相关性、一致性和完整性的情况下，尽可能地进行粗粒度建模。通过一组有效设计和组合的粗粒度服务，业务专家能够有效的组合出新的业务流程和应用程序。

（3）标准化接口。SOA 通过服务接口的标准化描述，从而使得该服务可以提供给在任何异构平台和任何用户接口中使用。这一描述囊括了与服务交互需要的全部细节，包括消息格式、传输协议和位置。该接口隐藏了实现服务的细节，允许独立于实现服务基于的硬件或软件平台和编写服务所用的编程语言使用服务。

12.12.2　面向服务的分析与设计

从概念上讲，SOA 有 3 个主要的抽象级别，分别是操作、服务和业务流程。其中位于抽象最低层的操作代表了单个逻辑单元的事物。执行操作通常会导致读、写或修改一个或多个持久性数据。SOA 操作可以直接与面向对象的方法相比，它们都有特定的结构化接口，并且返回结构化的响应，完全与方法一样。位于第二层的服务代表了操作的逻辑分组。最高层的业务流程则是为了实现特定业务目标而执行的一组长期运行的动作或活动。业务流程通常包括多个业务调用。在 SOA 术语中，业务流程包括依据一组业务规则按照有序序列执行的一系列操作。其中操作的排序、选择和执行成为服务或流程的编排，典型的情况是调用已编排服务来响应业务事件。

从建模的观点来看，SOA 带来的主要挑战是如何描述设计良好的操作、服务和流程抽象的特征以及如何系统地构造它们。针对这个问题，Olaf Zimmermann 和 Pal Krogdahl

综合了OOA、OOD、企业架构（Enterprise Architecture，EA）框架和业务流程建模（Business Process Modeling，BPM）中的适当原理，将这些规则中的原理与许多独特的新原理组合起来，提出了面向服务的分析与设计（Service-Oriented Analysis and Design，SOAD）的概念，OOAD、EA和BPM分别从基础设计层、应用结构层和业务组织层3个层次上为SOAD提供了理论支撑。其结构如图12-17所示。

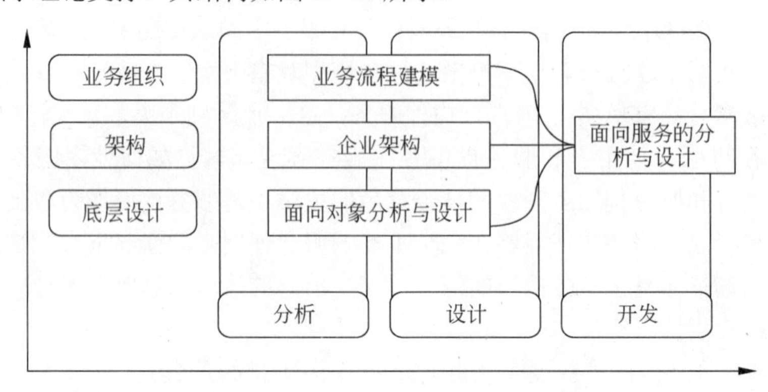

图12-17 SOAD结构图

（1）底层设计层。采用了OOA和OOD的思想，其主要目标是能够进行快速而有效的设计、开发以及执行灵活且可扩展的底层服务构件。对于设计已定义的服务中的底层类和构件结构，OO是一种很有价值的方法。但是目前与SOAD有关的OO设计在实践中也存在着一些问题：OO的粒度级别集中在类级，对于服务建模来说，这样的抽象级别太低。诸如继承这样的强关联产生了相关方之间一定程度的紧耦合。与此相反，SOAD试图通过松耦合来促进灵活性和敏捷性。这使得OO难以与SOAD架构保持一致。

（2）架构层。采用了EA的理论框架。企业应用程序和IT基础架构发展成SOA是一个庞大的工程，其中可能会涉及众多的业务流水线和组织单元。因此，需要应用EA架构，以努力实现单独的解决方案之间架构的一致性。在SOA中，架构层必须以表示业务服务的逻辑构件为中心，并且集中于定义服务之间的接口和服务级协定。

（3）业务组织层。采用了BPM规则。BPM是一个不完整的规则，其中有许多不同的形式、表示法和资源，其中应用较为广泛的是UML。SOA必须利用所有现有的BPM方法作为SOAD的起点，同时需要服务流程编排模型中用于驱动候选服务和它们的操作的附加技术来对其加以补充。此外，SOAD中的流程建模必须与设计用例保持同步。

SOA是一种企业系统架构，它是从企业的业务需求开始的，但是，SOA比其他企业架构方法更具优势的地方在于SOA提供了业务的敏捷性。业务敏捷性是指企业对业务的变化能更快速和有效地进行响应，并且利用快速变更来得到竞争优势的能力。要满足这种业务敏捷性，SOA必须遵循以下原则：

（1）业务驱动服务，服务驱动技术。在抽象层次上，服务位于业务和技术之间，业务处于主导地位，业务的变化需要服务的重新编排和组合，服务的编排和组合可能会带来实现细节的变化。面向服务的架构设计师一方面必须理解在业务需求和可以提供的服务之间的动态关系；另一方面，同样要理解服务与提供这些服务的底层技术之间的关系；最后，需要设计良好的服务动态组合来应对多变的业务逻辑，这也是 SOA 最核心的问题。

（2）业务敏捷是基本的业务需求。SOA 考虑的是提供响应变化需求的能力是新的“元要求”，而不是一些业务上固定不变的需求。系统整个架构都必须满足敏捷需求，因为在 SOA 中任何的瓶颈都会影响到整个系统的灵活性。因此，架构设计师需要将敏捷的思想贯穿在整个系统设计中。SOA 的目的就是应对变化，其最高准则是“以不变应万变”，也就是以尽量少的变化成本应对不断变化的业务需求，具体来说，就是通过现有的可重用性服务的重新组合来应对新需求。

12.12.3　Web 服务实现 SOA

在采用 Web 服务作为 SOA 的实现技术时，该系统应该至少分为 6 个层次：底层传输层、服务通信协议层、服务描述层、服务层、业务流程层和服务注册层。

（1）底层传输层主要负责消息的传输机制，HTTP、JMS 和 SMTP 都可以作为 Web 服务的消息传输协议，其中 HTTP 使用最广。

（2）服务通信协议层的主要功能是描述并定义服务之间进行消息传递所需的技术标准，常用的标准是 SOAP 协议，还有新出现的 REST（Representational State Transfer，表述性状态转移）协议。

（3）服务描述层主要以一种统一的方式描述服务的接口与消息交换方式，相关的标准是 WSDL。

（4）服务层的主要功能是将遗留系统进行包装，并通过发布的 WSDL 接口描述被定位和调用。

（5）业务流程层的主要功能是支持服务发现，服务调用和点到点的服务调用，并将业务流程从 Web 服务的底层调用抽象出来。相关的标准是 WS-BPEL（Web Service-Business Process Execution Language，Web 服务业务流程执行语言）。

（6）服务注册层的主要功能是使得服务提供者能够通过 WSDL 发布服务定义，并支持服务请求者查找所需的服务信息。其相关的标准是 UDDI。

12.13　企业服务总线

企业服务总线（Enterprise Service Bus，ESB）是由中间件技术实现并支持 SOA 的一组基础架构，支持异构环境中的服务、消息以及基于事件的交互，并且具有适当的服务级别和可管理性。通过使用 ESB，可以在几乎不更改代码的情况下，以一种无缝的非侵入方式使企业已有的系统具有全新的服务接口，并能够在部署环境中支持任何标准。更重要的是，充当缓冲器的ESB（负责在诸多服务之间转换业务逻辑和数据格式）与服务逻辑相分离，从而使得不同的应用程序可以同时使用同一服务，用不着在应用程序或者数据发生变化时，改动服务代码。在更高的层次，ESB还提供诸如服务代理，协议转换等功能。

1．ESB概述

ESB的概念是从SOA发展而来的，它是一种为进行连接服务提供的标准化的通信基础结构，基于开放的标准，为应用提供了一个可靠的、可度量的和高度安全的环境，并可帮助企业对业务流程进行设计和模拟，对每个业务流程实施控制和跟踪、分析并改进流程和性能。

在一个复杂的企业计算环境中，如果服务提供者和服务请求者之间采用直接的端到端的交互，那么随着企业内应用程序的增加和复杂度的提高，最终应用程序之间的关联会逐渐变得非常复杂，形成一个网状结构，这将带来昂贵的系统维护费用，同时也使得IT基础设施的重用变得困难重重。ESB提供了一种基础设施，消除了服务请求者与服务提供者之间的直接连接（可以参考图12-15），使得服务请求者与服务提供者之间进一步解耦。

ESB是传统中间件技术与XML、Web服务等技术结合的产物，是在整个企业集成架构下的面向服务的企业应用集成机制：

（1）ESB允许在多种形式下通过像HTTP/SOAP和JMS总线的多种传输方式，主要是以网络服务的形式，为发表、注册、发现和使用企业服务或界面提供基础设施。

（2）ESB提供可配置的消息转换翻译机制和基于消息内容的消息路由服务，传输消息到不同的目的地。

（3）ESB提供安全和拥有者机制以保证消息和服务使用的认证、授权以及完整性。

（4）ESB的服务质量也是可以区分企业集成技术平台优劣的关键标准之一。

希赛教育专家提示：使用ESB，可以在不改变现有基础结构的情况下让几代技术实现互操作，在几乎不更改代码的情况下以一种无缝的非侵入方式使企业已有的系统具有全新的服务接口，并能够在部署环境中支持任何标准。并且，不同的应用程序可以同时使用同一服务，在应用程序或者数据发生变化时无需改动服务代码。

2．ESB的优点

与现存的、专有的集成解决方案相比，ESB有以下优势：

（1）扩展的、基于标准的连接。ESB形成一个基于标准的信息骨架，使得在系统内部和整个价值链中可以容易地进行异步或同步数据交换。ESB通过使用Web服务、J2EE、.NET和其他标准，提供了更强大的系统连接性。

（2）灵活的、服务导向的应用组合。基于SOA，ESB应用模型使复杂的分布式系统，包括跨多个应用、系统和防火墙的集成方案，能够由以前开发测试过的服务组合而成。

这使得系统具有高可扩展性。

（3）提高重用率，降低成本。按照 SOA 方法构建应用，提高了重用率，简化了维护工作，进而减少了系统总体成本。

（4）减少市场反应时间，提高生产率。ESB 通过构件和服务重用，按照 SOA 的思想简化应用组合，基于标准的通信、转换和连接来实现这些优点。

以上优点得益于 ESB 架构中每个构件对标准强有力的支持，这些构件是通信、连接、转换、可移植性和安全。

12.14　例题分析

软件架构设计知识是系统架构设计师上午考试的重点，也是下午考试的基础，因此考生必须要牢固地掌握这些理论和方法。为了帮助考生了解考试中软件架构知识方面的试题题型，本节分析 10 道典型的试题。

例题 1

__（1）__描述了一类软件架构的特征，它独立于实际问题，强调软件系统中通用的组织结构选择。垃圾回收机制是 Java 语言管理内存资源时常用的一种__（2）__。

（1）A．架构风格　　B．开发方法　　C．设计模式　　D．分析模式

（2）A．架构风格　　B．开发方法　　C．设计模式　　D．分析模式

例题 1 分析

本题考查架构风格与设计模式概念。

架构风格往往是从全局的角度来考虑问题，它是一种独立于实际问题的通用组织结构。例如，常用的 B/S 架构，在很多不同的系统中，都有应用。

而设计模式着眼于解决某一特定的局部问题，是一种局部解决方案的应用。例如，在很多的软件系统中，创建对象时，希望有统一的机制对这些对象的创建进行管理，所以出现了工厂模式，创建者模式等设计模式。而内存垃圾的回收机制也做成了一种设计模式。

例题 1 答案

（1）A　　（2）C

例题 2

编译器的主要工作过程是将以文本形式输入的代码逐步转化为各种形式，最终生成可执行代码。现代编译器主要关注编译过程和程序的中间表示，围绕程序的各种形态进行转化与处理。针对这种特征，现代编译器应该采用______架构风格最为合适。

A．数据共享　　B．虚拟机　　C．隐式调用　　D．管道-过滤器

例题 2 分析

本题主要考查对架构风格的理解和掌握。根据题干描述，现代编译器主要关注编译

过程和程序的中间表示，围绕程序的各种形态进行转化与处理。这种情况下，可以针对程序的各种形态构建数据库，通过中心数据库进行转换与处理。根据上述分析，选项中列举的架构风格中，数据共享风格最符合要求。

例题2答案

C

例题3

某公司欲开发一个在线交易系统，在架构设计阶段公司的架构师识别出3个核心质量属性场景。其中“在并发用户数量为1000人时，用户的交易请求需要在0.5秒内得到响应”主要与__(1)__质量属性相关，通常可采用__(2)__架构策略实现该属性；“当系统由于软件故障意外崩溃后，需要在0.5小时内恢复正常运行”主要与__(3)__质量属性相关，通常可采用__(4)__架构策略实现该属性；“系统应该能够抵挡恶意用户的入侵行为，并进行报警和记录”主要与__(5)__质量属性相关，通常可采用__(6)__架构策略实现该属性。

（1）A．性能　B．吞吐量　C．可靠性　D．可修改性
（2）A．操作串行化　B．资源调度　C．心跳　D．内置监控器
（3）A．可测试性　B．易用性　C．可用性　D．互操作性
（4）A．主动冗余　B．信息隐藏　C．抽象接口　D．记录/回放
（5）A．可用性　B．安全性　C．可测试性　D．可修改性
（6）A．内置监控器　B．记录/回放　C．追踪审计　D．维护现有接口

例题3分析

本题主要考查考生对质量属性的理解和质量属性实现策略的掌握。对于题干描述：“在并发用户数量为1000人时，用户的交易请求需要在0.5秒内得到响应”，主要与性能这一质量属性相关，实现该属性的常见架构策略包括增加计算资源、减少计算开销、引入并发机制、采用资源调度等。“当系统由于软件故障意外崩溃后，需要在0.5小时内恢复正常运行”主要与可用性质量属性相关，通常可采用心跳、Ping/Echo、主动冗余、被动冗余、选举等架构策略实现该属性；“系统应该能够抵挡恶意用户的入侵行为，并进行报警和记录”主要与安全性质量属性相关，通常可采用入侵检测、用户认证、用户授权、追踪审计等架构策略实现该属性。

例题3答案

（1）A　（2）B　（3）C　（4）A　（5）B　（6）C

例题4

某公司欲开发一门户网站，将公司的各个分公司及办事处信息进行整合。现决定采用Composite设计模式来实现公司的组织结构关系，并设计了如图12-18所示的UML类图。图中与Composite模式中的Component角色相对应的类是__(1)__，与Composite角色相对应的类是__(2)__。

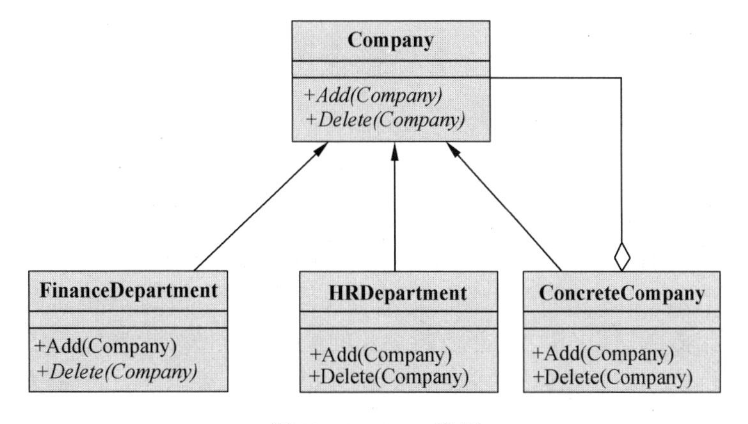

图 12-18　UML 类图

（1）A．Company　　B．FinanceDepartment
　　C．HRDepartment　　D．ConcreteCompany

（2）A．Company　　B．FinanceDepartment
　　C．HRDepartment　　D．ConcreteCompany

例题 4 分析

本题考查组合模式相关的知识。图 12-19 为组合模式的 UML 图例。与题目给出的图例进行匹配可得出答案。

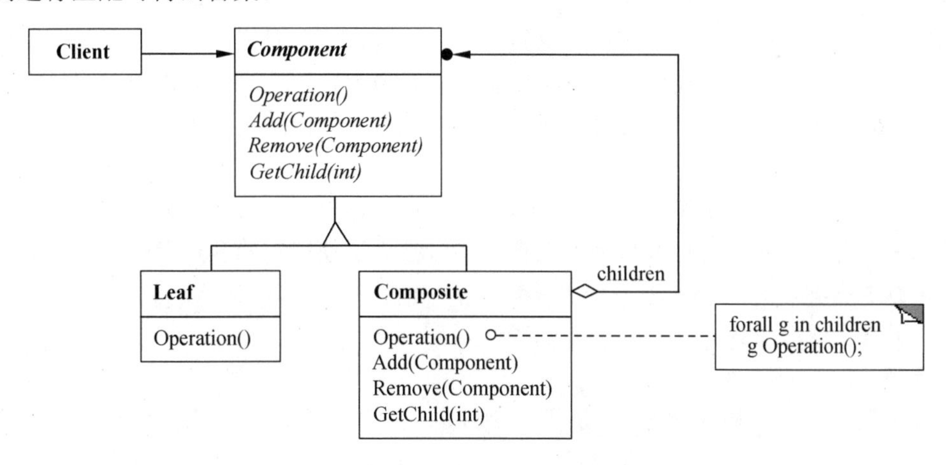

图 12-19　组合模式 UML 类图

例题 4 答案

（1）A　　（2）D

例题 5

某软件公司欲设计一款图像处理软件，帮助用户对拍摄的照片进行后期处理。在软件需求分析阶段，公司的系统分析师识别出了如下 3 个关键需求：

图像处理软件需要记录用户在处理照片时所有动作，并能够支持用户动作的撤销与重做等行为。

图像处理软件需要根据当前正在处理的照片的不同特征选择合适的处理操作，处理操作与照片特征之间具有较为复杂的逻辑关系。

图像处理软件需要封装各种图像处理算法，用户能够根据需要灵活选择合适的处理算法；软件还要支持高级用户根据一定的规则添加自定义处理算法。

在系统设计阶段，公司的架构师决定采用设计模式满足上述关键需求中对系统灵活性与扩展性的要求。具体来说，为了支持灵活的撤销与重做等行为，采用＿（1）＿最为合适；为了封装图像操作与照片特征之间的复杂逻辑关系，采用＿（2）＿最为合适；为了实现图像处理算法的灵活选择与替换，采用＿（3）＿最为合适。

（1）A．工厂模式　B．责任链模式　C．中介者模式　D．命令模式

（2）A．状态模式　B．适配器模式　C．组合模式　D．单例模式

（3）A．模板方法模式　B．访问者模式　C．策略模式　D．观察者模式

例题5分析

本题主要考查设计模式知识。题干描述了某软件公司一款图像处理软件的需求分析与设计过程，并明确指出采用设计模式实现关键需求对系统灵活性与扩展性的要求。针对需求1，为了支持灵活的撤销与重做等行为，采用命令模式最为合适，因为命令模式可以将一个请求封装为一个对象，从而使你可用不同的请求对客户进行参数化，还可以对请求排队，或记录请求日志，以及支持可撤销的操作。针对需求2，为了封装图像操作与照片特征之间的复杂逻辑关系，采用状态模式最为合适，因为状态模式将每一个条件分支放入一个独立的类中，这样就可以根据对象自身的情况将对象的状态作为一个对象，这一对象可以不依赖于其他对象而独立变化；针对需求3，为了实现图像处理算法的灵活选择与替换，采用策略模式最为合适，因为策略模式定义一系列的算法，把它们封装起来，并且使它们可相互替换，使得算法可独立于使用它的客户而变化。

例题5答案

（1）D　　（2）A　　（3）C

例题6

特定领域软件架构（DSSA）是在一个特定应用领域为一组应用提供组织结构参考的标准软件架构。实施DSSA的过程中包括一系列基本的活动，其中＿（1）＿活动的主要目的是为了获得DSSA。该活动参加人员中，＿（2）＿的主要任务是提供关于领域中系统的需求规约和实现的知识。

（1）A．领域需求　B．领域分析　C．领域设计　D．领域实现

（2）A．领域专家　B．领域分析者　C．领域设计者　D．领域实现者

例题6分析

本题主要考查特定领域软件架构的基本定义和基本活动。特定领域软件架构

（DSSA）是在一个特定应用领域为一组应用提供组织结构参考的标准软件架构。实施DSSA的过程中包括一系列基本的活动，其中领域设计活动的主要目的是为了获得DSSA。该活动参加人员中，领域专家的主要任务是提供关于领域中系统的需求规约和实现的知识。

例题 6 答案

（1）C　　（2）A

例题 7

识别风险点、非风险点、敏感点和权衡点是软件架构评估过程中的关键步骤。针对某系统所作的架构设计中，“系统需要支持的最大并发用户数量直接影响传输协议和数据格式”描述了系统架构设计中的一个__（1）__；“由于系统的业务逻辑目前尚不清楚，因此现有系统三层架构中的第 2 层可能会出现功能重复，这会影响系统的可修改性”描述了系统架构设计中的一个__（2）__。

（1）A．敏感点　　B．风险点　　C．非风险点　　D．权衡点

（2）A．敏感点　　B．风险点　　C．非风险点　　D．权衡点

例题 7 分析

本题考查架构设计中的一些基本概念。

风险点与非风险点不是以标准专业术语形式出现的，只是一个常规概念，即可能引起风险的因素，可称为风险点。

敏感点是一个或多个构件（和/或构件之间的关系）的特性。研究敏感点可使设计人员或分析员明确在搞清楚如何实现质量目标时应注意什么。

权衡点是影响多个质量属性的特性，是多个质量属性的敏感点。例如，改变加密级别可能会对安全性和性能产生非常重要的影响。提高加密级别可以提高安全性，但可能要耗费更多的处理时间，影响系统性能。如果某个机密消息的处理有严格的时间延迟要求，则加密级别可能就会成为一个权衡点。

例题 7 答案

（1）A　　（2）B

例题 8

架构描述语言（Architecture Description Language，ADL）是一种为明确说明软件系统的概念架构和对这些概念架构建模提供功能的语言。ADL 主要包括以下组成部分：组件、组件接口、______和架构配置。

A．架构风格　　B．架构实现　　C．连接件　　D．组件实现

例题 8 分析

本题主要考查架构描述语言的知识。架构描述语言（Architecture Description Language，ADL）是一种为明确说明软件系统的概念架构和对这些概念架构建模提供功能的语言。ADL 主要包括组件、组件接口、连接件和架构配置。ADL 对连接件的重视

成为区分 ADL 和其他建模语言的重要特征之一。

例题 8 答案

C

例题 9

采用以架构为核心的软件开发方法，在建立软件架构的初期，首要任务是选择一个合适的__（1）__，在此基础上，开发人员通过架构模型，可以获得关于__（2）__的理解，为将来的架构实现与演化过程建立了目标。

（1）A．分析模式　　B．设计模式　　C．架构风格　　D．架构标准

（2）A．架构需求　　B．架构属性　　C．架构优先级　　D．架构约束

例题 9 分析

本题主要考查以架构为核心的软件系统开发方法。在该方法中，架构用来激发和调整设计策略，不同的视图用来表达与质量目标有关的信息。架构设计是一个迭代过程，在建立软件架构的初期，选择一个合适的架构风格是首要的，在此基础上，开发人员通过架构模型，可以获得关于软件架构属性的理解，为将来的架构实现与演化过程建立了目标。

例题 9 答案

（1）C　　（2）B

例题 10

基于场景的架构分析方法（Scenarios-based Architecture Analysis Method，SAAM）是卡耐基梅隆大学软件工程研究所的 Kazman 等人于 1983 年提出的一种非功能质量属性的架构分析方法，是最早形成文档并得到广泛应用的软件架构分析方法。SAAM 的主要输入是问题描述、__（1）__和架构描述文档，其分析过程主要包括场景开发、__（2）__、单个场景评估、场景交互和总体评估。

（1）A．问题说明　　B．问题建模　　C．需求说明　　D．需求建模

（2）A．架构需求　　B．架构描述　　C．架构设计　　D．架构实现

例题 10 分析

本题主要考查考生对基于场景的架构分析方法（Scenarios-based Architecture Analysis Method，SAAM）的掌握和理解。SAAM 是卡耐基梅隆大学软件工程研究所的 Kazman 等人于 1983 年提出的一种非功能质量属性的架构分析方法，是最早形成文档并得到广泛应用的软件架构分析方法。SAAM 的主要输入是问题描述、需求说明和架构描述，其分析过程主要包括场景开发、架构描述、单个场景评估、场景交互和总体评估。

例题 10 答案

（1）C　　（2）B

第 13 章　系统安全性和保密性

根据考试大纲，本章要求考生掌握以下知识点：

（1）信息系统综合知识：包括加密和解密、身份认证（数字签名、密钥、口令）、访问控制、安全保密管理（防泄露、数字水印）、安全协议（SSL、PGP、IPSec）、系统备份与恢复、防治病毒；信息系统安全法规与制度；计算机防病毒制度；保护私有信息规则。

（2）系统架构设计案例分析和论文：包括系统的访问控制技术、数据的完整性、数据与文件的加密、通信的安全性、系统的安全性设计。

13.1　信息系统安全体系

信息安全是一个很广泛的概念，涉及计算机和网络系统的各个方面。从总体上来讲，信息安全有 5 个基本要素：

（1）机密性：确保信息不暴露给未授权的实体或进程。

（2）完整性：只有得到允许的人才能够修改数据，并能够判别数据是否已被篡改。

（3）可用性：得到授权的实体在需要时可访问数据。

（4）可控性：可以控制授权范围内的信息流向和行为方式。

（5）可审查性：对出现的安全问题提供调查的依据和手段。

13.1.1　安全系统架构

ISO7498-2 从架构的观点描述了 5 种可选的安全服务、8 项特定的安全机制以及 5 种普遍性的安全机制，它们可以在 OSI/RM 模型的适当层次上实施。

1. 安全服务

安全服务是指计算机网络提供的安全防护措施，包括认证服务、访问控制、数据机密性服务、数据完整性服务、不可否认服务。

（1）认证服务：确保某个实体身份的可靠性，可分为两种类型。一种类型是认证实体本身的身份，确保其真实性，称为实体认证。实体的身份一旦获得确认就可以和访问控制表中的权限关联起来，决定是否有权进行访问。口令认证是实体认证中一种最常见的方式。另一种认证是证明某个信息是否来自于某个特定的实体，这种认证叫做数据源认证。数据签名技术就是一例。

（2）访问控制：防止对任何资源的非授权访问，确保只有经过授权的实体才能访问受保护的资源。

（3）数据机密性服务：确保只有经过授权的实体才能理解受保护的信息。在信息安全中主要区分两种机密性服务：数据机密性服务和业务流机密性服务，数据机密性服务主要是采用加密手段使得攻击者即使窃取了加密的数据也很难分析出有用的信息；业务流机密性服务则要使监听者很难从网络流量的变化上分析出敏感信息。

（4）数据完整性服务：防止对数据未授权的修改和破坏。完整性服务使消息的接收者能够发现消息是否被修改，是否被攻击者用假消息换掉。

（5）不可否认服务：防止对数据源以及数据提交的否认。它有两种可能：数据发送的不可否认性和数据接收的不可否认性。这两种服务需要比较复杂的基础设施的支持，如数字签名技术。

2．特定的安全机制

安全机制是用来实施安全服务的机制。安全机制既可以是具体的、特定的，也可以是通用的。

（1）加密机制：用于保护数据的机密性。它依赖于现代密码学理论，一般来说加/解密算法是公开的，加密的安全性主要依赖于密钥的安全性和强度。

（2）数字签名机制：保证数据完整性及不可否认性的一种重要手段，它可以采用特定的数字签名机制生成，也可以通过某种加密机制生成。

（3）访问控制机制：与实体认证密切相关。首先，要访问某个资源的实体应成功通过认证，然后访问控制机制对该实体的访问请求进行处理，查看该实体是否具有访问所请求资源的权限，并做出相应的处理。

（4）数据完整性机制：用于保护数据免受未经授权的修改，该机制可以通过使用一种单向的不可逆函数（例如散列函数）来计算出消息摘要，并对消息摘要进行数字签名来实现。

（5）认证交换机制：通过交换标识信息使通信双方相互信任。

（6）流量填充机制：针对的是对网络流量进行分析的攻击。有时攻击者通过对通信双方的数据流量的变化进行分析，根据流量的变化来推出一些有用的信息或线索。

（7）路由控制机制：可以指定数据通过网络的路径。这样就可以选择一条路径，这条路径上的结点都是可信任的，确保发送的信息不会因通过不安全的结点而受到攻击。

（8）公证机制：由通信各方都信任的第三方提供。由第三方来确保数据完整性、数据源、时间及目的地的正确。

3．普遍性的安全机制

普遍性安全机制不是为任何特定的服务而特设的，因此在任一特定的层上，对它们都不作明确的说明。某些普遍性安全机制可认为属于安全管理方面。普遍性安全机制可分为可信功能度、安全标记、事件检测、安全审计跟踪、安全恢复。

（1）可信功能度：可以扩充其他安全机制的范围，或建立这些安全机制的有效性；

可以保证对硬件与软件寄托信任的手段已超出标准的范围，而且在任何情况下，这些手段随着已察觉到的威胁的级别和被保护信息的价值而改变。

（2）安全标记：与某一资源（可以是数据单元）密切相关联的标记，为该资源命名或指定安全属性（这种标记或约束可以是明显的，也可以是隐含的）。

（3）事件检测：与安全有关的事件检测包括对安全明显事件的检测，也可以包括对“正常”事件的检测，例如，一次成功的访问（或注册）。与安全有关的事件的检测可由 OSI 内部含有安全机制的实体来做。

（4）安全审计跟踪：就是对系统的记录与行为进行独立的评估考查，目的是测试系统的控制是否恰当，保证与既定策略和操作的协调一致，有助于做出损害评估，以及对在控制、策略与规程中指明的改变做出评价。

（5）安全恢复：处理来自诸如事件处置与管理功能等机制的请求，并把恢复动作当作应用一组规则的结果。恢复动作可能有 3 种：立即动作、暂时动作、长期动作。

13.1.2　安全保护等级

《计算机信息系统安全保护等级划分准则》（GB17859—1999）规定了计算机系统安全保护能力的 5 个等级，即用户自主保护级、系统审计保护级、安全标记保护级、结构化保护级、访问验证保护级。计算机信息系统安全保护能力随着安全保护等级的增高，逐渐增强。

（1）用户自主保护级。本级的计算机信息系统将数据与用户隔离，使用户具备自主安全保护的能力。它具有多种形式的控制能力，对用户实施访问控制，即为用户提供可行的手段，保护用户和用户组信息，避免其他用户对数据的非法读写与破坏。第 1 级适用于普通内联网用户。

（2）系统审计保护级。与用户自主保护级相比，本级的计算机信息系统实施了粒度更细的自主访问控制，它通过登录规程、审计安全性相关事件和隔离资源，使用户对自己的行为负责。第 2 级适用于通过内联网或国际网进行商务活动，需要保密的非重要单位。

（3）安全标记保护级。本级的计算机信息系统具有系统审计保护级的所有功能。此外，还提供有关安全策略模型、数据标记，以及主体对客体强制访问控制的非形式化描述；具有准确地标记输出信息的能力；消除通过测试发现的任何错误。第 3 级适用于地方各级国家机关、金融机构、邮电通信、能源与水源供给部门、交通运输、大型工商与信息技术企业、重点工程建设等单位。

（4）结构化保护级。本级的计算机信息系统建立于一个明确定义的形式化安全策略模型之上，它要求将第 3 级系统中的自主和强制访问控制扩展到所有主体与客体。此外，还要考虑隐蔽通道。本级的计算机信息系统可信计算机必须结构化为关键保护元素和非关键保护元素。计算机信息系统可信计算机的接口也必须明确定义，使其设计与实现能经受更充分的测试和更完整的复审。加强了鉴别机制，支持系统管理员和操作员的职能，提供可信设施管理，增强了配置管理控制。系统具有相当的抗渗透能力。第4级适用于中央级国家机关、广播电视部门、重要物资储备单位、社会应急服务部门、尖端科技企业集团、国家重点科研机构和国防建设等部门。

（5）访问验证保护级。本级的计算机信息系统满足访问监控器需求。访问监控器仲裁主体对客体的全部访问。访问监控器本身是抗篡改的，而且必须足够小，能够分析和测试。为了满足访问监控器需求，计算机信息系统可信计算机在其构造时，排除了那些对实施安全策略来说并非必要的代码；在设计和实现时，从系统工程角度将其复杂性降低到最小程度。支持安全管理员职能；扩充审计机制，当发生与安全相关的事件时发出信号；提供系统恢复机制。系统具有很高的抗渗透能力。第5级适用于国防关键部门和依法需要对计算机信息系统实施特殊隔离的单位。

13.1.3 信息安全保障系统

在实施信息系统的安全保障系统时，应严格区分信息安全保障系统的3种不同架构，分别是MIS+S、S-MIS和S^2-MIS。

（1）MIS+S（Management Information System + Security）系统：为初级信息安全保障系统或基本信息安全保障系统，这种系统是初等的、简单的信息安全保障系统，该系统的特点是应用基本不变，硬件和系统软件通用，安全设备基本不带密码。

（2）S-MIS（Security - Management Information System）系统：为标准信息安全保障系统，这种系统是建立在PKI/CA（Certificate Authority，认证中心）标准的信息安全保障系统，该系统的特点是硬件和系统软件通用；PKI/CA 安全保障系统必须带密码；应用系统必须根本改变。

（3）S^2-MIS（Super Security-Management Information System）系统：为超安全的信息安全保障系统，这种系统是“绝对”安全的信息安全保障系统，不仅使用PKI/CA标准，同时硬件和系统软件都使用专用的安全产品。这种系统的特点是硬件和系统软件都专用；PKI/CA 安全保障系统必须带密码；应用系统必须根本改变；主要的硬件和系统软件需要PKI/CA认证。

13.1.4 可信计算机系统

本节主要介绍TCSEC（Trusted Computer System Evaluation Criteria，可信计算机系统准则）。TCSEC 标准是计算机系统安全评估的第一个正式标准，具有划时代的意义。TCSEC将计算机系统的安全划分为4个等级、7个级别。

（1）D类安全等级：D类安全等级只包括D1一个级别。D1的安全等级最低。D1系统只为文件和用户提供安全保护。D1系统最普通的形式是本地操作系统，或者是一个完全没有保护的网络。

（2）C 类安全等级：该类安全等级能够提供审慎的保护，并为用户的行动和责任提供审计能力。C 类安全等级可划分为 C1 和 C2 两类。C1 系统的可信任运算基础体制通过将用户和数据分开来达到安全的目的。在 C1 系统中，所有的用户以同样的灵敏度来处理数据，即用户认为 C1 系统中的所有文档都具有相同的机密性。C2 系统比 C1 系统加强了可调的审慎控制。在连接到网络上时，C2 系统的用户分别对各自的行为负责。C2 系统通过登录过程、安全事件和资源隔离来增强这种控制。C2 系统具有 C1 系统中所有的安全性特征。

（3）B 类安全等级：B 类安全等级可分为 B1、B2 和 B3 3 类。B 类系统具有强制性保护功能。强制性保护意味着如果用户没有与安全等级相连，系统就不会让用户存取对象。B1 系统满足下列要求：系统对网络控制下的每个对象都进行灵敏度标记；系统使用灵敏度标记作为所有强迫访问控制的基础；系统在把导入的、非标记的对象放入系统前标记它们；灵敏度标记必须准确地表示其所联系的对象的安全级别；当系统管理员创建系统或者增加新的通信通道或 I/O 设备时，管理员必须指定每个通信通道和 I/O 设备是单级还是多级，并且管理员只能手工改变指定；单级设备并不保持传输信息的灵敏度级别；所有直接面向用户位置的输出（无论是虚拟的还是物理的）都必须产生标记来指示关于输出对象的灵敏度；系统必须使用用户的口令或证明来决定用户的安全访问级别；系统必须通过审计来记录未授权访问的企图。

B2 系统必须满足 B1 系统的所有要求。另外，B2 系统的管理员必须使用一个明确的、文档化的安全策略模式作为系统的可信任运算基础体制。B2 系统必须满足下列要求：系统必须立即通知系统中的每一个用户所有与之相关的网络连接的改变；只有用户能够在可信任通信路径中进行初始化通信；可信任运算基础体制能够支持独立的操作者和管理员。

B3 系统必须符合 B2 系统的所有安全需求。B3 系统具有很强的监视委托管理访问能力和抗干扰能力。B3 系统必须设有安全管理员。B3 系统应满足以下要求：除了控制对个别对象的访问外，B3 必须产生一个可读的安全列表；每个被命名的对象提供对该对象没有访问权的用户列表说明；B3 系统在进行任何操作前，要求用户进行身份验证；B3 系统验证每个用户，同时还会发送一个取消访问的审计跟踪消息；设计者必须正确区分可信任的通信路径和其他路径；可信任的通信基础体制为每一个被命名的对象建立安全审计跟踪；可信任的运算基础体制支持独立的安全管理。

（4）A 类安全等级：A 系统的安全级别最高。目前，A 类安全等级只包含 A1 一个安全类别。A1 类与 B3 类相似，对系统的结构和策略不作特别要求。A1 系统的显著特征是，系统的设计者必须按照一个正式的设计规范来分析系统。对系统分析后，设计者必须运用核对技术来确保系统符合设计规范。A1 系统必须满足下列要求：系统管理员必须从开发者那里接收到一个安全策略的正式模型；所有的安装操作都必须由系统管理员进行；系统管理员进行的每一步安装操作都必须有正式文档。

在欧洲四国（英、法、德、荷）也提出了评价满足保密性、完整性、可用性要求的信息技术安全评价准则（Information Technology Security Evaluation Criteria，ITSEC）后，美国又联合以上诸国和加拿大，并会同 ISO 共同提出了信息技术安全评价的通用准则（Common Criteria for ITSEC，CC），CC 已经被技术发达的国家承认为代替 TCSEC 的评价安全信息系统的标准，且将发展成为国际标准。

13.2　数据安全与保密

密码学经历了手工密码、机械密码、机电密码、电子密码和计算机密码几个阶段，现在流行的是芯片密码，不管是哪一种密码，数学都是密码编码和密码分析的基本工具。

当今密码体制建立在3个基本假设之上，分别是随机性假设、计算假设和物理假设。

（1）随机性假设：在单一地域内产生均匀分布的随机比特序列是可能的。

（2）计算假设：合理的计算时间有一个量的界限，在一个合理的计算时间内，单向函数是存在的，对它进行正向计算容易而求逆难。密码算法就是在计算假设下设计出来的伪随机函数，主要包括序列密码、分组密码和公钥密码。

（3）物理假设：对单一地域的信息实行物理保护是可能的，物理地保护长距离传送中的信息是困难的。

一个好的密码设备、安全协议必须构建两类不可或缺的乱源，分别是物理乱源和数学乱源，其中数学乱源基于计算假设，物理乱源基于物理假设。系统建在硅片上（System On a Chip，SOC）是安全信息系统构建的一个重要技术措施。

13.2.1　加密体制

数据加密即对明文（未经加密的数据）按照某种加密算法（数据的变换算法）进行处理，而形成难以理解的密文（经加密后的数据）。即使密文被截获，截获方也无法或难以解码，从而防止泄露信息。

按照加密密钥和解密密钥的异同，有两种密钥体制，分别是对称密码体制和非对称密码体制。

1．对称密码体制

对称密码体制又称为秘密密钥体制（私钥密码体制），加密和解密采用相同的密钥。因为其加密速度快，通常用来加密大批量数据。典型的方法有日本 NTT 公司的快速数据加密标准（Fast Data Encipherment Algorithm，FEAL）、瑞士的国际数据加密算法（International Data Encryption Algorithm，IDEA）和美国的数据加密标准（Data Encryption Standard，DES）。

DES 是 ISO 核准的一种加密算法，一般 DES 算法的密钥长度为 56 位。针对 DES

密钥短的问题，科学家又研制了 80 位的密钥，以及在 DES 的基础上采用三重 DES 和双密钥加密的方法。即用两个 56 位的密钥 K1、K2，发送方用 K1 加密，K2 解密，再使用 K1 加密。接收方则使用 K1 解密，K2 加密，再使用 K1 解密，其效果相当于将密钥长度加倍。

1997 年，美国国家科学技术研究所开始发起来一个项目，目标是可供政府和商业使用的功能强大的加密算法、支持标准密码方式、要明显比 DES 有效、密钥大小可变。NIST 选择 Rijndael 作为该项目算法。Rijndael 是带有可变块长和可变密钥长度的迭代块密码。块长和密钥长度可以分别指定成 128、192 或 256 位。

IDEA 是在 DES 的基础上发展起来的，类似于三重 DES。发展 IDEA 也是因为感到 DES 具有密钥太短等缺点，IDEA 的密钥为 128 位。

2. 非对称密码体制

非对称密码体制（不对称密码体制）又称为公开密钥体制（公钥密码体制），其加密和解密使用不同的密钥，其中一个密钥是公开的，另一个密钥保密的，典型的公开密钥是保密的。由于加密度较慢，所在往往用在少量数据的通信中。公钥密码体制根据其所依据的难题一般分为 3 类：大整数分解问题类、离散对数问题类、椭圆曲线类。有时也把椭圆曲线类归为离散对数类。

典型的公开密钥加密方法有 RSA，该算法的名字以发明者的名字命名：Ron Rivest，AdiShamir 和 Leonard Adleman。RSA 算法的密钥长度为 512 位。RSA 算法的保密性取决于数学上将一个大数分解为两个素数的问题的难度，根据已有的数学方法，其计算量极大，破解很难。但是加密/解密时要进行大指数模运算，因此加密/解密速度很慢，主要用在数字签名中。

13.2.2 PKI 与数字签名

PKI 是 CA 安全认证体系的基础，为安全认证体系进行密钥管理提供了一个平台，它是一种新的网络安全技术和安全规范。它能够为所有网络应用透明地提供采用加密和数字签名等密码服务所必需的密钥和证书管理。PKI 包括由认证中心、证书库、密钥备份及恢复系统、证书作废处理系统及客户端证书处理系统五大系统组成。

PKI 可以实现 CA 和证书的管理；密钥的备份与恢复；证书、密钥对的自动更换；交叉认证；加密密钥和签名密钥的分隔；支持对数字签名的不可抵赖性；密钥历史的管理等功能。PKI 技术的应用可以对认证、机密性、完整性和抗抵赖性方面发挥出重要的作用。

（1）认证：是指对网络中信息传递的双方进行身份的确认。

（2）机密性：是指保证信息不泄露给未经授权的用户或供其利用。

（3）完整性：是指防止信息被未经授权的人篡改，保证真实的信息从真实的信源无失真地传到真实的信宿。

（4）抗抵赖性：是指保证信息行为人不能够否认自己的行为。

PKI技术实现以上这些方面的功能主要是借助数字签名技术。签名是确认文件的一种手段，采用数字签名能够确认以下两点：一是信息是由签名者发送的；二是信息自签发到接收为止，没作任何修改。数字签名的目的就是在保证真实的发送方与真实的接收方之间传送真实的信息。因而完善的签名机制应体现发送方签名发送，接收方签名送回执。

数字签名的算法很多，应用最为广泛的3种是Hash签名、DSS签名（Digital Signature Standard，数字签名标准）、RSA签名。Hash签名中很常用的就是散列（Hash）函数，也称消息摘要、哈希函数或杂凑函数等。单向Hash函数提供了这样一种计算过程：输入一个长度不固定的字符串，返回一串定长的字符串（128位），又称Hash值。单向Hash函数用于产生消息摘要。Hash函数主要可以解决两个问题：在某一特定时间内，无法查找经Hash操作后生成特定Hash值的原报文；也无法查找两个经Hash操作后生成相同Hash值的不同报文。这样在数字签名中就可以解决验证签名和用户身份验证、不可抵赖性的问题。

数字签名把Hash函数和公钥算法结合起来，可以在提供数据完整性的同时，保证数据的真实性。其原理如下：

（1）发送者首先将原文用Hash函数生成128位的数字摘要。

（2）发送者用自己的私钥对摘要加密，形成数字签名，把加密后的数字签名附加在要发送的原文后面。

（3）发送者将原文和数字签名同时传给对方。

（4）接收者对收到的信息用Hash函数生成新的摘要，同时用发送者的公开密钥对信息摘要解密。

（5）将解密后的摘要与新摘要对比，如两者一致，则说明传送过程中信息没有被破坏或篡改。

如果第三方冒充发送方发送了一个文件，因为接收方在对数字签名进行解密时使用的是发送方的公开密钥，只要第三方不知道发送方的私用密钥，解密出来的数字摘要与计算机计算出来的新摘要必然是不同的。这就提供了一个安全的确认发送方身份的方法。

数字签名有两种，一种对整体信息的签名，它是指经过密码变换的被签名信息整体；另一种是对压缩信息的签名，它是附加在被签名信息之后或某一特定位置上的一段签名图样。若按照明文、密文的对应关系划分，每一种中又可以分为两个子类，一类是确定性数字签名，即明文与密文一一对应，它对一个特定信息的签名不变化，如RSA签名；另一类是随机化或概率化数字签名，它对同一信息的签名是随机变化的，取决于签名算法中的随机参数的取值，一个明文可能有多个合法数字签名。

一个签名体制一般包含两个组成部分：签名算法和验证算法。签名算法或签名密钥是秘密的，只有签名人掌握。验证算法是公开的，以便他人进行验证。

13.2.3 数字信封

公钥密码体制在实际应用中包含数字签名和数字信封两种方式。

数字信封的功能类似于普通信封。普通信封在法律的约束下保证只有收信人才能阅读信的内容；数字信封则采用密码技术保证了只有规定的接收人才能阅读信息的内容。

数字信封中采用了私钥密码体制和公钥密码体制。基本原理是将原文用对称密钥加密传输，而将对称密钥用接收方公钥加密发送给对方。收方收到电子信封，用自己的私钥解密信封，取出对称密钥解密得原文。其详细过程如下：

(1)发送方 A 将原文信息进行 Hash 运算，得到一 Hash 值，即数字摘要 MD(Message Digest)。

(2) 发送方 A 用自己的私钥 PVA，采用非对称 RSA 算法，对数字摘要 MD 进行加密，即得数字签名 DS。

(3) 发送方 A 用对称算法 DES 的对称密钥 SK 对原文信息、数字签名 SD 及发方 A 证书的公钥 PBA 采用对称算法加密，得加密信息 E。

(4) 发送方用接收方 B 的公钥 PBB，采用 RSA 算法对对称密钥 SK 加密，形成数字信封 DE，就好像将对称密钥 SK 装到了一个用收方公钥加密的信封里。

(5) 发送方 A 将加密信息 E 和数字信封 DE 一起发送给接收方 B。

(6) 接收方 B 接收到数字信封 DE 后，首先用自己的私钥 PVB 解密数字信封，取出对称密钥 SK。

(7) 接收方 B 用对称密钥 SK 通过 DES 算法解密加密信息 E，还原出原文信息、数字签名 SD 及发送方 A 证书的公钥 PBA。

(8) 接收方 B 验证数字签名，先用发送方 A 的公钥解密数字签名得数字摘要 MD。

(9) 接收方 B 同时将原文信息用同样的 Hash 运算，求得一个新的数字摘要 MD′。

(10) 接收方将两个数字摘要 MD 和 MD′ 进行比较，验证原文是否被修改。如果二者相等，说明数据没有被篡改，是保密传输的，签名是真实的；否则拒绝该签名。

13.2.4 PGP

PGP (Pretty Good Privacy) 是一个基于 RSA 公钥加密体系的邮件加密软件。可以用它对邮件保密以防止非授权者阅读，它还能对邮件加上数字签名从而使收信人可以确信邮件发送者。PGP 采用了审慎的密钥管理，一种 RSA 和传统加密的杂合算法：一个对称加密算法（IDEA）、一个非对称加密算法（RSA）、一个单向散列算法（MD5）以及一个随机数产生器（从用户击键频率产生伪随机数序列的种子），用于数字签名的邮件文摘算法，加密前压缩等，还有一个良好的人机工程设计。它功能强大，速度很快，而且源代码是免费的。

PGP 还可用于文件存储的加密。PGP 承认两种不同的证书格式：PGP 证书和 X.509

证书。

一份 PGP 证书包括（但不仅限于）以下信息：

（1）PGP 版本号：指出创建与证书相关联的密钥使用了哪个 PGP 版本。

（2）证书持有者的公钥：是密钥对的公开部分，并且还有密钥的算法。

（3）证书持有者的信息：包括用户的身份信息，例如姓名、用户 ID、照片等。

（4）证书拥有者的数字签名：也称为自签名，这是用与证书中的公钥相关的私钥生成的签名。

（5）证书的有效期：证书的起始日期/时间和终止日期/时间，指明证书何时失效。

（6）密钥首选的对称加密算法：指明证书拥有者首选的信息加密算法。

一份 X.509 证书是一些标准字段的集合，这些字段包含有关用户或设备及其相应公钥的信息。X.509 标准定义了证书中应该包含哪些信息，并描述了这些信息是如何编码的（即数据格式）。所有的 X.509 证书包含以下数据：

（1）证书版本：指出该证书使用了哪种版本的 X.509 标准，版本号会影响证书中的一些特定信息。

（2）证书的序列号：创建证书的实体（组织或个人）有责任为该证书指定一个独一无二的序列号，以区别于该实体发布的其他证书。序列号信息有许多用途；例如当一份证书被回收以后，它的序列号就被放入证书回收列表（Certificate Revocation List，CRL）中。

（3）签名算法标识：指明 CA 签署证书所使用的算法。

（4）证书有效期：证书起始日期和时间以及终止日期和时间，指明证书何时失效。

（5）证书发行商名字：这是签发该证书的实体的唯一名字，通常是 CA。使用该证书意味着信任签发证书的实体。（注意：在某些情况下，例如根或顶级 CA 证书，发布者自己签发证书）。

（6）证书主体名：证书持有人唯一的标识符，也称为 DN（Distinguished Name），这个名字在 Internet 上应该是唯一的。

（7）主体公钥信息：包括证书持有人的公钥，算法(指明密钥属于哪种密码系统)的标识符和其他相关的密钥参数。

（8）发布者的数字签名：这是使用发布者私钥生成的签名。

13.2.5 数字水印

数字水印（digital watermarking）技术是将一些标识信息（即数字水印）直接嵌入数字载体（包括多媒体、文档、软件等）中，但不影响原载体的使用价值，也不容易被人的知觉系统（如视觉或听觉系统）觉察或注意到。通过这些隐藏在载体中的信息，可以达到确认内容创建者、购买者、传送隐秘信息或者判断载体是否被篡改等目的。数字水印是信息隐藏技术的一个重要研究方向。

1．数字水印的特点

数字水印技术具有下面几个方面的特点：

（1）安全性：数字水印的信息应是安全的，难以篡改或伪造，同时，应当有较低的误检测率，当原内容发生变化时，数字水印应当发生变化，从而可以检测原始数据的变更。

（2）隐蔽性：数字水印应是不可知觉的，而且应不影响被保护数据的正常使用，不会降质。

（3）鲁棒性：在经历多种无意或有意的信号处理过程后，数字水印仍能保持部分完整性并能被准确鉴别。可能的信号处理过程包括信道噪声、滤波、数/模与模/数转换、重采样、剪切、位移、尺度变化以及有损压缩编码等。

（4）水印容量：载体在不发生形变的前提下可嵌入的水印信息量。嵌入的水印信息必须足以表示多媒体内容的创建者或所有者的标志信息，或购买者的序列号，这样有利于解决版权纠纷，保护数字产权合法拥有者的利益。

2．数字水印的分类

按水印的特性，可以将数字水印分为鲁棒水印和易损水印两类。鲁棒水印主要用于在数字作品中标识著作权信息，利用这种水印技术在多媒体内容数据中嵌入创建者、所有者的标识信息，或者嵌入购买者的标识（序列号）；易损水印主要用于完整性保护，这种水印同样是在内容数据中嵌入不可见信息。当内容发生改变时，这些水印信息会发生相应的改变，从而可以鉴定原始数据是否被篡改。易损水印应对一般图像处理，如滤波、加噪声、替换、压缩等，有较强的免疫能力（鲁棒性），同时又要求有较强的敏感性，既允许一定程度的失真，又要能将失真情况探测出来。必须对信号的改动很敏感，人们根据易损水印的状态就可以判断数据是否被篡改过。

按水印的检测过程，可以将数字水印划分为明文水印和盲水印。明文水印在检测过程中需要原始数据，而盲水印的检测只需要密钥，不需要原始数据。一般来说，明文水印的鲁棒性比较强，但其应用受到存储成本的限制。

按水印的用途，可以将数字水印划分为票证防伪水印、版权保护水印、篡改提示水印和隐蔽标识水印。票证防伪水印是一类比较特殊的水印，主要用于打印票据和电子票据、各种证件的防伪；版权标识水印主要强调隐蔽性和鲁棒性，而对数据量的要求相对较小；篡改提示水印是一种脆弱水印，其目的是标识原文件信号的完整性和真实性；隐蔽标识水印的目的是将保密数据的重要标注隐藏起来，限制非法用户对保密数据的使用。

按数字水印的隐藏位置，可以将其划分为时（空）域水印、频域水印、时/频域水印和时间/尺度域水印。时（空）域水印是直接在信号空间上叠加水印信息，而频域水印、时/频域水印和时间/尺度域水印则分别是在 DCT 变换域、时/频变换域和小波变换域上隐藏水印。

3．典型数字水印算法

下面介绍一些典型的数字水印算法，除特别指明外，这些算法主要针对图像数据（某些算法也适合视频和音频数据）。

（1）空域算法。将信息嵌入数字水印随机选择的图像点中最不重要的像素位（Least Significant Bits，LSB)上，这可保证嵌入水印是不可见的。但是由于使用了图像不重要的像素位，算法的鲁棒性差，水印信息很容易为滤波、图像量化、几何变形等操作破坏。另外一个常用方法是利用像素的统计特征将信息嵌入像素的亮度值中。

（2）Patchwork 算法。对 JPEG 压缩、滤波以及图像裁剪有一定的抵抗力，但该方法嵌入的信息量有限。为了嵌入更多的水印信息，可以将图像分块，然后对每一个图像块实施嵌入操作。

（3）变换域算法。该类算法中，大部分水印算法采用了扩展频谱通信技术。

（4）压缩域算法。基于 JPEG、MPEG 标准的压缩域数字水印系统不仅节省了大量完全解码和重新编码过程，而且在数字电视广播及视频点播中有很大的实用价值。相应地，水印检测与提取也可直接在压缩域数据中进行。

（5）NEC 算法。首先以密钥为种子来产生伪随机序列，该序列具有高斯 $N(0，1)$分布，密钥一般由作者的标识码和图像的哈希值组成，其次对图像做 DCT 变换，最后用伪随机高斯序列来调制（叠加）该图像除直流分量外的 1000 个最大的 DCT 系数。该算法具有较强的鲁棒性、安全性、透明性等。

（6）生理模型算法。生理模型包括人类视觉系统和人类听觉系统，该模型不仅被多媒体数据压缩系统利用，同样可以供数字水印系统利用。

13.3　计算机网络安全

网络安全主要用于保证网络的可用性，以及网络中所传输的信息的完整性和机密性。

13.3.1　网络安全设计

网络安全防范体系在整体设计过程中应遵循以下 9 项原则：

（1）木桶原则。对信息均衡、全面地进行保护。木桶的最大容积取决于最短的一块木板。网络信息系统是一个复杂的计算机系统，它本身在物理上、操作上和管理上的种种漏洞构成了系统的安全脆弱性，尤其是多用户网络系统自身的复杂性、资源共享性使单纯的技术保护防不胜防。攻击者使用的“最易渗透原则”，必然在系统最薄弱的地方进行攻击。因此，充分、全面、完整地对系统的安全漏洞和安全威胁进行分析，评估和检测（包括模拟攻击）是设计信息安全系统的必要前提条件。安全机制和安全服务设计的首要目的是防止最常用的攻击手段，根本目的是提高整个系统的“安全最低点”的安全性能。

（2）整体性原则。要求在网络发生被攻击、破坏事件的情况下，必须尽可能地快速恢复网络信息中心的服务，减少损失。因此，信息安全系统应该包括安全防护机制、安全检测机制和安全恢复机制。安全防护机制是根据具体系统存在的各种安全威胁采取的相应防护措施，避免非法攻击的进行。安全检测机制是检测系统的运行情况，及时发现和制止对系统进行的各种攻击。安全恢复机制是在安全防护机制失效的情况下，进行应急处理，尽量及时地恢复信息，减少供给的破坏程度。

（3）安全性评价与平衡原则。对任何网络而言，绝对安全是难以达到的，也不一定是必要的，所以需要建立合理的实用安全性与用户需求评价与平衡体系。安全体系设计要正确处理需求、风险与代价的关系，做到安全性与可用性相容，做到组织上可执行。评价信息是否安全，没有绝对的评判标准和衡量指标，只能决定于系统的用户需求和具体的应用环境，具体取决于系统的规模和范围，系统的性质和信息的重要程度。

（4）标准化与一致性原则。系统是一个庞大的系统工程，其安全体系的设计必须遵循一系列标准，这样才能确保各个分系统的一致性，使整个系统安全地互联互通、信息共享。

（5）技术与管理相结合原则。安全体系是一个复杂的系统工程，涉及人、技术、操作等要素，单靠技术或单靠管理都不可能实现。因此，必须将各种安全技术与运行管理机制、人员思想教育与技术培训、安全规章制度建设结合起来。

（6）统筹规划，分步实施原则。由于政策规定、服务需求的不明朗，环境、条件、时间的变化，攻击手段的进步，安全防护不可能一步到位，可在一个比较全面的安全规划下，根据网络的实际需要，先建立基本的安全体系，保证基本的、必须的安全性。今后随着网络规模的扩大及应用的增加，网络应用和复杂程度的变化，网络脆弱性也会不断增加，调整或增强安全防护力度，保证整个网络最根本的安全需求。

（7）等级性原则。等级性原则是指安全层次和安全级别。良好的信息安全系统必然是分为不同等级的，包括对信息保密程度分级，对用户操作权限分级，对网络安全程度分级（安全子网和安全区域），对系统实现结构的分级（应用层、网络层、链路层等），从而针对不同级别的安全对象，提供全面、可选的安全算法和安全体制，以满足网络中不同层次的各种实际需求。

（8）动态发展原则。要根据网络安全的变化不断调整安全措施，适应新的网络环境，满足新的网络安全需求。

（9）易操作性原则。首先，安全措施需要人工完成，如果措施过于复杂，对人的要求过高，这本身就降低了安全性。其次，措施的采用不能影响系统的正常运行。

13.3.2　单点登录技术

单点登录（Single Sign-On，SSO）技术是通过用户的一次性认证登录，即可获得需要访问系统和应用软件的授权，在此条件下，管理员不需要修改或干涉用户登录就能方便地实现希望得到的安全控制。

1．利用 Kerberos 机制

Kerberos v5 是业界的标准网络身份认证协议，该协议的基础是基于信任第三方，它提供了在开放型网络中进行身份认证的方法，认证实体可以是用户也可以是用户服务。这种认证不依赖宿主机的操作系统或主机的 IP 地址，不需要保证网络上所有主机的物理安全性，并且假定数据包在传输中可被随机窃取和篡改。

Kerberos 的安全机制在于首先对发出请求的用户进行身份验证，确认其是否是合法用户；如是合法用户，再审核该用户是否有权对其所请求的服务或主机进行访问。从加密算法上来讲，其验证是建立在对称加密的基础上的。密钥分配中心（Key Distribution Cernter，KDC）保存与所有密钥持有者通信的保密密钥，其认证过程颇为复杂，下面简单介绍其认证过程。

首先客户（C）向 KDC 发送初始票据 TGT（Ticket Granting Ticket，票据授予票据），申请访问服务器（S）的许可证。KDC 确认合法客户后，临时生成一个 C 与 S 通信时用的保密密钥 Kcs，并用 C 的密钥 Kc 加密 Kcs 后传给 C，并附上用 S 的密钥 Ks 加密的“访问 S 的许可证 Ts，内含 Kcs”。当 C 收到上述两信件后，用其 Kc 解密获得 Kcs，而把 Ts 原封不动地传给 S，并附上用 Kcs 加密的客户身份和时间。当 S 收到这两信件后，先用其 Ks 解密 Ts，获得其中的 Kcs，然后用这 Kcs 解密获得客户身份和时间，告诉客户成功。然后 C 和 S 用 Kcs 加密通信信息。

Kerberos 系统在分布式计算环境中得到了广泛应用，因为它具有以下特点：

（1）安全性高。Kerberos 系统对用户口令进行加密后用作用户私钥，从而避免了用户口令在网络上显示和传输，使得窃听者难以在网络上取得相应的口令信息。

（2）透明性高。用户在使用过程中，仅在登录时要求输入口令，与平常的操作完全一样，Kerberos 的存在对于合法用户来说是透明的。

（3）可扩展性好。Kerberos 为每一个服务提供认证，确保应用的安全。

Kerberos 有其优点，同时也有其缺点，主要缺点是：

（1）Kerberos 服务器与用户共享的秘密是用户的口令字，服务器在回应时不验证用户的真实性，假设只有合法用户拥有口令字。如攻击者记录申请回答报文，就易形成代码本攻击。

（2）AS 和 TGS 是集中式管理，容易形成瓶颈，系统的性能和安全也严重依赖于 AS 和 TGS 的性能和安全。在 AS 和 TGS 前应该有访问控制，以增强 AS 和 TGS 的安全。

（3）随用户数增加，密钥管理较复杂。Kerberos 拥有每个用户的口令字的散列值，AS 与 TGS 负责用户间通信密钥的分配。当 N 个用户想同时通信时，仍需要 $N(N-1)/2$ 个密钥。

（4）Kerberos 不能保护一台计算机或者服务的可用性。

（5）KDC 是一个单一故障点。如果 KDC 出错，那么没有人能够访问所需的资源。KDC 必须能够以实时方式处理大量请求。

（6）密钥要暂时存放在用户工作站上，这意味着入侵者有可能获得这个密钥。会话密钥被解密然后驻留在用户服务器或者密码列表的缓存中，入侵者同样可以获取这个密钥。Kerberos 对于密码猜测非常脆弱。KDC 不能发现一个正在发生的字典式攻击。

（7）如果没有应用加密功能，Kerberos 不能保护网络流量。

（8）当用户改变密码时，Kerberos 就改变了密钥，KDC 用户数据库需要进行更新。

2．外壳脚本机制

通过原始认证进入系统外壳，然后外壳就会激发各种专用平台的脚本来激活目标平台的账号以及资源的访问。这种方式简化了用户的登录，但其没有提供同步的口令字以及其他管理方法。

另外，单点登录的实施也可以采用通用安全服务应用程序接口和分布式计算环境。一个理想的 SSO 产品应该具备以下的特征和功能：

（1）常规特征：支持多种系统、设备和接口。

（2）终端用户管理灵活性：包括通常的账号创建、口令管理和用户识别。口令管理包括口令维护、历史记录以及文法规则等。支持各种类型的令牌设备、生物学设备。

（3）应用管理灵活性：如果多个会话同时与一个公共主体相关，设备场景管理能保证若其中一个会话发生改变，其他相关会话自动更新；应用监控能监控特定信息的使用；应用融合可将各种应用绑定在一起来保证应用的一致性。

（4）移动用户管理：保证用户在不同地点对信息资源进行访问。

（5）加密和认证：加密保证信息在终端用户和安全服务器之间传输时的安全性；认证保证用户的真实性。

（6）访问控制：保证只有用户被授权访问的应用可以提供给用户。

（7）可靠性和性能：包括 SSO 和其他访问控制程序之间的接口的可靠性和性能以及接口的复杂度等。

13.3.3　无线设备的安全性

由于各种原因，Internet 的安全性很难在无线电话和 PDA 上实施，主要原因是这些设备的 CPU、内存、带宽以及存储能力是有限的，因此具有有限的计算能力。

1．认证性

对无线电话用户的认证是数字移动电话最重要的安全特征之一。对于 GSM（Global System for Mobile Communications，全球移动通讯系统）电话，通常使用 SIM（Subscriber Identity Module，客户识别模块）卡或芯片来存储用户的认证信息。SIM 卡通常可以存放认证和加密密钥、认证算法、标识信息、用户电话号码等信息。目前的一些方法在应用层提供了端到端的认证，大多数采用的是 ID 号和口令的方式，这种方式有其局限性，因为只提供了单方的认证。

有的组织在试验椭圆曲线密码（Elliptic Curve Cryptosystems，ECC）进行认证，ECC 由于密钥长度短，一出现便受到关注，现在密码学界普遍认为它将替代 RSA 成为通用的公钥密码算法。ECC 对于移动设备来说是一种理想工具，因为其能够提供高强度的安全能力，而使用的资源却远远少于其他公开密钥算法所需要的资源。

2003 年 5 月 12 日，中国颁布的无线局域网国家标准 GB15629.11 中，包含了全新的 WAPI（WLAN Authentication and Privacy Infrastructure）安全机制，能为用户的 WLAN 系统提供全面的安全保护。这种安全机制由 WAI（WLAN Authentication Infrastructure）和 WPI（WLAN Privacy Infrastructure）两部分组成，分别实现对用户身份的鉴别和对传输数据加密。WAI 采用公开密钥密码体制，利用证书来对 WLAN 系统中的用户和 AP（Access Point，访问点）进行认证。证书里面包含证书颁发者的公钥和签名以及证书持有者的公钥和签名，这里的签名采用的就是 ECC 算法。

2．机密性

安全 WAP（Wireless Application Protocol，无线应用协议）应用使用 SSL（Secure Sockets Layer，安全套接字层）和 WTLS（Wireless Transport Layer Security，无线传输层安全）来保护安全传输的不同部分，其中 SSL 用来保护应用中的有线连接部分，而 WTLS 主要用来保护无线连接部分。

WTLS 在操作上类似 SSL，但 WTLS 对 RSA 和 ECC 都提供支持。另外，WTLS 可以在慢速、资源少的环境下提供安全服务，而 SSL 只能加重环境的负担。WAP 协议栈位于 OSI 参考模型的第 4～7 层，对于基于 IP 的网络，应用 UDP 协议，而对于非 IP 网络，应用 WDP（Wireless Datagram Protocol，无线数据报协议）协议。WTLS 是 WAP 协议栈中的安全协议，可以用来在无线环境中保护 UDP 和 WDP 业务。

3．恶意代码和病毒

现在的移动电话提供对一些语言的支持（如 Java），这样，用户就可以下载一些程序到支持 Web 的电话中，无意之中可能会下载恶意代码和病毒。这样，一旦它们访问了组织中的敏感信息，所带来的危害将是很大的。

13.3.4 防火墙

防火墙是指建立在内外网络边界上的过滤封锁机制。内部网络被认为是安全和可信赖的，而外部网络（通常是 Internet）被认为是不安全和不可信赖的。防火墙的作用是防止不希望的、未经授权的通信进出被保护的内部网络，通过边界控制强化内部网络的安全政策。由于防火墙是一种被动技术，它假设了网络边界和服务，因此，对内部的非法访问难以有效地控制，防火墙适合于相对独立的网络。

实现防火墙的产品主要两大类：一类是网络级防火墙，另一类是应用级防火墙。

1．网络级防火墙

网络级防火墙也称为过滤型防火墙，事实上是一种具有特殊功能的路由器，采用报文动态过滤技术，能够动态地检查流过的 TCP/IP 报文或分组头，根据企业所定义的规则，决定禁止某些报文通过或者允许某些报文通过，允许通过的报文将按照路由表设定的路径进行信息转发。相应的防火墙软件工作在传输层与网络层。

状态检测防火墙又称动态包过滤，是在传统包过滤上的功能扩展。状态检测防火墙在网络层由一个检查引擎截获数据包并抽取出与应用层状态有关的信息，并以此作为依据决定对该连接是接受还是拒绝。这种技术提供了高度安全的解决方案，同时也具有较好的性能、适应性和可扩展性。

状态检测防火墙一般也包括一些代理级的服务，它们提供附加的对特定应用程序数据内容的支持。状态检测技术最适合提供对 UDP 协议的有限支持。它将所有通过防火墙的 UDP 分组均视为一个虚拟连接，当反向应答分组送达时，就认为一个虚拟连接已经建立。

包过滤方式的优点是不用改动客户机和主机上的应用程序，因为它工作在网络层和传输层，与应用层无关。但其弱点也是明显的：过滤判别的依据只是网络层和传输层的有限信息，因而各种安全要求不可能充分满足；在许多过滤器中，过滤规则的数目是有限制的，且随着规则数目的增加，性能会受到很大影响；由于缺少上下文关联信息，不能有效地过滤如 UDP、RPC 一类的协议；另外，大多数过滤器中缺少审计和报警机制，它只能依据包头信息，而不能对用户身份进行验证，很容易受到地址欺骗型攻击。对安全管理人员素质要求高，建立安全规则时，必须对协议本身及其在不同应用程序中的作用有较深入的理解。因此，过滤器通常和应用网关配合使用，共同组成防火墙系统。

2．应用级防火墙

应用级防火墙也称为应用网关型防火墙，目前已大多采用代理服务机制，即采用一个网关来管理应用服务，在其上安装对应于每种服务的特殊代码（代理服务程序），在此网关上控制与监督各类应用层服务的网络连接。例如对外部用户（或内部用户）的 FTP、TELNET、SMTP 等服务请求，检查用户的真实身份、请求合法性和源与目的地 IP 地址等，从而由网关决定接受或拒绝该服务请求，对于可接受的服务请求由代理服务机制连接内部网与外部网。代理服务程序的配置由企业网络管理员所控制。

目前常用的应用级防火墙大至上有 4 种类型，分别适合于不同规模的企业内部网：双穴主机网关、屏蔽主机网关、屏蔽子网关和应用代理服务器。一个共同点是需要有一台主机（称为堡垒主机）来负责通信登记、信息转发和控制服务提供等任务。

（1）双穴主机（dual-homed）网关：由堡垒主机作为应用网关，其中装有两块网卡分别连接外因特网和受保护的内部网，该主机运行防火墙软件，具有两个 IP 地址，并且能隔离内部主机与外部主机之间的所有可能连接。

（2）屏蔽主机（screened host）网关：也称甄别主机网关。在外部 Internet 与被保护的企业内部网之间插入了堡垒主机和路由器，通常是由IP分组过滤路由器去过滤或甄别可能的不安全连接，再把所有授权的应用服务连接转向应用网关的代理服务机制。

（3）屏蔽子网（screened subnet）网关：也称甄别子网网关，适合于较大规模的网络使用。即在外部因特网与被保护的企业内部网之间插入了一个独立子网，例如在子网中有两个路由器和一台堡垒主机（其上运行防火墙软件作为应用网关），内部网与外部网各有一个分组过滤路由器，可根据不同甄别规则接受或拒绝网络通信，子网中的堡垒主机（或其他可供共享的服务器资源）是外部网与内部网都可能访问的唯一系统。

13.3.5 入侵检测

入侵检测是用于检测任何损害或企图损害系统的机密性、完整性或可用性的行为的一种网络安全技术。它通过监视受保护系统的状态和活动，采用异常检测或误用检测的方式，发现非授权的或恶意的系统及网络行为，为防范入侵行为提供有效的手段。

入侵检测系统要解决的最基本的两个问题是：如何充分并可靠地提取描述行为特征的数据，以及如何根据特征数据，高效并准确地判断行为的性质。由系统的构成来说，通常包括数据源（原始数据）、分析引擎（通过异常检测或误用检测进行分析）、响应（对分析结果采用必要和适当的措施）3个模块。

1．入侵检测技术

入侵检测系统所采用的技术可分为特征检测与异常检测两种。

（1）特征检测。特征检测也称为误用检测，假设入侵者活动可以用一种模式来表示，系统的目标是检测主体活动是否符合这些模式。它可以将已有的入侵方法检查出来，但对新的入侵方法无能为力。其难点在于如何设计模式，使之既能够表达“入侵”现象又不会将正常的活动包含进来。

（2）异常检测。假设入侵者活动异常于正常主体的活动，根据这一理念建立主体正常活动的“活动简档”，将当前主体的活动状况与“活动简档”相比较，当违反其统计规律时，便认为该活动可能是“入侵”行为。异常检测的难题在于如何建立“活动简档”以及如何设计统计算法，从而不把正常的操作作为“入侵”或忽略真正的“入侵”行为。

2．常用检测方法

入侵检测系统常用的检测方法有特征检测、统计检测与专家系统。

（1）特征检测。对已知的攻击或入侵方式作出确定性描述，形成相应的事件模式。当被审计的事件与已知的入侵事件模式相匹配时，即报警。原理上与专家系统相仿。其检测方法与计算机病毒的检测方式类似。目前基于对包特征描述的模式匹配应用较为广泛。该方法预报检测的准确率较高，但对于无经验知识的入侵与攻击行为无能为力。

（2）统计检测。统计模型常用异常检测，在统计模型中常用的测量参数包括：审计事件的数量、间隔时间、资源消耗情况等。常用的入侵检测5种统计模型为：

- 操作模型。假设异常可通过测量结果与一些固定指标相比较得到，固定指标可以根据经验值或一段时间内的统计平均得到，举例来说，在短时间内的多次失败的登录很有可能是口令尝试攻击。

- 方差。计算参数的方差，设定其置信区间，当测量值超过置信区间范围时表明有可能是异常。
- 多元模型。操作模型的扩展，通过同时分析多个参数实现检测。
- 马尔可夫过程模型。将每种类型的事件定义为系统状态，用状态转移矩阵来表示状态的变化，当一个事件发生时，或状态矩阵该转移的概率较小则可能是异常事件。
- 时间序列分析。将事件计数与资源耗用根据时间排成序列，如果一个新事件在该时间发生的概率较低，则该事件可能是入侵。

统计方法的最大优点是它可以“学习”用户的使用习惯，从而具有较高检出率与可用性。但是它的“学习”能力也会给入侵者以机会通过逐步“训练”使入侵事件符合正常操作的统计规律，从而绕过入侵检测系统。

（3）专家系统。用专家系统对入侵进行检测，经常是针对有特征入侵行为。所谓的规则，即是知识，不同的系统与设置具有不同的规则，且规则之间往往无通用性。专家系统的建立依赖于知识库的完备性，知识库的完备性又取决于审计记录的完备性与实时性。入侵的特征抽取与表达，是入侵检测专家系统的关键。运用专家系统防范有特征入侵行为的有效性完全取决于专家系统知识库的完备性。

3．性能

仅仅能够检测到各种攻击是不够的，入侵检测系统还必须能够承受高速网络和高性能网络结点所产生的事件流的压力。有 2 种途径可以可以用来实时分析庞大的信息量，分别是分割事件流和使用外围网络传感器。

（1）分割事件流。可以使用一个分割器将事件流切分为更小的可以进行管理的事件流，从而入侵检测传感器就可以对它们进行实时分析。

（2）使用外围网络传感器。在网络外围并靠近系统必须保护的主机附近使用多个传感器。

13.3.6　虚拟专用网

虚拟专用网络（Virtual Private Network，VPN）提供了一种通过公用网络安全地对企业内部专用网络进行远程访问的连接方式。与普通网络连接一样，VPN 也由客户机、传输介质和服务器 3 部分组成，不同的是 VPN 连接使用隧道作为传输通道，这个隧道是建立在公共网络或专用网络基础之上的，如 Internet 或 Intranet。

VPN 可以实现不同网络的组件和资源之间的相互连接，利用 Internet 或其他公共互联网络的基础设施为用户创建隧道，并提供与专用网络一样的安全和功能保障。VPN 允许远程通信方、销售人员或企业分支机构使用 Internet 等公共互联网络的路由基础设施以安全的方式与位于企业局域网端的企业服务器建立连接。VPN 对用户端透明，用户好像使用一条专用线路在客户计算机和企业服务器之间建立点对点连接，进行数据的传输。

实现 VPN 的关键技术：

（1）安全隧道技术（tunneling）：隧道技术是一种通过使用互联网络的基础设施在网络之间传递数据的方式。使用隧道传递的数据（或负载）可以是不同协议的数据帧或包。隧道协议将这些其他协议的数据帧或包重新封装在新的包头中发送。新的包头提供了路由信息，从而使封装的负载数据能够通过互联网络传递。被封装的数据包在隧道的两个端点之间通过公共互联网络进行路由。被封装的数据包在公共互联网络上传递时所经过的逻辑路径称为隧道。一旦到达网络终点，数据将被解包并转发到最终目的地。隧道技术是指包括数据封装、传输和解包在内的全过程。

（2）加解密技术：VPN 利用已有的加解密技术实现保密通信。

（3）密钥管理技术：建立隧道和保密通信都需要密钥管理技术的支撑，密钥管理负责密钥的生成、分发、控制和跟踪，以及验证密钥的真实性。

（4）身份认证技术：假如 VPN 的用户都要通过身份认证，通常使用用户名和密码，或者智能卡实现。

（5）访问控制技术：由 VPN 服务的提供者根据在各种预定义的组中的用户身份标识，来限制用户对网络信息或资源的访问控制的机制。

隧道技术可以分别以第 2、3 层隧道协议为基础。第 2 层隧道协议对应 OSI 模型中的数据链路层，使用帧作为数据交换单位。PPTP（Point to Point Tunneling Protocol，点对点隧道协议），L2TP（Layer Two Tunneling Protocol，第二层通道协议）和 L2F（Level 2 Forwarding protocol，第 2 层转发）都属于第 2 层隧道协议，都是将数据封装在 PPP 帧中通过互联网络发送。第 3 层隧道协议对应 OSI 模型中的网络层，使用包作为数据交换单位。IPoverIP 及 IPSec（Internet Protocol Security，IP 协议安全性）隧道模式都属于第 3 层隧道协议，都是将 IP 包封装在附加的 IP 包头中通过 IP 网络传送。

PPTP 是一种支持多协议虚拟专用网络的网络技术。PPTP 协议假定在 PPTP 客户机和 PPTP 服务器之间有连通并且可用的 IP 网络。因此如果 PPTP 客户机本身已经是 IP 网络的组成部分，那么即可通过该 IP 网络与 PPTP 服务器取得连接；而如果 PPTP 客户机尚未连入网络，比如在 Internet 拨号用户的情形下，PPTP 客户机必须首先拨打 NAS（Network Access Server，网络接入服务器）以建立 IP 连接。

L2TP 是 VPDN（Virtual Private Dail-up Network，虚拟专用拨号网络）技术的一种，专门用来进行第 2 层数据的通道传送，即将第 2 层数据单元，如点到点协议（Point-to-Point Protocol，PPP）数据单元，封装在 IP 或 UDP 载荷内，以顺利通过包交换网络（如 Internet），抵达目的地。

如果需要在传输层实现 VPN，则可使用 TLS（Transport Layer Security，传输层安全协议）协议。TLS 是确保互联网上通信应用和其用户隐私的协议。当服务器和客户机进行通信，TLS 确保没有第三方能窃听或盗取信息。TLS 是 SSL 的后继协议。TLS 由两层构成：TLS 记录协议和 TLS 握手协议。TLS 记录协议使用机密方法（如 DES）来保证连接安全。TLS 记录协议也可以不使用加密技术。TLS 握手协议使服务器和客户机在数据交换之前进行相互鉴定，并协商加密算法和密钥。

13.3.7　IPSec

IPSec 是一个工业标准网络安全协议，为 IP 网络通信提供透明的安全服务，保护 TCP/IP 通信免遭窃听和篡改，可以有效抵御网络攻击，同时保持易用性。IPSec 有两个基本目标，分别是保护 IP 数据包安全和为抵御网络攻击提供防护措施。IPSec 结合密码保护服务、安全协议组和动态密钥管理三者来实现上述两个目标，不仅能为企业局域网与拨号用户、域、网站、远程站点以及 Extranet 之间的通信提供强有力且灵活的保护，而且还能用来筛选特定数据流。

1．安全模式

IPSec 基于一种端对端的安全模式。这种模式有一个基本前提，就是假定数据通信的传输媒介是不安全的，因此通信数据必须经过加密，而掌握加解密方法的只有数据流的发送端和接收端，两者各自负责相应的数据加解密处理，而网络中其他只负责转发数据的路由器或主机无须支持 IPSec。IPSec 对数据的加密以数据包而不是整个数据流为单位，这不仅更灵活，也有助于进一步提高 IP 数据包的安全性。通过提供强有力的加密保护，IPSec 可以有效防范网络攻击，保证专用数据在公共网络环境下的安全性。这些特性有助于企业用户在下列方案中成功地配置 IPSec：

（1）分支办公机构通过 Internet 互联。

（2）通过 Internet 的远程访问。

（3）与合作伙伴建立 Extranet 与 Intranet 的互联。

（4）增强电子商务安全性。

IPSec 是针对 IPv4 和 IPv6 的，IPSec 的主要特征是可以支持 IP 级所有流量的加密和/或认证，增强所有分布式应用的安全性。IPSec 在 IP 层提供安全服务，使得系统可以选择所需要的安全协议，确定该服务所用的算法，并提供安全服务所需任何加密密钥。

2．防范攻击

使用 IPSec 可以显著地减少或防范以下几种网络攻击：

（1）Sniffer：Sniffer 可以读取数据包中的任何信息，因此对抗 Sniffer，最有效的方法就是对数据进行加密。IPSec 的封装安全载荷 ESP 协议通过对 IP 包进行加密来保证数据的私密性。

（2）数据篡改：IPSec 用密钥为每个 IP 包生成一个数字检查和，该密钥为且仅为数据的发送方和接收方共享。对数据包的任何篡改，都会改变检查和，从而可以让接收方得知包在传输过程中遭到了修改。

（3）身份欺骗，盗用口令，应用层攻击：IPSec 的身份交换和认证机制不会暴露任何信息，不给攻击者可趁之机，双向认证在通信系统之间建立信任关系，只有可信赖的系统才能彼此通信。

（4）中间人攻击：IPSec 结合双向认证和共享密钥，足以抵御中间人攻击。

（5）拒绝服务攻击：IPSec 使用 IP 包过滤法，依据 IP 地址范围、协议，甚至特定的协议端口号来决定哪些数据流需要受到保护，哪些数据流允许通过，哪些需要拦截。

3．第 3 层保护的优点

通常 IPSec 提供的保护需要对系统做一定的修改。但是 IPSec 在网络层的策略执行几乎不需要什么额外开销就可以实现为绝大多数应用系统、服务和上层协议提供较高级别的保护。为现有的应用系统和操作系统配置 IPSec 几乎无须做任何修改，安全策略可以在 Active Directory（活动目录）里集中定义，也可以在某台主机上进行本地化管理。

IPSec 策略网络层上实施的安全保护，其范围几乎涵盖了 TCP/IP 协议族中所有 IP 协议和上层协议，甚至包括在网络层发送数据的客户自定义协议。在第 3 层上提供数据安全保护的主要优点就在于：所有使用 IP 协议进行数据传输的应用系统和服务都可以使用 IPSec，而不必对这些应用系统和服务本身做任何修改。

IPSec 组策略用于配置 IPSec 安全服务，这些策略为大多数现有网络中不同类别的数据流提供了各种级别的保护。针对个人用户、工作组、应用系统、域、站点或跨国企业等不同的安全要求，网络安全管理员可以配置多种 IPSec 策略以分别满足其需求。

13.4 电子商务安全

在国际上，电子商务的安全机制正在走向成熟，并逐渐形成了一些国际规范，比较有代表性的有 SSL 和 SET。

1．SSL

SSL 是一个传输层安全协议，用于在 Internet 上传送机密文件。SSL 协议由 SSL 记录协议、SSL 握手协议和 SSL 警报协议组成。

SSL 握手协议被用来在客户与服务器真正传输应用层数据之前建立安全机制，当客户与服务器第一次通信时，双方通过握手协议在版本号、密钥交换算法、数据加密算法和 Hash 算法上达成一致，然后互相验证对方身份，最后使用协商好的密钥交换算法产生一个只有双方知道的秘密信息，客户和服务器各自根据该秘密信息产生数据加密算法和 Hash 算法参数。

SSL 记录协议根据 SSL 握手协议协商的参数，对应用层送来的数据进行加密、压缩、计算消息鉴别码，然后经网络传输层发送给对方。

SSL 警报协议用来在客户和服务器之间传递 SSL 出错信息。

SSL 协议主要提供 3 方面的服务：

（1）用户和服务器的合法性认证。认证用户和服务器的合法性，使得它们能够确信数据将被发送到正确的客户机和服务器上。客户机和服务器都是有各自的识别号，这些识别号由公开密钥进行编号，为了验证用户是否合法，SSL 协议要求在握手交换数据时进行数字认证，以此来确保用户的合法性。

（2）加密数据以隐藏被传送的数据。SSL 协议所采用的加密技术既有对称密钥技术，也有公开密钥技术。在客户机与服务器进行数据交换之前，交换 SSL 初始握手信息，在 SSL 握手信息中采用了各种加密技术对其加密，以保证其机密性和数据的完整性，并且用数字证书进行鉴别，这样就可以防止非法用户进行破译。

（3）保护数据的完整性。SSL 协议采用 Hash 函数和机密共享的方法来提供信息的完整性服务，建立客户机与服务器之间的安全通道，使所有经过 SSL 协议处理的业务在传输过程中能全部完整准确无误地到达目的地。

SSL 协议是一个保证计算机通信安全的协议，对通信对话过程进行安全保护，其实现过程主要经过如下几个阶段：

（1）接通阶段：客户机通过网络向服务器打招呼，服务器回应。

（2）密码交换阶段：客户机与服务器之间交换双方认可的密码，一般选用 RSA 密码算法，也有的选用 Diffie-Hellmanf 和 Fortezza-KEA 密码算法。

（3）会谈密码阶段：客户机器与服务器间产生彼此交谈的会谈密码。

（4）检验阶段：客户机检验服务器取得的密码。

（5）客户认证阶段：服务器验证客户机的可信度。

（6）结束阶段：客户机与服务器之间相互交换结束的信息。

发送时信息用对称密钥加密，对称密钥用不对称算法加密，再把两个包绑在一起传送过去。接收过程与发送过程正好相反，先打开有对称密钥的加密包，再用对称密钥解密。因此，SSL 协议也可用于安全电子邮件。

2．SET

SET（Secure Electronic Transaction，安全电子交易）协议向基于信用卡进行电子化交易的应用提供了实现安全措施的规则。它是由 Visa 国际组织和 MasterCard 组织共同制定的一个能保证通过开放网络（包括 Internet）进行安全资金支付的技术标准。SET 在保留对客户信用卡认证的前提下，又增加了对商家身份的认证。

SET 支付系统主要由持卡人、商家、发卡行、收单行、支付网关、认证中心等六个部分组成。对应地，基于 SET 协议的网上购物系统至少包括电子钱包软件、商家软件、支付网关软件和签发证书软件。

SET 协议的工作流程如下：

（1）消费者利用自己的 PC 机通过 Internet 选定所要购买的物品，并在计算机上输入订货单，订货单上需包括在线商店、购买物品名称及数量、交货时间及地点等相关信息。

（2）通过电子商务服务器与有关在线商店联系，在线商店作出应答，告诉消费者所填订货单的货物单价、应付款数、交货方式等信息是否准确，是否有变化。

（3）消费者选择付款方式，确认订单签发付款指令。此时 SET 开始介入。

（4）在 SET 中，消费者必须对订单和付款指令进行数字签名，同时利用双重签名技术保证商家看不到消费者的账号信息。

（5）在线商店接受订单后，向消费者所在银行请求支付认可。信息通过支付网关到收单银行，再到电子货币发行公司确认。批准交易后，返回确认信息给在线商店。

（6）在线商店发送订单确认信息给消费者。消费者端软件可记录交易日志，以备将来查询。

（7）在线商店发送货物或提供服务并通知收单银行将钱从消费者的账号转移到商店账号，或通知发卡银行请求支付。在认证操作和支付操作中间一般会有一个时间间隔，例如，在每天的下班前请求银行结一天的账。

前两步与 SET 无关，从第（3）步开始 SET 起作用，一直到第（6）步，在处理过程中通信协议、请求信息的格式、数据类型的定义等 SET 都有明确的规定。在操作的每一步，消费者、在线商店、支付网关都通过 CA 来验证通信主体身份，以确保通信的对方不是冒名顶替，所以，也可以简单地认为 SET 规格充分发挥了认证中心的作用，以维护在任何开放网络上的电子商务参与者所提供信息的真实性和保密性。

3．SET 与 SSL 的比较

在认证要求方面，早期的 SSL 并没有提供商家身份认证机制，虽然在 SSL3.0 中可以通过数字签名和数字证书可实现浏览器和 Web 服务器双方的身份验证，但仍不能实现多方认证；相比之下，SET 的安全要求较高，所有参与 SET 交易的成员（持卡人、商家、发卡行、收单行和支付网关）都必须申请数字证书进行身份识别。

在安全性方面，SET 协议规范了整个商务活动的流程，从持卡人到商家，到支付网关，到认证中心以及信用卡结算中心之间的信息流走向和必须采用的加密、认证都制定了严密的标准，从而最大限度地保证了商务性、服务性、协调性和集成性。而 SSL 只对持卡人与商店端的信息交换进行加密保护，可以看作是用于传输的那部分的技术规范。从电子商务特性来看，它并不具备商务性、服务性、协调性和集成性。因此 SET 的安全性比 SSL 高。

在网络层协议位置方面，SSL 是基于传输层的通用安全协议，而 SET 位于应用层，对网络上其他各层也有涉及。

在应用领域方面，SSL 主要是和 Web 应用一起工作，而 SET 是为信用卡交易提供安全，因此如果电子商务应用只是通过 Web 或是电子邮件，则可以不要 SET。但如果电子商务应用是一个涉及多方交易的过程，则使用 SET 更安全、更通用些。

SSL 协议实现简单，独立于应用层协议，大部分内置于浏览器和 Web 服务器中，在电子交易中应用便利。但它是一个面向连接的协议，只能提供交易中客户与服务器间的双方认证，不能实现多方的电子交易中。SET 在保留对客户信用卡认证的前提下增加了对商家身份的认证，安全性进一步提高。由于两协议所处的网络层次不同，为电子商务提供的服务也不相同，因此在实践中应根据具体情况来选择独立使用或两者混合使用。

4．认证中心

CA 是电子商务体系中的核心环节，是电子交易中信赖的基础。它通过自身的注册审核体系，检查核实进行证书申请的用户身份和各项相关信息，使网上交易的用户属性客观真实性，与证书的真实性一致。认证中心作为权威的、可信赖的、公正的第三方机构，专门负责发放（给个人、计算机设备和组织机构）并管理所有参与网上交易的实体所需的数字证书，并为其使用证书的一切行为提供信誉的担保。但是，CA 本身并不涉及商务数据加密、订单认证过程以及线路安全。

概括地说，CA 的功能有：证书发放、证书更新、证书撤销和证书验证。CA 的核心功能就是发放和管理数字证书，具体描述如下：

（1）接收验证最终用户数字证书的申请。

（2）确定是否接受最终用户数字证书的申请——证书的审批。

（3）向申请者颁发或拒绝颁发数字证书。

（4）接收、处理最终用户的数字证书更新请求——证书的更新。

（5）接收最终用户数字证书的查询、撤销。

（6）产生和发布证书废止列表（CRL），验证证书状态

（7）数字证书的归档。

（8）密钥归档。

（9）历史数据归档。

通常 CA 中心会采用“统一建设，分级管理”的原则，分为多层结构进行建设和管理，即统一建立注册中心（Registration Authority，RA）系统，各地区以及各行业可以根据具体情况设置不同层次的下级 RA 中心或本地注册中心（Local Registration Authority，LRA）。各级下级 RA 机构统一接受 CA 中心的管理和审计，证书用户可通过 LRA 业务受理点完成证书业务办理。RA 系统负责本地管理员、用户的证书申请审核，并为 LRA 系统在各分支机构的分布建设提供策略支撑，完成 CA 中心的证书注册服务的集中处理。

13.5　安全管理

信息安全管理体系是指通过计划、组织、领导、控制等措施以实现组织信息安全目标的相互关联或相互作用的一组要素，是组织建立信息安全方针和目标并实现这些目标的体系。这些要素通常包括信息安全组织机构、信息安全管理体系文件、控制措施、操作过程和程序以及相关资源等。信息安全管理体系中的要素通常包括信息安全的组织机构，信息安全方针和策略，人力、物力、财力等相应资源，各种活动和过程。

信息安全管理体系通过不断地识别组织和相关方的信息安全要求，不断地识别外界

环境和组织自身的变化，不断地学习采用新的管理理念和技术手段，不断地调整自己的目标、方针、程序和过程等，才可以实现持续的安全。

安全管理的实施包括安全策略与指导方针、对信息进行分类和风险管理3个方面。其中安全策略与指导方针用来保证安全级别的合理性和一致性，对信息进行分类用来保证敏感信息能得到有效保护，风险管理是对资源进行最有效利用的基本工具。

13.5.1　安全策略

安全策略的制定需要基于一些安全模型。

1．安全模型

安全模型定义了执行策略以及技术和方法 ，通常这些模型是经过时间证明为有效的数学模型。如果一个模型未经数学证明，则称为非正式安全模型，否则就称为正式安全模型。常用的正式安全模型主要有Bell-LaPadule、Biba和Clark-Wilson等模型。

（1）Bell-LaPadule。Bell-LaPadule（BLP）模型是基于机密性的访问模型，模型对安全状态进行了定义，并具有一个特殊的转换函数，能够将系统从一个安全状态转换到另一个安全状态。BLP 模型还定义了关于读写的基本访问模式以及主体如何对客体进行访问。

安全状态是指根据一定的安全策略，只有经过允许的访问模型是可用的。BLP模型基于对主体和客体的分类级别来判断对客体的访问权限，包括只读、只写以及读写3种权限。

BLP模型基于两种属性，分别是简单安全属性（simple security property）和星属性（star property）。简单安全属性指出高保密性的客体（文件）不能被低保密性的主体（进程）读取，低保密性的客体可以被高保密性的主体读取，这称为“不能从上读”，这样就保证了高保密级别的内容不被窃取。星属性指出主体只能向相同级别以及更高级别的客体中写信息，这称为“不能向下写”。以这种方式，就可以防止主体从一个级别向一个更低的级别中复制信息，从而保证了高保密性的内容不会泄露。

（2）Biba。Biba模型是基于完整性的访问模型，完整性模型通常会与机密性模型相互冲突。Biba模型主要是建立在具有不同级别的完整性程度的单元之上，每个单元的元素是主动的主体的集合或者是被动的客体的集合。Biba模型的主要目的就是为了解决完整性的问题，防止未授权用户对信息的修改。

Biba模型具有简单安全属性、星属性和请求属性。简单安全属性规定，低完整性的主体可以读取（访问）高完整性的客体，高完整性主体不可以读取（访问）低完整性的客体。星属性规定，低完整性的主体不能写（修改）高完整性的客体，高完整性的主体可以写（修改）低完整性的客体。请求属性规定，低完整性的主体不能向高完整性的客体发送消息。

（3）Clark-Wilson。Clark-Wilson模型也是基于完整性的访问模型，与Biba不同的是，

Clark-Wilson 模型主要有 3 个完整性目标：

- 阻止未授权的用户修改信息。
- 维护内部和外部的一致性。
- 阻止授权的用户对信息进行不适当的修改。

2．安全策略的制定

通常，安全策略的制定过程分为初始与评估阶段、制定阶段、核准阶段、发布阶段、执行阶段和维护阶段。

13.5.2　安全体系

要构筑计算机系统的安全体系，其措施包括防火墙、入侵检测、病毒和木马扫描、安全扫描、日志审计系统等，另外还要注意制定和执行有关安全管理的制度，保护好私有信息等。

1．病毒和木马扫描

病毒是指一段可执行的程序代码，通过对其他程序进行修改来感染这些程序，使其含有该病毒的一个复制，并且可以在特定的条件下进行破坏。因此在其整个生命周期中包括潜伏、繁殖（也就是复制、感染阶段）、触发和执行 4 个阶段。

对于病毒的防护而言，最彻底的方法是不允许其进入系统，但这是很困难的，因此大多数情况下，采用“检测—标识—清除”的策略来应对。在病毒防护的发展史上，共经历了以下几个阶段。

（1）简单扫描程序：需要病毒的签名来识别病毒。

（2）启发式扫描程序：不依赖专门的签名，而使用启发式规则来搜索可能被病毒感染的程序。还包括诸如完整性检查等手段。

（3）行为陷阱：即用一些存储器驻留程序，通过病毒的动作来识别病毒。

（4）全方位保护：联合以上反病毒技术组织的软件包，包括扫描和行为陷阱。

特洛伊木马（Trojans）是指一个正常的文件被修改成包含非法程序的文件。特洛伊木马通常包含具有管理权限的指令，它们可以隐藏自己的行踪（没有普通的窗口等提示信息），而在后台运行，并将重要的账号、密码等信息发回给黑客，以便进一步攻击系统。

木马程序一般由两部分组成，分别是服务端程序和客户端程序。其中服务端程序安装在被控制计算机上，客户端程序安装在控制计算机上，服务端程序和客户端程序建立起连接就可以实现对远程计算机的控制了。

首先，服务器端程序获得本地计算机的最高操作权限，当本地计算机连入网络后，客户端程序可以与服务器端程序直接建立起连接，并可以向服务器端程序发送各种基本的操作请求，并由服务器端程序完成这些请求，也就实现了对本地计算机的控制。

因为木马发挥作用必须要求服务器端程序和客户端程序同时存在，所以必须要求本地机器感染服务器端程序，服务器端程序是可执行程序，可以直接传播，也可以隐含在其他可执行程序中传播，但木马本身不具备繁殖性和自动感染的功能。

反病毒技术的最新发展方向是类属解密和数字免疫系统。与入侵检测技术一样，现在的反病毒技术只能够对已有病毒、已有病毒的部分变种有良好的防护作用，而对于新型病毒还没有有效的解决方式，需要升级特征库。另外，它只是对病毒、黑客程序、间谍软件这些恶意代码有防护作用，其他网络安全问题不属于其关注的领域。

2．安全扫描

安全扫描是指对计算机系统及网络端口进行安全性检查，它通常需要借助一个被称为“扫描器”的软件。扫描器并不是一个直接攻击网络漏洞的程序，它仅仅能够帮助管理员发现目标机的某些内在弱点，一个好的扫描器能够对得到的数据进行分析，帮助管理员查找目标主机的漏洞。它能够自动查找主机或网络，找到运行的服务及其相关属性，并发现这些服务潜在的漏洞。

因此从上面的描述中，我们可以发现安全扫描技术是一个帮助管理员找到网络隐患的工具，并不能直接解决安全问题，而且对未被业界发现的隐患也无法完全找到。

3．日志审计系统

日志文件是包含关于系统消息的文件，这些消息通常来自于操作系统内核、运行的服务，以及在系统上运行的应用程序。日志文件包括系统日志、安全日志、应用日志等。现在的 Windows、UNIX、Linux 系统都提供了较完善的日志系统。

日志审计系统则通过一些特定的、预先定义的规则来发现日志中潜在的问题，它可以起到亡羊补牢的作用，也可以用来对网络安全攻击进行取证。显然它是一种事后的被动式防护或事中跟踪的手段，很难在事前发挥作用。

4．安全审计

安全审计是指对主体访问和使用客体的情况进行记录和审查，以保证安全规则被正确执行，并帮助分析安全事故产生的原因。安全审计是落实系统安全策略的重要机制和手段，通过安全审计识别与防止计算机网络系统内的攻击行为、追查计算机网络系统内的泄密行为。它是信息安全保障系统中的一个重要组成部分。具体包括两方面的内容：

（1）采用网络监控与入侵防范系统，识别网络中各种违规操作与攻击行为，即时响应并进行阻断。

（2）对信息内容和业务流程的审计，可以防止内部机密或敏感信息的非法泄露和单位资产的流失。

CC 标准将安全审计功能分为 6 个部分，分别是安全审计自动响应、安全审计自动生成、安全审计分析、安全审计浏览、安全审计事件选择、安全审计事件存储。

（1）安全审计自动响应：定义在被测事件指示出一个潜在的安全攻击时做出的响应，它是管理审计事件的需要，这些需要包括报警或行动。例如包括实时报警的生成、违例进程的终止、中断服务、用户账号的失效等。根据审计事件的不同系统将做出不同的响应。其响应行动可执行增加、删除、修改等操作。

（2）安全审计数据生成：记录与安全相关的事件的出现，包括鉴别审计层次、列举可被审计的事件类型，以及鉴别由各种审计记录类型提供的相关审计信息的最小集合。系统可定义可审计事件清单，每个可审计事件对应于某个事件级别，如低级、中级、高级。

（3）安全审计分析：定义了分析系统活动和审计数据来寻找可能的或真正的安全违规操作。它可以用于入侵检测或对安全违规的自动响应。当一个审计事件集出现或累计出现一定次数时可以确定一个违规的发生，并执行审计分析。事件集合能够由经授权的用户进行增加、修改或删除等操作。审计分析分为潜在攻击分析、基于模板的异常检测、简单攻击试探和复杂攻击试探等几种类型。

（4）安全审计浏览：审计系统能够使授权用户有效地浏览审计数据，它包括审计浏览、有限审计浏览、可选审计浏览。

（5）安全审计事件选择：系统管理员能够维护、检查或修改审计事件集合，能够选择对哪些安全属性进行审计。例如，与目标标识、用户标识、主体标识、主机标识或事件类型有关的属性，系统管理员将能够有选择地在个人识别的基础上审计任何一个用户或多个用户的动作。

（6）安全审计事件存储：审计系统将提供控制措施，以防止由于资源的不可用丢失审计数据。能够创造、维护、访问它所保护的对象的审计踪迹，并保护其不被修改、非授权访问或破坏。审计数据将受到保护直至授权用户对它进行访问。

5. 个人信息控制

关于个人信息控制，我们结合网络上窃取个人信息的一些手段和方法来谈谈。

（1）利用操作系统和应用软件的漏洞。可以说任何软件内都有可能包含未被清除的错误。这些错误有些仅仅是计算逻辑上的错误，也有些可以被人别有用心地用来进入和攻击系统，此时这些错误就被称为漏洞。解决这些漏洞的途径就是对系统进行修正，及时地对系统进行升级或打上补丁是防范此类问题的一个重要手段。

（2）网络系统设置。在网络非法入侵事件中，通过共享问题达到入侵目的的案例占到入侵事件中的绝大比例。

（3）程序的安全性。现在计算机中运行的程序已经不是一般用户可以了解的了，这是个危险的事情。在计算机不清楚自己内部的某个程序是做什么工作的情况下，其中就很可能潜伏着木马程序。

（4）拦截数据包。数据包探测技术可以检查所有落入其范围的数据包，甚至能够通过设置来攫取所有的数据包。

（5）假冒正常的商业网站。罪犯给人们发一封好像来自于某站点的电子邮件，并在邮件中提供该网站登录页或者看起来像是登录页的链接。这些窃贼同时建立外观很像此站点的网页，然后在用户链接到该网页登录时捕获所有的用户名和密码。

（6）用户自身因素。如果说攻击别人是因为别人存在漏洞的话，那么用户自身的问题或许也是网络攻击的一个巨大漏洞。首先是密码泄露问题；其次是在聊天室等公共场所，不要轻易地泄露自己的信息；再次是观念问题，要从心里上重视计算机安全问题。

上面说的这些方法还只是可能造成个人信息泄露诸多情况中的一小部分，要保护好自己的信息不被他人窃取，除了要靠网络技术的不断发展以外，网络用户自己的安全观念也起到了相当重要的作用。

6. 安全管理制度

建立严格规范的规章制度，规范网络管理、维护人员的各种行为，对于维护网络安全、保障网络的正常运行，起着至关重要的作用。这些安全规章制度可能包括物理安全管理、机房参观访问制度、机房设施巡检制度、机房施工管理制度、运营值班管理制度、运营安全管理制度、运营故障处理制度、病毒防治制度、口令管理制度等。

当然，再好的规章制度，如果得不到严格的执行，那也只能是摆设。制定规章制度不是目的，只有抓好规章制度的执行，才能发挥其应有的作用。

13.6 计算机操作安全

计算机操作安全包括与操作员和系统管理员特权相关的数据中心和分布式处理的安全性，对计算机资源的安全保护，以及对于重要资源的潜在威胁的漏洞等。

13.6.1 安全威胁

评估安全威胁的方法主要有以下4种：

（1）查阅。查阅一些以网络安全为主题的信息资源，包括书籍、技术论文、报刊文章、新闻组以及邮件列表等。

（2）实验。获知入侵者进入系统的困难性的一种方法是进行自我攻击。

（3）调查。安全调查所获得的统计数据可以提供给管理者一些有用信息以便做出决断。

（4）测量。对潜在的威胁进行测量，通常使用陷阱。

通常使用一些陷阱可以有效地对威胁做出真实的评估而没有将个人和组织暴露的危险，使用陷阱主要有3个方面的好处：

（1）陷阱提供了真实世界的信息。通过适当的设计，入侵者会完全意识不到陷阱的存在。

（2）精心设计的陷阱能够安全地提供一些测量手段。

（3）陷阱能够用于延缓将来的攻击。

一个陷阱主要有3个组成部分，分别是诱饵、触发机关以及圈套。一个好的陷阱应该具备以下特征：

（1）良好的隐蔽性。网络陷阱对于入侵者来说，必须是不可见的。陷阱对外暴露的部分只有诱饵，只需要确保诱饵的特性不会暴露陷阱的存在。例如，可以使用 SCSI 分析器、网络协议分析器和日志信息。

（2）有吸引力的诱饵。诱饵的选择必须与环境相适应，例如，可以把冠以敏感信息的文件或文件夹作为诱饵。

（3）准确的触发机关。一个好的陷阱应该捕获入侵者而不应该捕获无辜者，触发机关的设置应该使失误率降到最低。设计时必须考虑由于失误所引起的信用问题，这是非常重要的。

（4）强有力的圈套。一个有效的陷阱必须具有足够的能力抵抗入侵者，这一点是设计好的陷阱最为困难的事情。好的陷阱通常具有保留证据的能力。

13.6.2 物理安全

网络安全的层次可以分为物理安全、控制安全、服务安全、协议安全。其中物理安全措施包括环境安全、设施和设备安全（设备管理包括设备的采购、使用、维修和存储管理，并建立详细资产清单；设备安全主要包括设备防盗、防毁、防电磁泄漏、防线路截获、抗电磁干扰及电源保护）、介质安全（对介质及其数据进行安全保护，防止损坏、泄漏和意外失误）。

计算机系统的物理安全要采用分层的防御体制和多方面的防御体制相结合。

一个分层的防御体制通过提供冗余以及扩展的保护等手段在访问控制方面提高了机密性的级别。设计一个分层防御体制需要遵循的 3 个基本原则是广度、深度和阻碍度。

（1）广度：单独一种类型的控制往往很难解决所有脆弱点。

（2）深度：深度是最重要的因素。

（3）阻碍度：实施保护时，所控制的花费应该要比所保护对象的价值低，否则就没有必要。

物理安全的实施通常包括以下几个方面：

（1）确认。确定什么需要保护，从而根据如何对其进行识别来制定指导方针。

（2）标注。使用橡皮印章或其他手段对敏感文件进行标识。

（3）安全。基于存在的风险构造物理防御层，通常需要考虑的因素包括周边设施、建筑入口、建筑楼层、办公室装置等。

（4）跟踪。使用访问列表、列表检查、目录控制、审计日志等方式对访问进行跟踪控制。

（5）技能。保证人员知道如何进行保护以及保护原因，并制定策略来实施这些保护措施，保护措施应该明确所需要的访问控制以及处理手续。

当实施物理安全时，必须认识到一些普遍存在的局限性和缺点：

（1）社会工程学。从社会工程学的角度考虑，绕过一个物理安全控制是可能的。

（2）密码的泄露。为了方便经常把密码写在某个地方或者进行邮寄。

（3）尾随。尾随授权的人进入一所设施。

（4）环境因素。空气的污染、强烈的阳光、反射以及雾气等都能够影响摄像机的性能或者使传感器产生错误的警报。

（5）装置可靠性。过冷或者过热可能会影响装置的可靠性。

（6）信任度。当虚假警报或错误警报过多时，警报系统的信任度就会降低，从而导致忽略警报。

（7）用户接受度。当用户感觉安全措施过于困难或者并不安全时，甚至对其造成干扰时，可能会妨碍安全措施的实施，而不管其干涉正确与否。

13.7 系统备份与恢复

信息系统和业务的持续性很容易受到自然和人为的攻击，因此，组织必须经常对潜在的业务破坏做出规划并经常对自动系统的恢复规划进行检测。在系统的备份与恢复方面，一项主要的工作就是对数据库的备份和恢复，而这些知识已经在 2.4.2 节中进行了详细介绍，在本节中就不再重复。

13.7.1 业务持续规划

对于恢复规划人员来说，需要进行下列工作：

（1）建立一个恢复规划的实施所需要的工程组以及相应的支撑基础设施。

（2）实施对攻击行为以及风险的管理评估，从而识别其是否是恢复规划所需解决的问题。

（3）实施业务影响分析，用来判定业务的时间急迫性以及确定最大可忍受停工期。

（4）恢复规划的保存和实施。

（5）建立并采取一种可实施的测试和维护策略。

在现代组织中，由于组织的重构、人员的变动、竞争环境的改变等，导致持续性规划各部分之间的相互依赖性发生变化。每次组织的结构发生变化，持续性规划必须进行相应的改变，这种相互依赖性也需要进行重新评估。

持续性规划本身也应该看作是一个流程，而组织范围内的持续性规划流程主体框架主要由 4 部分组成：

（1）灾难恢复规划（Disaster Recovery Planning，DRP）。详细描述发生人为破坏或自然灾害时对各种潜在危害组织的事件所采取的特殊步骤，其中内容包括认识与发现、风险评估、缓解、准备、测试、响应和恢复。

（2）业务恢复规划（Business Resumption Planning，BRP）。主要包括紧急事件处理、资源需求、规划开发、规划实施、质量保障和变化管理。

（3）危机管理规划（Crisis Management Planning，CMP）。帮助组织发展一种有效而

且高效的紧急事件以及灾难响应能力。

（4）持续可用性（Continuous Availability，CA）。将组织的支撑基础设施的正常工作时间比例维持在 99%，甚至更高。

对于持续性规划来说，需要有一个有效的衡量手段作为其流程的完善和补充，这些手段通常有：

（1）在组织中的热点领域投入了多少资金？

（2）有多少人员致力于持续性规划活动？

（3）对热点领域的测试是否取得了成功？

而现在焦点问题应放在测量持续性规划流程对组织的整体目标所作的贡献上，这样做的好处主要有：

（1）识别持续性规划发展中的重大事件。

（2）为任务的实施建立一个基础标准。

（3）增强持续性规划的实施。

（4）为管理者成功地管理预期事件建立一个有力基础。

为了衡量持续性规划流程，可以使用持续性规划平衡记分卡，包括价值综述、价值计划、持续性规划风险度量标准、执行协议和有效方法。在平衡记分卡中，组织需要确定持续性规划流程的远景目标。远景目标的确定需要同组织的高级管理以及持续性规划流程基础设施的发展相协调。一旦确定了远景目标，持续性规划流程发展人员就可以勾画出持续性规划流程改进中的关键成功因素，其中包括增长及改革、顾客满意度、员工情况、流程质量和财政情况。在持续性规划流程改进中可以进行评测的持续性规划流程组件包括流程方法论、DRP 文献、BRP 文献、风险管理计划文献、紧急情况响应计划文献、网络恢复计划文献、组织普查的持续性员工意识培养情况、恢复变更的费用、持续有效性的基础设施和正在进行的测试计划。

13.7.2　灾难恢复规划

灾难恢复是将信息系统从灾难造成的故障或瘫痪状态恢复到可正常运行状态，并将其支持的业务功能从灾难造成的不正常状态恢复到可接受状态而设计的活动和流程。灾难恢复规划的执行速度主要依赖于系统的重要性，系统越重要，所需的时间越短。

一旦灾难发生，业务组的首要任务就是要尽快恢复关键系统并尽可能小地减少对关键系统的影响，同时灾难恢复规划开始实施。灾难恢复规划的第 1 个目标就是阻止进一步的破坏，即首先是保证人员的安全。然后恢复规划可分为 3 个部分，分别是清扫被破坏的区域（抢救或修复）、实施变更的业务运行、返回到正常的流程。其最终的目标是业务运行能够恢复到正常的未破坏之前的状态。为了提高有效性，灾难恢复规划必须进行存档记录。

信息系统的危机处理及灾难恢复主要可以分成下列几种：

（1）与日常生产及运行息息相关的关键性系统。未经预先计划的停顿可能引致灾难性后果的系统，如证券交易系统、航空控制系统等。这种系统一般应拥有高度自动恢复的能力，使系统出现故障时可以迅速继续运行，并且通常会在另一个区域内有全面的后备系统，而数据会不停的更新，确保出现问题时能迅速地转由后备系统继续保持不间断的运行。

（2）部分机构的重心系统，也会采用类似的架构，但限于同时保持两套系统同步运行不但技术难度高，系统昂贵，而且通信也是大难题，折中方法是容许常规和后备系统有时间上的差异，数据不一定完全同步，后备系统需要若干时间才能上线运行，但一般情况下是足够应用的。

（3）在另一地区设立规模较小但架构相同的系统，使用离线的方法，例如使用磁带复制常规系统后再注入后备系统中。这种方法类似于离线备份，但好处是不需要在紧急时再寻找后备服务器和设定系统费心，特别是较复杂的专用服务器的系统设置需要耗费很长的时间，能够进行预先准备可以减少很多麻烦。

（4）最基本的灾难恢复当然是利用备份工具。包括磁带、磁盘、光盘等，根据所需备份的数据量来进行策划。

13.8 例题分析

系统安全性和保密性知识是系统架构设计师上午考试的一个重点，为了帮助考生了解系统安全性和保密性方面的试题题型和考试难度，本节分析4道典型的试题。

例题1

如图13-1所示，希赛公司局域网防火墙由包过滤路由器R和应用网关F组成，下面描述中错误的是______。

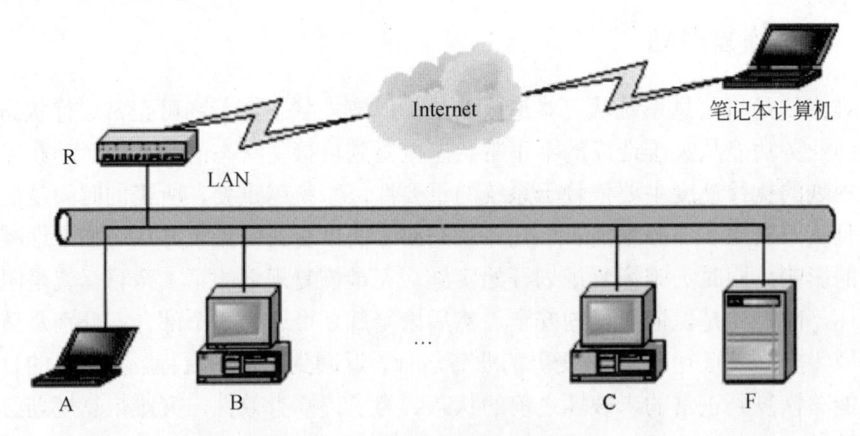

图13-1 希赛公司局域网防火墙

A．可以限制计算机 C 只能访问 Internet 上在 TCP 端口 80 上开放的服务

B．可以限制计算机 A 仅能访问以 202 为前缀的 IP 地址

C．可以使计算机 B 无法使用 FTP 协议从 Internet 上下载数据

D．计算机 A 能够与笔记本计算机建立直接的 TCP 连接

例题 1 分析

应用网关型防火墙通过代理技术参与一个 TCP 连接的全过程。从内部发出的数据包经过这样的防火墙处理后，就好像是源于防火墙外部网卡一样，从而可以达到隐藏内部网结构的作用。这种类型的防火墙被网络安全专家和媒体公认为最安全的防火墙。它的核心技术就是代理服务器技术。

显然，拥有了应用网关 F 后，计算机 A 不能够与笔记本计算机建立直接的 TCP 连接，而必须通过应用网关 F。

例题 1 答案

D

例题 2

信息安全策略的设计与实施步骤是______。

A．定义活动目录角色、确定组策略管理安全性、身份验证、访问控制和管理委派

B．确定标准性、规范性、可控性、整体性、最小影响、保密性原则，确定公钥基本结构

C．确定安全需求、制订可实现的安全目标、制订安全规划、制订系统的日常维护计划

D．确定安全需求、确定安全需求的范围、制订安全规划、制订系统的日常维护计划

例题 2 分析

信息安全策略的设计与实施步骤如下：

（1）确定安全需求：包括确定安全需求的范围、评估面临的风险。

（2）制订可实现的安全目标。

（3）制订安全规划：包括本地网络、远程网络、Internet。

（4）制订系统的日常维护计划。

例题 2 答案

C

例题 3

在______中，①用于防止信息抵赖；②用于防止信息被窃取；③用于防止信息被篡改；④用于防止信息被假冒。

A．①加密技术　　②数字签名　　③完整性技术　　④认证技术

B．①完整性技术　　②认证技术　　③加密技术　　④数字签名

C．①数字签名　②完整性技术　③认证技术　④加密技术

D．①数字签名　②加密技术　③完整性技术　④认证技术

例题 3 分析

加密技术是利用数学或物理手段，对电子信息在传输过程中和存储体内进行保护，以防止泄露（信息被窃取）的技术。通信过程中的加密主要是采用密码，在数字通信中可利用计算机采用加密法，改变负载信息的数码结构。

数字签名利用一套规则和一个参数集对数据计算所得的结果，用此结果能够确认签名者的身份和数据的完整性。简单地说，所谓数字签名就是附加在数据单元上的一些数据，或是对数据单元所作的密码变换。这种数据或变换允许数据单元的接收者用以确认数据单元的来源和数据单元的完整性并保护数据，防止被人（如接收者）进行伪造。

完整性技术指发送者对传送的信息报文，根据某种算法生成一个信息报文的摘要值，并将此摘要值与原始报文一起通过网络传送给接收者，接收者用此摘要值来检验信息报文在网络传送过程中有没有发生变化，以此来判断信息报文的真实与否。

身份认证是指采用各种认证技术，确认信息的来源和身份，以防假冒。

例题 3 答案

D

例题 4

在______中，①代表的技术通过对网络数据的封包和加密传输，在公网上传输私有数据、达到私有网络的安全级别；②代表的技术把所有传输的数据进行加密，可以代替 Telnet，可以为 FTP 提供一个安全的“通道”；③代表的协议让持有证书的 Internet 浏览器软件和 WWW 服务器之间构造安全通道传输数据，该协议运行在 TCP/IP 层之上，应用层之下。

A．①SSH ②VPN ③SSL　　B．①VPN ②SSH ③SSL

C．①VPN ②SSL ③SSH　　D．①SSL ②VPN ③SSH

例题 4 分析

通过使用 SSH（Secure Shell，安全外壳），可以把所有传输的数据进行加密，这样“中间人”这种攻击方式就不可能实现了，而且也能够防止 DNS 欺骗和 IP 欺骗。使用 SSH，还有一个额外的好处，就是传输的数据是经过压缩的，所以可以加快传输的速度。SSH 有很多功能，它既可以代替 Telnet，又可以为 FTP、POP，甚至为 PPP 提供一个安全的通道。

例题 4 答案

B

第 14 章　系统可靠性

系统可靠性是系统在规定的时间内及规定的环境条件下，完成规定功能的能力，也就是系统无故障运行的概率。这里的故障是系统行为与需求的不符，故障有等级之分。系统可靠性可以通过历史数据和开发数据直接测量和估算出来。

根据考试大纲，本章要求考生掌握以下知识点：

（1）信息系统综合知识：包括可靠性设计（容错技术、避错技术）、可靠性指标与评估；系统配置方法（双份、双重、热备份、容错、集群）。

（2）系统架构设计案例分析和论文：包括系统的故障模型和可靠性模型、系统的可靠性分析和可靠度计算、提高系统可靠性的措施、系统的故障对策、系统的备份与恢复。

有关系统的备份与恢复知识点，我们已经在 13.7 节进行了介绍，在此不再重复。

14.1　系统故障模型

系统故障是指由于部件的失效、环境的物理干扰、操作错误或不正确的设计引起的硬件或软件中的错误状态。错误（差错）是指故障在程序或数据结构中的具体位置。错误与故障位置之间可能出现一定距离。故障或错误有如下几种表现形式：

（1）永久性：描述连续稳定的失效、故障或错误。在硬件中，永久性失效反映了不可恢复的物理改变。

（2）间歇性：描述那些由于不稳定的硬件或变化着的硬件或软件状态所引起的、仅仅是偶然出现的故障或错误。

（3）瞬时性：描述那些由于暂时的环境条件而引起的故障或错误。

故障模型是对故障的表现进行抽象，可以建立 4 个级别的故障模型：

（1）逻辑级的故障模型。逻辑级的故障有固定型故障、短路故障、开路故障、桥接故障。固定型故障指电路中元器件的输入或输出等线的逻辑固定为 0 或固定为 1。如某线接地、电源短路或元件失效等都可能造成固定型故障；短路故障是指一个元件的输出线的逻辑值恒等于输入线的逻辑值；元件的开路故障是元件的输出线悬空，逻辑值可根据具体电路来决定；桥接故障指两条不应相连的线连接在一起而发生的故障。

（2）数据结构级的故障。故障在数据结构上的表现称为差错。常见的差错有独立差错（一个故障的影响表现为使一个二进制位发生改变）、算术差错（一个故障的影响表现为使一个数据的值增加或减少）、单向差错（一个故障的影响表现为使一个二进制向量中的某些位朝一个方向改变）。

（3）软件故障和软件差错。软件故障是指软件设计过程造成的与设计说明的不一致，软件故障在数据结构或程序输出中的表现称为软件差错。与硬件不同，软件不会因为环境应力而疲劳，也不会因为时间的推移而衰老。因此，软件故障只与设计有关。常见的软件差错有非法转移、误转移、死循环、空间溢出、数据执行、非法数据。

（4）系统级的故障模型。故障在系统级上的表现为功能错误，即系统输出与系统设计说明的不一致。如果系统输出无故障保护机构，则故障在系统级上的表现就会造成系统失效。

一般来说，故障模型建立的级别越低，进行故障处理的代价也越低，但故障模型覆盖的故障也越少。如果在某一级的故障模型不能包含故障的某些表现，则可以用更高一级的模型来概括。

14.2 系统可靠性模型

与系统故障模型对应的就是系统可靠性模型，本节简单介绍3种常用的可靠性模型。

1．时间模型

时间模型基于这样一个假设：一个软件中的故障数目在 t=0 时是常数，随着故障被纠正，故障数目逐渐减少。在此假设下，一个软件经过一段时间的调试后剩余故障的数目可用下式来估计：

$$E_{\mathrm{r}}(\tau)=\frac{E_0}{I-E_{\mathrm{c}}(\tau)}$$

其中，τ 为调试时间，$E_{\mathrm{r}}(\tau)$ 为在时刻 τ 软件中剩余的故障数，E_0 为 τ=0 时软件中的故障数，$E_{\mathrm{c}}(\tau)$ 为在[0，τ]内纠正的故障数，I 为软件中的指令数。

由故障数 $E_{\mathrm{r}}(\tau)$ 可以得出软件的风险函数 $Z(t)=C\bullet E_{\mathrm{r}}(\tau)$，其中 C 是比例常数。于是，软件的可靠度为：

$$R(t)=\mathrm{e}^{-\int_0^t z(t)\mathrm{d}t}=\mathrm{e}^{-c(E_0/I-E_{\mathrm{c}}(\tau))}$$

软件的平均无故障时间为：

$$\mathrm{MTBF}=\int_0^{\infty}R(t)\mathrm{d}t=\frac{1}{C(E_0/I-E_{\mathrm{c}}(\tau))}=\frac{I-E_{\mathrm{c}}(\tau)}{CE_0}$$

在时间模型中，需要确定在调试前软件中的故障数目，这往往是一件很困难的任务。

2．故障植入模型

故障植入模型是一个面向错误数的数学模型，其目的是以程序的错误数作为衡量可靠性的标准，故障植入模型的基本假设如下：

（1）程序中的固有错误数是一个未知常数。

（2）程序中的人为错误数按均匀分布随机植入。

（3）程序中的固有错误数和人为错误被检测到的概率相同。

（4）检测到的错误立即改正。

用 N_0 表示固有错误数，m 表示植入的错误数，n 表示检测到的错误数，其中检测到的植入错误数为 k，用最大似然法求解可得固有错误数 N_0 的点估计值为：

$$\hat{N}_0 = \left\lceil \frac{m \times (n-k)}{k} \right\rceil$$

考虑到实施植入错误时遇到的困难，Basin 在 1974 年提出了两步查错法，这个方法由两个错误检测人员独立对程序进行测试，检测到的错误立即改正。用 N_0 表示程序中的固有错误数，m 表示第 1 个检测员检测到的错误数，n 表示第 2 个检测员检测到的错误数，如果两个检测员检测到的相同错误数为 k，则程序固有错误数 N_0 的点估计值为：

$$\hat{N}_0 = \left\lceil \frac{m \times n}{k} \right\rceil$$

3．数据模型

在数据模型下，对于一个预先确定的输入环境，软件的可靠度定义为在 n 次连续运行中软件完成指定任务的概率。其基本方法如下：

设需求说明所规定的功能为 F，而程序实现的功能为 F'，预先确定的输入集为 $E=\{e_i : i=1,2,\cdots,n\}$，令导致软件差错的所有输入的集合为 E_e，即 $E_e=\{e_j : e_j \in E$ and $F'(e_j) \neq F(e_j)\}$，则软件运行一次出现差错的概率为：

$$P_1 = \frac{|E_e|}{|E|}$$

一次运行正常的概率为 $R_1 = 1 - P_1$。

在上述讨论中，假设所有输入出现的概率相等。如果不相等，且 e_i 出现的概率为 $p_i(i=1,2,\cdots,n)$，则软件运行一次出现差错的概率为：

$$p_1 = \sum_{i=1}^{n}(Y_i \cdot p_i)$$

其中：

$$Y_i = \begin{cases} 0, & F'(e_i) = F(e_i) \\ 1, & F'(e_i) \neq F(e_i) \end{cases}$$

于是，软件的可靠度（n 次运行不出现差错的概率）为：

$$R(n) = R_1^n = (1-P_1)^n$$

显然，只要知道每次运行的时间，上述数据模型中的 $R(n)$ 就很容易转换成时间模型中的 $R(t)$。

14.3　可靠性指标与评估

14.2 节讨论了系统可靠性的模型，那么，究竟如何来评估一个系统的可靠性呢？这就是本节要介绍的内容。

14.3.1　可靠性指标

与可靠性相关的概念主要有平均无故障时间、平均故障修复时间以及平均故障间隔时间等。

1．平均无故障时间

可靠度为 $R(t)$的系统的平均无故障时间（Mean Time To Failure，MTTF）定义为从 t=0 时到故障发生时系统的持续运行时间的期望值，计算公式如下：

$$\mathrm{MTTF}=\int_0^\infty R(t)\mathrm{d}t$$

如果 $R(t)=\mathrm{e}^{-\lambda t}$，则 $\mathrm{MTTF}=1/\lambda$。λ 为失效率，是指器件或系统在单位时间内发生失效的预期次数，在此处假设为常数。

例如，假设同一型号的 1000 台计算机，在规定的条件下工作 1000 小时，其中有 10 台出现故障。这种计算机千小时的可靠度 R 为(1000–10)/1000=0.99。失效率为 10/(1000×1000=1×10^{-5})。因为平均无故障时间与失效率的关系为 MTTF=1/λ，因此，MTTF=10^5 小时。

2．平均故障修复时间

可用度为 $A(t)$的系统的平均故障修复时间（Mean Time To Fix，MTTR）可以用类似于求 MTTF 的方法求得。设 $A_1(t)$ 是在风险函数 $Z(t)$=0 且系统的初始状态为 1 状态的条件下 $A(t)$的特殊情况，则：

$$\mathrm{MTTR}=\int_0^\infty A_1(t)\mathrm{d}t$$

此处假设修复率 $\mu(t)=\mu$ (常数)，修复率是指单位时间内可修复系统的平均次数，则：

$$\mathrm{MTTR}=1/\mu$$

3．平均故障间隔时间

平均故障间隔时间（Mean Time Between Failure，MTBF）常常与 MTTF 发生混淆。因为两次故障（失败）之间必然有修复行为，因此，MTBF 中应包含 MTTR。对于可靠度服从指数分布的系统，从任一时刻 t_0 到达故障的期望时间都是相等的，因此有：

$$\mathrm{MTBF}=\mathrm{MTTR}+\mathrm{MTTF}$$

在实际应用中，一般 MTTR 很小，所以通常认为 MTBF≈MTTF。

14.3.2　可靠性计算

计算机系统是一个复杂的系统，而且影响其可靠性的因素也非常繁复，很难直接对其进行可靠性分析。但通过建立适当的数学模型，把大系统分割成若干子系统，可以简化其分析过程。

1．串联系统

假设一个系统由 n 个子系统组成，当且仅当所有的子系统都有能正常工作时，系统才能正常工作，这种系统称为串联系统，如图 14-1 所示。

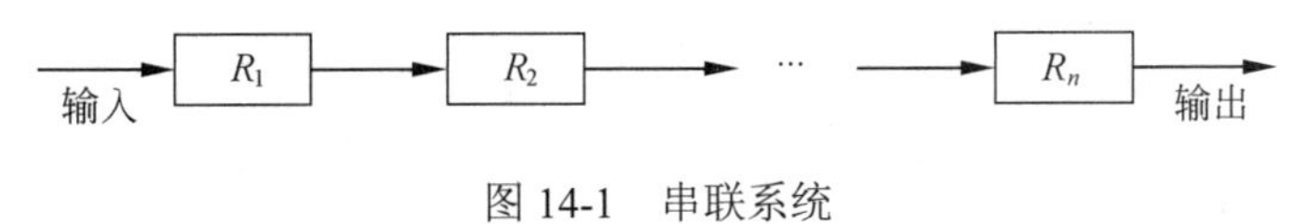

图 14-1　串联系统

设系统各个子系统的可靠性分别用 $R_1,R_2,\cdots,R_n$ 表示，则系统的可靠性 $R=R_1\times R_2\times\cdots\times R_n$。

如果系统的各个子系统的失效率分别用 $\lambda_1,\lambda_2,\cdots,\lambda_n$ 来表示，则系统的失效率 $\lambda=\lambda_1+\lambda_2+\cdots+\lambda_n$。

2．并联系统

假如一个系统由 n 个子系统组成，只要有一个子系统能够正常工作，系统就能正常工作，如图 14-2 所示。

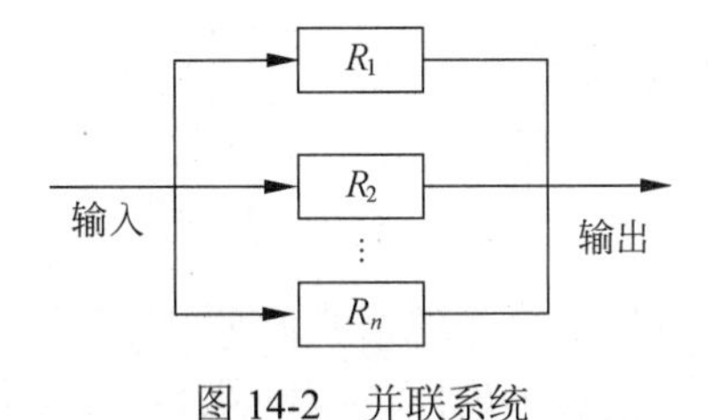

图 14-2　并联系统

设系统各个子系统的可靠性分别用 $R_1,R_2,\cdots,R_n$ 表示，则系统的可靠性 $R=1-(1-R_1)\times(1-R_2)\times\cdots\times(1-R_n)$。

假如所有的子系统的失效率均为 λ，则系统的失效率为 μ:

$$\mu=\frac{1}{\frac{1}{\lambda}\sum_{j=1}^{n}\frac{1}{j}}$$

在并联系统中只有一个子系统是真正需要的，其余 $n-1$ 个子系统称为冗余子系统，随着冗余子系统数量的增加，系统的平均无故障时间也增加了。

3．模冗余系统

m 模冗余系统由 m 个(m=2n+1 为奇数)相同的子系统和一个表决器组成，经过表决器表决后，m 个子系统中占多数相同结果的输出作为系统的输出，如图 14-3 所示。

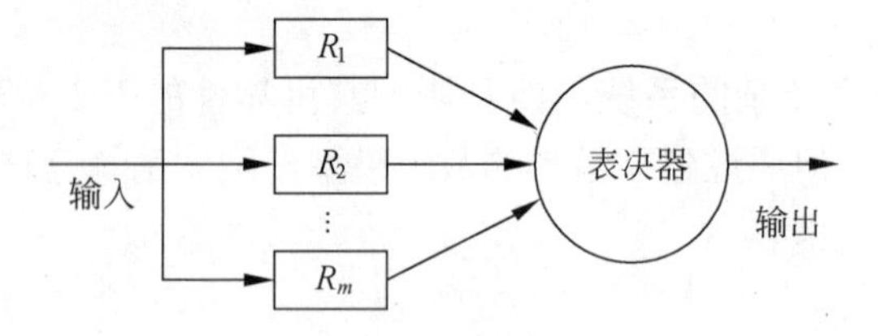

图 14-3 模冗余系统

在 m 个子系统中，只有 n+1 个或 n+1 个以上子系统能正常工作，系统就能正常工作，输出正确结果。假设表决器是完全可靠的，每个子系统的可靠性为 R_0 ，则 m 模冗余系统的可靠性为：

$$R=\sum_{i=n+1}^{m} C_m^j \times R_0^i\left(1-R_0\right)^{m-i}$$

其中 C_m^j 为从 m 个元素中取 j 个元素的组合数。

在实际应用系统中，往往是多种结构的混联系统。例如，某高可靠性计算机系统由图 14-4 所示的冗余部件构成。

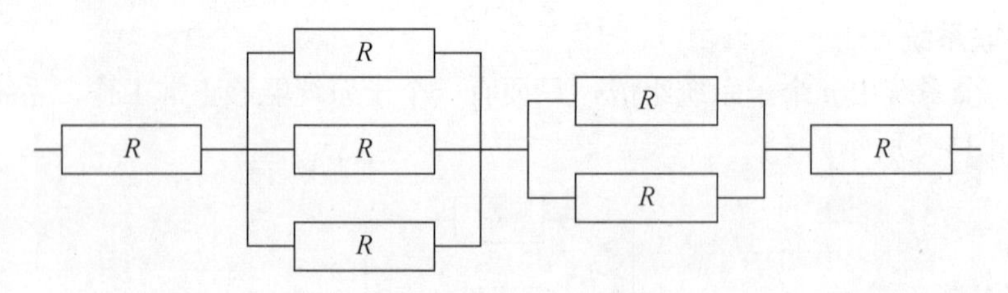

图 14-4 某计算机系统

显然，该系统为一个串并联综合系统，我们可以先计算出中间 2 个并联系统的可靠度，根据并联公式 $R=1-(1-R_1)\times(1-R_2)\times\cdots\times(1-R_n)$ ，可得到 3 个部件并联的可靠度为 $1-(1-R)^3$ ，2 个部件并联的可靠度为 $1-(1-R)^2$ 。

然后，再根据串联公式 $R=R_1\times R_2\times\cdots\times R_n$ ，可得到整个系统的可靠度：$R\times(1-(1-R)^3)\times(1-(1-R)^2)\times R$ 。

14.4 可靠性设计

提高计算机可靠性的技术可以分为避错技术和容错技术。避错是预防和避免系统在运行中出错。例如，软件测试就是一种避错技术；容错是指系统在其某一组件故障存在的情况下不失效，仍然能够正常工作的特性。简单地说，容错就是当计算机由于种种原因在系统中出现了数据、文件损坏或丢失时，系统能够自动将这些损坏或丢失的文件和数据恢复到发生事故以前的状态，使系统能够连续正常运行。容错功能一般通过冗余组件设计来实现，计算机系统的容错性通常可以从系统的可靠性、可用性和可测性等方面来衡量。

14.4.1　冗余技术

实现容错的主要手段就是冗余。冗余是指所有对于实现系统规定功能来说是多余的那部分的资源，包括硬件、软件、信息和时间。通过冗余资源的加入，可以使系统的可靠性得到较大的提高。主要的冗余技术包括结构冗余、信息冗余、时间冗余、冗余附加四种。

1．结构冗余

结构冗余是常用的冗余技术，按其工作方式，可分为静态冗余、动态冗余和混合冗余 3 种。

（1）静态冗余。常用的有三模冗余和多模冗余。静态冗余通过表决和比较来屏蔽系统中出现的错误。例如，三模冗余是对 3 个功能相同，但由不同的人采用不同的方法开发出的模块的运行结果进行表决，以多数结果作为系统的最终结果。即如果模块中有一个出错，这个错误能够被其他模块的正确结果“屏蔽”。由于无需对错误进行特别的测试，也不必进行模块的切换就能实现容错，故称为静态容错。

（2）动态冗余。动态冗余的主要方式是多重模块待机储备，当系统检测到某工作模块出现错误时，就用一个备用的模块来顶替它并重新运行。这里须有检测、切换和恢复过程，故称其为动态冗余。每当一个出错模块被备用模块顶替后，冗余系统相当于进行了一次重构。各备用模块在待机时，可与主模块一样工作，也可不工作。前者叫做热备份系统（双重系统），后者叫做冷备份系统（双工系统、双份系统）。在热备份系统中，两套系统同时、同步运行，当联机子系统检测到错误时，退出服务进行检修，而由热备份子系统接替工作，备用模块在待机过程中其失效率为 0；处于冷备份的子系统平时停机或者运行与联机系统无关的运算，当联机子系统产生故障时，人工或自动进行切换，使冷备份系统成为联机系统。在运行冷备份时，不能保证从程序端点处精确地连续工作，因为备份机不能取得原来机器上当前运行的全部数据。

（3）混合冗余。它兼有静态冗余和动态冗余的长处。

2．信息冗余

信息冗余是在实现正常功能所需要的信息外，再添加一些信息，以保证运行结果正确的方法。例如，纠错码就是信息冗余的例子。

3．时间冗余

时间冗余使用附加一定时间的方法来完成系统功能。这些附加的时间主要用在故障检测、复查或故障屏蔽上。时间冗余以重复执行指令（指令复执）或程序（程序复算）来消除瞬时错误带来的影响。

4．冗余附加技术

冗余附加技术指为实现上述冗余技术所需的资源和技术，包括程序、指令、数据、存放和调动它们的空间和通道等。

系统一旦发生故障，就需要采用某种方法进行恢复。故障的恢复策略一般有两种，分别是前向恢复和后向恢复。前向恢复是指使当前的计算继续下去，把系统恢复成连贯的正确状态，弥补当前状态的不连贯情况，这需要有错误的详细说明；后向恢复是指系统恢复到前一个正确状态，继续执行。这种方法显然不适合实时处理场合。

14.4.2　软件容错

软件容错的主要目的是提供足够的冗余信息和算法程序，使系统在实际运行时能够及时发现程序设计错误，采取补救措施，以提高软件可靠性，保证整个计算机系统的正常运行。软件容错技术主要有恢复块方法、N版本程序设计和防卫式程序设计等。

1．恢复块方法

恢复块方法是一种动态的故障屏蔽技术，采用后向恢复策略，如图14-5所示。它提供具有相同功能的主块和几个后备块，一个块就是一个执行完整的程序段，主块首先投入运行，结束后进行验证测试，如果没有通过验证测试，系统经现场恢复后由一后备块运行。这一过程可以重复到耗尽所有的后备块，或者某个程序故障行为超出了预料，从而导致不可恢复的后果。设计时应保证实现主块和后备块之间的独立性，避免相关错误的产生，使主块和后备块之间的共性错误降到最低限度。验证测试程序完成故障检测功能，它本身的故障对恢复块方法而言是共性，因此，必须保证它的正确性。

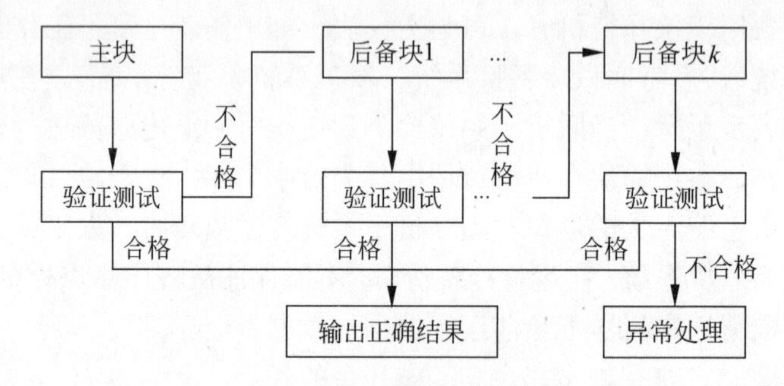

图14-5　恢复块方法

2．N版本程序设计

N版本程序设计是一种静态的故障屏蔽技术，采用前向恢复的策略，如图14-6所示。其设计思想是用N个具有相同功能的程序同时执行一项计算，结果通过多数表决来选择。其中N份程序必须由不同的人独立设计，使用不同的方法，不同的设计语言，不同的开发环境和工具来实现。目的是减少N版本软件在表决点上相关错误的概率。另外，由于各种不同版本并行执行，有时甚至在不同的计算机中执行，必须解决彼此之间的同步问题。

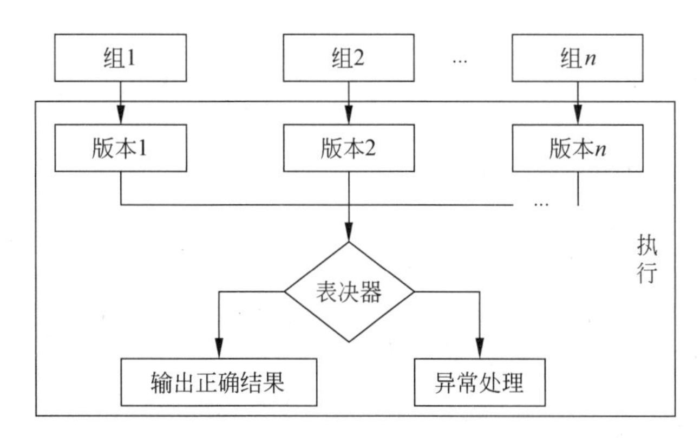

图 14-6　N 版本程序设计

3．防卫式程序设计

防卫式程序设计是一种不采用任何一种传统的容错技术就能实现软件容错的方法，对于程序中存在的错误和不一致性，防卫式程序设计的基本思想是通过在程序中包含错误检查代码和错误恢复代码，使得一旦错误发生，程序能撤销错误状态，恢复到一个已知的正确状态中去。其实现策略包括错误检测、破坏估计和错误恢复 3 个方法。

除上述 3 种方法外，提高软件容错能力也可以从计算机平台环境、软件工程和构造异常处理模块等不同方面达到。此外，利用高级程序设计语言本身的容错能力，采取相应的策略，也是可行的办法。例如，C++语言中的 try_except 处理法和 try_finally 中止法等。

14.4.3　集群技术

集群（cluster）是由两台以上结点机（服务器）构成的一种松散耦合的计算结点集合，为用户提供网络服务或应用程序（包括数据库、Web 服务和文件服务等）的单一客户视图，同时提供接近容错机的故障恢复能力。

1．集群的分类

（1）高性能计算科学集群：以解决复杂的科学计算问题为目的的集群系统，其处理能力与真正超级并行机相等，并且具有优良的性价比。

（2）负载均衡集群：使各结点的负载流量可以在服务器集群中尽可能平均合理地分摊处理，这样的系统非常适合于运行同一组应用程序的大量用户。每个结点都可以处理一部分负载，并且可以在结点之间动态分配负载，以实现平衡。

（3）高可用性集群：为保证集群整体服务的高可用，考虑计算硬件和软件的容错性。如果高可用性集群中的某个结点发生了故障，那么将由另外的结点代替它。整个系统环境对于用户是透明的。

在实际应用的集群系统中，这3种基本类型经常会发生混合与交杂。

2．集群的硬件配置

（1）镜像服务器双机：这是最简单和价格最低廉的解决方案，通常镜像服务的硬件配置需要两台服务器，在每台服务器有独立操作系统硬盘和数据存储硬盘，每台服务器有与客户端相连的网卡，另有一对镜像卡或完成镜像功能的网卡。

镜像服务器具有配置简单，使用方便，价格低廉诸多优点，但由于镜像服务器需要采用网络方式镜像数据，通过镜像软件实现数据的同步，因此需要占用网络服务器的CPU及内存资源，镜像服务器的性能比单一服务器的性能要低一些。

有一些镜像服务器集群系统采用内存镜像的技术，这个技术的优点是所有的应用程序和网络操作系统在两台服务器上镜像同步，当主机出现故障时，备份机可以在几乎没有感觉的情况下接管所有应用程序。因为两个服务器的内存完全一致，但当系统应用程序带有缺陷从而导致系统宕机时，两台服务器会同步宕机。采用内存镜像卡或网卡实现数据同步时，在大数据量的读写过程中，两台服务器在某些状态下会产生数据不同步。因此，镜像服务器适合那些预算较少、对集群系统要求不高的用户。

（2）双机与磁盘阵列柜。与镜像服务器双机系统相比，双机与磁盘阵列柜互联结构多出了磁盘阵列柜，在磁盘阵列柜中安装有磁盘阵列控制卡，阵列柜可以直接将柜中的硬盘配置成为逻辑盘阵。磁盘阵列柜通过SCSI电缆与服务器上普通SCSI卡相连，系统管理员需直接在磁盘柜上配置磁盘阵列。

双机与磁盘阵列柜互联结构不采用内存镜像技术，因此需要有一定的切换时间，它可以有效地避免由于应用程序自身的缺陷导致系统全部宕机，同时由于所有的数据全部存储在磁盘阵列柜中，当工作机出现故障时，备份机接替工作机，从磁盘阵列中读取数据，所以不会产生数据不同步的问题，由于这种方案不需要网络镜像同步，因此这种集群方案服务器的性能要比镜像服务器结构高出很多。双机与磁盘阵列柜互联结构的缺点是在系统当中存在单点错的缺陷，所谓单点错是指当系统中某个部件或某个应用程序出现故障时，导致所有系统全部宕机。在这个系统中磁盘阵列柜是会导致单点错，当磁盘阵列柜出现逻辑或物理故障时，所有存储的数据会全部丢失。

（3）光纤通道双机双控集群系统。光纤通道是一种连接标准，可以作为SCSI的一种替代解决方案，光纤技术具有高带宽、抗电磁干扰、传输距离远、质量高、扩展能力强等特性。光纤设备提供了多种增强的连接技术，大大方便了用户使用。服务器系统可以通过光缆远程连接，最大可跨越10km的距离。它允许镜像配置，这样可以改善系统的容错能力。服务器系统的规模将更加灵活多变。SCSI每条通道最多可连接15个设备，而光纤仲裁环路最多可以连接126个设备。

随着服务器硬件系统与网络操作系统的发展，集群技术将会在可用性、高可靠性、系统冗余等方面逐步提高。未来的集群可以依靠集群文件系统实现对系统中的所有文件、设备和网络资源的全局访问，并且生成一个完整的系统映像。这样，无论应用程序在集群中的哪台服务器上，集群文件系统允许任何用户（远程或本地）都可以对这个软件进行访问。任何应用程序都可以访问这个集群任何文件。甚至在应用程序从一个结点转移到另一个结点的情况下，无需任何改动，应用程序就可以访问系统中的文件。

14.5　例题分析

为了帮助考生了解在实际考试时，在系统可靠性方面的试题题型，本节分析 5 道典型的试题。

例题 1

若某计算机系统是由 1000 个元器件构成的串联系统，且每个元器件的失效率均为 10^{-7}/h，在不考虑其他因素对可靠性的影响时，该计算机系统的平均故障间隔时间为______小时。

A．1×10^4　　B．5×10^4　　C．1×10^5　　D．5×10^5

例题 1 分析

根据串联系统模型（见 14.3.2 节），系统的失效率等于各器件失效率的和，即 $1000\times10^{-7}=1\times10^{-4}$。而平均故障间隔时间等于失效率的倒数，所以为 $1/(1\times10^{-4})=1\times10^4$。

例题 1 答案

A

例题 2

软件的质量属性是衡量软件非功能性需求的重要因素。可用性质量属性主要关注软件系统的故障和它所带来的后果。______是能够提高系统可用性的措施。

A．心跳检测　　B．模块的抽象化　　C．用户授权　　D．记录/重放

例题 2 分析

为了提高系统的可靠性和可用性，其中的一种办法就是采用双机集群。两台主机 A、B 共享一个磁盘阵列，A 为工作机，B 为备份机。它们之间用一根心跳线来连接，这称为“心跳检测”。工作机和备份机会通过此心跳路径，周期性的发出相互检测的测试包，如果此时工作机出现故障，备份机在连续丢失设定数目的检测包后，会认为工作机出现故障，这时备份机会自动检测设置中是否有第 2 种心跳，如果没有第 2 种心跳的话，本分机则根据已设定的规则，启动相关服务，完成双机热备的切换。

例题 2 答案

A

例题 3

用 3 个相同的元件组成如图 14-7 所示的一个系统。

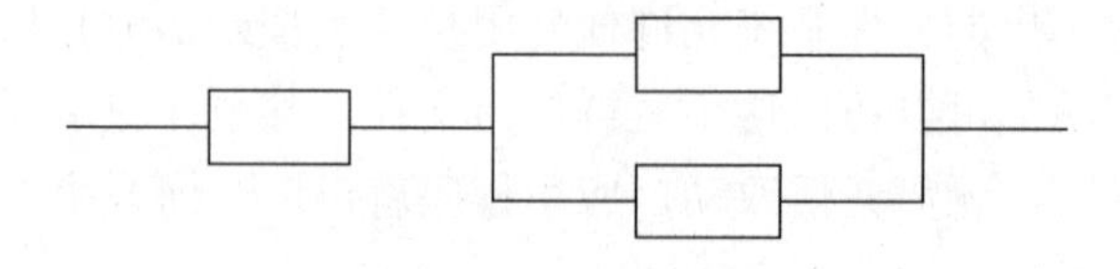

图 14-7　例题 3 系统图

如果每个元件能否正常工作是相互独立的，每个元件能正常工作的概率为 p，那么此系统的可靠度（元件或系统正常工作的概率通常称为可靠度）为______。

A．$p^2(1-p)$　　B．$p^2(2-p)$　　C．$p(1-p)^2$　　D．$p(2-p)^2$

例题 3 分析

图 14-7 的右边是一个并联系统，其可靠度为 $1-(1-p)^2$，然后再与左边的部分组成串联系统，因此整个系统的可靠度为 $p[1-(1-p)^2]=p^2(2-p)$。

例题 3 答案

B

例题 4

下列关于软件可靠性的叙述，不正确的是______。

A．由于影响软件可靠性的因素很复杂，软件可靠性不能通过历史数据和开发数据直接测量和估算出来

B．软件可靠性是指在特定环境和特定时间内，计算机程序无故障运行的概率

C．在软件可靠性的讨论中，故障指软件行为与需求的不符，故障有等级之分

D．排除一个故障可能会引入其他的错误，而这些错误会导致其他的故障

例题 4 分析

软件可靠性是软件系统在规定的时间内及规定的环境条件下，完成规定功能的能力，也就是软件无故障运行的概率。这里的故障是软件行为与需求的不符，故障有等级之分。软件可靠性可以通过历史数据和开发数据直接测量和估算出来。在软件开发中，排除一个故障可能会引入其他的错误，而这些错误会导致其他的故障，因此，在修改错误以后，还是进行回归测试。

例题 4 答案

（4）A

例题 5

软件可用性是指在某个给定时间点上程序能够按照需求执行的概率，其定义为______。

A．可用性＝MTTF/(MTTF＋MTTR)×100%

B．可用性＝MTTR/(MTTF＋MTTR)×100%

C．可用性＝MTTF/(MTTF－MTTR)×100%

D．可用性＝MTTR/(MTTF－MTTR)×100%

例题 5 分析

软件可用性是指在某个给定时间点上程序能够按照需求执行的概率，其定义为

$$可用性 = MTTF/(MTTF+MTTR)\times 100\%$$

例题 5 答案

A

第 15 章　分布式系统

分布式系统是指由多个分散计算机经过互连网络构成的统一计算机系统，其中各个物理和逻辑资源部件既相互配合，又高度自治地在全系统范围内实现资源管理和在动态基础上实现任务分配，并且能并行地运行分布式程序。例如，Internet、企业内部网、移动和无处不在的计算，这些都是典型的分布式系统。

资源共享是形成分布式系统的主要动力。资源可以由服务器管理并由客户访问，或封装成对象，由其他客户对象访问。分布式系统与资源共享的计算机网络在某些特征上有着密切的联系，但又有本质的区别。资源共享的计算机网络在资源分布、互连拓朴、通信协议等方面与分布式系统要解决的问题是相同的，但它对于全局管理、并行操作、自治控制等特性并无硬性要求。

根据考试大纲，本章要求考生掌握以下知识点：

（1）信息系统综合知识：包括分布式系统、分布式数据库系统。

（2）系统架构设计案例分析和论文：包括分布式通信协议的设计、基于对象的分布式系统设计、基于 Web 的分布式系统设计、基于消息和协同的分布式系统设计、异构分布式系统的互操作性设计。

15.1　分布式操作系统

分布式操作系统是为管理分布式系统而开发的系统软件，它能使分布式系统中的各个场地既能较均等地分担控制功能、独立发挥自身控制作用，又能相互协调，在彼此通信协调的基础上实现系统全局管理。

网络操作系统与分布式操作系统的目的虽然均是提供处理机、通信、设备、存储、文件管理等项服务，但其主要差别在于分布式操作系统把资源看成整体占用并作为一个整体进行管理，通过整体机制而非局部机制来处理运行过程，系统基于单一的策略来控制和管理。

15.1.1　分布式操作系统的特点

分布式操作系统是在比单机复杂的多机环境下得到实现的，操作系统在进行任何一项任务的始终都要依赖于通信软件模块，故而分布式操作系统具有区别于单机操作系统的下列显著特点：

（1）具有干预互连的各处理机之间交互关系的责任。分布式操作系统必须保证在不同处理机上执行的进程彼此互不干扰，并严格同步，以及保证避免或妥善解决各处理机对某些资源的竞争和引起的死锁等问题。

（2）分布式操作系统的控制结构是分布式的。分布式操作系统一般由内核和实用程序组成。内核主要负责处理各种中断、通信和调度实用程序。而实用程序有多个，它们分别完成一部分系统功能。由于分布计算机系统由多台计算机组成，分布式操作系统的内核就必须有多个，每台计算机上都应有一个内核，而每台计算机上所配置的实用程序可以各不相同，且可以以多副本形式分布于不同的计算机上。内核一般由基本部分和外加部分组成。外加部分主要用来控制外部设备，它根据各台计算机所配置的外部设备而定。各台计算机的内核的基本部分是相同的，它运行于硬件之上，是一种具有有限功能的较小的操作系统内核，主要用于让系统管理员以它为基础建立操作系统，其主要功能为进程通信、低级进程管理、低级存储管理、输入/输出管理等。

（3）分布式操作系统按其逻辑功能可分为全局操作系统和局部操作系统两部分。由于分布式操作系统把资源看成统一的整体来处理，系统基于单一策略来控制和管理，因而在操作系统的设计上要体现出各处理机间的协调一致，整体地去分配任务及公共事务、特殊事务（意外处理、错误捕获等），即把整体性分散于内核和管理程序之中，这一部分称为全局操作系统。但在每台计算机上的操作系统又有独立于其他机器的管理功能，这一部分称之为局部操作系统。它主要负责属于本机独立运行的基本管理功能以及本机与其他机器的同步通信、消息发送的事务管理。这样的划分是为了使各处理机在运行中既具有独立性和一定的自主权，又能保持系统中各机的步调一致并能良好地合作。

（4）分布式操作系统的基本调度单位不是一般系统中的进程，而是一种任务队列，即多个处理机上的并发进程的集合。多处理机系统以任务级并行为特征。同一任务队列的各进程可分布在不同的处理机上并行地执行，同一处理机也可执行多个不同的任务队列的进程。任务队列的各进程或各个任务队列之间都有很复杂的内在联系。

（5）分布式操作系统的组成情况与系统的耦合方式关系很大。紧耦合的分布式系统中，系统资源的耦合程度很高，需使用专门的各种软件/硬件机制来解决冲突和竞争等问题，在松耦合的分布式系统中，各处理机配有自己的本地资源，系统的重要问题是处理机间的同步与通信的管理。

（6）分布式操作系统为加强各处理机间的动态协作，借鉴了网络操作系统中的消息传送协议技术，具体采取什么协议则根据系统的互连模式而定。

15.1.2　分布式操作系统的构造方法

构造分布式操作系统有如下方法：

（1）从头开始。因为分布式操作系统不同于任何集中式操作系统 ，因而可以完全从头开始构造一个分布式操作系统。这种方式的优点在于可以给设计者以完全的自由度，不足之处在于其中所涉及的所有系统软件和应用软件几乎要全部修改。

（2）修改、扩充现有的操作系统。对集中式操作系统进行修改和扩充，使其具有分布处理和通信功能。这种方法通过尽量保持与集中式操作系统的相容性而使重新编写新软件的工作量减到最少。而且存在一个与开发期间的新版本进行比较的原始版本，这就给我们提供了测试新版本性能的基础。这种方法不利之处是，开发期间的某些决策由于要考虑到如何与原操作系统相容而不得不采用折中方案。

（3）层次式。在集中式操作系统和用户之间增加一个层次以提供分布处理和通信功能。它类似于网络操作系统，具有前述两种方法的优点且不必修改现在的操作系统。不足之处在于所有对底层操作系统引用，由于必须经由中间层而使系统性能受到了影响。

15.2 分布式数据库系统

分布式数据库是由一组数据组成的，这组数据分布在计算机网络的不同计算机上，网络中的每个结点具有独立处理的能力（称为场地自治），它可以执行局部应用，同时，每个结点也能通过网络通信子系统执行全局应用。

15.2.1 分布式数据库系统

分布式数据库系统是在集中式数据库系统技术的基础上发展起来的，具有如下特点：

（1）数据独立性：在分布式数据库系统中，数据独立性这一特性更加重要，并具有更多的内容。除了数据的逻辑独立性与物理独立性外，还有数据分布独立性（分布透明性）。

（2）集中与自治共享结合的控制结构：各局部的 DBMS 可以独立地管理局部数据库，具有自治的功能。同时，系统又设有集中控制机制，协调各局部 DBMS 的工作，执行全局应用。

（3）适当增加数据冗余度：在不同的场地存储同一数据的多个副本，这样可以提高系统的可靠性、可用性，同时也能提高系统性能。

（4）全局的一致性、可串行性和可恢复性。

分布式数据库系统的目标，主要包括技术和组织两方面的目标：

（1）适应部门分布的组织结构，降低费用。

（2）提高系统的可靠性和可用性。

（3）充分利用数据库资源，提高现有集中式数据库的利用率。

（4）逐步扩展处理能力和系统规模。

在集中式系统中，主要目标是减少对磁盘的访问次数。对于分布式系统，压倒一切的性能目标是使通过网络传送信息的次数和数据量最小。

1．分布式数据存储

分布式数据存储可以从数据分配和数据分片两个角度考察。数据分配是指数据在计算机网络各场地上的分配策略。包括：

（1）集中式：所有数据均安排在同一个场地上。

（2）分割式：所有数据只有一份，分别被安置在若干个场地。

（3）全复制式：数据在每个场地重复存储。

（4）混合式：数据库分成若干可相交的子集，每一子集安置在一个或多个场地上，但是每一场地未必保存全部数据。

在实际应用中，对于上述分配策略，可以从 4 个方面进行评估，分别是存储代价、可靠性、检索代价、更新代价。其中存储代价和可靠性是一对矛盾的因素，检索代价和更新代价也是一对矛盾的因素。

数据分片是指数据存放单位不是全部关系，而是关系的一个片段，也就是关系的一部分。包括：

（1）水平分片：按一定的条件把全局关系的所有元组划分成若干不相交的子集，每个子集为关系的一个片段。

（2）垂直分片：把一个全局关系的属性集分成若干子集，并在这些子集上做投影运算，每个投影为垂直分片。

（3）混合型分片：将水平分片与垂直分片方式综合使用则为混合型分片。

不管是按哪种方式进行分片，数据分片都应遵循下列基本准则：

（1）完备性条件：必须把全局关系的所有数据映射到各个片段中，绝不允许发生属于全局关系的某个数据不属于任何一个片段。

（2）重构条件：划分所采用的方法必须确保能够由各个片段重建全局关系。

（3）不相交条件：要求一个全局关系被划分后得到的各个数据片段互相不重叠。

2．分布式数据库系统的架构

分布式 DBS 的架构分为四级，分别是全局外模式、全局概念模式、分片模式和分布模式，如图 15-1 所示。

（1）全局外模式：它们是全局应用的用户视图，是全局概念模式的子集。

（2）全局概念模式：全局概念模式定义了分布式数据库中所有数据的逻辑结构。

（3）分片模式：分片模式定义片段以及定义全局关系与片段之间的映象。这种映象是一对多的，即每个片段来自一个全局关系，而一个全局关系可分成多个片段。

（4）分布模式：片段是全局关系的逻辑部分，一个片段在物理上可以分配到网络的不同结点上。分布模式根据数据分配策略的选择定义片段的存放场地。

从图 15-1 中可以看出，分布式 DBS 的分层架构使数据分片和数据分配分离，形成了数据分布独立性概念。数据分布独立性也称为分布透明性，是指用户不必关系数据的逻辑分片，不必关心数据物理位置分配的细节，也不必关心各个场地上数据库数据模型。

分布透明性可归入物理独立性的范围，包括 3 个层次，分别是分片透明性、位置透明性和局部数据模型透明性。

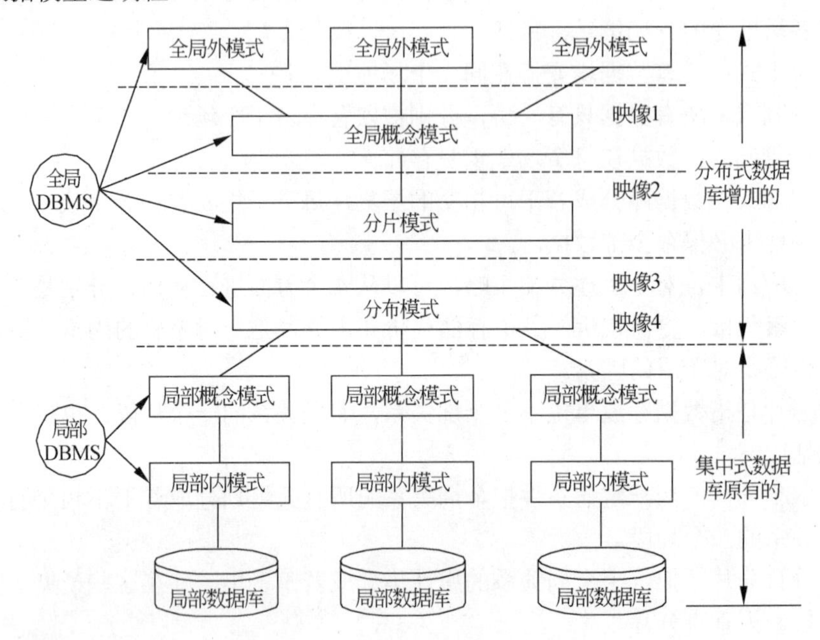

图 15-1　分布式数据库系统的架构

15.2.2　分布式数据库管理系统

分布式 DBMS 的主要功能有：

（1）接受用户请求，并判定把它送到哪里，或必须访问哪些计算机才能满足该请求。

（2）访问网络数据字典，或者至少了解如何请求和使用其中的信息。

（3）如果目标数据存储于系统的多个计算机上，就必须进行分布式处理。

（4）通信接口功能，在用户、局部 DBMS 和其他计算机的 DBMS 之间进行协调。

（5）在一个异构型分布式处理环境中，还需提供数据和进程移植的支持。这里的异构型是指各个场地的硬件、软件之间存在一定差别。

一般来说，分布式 DBMS 由 4 个部分组成：

（1）LDBMS（Local DBMS，局部 DBMS）：建立和管理局部数据库，提供场地自治能力、执行局部应用及全局查询的子查询。

（2）GDBMS（Global DBMS，全局 DBMS）：提供分布透明性，协调全局事务的执行，协调各 LDBMS 以完成全局应用，保证数据库的全局一致性，执行并发控制，实现更新同步，提供全局恢复功能。

（3）全局数据字典：存放全局概念模式、分片模式、分布模式的定义，以及各模式之间映像的定义；存放有关用户存取权限的定义，以保证全局用户的合法权限和数据库的安全性；存放数据完整性约束条件的定义，其功能与集中式数据库的数据字典类似。

（4）通信管理：在分布式数据库各场地之间传送消息和数据，完成通信功能。

15.3　分布式系统设计

根据分布式系统的定义，12.3.2 节和 12.3.3 节中介绍的架构就属于分布式软件架构，因此，我们对分布式系统的设计应该不会陌生。

15.3.1　分布式系统设计的方式

设计分布式系统的难点在于其组件的异构性、开放性、安全性、可伸缩性、故障处理以及组件的并发性和透明性。分布式系统可以有两种完全不同的方式来进行协同和合作。

1．基于实例的协作

在这种方式中，所有的实例都处理自己范围内的数据，这些对象实例的地位是相同的，当一个对象实例必须要处理不属于它自己范围的数据时，必须和数据归宿的对象实例通信，请求另外一个对象实例进行处理。请求对象实例可以启动对象、调用远程对象的方法，以及停止运行远程实例。基于实例的协作具有良好的灵活性，但由于实例之间的紧密联系复杂的交互模型，使得开发成本提高，而且，由于实例必须能够通过网络找到，所以通信协议必须包括实例的生存周期管理，这使得基于实例的协作大多只限于统一的网络，对于复杂的跨平台的系统就难以应付。所以基于实例的协作适用于比较小范围内网络情况良好的环境中，这种环境常常被称为近连接。在这种情况下，对象的生存周期管理所带来不寻常的网络流量是可以容忍的。

使用基于实例的协作常常使用被称为“代理”的方法，某个对象实例需要调用远程对象时，它可以只和代理打交道，由代理完成和远程对象实例的通信工作：创建远程对象，提交请求、得到结果，然后把结果提交给调用的对象实例。这样，这个对象实例甚至可以不知道自己使用了远程对象。当远程对象被替换掉（升级）时，本地代码也无需修改。

2．基于服务的协作

这种方法试图解决基于实例的协作的困难。它只提供远程对象的接口，用户可以调用这些方法，却无法远程创建和销毁远程对象实例。这样就减少了交互，简化了编程，而且使得跨平台协作成为可能。同样由于只提供接口，这种协作方式使得对象间的会话状态难以确定，而且通信的数据类型也将有所限制，基本上很难使用自定义的类型。基于服务的协作适用于跨平台的网络，网络响应较慢的情况，这种环境常称为远连接，这时，简化交互性更为重要，而频繁的网络交换数据会带来难以容忍的延时。

基于服务的协作通常采用层次式架构，高层的应用依赖于低层的对象，而低层对象实例的实现细节则没有必要暴露给高层对象，这种安排使得高层的实现不受低层实现的影响，同时，当低层服务修改时，高层服务也不应该受到影响。

架构设计师在进行设计时，通常会倾向于比较细致的设计，对象往往提供了大量操作和方法，响应许多不同的消息，以增强系统灵活性、可维护性等。这在单个系统中没有什么问题，当考虑分布式系统的设计时，这种细致的设计所带来对对象方法的大量调用会比较严重地影响性能，所以在分布式系统中，倾向于使用大粒度的设计方式，往往在一个方法中包含了许多参数，每个方法基本上代表了一种独立功能。当然这样的设计使得参数的传递变得复杂，当需要修改参数时，需要对比较大范围的一段过程代码进行修改，而不是像小粒度设计那样，只需要修改少量代码。

15.3.2　基于 Web 的分布式系统设计

当前，一般的 Web 应用程序大都采用三层 B/S 架构：用户通过在浏览器中输入一个 URL 向 Web 服务器发出一个请求，Web 服务器接收到一个请求后，通过一些动态 Web 技术（如 ASP、JSP 等）处理请求，并和服务器端数据库系统或文件系统进行交互，得到响应结果，并将响应结果返回到用户的浏览器端，从而完成一次请求/响应的操作，在这个过程中，数据的传输是通过 HTTP 协议完成的。这种应用系统的框架结构如图 15-2 所示。

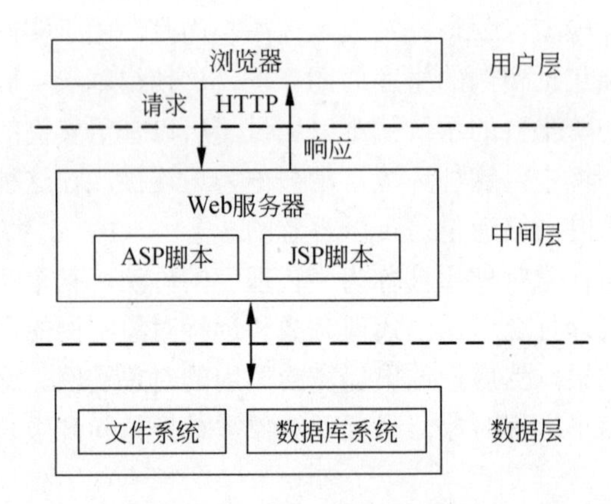

图 15-2　典型的 B/S 架构

1. 传统 B/S 架构的不足

在分布式网络环境下，信息系统管理的对象种类繁多，有文本、表格、图形、多媒体文件等，版本、格式关系非常复杂，对这些数据对象的处理过程也同样复杂无比，花费的时间也长，一般都是长事务处理，系统对可靠性和安全性的要求也高。另外，在企业流程管理、产品管理上都需要用户和浏览器端有较为复杂的交互。传统的 B/S 架构虽然能满足一定的要求，但其不足也比较突出，具体表现如下：

（1）普通的 Web 应用程序一般都运行在 Web 服务器上，Web 服务器的负载十分繁重。

（2）由于 HTTP 协议不是面向连接的协议，而是无状态、无连接、以文档描述为基础和基于页面的协议，一次连接只能实现单项数据浏览，不能进行双向数据传输。

（3）目前的 HTTP 存在着客户端在一次 TCP 连接中不能实现多次访问，只能进行一次访问。

（4）基于 HTML 和 ASP 等脚本语言的页面文档浏览技术不能保存已经浏览过的页面，以及以页面为基本元素的访问机制，这必然造成占有大量网络通信带宽和服务器处理时间。

（5）基于 HTML 和 ASP 等脚本语言的 Web 页面一般只能让用户和浏览器端进行较为简单的交互，不能完成用户和浏览器的复杂交互。

由于存在上述一些缺点，所以采用传统 B/S 架构的系统难以进行大规模事务处理以及大量的实时用户交互。

2．分布式对象技术

分布式对象技术是指采用面向对象技术开发的两个或多个软件共享信息。这些软件既可以在同一台计算机上运行，也可以通过网络在几台不同的计算机上运行，它主要解决如何在分布系统中集成各组件的问题。使用分布式对象技术主要有以下优点：

（1）通过分布式环境动态配置，带来软件框架结构的可扩充性。

（2）通过分布式方式共同完成一项复杂任务，因此可在许多不同的计算机上平衡计算负载。

（3）能够使软件开发中的各个部分更加高效、可靠，并且透明地进行合作。

（4）通过请求与服务的分离提高软件的模块性和可移植性。

（5）能够使得多种软件紧密合作，有利于与其他系统进行集成。

基于上述分布式对象技术的优点，可以将分布式对象技术和传统 B/S 架构结合起来，构建分布网络环境下的系统。这样，就可以利用分布式对象技术的分布开发特性和 Web 的集中管理特征，充分发挥分布对象技术和 B/S 架构的优势。

在 10.1.2 节中，我们介绍了目前国际上分布式对象技术的三大流派：CORBA、COM/DCOM 和 EJB，不同的分布式对象技术对应不同的情况，适用性也不同。但采用 3 种分布对象技术构建的系统架构是相同的，只是系统内部实现技术的细节不同，图 15-3 给出了其结构图。

在用户层利用 Web 页面的 HTML 语言和 JavaScript 等脚本语言，使用浏览器与用户交互，将用户的操作转化为业务指令，处理过程是：首先，客户浏览器向 Web 服务器发出一个请求，这个请求的请求对象是一个 HTML 页面或者是 ASP、JSP 脚本等脚本页面，Web 服务器接收到这个请求后，执行页面文件对应的解释程序来解释执行相关的脚本程序，从而得到返回结果，并将结果以某种可显示的方式展示给客户。当需要访问数据库时，由脚本程序通过一些底层协议，如 ODBC、JDBC，访问数据库。

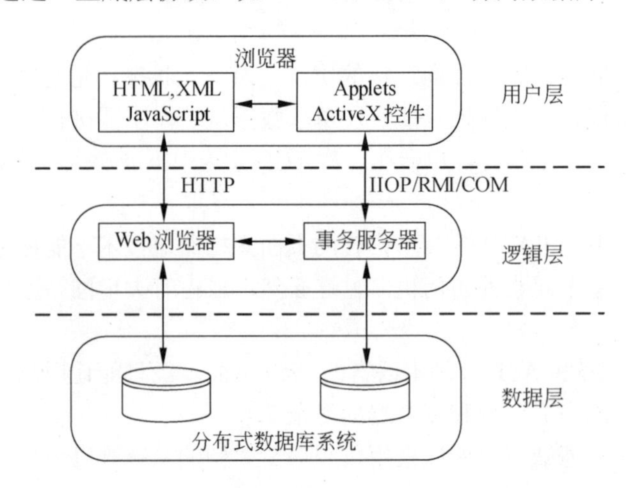

图 15-3 基于 Web 和分布对象技术的集成架构

在浏览器的 HTML 页面或脚本页面中内嵌一些 Java Applet 或 ActiveX 控件对象插件，这些插件对象能够帮助完成一些复杂事务，并使得用户和浏览器之间能够实现一些复杂交互。当浏览器端这些 Applet 或 ActiveX 控件对象需要和服务器端进行交互时，通过另外一些特定的协议，如 IIOP、COM、RMI 等，来访问事务服务器，事务服务器中利用分布对象技术开发的对象远程调用这些对象的方法，由事务服务器完成请求的动作。

数据层需要统一的数据管理的支持，逻辑层可以通过 ODBC、ADO、JDBC 直接访问数据库。在集成系统中可以规定数据层用户的访问权限，也可以利用工作流程管理对用户操作进行一些控制。

在这个架构中，处理逻辑层的事务服务器是比较关键的部分，事务服务器负责管理所有业务逻辑，并提供运行环境，不仅可以简化编程，还可以获得广泛的灵活性，是实现可操作、可重用、可移植的分布应用系统的关键。它能够同时提供大量用户会话和数据库连接，而且需要提供内置事务管理能力和事务管理机制，同时支持异步和同步事务处理、分布对象管理、分布对象调用和应用通信，包括安全控制等。

15.4 云计算

云计算是一种基于互联网的计算方式，通过这种方式，可将共享的软硬件资源和信息按需提供给计算机和其他设备。所谓“云”其实是网络、互联网的一种比喻说法。云计算的核心思想是，统一管理和调度大量用网络连接的计算资源，构成一个计算资源池，为用户提供按需服务。提供资源的网络被称为“云”。狭义云计算指 IT 基础设施的交付和使用模式，指通过网络以按需、易扩展的方式获得所需资源；广义云计算指服务的交付和使用模式，指通过网络以按需、易扩展的方式获得所需服务。这种服务可以是 IT 和软件、互联网相关，也可是其他服务。

1．云计算的特点

云计算的特点包括：

（1）集合了大量计算机，规模达到成千上万。

（2）多种软硬件技术相结合。

（3）对客户端设备的要求低。

（4）规模化效应。

2．云计算的类型

云计算包括 3 种基本类型：

（1）软件即服务

软件即服务（Software-as-a-Service，SaaS）是基于互联网提供软件服务的软件应用模式。作为一种在 21 世纪开始兴起的创新软件应用模式，SaaS 是软件科技发展的最新趋势。

SaaS 提供商为企业搭建信息化所需要的所有网络基础设施及软件、硬件运作平台，并负责所有前期实施、后期维护等一系列服务，企业无须购买软硬件、建设机房、招聘 IT 人员，即可通过互联网使用信息系统。就像打开自来水龙头就能使用自来水一样，企业根据实际需要，从 SaaS 提供商租赁软件服务。

（2）平台即服务

平台即服务（Platform-as-a-Service，PaaS）是把服务器平台或者开发环境作为一种服务提供的商业模式。如将软件研发平台作为一种服务，以 SaaS 模式提交给用户。因此，PaaS 也是 SaaS 模式的一种应用。但是，PaaS 的出现可以加快 SaaS 的发展，尤其是加快 SaaS 应用的开发速度。早在 2007 年，国内外 SaaS 厂商就先后推出了各自的 PaaS 平台。

PaaS 之所以能够推进 SaaS 的发展，主要在于它能够提供企业进行定制化研发的中间件平台，同时涵盖数据库和应用服务器等。PaaS 可以提高在 Web 平台上利用的资源数量。

（3）基础设施即服务

基础设施即服务（Infrastructure as a Service，IaaS）是指消费者通过 Internet 可以从完善的计算机基础设施获得服务。如纽约时报就使用成百上千台 Amazon EC2 实例在 36 小时内处理 TB 级的文档数据。如果没有 EC2，纽约时报处理这些数据将要花费数天或者数月时间。

3．云计算的应用

云计算目前已应用到各个领域，大多大型电子商务企业近几年也将云计算的布局作为自己战略目标的一个方面。下面将谈一谈具体的应用场景。

（1）云安全

云安全（cloud security）是一个从“云计算”演变而来的新名词。云安全的策略构想是：使用者越多，每个使用者就越安全，因为如此庞大的用户群，足以覆盖互联网的每个角落，只要某个网站被挂马或出现某个新木马病毒，就会立刻被截获。

“云安全”通过网状的大量客户端对网络中软件行为的异常监测，获取互联网中木马、恶意程序的最新信息，推送到Server端进行自动分析和处理，再把针对病毒和木马的解决方案分发到每一个客户端。

（2）云存储应用

云存储是在云计算概念上延伸和发展出来的一个新概念，是指通过集群应用、网格技术或分布式文件系统等功能，将网络中大量各种不同类型的存储设备通过应用软件集合起来协同工作，共同对外提供数据存储和业务访问功能的一个系统。当云计算系统运算和处理的核心是大量数据的存储和管理时，云计算系统中就需要配置大量存储设备，那么云计算系统就转变成为一个云存储系统，所以云存储是一个以数据存储和管理为核心的云计算系统。

（3）云呼叫应用

云呼叫中心是基于云计算技术而搭建的呼叫中心系统，企业无须购买任何软、硬件系统，只需具备人员、场地等基本条件，就可以快速拥有属于自己的呼叫中心，软硬件平台、通信资源、日常维护与服务由服务器商提供。具有建设周期短、投入少、风险低、部署灵活、系统容量伸缩性强、运营维护成本低等众多特点；无论是电话营销中心、客户服务中心，企业只需按需租用服务，便可建立一套功能全面、稳定、可靠，座席分布全国各地，全国呼叫接入的呼叫中心系统。

（4）云会议应用

云会议是基于云计算技术的一种高效、便捷、低成本的会议形式。它是视频会议与云计算的完美结合，为人们带来便捷的远程会议体验。使用者只需要通过互联网界面，进行简单易用的操作，便可快速高效地与全球各地团队及客户同步分享语音、数据文件及视频，而会议中数据的传输、处理等复杂技术由云会议服务商帮助使用者进行操作。目前国内云会议大多以SaaS模式为主体，其服务内容包括电话、网络、视频等形式。

15.5 例题分析

为了帮助考生了解实际考试中有关分布式系统的试题题型，本节分析典型的4道试题。

例题1

在分布式数据库中，______是指各场地数据的逻辑结构对用户不可见。

A．分片透明性　　　　B．场地透明性

C．场地自治　　　　　　　　　D．局部数据模型透明性

例题 1 分析

在分布式数据库中，分布透明性指用户不必关心数据的逻辑分片，不必关心数据物理位置分配的细节，也不必关系各个场地上数据库数据模型。分布透明性可归入物理独立性的范围，包括 3 个层次：分片透明性、位置透明性和局部数据模型透明性。

分片透明性是最高层次的分布透明性，即用户或应用程序只对全局关系进行操作而不必考虑数据的分片。

位置透明性是指用户或应用程序应当了解分片情况，但不必了解片段的存储场地。位置透明性位于分片视图与分配视图之间。

局部数据模型透明性位于分配视图与局部概念视图之间，指用户或应用程序要了解分片及各片段存储的场地，但不必了解局部场地上使用的是哪种数据模型。

例题 1 答案

D

例题 2

分布式文件系统的设计必须平衡灵活性和可伸缩性与软件的复杂性和性能，______不是其透明性。

A．访问透明性　　B．移动透明性　　C．逻辑透明性　　D．位置透明性

例题 2 分析

分布式文件系统（Distributed File System，DFS）为整个企业网络上的文件系统资源提供了一个逻辑树结构。用户可以抛开文件的实际物理位置，仅通过一定的逻辑关系就可以查找和访问网络的共享资源。用户能够像访问本地文件一样访问分布在网络上多个服务器上的文件。DFS 的透明性包括访问透明性、位置透明性、移动透明性、性能透明性、伸缩透明性。

例题 2 答案

C

例题 3

下列说法中，______是不正确的。

A．一般的分布式系统是建立在计算机网络之上的，因此分布式系统与计算机网络在物理结构上基本相同

B．分布式操作系统与网络操作系统的设计思想是不同的，但是它们的结构、工作方式与功能是相同的

C．分布式系统与计算机网络的主要区别不在它们的物理结构，而是在高层软件

D．分布式系统是一个建立在网络之上的软件系统，这种软件保证了系统的高度一致性与透明性

例题3分析

分布式系统与计算机网络是两个常被混淆的概念。分布式系统是存在着一个能为用户自动管理资源的网络操作系统，由它调用完成用户任务所需要的资源，而整个网络像一个大的计算机系统一样对用户是透明的。

在试题给出的4个选项中，说法A、C、D对两者区别和联系的描述是正确的。说法B是错误的，因为分布式操作系统与网络操作系统的设计思想是不同的，因此就造成了它们在工作方式与功能上的不同。

例题3答案

B

例题4

与集中式系统相比，分布式系统具有很多优点，其中______不是分布式系统的优点。

A．提高了系统对用户需求变更的适应性和对环境的应变能力

B．系统扩展方便

C．可以根据应用需要和存取方式来配置信息资源

D．不利于发挥用户在系统开发、维护、管理方面的积极性与主动精神

例题4分析

根据硬件、软件、数据等资源在空间的分布情况，信息系统的结构可分为集中式和分布式两大类。

集中式系统的主要优点是：

（1）信息资源集中，管理方便，规范统一。

（2）专业人员集中使用，有利于发挥他们的作用，便于组织人员培训和提高工作。

（3）信息资源利用率高。

（4）系统安全措施实施方便。

集中式系统的不足之处是：

（1）随着系统规模的扩大和功能的提高，集中式系统的复杂性迅速增长，给管理、维护带来困难。

（2）对组织变革和技术发展的适应性差，应变能力弱。

（3）不利于发挥用户在系统开发、维护、管理方面的积极性与主动精神。

（4）系统比较脆弱。主机出现故障时可能使整个系统停止工作。

分布式系统具有以下优点：

（1）可以根据应用需要和存取方式来配置信息资源。

（2）有利于发挥用户在系统开发、维护和信息资源管理方面的积极性和主动性，提高了系统对用户需求变更的适应性和对环境的应变能力。

（3）系统扩展方便。增加一个网络结点一般不会影响其他结点的工作。系统建设可以采取逐步扩展网络结点的渐进方式，以合理使用系统开发所需资源。

（4）系统的健壮性好。网络上一个结点出现故障一般不会导致全系统瘫痪。

分布式系统的不足之处有：

（1）由于信息资源分散，系统开发、维护和管理的标准、规范不易统一。

（2）配置在不同地点的信息资源一般分属信息系统的各子系统。不同子系统之间往往存在利益冲突，管理协调上有一定难度。

（3）各地的计算机系统工作条件与环境不一，不利于安全保密措施的统一实施。

例题 4 答案

D

第 16 章　知识产权与法律法规

考试大纲对知识产权和法律法规并没有明确的规定，但在实际考试中，主要会涉及著作权法、计算机软件保护条例、招标投标法、商标法、专利法、反不正当竞争法等，主要考试题型是判断某种行为是否侵权，以及某种权限的范围和期限。

16.1　著作权法

著作权法及实施条件的客体是指受保护的作品。这里的作品，是指文学、艺术、自然科学、社会科学和工程技术领域内具有独创性并能以某种有形形式复制的智力成果。

为完成单位工作任务所创作的作品，称为职务作品。如果该职务作品是利用单位的物质技术条件进行创作，并由单位承担责任的，或者有合同约定，其著作权属于单位的，作者将仅享有署名权，其他著作权归单位享有。

其他职务作品的著作权仍由作者享有，单位有权在业务范围内优先使用。并且在两年内，未经单位同意，作者不能够许可其他个人、单位使用该作品。

16.1.1　著作权法主体

著作权法及实施条例的主体是指著作权关系人，通常包括著作权人、受让者两种。

（1）著作权人，又称为原始著作权人：是根据创作的事实进行确定的，依法取得著作权资格的创作、开发者。

（2）受让者，又称为后继著作权人：是指没有参与创作，通过著作权转移活动而享有著作权的人。

著作权法在认定著作权人时，是根据创作的事实进行的，而创作就是指直接产生文学、艺术和科学作品的智力活动。为他人创作进行组织、提供咨询意见、物质条件或进行其他辅助工作的，不属于创作的范围，不被确认为著作权人。

如果在创作的过程中，有多人参与，那么该作品的著作权将由合作的作者共同享有。合作的作品是可以分割使用的，作者对各自创作的部分可以单独享有著作权，但不能够在侵犯合作作品整体著作权的情况下行使。

如果遇到作者不明的情况，那么作品原件的所有人可以行使除署名权以外的著作权，直到作者身份明确。

希赛教育专家提示：如果作品是委托创作的话，著作权的归属应通过委托人和受托人之间的合同来确定。如果没有明确的约定，或者没有签订相关合同，则著作权仍属于受托人。

16.1.2　著作权

根据著作权法及实施条例规定，著作权人对作品享有 5 种权利：

（1）发表权：即决定作品是否公之于众的权利。

（2）署名权：即表明作者身份，在作品上署名的权利。

（3）修改权：即修改或授权他人修改作品的权利。

（4）保护作品完整权：即保护作品不受歪曲、篡改的权利。

（5）使用权、使用许可权和获取报酬权、转让权：即以复制、表演、播放、展览、发行、摄制电影、电视、录像，或者改编、翻译、注释和编辑等方式使用作品的权利，以及许可他人以上述方式使用作品，并由此获得报酬的权利。

根据著作权法的相关规定，著作权的保护是有一定期限的。

（1）著作权属于公民。署名权、修改权、保护作品完整权的保护期没有任何限制，永远属于保护范围。而发表权、使用权和获得报酬权的保护期为作者终生及其死亡后的 50 年（第 50 年的 12 月 31 日）。作者死亡后，著作权依照继承法进行转移。

（2）著作权属于单位。发表权、使用权和获得报酬权的保护期为 50 年（首次发表后的第 50 年的 12 月 31 日），若 50 年内未发表的，不予保护。但单位变更、终止后，其著作权由承受其权利义务的单位享有。

当第三方需要使用时，需得到著作权人的使用许可，双方应签订相应的合同。合同中应包括许可使用作品的方式，是否专有使用，许可的范围与时间期限，报酬标准与方法，以及违约责任等。若合同未明确许可的权力，需再次经著作权人许可。合同的有效期限不超过 10 年，期满时可以续签。

对于出版者、表演者、录音录像制作者、广播电台、电视台而言，在下列情况下使用作品，可以不经著作权人许可、不向其支付报酬。但应指明作者姓名、作品名称，不得侵犯其他著作权。

（1）为个人学习、研究或欣赏，使用他人已经发表的作品。

（2）为介绍、评论某一个作品或说明某一个问题，在作品中适当引用他人已经发表的作品。

（3）为报道时事新闻，在报纸、期刊、广播、电视节目或新闻纪录影片中引用已经发表的作品。

（4）报纸、期刊、广播电台、电视台刊登或播放其他报纸、期刊、广播电台、电视台已经发表的社论、评论员文章。

（5）报纸、期刊、广播电台、电视台刊登或者播放在公众集会上发表的讲话，但作者声明不许刊登、播放的除外。

（6）为学校课堂教学或科学研究，翻译或者少量复制已经发表的作品，供教学或科研人员使用，但不得出版发行。

（7）国家机关为执行公务使用已经发表的作品。

（8）图书馆、档案馆、纪念馆、博物馆和美术馆等为陈列或保存版本的需要，复制本馆收藏的作品。

（9）免费表演已经发表的作品。

（10）对设置或者陈列在室外公共场所的艺术作品进行临摹、绘画、摄影及录像。

（11）将已经发表的汉族文字作品翻译成少数民族文字在国内出版发行。

（12）将已经发表的作品改成盲文出版。

16.2 计算机软件保护条例

由于计算机软件也属于《中华人民共和国著作权法》保护的范围，因此在具体实施时，首先适用于《计算机软件保护条例》的条文规定，若是在《计算机软件保护条例》中没有规定适用条文的情况下，才依据《中华人民共和国著作权法》的原则和条文规定执行。

《计算机软件保护条例》的客体是计算机软件，而在此计算机软件是指计算机程序及其相关文档。根据条例规定，受保护的软件必须是由开发者独立开发的，并且已经固定在某种有形物体上（如光盘、硬盘和软盘）。

希赛教育专家提示：对软件著作权的保护只是针对计算机软件和文档，并不包括开发软件所用的思想、处理过程、操作方法或数学概念等，并且著作权人还需在软件登记机构办理登记。

16.2.1 著作权人确定

根据《计算机软件保护条例》规定，软件开发可以分为合作开发、职务开发、委托开发 3 种形式。

（1）合作开发。对于由两个或两个以上的开发者或组织合作开发的软件，著作权的归属根据合同约定确定。若无合同，则共享著作权。若合作开发的软件可以分割使用，那么开发者对自己开发的部分单独享有著作权，可以在不破坏整体著作权的基础上行使。

（2）职务开发。如果开发者在单位或组织中任职期间，所开发的软件符合以下条件，则软件著作权应归单位或组织所有。

- 针对本职工作中明确规定的开发目标所开发的软件。
- 开发出的软件属于从事本职工作活动的结果。
- 使用了单位或组织的资金、专用设备、未公开的信息等物质、技术条件，并由单位或组织承担责任的软件。

（3）委托开发。如果是接受他人委托而进行开发的软件，其著作权的归属应由委托人与受托人签订书面合同约定；如果没有签订合同，或合同中未规定的，则其著作权由受托人享有。

另外，由国家机关下达任务开发的软件，著作权的归属由项目任务书或合同规定，若未明确规定，其著作权应归任务接受方所有。

16.2.2　软件著作权

根据《计算机软件保护条例》规定，软件著作权人对其创作的软件产品，享有以下 9 类权利：

（1）发表权：即决定软件是否公之于众的权利。

（2）署名权：即表明开发者身份，在软件上署名的权利。

（3）修改权：即对软件进行增补、删节，或者改变指令、语句顺序的权利。

（4）复制权：即将软件制作一份或者多份的权利。

（5）发行权：即以出售或者赠予方式向公众提供软件的原件或复制件的权利。

（6）出租权：即有偿许可他人临时使用软件的权利。

（7）信息网络传播权：即以信息网络方式向公众提供软件的权利。

（8）翻译权：即将原软件从一种自然语言文字转换成另一种自然语言文字的权利。

（9）使用许可权、获得报酬权、转让权。

软件著作权自软件开发完成之日起生效。

（1）著作权属于公民。著作权的保护期为作者终生及其死亡后的 50 年（第 50 年的 12 月 31 日）。对于合作开发的，则以最后死亡的作者为准。

（2）著作权属于单位。著作权的保护期为 50 年（首次发表后的第 50 年的 12 月 31 日），若 50 年内未发表的，不予保护。单位变更、终止后，其著作权由承受其权利义务的单位享有。

当得到软件著作权人的许可，获得了合法的计算机软件复制品后，复制品的所有人享有以下权利：

（1）根据使用的需求，将该计算机软件安装到设备中（计算机、PDA 等信息设备）。

（2）制作复制品的备份，以防止复制品损坏，但这些复制品不得通过任何方式转给其他人使用。

（3）根据实际的应用环境，对其进行功能、性能等方面的修改。但未经软件著作权人许可，不得向任何第三方提供修改后的软件。

如果使用者只是为了学习、研究软件中包含的设计思想、原理，而以安装、显示和存储软件等方式使用软件，可以不经软件著作权人的许可，不向其支付报酬。

16.3　招投投标法

作为系统架构设计师，需要掌握招标投标的流程，以及熟悉招标投标法的相关规定。

16.3.1 招标

下列工程建设项目包括项目的勘察、设计、施工、监理，以及与工程建设有关的重要设备、材料等的采购，因此必须进行招标。

（1）大型基础设施、公用事业等关系社会公共利益、公众安全的项目。

（2）全部或部分使用国有资金投资或者国家融资的项目。

（3）使用国际组织或者外国政府贷款、援助资金的项目。

任何单位和个人不得将依法必须进行招标的项目化整为零或者以其他任何方式规避招标。招标投标活动应当遵循公开、公平、公正和诚实信用的原则。必须进行招标的项目，其招标投标活动不受地区或者部门的限制。任何单位和个人不得违法限制或者排斥本地区、本系统以外的法人或其他组织参加投标，不得以任何方式非法干涉招标投标活动。

招标分为公开招标和邀请招标。公开招标是指招标人以招标公告的方式邀请不特定的法人或者其他组织投标；邀请招标是指招标人以投标邀请书的方式邀请特定的法人或者其他组织投标。国务院发展计划部门确定的国家重点项目和省、自治区、直辖市人民政府确定的地方重点项目不适宜公开招标的，经国务院发展计划部门或者省、自治区、直辖市人民政府批准，可以进行邀请招标。

1．招标代理机构

招标人有权自行选择招标代理机构，委托其办理招标事宜。任何单位和个人不得以任何方式为招标人指定招标代理机构。招标人具有编制招标文件和组织评标能力的，可以自行办理招标事宜。依法必须进行招标的项目，招标人自行办理招标事宜的，应当向有关行政监督部门备案。

招标代理机构是依法设立、从事招标代理业务并提供相关服务的社会中介组织。招标代理机构应当具备下列条件。

（1）有从事招标代理业务的营业场所和相应资金。

（2）有能够编制招标文件和组织评标的相应专业力量。

（3）有符合规定条件、可以作为评标委员会成员人选的技术、经济等方面的专家库。

从事工程建设项目招标代理业务的招标代理机构，其资格由国务院或者省、自治区、直辖市人民政府的建设行政主管部门认定。从事其他招标代理业务的招标代理机构，其资格认定的主管部门由国务院规定。

招标代理机构与行政机关和其他国家机关不得存在隶属关系或者其他利益关系。招标代理机构应当在招标人委托的范围内办理招标事宜。

2．招标公告

招标人采用公开招标方式的，应当发布招标公告。依法必须进行招标的项目的招标公告，应当通过国家指定的报刊、信息网络或者其他媒介发布。招标公告应当载明招标人的名称和地址、招标项目的性质、数量、实施地点和时间，以及获取招标文件的办法等事项。

招标人采用邀请招标方式的，应当向 3 个以上具备承担招标项目的能力、资信良好的特定法人或者其他组织发出投标邀请书。投标邀请书应当载明的事项与招标公告相同。

招标人可以根据招标项目本身的要求，在招标公告或者投标邀请书中，要求潜在投标人提供有关资质证明文件和业绩情况，并对潜在投标人进行资格审查。招标人不得以不合理的条件限制或者排斥潜在投标人，不得对潜在投标人给予歧视待遇。

3．招标文件

招标人应当根据招标项目的特点和需要编制招标文件。招标文件应当包括招标项目的技术要求、对投标人资格审查的标准、投标报价要求和评标标准等所有实质性要求和条件，以及拟签订合同的主要条款。

招标项目需要划分标段、确定工期的，招标人应当合理划分标段、确定工期，并在招标文件中载明。招标文件不得要求或者标明特定的生产供应以及含有倾向或者排斥潜在投标人的其他内容。

招标人根据招标项目的具体情况，可以组织潜在投标人踏勘项目现场。招标人不得向他人透露已获取招标文件的潜在投标人的名称、数量，以及可能影响公平竞争的有关招标投标的其他情况。招标人设有标底的，标底必须保密。

招标人对已发出的招标文件进行必要的澄清或者修改的，应当在招标文件要求提交投标文件截止时间至少 15 日前，以书面形式通知所有招标文件收受人。该澄清或者修改的内容为招标文件的组成部分。

招标人应当确定投标人编制投标文件所需要的合理时间。但是，依法必须进行招标的项目，自招标文件开始发出之日起至投标人提交投标文件截止之日止，最短不得少于 20 日。

16.3.2　投标

投标人是响应招标、参加投标竞争的法人或者其他组织。投标人应当具备承担招标项目的能力。投标人应当按照招标文件的要求编制投标文件。投标文件应当对招标文件提出的实质性要求和条件作出响应。招标项目属于建设施工的，投标文件的内容应当包括拟派出的项目负责人与主要技术人员的简历、业绩和拟用于完成招标项目的机械设备等。

投标人应当在招标文件要求提交投标文件的截止时间前，将投标文件送达投标地点。招标人收到投标文件后，应当签收保存，不得开启。投标人少于 3 个的，招标人应当重新招标。在招标文件要求提交投标文件的截止时间后送达的投标文件，招标人应当拒收。

投标人在招标文件要求提交投标文件的截止时间前，可以补充、修改或者撤回已提交的投标文件，并书面通知招标人。补充、修改的内容为投标文件的组成部分。

投标人根据招标文件载明的项目实际情况，拟在中标后将中标项目的部分非主体、非关键性工作进行分包的，则应当在投标文件中载明。

两个或两个以上法人或者其他组织可以组成一个联合体，以一个投标人的身份共同投标。联合体各方均应当具备承担招标项目的相应能力；国家有关规定或者招标文件对投标人资格条件有规定的，联合体各方均应当具备规定的相应资格条件。由同一专业的单位组成的联合体，按照资质等级较低的单位确定资质等级。联合体各方应当签订共同投标协议，明确约定各方拟承担的工作和责任，并将共同投标协议连同投标文件一并提交招标人。联合体中标的，联合体各方应当共同与招标人签订合同，就中标项目向招标人承担连带责任。

招标人不得强制投标人组成联合体共同投标，不得限制投标人之间的竞争。投标人不得相互串通投标报价，不得排挤其他投标人的公平竞争，损害招标人或者其他投标人的合法权益。投标人不得与招标人串通投标，损害国家利益、社会公共利益或者他人的合法权益。禁止投标人以向招标人或者评标委员会成员行贿的手段谋取中标。投标人不得以低于成本的报价竞标，也不得以他人名义投标或者以其他方式弄虚作假，骗取中标。

16.3.3 评标

本节主要介绍开标、评标、中标和分包的规定与流程。

1．开标

开标应当在招标文件确定的提交投标文件截止时间的同一时间公开进行。开标地点应当为招标文件中预先确定的地点。开标由招标人主持，邀请所有投标人参加。

开标时，由投标人或者其推选的代表检查投标文件的密封情况，也可以由招标人委托的公证机构检查并公证；经确认无误后，由工作人员当众拆封，宣读投标人名称、投标价格和投标文件的其他主要内容。招标人在招标文件要求提交投标文件的截止时间前收到的所有投标文件，开标时都应当当众予以拆封、宣读。开标过程应当记录，并存档备查。

2．评标

评标由招标人依法组建的评标委员会负责。依法必须进行招标的项目，其评标委员会由招标人的代表和有关技术、经济等方面的专家组成，成员人数为5人以上单数，其中技术、经济等方面的专家不得少于成员总数的三分之二。专家应当从事相关领域工作满8年并具有高级职称或者具有同等专业水平，由招标人从国务院有关部门或者省、自治区、直辖市人民政府有关部门提供的专家名册或者招标代理机构的专家库内的相关专业的专家名单中确定；一般招标项目可以采取随机抽取方式，特殊招标项目可以由招标人直接确定。与投标人有利害关系的人不得进入相关项目的评标委员会，已经进入的应当更换。评标委员会成员的名单在中标结果确定前应当保密。

招标人应当采取必要的措施，保证评标在严格保密的情况下进行。任何单位和个人不得非法干预、影响评标的过程和结果。

评标委员会可以要求投标人对投标文件中含义不明确的内容做必要的澄清或者说明，但是澄清或说明不得超出投标文件的范围或者改变投标文件的实质性内容。评标委员会应当按照招标文件确定的评标标准和方法，对投标文件进行评审和比较；设有标底的，应当参考标底。评标委员会完成评标后，应当向招标人提出书面评标报告，并推荐合格的中标候选人。招标人根据评标委员会提出的书面评标报告和推荐的中标候选人确定中标人。招标人也可以授权评标委员会直接确定中标人。

3．中标

中标人的投标应当符合下列条件之一：

（1）能够最大限度地满足招标文件中规定的各项综合评价标准。

（2）能够满足招标文件的实质性要求，并且经评审的投标价格最低；但是投标价格低于成本的除外。

评标委员会经评审，认为所有投标都不符合招标文件要求的，可以否决所有投标。依法必须进行招标的项目的所有投标被否决的，招标人应当重新招标。

在确定中标人前，招标人不得与投标人就投标价格、投标方案等实质性内容进行谈判。评标委员会成员应当客观、公正地履行职务，遵守职业道德，对所提出的评审意见承担个人责任。评标委员会成员不得私下接触投标人，不得收受投标人的财物或其他好处。评标委员会成员和参与评标的有关工作人员不得透露对投标文件的评审和比较、中标候选人的推荐情况，以及与评标有关的其他情况。

中标人确定后，招标人应当向中标人发出中标通知书，并同时将中标结果通知所有未中标的投标人。中标通知书对招标人和中标人具有法律效力。中标通知书发出后，招标人改变中标结果的，或者中标人放弃中标项目的，应当依法承担法律责任。招标人和中标人应当自中标通知书发出之日起 30 日内，按照招标文件和中标人的投标文件订立书面合同。招标人和中标人不得再行订立背离合同实质性内容的其他协议。招标文件要求中标人提交履约保证金的，中标人应当提交。

依法必须进行招标的项目，招标人应当自确定中标人之日起 15 日内，向有关行政监督部门提交招标投标情况的书面报告。

4．分包

中标人应当按照合同约定履行义务，完成中标项目。中标人不得向他人转让中标项目，也不得将中标项目肢解后分别向他人转让。中标人按照合同约定或者经招标人同意，可以将中标项目的部分非主体、非关键性工作分包给他人完成。接受分包的人应当具备相应的资格条件，并不得再次分包。中标人应当就分包项目向招标人负责，接受分包的人就分包项目承担连带责任。

16.3.4 法律责任

必须进行招标的项目而不招标的，将必须进行招标的项目化整为零或者以其他任何方式规避招标的，责令其限期改正，可以处项目合同金额千分之五以上千分之十以下的罚款；对全部或者部分使用国有资金的项目，可以暂停项目执行或者暂停资金拨付。

投标人相互串通投标或者与招标人串通投标的，投标人以向招标人或者评标委员会成员行贿的手段谋取中标的，中标无效，且处中标项目金额千分之五以上千分之十以下的罚款，对单位直接负责的主管人员和其他直接责任人员处单位罚款数额百分之五以上百分之十以下的罚款；有违法所得的，并处没收违法所得；情节严重的，取消其1～2年内参加依法必须进行招标的项目的投标资格并予以公告，直至由工商行政管理机关吊销营业执照。给他人造成损失的，依法承担赔偿责任。

投标人以他人名义投标或者以其他方式弄虚作假，骗取中标的，中标无效；给招标人造成损失的，依法承担赔偿责任。同时处中标项目金额千分之五以上千分之十以下的罚款，对单位直接负责的主管人员和其他直接责任人员处单位罚款数额百分之五以上百分之十以下的罚款；有违法所得的，并处没收违法所得；情节严重的，取消其1～3年内参加招标项目的投标资格并予以公告。

评标委员会成员收受投标人的财物或者其他好处的，评标委员会成员或者参加评标的有关工作人员向他人透露对投标文件的评审和比较、中标候选人的推荐以及与评标有关的其他情况的，给予警告，并没收收受的财物，还可以并处三千元以上五万元以下的罚款，不得再参加任何招标项目的评标。

招标人在评标委员会依法推荐的中标候选人以外确定中标人的，依法必须进行招标的项目在所有投标被评标委员会否决后自行确定中标人的，中标无效。责令改正，并可以处中标项目金额千分之五以上千分之十以下的罚款。

中标人将中标项目转让给他人的，将中标项目肢解后分别转让给他人的，违反规定将中标项目的部分主体、关键性工作分包给他人的，或者分包人再次分包的，转让、分包无效，处转让、分包项目金额千分之五以上千分之十以下的罚款；有违法所得的，并处没收违法所得。

中标人不履行与招标人订立的合同的，履约保证金不予退还，给招标人造成的损失超过履约保证金数额的，还应当对超过部分予以赔偿；没有提交履约保证金的，应当对招标人的损失承担赔偿责任。

16.4 其他相关知识

本节将把一些可能会考到的有关知识产权的考点简单介绍一下，包括专利法、商标法和反不正当竞争法的相关知识。

16.4.1　专利权

专利法的客体是发明创造，也就是其保护的对象。这里的发明创造是指发明、实用新型和外观设计。

（1）发明：是指对产品、方法或者其改进所提出的新的技术方案。

（2）实用新型：是指对产品的形状、构造及其组合，提出的实用的新的技术方案。

（3）外观设计：对产品的形状、图案及其组合，以及色彩与形状、图案的结合所做出的富有美感并适用于工业应用的新设计。

授予专利权的发明和实用新型应当具备新颖性、创造性和实用性 3 个条件。对于专利权的归属问题，主要依据以下 3 点进行判断：

（1）职务发明创造：执行本单位的任务或者主要利用本单位的物质技术条件所完成的发明创造为职务发明创造。对于职务发明创造，若单位与发明人或者设计人订有合同，对申请专利的权利和专利权的归属做出约定的，从其约定；否则，职务发明创造申请专利的权利属于该单位。申请被批准后，该单位为专利权人。专利申请权和专利权属于单位的职务发明创造的发明人或设计人享有的权利是在专利文件中写明自己是发明人或者设计人的权利。被授予专利权的单位应当对职务发明创造的发明人或者设计人给予奖励。发明创造专利实施后，被授予专利权的单位应当根据其推广应用的范围和取得的经济效益，对发明人或者设计人给予合理的报酬。

（2）非职务发明创造：申请专利的权利属于发明人或者设计人，申请被批准后，该发明人或者设计人为专利权人。两个或两个以上单位或者个人合作完成的发明创造，除另有协议外，申请专利的权利属于共同完成的单位或者个人。申请被批准后，申请的单位或者个人为专利权人。

（3）单位或者个人接受其他单位或者个人委托所完成的发明创造，除另有协议外，申请专利的权利属于完成的单位或者个人。申请被批准后，申请的单位或者个人为专利权人。

一般来说，一份专利申请文件只能就一项发明创造提出专利申请。一项发明只授予一项专利，同样的发明申请专利，则按照申请时间的先后决定授予给谁。两个以上的申请人在同一日分别就同样的发明创造申请专利的，应当在收到国务院专利行政部门的通知后自行协商确定申请人。

我国现行专利法规定的发明专利权保护期限为 20 年，实用新型和外观设计专利权的期限为 10 年，均从申请日开始计算。在保护期内，专利权人应该按时缴纳年费。在专利权保护期限内，如果专利权人没有按规定缴纳年费，或者以书面声明放弃其专利权，专利权可以在期满前终止。

16.4.2 不正当竞争

不正当竞争是指经营者违反规定，损害其他经营者的合法权益，扰乱社会经济秩序的行为。

（1）采用不正当的市场交易手段：假冒他人注册商标；擅自使用与知名商品相同或相近的名称、包装，混淆消费者；擅自使用他人的企业名称；在商品上伪造认证标志、名优标志、产地等信息，从而达到损害其他经营者的目的。

（2）利用垄断的地位，来排挤其他经营者的公平竞争。

（3）利用政府职权，限定商品购买，以及对商品实施地方保护主义。

（4）利用财务或其他手段进行贿赂，以达到销售商品的目的。

（5）利用广告或者其他方法，对商品的质量、成分、性能、用途、生产者、有效期和产地等进行误导性的虚假宣传。

（6）以低于成本价进行销售，以排挤竞争对手。不过对于鲜活商品、有效期将至的积压产品的处理，以及季节性降价，清债、转产和歇业等原因进行的降价销售均不属于不正当竞争。

（7）搭售违背购买者意愿的商品。

（8）采用不正当的有奖销售。例如谎称有奖，却是内定人员中奖，利用有奖销售推销质次价高产品，或者奖金超过 5000 元的抽奖式有奖销售。

（9）捏造、散布虚伪事实，损害对手商誉。

（10）串通投标，排挤对手。

商业秘密是指不为公众所知，具有经济利益，具有实用性，并且已经采取了保密措施的技术信息与经营信息。在《反不正当竞争法》中对商业秘密进行了保护，如果存在以下行为的，则视为侵犯商业秘密。

（1）以盗窃、利诱、胁迫等不正当手段获取别人的商业秘密。

（2）披露使用不正当手段获取的商业秘密。

（3）违反有关保守商业秘密的要求约定，披露、使用其掌握的商业秘密。

16.4.3 商标

商标指生产者及经营者为使自己的商品或服务与他人的商品或服务相区别，而使用在商品及其包装上或服务标记上的由文字、图形、字母、数字、三维标志和颜色组合，以及上述要素的组合所构成的一种可视性标志。作为一个商标，应满足以下 3 个条件。

（1）商标是用在商品或服务上的标记，与商品或服务不能分离，并依附于商品或服务。

（2）商标是区别于他人商品或服务的标志，应具有特别显著性的区别功能，从而便于消费者识别。

（3）商标的构成是一种艺术创造，可以是由文字、图形、字母、数字、三维标志和颜色组合，以及上述要素的组合构成的可视性标志。

作为一个商标，应该具备显著性、独占性、价值和竞争性 4 个特征。

两个或者两个以上的申请人，在同一种商品或者类似商品上，分别以相同或者近似的商标在同一天申请注册的，各申请人应当自收到商标局通知之日起 30 日内提交其申请注册前在先使用该商标的证据。同日使用或者均未使用的，各申请人可以自收到商标局通知之日起 30 日内自行协商，并将书面协议报送商标局；不愿协商或者协商不成的，商标局通知各申请人以抽签的方式确定一个申请人，驳回其他人的注册申请。商标局已经通知但申请人未参加抽签的，视为放弃申请，商标局应当书面通知未参加抽签的申请人。

注册商标的有效期限为 10 年，自核准注册之日起计算。注册商标有效期满，需要继续使用的，应当在期满前 6 个月内申请续展注册；在此期间未能提出申请的，可以给予 6 个月的宽展期。宽展期满仍未提出申请的，注销其注册商标。每次续展注册的有效期为 10 年。

16.5　例题分析

为了帮助考生了解考试中的法律法规方面的题型和考试范围，本节分析 5 道典型的试题。

例题 1

我国的《著作权法》对一般文字作品的保护期是作者有生之年和去世后 50 年，德国的《版权法》对一般文字作品的保护期是作者有生之年和去世后 70 年。假如某德国作者已去世 60 年，以下说法中正确的是____。

A．我国 M 出版社拟在我国翻译出版该作品，需要征得德里作者继承人的许可方可在我国出版发行

B．我国 M 出版社拟在我国翻译出版该作品，不需要征得德国作者继承人的许可，就可在我国出版发行

C．我国 M 出版社未征得德国作者继承人的许可，将该翻译作品销售到德国，不构成侵权

D．我国 M 出版社未征得德国作者继承人的许可，将该翻译作品在我国销售，构成侵权

例题 1 分析

本题考查知识产权方面的基础知识。按照《伯尔尼公约》的规定，一个成员国给予其他成员国作品的版权保护期，应按照该成员国版权法的规定。依据我国著作权法的规定，该德国作者的作品已经超过法定版权保护期，不再受到版权保护。因此，出版社不需要征得德国作者继承人的许可，即可在我国出版发行该德国作者的作品。如果将该翻

译出版作品未征得德国作者继承人的许可销售到德国，已构成侵权。这是因为德国的《版权法》规定作品的版权保护期是作者有生之年和去世后70年，作者去世60年，作品的保护期尚未超过，所以我国出版社若将该翻译出版作品未征得德国作者继承人的许可销售到德国，则构成侵权。

我国的《著作权法》对一般文字作品的保护期是作者有生之年和去世后 50 年，该作者已去世60年，超过了我国《著作权法》对一般文字作品的保护期，在我国也不再受著作权保护。所以我国 M 出版社不需要征得德国作者继承人的许可，即可在我国出版发行该德国作者的作品。

例题 1 答案

B

例题 2

GB 8567-88《计算机软件产品开发文件编制指南》是____标准，违反该标准而造成不良后果时，将依法根据情节轻重受到行政处罚或追究刑事责任。

A．强制性国家　　B．推荐性国家

C．强制性软件行业　　D．推荐性软件行业

例题 2 分析

我国国家标准的代号由大写汉字拼音字母构成，强制性国家标准代号为 GB，推荐性国家标准的代号为 GB/T。

强制性标准是国家技术法规，具有法律约束性。其范围限制在国家安全、防止欺诈行为、保护人身健康与安全等方面。根据《标准化法》的规定，企业和有关部门对涉及其经营、生产、服务、管理有关的强制性标准都必须严格执行，任何单位和个人不得擅自更改或降低标准。对违反强制性标准而造成不良后果以至重大事故者，由法律、行政法规规定的行政主管部门依法根据情节轻重给予行政处罚，直至由司法机关追究刑事责任。

推荐性标准是自愿采用的标准。这类标准是指导性标准，不具有强制性，一般是为了通用或反复使用的目的，为产品或相关生产方法提供规则、指南或特性的文件。任何单位均有权决定是否采用，违犯这类标准，不构成经济或法律方面的责任。由于推荐性标准是协调一致的文件，不受政府和社会团体的利益干预，能更科学地规定特性或指导生产，我国《标准化法》鼓励企业积极采用推荐性标准。应当指出的是，推荐性标准一经接受并采用，或由各方商定后同意纳入经济合同中，就成为各方必须共同遵守的技术依据，具有法律上的约束性。

由行业机构、学术团体或国防机构制定，并适用于某个业务领域的标准。行业标准代号由国务院各有关行政主管部门提出其所管理的行业标准范围的申请报告，国务院标准化行政主管部门审查确定并正式公布该行业标准代号。已正式公布的行业代号有：QJ（航天）、SJ（电子）、JB（机械）、JR（金融）等，暂无软件行业。行业标准代号由汉字

拼音大写字母组成，再加上斜线 T 组成推荐性行业标准（如 SJ/T）。

例题 2 答案

A

例题 3

M 公司的程序员在不影响本职工作的情况下，在 L 公司兼职并根据公司项目开发出一项与 M 公司业务无关的应用软件。该应用软件的著作权应由____享有。

A．M 公司　　B．L 公司

C．L 公司与 M 公司共同　　D．L 公司与程序员共同

例题 3 分析

依据题意，该应用软件是程序员在 L 公司兼职，并按 L 公司的工作要求开发出的软件，应属于 L 公司的职务作品，所以著作权归 L 公司所有。

例题 3 答案

B

例题 4

张某是 M 国际运输有限公司计算机系统管理员。任职期间，根据公司的业务要求开发了“空运出口业务系统”，并由公司使用。随后，张某向国家版权局申请了计算机软件著作权登记，并取得了《计算机软件著作权登记证书》，证书明确软件名称是“空运出口业务系统 V1.0”，著作权人为张某。以下说法中，正确的是____。

A．空运出口业务系统 V1.0 的著作权属于张某

B．空运出口业务系统 V1.0 的著作权属于 M 公司

C．空运出口业务系统 V1.0 的著作权属于张某和 M 公司

D．张某获取的软件著作权登记证是不可以撤销的

例题 4 分析

张某开发的软件是在国际运输有限公司担任计算机系统管理员期间根据国际运输有限公司业务要求开发的“空运出口业务系统 V1.0”，即该软件是针对本职工作中明确指定的开发目标所开发的。根据《著作权法》第 16 条规定，公民为完成法人或者非法人单位工作任务所创作的作品是职务作品。认定作品为职务作品还是个人作品，应考虑两个前提条件：一是作者和所在单位存在劳动关系，二是作品的创作属于作者应当履行的职责。职务作品分为一般职务作品和特殊的职务作品：一般职务作品的著作权由作者享有，单位或其他组织享有在其业务范围内优先使用的权利，期限为二年；特殊的职务作品，除署名权以外，著作权的其他权利由单位享有。所谓特殊职务作品是指《著作权法》第 16 条第 2 款规定的两种情况：一是主要利用法人或者其他组织的物质技术条件创作，并由法人或者其他组织承担责任的工程设计、产品设计图、计算机软件、地图等科学技术作品；二是法律、法规规定或合同约定著作权由单位享有的职务作品。《计算机软件保护条例》也有类似的规定，在第十三条中规定了 3 种情况，一是针对本职工作中明确指

定的开发目标所开发的软件；二是开发的软件是从事本职工作活动所预见的结果或者自然的结果；三是主要使用了法人或者其他组织的资金、专用设备、未公开的专门信息等物质技术条件所开发并由法人或者其他组织承担责任的软件。张某在公司任职期间利用公司的资金、设备和各种资料，且是从事本职工作活动所预见的结果。所以，其进行的软件开发行为是职务行为，其工作成果应由公司享有。因此，该软件的著作权应属于国际运输有限公司，但根据法律规定，张某享有署名权。

根据《计算机软件保护条例》第7条规定，软件登记机构发放的登记证明文件是登记事项的初步证明，只是证明登记主体享有软件著作权以及订立许可合同、转让合同的重要的书面证据，并不是软件著作权产生的依据。该软件是张某针对本职工作中明确指定的开发目标所开发的，该软件的著作权应属于公司。明确真正的著作权人之后，软件著作权登记证书的证明力自然就消失了（只有审判机关才能确定登记证书的有效性）。

为促进我国软件产业发展，增强我国软件产业的创新能力和竞争能力，1992年4月6日机械电子部发布了《计算机软件著作权登记办法》，鼓励软件登记并对登记的软件予以重点保护，而不是强制软件登记。软件登记可以分为软件著作权登记、软件著作权专有许可合同和转让合同的登记。软件著作权登记的申请人应当是该软件的著作权人，而软件著作权合同登记的申请人，应当是软件著作权专有许可合同和转让合同的当事人。如果未经软件著作权人许可登记其软件，或是将他人软件作为自己的软件登记的，或未经合作者许可、将与他人合作开发的软件作为自己单独完成的软件登记，这些行为都属于侵权行为，侵权人要承担法律责任。

例题4答案

B

例题5

利用____可以对软件的技术信息、经营信息提供保护。

A．著作权　　B．专利权　　C．商业秘密权　　D．商标权

例题5分析

本题考查商业秘密相关概念。商业秘密是《反不正当竞争法》中提出的，商业秘密（business secret），按照我国《反不正当竞争法》的规定，是指不为公众所知悉、能为权利人带来经济利益，具有实用性并经权利人采取保密措施的技术信息和经营信息。

例题5答案

C

第 17 章　标准化知识

根据考试大纲，本章要求考生掌握以下知识点：

（1）标准化意识、标准化的发展、标准的生命周期。

（2）国际标准、美国标准、国家标准、行业标准、地方标准、企业标准。

（3）代码标准、文件格式标准、安全标准、软件开发规范和文档标准。

（4）标准化机构。

有关安全标准的知识点已经在第 13 章进行了介绍，在此不再重复。

17.1　标准化基础知识

本节介绍一些标准化方面的基础知识，包括标准化法的规定和 ISO 相关知识。

17.1.1　标准的制定

根据《中华人民共和国标准化法》，标准化工作的任务是制定标准、组织实施标准和对标准的实施进行监督。国务院标准化行政主管部门统一管理全国标准化工作。国务院有关行政主管部门分工管理本部门、本行业的标准化工作。省、自治区、直辖市标准化行政主管部门统一管理本行政区域的标准化工作。省、自治区、直辖市政府有关行政主管部门分工管理本行政区域内本部门、本行业的标准化工作。市、县标准化行政主管部门和有关行政主管部门，按照省、自治区、直辖市政府规定的各自的职责，管理本行政区域内的标准化工作。

1．标准的层次

标准可以分为国际标准、国家标准、行业标准、地方标准及企业标准等。

国际标准主要是指由 ISO 制定和批准的标准。

国家标准由国务院标准化行政主管部门编制计划，组织草拟，统一审批、编号并发布。

对没有国家标准而又需要在全国某个行业范围内统一的技术要求，可以制定行业标准（含标准样品的制作）。制定行业标准的项目由国务院有关行政主管部门确定。行业标准由国务院有关行政主管部门编制计划、组织草拟，统一审批、编号和发布，并报国务院标准化行政主管部门备案。行业标准在相应的国家标准实施后，自行废止。

对没有国家标准和行业标准而又需要在省、自治区、直辖市范围内统一的工业产品的安全、卫生要求，可以制定地方标准。制定地方标准的项目，由省、自治区、直辖市人民政府标准化行政主管部门确定。地方标准由省、自治区、直辖市人民政府标准化行政主管部门编制计划，组织草拟，统一审批、编号、发布，并报国务院标准化行政主管部门和国务院有关行政主管部门备案。法律对地方标准的制定另有规定的，依照法律的规定执行。地方标准在相应的国家标准或行业标准实施后，自行废止。

企业生产的产品没有国家标准、行业标准和地方标准的，应当制定相应的企业标准，作为组织生产的依据。企业标准由企业组织制定，并按省、自治区、直辖市人民政府的规定备案。对已有国家标准、行业标准或者地方标准的，鼓励企业制定严于国家标准、行业标准或者地方标准要求的企业标准，在企业内部适用。

2．标准的类型

国家标准、行业标准分为强制性标准和推荐性标准，下列标准属于强制性标准。

（1）药品标准，食品卫生标准和兽药标准。

（2）产品及产品生产、储运和使用中的安全、卫生标准，劳动安全、卫生标准，运输安全标准。

（3）工程建设的质量、安全、卫生标准及国家需要控制的其他工程建设标准。

（4）环境保护的污染物排放标准和环境质量标准。

（5）重要的通用技术术语、符号、代号和制图方法。

（6）通用的试验、检验方法标准。

（7）互换配合标准。

（8）国家需要控制的重要产品质量标准。

国家需要控制的重要产品目录由国务院标准化行政主管部门会同国务院有关行政主管部门确定。

强制性标准以外的标准是推荐性标准。省、自治区、直辖市人民政府标准化行政主管部门制定的工业产品的安全、卫生要求的地方标准，在本行政区域内是强制性标准。

3．标准的周期

标准实施后，制定标准的部门应当根据科学技术的发展和经济建设的需要适时进行复审。标准复审周期一般不超过5年。国家标准、行业标准和地方标准的代号、编号办法，由国务院标准化行政主管部门统一规定。企业标准的代号、编号办法，由国务院标准化行政主管部门会同国务院有关行政主管部门规定。标准的出版、发行办法，由制定标准的部门规定。

17.1.2 标准的表示

按照新的采用国际标准管理办法，我国标准与国际标准的对应关系有等同采用（identical，IDT）、修改采用（modified，MOD）、等效采用（equivalent，EQV）和非等效采用（not equivalent，NEQ）等。

等同采用是指技术内容相同，没有或仅有编辑性修改，编写方法完全相对应。等效采用（修改采用）是指主要技术内容相同，技术上只有很少差异，编写方法不完全相对应。非等效指与相应国际标准在技术内容和文本结构上不同，它们之间的差异没有被清楚地标明。非等效还包括在我国标准中只保留了少量或者不重要的国际标准条款的情况，非等效不属于采用国际标准。

推荐性标准的代号是在强制性标准代号后面加“/T”，国家标准代号如表 17-1 所示。

表 17-1 国家标准代号

序 号	代 号	含 义	管理部门
1	GB	中华人民共和国强制性国家标准	国家标准化管理委员会
2	GB/T	中华人民共和国推荐性国家标准	国家标准化管理委员会
3	GB/Z	中华人民共和国国家标准化指导性技术文件	国家标准化管理委员会

与 IT 行业相关的各行业标准代号如表 17-2 所示。

表 17-2 行业标准代号

序 号	代 号	行 业	管 理 部 门
1	CY	新闻出版	国家新闻出版总署印刷业管理司
2	DA	档案	国家档案局政法司
3	DL	电力	中国电力企业联合会标准化中心
4	GA	公共安全	公安部科技司
5	GY	广播电影电视	国家广播电影电视总局科技司
6	HB	航空	国防科工委中国航空工业总公司（航空）
7	HJ	环境保护	国家环境保护总局科技标准司
8	JB	机械	中国机械工业联合会
9	JC	建材	中国建筑材料工业协会质量部
10	JG	建筑工业	住房和城乡建设部（建筑工业）
11	LD	劳动和劳动安全	劳动和社会保障部劳动工资司（工资定额）
12	SJ	电子	工业和信息化部科技司（电子）
13	WH	文化	文化部科教司
14	WJ	兵工民品	国防科工委中国兵器工业总公司（兵器）
15	YD	通信	工业和信息化部科技司（邮电）
16	YZ	邮政	国家邮政局计划财务部

希赛教育专家提示：国家军用标准的代号为 GJB，其为行业标准；国际实物标准代号为 GSB，其为国家标准。

地方标准的代号由地方标准代号（DB）、地方标准发布顺序号和标准发布年代号（4 位数）3 部分组成。企业标准的代号由企业标准代号（Q）、标准发布顺序号和标准发布年代号（4位数）组成。

17.1.3 ISO 9000 标准族

ISO 9000 标准族是国际标准化组织中质量管理和质量保证技术委员会制定的一系列标准，现在共包括20个标准，如表17-3所示。

表17-3 ISO 9000 标准族

<table>
<tr><td colspan="4">① 质量术语标准</td></tr>
<tr><td colspan="4">ISO 8402</td></tr>
<tr><td>④ 标准选用与实施指南</td><td colspan="2">② 质量保证标准</td><td>③ 质量管理标准</td></tr>
<tr><td>ISO 9000
–1：选择与使用
–2：实施
–3：计算机软件
–4：可信性大纲</td><td colspan="2">ISO 9001：设计、开发、生产、安装和服务
ISO 9002：生产、安装和服务
ISO 9003：最终检验和试验</td><td>ISO 9004
–1：指南
–2：服务指南
–3：流程性材料
–4：质量改进</td></tr>
<tr><td colspan="4">⑤ 支持性技术标准</td></tr>
<tr><td>ISO 10005：质量计划
ISO 10007：技术状态</td><td>ISO 10011
–1：审核
–2：审核员
–3：审核管理</td><td>ISO 10012
–1：测量设备
–2：测量过程</td><td>ISO 10013：质量手册</td></tr>
</table>

按照ISO的认证程序，ISO认证机构项目主管负责审查由审核组长送交的审核报告，认证机构主任负责批准认证通过。认证机构项目管理部门负责发放由审核组长及认证机构主任签署的认证证书，证书有效期为3年。第一次证书有效期内每年检查两次，3年期满换证后每年检查一次。获证单位的法人代表、组织结构、生产方式或覆盖产品范围等如有变化，应及时通知认证机构。必要时认证机构将派员复查或增加检查次数。

如证书的持有者在有效期到达前未提出重新申请，或在有效期内提出注销的可以注销其证书。凡暂停、撤销或注销证书，由认证机构在原公告范围内重新公告，并收回其有效证书。

17.2 文档标准

本节简单介绍以下3个与文档有关的标准：

（1）软件文档管理指南 GB/T 16680—1996。

（2）计算机软件产品开发文件编制指南 GB/T 8567—1988。

（3）计算机软件需求说明编制指南 GB/T 9385—1988。

17.2.1 GB/T 16680–1996

GB/T 16680—1996《软件文档管理指南》(NEQ ISO/IEC TR 9294-1990)标准为那些对软件或基于软件的产品的开发负有职责的管理者提供软件文档的管理指南。GB/T 16680—1996 的目的在于协助管理者在他们的机构中产生有效的文档。GB/T 16680—1996 涉及策略、标准、规程、资源和计划，管理者必须关注这些内容，以便有效地管理软件文档。

根据 GB/T 16680—1996，文档是指一种数据媒体和其上所记录的数据。它具有永久性并可以由人或机器阅读。通常仅用于描述人工可读的内容。例如，技术文件、设计文件、版本说明文件。软件文档的作用是管理依据、任务之间联系的凭证、质量保证、培训与参考；软件维护支持、历史档案。

软件文档可归入 3 种类别：开发文档（描述开发过程本身)、产品文档（描述开发过程的产物)、管理文档（记录项目管理的信息)。

1. 文档计划

文档计划是指一个描述文档编制工作方法的管理用文档。该计划主要描述要编制什么类型的文档，这些文档的内容是什么，何时编写，由谁编写，如何编写以及什么是影响期望结果的可用资源和外界因素。

文档计划一般包括以下几方面的内容：

(1) 列出应编制文档的目录。

(2) 提示编制文档应参考的标准。

(3) 指定文档管理员。

(4) 提供编制文档所需要的条件，落实文档编写人员、所需经费以及编制工具等。

(5) 明确保证文档质量的方法，为了确保文档内容的正确性、合理性，应采取一定的措施，如评审、鉴定等等。

(6) 绘制进度表，以图表形式列出在软件生存期各阶段应产生的文档、编制人员、编制日期、完成日期、评审日期等。

此外，文档计划规定每个文档要达到的质量等级，以及为达到期望结果必须考虑哪些外部因素。文档计划还确定该计划和文档的分发，并且明确叙述参与文档工作的所有人员的职责。

2. 开发文档

开发文档是描述软件开发过程，包括软件需求、软件设计、软件测试、保证软件质量的一类文档，开发文档也包括软件的详细技术描述（程序逻辑、程序间相互关系、数据格式和存储等)。开发文档起到如下 5 种作用：

(1) 它们是软件开发过程中包含的所有阶段之间的通信工具，它们记录生成软件需求、设计、编码和测试的详细规定和说明。

（2）它们描述开发小组的职责。通过规定软件、主题事项、文档编制、质量保证人员以及包含在开发过程中任何其他事项的角色来定义做什么、如何做和何时做。

（3）它们用作检验点而允许管理者评定开发进度。如果开发文档丢失、不完整或过时，管理者将失去跟踪和控制软件项目的一个重要工具。

（4）它们形成了维护人员所要求的基本软件文档。而这些支持文档可作为产品文档的一部分。

（5）它们记录软件开发的历史。

基本的开发文档有可行性研究和项目任务书；需求规格说明；功能规格说明；设计规格说明，包括程序和数据规格说明；开发计划；软件集成和测试计划；质量保证计划、标准、进度；安全和测试信息。

3．产品文档

产品文档规定关于软件产品的使用、维护、增强、转换和传输的信息。产品文档起到如下3种作用：

（1）为使用和运行软件产品的任何人规定培训和参考信息。

（2）使得那些未参加本软件开发的程序员维护它。

（3）促进软件产品的市场流通或提高可接受性。

产品文档用于下列类型的读者：

（1）用户。他们利用软件输入数据、检索信息和解决问题。

（2）运行者。他们在计算机系统上运行软件。

（3）维护人员。他们维护、增强或变更软件。

产品文档包括如下内容：

（1）用于管理者的指南和资料，他们监督软件的使用。

（2）宣传资料。通告软件产品的可用性并详细说明它的功能、运行环境等。

（3）一般信息。对任何有兴趣的人描述软件产品。

基本的产品文档有培训手册、参考手册和用户指南、软件支持手册、产品手册和信息广告。

4．管理文档

管理文档建立在项目信息的基础上，例如：

（1）开发过程的每个阶段的进度和进度变更的记录。

（2）软件变更情况的记录。

（3）相对于开发的判定记录。

（4）职责定义。

这种文档从管理的角度规定涉及软件生存的信息。相关文档的详细规定和编写格式见GB8567。

5．文档等级

文档等级是指所所需文档的一个说明，它指出文档的范围、内容、格式及质量，可以根据项目、费用、预期用途、作用范围或其他因素选择文档等级。每个文档的质量必须在文档计划期间就有明确的规定，文档的质量可以按文档的形式和列出的要求划分为四级。

（1）最底限度文档（1 级文档）：适合开发工作量低于一个人月的开发者自用程序。该文档应包含程序清单、开发记录、测试数据和程序简介。

（2）内部文档（2 级文档）：可用于在精心研究后被认为似乎没有与其他用户共享资源的专用程序。除 1 级文档提供的信息外，2 级文档还包括程序清单内足够的注释以帮助用户安装和使用程序。

（3）工作文档（3 级文档）：适合于由同一单位内若干人联合开发的程序，或可被其他单位使用的程序。

（4）正式文档（4 级文档）：适合那些要正式发行供普遍使用的软件产品。关键性程序或具有重复管理应用性质（如工资计算）的程序需要 4 级文档。4 级文档应遵守 GB8567 的有关规定。

17.2.2　GB/T 8567—2006

GB/T 8567—2006《计算机软件文档编制规范》主要对软件的开发过程和管理过程应编制的主要文档及其编制的内容、格式规定了基本要求。该标准原则上适用于所有类型的软件产品的开发过程和管理过程。

GB/T 8567—2006 规定了文档过程，包括软件标准的类型（含产品标准和过程标准）、源材料的准备、文档计划、文档开发、评审、与其他公司的文档开发子合同。该标准规定了文档编制要求，包括软件生存同期与各种文档的编制要求，含可行性与计划研究、需求分析、设计、实现、测试、运行与维护共 6 个阶段的要求，在文档编制中应考虑的各种因素。

GB/T 8567—2006 详细给出了 25 种文档编制的格式，包括可行性分析（研究）报告、软件开发计划、软件测试计划、软件安装计划、软件移交计划、运行概念说明、系统/子系统需求规格说明、接口需求规格说明、系统/子系统设计（结构设计）说明、接口设计说明、软件需求规格说明、数据需求说明、软件（结构）设计说明、数据库（顶层）设计说明、软件测试说明、软件测试报告、软件配置管理计划、软件质量保证计划、开发进度月报、项目开发总结报告、软件产品规格说明、软件版本说明、软件用户手册、计算机操作手册、计算机编程手册。这 25 种文件可分别适用于计算机软件的管理人员、开发人员、维护人员和用户。标准给出了 25 种文件的具体内容，使用者可根据实际情况对该标准进行适当剪裁。

GB8567—2006 还规定了面向对象的软件应编制以下文档：总体说明文档、用例图文档、类图文档、顺序图文档、协作图（通信图）文档、状态图文档、活动图文档、构件图文档、部署图文档、包图文档。

GB/T 8567—2006 参考国际标准 ISO/IEC 15910：1999《信息技术 软件用户文档过程》等标准制定的，代替 GB/T 8567-1988《计算机软件产品开发文件编制指南》。

1．文档的编制

软件生命周期各阶段与软件文档编制工作的关系如表 17-4 所示。

表 17-4 软件生命周期各阶段与软件文档编制工作的关系

文档＼阶段	可行性研究与计划	需求分析	软件测试	编码与单元测试	集成测试确认测试	运行维护
可行性研究报告	√					
项目开发计划	√					
软件需求说明书		√				
数据要求说明书		√				
概要设计说明书			√			
详细设计说明书			√			
数据库设计说明书			√			
用户手册		√	√	√		
操作手册			√	√		
模块开发卷宗				√	√	
开发进度月报	√	√	√	√	√	
测试计划		√	√			
测试分析报告					√	
项目开发总结					√	
维护报告						√

2．文档的使用

各类人员与软件文档的使用关系如表 17-5 所示。

表 17-5 各类人员与软件文档的使用关系

	管理人员	开发人员	维护人员	用户
可行性研究报告	√	√		
项目开发计划	√	√		
软件需求说明书		√		
数据要求说明书		√		
概要设计说明书		√	√	
详细设计说明书		√	√	
数据库设计说明书		√	√	
用户手册				√

续表

	管理人员	开发人员	维护人员	用户
操作手册				√
模块开发卷宗	√		√	
开发进度月报	√			
测试计划		√		
测试分析报告		√	√	
项目开发总结	√			
维护报告	√		√	

3．文档的控制

在一项软件的开发过程中，随着程序的逐步形成和逐步修改，各种文件亦在不断地产生、不断地修改或补充。因此，必须加以周密的控制，以保持文件与程序产品的一致性，保持各种文件之间的一致性和文件的安全性。这种控制表现为：

（1）就从事一项软件开发工作的开发集体而言，应设置一位专职的文件管理人员（接口管理工程师或文件管理员）；在开发集体中，应该集中保管本项目现有全部文件的主文本两套，由该文件管理人员负责保管。

（2）每一份提交给文件管理人员的文件都必须有编写人、审核人和批准人的签字。

（3）这两套主文本的内容必须完全一致。其中有一套是可供出借的，另一套是绝对不能出借的，以免发生万一；可出借的主文本在出借时必须办理出借手续，归还时办理注销出借手续。

（4）开发集体中的工作人员可以根据工作的需要，在本项目的开发过程中持有一些文件，即所谓个人文件，包括为使他完成他承担的任务所需要的文件，以及他在完成任务过程中所编制的文件；但这种个人文件必须是主文本的复制品，必须同主文本完全一致，若要修改，必须首先修改主文本。

（5）不同开发人员所拥有的个人文件通常是主文本的各种子集；所谓子集是指把主文本的各个部分根据承担不同任务的人员或部门的工作需要加以复制、组装而成的若干个文件的集合；文件管理人员应该列出一份不同子集的分发对象的清单，按照清单及时把文件分发给有关人员或部门。

（6）一份文件如果已经被另一份新的文件所代替，则原文件应该被注销；文件管理人中要随时整理主文本，及时反映出文件的变化和增加情况，及时分发文件。

（7）当一个项目的开发工作临近结束时，文件管理人员应逐个收回开发集体内每个成员的个人文件，并检查这些个人文件的内容；经验表明，这些个人文件往往可能比主文本更详细，或同主文本的内容有所不同，必须认真监督有关人员进行修改，使主文本能真正反映实际的开发结果。

17.2.3 GB/T 9385-1988

GB/T 9385—1988《计算机软件需求说明编制指南》（NEQ ANSI/IEEE 830-1984）由原国家标准局于1988年6月18日发布，1988年12月1日起实施。

GB/T 9385—1988 详细描述了计算机软件需求说明（Software Requirements Spccifications，SRS）应该包含的内容及编写格式。该指南为软件需求实践提供了一个规范化的方法，不提倡把软件需求说明划分成等级，避免把它定义成更小的需求子集。

GB/T 9385-1988 规定，SRS 的内容应该包括：

（1）前言：包括目的、范围、定义、缩写词、略语、参考资料。

（2）项目概述：包括产品描述、产品功能、用户特点、一般约束、假设和依据

（3）具体需求。

（4）附录和索引。

SRS 应该具有以下特性：无歧义性、完整性、可验证性、一致性、可修改性、可追踪性（向后追踪、向前追踪）、运行和维护阶段的可使用性。

17.3 例题分析

为了帮助考生了解考试中的标准化方面的题型和考试范围，本节分析 5 道典型的试题。

例题 1

标准化工作的任务是制定标准、组织实施标准和对标准的实施进行监督，____是指编制计划，组织草拟，审批，编号，发布等活动。

（1）A．制订标准　　B．组织实施标准

C．对标准的实施进行监督　　D．标准化过程

例题 1 分析

标准化是为了在一定范围内获得最佳秩序，对现实问题或潜在问题制订共同使用和重复使用的条款的活动。《中华人民共和国标准化法》明确规定标准化工作的任务是制订标准、组织实施标准和对标准的实施进行监督。

制定标准是指，标准制定部门对需要制定标准的项目编制计划，组织草拟，审批、编号、发布的活动。组织实施标准是指有组织、有计划、有措施地贯彻执行标准的活动。对标准的实施进行监督是指对标准贯彻执行情况进行督、检查和处理的活动。

例题 1 答案

A

例题 2

由政府或国家级的机构制定或批准的标准称为国家标准，以下由____冠名的标准不

属于国家标准。

A．GB　　B．BS　　C．ANSI　　D．IEEE

例题 2 分析

IEEE 是行业标准，GB 是中国国家标准，BS 是英国国家标准，ANSI 是美国国家标准。

例题 2 答案

（2）D

例题 3

以 GJB 冠名的标准属于__（1）__。PSD、PAD 等程序构造的图形表示属于__（2）__。

（1）A．国际标准　　B．国家标准　　C．行业标准　　D．企业规范

（2）A．基础标准　　B．开发标准　　C．文档标准　　D．管理标准

例题 3 分析

根据《国家标准管理办法》第四条规定，国家标准的代号由大写汉语拼音字母构成，强制性国家标准的代号为 GB，推荐性国家标准的代号为 GB/T。GJB 是我国国家军用标准，属于行业标准。但是，GSB（国家实物标准）却是国家标准。

图形符号、箭头表示等都属于基础标准，如果需要，可以用在各种具体的标准中。

例题 3 答案

（1）C　　（2）A

例题 4

根据 GB/T 12504-1990《计算机软件质量保证计划规范》，项目开发组长或其代表____。

A．可以作为评审组的成员，不设副组长时可担任评审组的组长

B．可以作为评审组的成员，但只能担任评审组的副组长

C．可以作为评审组的成员，但不能担任评审组的组长或副组长

D．不能挑选为评审组的成员

例题 4 分析

根据 GB/T 12504-1990《计算机软件质量保证计划规范》，项目开发组长或其代表可以作为评审组的成员，但不能担任评审组的组长或副组长。

例题 4 答案

C

例题 5

2005 年 12 月，ISO 正式发布了①作为 IT 服务管理的国际标准；2007 年 10 月，ITU 接纳②为 3G 标准；2005 年 10 月，ISO 正式发布了③作为信息安全管理的国际标准。①、②和③分别是____。

A．①ISO27000　　②IEEE802.16　　③ISO20000

B. ①ISO27000 ②ISO20000 ③IEEE802.16

C. ①ISO20000 ②IEEE802.16 ③ISO27000

D. ①IEEE802.16 ②ISO20000 ③ISO27000

例题 5 分析

2005 年 12 月，英国标准协会已有的 IT 服务管理标准 BS15000，已正式发布成为 ISO 国际标准：ISO20000。

2007 年 10 月，联合国国际电信联盟（ITU）批准 WiMAX（World Interoperability for Microwave Access，全球微波接入互操作性）无线宽带接入技术成为移动设备的全球标准。WiMAX 继 WCDMA、CDMA2000、TD-SCDMA 后全球第四个 3G 标准。WiMAX 的另一个名字是 802.16。IEEE802.16 标准是一项无线城域网技术，是针对微波和毫米波频段提出的一种新的空中接口标准。它用于将 802.11a 无线接入热点连接到互联网，也可连接公司与家庭等环境至有线骨干线路。它可作为线缆和 DSL 的无线扩展技术，从而实现无线宽带接入。

ISO27001:2005 即 BS 7799，2:2005 (ISO/IEC 27001:2005)《信息技术-安全技术-信息安全管理体系-要求》，它强调对一个组织运行所必需的 IT 系统及信息的保密性、完整性和可用性的保护体系。其不单纯涉及技术问题，还涉及很多方面（历史、文化、道德、法律、管理、技术等）的一个综合性的体系。

例题 5 答案

（6）C

第 18 章　应 用 数 学

根据考试大纲，本章要求考生掌握有关概率统计应用、图论应用、组合分析、算法（数值算法与非数值算法）的选择与应用、运筹方法（网络计划技术、线性规划、预测、决策、库存管理、模拟）、数学建模方面的基础知识。但在实际考试中，很多内容都很少考查，所以本章主要针对考查频度较高的考点展开分析。

18.1　图论应用

在图论中，主要考查最小生成树、最短路径、关键路径等方面的问题。

18.1.1　最小生成树

一个连通且无回路的无向图称为树。在树中度数为 1 的结点称为树叶，度数大于 1 的结点称为分枝点或内结点。

给定图 T，以下关于树的定义是等价的：

（1）无回路的连通图。

（2）无回路且 $e=v-1$，其中 e 为边数，v 为结点数。

（3）连通且 $e=v-1$。

（4）无回路且增加一条新边，得到一个且仅一个回路。

（5）连通且删去任何一个边后不连通。

（6）每一对结点之间有一条且仅一条路。

在带权的图 G 的所有生成树中，树权最小的那棵生成树，称作最小生成树。

求连通的带权无向图的最小生成树的算法有普里姆（Prim）算法和克鲁斯卡尔（Kruskal）算法。

1．普里姆算法

设已知 $G=(V, E)$ 是一个带权连通无向图，顶点 $V=\{0, 1, 2, \ldots, n-1\}$。设 U 是构造生成树过程中已被考虑在生成树上的顶点的集合。初始时，U 只包含一个出发顶点。设 T 是构造生成树过程中已被考虑在生成树上的边的集合，初始时 T 为空。如果边 (i, j) 具有最小代价，且 $i \in U$，$j \in V-U$，那么最小生成树应包含边 (i, j)。把 j 加到 U 中，把 (i, j) 加到 T 中。重复上述过程，直到 U 等于 V 为止。这时，T 即为要求的最小生成树的边的集合。

普里姆算法的特点是当前形成的集合 T 始终是一棵树。因为每次添加的边是使树中的权尽可能小，因此这是一种贪心的策略。普里姆算法的时间复杂度为 $O(n^2)$，与图中边数无关，所以适合于稠密图。

2．克鲁斯卡尔算法

设T的初始状态只有 *n* 个顶点而无边的森林 *T*=(*V*，*φ*)，按边长递增的顺序选择 *E* 中的 *n-1* 条安全边(*u*，*v*)并加入 *T*，生成最小生成树。所谓安全边是指两个端点分别是森林 *T* 里两棵树中的顶点的边。加入安全边，可将森林中的两棵树连接成一棵更大的树，因为每一次添加到 *T* 中的边均是当前权值最小的安全边，MST 性质也能保证最终的 *T* 是一棵最小生成树。

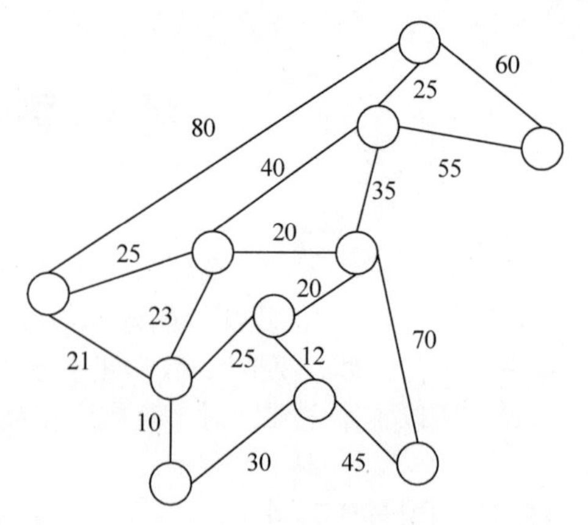

图 18-1　求图的最小生成树

克鲁斯卡尔算法的特点是当前形成的集合 *T* 除最后的结果外，始终是一个森林。克鲁斯卡尔算法的时间复杂度为 O($e\log_2 e$)，与图中顶点数无关，所以较适合于稀疏图。

例如，使用普里姆算法构造图 18-1 的最小生成树的过程如图 18-2～18-6 所示。

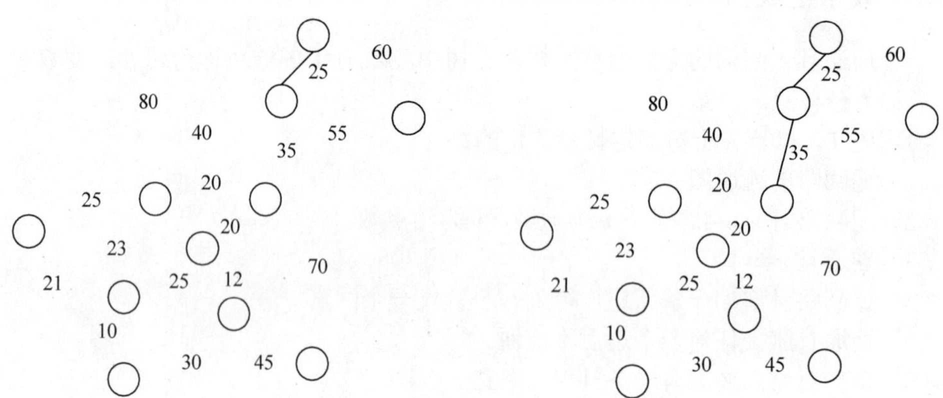

图 18-2　使用普里姆算法构造最小生成树的过程（1）

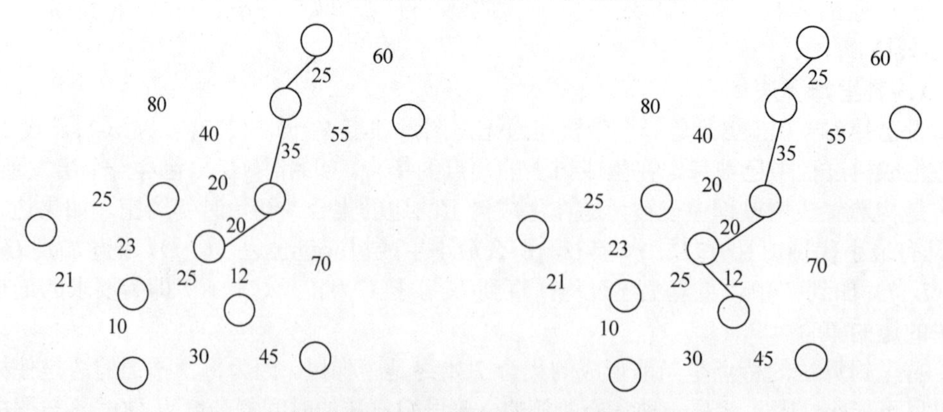

图 18-3　使用普里姆算法构造最小生成树的过程（2）

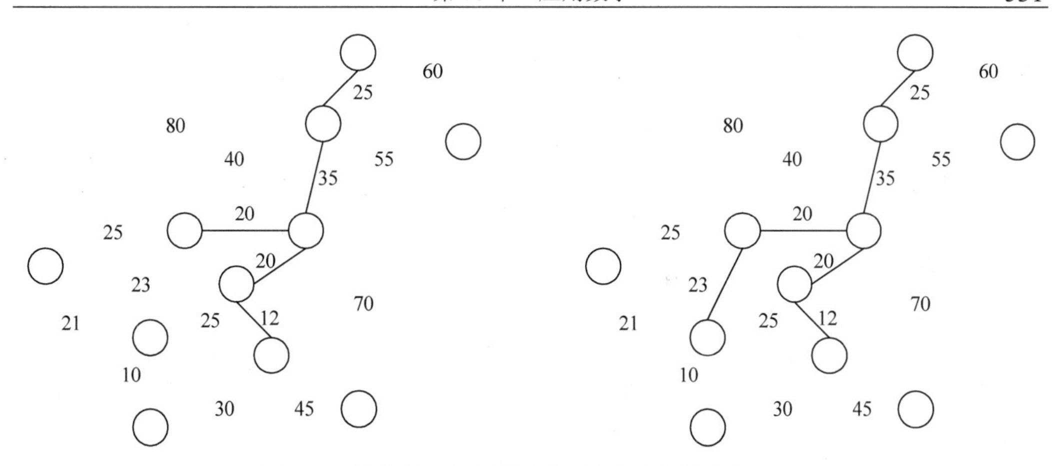

图 18-4　使用普里姆算法构造最小生成树的过程（3）

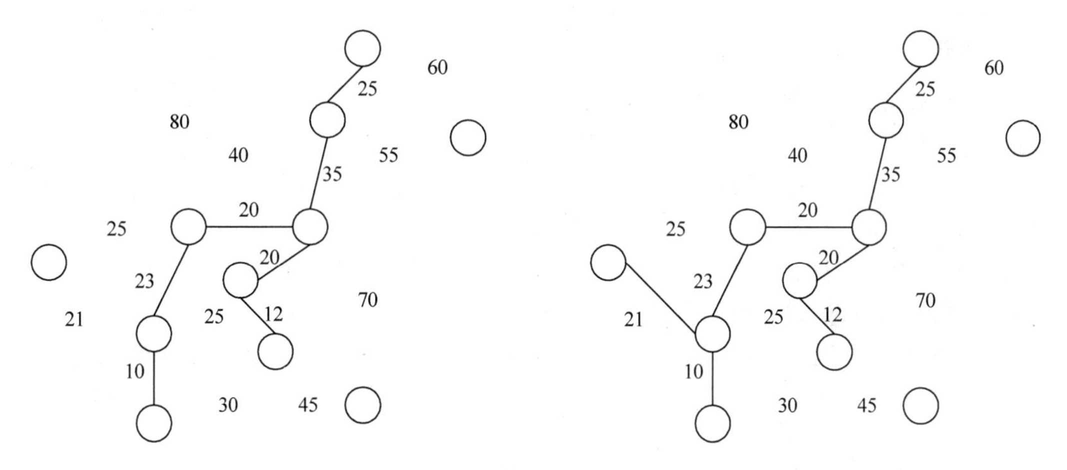

图 18-5　使用普里姆算法构造最小生成树的过程（4）

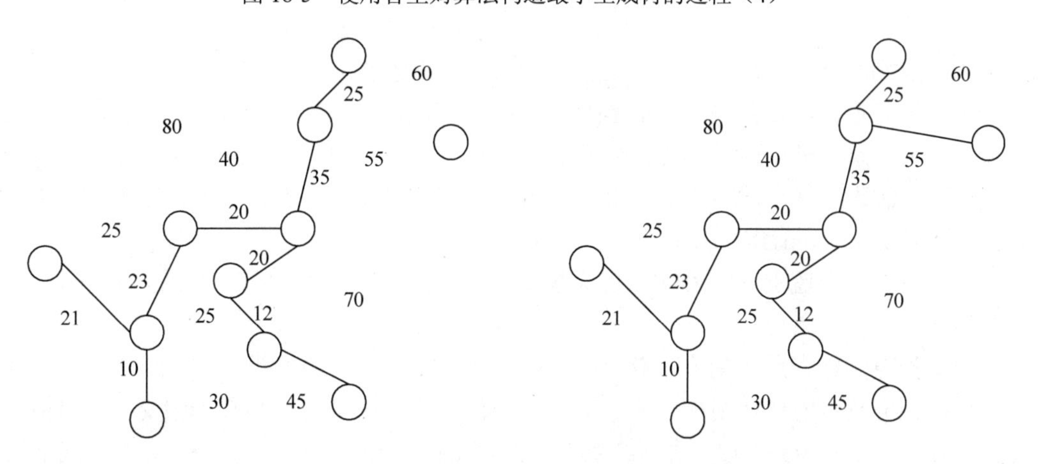

图 18-6　使用普里姆算法构造最小生成树的过程（5）

18.1.2 最短路径

带权图的最短路径问题即求两个顶点间长度最短的路径，其中路径长度不是指路径上边数的总和，而是指路径上各边的权值总和。路径长度的具体含义取决于边上权值所代表的意义。

已知有向带权图（简称有向网）$G=(V, E)$，找出从某个源点 $s\in V$ 到 V 中其余各顶点的最短路径，称为单源最短路径。

目前，求单源最短路径主要使用迪杰斯特拉（Dijkstra）提出的一种按路径长度递增序列产生各顶点最短路径的算法。若按长度递增的次序生成从源点 *s* 到其他顶点的最短路径，则当前正在生成的最短路径上除终点以外，其余顶点的最短路径均已生成（将源点的最短路径看作是已生成的源点到其自身的长度为 0 的路径）。

迪杰斯特拉算法的基本思想是：设 S 为最短距离已确定的顶点集（看作红点集），*V*-S 是最短距离尚未确定的顶点集（看作蓝点集）。

（1）初始化：初始化时，只有源点 *s* 的最短距离是已知的（SD(*s*)=0），故红点集 S={*s*}，蓝点集为空。

（2）重复以下工作，按路径长度递增次序产生各顶点最短路径：在当前蓝点集中选择一个最短距离最小的蓝点来扩充红点集，以保证算法按路径长度递增的次序产生各顶点的最短路径。当蓝点集中仅剩下最短距离为∞的蓝点，或者所有蓝点已扩充到红点集时，*s* 到所有顶点的最短路径就求出来了。

希赛教育专家提示：若从源点到蓝点的路径不存在，则可假设该蓝点的最短路径是一条长度为无穷大的虚拟路径；从源点 *s* 到终点 *v* 的最短路径简称为 *v* 的最短路径；*s* 到 *v* 的最短路径长度简称为 *v* 的最短距离，并记为 SD(*v*)。

根据按长度递增序产生最短路径的思想，当前最短距离最小的蓝点 *k* 的最短路径是：

源点→红点 1→红点 2→…→红点 n→蓝点 *k*

距离为源点到红点 n 最短距离 +<红点 n，蓝点 k>的边长

为求解方便，可设置一个向量 **D**[0.. *n*-1]，对于每个蓝点 $v\in V\text{-}S$，用 D[v]记录从源点 *s* 到达 *v* 且除 *v* 外中间不经过任何蓝点（若有中间点，则必为红点）的“最短”路径长度（简称估计距离）。若 *k* 是蓝点集中估计距离最小的顶点，则 *k* 的估计距离就是最短距离，即若 **D**[k]=min{**D**[*i*] $i\in V\text{-}S$}，则 **D**[*k*]=SD(*k*)。

初始时，每个蓝点 *v* 的 **D**[c]值应为权 *w*<*s*，*v*>，且从 *s* 到 *v* 的路径上没有中间点，因为该路径仅含一条边<*s*，*v*>。

将 *k* 扩充到红点后，剩余蓝点集的估计距离可能由于增加了新红点 *k* 而减小，此时必须调整相应蓝点的估计距离。对于任意的蓝点 *j*，若 *k* 由蓝变红后使 D[j]变小，则必定是由于存在一条从 *s* 到 *j* 且包含新红点 *k* 的更短路径：P=<s，…，k，j>。且 **D**[*j*]减小的新路径 *P* 只可能是由于路径<s，…，*k*>和边<*k*，*j*>组成。所以，当 length(*P*)=**D**[*k*]+*w*<*k*，

j>小于 **D**[j]时，应该用 P 的长度来修改 **D**[j]的值。

例如，我们求图 18-7 中从 s 点到 t 点的最短路径。

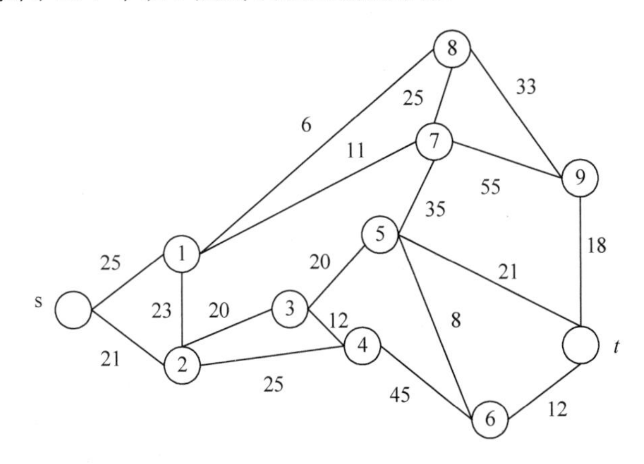

图 18-7　对结点进行编号

求最短路径的过程如表 18-1 所示。

表 18-1　求最短路径的过程

红点集	D[1]	D[2]	D[3]	D[4]	D[5]	D[6]	D[7]	D[8]	D[9]	D[t]
{s}	25	21	∞	∞	∞	∞	∞	∞	∞	∞
{s,2}	25		41	46	∞	∞	∞	∞	∞	∞
{s,2,1}			41	46	∞	∞	36	31	∞	∞
{s,2,1,8}			41	46	∞	∞	36		64	∞
{s,2,1,8,7}			41	46	71	∞			64	∞
{s,2,1,8,7,3}				46	61	∞			64	∞
{s,2,1,8,7,3,4}					61	91			64	∞
{s,2,1,8,7,3,4,5}						69			64	82
{s,2,1,8,7,3,4,5,9}						69				82
{s,2,1,8,7,3,4,5,9,6}										81
{s,2,1,8,7,3,4,5,9,6,t}										

因此，从 s 到 t 的最短路径长度为 81，路径为 s→2→3→5→6→t。

18.1.3　关键路径

在 AOV 网络中，如果边上的权表示完成该活动所需的时间，则称这样的 AOV 为 AOE 网络。例如，图 18-8 表示一个具有 10 个活动的某个工程的 AOE 网络。图中有 7 个结点，分别表示事件 V_1～V_7，其中 V_1 表示工程开始状态，V_7 表示工程结束状态，边上的权表示完成该活动所需的时间。

因 AOE 网络中的某些活动可以并行地进行，所以完成工程的最少时间是从开始结点到结束结点的最长路径长度，称从开始结点到结束结点的最长路径为关键路径（临界路径），关键路径上的活动为关键活动。为了找出给定的 AOE 网络的关键活动，从而找出关键路径，先定义几个重要的量：

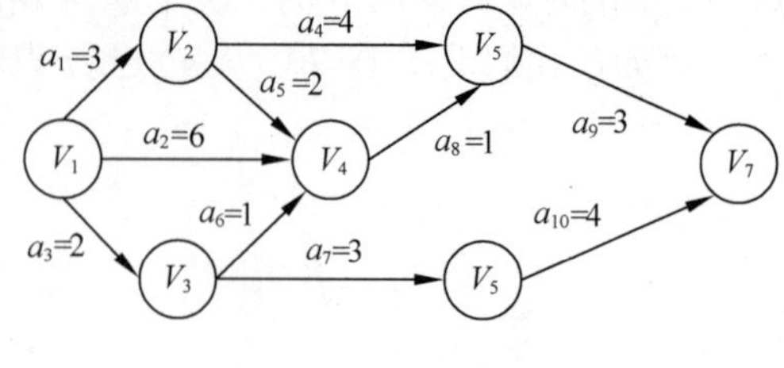

图 18-8　AOE 网络的例子

$V_e(j)$、$V_l(j)$：结点 j 事件最早、最迟发生时间。

$e(i)$、$l(i)$：活动 i 最早、最迟开始时间。

从源点 V_1 到某结点 V_j 的最长路径长度，称为事件 V_j 的最早发生时间，记作 $V_e(j)$。$V_e(j)$也是以 V_j 为起点的出边 $<V_j, V_k>$ 所表示的活动 a_i 的最早开始时间 $e(i)$。

在不推迟整个工程完成的前提下，一个事件 V_j 允许的最迟发生时间，记作 $V_l(j)$。显然，$l(i)=V_l(j)-(a_i$ 所需时间)，其中 j 为 a_i 活动的终点。满足条件 $l(i)=e(i)$的活动为关键活动。

求结点 V_j 的 $V_e(j)$和 $V_l(j)$可按以下两步来做：

1．由源点开始向汇点递推

$$\begin{cases} V_e(1)=0 \\ V_e(j)=\text{MAX}\{V_e(i)+d(i,j)\}, <V_i,\ V_j>\in E_1, 2\leqslant j\leqslant n \end{cases}$$

其中，E_1 是网络中以 V_j 为终点的入边集合。

2．由汇点开始向源点递推

$$\begin{cases} V_l(n)=V_e(n) \\ V_l(j)=\text{MIN}\{V_l(k)-d(j,k)\}, <V_j,\ V_k>\in E_2, 2\leqslant j\leqslant n-1 \end{cases}$$

其中，E_2 是网络中以 V_j 为起点的出边集合。

要求一个 AOE 的关键路径，一般需要根据以上变量列出一张表格，逐个检查。例如，求图 18-8 所示的 AOE 的关键路径的表格如表 18-2 所示。

表 18-2　求关键路径的过程

V_j	$V_e(j)$	$V_l(j)$	a_i	e(i)	l(i)	l(i)～$e(i)$
V_1	0	0	$a_1(3)$	0	0	0
V_2	3	3	$a_2(6)$	0	0	0
V_3	2	3	$a_3(2)$	0	1	1
V_4	6	6	$a_4(4)$	3	3	0
V_5	7	7	$a_5(2)$	3	4	1
V_6	5	6	$a_6(1)$	2	5	3
V_7	10	10	$a_7(3)$	2	3	1

续表

V_j	$V_e(j)$	$V_l(j)$	a_i	e(i)	l(i)	l(i)～e(i)
			$a_8(1)$	6	6	0
			$a_9(3)$	7	7	0
			$a_{10}(4)$	5	6	1

因此，图 18-8 的关键活动为 a_1、a_2、a_4、a_8 和 a_9，其对应的关键路径有两条，分别为（V_1，V_2，V_5，V_7）和（V_1，V_4，V_5，V_7），长度都是 10。

一般来说，不在关键路径上的活动时间的缩短，不能缩短整个工期。而不在关键路径上的活动时间的延长，可能导致关键路径的变化，因此可能影响整个工期。

在实际解答试题时，一般所给出的活动数并不多，我们可以采取观察法求得其关键路径，即路径最长的那条路径就是关键路径。

18.2　运筹学方法

运筹学是处于数学、管理科学和计算机科学等的交叉领域。它广泛应用现有的科学技术知识和数学方法，解决实际中提出的专门问题，为决策者选择最优决策提供定量依据。运筹学主要研究经济活动和军事活动中能用数量来表达的有关策划、管理方面的问题。运筹学可以根据问题的要求，通过数学上的分析、运算，得出各种各样的结果，最后提出综合性的合理安排，以达到最好的效果。

18.2.1　线性规划

线性规划是研究在有限的资源条件下，如何有效地使用这些资源达到预定目标的数学方法。用数学的语言来说，也就是在一组约束条件下寻找目标函数的极值问题。

求极大值（或极小值）的模型表达如下：

$$\begin{cases} a_{11}x_1 + a_{12}x_2 + \ldots + a_{1n}x_n \leqslant b_1 \\ a_{21}x_1 + a_{22}x_2 + \ldots + a_{2n}x_n \leqslant b_2 \\ \vdots \\ a_{m1}x_1 + a_{m2}x_2 + \ldots + a_{mn}x_n \leqslant b_n \end{cases}$$

$$x_i \geqslant 0, 1 \leqslant i \leqslant n$$

在上述条件下，求解 x_1，$x_2,\cdots$，x_n，使满足下列表达式的 Z 取极大值（或极小值）：

$$Z = c_1x_1 + c_2x_2 + \cdots + c_nx_n$$

解线性规划问题的方法有很多，最常用的有图解法和单纯形法。图解法简单直观，有助于了解线性规划问题求解的基本原理，下面，通过一个例子来说明图解法的应用。

例题 1 某工厂在计划期内要安排生产 I、II 两种产品，已知生产单位产品所需的设备台时及 A、B 两种原料的消耗，如表 18-3 所示。

表 18-3 产品与原料的关系

	I	II	
设 备	1	2	8 台时
原材料 A	4	0	16kg
原材料 B	0	4	12kg

该工厂每生产一件产品 I 可获利 2 元，每生产一件产品 II 可获利 3 元，问应该如何安排计划使该工厂获利最多？

该问题可用以下数学模型来描述，设 x_1、x_2 分别表示在计划期内产品 I、II 的产量，因为设备的有效台时是 8，这是一个限制产量的条件，所以在确定产品 I、II 的产量时，要考虑不超过设备的有效台时数，即可用不等式表示为 $x_1+2x_2\leqslant 8$

同理，因原料 A、B 的限量，可以得到以下不等式

$$4x_1\leqslant 16,\quad 4x_2\leqslant 12$$

该工厂的目标是在不超过所有资源限制的条件下，确定产量 x_1、x_2，以得到最大的利润。若用 z 表示利润，这时 $z=2x_1+3x_2$。综上所述，该计划问题可用数学模型表示为：

目标函数：

$$\max z=2x_1+3x_2$$

满足约束条件：

$$\begin{aligned}&x_1+2x_2\leqslant 8\\&4x_1\leqslant 16\\&4x_2\leqslant 12\\&x_1、x_2\geqslant 0\end{aligned}$$

在以 x_1、x_2 为坐标轴的直角坐标系中，非负条件 x_1，$x_2\geqslant 0$ 是指第一象限。上述每个约束条件都代表一个半平面。如约束条件 $x_1+2x_2\leqslant 8$ 是代表以直线 $x_1+2x_2=8$ 为边界的左下方的半平面，若同时满足 x_1，$x_2\geqslant 0$，$x_1+2x_2\leqslant 8$，$4x_1\leqslant 16$ 和 $4x_2\leqslant 12$ 的约束条件的点，必然落在由这三个半平面交成的区域内。由例题 1 的所有约束条件为半平面交成的区域如图 18-9 中的阴影部分所示。阴影区域中的每一个点（包括边界点）都是这个线性规划问题的解（称可行解），因而此区域是例题 1 的线性规划问题的解的集合，称为可行域。

再分析目标函数 $z=x2_1+3x_2$，在坐标平面上，它可表示以 z 为参数，–2/3 为斜率的一族平行线：

$$x_2=-(\frac{2}{3})x_1+\frac{z}{3}$$

位于同一直线上的点，具有相同的目标函数值，因此称它为等值线。当 z 值由小变大时，直线沿其法线方向向右上方移动。当移动到 Q_2 点时，使 z 值在可行域边界上实现最大化（如图 18-9 所示），这就得到了例题 1 的最优解 Q_2，Q_2 点的坐标为（4，2）。于

是可计算出 z=14。

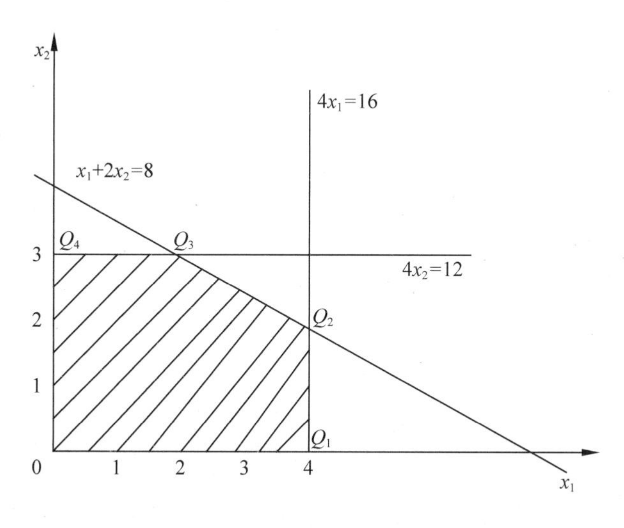

图 18-9　线性规划的图解法

这说明该厂的最优生产计划方案是：生产 4 件产品 I，2 件产品 II，可得最大利润为 14 元。

例题 1 中求解得到的最优解是唯一的，但对一般线性规划问题，求解结果还可能出现以下几种情况：无穷多最优解（多重解）、无界解（无最优解）、无可行解。当求解结果出现后两种情况时，一般说明线性规划问题的数学模型有错误。无界解源于缺乏必要的约束条件，无可行解源于矛盾的约束条件。

从图解法中可以直观地看到，当线性规划问题的可行域非空时，它是有界或无界凸多边形。若线性规划问题存在最优解，它一定在可行域的某个顶点得到；若在两个顶点同时得到最优解，则它们连线上的任意一点都是最优解，即有无穷多最优解。

图解法虽然直观，但当变量数多于 3 个以上时，它就无能为力了，这时需要使用单纯形法。

单纯形法的基本思路是：根据问题的标准，从可行域中某个可行解（一个顶点）开始，转换到另一个可行解（顶点），并且使目标函数达到最大值时，问题就得到了最优解。限于篇幅，不再介绍单纯形法的详细求解过程。

18.2.2　对策论

对策论也称为竞赛论或博弈论，是研究具有斗争或竞争性质现象的数学理论和方法。具有竞争或对抗性质的行为成为对策行为，对策行为的种类可以有很多，但本质上都必须包括如下的 3 个基本要素：

（1）局中人。指在一个对策行为中，有权决定自己行动方案的对策参加者。显然，一个对策中至少有两个局中人。通常用 I 表示局中人的集合。

（2）策略集。指可供局中人选择的一个实际可行的完整的行动方案的集合。每一局中人的策略集中至少应包括两个策略。

（3）赢得函数（支付函数）。在一局对策中，各局中人所选定的策略形成的策略组称为一个局势，即若 s_i 是第 i 个局中人的一个策略，则 n 个局中人的策略组 $s=(s_1,s_2,\cdots,s_n)$ 就是一个局势。全体局势的集合 S 可用各局中人策略集的笛卡儿积表示，即

$$S=S_1\times S_2\times\cdots\times S_n$$

对任一局势 $s\in S$，局中人 i 可以得到一个赢得 $H_i(s)$。显然，$H_i(s)$ 是局势 s 的函数，称为第 i 个局中任的赢得函数。

可以根据不同的原则对对策进行分类，其中主要的有零和对策（对抗对策）和非零和对策。零和对策是指一方的所得值为他方的所失值。在所有对策中，占有重要地位的是二人有限零和对策（矩阵对策）。

用 I 和 II 分别表示两个局中人，设局中人 I 有 m 个策略 $\alpha_1,\alpha_2,\cdots,\alpha_m$ 可供选择，局中人 II 有 n 个策略 $\beta_1,\beta_2,\cdots,\beta_n$ 可供选择，则局中人 I 和 II 的策略集分别为：

$$S_1=\{\alpha_1,\alpha_2,\cdots,\alpha_m\},\quad S_2=\{\beta_1,\beta_2,\cdots,\beta_n\}$$

当局中人 I 选定策略 α_i 和局中人 II 选定策略 β_j 后，就形成了一个局势 $(\alpha_i,\ \beta_j)$。这样的局势共有 $m\times n$ 个，对任一局势 $(\alpha_i,\ \beta_j)$，记局中人 I 的赢得值为 α_{ij} 并称

$$\boldsymbol{A}=\begin{bmatrix} a_{11} & a_{12} & \cdots & a_{1n} \\ a_{21} & a_{22} & \cdots & a_{2n} \\ \vdots & \vdots & & \vdots \\ a_{m1} & a_{m2} & \cdots & a_{mn} \end{bmatrix}$$

为局中人 I 的赢得矩阵（或为局中人 II 的支付矩阵）。由于假定对策为零和的，所以局中人 II 的赢得矩阵就是 $-\boldsymbol{A}$。

当局中人 I、II 和策略集 S_1、S_2 及局中人 I 的赢得矩阵 $\boldsymbol{A}$ 确定后，一个矩阵对策就给定了，通常记成 $G=\{I,\ II,\ S_1,\ S_2;\ \boldsymbol{A}\}$ 或 $G=\{S_1,\ S_2;\ \boldsymbol{A}\}$。

在对策论方面，有一个经典的例子。战国时期，齐王有一天提出要与田忌进行赛马。双方约定：从各自的上、中、下三个等级中各选一匹参赛，每匹马只能参赛一次，每一次比赛双方各出一匹马，负者要付给胜者千金。已经知道，在同等级的马中，田忌的马不如齐王的马，而如果田忌的马比齐王的马高一等级，则田忌的马可能取胜。当时，田忌手下的一个谋士给田忌出了个主意：每次比赛时先让齐王牵出他要参赛的马，然后用下马对齐王的上马，用中马对齐王的下马，用上马对齐王的中马。比赛结果，田忌二胜一负，可得千金。

在这个例子中，局中人是齐王和田忌，局中人集合为 $\boldsymbol{I}=\{1,2\}$。各自都有 6 个策略，分别为（上，中，下）、（上，下，中）、（中，上，下）、（中，下，上）、（下，中，上）、

（下，上，中）。可分别表示为 $S_1=\{\alpha_1,\alpha_2,\alpha_3,\alpha_4,\alpha_5,\alpha_6\}$ 和 $S_2=\{\beta_1,\beta_2,\beta_3,\beta_4,\beta_5,\beta_6\}$，这样齐王的任一策略 α_i 和田忌的任一策略 β_j 就决定了一个局势 s_{ij}。如果 α_1=（上，中，下），β_1=（上，中，下），则在局势 s_{11} 下齐王的赢得值为 $H_1(s_{11})$=3，齐王的赢得值为 $H_2(s_{11})$=-3。其他局势的结果可类似得出，因此，齐王的赢得矩阵为

$$\boldsymbol{A}=\begin{bmatrix} 3 & 1 & 1 & 1 & 1 & -1 \\ 1 & 3 & 1 & 1 & -1 & 1 \\ 1 & -1 & 3 & 1 & 1 & 1 \\ -1 & 1 & 1 & 3 & 1 & 1 \\ 1 & 1 & -1 & 1 & 3 & 1 \\ 1 & 1 & 1 & -1 & 1 & 3 \end{bmatrix}$$

18.2.3　决策论

从不同的角度出发，可以对决策进行不同的分类。

按性质的重要性分类，可将决策分为战略决策（涉及某组织发展和生存有关的全局性、长远问题的决策）、策略决策（为完成战略决策所规定的目的而进行的决策）和执行决策（根据策略决策的要求对执行方案的选择）。

按决策的结果分类，可分为程序决策（有章可循的决策，可重复的）和非程序决策（无章可循的决策，一次性的）。

按定量和定性分类，可分为定量决策和定性决策。

按决策环境分类，可分为确定型决策（决策环境是完全确定的，做出的选择的结果也是确定的），风险决策（决策的环境不是完全确定的，其发生的概率是已知的）和不确定型决策（将来发生结果的概率不确定，凭主观倾向进行决策）。

按决策过程的连续性分类，可分为单项决策（整个决策过程只作一次决策就得到结果）和序列决策（整个决策过程由一系列决策组成）。

构造决策行为的模型主要有两种，分别为面向结果的方法和面向过程的方法。面向决策结果的方法程序比较简单，其过程为“确定目标→收集信息→提出方案→方案选择→决策”。面向决策过程的方法一般包括“预决策→决策→决策后”3 个阶段。

任何决策问题都有以下要素构成决策模型：

（1）决策者。

（2）可供选择的方案（替代方案）、行动或策略。

（3）衡量选择方案的准则。

（4）事件：不为决策者所控制的客观存在的将发生的状态。

（5）每一事件的发生将会产生的某种结果。

（6）决策者的价值观。

1．不确定型决策

随机型决策问题是指决策者所面临的各种自然状态是随机出现的一类决策问题。一

个随机型决策问题，必须具备以下几个条件：

（1）存在着决策者希望达到的明确目标。

（2）存在着不依决策者的主观意志为转移的两个以上的自然状态。

（3）存在着两个以上的可供选择的行动方案。

（4）不同行动方案在不同自然状态下的益损值可以计算出来。

随机型决策问题，又可以进一步分为风险型决策问题和不确定型决策问题。在风险型决策问题中，虽然未来自然状态的发生是随机的，但是每一种自然状态发生的概率是已知的或者可以预先估计的。在非确定型决策问题中，不仅未来自然状态的发生是随机的，而且各种自然状态发生的概率也是未知的和无法预先估计的。

例如，假设希赛公司需要根据下一年度宏观经济的增长趋势预测决定投资策略。宏观经济增长趋势有不景气、不变和景气3种，投资策略有积极、稳健和保守3种，各种状态的收益如表18-4所示。

表18-4　希赛公司2009年投资决策表

预计收益（单位：百万元人民币）		经济趋势预测		
		不景气	不变	景气
投资策略	积极	50	150	500
	稳健	100	200	300
	保守	400	250	200

由于下一年度宏观经济的各种增长趋势的概率是未知的，所以是一个不确定型决策问题。常用的不确定型决策的准则主要有以下几个：

（1）乐观主义准则。乐观主义准则也叫最大最大准则（maxmax准则），其决策的原则是“大中取大”。持这种准则思想的决策者对事物总抱有乐观和冒险的态度，他决不放弃任何获得最好结果的机会，争取以好中之好的态度来选择决策方案。决策者在决策表中各个方案对各个状态的结果中选出最大者，记在表的最右列，再从该列中选出最大者。在上例中，如果使用乐观主义准则，在3种投资方案下，积极方案的最大结果为500，稳健方案的最大结果为300，保守方案的最大结果为400。其最大值为500，因此选择积极投资方案。

（2）悲观主义准则。悲观主义准则也叫做最大最小准则（maxmin）准则，其决策的原则是“小中取大”。这种决策方法的思想是对事物抱有悲观和保守的态度，在各种最坏的可能结果中选择最好的。决策时从决策表中各方案对各个状态的结果选出最小者，记在表的最右列，再从该列中选出最大者。在上例中，如果使用maxmin准则，在3种投资方案下，积极方案的最小结果为50，稳健方案的最小结果为150，保守方案的最小结果为200。其最大值为200，因此选择保守投资方案。

（3）折中主义准则。折中主义准则也叫做赫尔威斯准则（Harwicz Decision Criterion），这种决策方法的特点是对事物既不乐观冒险，也不悲观保守，而是从中折中平衡一下，用一个系数 α（称为折中系数）来表示，并规定 0⩽α⩽1，用以下算式计算结果

$cv_i=\alpha\times\max\{a_{ij}\}+(1-\alpha)\times\min\{a_{ij}\}$

即用每个决策方案在各个自然状态下的最大效益值乘以 α，再加上最小效益值乘以 $1-\alpha$，然后比较 cv_i，从中选择最大者。

（4）等可能准则。等可能准则也叫做 Laplace 准则，它是 19 世纪数学家 Laplace 提出来的。他认为，当决策者无法事先确定每个自然状态出现的概率时，就可以把每个状态出现的概率定为 $1/n$（n 是自然状态数），然后按照最大期望值准则决策。事实上，这就转变为一个风险决策问题了。

（5）后悔值准则。后悔值准则也叫做 Savage 准则，决策者在制定决策之后，如果不能符合理想情况，必然有后悔的感觉。这种方法的特点是每个自然状态的最大收益值（损失矩阵取为最小值），作为该自然状态的理想目标，并将该状态的其他值与最大值相减所得的差作为未达到理想目标的后悔值。这样，从收益矩阵就可以计算出后悔值矩阵。决策的原则是最大后悔值达到最小（minmax），也叫最大最小后悔值。例如，表 18-4 的后悔值矩阵如表 18-5 所示。

表 18-5　表 18-4 的后悔值矩阵

预计收益（单位：百万元人民币）		经济趋势预测		
		不　景　气	不　　变	景　　气
投资策略	积极	350	100	0
	稳健	300	50	200
	保守	0	0	300

根据表 18-5，在 3 种投资方案下，积极方案的最大后悔值为 350，稳健方案的最大后悔值为 300，保守方案的最大后悔值为 300。其最小值为 300。按照后悔值准则，既可以选择保守投资方案，也可以选择稳健投资方案。

2．风险决策

风险决策是指决策者对客观情况不甚了解，但对将发生各事件的概率是已知的。在风险决策中，一般采用期望值作为决策准则，常用的有最大期望收益决策准则（Expected Monetary Value，EMV）和最小机会损失决策准则（Expected Opportunity Loss，EOL）。

（1）最大期望收益决策准则。决策矩阵的各元素代表“策略-事件”对的收益值，各事件发生的概率为 p_j，先计算各策略的期望收益值 $\sum_i p_j a_{ij}$，$i=1,2,\cdots,n$，然后从这些期望收益值中选取最大者，以它对应的策略为决策者应选择的决策策略。

（2）最小机会损失决策准则。决策矩阵的各元素代表“策略-事件”对的损失值，各事件发生的概率为 p_j，先计算各策略的期望损失值 $\sum_i p_j a_{ij}$，$i=1,2,\cdots,n$，然后从这些期

望收益值中选取最小者，以它对应的策略为决策者应选择的决策策略。当 EMV 为最大时，EOL 便为最小。所以在决策时用这两个决策准则所得结果是相同的。

例如，希赛 IT 教育研发中心要从 A 地向 B 地的学员发送一批价值 90 000 元的货物。从 A 地到 B 地有水、陆两条路线。走陆路时比较安全，其运输成本为 10 000 元；而走水路时一般情况下的运输成本只要 7000 元，不过一旦遇到暴风雨天气，则会造成相当于这批货物总价值的 10%的损失。根据历年情况，这期间出现暴风雨天气的概率为 1/4，那么希赛 IT 教育研发中心应该选择走哪条路呢？这就是一个风险型决策问题，其决策树如图 18-10 所示。

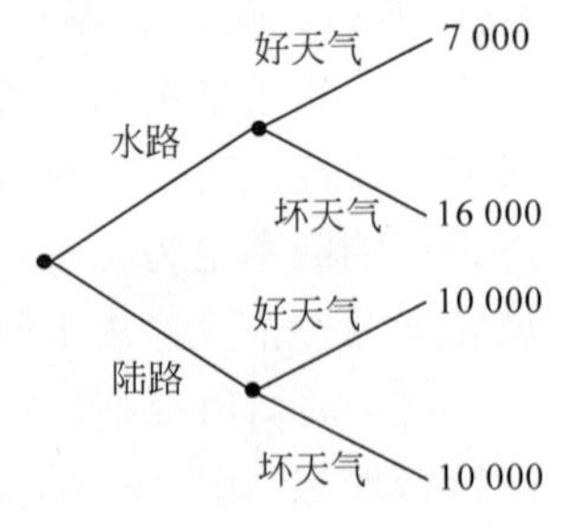

图 18-10 决策树

由于该问题本身带有外生的不确定因素，因此最终的结果不一定能预先确定。不过，希赛 IT 教育研发中心应该根据一般解决带概率分布、具有不确定性的问题时常用的数学期望值进行决策，而不是盲目碰运气或一味害怕、躲避风险。

根据本问题的决策树，走水路时，成本为 7000 元的概率为 75%，成本为 16 000 元的概率为 25%，因此走水路的期望成本为(7000×75%)+(16000×25%) = 9250 元。走陆路时，其成本确定为 10 000 元。因此，走水路的期望成本小于走陆路的成本，所以应该选择走水路。

18.3 例题分析

为了帮助考生进一步掌握应用数学方面的知识，本节分析 10 道典型的试题。

例题 1

在数据处理过程中，人们常用“四舍五入”法取得近似值。对于统计大量正数的平均值而言，从统计意义上说，“四舍五入”对于计算平均值____。

A．不会产生统计偏差　　B．产生略有偏高的统计偏差

C．产生略有偏低的统计偏差　　D．产生忽高忽低结果，不存在统计规律

例题 1 分析

从统计意义上说，正数的分布是随机的。而计算平均值而言，其最后的结果是“入”还是“舍”，也是随机的。就最后取舍的某一位而言，就是 0～9 之间的 10 位数字，对于 0、1、2、3、4 采取“舍”，对实际的数据影响是 0、-1、-2、-3、-4。对于 5、6、7、8、9 采取“入”，对实际的数据影响是+5、+4、+3、+2、+1。因为各位数字出现的情况是等概率的，因此“入”的影响要大于“舍”的影响，所以，对于计算正数平均值而言，会产生略有偏高的统计结果。

例题 1 答案

B

例题 2

图 18-11 标出了某地区的运输网。

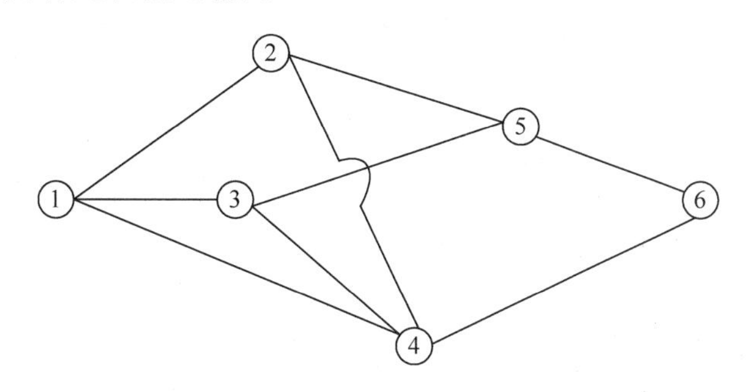

图 18-11　某地区的运输网

各结点之间的运输能力如表 18-6（单位：万吨/小时）。

表 18-6　运输能力

	①	②	③	④	⑤	⑥
①		6	10	10		
②	6				7	
③	10				14	
④	10	4	1			5
⑤		7	14			21
⑥				5	21	

从结点①到结点⑥的最大运输能力（流量）可以达到____万吨/小时。

A．26　　B．23　　C．22　　D．21

例题 2 分析

为了便于计算，我们把表中的数据标记到图上，形成图 18-12。

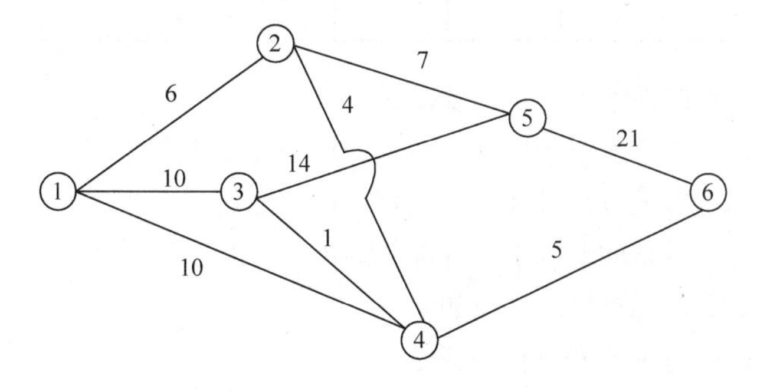

图 18-12　新的运输网

从图 18-12 可以看出，只能从结点④和⑤到达到结点⑥，其运输能力为 26。而只能从结点②和③到达结点⑤，且能满足最大运输量 21（14+7）。但是，到达结点③的最大数量为 11（10+1），因此，结点⑤的最终输出能力为 18，即从结点①到结点⑥的最大运输能力为 23。最终的运输方案如图 18-13 所示。

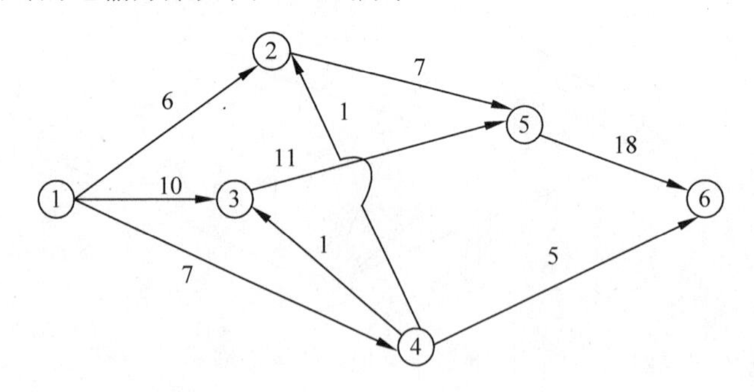

图 18-13 最终运输方案

例题 2 答案

B

例题 3

某学院 10 名博士生(B1～B10)选修 6 门课程（A～F）的情况如表 18-7 所示（用√表示选修）。

表 18-7 课程选修表

	B1	B2	B3	B4	B5	B6	B7	B8	B9	B10
A	√	√	√		√				√	√
B	√			√				√	√	
C		√			√	√	√			√
D	√				√			√		
E				√		√	√			
F			√	√			√		√	√

现需要安排这 6 门课程的考试，要求是：

（1）每天上、下午各安排一门课程考试，计划连续 3 天考完。

（2）每个博士生每天只能参加一门课程考试，在这 3 天内考完全部选修课。

（3）在遵循上述两条的基础上，各课程的考试时间应尽量按字母升序做先后顺序安排（字母升序意味着课程难度逐步增加）。

为此，各门课程考试的安排顺序应是____。

A．AE，BD，CF　　　　B．AC，BF，DE

C．AF，BC，DE　　　　D．AE，BC，DF

例题 3 分析

首先，我们直接从答案来考虑问题。可以根据试题的限制条件："每个博士生每天只能参加一门课程考试，在这 3 天内考完全部选修课"，来进行判断各选项是否满足。

如果按照 A 选项，第 2 天考 BD，则因为 B1 同时选修了这 2 门课程，将违反"每个博士生每天只能参加一门课程考试"的约束。

如果按照 B 选项，第 1 天考 AC，则因为 B2 同时选修了这 2 门课程，将违反"每个博士生每天只能参加一门课程考试"的约束。

如果按照 C 选项，第 1 天考 AF，则因为 B3 同时选修了这 2 门课程，将违反"每个博士生每天只能参加一门课程考试"的约束。

因此，只有选项 D 符合要求。

下面再介绍另外一种解法（图示法）。

将 6 门课程作为 6 个结点画出，如图 18-14 所示。

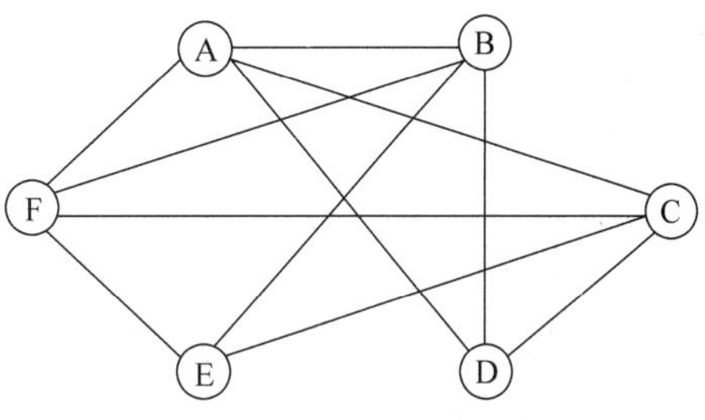

图 18-14　图示法

我们可以在两个课程结点之间画连线表示他们不可以在同一天安排考试，那么，每个博士生的各门选修课程之间都应画出连线。例如，B1 博士生选修了 A、B、D 三门课程，则 ABD 之间都应有连线，表示这三门课中的任何二门都不能安排在同一天。

从图 18-14 可以看出，能够安排在同一天考试的课程（结点之间没有连线）有 AE、BC、DE、DF。

因此，课程 A 必须与课程 E 安排在同一天。课程 B 必须与课程 C 安排在同一天，余下的课程 D 只能与课程 F 安排在同一天。

例题 3 答案

D

例题 4

A、B 两个独立的网站都主要靠广告收入来支撑发展，目前都采用较高的价格销售广告。这两个网站都想通过降价争夺更多的客户和更丰厚的利润。假设这两个网站在现有策略下各可以获得 1000 万元的利润。如果一方单独降价，就能扩大市场份额，可以获得 1500 万元利润，此时，另一方的市场份额就会缩小，利润将下降到 200 万元。

如果这两个网站同时降价，则他们都将只能得到 700 万元利润。这两个网站的主管各自经过独立的理性分析后决定，____。

A．A 采取高价策略，B 采取低价策略

B．A 采取高价策略，B 采取高价策略

C．A 采取低价策略，B 采取低价策略

D．A 采取低价策略，B 采取高价策略

例题 4 分析

这是一个简单的博弈问题，可以表示为图 18-15 所示的得益矩阵。

由图 18-15 可以看出，假设 B 网站采用高价策略，那么 A 网站采用高价策略得 1000 万元，采用低价策略得 1500 万元。因此，A 网站应该采用低价策略。如果 B 网站采用低价策略，那么 A 网站采用高价策略得 200 万元，采用低价策略得 700 万元，因此 A 网站也应该采用低价策略。采用同样的方法，也可分析 B 网站的情况，也就是说，不管 A 网站采取什么样的策略，B 网站都应该选择低价策略。因此，这个博弈的最终结果一定是两个网站都采用低价策略，各得到 700 万元的利润。

		A网站	
		高价	低价
B网站	高价	1000，1000	200，1500
	低价	1500，200	700，700

图 18-15　得益矩阵

这个博弈是一个非合作博弈问题，且两博弈方都肯定对方会按照个体行为理性原则决策，因此虽然双方采用低价策略的均衡对双方都不是理想的结果，但因为两博弈方都无法信任对方，都必须防备对方利用自己的信任（如果有的话）谋取利益，所以双方都会坚持采用低价，各自得到 700 万元的利润，各得 1000 万元利润的结果是无法实现的。即使两个网站都完全清楚上述利害关系，也无法改变这种结局。

例题 4 答案

C

例题 5

希赛公司项目经理向客户推荐了四种供应商选择方案。每个方案损益值已标在图 18-16 的决策树上。根据预期收益值，应选择设备供应商____。

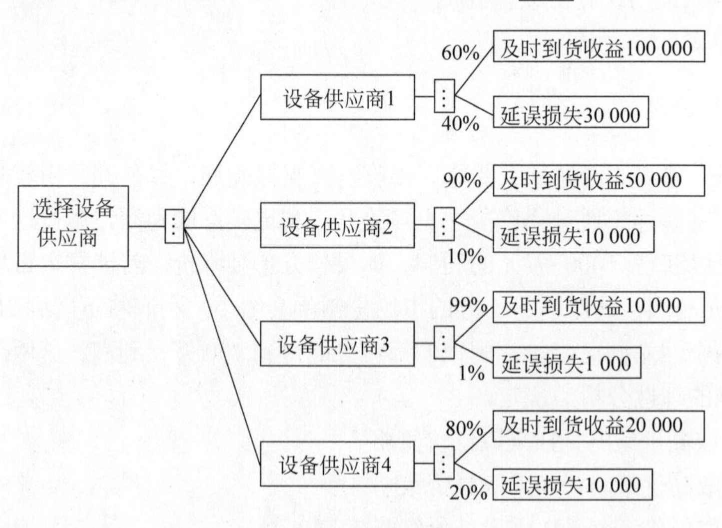

图 18-16　决策树

A．1　　B．2　　C．3　　D．4

例题 5 分析

本题考查决策树的使用，利用决策树来进行决策的方法属于风险型决策，我们只要直接计算出各分支的预期收益值，然后选择其中一个最大的值就可以了。

设备供应商 1 的预期收益值：100000×60%+(-30000)×40% = 60000-12000 = 48000。

设备供应商 2 的预期收益值：50000×90%+(-10000)×10% = 45000-1000 = 44000。

设备供应商 3 的预期收益值：10000×99%+(-1000)×1% = 9900-10 = 9890。

设备供应商 4 的预期收益值：20000×80%+(-10000)×20% = 16000-2000 = 14000。

设备供应商 1 的预期收益值最大，因此应该选择设备供应商 1。

例题 5 答案

A

第 19 章　专 业 英 语

考试大纲对专业英语没有明确的要求，只是规定“具有高级工程师所要求的英文阅读水平，掌握本领域的英语术语”。从相近级别（例如系统分析师）历年考试的试题来看，所考查的题目基本上是计算机专业术语的英文解释，也有个别试题考查 IT 新技术的概念和使用方法介绍。每次考试都有 5 分的英语试题（每空 1 分，共 5 空），试题中的语法结构及词汇量都略低于英语四级的要求，但考试中偏重考查计算机专业词汇。

19.1　题型举例

本节通过 5 个具体的例子，让读者了解系统架构设计师考试的专业英语试题的形式和难度。

例题 1

____ is the process of obtaining the stakeholders' formal acceptance of the completed project scope. Verifying the scope includes reviewing deliverables and work results to ensure that all were completed satisfactorily.

A．Project acceptance　　B．Scope verification

C．Scope definition　　D．WBS Creation

例题 1 分析

范围验证是指获取项目干系人对已完成的项目范围的正式认可的过程。验证范围包括评审可交付物和工作成果，以确保这些工作都已按照范围定义中的要求完成。

例题 1 答案

B

例题 2

The __(1)__ is a general description of the architecture of a workflow management system used by the WFMC, in which the main components and the associated interfaces are summarized. The workflow enactment service is the heart of a workflow system which consists of several __(2)__.

（1）A．waterfall model　　B．workflow reference model

C．evolutionary model　　D．spiral model

（2）A．workflow engines　　B．processes

C．workflow threads　　D．tasks

例题 2 分析

工作流参考模型是 WFMC 用来对工作流管理系统架构的通用描述，在这个模型中，对主要组件和相关接口进行了概括。工作流例行服务是工作流系统的核心，由几个工作流引擎组成。

例题 2 答案

（1）B　　（2）A

例题 3

Microsoft's COM is a software__（1）__that allows applications to be built from binary software components. COM is the underlying architecture that forms the foundation for higher-level software services, like those provided by OLE. COM defines a binary standard for function calling between components, a way for components to dynamically discover the interfaces implemented by other components, and a mechanism to identify components and their interfaces uniquely.

OLE is a compound__（2）__standard developed by Microsoft. OLE makes it possible to create__（3）__with one application and link or embed them in a second application. Embedded objects retain their original format and__（4）__to the application that created them. Support for OLE is built into the Windows and MacOS Operating Systems. A__（5）__compound document standard developed mainly by Apple and IBM is called OpenDoc.

（1）A．architecture　B．protocol　C．procedure　D．structure
（2）A．text　B．graphic　C．document　D．database
（3）A．table　B．event　C．objects　D．function
（4）A．characteristics　B．address　C．page　D．links
（5）A．completing　B．competing　C．connecting　D．contained

例题 3 分析

微软提出的 COM 是一种软件架构，它可以根据二进制软组件构成应用软件。COM 定义了组件之间进行功能调用的二进制标准，这是使得一个组件能够动态地发现其他组件实现的接口的一种方法，也是标识组件及其接口的特殊机制。

OLE 是由微软开发的组合文档标准。OLE 可以生成与一种应用有关的文档，并且把它链接或嵌入到另外一个应用中。被嵌入的对象保持了原来的格式，而且可以与生成它们的应用链接起来。对 OLE 的支持已经内置在 Windows 和 MacOS 操作系统中。主要由 Apple 和 IBM 开发的竞争性组合文档标准叫做 OpenDoc。

例题 3 答案

（1）A　　（2）C　　（3）C　　（4）D　　（5）B

例题 4

VRML is a__（1）__for 3D multimedia and shared virtual worlds on the WWW. In comparison to HTML, VRML adds the next level of interaction, structured graphics, and extra __(2)__(z and time) to the presentation of documents. The applications of VRML are__(3)__,ranging from simple business graphics to entertaining WWW page graphics, manufacturing, scientific, entertainment, and educational applications, and 3D shared virtual worlds and communities.

X3D is the name under which the development of VRML is continued. X3D is based on XML and is backwards__(4)__ with VRML. Furthermore, it is componentized, profiled, and extensible, which makes it possible to use X3D in very different__(5)__, from high-end visualizations to lightweight applications.

（1） A. link　B. format　C. structure　D. procedure

（2） A. subject　B. object　C. dimensions　D. disconnection

（3） A. broad　B. implicit　C. explicit　D. special

（4） A. inconsistent　B. independent　C. applicable　D. compatible

（5） A. scenarios　B. places　C. applications　D. programs

例题4分析

VRML是为3D多媒体和在WWW上共享虚拟现实定义的文档格式。与HTML相比，VRML增加了低一级的交互作用、结构化的图形和表现文档的附加的维元（z和时间）。VRML的应用是很广泛的，应用范围从简单的商业图形到娱乐性的WWW页面，从制造业、科学、娱乐和教育方面的应用，到三维共享虚拟现实和虚拟社区等。

VRML的继续发展就是X3D。X3D是基于XML的，是与VRML向后兼容的。而且它是组件化了的、形象化了的，是可扩展的，这使得X3D可以应用在完全不同的情景中，从高端的可视化应用到轻量级的应用都是X3D的领域。

例题4答案

（1）B　（2）C　（3）A　（4）D　（5）A

例题5

SOX is an alternative__(1)__for XML. It is useful for reading and creating XML content in a__(2)__editor. It is then easily transformed into proper XML. SOX was created because developers can spend a great deal of time with raw XML. For many of us, the popular XML__(3)__have not reached a point where their tree views, tables and forms can completely substitute for the underlying__(4)__language. This is not surprising when one considers that developers still use a text view, albeit enhanced, for editing other languages such as Java. SOX uses__(5)__ to represent the structure of an XML document, which eliminates the need for closing tags and a number of quoting devices. The result is surprisingly clear.

（1） A. semantic　B. pragmatics　C. syntax　D. grammar

（2） A. graphic　B. program　C. command　D. text

（3）A．texts　B．editors　C．creators　D．tags
（4）A．programming　B．command　C．markup　D. interactive
（5）A．indenting　B．structure　C．framework　D．bracket

例题 5 分析

SOX 是另外一种 XML 语法，可以用它在文本编辑中阅读和生成 XML 内容。它也很容易转换成适当的 XML 文档。SOX 的产生是由于开发人员在处理原始的 XML 文档时花费了大量的时间。对很多人来说，通常的 XML 编辑器还没有达到可以用树图、表格和窗体来完全代替基本标记语言的地步。这是很自然的，因为有些人认为开发人员还在使用文本界面来编辑其他语言，例如 Java。SOX 使用了锯齿状缩进的方式来表示 XML 文档的结构，这就不需要使用括号和引用设备编号了，其结果是显而易见的。

例题 5 答案

（1）C　（2）D　（3）B　（4）C　（5）A

19.2　架构设计术语英汉对照

为了便于读者记忆和理解，本节按照字典顺序给出常见的系统架构设计术语的英汉对照表和缩写，如表 19-1 所示。

表 19-1　架构设计术语英汉对照表

缩略词	英语术语	中文含义
ADT	Abstract Data Type	抽象数据类型
AP	AccessPoint	访问点
	action	动作
ARID	Active Reviews For Intermediate Design	中间设计的积极评审
	activity diagram	活动图
	actor	角色
	actvie media	活跃的调解者
	adapter	适配器
	aggregation	聚合
	algorihmic	算法
	alternative	多选一的
	application engineering	应用工程
	application framework cookbook recipes	应用程序框架“菜谱”
API	Application Programming Interface	应用编程接口
	application-specific	应用特定的
ADL	Architecture Description Language	架构描述语言
	architecture description specification	规格说明框架

续表

缩略词	英语术语	中文含义
AEM	Architecture Evolution Management	架构演化管理
	architecture pattern	架构模式
ATAM	Architecture Tradeoff Analysis Method	架构权衡分析方法
ABSD	Architecture-Based Software Design	基于架构的软件设计
AI	Artificial Intelligence	人工智能
	assemble	装配
	attribute	属性
	availability	可用性
	behavioral	行为性模式
	behavioral composition	行为合成
	behavioral elements	行为元素包
	binding	绑定
	binding template	绑定模版
B/S	Browser/Server	浏览器/服务器
	build-time	构造时
	business entity	业务实体
	business facade	业务面
	business layer	业务层
	business logic	业务逻辑
	business service	业务服务
	business unit	业务部门
	business-oriented	面向业务的
	candidate key	候选码
	capture	获取
CSS	Cascading Style Sheet	层叠样式表
	changeability	可变性
CHAM	CHemical Abstract Machine	化学抽象机
	class diagram	类图
	classify	分类
	client	客户端
C/S	Client/server	客户端/服务器
	coding	编码
	cohesion	内聚性
	collaboration diagram	协作图
COTS	commercial off-the-shell	商业构件
	common element	通用元素
	common mechanism	通用机制
CORBA	Common Object Request Broker Architecture	通用对象请求代理结构

续表

缩略词	英语术语	中文含义
	common type	通用类型
	compile-time	编译时
	complexity	复杂性
DSAM	Dynamic System Architecture Model	动态架构模型
	component	构件
CDG	Component Depenfency Graph	构件依赖图
	component diagram	构件图
CBSD	Component-Based Software Development	基于构件的软件开发
	composition	合成
	computation	计算
	computational component	计算构件
CASE	Computer Aided Software Engineering	计算机辅助软件工程
	concept model	概念模型
	concurrent	并发的
	configuration	配置
	connector	连接件
	consumer-oriented	面向消费者
	context	上下文环境
	core asset	核心资源
	cost	成本
	creational pattern	创建性模式
	data access layer	数据访问层
	data layer	数据层
	data structure	数据结构
DBMS	DataBase Management System	数据库管理系统
	decision	决策
	definition	定义
	deployment diagram	部署图
	design	设计
	design constraints	设计约束
	design pattern	设计模式
	development	开发
	development unit	开发部门
	development view	开发视图
	device-oriented	面向设备
	dictionary	字典
	direct	直接
	discovery	发现

续表

缩略词	英语术语	中文含义
DCOM	Distributed Component Object Model	分布式构件对象模型
	distributed system	分布式系统
DOM	Document Object Model	文档对象模型
DTD	Document Type Definition	文档类型定义
	domain	领域
	domain engineering	领域工程
	domain model	领域模型
	domain modeling	领域建模
	domain requirement	领域需求
DSSA	Domain Specific Software Architecture	特定领域软件架构
	downsizing	向下规模化
DII	Dynamic Invocation Interface	动态调用接口
DLL	Dynamic Link Library	动态链接库
	dynamic software architecture	动态软件架构
	element	元素
	encapsulation	封装
	encoding rules	编码规则
EAI	Enterprise Application Integrity	企业应用集成
EJB	Enterprise Java Bean	企业 Java 豆
ERP	Enterprise Resource Plan	企业资源计划
	digital envelope	数字信封
	envelopment	封闭性
	environment	环境
XML	eXtensible Markup Language	可扩展标记语言
	Ethernet	以太网
OOP	Object-Oriented Programming	面向对象的程序设计
	evaluation	评估
	event broadcast	事件广播
	evolution	演化
	executive	决策者
	expansibility	可扩充性
	experimental prototype	实验原型
	extendibility	可扩展性
XLL	eXtensible Link Language	可扩展连接语言
XSL	eXtensible Stylesheet Language	可扩展样式语言
	faceted classification	刻面分类法
	faceted descriptor	刻面描述符
	family	族

续表

缩略词	英语术语	中文含义
	fat client	胖客户端
	fault	失效
	feature model	特征模型
FOPL	First Order Predicate Logic	一阶谓词逻辑
	flexibility	适应性
	force	强制条件
	form	形式
	formal contracts	形式和约
	formalization	形式化
	foundation	基础包
	framework	框架
	full text search	全文搜索
	function	功能
	functionality	功能性
	general mechanisms	一般机制
	generalization	泛化
	glue code	胶水代码
	granularity	粒度
GUI	Graphic User Interface	图形用户界面
	grid computing	网格计算
	hierarchical domain engineering	层次领域工程
	hierarchy	层次性
HMB	Hierarchy Message Bus	层次消息总线
	hook	钩子
	host redirector	主机重定向
	hotspot	热点
	hypertext classification	超文本分类
HTML	HyperText Markup Language	超文本标记语言
HTTP	HyperTextTransfer Protocol	超文本传输协议
	identify	识别
	idiomatic paradigm	惯用模式
	implementation	实现
	import	导入
	increment	增量
	independence	独立的
	indirect	间接
	inheritance	继承
	initial marking	初始标识

续表

缩略词	英语术语	中文含义
	initial prototype	初始原型
	input	输入
IEEE	Institute of Electrical and Electronics Engineers	国际电气和电子工程师协会
	integrability	可集成性
	integration	集成
	interaction	交互
	interface	界面，接口
IDL	Interface Definition Language	接口定义语言
IDLs	Interface Description Languages	界面描述语言
IR	Interface Repository	接口池
	Internet	因特网
	interoperation	互操作性
	Intranet	企业内部网
	invocation	调用
	item	条目
	iteration	迭代
	iterative	反复的
KWIC	Key Word In Context	重组关键词
	keyword classification	关键字分类法
	legacy asset	遗留资源
	legacy engineering	遗留工程
	legacy system	遗留系统
	life cycle	生命周期
	link	链接
	list of updata objects	更新对象列表
	listener	监听者
	logic viev	逻辑视图
	maintainability	可维护性
	maintenance	维护
MIS	Management Information System	管理信息系统
	map	映射
MTBF	Mean Time Between Failure	平均失效间隔时间
MTTF	Mean Time To Failure	平均失效等待时间
	message	消息
MEP	Message Exchange Pattern	信息交换模式
	meta model	元模型
	meta-meta model	元-元模型
	method	方法

续表

缩略词	英语术语	中文含义
	method signature	方法签名
	micro-method	微方法
	middleware	中间件
	model	模型
MVC	Model-View-Controller	模型-视图-控制器
	modifiability	可修改性
	module	模块
MIL	Module Interconnection Language	模块内连接语言
	module view	模块视图
	multiplicity	多重性
	namespace	名字空间表
	namespace cache	名字空间缓冲
	notification	通知
OA	Object Adapter	对象适配器
OCL	Object ConstraintLanguage	对象约束语言
	object diagram	对象图
OMG	Object Management Group	对象管理集团
	object model	对象模型
OMT	Object Modeling Technology	对象模型技术
	object otientation	对象
ORB	Object Request Broker	对象请求代理
OOA	Object-Oriented Analyzing	面向对象分析
	object-oriented database	对象数据库
OOD	Object-Oriented Design	面向对象设计
	object-oriented framework	面向对象领域中的框架
	one-way	单向
OLAP	OnLine Analyze Processing	联机分析处理
OLTP	OnLine Transction Processing	在线事务处理
	operation	操作
	optional	可选的
	ordered	有序的
	organization	组织
	orthogonal	正交
	ouput	输出
	overloading	重载
	package	包
	partial order	偏序
	pattern catalog	模式目录

续表

缩略词	英语术语	中文含义
	pattern system	模式系统
	performance	性能
	perspective	视角
	physical view	物理视图
	pipe	管道
	pipe-filter	管道-过滤器
	place	位置
	platform	平台
	plug and play	即插即用
	polymorphism	多态
	port	端口
	primary key	主码
	private	私有的
	privilege	权限
	problem domain	问题领域
	procedure call	过程调用
PML	Process Modeling Language	过程建模语言
	process view	进程视图
	productivity	生产率
	projections	突出部分
	protability	可移植性
	protected	受保护的
PCL	Proteus Configuration Language	多变配置语言
	protocol	协议
	prototype	原型
	proxy	代理
	public	公有的
RUP	Rational United Process	Rational 统一过程
	reassemble	重组
	recovery	恢复
	recursive	递归的
	reengineering	再工程
	reliability	可靠性
RPC	Remote Procedure Call	远程过程调用
	repository	仓库
	represent	表示
	representation	表述
	requese-response	请求响应

续表

缩略词	英语术语	中文含义
	Requirement	需求
RDF	Resource Description Framework	资源描述框架
	response	响应
	reuse	重用
	revolutionary	革命方式
	role	角色
	scenario	场景
	schema	模式
	security	安全性
	semantic	语义
	sensitivity point	敏感点
	sequence diagram	顺序图
	service composition	服务组合
	service granularity	服务粒度
SOAD	Service-Oriented Analysis and Design	面向服务的分析与设计
SOA	Service-Oriented Archtecture	面向服务的架构
	services bus	服务总线
SAX	Simple API for XML	简单应用程序接口
SMTP	Simple Mail Transport Protocol	简单邮件传输协议
SOAP	Simple Object Access Protocol	简单对象访问协议
	skeleton	骨架
SA	software architecture	软件架构
SAAM	Software Architecture Analysis Method	软件架构分析方法
SAA	Software Architecture Assistant	软件架构助理
	software architecture enactment	软件架构的实施
	software architecture evolution and extension	软件架构的演化和扩展
SASIS	Software Architecture for SIS	互联系统构成的系统的软件架构
	software architecture informal description	软件架构的非形式化描述
	software architecture specification and analysis	软件架构的规范描述和分析
	software architecture termination	软件架构的终结
	software componment	软构件
	software crisis	软件危机
	software engineering	软件工程
	software process	软件过程
	software product line	软件产品线
	stability	稳定性
	stakeholders	风险承担者，项目干系人
SGML	Standard Generalized Markup Language	标准通用标记语言

续表

缩略词	英语术语	中文含义
	state diagram	状态图
	stereotype	实体类型
	stimuli	刺激
	strategy	策略
	structural	结构性模式
SQL	Structured Query Language	结构化语言查询
	stump	客户桩
	style	风格
	subordinate system	从属系统
	superordinate system	上级系统
	suspend	挂起
	syntax	语法
SIS	System of Interconnected Systems	互联系统构成的系统
	system-oriented	面向系统
	term	项
	thin server	瘦服务器
	thread	线程
	token	标记
	Token Ring	令牌环
	topology	拓扑
	tradeoff	权衡
	trandition	变迁
	transition	转移
	tri-lifecycle	三生命周期
UML	Unified Modeling Language	统一建模语言
UM	United Method	统一方法
UDDI	Universal Description,Discovery and Integration	统一描述，发现和集成协议
URI	Universal Resource Identifier	统一资源标识符
	updata constraints	更新限制
	updata function	更新函数
	updata methdod	对象更新方法
	updata type	更新类型
	use case model	用例模型
	use-case diagram	用例图
	user object	用户对象
	user-dirven	用户驱动
	variabilities	个性
	viewpoint	视点

续表

缩略词	英语术语	中文含义
	Views	视图
	vocabulary	词汇
	Web services	Web 服务
WSDL	Web Services Description Language	Web 服务描述语言
	workflow	工作流
	wrapper	包装器

第 20 章　案例分析试题解答方法

根据考试大纲，系统架构设计师考试中的案例分析试题涉及以下内容：

（1）系统规划：包括系统项目的提出与可行性分析、系统方案的制定/评价和改进、新旧系统的分析和比较、现有软件硬件和数据资源的有效利用。

（2）软件架构设计：包括软件架构设计、XML 技术、基于架构的软件开发过程、软件质量属性、架构模型（风格）、特定领域软件架构、基于架构的软件开发方法、架构评估、软件产品线、系统演化。

（3）设计模式：包括设计模式的概念、设计模式的组成、模式和软件架构、设计模式分类、设计模式的实现。

（4）系统设计：包括处理流程设计、人机界面设计、文件设计、存储设计、数据库设计、网络应用系统的设计、系统运行环境的集成与设计、中间件、应用服务器、性能设计与性能评估、系统转换计划。

（5）软件系统建模：包括系统需求、建模的作用和意义、定义问题（目标、功能、性能等）与归结模型（静态结构模型、动态行为模型、物理模型）、结构化系统建模、数据流图、面向对象系统建模、UML、数据库建模、E-R 图、逆向工程。

（6）分布式系统设计：包括分布式通信协议的设计、基于对象的分布式系统设计、基于 Web 的分布式系统设计、基于消息和协同的分布式系统设计、异构分布式系统的互操作性设计。

（7）嵌入式系统设计：包括实时系统和嵌入式系统特征、实时任务调度和多任务设计、中断处理和异常处理、嵌入式系统开发设计。

（8）系统的可靠性分析与设计：包括系统的故障模型和可靠性模型、系统的可靠性分析和可靠度计算、提高系统可靠性的措施、系统的故障对策和系统的备份与恢复。

（9）系统的安全性和保密性设计：包括系统的访问控制技术、数据的完整性、数据与文件的加密、通信的安全性、系统的安全性设计。

有关这些知识点的内容，已经在前面的章节中进行了详细讨论，本章不再重复。本章首先介绍试题的解答方法，然后再通过一些实例，帮助考生了解试题的题型和解答方法。

20.1　试题解答方法

对很多考生而言，案例分析试题比较难，这种“难”主要体现在以下几个方面：

（1）需要在 90 分钟的时间内解答 3 道案例分析试题，需要找出案例描述中的存在问题，并给出解决方案。

（2）要针对案例分析试题的 2～4 个问题，在规定的字数范围内给出答案。

（3）从考试大纲的规定来看，似乎“无所不含”，考查内容十分广泛。

（4）案例分析试题往往紧跟技术发展趋势，考查技术前沿性的试题。

（5）案例分析试题的案例描述中，会给出一些与解答试题有关的信息，也会给出一些干扰性的信息，考查考生“舍弃”的能力。

20.1.1　试题解答步骤

根据考试大纲，系统架构设计案例分析试题对考生的基本要求主要反映在以下几个方面：

（1）需要具有一定的系统架构设计实践经验，有较好的分析问题和解决问题的能力。

（2）对于有关系统架构设计方面，有广博而坚实的知识或见解。

（3）对应用的背景、事实和因果关系等有较强的理解能力和归纳能力。

（4）对于一些可以简单定量分析的问题已有类似经验并能进行估算，对于只能定性分析的问题能用简练的语言抓住要点加以表达。

（5）善于从一段书面叙述中提取出最必要的信息，有时还需要舍弃一些无用的叙述或似是而非的内容。

因此，考生应当加强上述要求的训练。

案例分析试题的考试时间为 90 分钟，也就是说，考生需要在 90 分钟时间内解答 3 道案例分析试题。那么，应该如何来解答试题呢？根据希赛 IT 教育研发中心老师和学员的的经验，正确的解答试题的途径如下：

（1）标出试题中要回答的问题要点，以此作为主要线索进行分析和思考。

（2）对照问题要点仔细阅读正文。阅读时，或者可以列出只有几个字的最简要的提纲，或者可在正文上作出针对要回答问题的记号。

（3）通过定性分析或者定量估算，构思答案的要点。

（4）以最简练的语言写出答案。注意不要超过规定字数，语言要尽量精简，不要使用修饰性的空洞词汇，也不要写与问题无关的语句，以免浪费时间。

20.1.2　题型分类解析

系统架构设计案例分析试题大致可以划分为 6 大类：

（1）综合知识类。大家知道，系统架构设计师必须具有广泛的知识积累和工作经验。系统架构设计案例中有不少题目就是直接考查某方面的知识或经验的。这种题目，全在于平时积累和见多识广，基本上无技巧可言，知道就很简单，不知道急也急不来。考生唯一能做的是（如果有选择余地的话），回避那些自己没有涉猎过的知识领域的题目。

（2）比较分析类。有比较才有鉴别，不同的设计方案经过比较才能分出优劣来，一个好的设计方案往往是多种设计方案的折中。比较分析法是系统架构设计中不可或缺的方法。系统架构设计案例分析考试试题中这类试题所占的比例非常大。

（3）学习应用类。温故而知新，人们在学习新知识时总是以已经掌握的知识为基础，由彼推此，了解差异是我们自然而然就会运用的学习方法。我们学会了面向对象的架构设计，再学习面向服务的架构时就会不自觉地比较二者的异同。各大巨头争霸的今天，由于竞争的需要，各种设计理论和工具、应用平台层出不穷，让我们应接不暇，要在IT行业站稳脚跟，更需要较强的学习和应用能力。跟上形势的最好办法是比较异同，快速学习、跟进并投入应用。这一类题目和比较分析类试题非常相似，不同的是，问题的焦点集中在对学习效果的考查上，要求考生通过学习，基本掌握新的理论或方法。

（4）情景推断类。这类题目要求考生将题目描述的情景和自己的实际设计经验结合起来，来推测题目描述的情景下某一功能模块或某一部分的详细功能。应付这类题目，既要细心归纳题目所描述的情景本身的特点以及题目中透露出的各种信息，又要根据自己以前类似的项目开发经验来补充一些题目中并没透露，但常理中不可缺少的部分功能。实际上，在需求调研中经常使用这种方法，这类题目同时考查了考生架构设计经验、考虑问题的全面性以及归纳需求的能力。

（5）因果分析类。系统架构设计师经常遇到的问题是对一个系统出现的复杂问题（或疑难症状）进行分析，找出问题的真正原因，或对某一设计方案存在的潜在风险进行分析。前者是针对某一症状分析问题出现的原因，后者是根据现有状况分析可能会出现问题。解决问题或风险分析的能力是突击不来的，一定源于见多识广。丰富的经历在关键时候自然可以派上用场，经历不够的多看看别人的体会也会大有裨益。

（6）归纳抽象类。把现实的、自然语言描述的用户需求抽象为一种数学模型，需要很深的功底。把纷纭复杂的需求进行合理的归纳和分类也是一种功夫。系统架构设计师考试题目中也不乏这样的试题，这种题目需要较高的抽象思维能力和理解能力，也就是数学建模的能力。回答这类问题的关键是，要将抽象的理论实例化，和考生做过的一些项目结合起来。

20.2 试题解答实例

为了帮助考生了解案例分析试题的题型，以及解答试题的方法，本节给出6道典型的案例分析试题的解答实例。

20.2.1　软件架构设计

阅读以下软件架构设计的问题，在答题纸上回答问题 1 和问题 2。

某软件开发公司欲为某电子商务企业开发一个在线交易平台，支持客户完成网上购物活动中的在线交易。在系统开发之初，企业对该平台提出了如下要求。

（1）在线交易平台必须在 1 秒内完成客户的交易请求。

（2）该平台必须保证客户个人信息和交易信息的安全。

（3）当发生故障时，该平台的平均故障恢复时间必须小于 10 秒。

（4）由于企业业务发展较快，需要经常为该平台添加新功能或进行硬件升级。添加新功能或进行硬件升级必须在 6 小时内完成。

针对这些要求，该软件开发公司决定采用基于架构的软件开发方法，以架构为核心进行在线交易平台的设计与实现。

【问题 1】

软件质量属性是影响软件架构设计的重要因素。请用 200 字以内的文字列举 6 种不同的软件质量属性名称，并解释其含义。

【问题 2】

请对该在线交易平台的 4 个要求进行分析，用 300 字以内的文字指出每个要求对应何种软件质量属性；并针对每种软件质量属性，各给出两种实现该质量属性的架构设计策略。

例题分析

这是一道软件质量特性的试题，软件质量特性是软件架构以及软件架构设计师的一个重要关注点。因为如果在软件架构的设计阶段不考虑软件质量特性，则产生的软件质量隐患是在后期的设计与开发中无法弥补的。

软件质量特性主要包括以下几个方面。

① 功能性：系统所能完成期望工作的能力。

② 性能：系统的响应能力，即要经过多长时间才能对某个事件做出响应，或者在某段时间内系统所能处理事件的个数。

③ 可用性：系统能够正常运行的时间比例。

④ 可靠性：软件系统在应用或错误面前，在意外或错误使用的情况下维持软件系统功能特性的基本能力。

⑤ 健壮性：在处理或环境中，系统能够承受压力或变更的能力。

⑥ 安全性：系统在向合法用户提供服务的同时，能够阻止非授权用户使用的企图或拒绝服务的能力。

⑦ 可修改性：能够快速地以较高的性能价格比对系统进行变更的能力。

⑧ 可变性：体系结构经扩充或变更成为新体系结构的能力。

⑨ 易用性：衡量用户使用一个软件产品完成指定任务的难易程度。

⑩ 可测试性：软件发现故障并隔离、定位其故障的能力特性，以及在一定的时间和成本前提下，进行测试设计、测试执行的能力。

⑪ 互操作性：系统与外界或系统与系统之间的相互作用能力。

问题 1 是纯概念题，从以上的属性中任选 6 个作答即可。

问题 2 难度稍大，需要结合题目给出的案例，来分析系统有哪些质量属性的需求，同时需要给出实现该质量属性的策略。下面逐一分析题目给出的场景。

（1）在线交易平台必须在 1 秒内完成客户的交易请求。该要求主要对应性能，可以采用的架构设计策略有增加计算资源、改善资源需求（减少计算复杂度等）、资源管理（并发、数据复制等）和资源调度（先进先出队列、优先级队列等）。

（2）该平台必须严格保证客户个人信息和交易信息的保密性和安全性。该要求主要对应安全性，可以采用的架构设计策略有抵御攻击（授权、认证和限制访问等）、攻击检测（入侵检测等）、从攻击中恢复（部分可用性策略）和信息审计等。

（3）当发生故障时，该平台的平均故障恢复时间必须小于 10 秒。该要求主要对应可用性，可以采用的架构设计策略有 Ping/Echo、心跳、异常和主动冗余等。

（4）由于企业业务发展较快，需要经常为该平台添加新功能或进行硬件升级。添加新功能或进行平台升级必须在 6 小时内完成。该要求主要对应可修改性，可以采用的架构设计策略有软件模块泛化、限制模块之间通信、使用中介和延迟绑定等。

例题答案

【问题 1】

常见的软件质量属性有多种，例如性能（Performance）、可用性（Availability）、可靠性（Reliability）、健壮性（Robustness）、安全性（Security）、可修改性（Modification）、可变性（Changeability）、易用性（Usability）、可测试性（Testability）、功能性（Functionality）和互操作性（Inter-operation）等。

这些质量属性的具体含义如下。

① 性能是指系统的响应能力，即要经过多长时间才能对某个事件做出响应，或者在某段时间内系统所能处理事件的个数。

② 可用性是系统能够正常运行的时间比例。

③ 可靠性是指软件系统在应用或错误面前，在意外或错误使用的情况下维持软件系统功能特性的基本能力。

④ 健壮性是指在处理或环境中，系统能够承受压力或变更的能力。

⑤ 安全性是指系统在向合法用户提供服务的同时能够阻止非授权用户使用的企图或拒绝服务的能力。

⑥ 可修改性是指能够快速地以较高的性能价格比对系统进行变更的能力。

⑦ 可变性是指体系结构经扩充或变更成为新体系结构的能力。

⑧ 易用性是衡量用户使用一个软件产品完成指定任务的难易程度。

⑨ 可测试性是指软件发现故障并隔离、定位其故障的能力特性，以及在一定的时间和成本前提下，进行测试设计、测试执行的能力。

⑩ 功能性是系统所能完成所期望工作的能力。

⑪ 互操作性是指系统与外界或系统与系统之间的相互作用能力。

【问题 2】

（1）在线交易平台必须在 1 秒内完成客户的交易请求。该要求主要对应性能，可以采用的架构设计策略有增加计算资源、改善资源需求（减少计算复杂度等）、资源管理（并发、数据复制等）和资源调度（先进先出队列、优先级队列等）。

（2）该平台必须严格保证客户个人信息和交易信息的保密性和安全性。该要求主要对应安全性，可以采用的架构设计策略有抵御攻击（授权、认证和限制访问等）、攻击检测（入侵检测等）、从攻击中恢复（部分可用性策略）和信息审计等。

（3）当发生故障时，该平台的平均故障恢复时间必须小于 10 秒。该要求主要对应可用性，可以采用的架构设计策略有 Ping/Echo、心跳、异常和主动冗余等。

（4）由于企业业务发展较快，需要经常为该平台添加新功能或进行硬件升级。添加新功能或进行平台升级必须在 6 小时内完成。该要求主要对应可修改性，可以采用的架构设计策略有软件模块泛化、限制模块之间通信、使用中介和延迟绑定等。

20.2.2　嵌入式系统设计

请详细阅读有关嵌入式软件架构设计方面的描述，回答问题 1 和问题 2。

在嵌入式系统中，软件采用开放式架构已成为新的发展趋势。软件架构设计的优劣将直接影响软件的重用和移植能力。

某软件公司主要从事宇航领域的嵌入式软件研发工作。经二十多年的发展，其软件产品已被广泛应用于各种航天飞行器中。该公司积累了众多成熟软件，但由于当初没有充分考虑软件的架构，原有软件无法被再利用，为适应嵌入式软件技术发展需要，该公司决策层决定成立宇航嵌入式软件开放式架构研究小组，为公司完成开放式架构的定义与设计，确保公司软件资源能得到充分利用。

研究小组查阅了大量的国外资料和标准，最终将研究重点集中在了 SAE AS4893《通用开放式架构（GOA）框架》标准，图 20-1 给出了 GOA 定义的架构图。

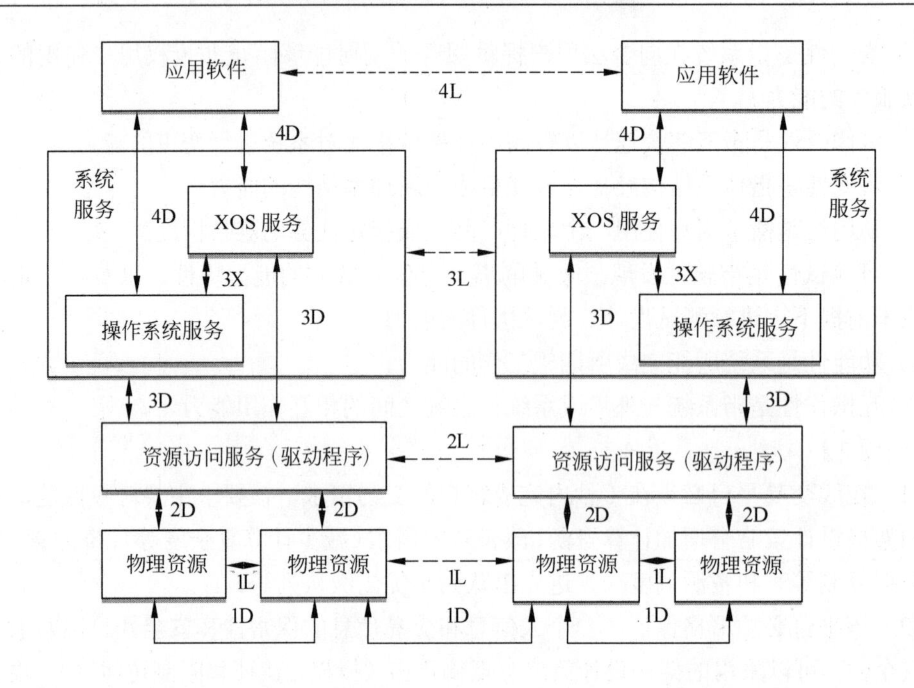

图 20-1 GOA 开放式架构

【问题 1】

请用 300 字以内的文字简要说明开放式架构的 4 个基本特点。

【问题 2】

如图 20-1 所示，GOA 框架规定了软件、硬件和接口的结构，以在不同应用领域中实现系统功能。GOA 框架规定了一组接口，其重要特点是建立了关键组件及组件间接口关系，这些接口的确定可用于支持软件的可移植性和可升级性，以满足功能的增加和技术的更新要求。除操作系统服务与扩展操作系统之间的接口（3X）外，GOA 将其他接口分为两类：即直接接口（*iD*（*i*=1，2，3，…））和逻辑接口（*iL*（*i*=1，2，3，…）），直接接口定义了信息传输方式；逻辑接口定义了对等数据交换的要求，逻辑接口没有定义真正的信息传输方式，其传输发生在一个或多个直接接口。根据图 13-22 所标注的接口在框架中的具体位置，请填写表 20-1 的（1）～（8）处空白。

表 20-1 GOA 中的接口与功能

序 号	接口功能描述	接 口 名 称
范例	实现处理机之间有效通信的方式，操作系统服务和操作系统扩展服务之间的接口	3X
1	（1）	4D

续表

序　号	接口功能描述	接 口 名 称
2	一组对等的物理资源之间数据交换接口/协议的要求组成的接口，它能实现通信链路物理资源访问（物理资源逻辑接口）	（2）
3	一组软件（操作系统）访问硬件资源的服务接口。该组接口为软件与硬件资源之间定义了一个边界（系统服务到资源访问直接接口）	（3）
4	提供在任何处理机中应用软件与其他应用软件之间的接口，也包括不同系统间的应用软件之间的接口（应用逻辑接口）	（4）
5	（5）略	1D
6	（6）略	3L
7	根据对等信息/数据交换要求。在同一处理机或不同处理机间，资源访问服务之间的对等操作服务的接口（资源访问服务逻辑接口）	（7）
8	由服务于硬件指令机制和寄存器使用的资源访问服务组成的接口（资源服务到物理资源直接接口）	（8）

例题分析

本题主要考查嵌入式软件开放式架构的理解与掌握。

【问题 1】

本问题主要考查开放架构的基本特点。开放架构于 20 世纪 80 年代初提出，与开放系统概念的提出和实现密切相关。它的发展是为了适应更大规模地推广计算机的应用和计算机网络化的需求，现仍处于继续发展和完善之中。开放架构具有应用系统的可移植性和可剪裁性、网络上各结点机间的互操作性和易于从多方获得软件的体系结构。

开放架构有 4 个基本特点：

① 可移植性。各种计算机应用系统可在具有开放架构特性的各种计算机系统间进行移植，不论这些计算机是否同种型号、同种机型。

② 可互操作性。如计算机网络中的各结点机都具有开放架构的特性，则该网上各结点机间可相互操作和资源共享。

③ 可剪裁性。如某个计算机系统是具有开放架构特性的，则在该系统的低档机上运行的应用系统应能在高档机上运行，原在高档机上运行的应用系统经剪裁后也可在低档机上运行。

④ 易获得性。在具有开放架构特性的机器上所运行的软件环境易于从多方获得，不受某个来源所控制。

【问题 2】

本问题主要考查 SAE AS4893《通用开放式架构（GOA）框架》标准的理解与掌握。考生需要在对题干描述以及示意图进行认真解读的基础上填写空白。

根据题干描述，GOA 框架规定了软件、硬件和接口的结构，以在不同应用领域中实现系统功能。GOA框架规定了一组接口，其重要特点是建立了关键组件及组件间接口关系，这些接口的确定可用于支持软件的可移植性和可升级性，以满足功能的增加和技术的更新要求。除操作系统服务与扩展操作系统之间的接口（3X）外，GOA 将其他接口分为两类：即直接接口（*iD*（*i*=1，2，3，…））和逻辑接口（*iL*（*i*=1，2，3，…）），直接接口定义了信息传输方式；逻辑接口定义了对等数据交换的要求，逻辑接口没有定义真正的信息传输方式，其传输发生在一个或多个直接接口。

根据上述提示，可以看出：

4D 的功能是为任何处理机中的服务功能提供各应用软件互操作服务的接口（应用到系统服务的直接接口）。

1L 的功能是一组对等的物理资源之间数据交换接口/协议的要求组成的接口，它能实现通信链路物理资源访问（物理资源逻辑接口）。

3D 的功能是一组软件（操作系统）访问硬件资源的服务接口。该组接口为软件与硬件资源之间定义了一个边界（系统服务到资源访问直接接口）。

4L 的功能是提供在任何处理机中应用软件与其他应用软件之间的接口。也包括不同系统间的应用软件之间的接口（应用逻辑接口）。

3L 的功能是在同一个或不同的处理机之间，为处理机中的系统服务提供逻辑服务和远程服务的接口（系统服务逻辑接口）。

2L 的功能是根据对等信息/数据交换要求。在同一处理机或不同处理机间，资源访问服务之间的对等操作服务的接口（资源访问服务逻辑接口）。

2D 的功能是：由服务于硬件指令机制和寄存器使用的资源访问服务组成的接口（资源服务到物理资源直接接口）。

例题答案

【问题1】

开放架构应具有以下4个基本特点：

① 可移植性。各种计算机应用系统可在具有开放架构特性的各种计算机系统间进行移植，不论这些计算机是否同种型号、同种机型。

② 可互操作性。如计算机网络中的各结点机都具有开放架构的特性，则该网上各结点机间可相互操作和资源共享。

③ 可剪裁性。如某个计算机系统是具有开放架构特性的，则在该系统的低档机上运行的应用系统应能在高档机上运行，原在高档机上运行的应用系统经剪裁后也可在低档机上运行。

④ 易获得性。在具有开放架构特性的机器上所运行的软件环境易于从多方获得，不受某个来源所控制。

【问题 2】

表 20-2　GOA 中的接口与功能

序　号	接口功能描述	接口名称
范例	实现处理机之间有效通信的方式，支持提供操作系统服务和操作系统扩展服务之间的接口	3X
1	（1）为任何处理机中的服务功能提供各应用软件互操作服务的接口（应用到系统服务的直接接口）	4D
2	一组对等的物理资源之间数据交换接口/协议的要求组成的接口，它能实现通信链路物理资源访问（物理资源逻辑接口）	（2）1L
3	一组软件（操作系统）访问硬件资源的服务接口。该组接口为软件与硬件资源之间定义了一个边界（系统服务到资源访问直接接口）	（3）3D
4	提供在任何处理机中应用软件与其他应用软件之间的接口，也包括不同系统间的应用软件之间的接口（应用逻辑接口）	（4）4L
5	（5）物理资源与物理资源之间以及物理资源与外部环境之间的接口（物理资源到物理资源直接接口）	1D
6	（6）在同一个或不同的处理机之间，为处理机中的系统服务提供逻辑服务和远程服务的接口（系统服务逻辑接口）	3L
7	根据对等信息/数据交换要求。在同一处理机或不同处理机间，资源访问服务之间的对等操作服务的接口（资源访问服务逻辑接口）	（7）2L
8	由服务于硬件指令机制和寄存器使用的资源访问服务组成的接口（资源服务到物理资源直接接口）	（8）2D

20.2.3　系统架构的选择

阅读以下关于软件系统架构选择的说明，在答题纸上回答问题 1 至问题 3。

希赛公司欲针对 Linux 操作系统开发一个 KWIC（Key Word in Context）检索系统。该系统接收用户输入的查询关键字，依据字母顺序给出相关帮助文档并根据帮助内容进行循环滚动阅读。在对 KWIC 系统进行需求分析时，公司的业务专家发现用户后续还有可能采用其他方式展示帮助内容。根据目前需求，公司的技术人员决定通过重复剪切帮助文档中的第一个单词并将其插入到行尾的方式实现帮助文档内容的循环滚动，后续还将采用其他的方法实现这一功能。

在对 KWIC 系统的架构进行设计时，公司的架构师王工提出采用共享数据的主程序-子程序的架构风格，而李工则主张采用管道-过滤器的架构风格。在架构评估会议上，大家从系统的算法变更、功能变更、数据表示变更和性能等方面对这两种方案进行评价，最终采用了李工的方案。

【问题 1】

在实际的软件项目开发中，采用恰当的架构风格是项目成功的保证。请用 200 字以内的文字说明什么是软件架构风格，并对主程序-子程序和管道-过滤器这两种架构风格的特点进行描述。

【问题 2】

请完成表 20-3 中的空白部分（用+表示优、－表示差），对王工和李工提出的架构风格进行评价，并指出采用李工方案的原因。

表 20-3　王工与李工的架构风格评价

评价要素 \ 架构风格	共享数据的主程序-子程序	管道-过滤器
算法变更	－	（1）
功能变更	（2）	+
数据表示变更	（3）	（4）
性能	（5）	（6）

【问题 3】

图 20-2 是李工给出的架构设计示意图，请将恰当的功能描述填入图中的（1）～（4）。

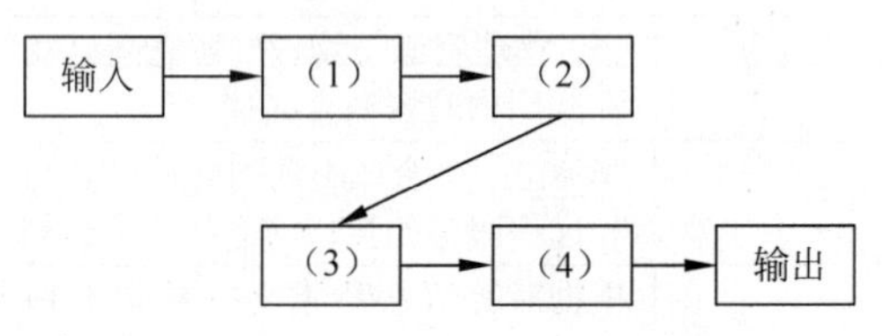

图 20-2　李工给出的架构示意图

例题分析

本题是一道架构设计方面的试题，考查的内容是常见架构风格的选用。这就涉及不同架构风格的优势、劣势、应用场合的比较分析。

软件架构风格是描述某一特定应用领域中系统组织方式的惯用模式（idiomatic paradigm）。架构风格定义了一个系统“家族”，即一个架构定义、一个词汇表和一组约束。词汇表中包含一些构件和连接件类型，而约束指出系统是如何将这些构件和连接件组合起来的。架构风格反映了领域中众多系统所共有的结构和语义特性，并指导如何将各个构件有效地组织成一个完整的系统。

Garlan 和 Shaw 对通用软件架构风格进行了分类，他们将软件架构分为数据流风格、调用/返回风格、独立构件风格、虚拟机风格和仓库风格。题目中的主程序-子程序架构风格属于调用/返回风格，管道-过滤器架构风格属于数据流风格。

主程序/子程序。单线程控制，把问题划分为若干个处理步骤，构件即为主程序和子程序，子程序通常可合成为模块。过程调用作为交互机制，即充当连接件的角色。调用关系具有层次性，其语义逻辑表现为主程序的正确性取决于它调用的子程序的正确性。

管道/过滤器。每个构件都有一组输入和输出，构件读取输入的数据流，经过内部处理，然后产生输出数据流。这个过程通常是通过对输入数据流的变换或计算来完成的，包括通过计算和增加信息以丰富数据、通过浓缩和删除以精简数据、通过改变记录方式以转化数据和递增地转化数据等。这里的构件称为过滤器，连接件就是数据流传输的管道，将一个过滤器的输出传到另一个过滤器的输入。

例题答案

【问题 1】

软件架构风格是描述特定软件系统组织方式的惯用模式。组织方式描述了系统的组成构件和这些构件的组织方式，惯用模式则反映众多系统共有的结构和语义。

主程序-子程序架构风格中，所有的计算构件作为子程序协作工作，并由一个主程序顺序地调用这些子程序，构件通过共享存储区交换数据。

管道-过滤器架构风格中，每个构件都有一组输入和输出，构件接受数据输入，经过内部处理，然后产生数据输出。这里的构件称为过滤器，构件之间的连接件称为数据流传输的管道。

【问题 2】

表 20-4　王工与李工的架构风格评价（完整表）

评价要素 \ 架构风格	共享数据的主程序-子程序	管道-过滤器
算法变更	－	（1）＋
功能变更	（2）－	＋
数据表示变更	（3）－	（4）－
性能	（5）＋	（6）－

根据题干描述：“用户后续还有可能采用其他方式展示帮助内容”，因此 KWIC 系统对功能变更要求较高。

根据题干描述：“…，后续还将采用其他的方法实现这一功能”，因此 KWIC 系统对实现某一个功能的算法变更要求较高。

KWIC 是一个支持用户交互的窗口界面程序，因此对性能要求并不高。

KWIC 系统的显示帮助内容为文本，数据的表示基本不变，因此对数据表示变更要求不高。

综合上述分析，可以看出应该采用李工提出的管道-过滤器架构风格。

【问题 3】

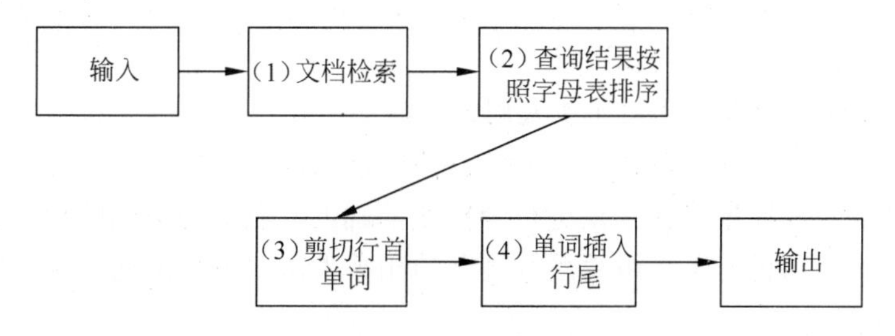

图 20-3　李工给出的架构示意图（完整图）

问题 1 考查架构风格的基本概念与主程序-子程序、管道-过滤器的特点。这一空属于送分题，难度较低。

问题 2 考查主程序-子程序和管道-过滤器优缺点对比。这两种风格的优缺点包括多个方向的很多内容，但要应对该题，并不需要我们面面俱到地把每一个细节记清楚。只要了解两者的核心思想即可。

具体的优缺点可以看《软件体系结构原理、方法与实践》（张友生，清华大学出版社）。

问题 3 是补充架构设计示意图。其实这个图要表现出来的，无非就是利用管道-过滤器架构，需要处理的信息的操作有哪些，按什么顺序排列。

20.2.4 软件架构评估

阅读以下关于软件架构评估的说明，在答题纸上回答问题 1 和问题 2。

某网上购物电子商务公司拟升级正在使用的在线交易系统，以提高用户网上购物在线支付环节的效率和安全性。在系统的需求分析与架构设计阶段，公司提出的需求和关键质量属性场景如下：

① 正常负载情况下，系统必须在 0.5 秒内对用户的交易请求进行响应。

② 信用卡支付必须保证 99.999%的安全性。

③ 对交易请求处理时间的要求将影响系统的数据传输协议和处理过程的设计。

④ 网络失效后，系统需要在 1.5 分钟内发现错误并启用备用系统。

⑤ 需要在 20 人月内为系统添加一个新的 CORBA 中间件。

⑥ 交易过程中涉及到的产品介绍视频传输必须保证画面具有 600×480 的分辨率，20 帧/秒的速率。

⑦ 更改加密的级别将对安全性和性能产生影响。

⑧ 主站点断电后，需要在 3 秒内将访问请求重定向到备用站点。

⑨ 假设每秒中用户交易请求的数量是 10 个，处理请求的时间为 30 毫秒，则“在 1 秒内完成用户的交易请求”这一要求是可以实现的。

⑩ 用户信息数据库授权必须保证 99.999%可用。

⑪ 目前对系统信用卡支付业务逻辑的描述尚未达成共识，这可能导致部分业务功能模块的重复，影响系统的可修改性。

⑫ 更改 Web 界面接口必须在 4 人周内完成。

⑬ 系统需要提供远程调试接口，并支持系统的远程调试。

在对系统需求和质量属性场景进行分析的基础上，系统的架构师给出了 3 个候选的架构设计方案。公司目前正在组织系统开发的相关人员对系统架构进行评估。

【问题 1】

在架构评估过程中，质量属性效用树（utility tree）是对系统质量属性进行识别和优先级排序的重要工具。请给出合适的质量属性，填入图 20-4 中（1）、（2）空白处；并选择题干描述的①～⑬，填入（3）～（6）空白处，完成该系统的效用树。

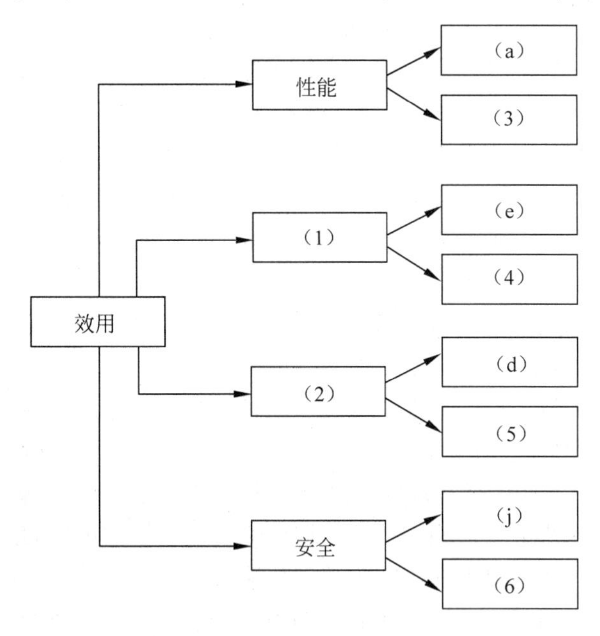

图 20-4　在线交易系统效用树

【问题 2】

在架构评估过程中，需要正确识别系统的架构风险、敏感点和权衡点，并进行合理的架构决策。请用 300 字以内的文字给出系统架构风险、敏感点和权衡点的定义，并从题干①～⑬中各选出 1 个对系统架构风险、敏感点和权衡点最为恰当的描述。

例题分析

本题考查软件质量属性的相关内容，以及架构风险、敏感点、权衡点的基本概念。软件质量属性在架构设计中是一个重要关注点，往往架构设计的过程就是对不同质量属性的平衡与取舍。

【问题 1】

问题 1 考查考生对各种质量属性的理解。质量属性种类繁多，如性能、可用性、可修改性、安全性等。首先分析（3）应填写的内容，该空的解答较为直接，只需要分析题目给出的质量属性场景中，除①还有哪个属于性能。“⑥交易过程中涉及的产品介绍视频传输必须保证画面具有 600×480 的分辨率，20 帧/秒的速率”描述中，强调了视频必须保证的画面分辨率以及每秒帧数，这是对性能的要求。第（1）和（2）空的分析，较为复杂，需要通过反向推导的方式分析其分支之下的⑤与④属于哪个质量属性。“④需要在 20 人月内为系统添加一个新的 CORBA 中间件”涉及在原有系统基础之上，增加新的功能，这个时限要求原系统具有良好的可修改性，否则无法按期修改完成，所以（1）应为可修改性。同理“④网络失效后，系统需要在 1.5 分钟内发现错误并启用备用系统”是对系统可用性的要求，所以（2）应填可用性。当完成前面的几个空以后，接下来的几个空就比较容易解决了。即判断剩余的质量场景②、③、⑦、⑧、⑨、⑪、⑫、⑬中，哪个属于可修改性，哪个属于可用性，哪个属于安全性。“②信用卡支付必须保证 99.999%的安全性”显然体现的是安全性“⑧主站点断电后，需要在 3 秒内将访问请求重定向到备用站点”是一种保障系统在出现问题时，仍能继续使用的机制，即提高可用性的方法。“⑫更改 Web 界面接口必须在 4 人周内完成”体现出系统的可修改性。

【问题 2】

问题 2 属于概念题，系统架构风险是指架构设计中潜在的、存在问题的架构决策所带来的隐患。敏感点是指为了实现某种特定的质量属性，一个或多个构件所具有的特性。权衡点是影响多个质量属性的特性，是多个质量属性的敏感点。题干描述中的“⑪目前对系统信用卡支付业务逻辑的描述尚未达成共识，这可能导致部分业务功能模块的重复，影响系统的可修改性”属于架构风险，因为未达成共识的业务逻辑描述存在隐患。“③对交易请求处理时间的要求将影响系统的数据传输协议和处理过程的设计”是敏感点，因为对交易请求处理时间的要求将影响到数据传输协议和处理过程的设计，这也就意味着有多个构件将受其影响。“⑦更改加密的级别将对安全性和性能产生影响”描述的是权衡点，因为更改加密级别将影响多个质量属性的特性，这两个方面的影响往往是安全性提高的同时，性能降低；而安全性降低的同时，性能提高。

例题答案

【问题 1】

表 20-5 效用树答案表

编号	答案	编号	答案
（1）	可修改性	（4）	⑫
（2）	可用性	（5）	⑧
（3）	⑥	（6）	②

【问题 2】

系统架构风险是指架构设计中潜在的、存在问题的架构决策所带来的隐患。

敏感点是指为了实现某种特定的质量属性，一个或多个构件所具有的特性。

权衡点是影响多个质量属性的特性，是多个质量属性的敏感点。

题干描述中，⑪描述的是系统架构风险；③描述的是敏感点；⑦描述的是权衡点。

20.2.5 系统安全性设计

阅读以下关于电子政务系统安全架构的叙述，回答问题 1 至问题 3。

希赛公司通过投标，承担了某省级城市的电子政务系统，由于经费、政务应用成熟度、使用人员观念等多方面的原因，该系统计划采用分阶段实施的策略来建设，最先建设急需和重要的部分。在安全建设方面，先投入一部分资金保障关键部门和关键信息的安全，之后在总结经验教训的基础上分两年逐步完善系统。因此，初步考虑使用防火墙、入侵检测、病毒扫描、安全扫描、日志审计、网页防篡改、私自拨号检测、PKI 技术和服务等保障电子政务的安全。

由于该电子政务系统涉及政府安全问题，为了从整个架构上设计好该系统的安全体系，希赛公司首席架构师张博士召集了项目组人员多次讨论。在一次关于安全的方案讨论会上，谢工认为由于政务网对安全性要求比较高，因此要建设防火墙、入侵检测、病毒扫描、安全扫描、日志审计、网页防篡改、私自拨号检测系统，这样就可以全面保护电子政务系统的安全。王工则认为谢工的方案不够全面，还应该在谢工提出的方案的基础上，使用 PKI 技术，进行认证、机密性、完整性和抗抵赖性保护。

【问题 1】

请用 400 字以内文字，从安全方面，特别针对谢工所列举的建设防火墙、入侵检测、病毒扫描、安全扫描、日志审计系统进行分析，评论这些措施能够解决的问题和不能解决的问题。

【问题 2】

请用 300 字以内文字，主要从认证、机密性、完整性和抗抵赖性方面，论述王工的建议在安全上有哪些优点。

【问题 3】

对于复杂系统的设计与建设，在不同阶段都有很多非常重要的问题需要注意，既有技术因素阻力，又有非技术因素阻力。请结合工程的实际情况，用 200 字以内文字，简要说明使用 PKI 还存在哪些重要的非技术因素方面的阻力。

例题分析

本题依托电子政务的应用背景，主要考查信息系统安全体系建设方面的知识。根据系统架构设计师考试大纲，系统的安全性和保密性设计是案例分析试题考查的内容之一。

【问题 1】

本问题主要是要求考生说明防火墙、入侵检测、病毒扫描、安全扫描、日志审计系统等常见的信息系统及网络安全防护技术的适用领域以及其限制与约束。在题目中只是列举出了这些技术手段，并没有详细地展开说明，因此对答案的构思并没有太多的帮助，需要考生能够根据平时学习和掌握的知识来总结出答案。

因为有关技术已经在前面的章节中进行了详细介绍，这里直接就试题的问题给出解答要点：

（1）防火墙：可用来实现内部网（信任网）与外部不可信任网络（如 Internet）之间或内部网的不同网络安全区域的隔离与访问控制，保证网络系统及网络服务的可用性。

但无法对外部刻意攻击、内部攻击、口令失密及病毒采取有效防护。

（2）入侵检测：可以有效地防止所有已知的、来自内外部的攻击入侵，但对数据安全性等方面没有任何帮助。

（3）病毒防护：主要适用于检测、标识、清除系统中的病毒程序，对其他方面没有太多的保护措施。

（4）安全扫描：主要适用于发现安全隐患，而不能够采取防护措施。

（5）日志审计系统：可以在事后、事中发现安全问题，并可以完成取证工作，但无法在事前发生安全性攻击。

【问题2】

要求考生深入了解PKI技术在认证、机密性、完整性、抗抵赖性方面的优点，并简要地做出描述。在题目中提到："王工则认为谢工的方案不够全面，还应该在谢工提出的方案的基础上，使用 PKI 技术，进行认证、机密性、完整性和抗抵赖性保护"，明确地说明了其主要的适用性，在答题时应该紧抓这些方面进行构思。

王工建议的PKI技术可以通过数字签名来实现认证、机密性和抗抵赖性的功能：

（1）用私钥加密的消息摘要，可以用来确保发送者的身份；

（2）只有对用发送者私钥加密的信息，才能够用其公钥进行解密，因此发送者无法否认其行为；

（3）内容一旦被修改，消息摘要将变化，也就会被发现。

另外，还可以使用接收者公钥对"原文+数字签名"进行加密，以保证信息的机密性。

【问题3】

该问题是在前一个问题的基础上，要求考生能够对实施PKI时会遇到的非技术因素方面的阻力有清晰地认识，并简要地做出描述。

对于复杂系统的设计与建设，在不同阶段都有很多非常重要的问题需要注意，既有技术因素阻力，又有非技术因素阻力。而在网络安全的设计与实施方面，同样也会遇到非技术因素的阻力。对于PKI技术来说，其非技术因素的阻力主要体现在以下几个方面：

（1）相关法律、法规还不健全：相对国外而言，我国的网络安全法律、法规与标准的制定起步较晚。虽然发展到目前已经形成了较为完善的体系，但仍然存在许多缺陷和不足。例如，我国还缺少有关电子政府安全保障的专门法规、政策以及地方性法规和政策，难免导致法规执行的针对性不强。另外，在法规的执行方面也还存在着一些问题，例如，存在着执行不力的情况。

（2）使用者操作水平参差不齐：信息技术在我国的发展也明显晚于发达国家，大部分人的计算机操作水平还处于相对较低的水平；加上PKI所引入的数字签名、密钥管理等方面都需要较复杂、费解的操作。很容易出现用户不会用，甚至可能会因没有妥善保管密钥、证书而引发的非技术问题。

（3）使用者心理接受程度问题：政府大部分的公务员都还是比较习惯于纸质材料、亲笔签字的习惯，一时还无法接受电子式签名的形式，这也会给推行 PKI 及数字签名带来巨大的阻力。

20.2.6　系统可靠性设计

阅读以下信息系统可靠性问题的说明，在答题纸上回答问题 1 至问题 3。

某软件公司开发一项基于数据流的软件，其系统的主要功能是对输入数据进行多次分析、处理和加工，生成需要的输出数据。需求方对该系统的软件可靠性要求很高，要求系统能够长时间无故障运行。该公司将该系统设计交给王工负责。王工给出该系统的模块示意图如图 20-5 所示。王工解释：只要各个模块的可靠度足够高，失效率足够低，则整个软件系统的可靠性是有保证的。

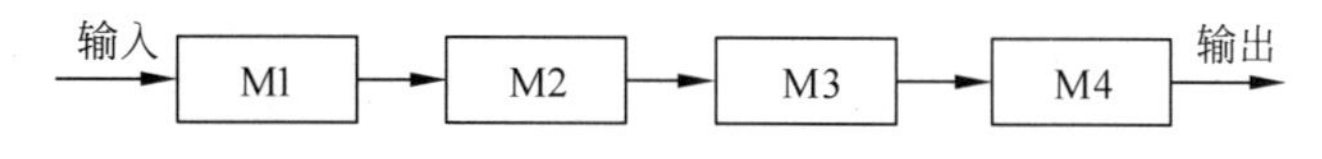

图 20-5　王工建议的软件系统模块示意图

李工对王工的方案提出了异议。李工认为王工的说法有两个问题：第一，即使每个模块的可靠度足够高，但是整个软件系统模块之间全部采用串联，则整个软件系统的可靠度明显下降。假设各个模块的可靠度均为 0.99，则整个软件系统的可靠度为 $0.99^4 \approx 0.96$；第二，软件系统模块全部采用串联结构时，一旦某个模块失效，则意味着整个软件系统失效。

李工认为，应该在软件系统中采用冗余技术中的动态冗余或者软件容错的 N 版本程序设计技术，对容易失效或者非常重要的模块进行冗余设计，将模块之间的串联结构部分变为并联结构，来提高整个软件系统的可靠性。同时，李工给出了采用动态冗余技术后的软件系统模块示意图，如图 20-6 所示。

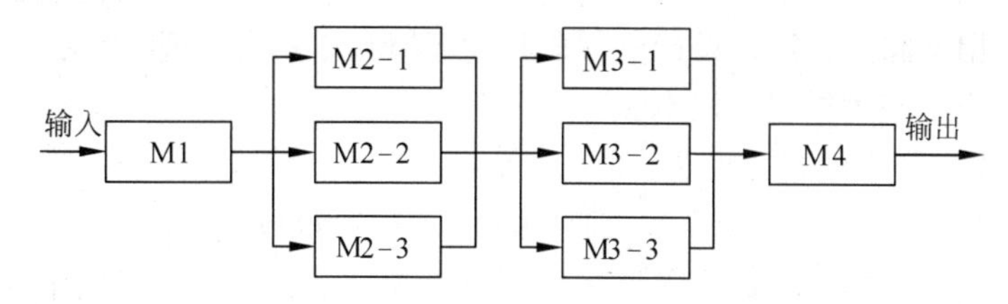

图 20-6　李工建议的系统模块示意图

刘工建议，李工方案中 M1 和 M4 模块没有采用容错设计，但是 M1 和 M4 发生故障有可能导致严重后果。因此，可以在 M1 和 M4 模块设计上采用检错技术，在软件出现故障后能及时发现并报警，提醒维护人员进行处理。

注：假设各个模块的可靠度均为 0.99。

【问题1】

在系统可靠性中，可靠度和失效率是两个非常关键的指标，请分别解释其含义。

【问题2】

请解释李工提出的动态冗余和N版本程序设计技术，给出图13-11中模块M2采用图13-12动态冗余技术后的可靠度。

请给出采用李工设计方案后整个系统可靠度的计算方法，并计算结果。

【问题3】

请给出检错技术的优缺点，并说明检测技术常见的实现方式和处理方式。

例题分析

本题内容涉及可靠性的相关概念以及计算方式，不需要分析与推导，所以具体概念与计算过程请参看例题答案。

例题答案

【问题1】

可靠度就是系统在规定的条件下、规定的时间内不发生失效的概率。

失效率又称风险函数，也可以称为条件失效强度，是指运行至此刻系统未出现失效的情况下，单位时间系统出现失效的概率。

【问题2】

动态冗余又称为主动冗余，它是通过故障检测、故障定位及故障恢复等手段达到容错的目的。其主要方式是多重模块待机储备，当系统检测到某工作模块出现错误时，就用一个备用的模块来替代它并重新运行。各备用模块在其待机时，可与主模块一样工作，也可以不工作。前者叫热备份系统（双重系统），后者叫冷备份系统（双工系统、双份系统）。

N版本程序设计是一种静态的故障屏蔽技术，其设计思想是用N个具有相同功能的程序同时执行一项计算，结果通过多数表决来选择。其中N个版本的程序必须由不同的人独立设计，使用不同的方法、设计语言、开发环境和工具来实现，目的是减少N个版本的程序在表决点上相关错误的概率。

M2采用动态冗余后的可靠度为：

$$R = 1-(1-0.99)^{3} \approx 0.999999$$

李工的方案同时采用了串联和并联方式，其计算方法为首先计算出中间M2和M3两个并联系统的可靠度，再按照串联系统的计算方法计算出整个系统的可靠度。

$$R = 0.99 \times 0.999999 \times 0.999999 \times 0.99 \approx 0.98$$

【问题3】

检错技术实现的代价一般低于容错技术和冗余技术，但有一个明显的缺点，就是不能自动解决故障，出现故障后如果不进行人工干预，将最终导致软件系统不能正常运行。

检错技术常见的实现方式：最直接的一种实现方式是判断返回结果，如果返回结果超出正常范围，则进行异常处理；计算运行时间也是一种常用技术，如果某个模块或函数运行时间超过预期时间，可以判断出现故障；还有置状态标志位等多种方法，自检的实现方式需要根据实际情况来选用。

检错技术的处理方式，大多数都采用“查处故障-停止软件运行-报警”的处理方式。但根据故障的不同情况，也有采用不停止或部分停止软件系统运行的情况，这一般由故障是否需要实时处理来决定。

第 21 章　论文写作方法与范文

根据考试大纲，系统架构设计论文考试的出题范围定位于以下 6 个方面：

（1）系统建模：包括定义问题与归结模型、结构化系统建模、面向对象系统建模、数据库建模。

（2）软件架构设计：包括软件架构设计、特定领域软件架构、基于架构的软件开发方法、软件演化。

（3）系统设计：包括处理流程设计、系统人机界面设计、文件设计、存储设计、数据库设计、网络应用系统的设计、系统运行环境的集成与设计、系统性能设计、中间件、应用服务器。

（4）分布式系统设计：包括分布式通信协议的设计、基于对象的分布式系统设计、基于 Web 的分布式系统设计、基于消息和协同的分布式系统设计、异构分布式系统的互操作性设计。

（5）系统的可靠性分析与设计：包括系统的故障模型和可靠性模型、提高系统可靠性的措施、系统的故障对策和系统的备份与恢复。

（6）系统的安全性和保密性设计：包括系统的访问控制技术、数据的完整性、数据与文件的加密、通信的安全性、系统的安全性设计。

有关这些知识点的内容，我们已经在前面的章节中进行了详细讨论，本章不再重复。本章首先介绍试题的解答方法、注意事项和评分标准，然后再通过一些论文实例，帮助考生了解论文的题型和写作方法。

21.1　写作注意事项

系统架构设计师下午论文题对于广大考生来说，是比较头痛的一件事情。首先从根源上讲，国内的开发人员对文档的重视度非常的不够，因此许多人没有机会（也可能是时间不允许等原因）以之作为考试前的一种锻炼的手段；再则由于缺少相应的文档编写实战训练，很难培养出清晰、多角度思考的习惯，所以，在考试时往往显得捉襟见肘。因此，考前准备是绝对必要的。

21.1.1　做好准备工作

论文试题是系统架构设计师考试的重要组成部分，论文试题既不是考知识点，也不是考一般的分析和解决问题的能力，而是考查考生在系统架构设计方面的经验和综合能力，以及表达能力。根据考试大纲，论文试题的目的是：

（1）检查考生是否具有参加系统架构设计工作的实践经验。原则上，不具备实践经验的人达不到系统架构设计师水平，不能取得高级工程师的资格。

（2）检查考生分析问题与解决问题的能力，特别是考生的独立工作能力。在实际工作中，由于情况千变万化，作为系统架构设计师，应能把握系统的关键因素，发现和分析问题，根据系统的实际情况，提出架构设计方案。

（3）检查考生的表达能力。由于文档是信息系统的重要组成部分，并且在信息系统开发过程中还要编写不少工作文档和报告，因此文档的编写能力很重要。系统架构设计师作为项目组的技术骨干，要善于表达自己的思想。在这方面要注意抓住要点，重点突出，用词准确，使论文内容易读，易理解。

很多考生害怕写论文，拿起笔来感觉无从写起。甚至由于多年敲键盘的习惯，都不知道怎么动笔了，简单的字都写不出来。因此，抓紧时间，做好备考工作，是十分重要的，也是十分必要的。

1．加强学习

根据经验的多寡，所采取的学习方法也不一样。

（1）经验丰富的应考人员。主要是将自己的经验进行整理、多角度（技术、管理、经济方面等角度）地对自己做过的项目进行一一剖析、发问，然后再总结。这样可以做到心中有物。希赛教育专家提示：在总结的时候不要忘了多动笔。

（2）经验欠缺的在职开发人员。可以通过阅读、整理单位现有文档、案例，同时参考希赛网上相关专家的文章进行学习。思考别人是如何站在系统架构设计师角度考虑问题的，同时可以采取临摹的方式提高自己的写作能力和思考能力。这类人员学习的重心应放在自己欠缺的方面，力求全面把握。

（3）学生。学生的特点是有充足的时间用于学习，但缺点是没有实践经验，甚至连小软件都没有开发过，就更谈不上架构设计了。对于这类考生来说，考试的难度比较大，论文内容通常十分空洞。因此，需要大量地阅读相关文章，学习别人的经验，把别人的直接经验作为自己的间接经验。这类人员需要广泛阅读论文范文，并进行强化练习。

不管是哪一类人员，如果经济条件允许，建议参加希赛教育的辅导，按照老师制定的学习计划，在专家的指导下，逐步改进，直至合格。

2．平时积累

与其他考试不同，软考中的高级资格考试靠临场突击是行不通的。考试时间不长，可功夫全在平时，正所谓“台上 1 分钟，台下 10 年功”。实践经验丰富的考生还应该对以前做过的项目进行一次盘点，对每个项目中采用的方法与技术、架构设计手段等进行总结。这样，临场时可以将不同项目中和论题相关的经验和教训糅合在一个项目中表述出来，笔下可写的东西就多了。

还有，自己做过的项目毕竟是很有限的，要大量参考其他项目的经验或多和同行交流。多读希赛顾问网（www.csai.cn）和希赛教育网（www.educity.cn）上介绍架构设计方面的文章，从多个角度去审视这些系统的架构，从中汲取经验，也很有好处。要多和同行交流，互通有无，一方面对自己做过的项目进行回顾，另一方面，也学学别人的长处，往往能收到事半功倍的效果。

总之，经验越多，可写的素材就越丰富，胜算越大。平时归纳总结了，临场搬到试卷上就驾轻就熟了。

3．共同提高

个人书写的论文存在的缺点，自己一般很难发现。因此，可以虚心向别人请教以增加自己的认知能力。考生可以互相进行评判，吸取别人论文中的“精华”，去除自己论文中的“糟粕”，一举两得。遗憾的是，报考系统架构设计师的人不多，考生身边可能也没有“高手”，无法得到指点。因此，很多考生都是“闭门造车”，无法做到沟通和交流。要做到互相学习、共同提高，考生就必须经常浏览希赛教育网，把自己写作的论文发表到论坛中有关栏目，这样，很快就能得到相关人员的意见和建议。同时，也能读到别的考生写作的论文。

4．参加希赛教育的辅导

从历年学员反馈的成绩来看，希赛教育学员的论文通过率基本上都在90%以上。这主要有两个原因，一是希赛教育的模拟试题命中率相当高，二是学员在平常做论文练习时，能得到老师的精心指导。老师会在批改学员论文习作时，根据实际情况提出存在的问题和修改意见，学员再按老师的意见修改论文。如此往返，直到论文合格为止。这样，如果学员能够按照老师的辅导，练习几篇论文的写作，不但对自己项目所涉及的知识进行了梳理，而且还掌握了论文的写作方法和技巧。到实际考试时，就能得心应手了。

5．提高写作速度

我们知道，在2个小时内，用一手漂亮的字，写满内容精彩的论文是很困难的。正如我们前面所说的，现在的IT人经常使用计算机办公，用笔写字的机会很少，打字速度可以很快，但提笔忘字是常有的事。可以说，我们的写字能力在退化。但是，考试时必须用笔写论文，因此，考生要利用一切机会练字，提高写作速度。

具体的练习方式是，在考前2～3个月，按21.1.2节给出的答题纸格式，打印出4张方格纸，选定一个论文项目，按照考试要求的时间（2个小时）进行实际练习。这种练习每周至少进行1次，如果时间允许，最好进行2次。写的次数多了，写作速度慢慢地就提高了。希赛教育专家提示：练习写作的时候，字迹也要工整、清晰。

6．以不变应万变

论文试题的考核内容都是系统架构设计中的共性问题，即通用性问题，与具体的应用领域无关的问题。把握了这个规律，我们就有以不变应万变的办法。所谓不变，就是考生所参与开发的软件项目不变。考生应该在考前总结一下最近所参与的最有代表性的项目。不管论文的题目为何，项目的概要情况和考生所承担的角色是不必改变的，如果觉得有好几个项目可以选，那么就应该检查所选项目的规模是否能证明自己的实力或项目是否已年代久远（一般需要在近 3 年内做的项目）。要应付万变，就要靠平时的全面总结和积累。

21.1.2　论文写作格式

论文考试的时间为下午 15:20～17:20（120 分钟），如果只有 1 道论文试题，则别无选择，不管考生是否熟悉这道试题，如果不想放弃考试的话，都必须得写；如果有多道论文试题可供选择（例如 2～4 道），则考生可以根据自己的特长选做 1 题。

论文试题的答题纸是印好格子的，摘要和正文要分开写。摘要需要 300～400 字，正文需要 2000～3000 字。稿纸一般是 4 页，格子和普通信纸上的格子差不多大小，每行有 25 个格子，也就是说每 4 行有 100 格子，可写 100 个字。第 1 页分为摘要和正文两部分，如图 21-1 所示。摘要和正文是分开的，摘要有 16 行（16×25=400），正文有 12 行（12×25=300）格。第 2～4 页的格式是一样的，如图 21-2 所示，每页 36 行（36×25=900）。每 12 行会有字数提示，在提示行的两端有 300、600 或 900 的提示。

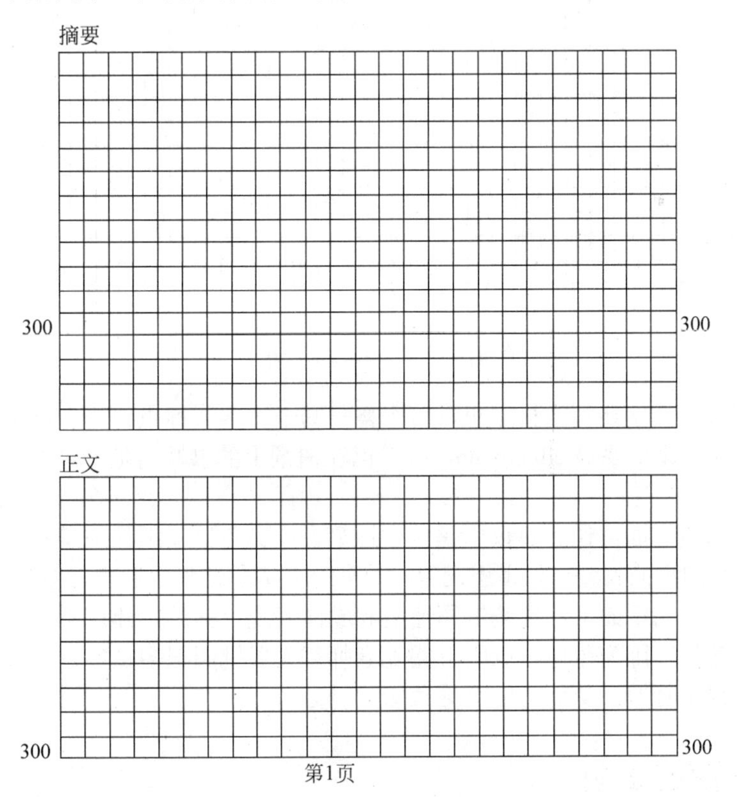

图 21-1　论文答题纸样式 1

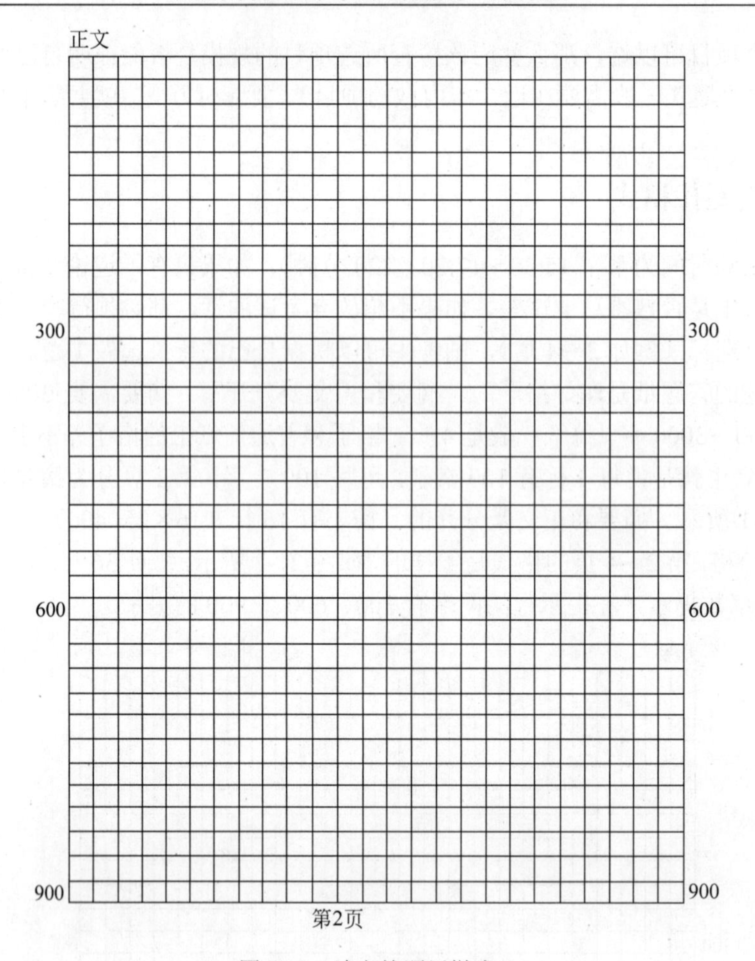

图 21-2 论文答题纸样式 2

论文的写作，文字要写在格子里，每个格子写一个字或标点符号，如果是英文字母则不必考虑格子，比如要写 educity.cn，按自己在白纸上的书写习惯写就行了，这样看着也漂亮。

在论文的用笔方面，作者建议用黑色中性笔。现在考试用纸的质量不好把握，有的页面纸质好，有的页面就差，如果用钢笔，一旦遇上劣质纸张，墨迹会渗透到纸的背面，甚至渗透到下一页的纸面上，影响书写速度和卷面美观。另外，建议不要使用蓝色（特别是纯蓝色）的笔，因为蓝色很刺眼，阅卷老师每天要批阅很多试卷，一片蓝色会让老师的眼睛感觉很不舒服，从而可能会导致影响得分。

21.2 如何解答试题

如果做好了充分的论文准备，平常按照既有格式进行了练习，则临场就可以从容自如。如果试题与准备的内容出入很大的话，那也不要紧张，选定自己把握最大的论题，按平时的速度写下去。

21.2.1　论文解答步骤

本节给出论文解答的步骤，希赛教育专家提示：这里给出的只是一个通用的框架，考生可根据当时题目的情况和自己的实际进行解答，不必拘泥于本框架的约束。

1．时间分配

试题选择　3 分钟
论文构思　12 分钟
摘要　15 分钟
正文　80 分钟
检查修改　10 分钟

2．选试题

（1）选择自己最熟悉，把握最大的题目。

（2）不要忘记在答题卷上画圈和填写考号。

3．论文构思

（1）构思论点（主张）和下过功夫的地方。

（2）将构思的项目内容与论点相结合。

（3）决定写入摘要的内容。

（4）划分章节，把内容写成简单草稿（几字带过，无需繁枝细节）。

（5）大体字数分配。

4．写摘要

以用语简洁、明快，阐清自己的论点为上策。

5．正文撰写

（1）按草稿进行构思、追忆项目素材（包括收集的素材）进行编写。

（2）控制好内容篇幅。

（3）与构思有出入的地方，注意不要前后矛盾。

6．检查修正

主要是有无遗漏、有无错字。注意点：

（1）卷面要保持整洁。

（2）格式整齐，字迹工整。

（3）力求写完论文（对速度慢者而言），切忌有头无尾。

21.2.2　论文解答实例

试题　论系统设计中对用户需求的把握

对于系统工程师来说，在把某项工作系统化的时候，正确地理解该项工作的内容并设计出有效的系统，是一件最困难的事情。

为了把用户的需求正确无误地反映到系统的规格说明中去，常规的作法是把系统的规格说明书和输出的报表交给用户征求意见。在某些情况下，还要做出系统的原型，请用户试用。

请围绕"系统设计中对用户需求的把握"论题，依次对以下3个问题进行论述。

（1）叙述你参与的开发工程的概要，以及你所担任的工作。

（2）就你所下过功夫的地方叙述，为了把用户需求反映到系统规格说明书中，采用过什么手段与用户进行通信？

（3）对于你所采用的手段，各举出一点你认为有效果的方面和无效果的方面，简要叙述你对这方面的评价。

1．例题分析

主题：在系统设计中，如何把握用户的需求，采用哪些措施与用户通信。

问题1要点：

（1）开发项目的概要，包括项目的背景、发起单位、目的、项目周期、交付的产品等。

（2）项目在系统设计方面的情况。

（3）"我"的角色和担任的主要工作。

问题2要点：

（1）在系统设计过程中，把握用户需求的重要性。

（2）为了把用户需求反映到系统规格说明书中，采用过什么手段与用户进行通信。

问题3要点：

（1）采取的手段中有效果的手段，效果体现在什么地方。

（2）采取的手段中无效果的手段，为什么没有效果。

（3）还有哪些地方值得改进或提高。

2．答案结构示例

例题写作的结构大致如表21-1所示。

表21-1 答案结构示例

过　程	字　数	是否必须
（1）摘要	300～400字	√
（2）项目概要	400～600字	
・开发项目的概要		√
・开发的体制和"我"担任的工作		√
・项目在系统设计方面的情况		
（3）把握用户需求的重要性	100～200字	

续表

过　　程	字　　数	是 否 必 须
（4）采用过的手段	1000～1400 字	√
（5）采取的手段中有效果的手段，效果体现在什么地方	200～300 字	√
（6）采取的手段中无效果的手段，为什么没有效果	200～300 字	√
（7）总结	100～200 字	

21.3　论文写作方法

两个小时内写将近 3000 字的文章已经是一件不容易的事了，根据作者的经验，写得手臂十分酸痛，中途不得不停笔，挥挥手，然后再继续写作。但是，对于考生来说，单是把字数凑足还远远不够，还需要把摘要和正文的内容写好。

21.3.1　如何写好摘要

按照考试评分标准："摘要应控制在 300～400 字的范围内，凡是没有写论文摘要，摘要过于简略，或者摘要中没有实质性内容的论文"将扣 5～10 分。 如果论文写得辛辛苦苦，而摘要被扣分，就太不划算了。而且，如果摘要的字数少于 120 字，论文将"给予不及格"。

下面是摘要的几种写法，供考生参考。

（1）本文讨论……系统项目的……（论文主题）。该系统……（项目背景、简单功能介绍）。在本文中首先讨论了……（技术、方法、工具、措施、手段），最后……（不足之处/如何改进、特色之处、发展趋势）。在本项目的开发过程中，我担任了……（作者的工作角色）。

（2）根据……需求（项目背景），我所在的……组织了……项目的开发。该项目……（项目背景、简单功能介绍）。在该项目中，我担任了……（作者的工作角色）。我通过采取……（技术、方法、工具、措施、手段），使该项目圆满完成， 得到了用户们的一致好评。但现在看来，……（不足之处/如何改进、特色之处、发展趋势）。

（3）…年…月，我参加了……项目的开发，担任……（作者的工作角色）。该项目……（项目背景、简单功能介绍）。本文结合作者的实践，以……项目为例，讨论……（论文主题），包括……（技术、方法、工具、措施、手段）。

（4）……是……（戴帽子，讲论文主题的重要性）。本文结合作者的实践，以……项目为例，讨论……（论文主题），包括……（技术、方法、工具、措施、手段）。 在本项目的开发过程中，我担任了……（作者的工作角色）。

摘要应该概括地反映正文的全貌，要引人入胜，要给人一个好的初步印象。一般来说，不要在摘要中"戴帽子"（如果觉得字数可能不够，例如少于 300 字，则可适当加

50字左右的帽子）。

上述的“技术、方法、工具、措施、手段”就是指论文正文中论述的技术、方法、工具、措施、手段，可把每个方法（技术、工具、措施、手段）的要点用一两句话进行概括，写在摘要中。

在写摘要时，千万不要只谈大道理，而不涉及具体内容。否则，就变成了“摘要中没有实质性内容”。

21.3.2 如何写好正文

正文的字数要求在2000～3000字之间，少于2000字，则显得没有内容；多于3000字，则答题纸上无法写完。作者建议，论文正文的最佳字数为2500字左右。

1．以我为中心

由于论文考核的是以考生作为系统架构设计师的角度对系统的认知能力。因此在写法上要使阅卷专家信服，只是把自己做过的事情罗列出来是不够的。考生必须清楚地说明针对于具体项目自己所做的事情的由来，遇到的问题，解决方法和实施效果。因此不要夸耀自己所参加的工程项目，体现实力的是考生做了些什么。下面几个建议可供读者参考：

（1）体现实际经验，不要罗列课本上的内容。

（2）条理性的说明实际经验。

（3）写明项目开发体制和规模。

（4）明确“我”的工作任务和所起的作用。

（5）以“我”在项目中的贡献为重点说明。

（6）以“我”的努力（怎样做出贡献的）为中心说明。

2．站在高级工程师的高度

很多考生由于平时一直是在跟程序打交道，甚至根本就没有从事过架构设计工作。因此，在思考问题上，往往单纯地从程序实现方面考虑。事实上，论文考核的是以考生作为高级工程师的角度对系统的认知能力，要求全面，详尽地考虑问题。因此，这类考生在论文上的落败也就在所难免。

例如，如果要写有关层次式架构设计的论文，考生就要从全局的角度把握层次式架构设计的优点及缺点、设计层次式架构的方法和过程，特别是各层次之间的接口设计问题，而不是专注于某个具体的实现细节。

3．忠实于论点

忠实于论点首先是建立在正确理解题意的基础上，因此要仔细阅读论文试题要求。为了完全符合题意，要很好地理解关于试题背景的说明。然后根据正确的题意提取论点加以阐述。阐述时要绝对服从论点，回答试题的问题，就试题的问题进行展开，不要节外生枝，使自己陷入困境；也不要偏离论点，半天讲不到点子上去，结果草草收场。根据作者参加阅卷和辅导的情况来看，这往往是大多数考生最容易出错的地方。

4．条理清晰，开门见山

作为一篇文章，单有内容，组织不好也会影响得分，论文的组织一定要条理清晰。题目选定后，要迅速整理一下自己所掌握的素材，列出提纲，即打算谈几个方面，每个方面是怎么做的，收效如何，简明扼要地写在草稿纸上。切忌一点，千万不要试图覆盖论文题目的全部内涵而不懂装懂，以专家的姿态高谈阔论，而要将侧重点放在汇报考生自己在项目中所做的与论题相关的工作，所以提纲不要求全面，关键要列出自己所做过的工作。

接下来的事情就是一段一段往下写了。要知道，评卷的专家不可能把考生的论文一字一句地精读，要让专家短时间内了解考生的论文内容并认可考生的能力，必须把握好主次关系。

一般来说，第一部分的项目概述评卷专家会比较认真地看，所以，考生要学会用精练的语句说明项目的背景、意义、规模、开发过程以及自己的角色等，让评卷专家对自己所做的项目产生兴趣。

5．标新立异，要有主见

设想一下，如果评卷专家看了考生的论文有一种深受启发，耳目一新的感觉，结果会怎么样？考生想不通过都难！所以，论文中虽然不要刻意追求新奇，但也不要拘泥于教科书或常规的思维，一定要动脑筋写一些个人的见识和体会。这方面，见仁见智，在此不予赘述。

6．图文并茂，能收奇效

系统架构设计总是离不开图形，论文的紧要地方，如果能画个草图表示，往往能收到奇效。因为图形比文字更能吸引人的注意力，更加简洁、明了。通过图形方式表达，更能让评卷专家直观地了解考生所设计的架构，从而得到专家的认可。

希赛教育专家提示：图形一般要居中，不要画得太“草”，也不要太大。图中的线条、箭头等要保持整洁。

7．首尾一致

在正文的写作中，要做到开头与结尾间互相呼应，言词的意思忌途中变卦。因为言词若与论文试题的提法不一致，导致论文内部不一致，阅卷专家就会怀疑考生是否如所说的那样，甚至认为考生有造假嫌疑，从而影响论文得分。因此，考生在论文准备阶段就应该注意这方面的锻炼。

此外，与首尾一致相关的一些检查事项，诸如错字、漏字等情形也要注意。如果在论文写完还有时间的话，要作一些必要的修正，这也是合格论文必需的条件之一。

21.3.3　摘要和正文的关系

在培训讲课和线上辅导的过程中，学员问得比较多的一个问题就是，究竟是先写摘要还是先写正文。其实，没有一种死的法则，需要根据考生的实际情况来决定。如果考生的写作速度比较快，而又自信对论文的把握比较好，则可以先写正文，后写摘要。这样，便于正文的正常发挥，正文写完了，归纳出摘要是水到渠成的事情。但是，这种方法的缺点是万一时间不够，来不及写摘要，损失就比较大了，结果论文写得很辛苦，因为摘要没有写而不及格；如果考生的写作速度比较慢，担心最后没有时间写摘要，则可先写摘要，后写正文，在摘要的指导下写正文。这样做的好处是万一后面时间不足，可以简单地对正文进行收尾，从而避免“有尾无头”的情况发生，而不会影响整个论文的质量。但它的缺点是可能会限制正文的发挥，使正文只能在摘要的圈子里进行扩写。

另外，还要注意的一个问题是，正文不是摘要的延伸，而是摘要的扩展。摘要不是正文的部分，而是正文的抽象。因此，不要把正文“接”着摘要写。

21.4　常见问题及解决办法

从作者近年来辅导的学员习作来看，在撰写论文时，经常性出现的问题归纳如下：

（1）走题。有些考生一看到试题的标题，不认真阅读试题的3个问题，就按照三段论的方式写论文，这样往往就导致走题。同一个主题，试题所问的3个问题可以完全不一样，因此，需要按照试题的问题来组织内容。因为考查的侧重点不一样，同一篇文章，在一次考试中会得高分，但在另一次考试中就会不及格。

（2）字数不够。按照考试要求，摘要需要300～400字，正文需要2000～3000字。一般来说，摘要需要写350字以上，正文需要写2500字左右。当然，实际考试时，这些字数包括标点符号和图形，因为阅卷专家不会去数字的个数，而是根据答题纸的格子计数。

（3）字数偏多。如果摘要超过350字，正文超过3000字，则字数太多。有些学员在练习时，不考虑实际写作时间，只讲究发挥淋漓尽致，结果，文章写下来，达4000～5000字，甚至有超过8000字的情况。实际考试时，因为时间限制，几乎没有时间来写这么长的论文的。所以，读者在平常练习写作时，要严格按照考试要求的时间进行写作。

（4）摘要归纳欠妥。摘要是一篇文章的总结和归纳，是用来检查考生概括、归纳和抽象能力的。写摘要的标准是“读者不看正文，就知道文章的全部内容”。在摘要中应该简单地包括正文的重点词句。在摘要中尽量不要加一些“帽子性”语句，而是要把正文的内容直接“压缩”就可以了。

（5）文章深度不够。文章所涉及的措施（方法、技术）太多，但都没有深入。有些文章把主题项目中所使用的措施（方法、技术）一一列举，而因为受到字数和时间的限制，每一个措施（方法、技术）都是蜻蜓点水式的描述，既没有特色，也没有深度。在撰写论文时，选择自己觉得有特色的2或3个措施（方法、技术），进行深入展开讨论就可以了，不要企图面面俱到。

（6）缺少特色，泛泛而谈。所采取的措施（方法、技术）没有特色，泛泛而谈，把书刊杂志上的知识点进行罗列，可信性不强。系统架构设计师考试论文实际上就是经验总结，所以一般不需要讲理论，只要讲自己在某个项目中是如何做的就可以了。所有措施（方法、技术）都应该紧密结合主题项目，在阐述措施（方法、技术）时，要以主题项目中的具体内容为例。

（7）文章口语化太重。系统架构设计师在写任何正式文档时，都要注意使用书面语言。特别是在文章中不要到处都是“我”，虽然论文强调真实性（即作者自身从事过的项目），而且，21.3.2 节也强调了“以我为中心”的重要性，但是，任何一个稍微大一点的项目，都不是一个人能完成的，而是集体劳动的结晶。因此，建议使用“我们”来代替一些“我”。

（8）文字表达能力太差。有些文章的措施（方法、技术）不错，且能紧密结合主题项目，但由于考生平时写得少，文字表达能力比较差。建议这些考生平时多读文章，多写文档。

（9）文章缺乏主题项目。这是一个致命缺点，系统架构设计师考试论文一定要说明作者在某年某月参加的某个具体项目的开发情况，并指明作者在该项目中的角色。因为每个论文试题的第一个问题一般就是“简述你参与开发过的项目”（也有个别情况除外）。所以，考生不能笼统地说“我是做银行软件的”，“我负责航天软件开发”等，而要具体说明是一个什么项目，简单介绍该项目的背景和功能。

（10）论文项目年代久远。一般来说，主题项目应该是考生在近 3 年内完成的。

（11）整篇文章从大一二三到小 123，太死板，给人以压抑感。在论文中，虽然可以用数字来标识顺序，使文章显得更有条理。但如果全文充满数字条目，则显得太死板，会影响最后得分。

（12）文章结构不够清晰，段落太长。这也与考生平常的训练有关，有些不合格的文章如果把段落调整一下，则是一篇好文章。另外，一般来说，每个自然段最好不要超过 8 行，否则会给阅卷专家产生疲劳的感觉，从而可能导致会影响得分。

21.5　论文评分标准

评卷专家究竟根据什么标准来判断一篇论文的得分，这是考生十分关心的一个问题。系统架构设计师考试的论文试题评分标准如下：

（1）论文满分是 75 分，论文评分可分为优良、及格与不及格 3 个档次。评分的分数可分为：

① 45～45 分以上为及格，其中 60～75 分为优良；

② 0～44 分为不及格。

（2）具体评分时，对照下述 5 个方面进行评分：

（1）切合题意（30%）。无论是论文的技术部分、理论部分或实践部分，都需要切合写作要点中的一个主要方面或者多个方面进行论述。可分为非常切合、较好地切合与基本上切合三档。

（2）应用深度与水平（20%）。可分为有很强的、较强的、一般的与较差的独立工作能力四档。

① 实践性（20%）。可分为如下四档：有大量实践和深入的专业级水平与体会；有良好的实践与切身体会和经历；有一般的实践与基本合适的体会；有初步实践与比较肤浅的体会。

② 表达能力（15%）。可从逻辑清晰、表达严谨、文字流畅和条理分明等方面分为三档。

③ 综合能力与分析能力（15%）。可分为很强、比较强和一般三档。

（3）下述情况的论文，需要适当扣5～10分：

① 摘要应控制在300～400字的范围内，凡是没有写论文摘要、摘要过于简略、或者摘要中没有实质性内容的论文。

② 字迹比较潦草、其中有不少字难以辨认的论文。

③ 确实属于过分自我吹嘘或自我标榜、夸大其词的论文。

④ 内容有明显错误和漏洞的，按同一类错误每一类扣一次分。

⑤ 内容仅属于大学生或研究生实习性质的项目，并且其实际应用水平相对较低的论文。

（4）下述情况之一的论文，不能给予及格分数：

① 虚构情节、文章中有较严重的不真实的或者不可信的内容出现的论文。

② 没有项目开发的实际经验、通篇都是浅层次纯理论的论文。

③ 所讨论的内容与方法过于陈旧或者项目的水准非常低下的论文。

④ 内容不切题意，或者内容相对很空洞、基本上是泛泛而谈且没有较深入体会的论文。

⑤ 正文与摘要的篇幅过于短小的论文（如正文少于1200字）。

⑥ 文理很不通顺、错别字很多、条理与思路不清晰、字迹过于潦草等情况相对严重的论文。

（5）下述情况，可考虑适当加分（可考虑加5～10分）：

① 有独特的见解或者有着很深入的体会、相对非常突出的论文。

② 起点很高，确实符合当今信息系统发展的新趋势与新动向，并能加以应用的论文。

③ 内容详实、体会中肯、思路清晰、非常切合实际的很优秀的论文。

④ 项目难度很高，或者项目完成的质量优异，或者项目涉及国家重大信息系统工程且作者本人参加并发挥重要作用，并且能正确按照试题要求论述的论文。

21.6　论文写作实例

为了帮助考生了解系统架构设计论文的试题题型，掌握写作方法，本节给出 5 篇论文写作实例，以供考生参考，这些实例中，“软件三层结构设计”和“应用系统的安全设计”来自希赛 IT 教育研发中心在线辅导的学员习作，其余的来自笔者早年发表的一些学术论文的改编和缩减。希赛教育专家提示：这些实例并不是最好的论文，只是作为写作方法和分析试题的一种参考，请读者有批评地阅读。

21.6.1　软件三层结构的设计

试题　论软件三层结构的设计

目前，三层结构或多层结构已经成为软件开发的主流，采用三层结构有很多好处，例如，能有效降低建设和维护成本，简化管理，适应大规模和复杂的应用需求，可适应不断的变化和新的业务需求等。在三层结构的开发中，中间件的设计占重要地位。

请围绕“软件三层结构的设计”论题，依次对以下 3 个方面进行论述。

（1）概要叙述你参与分析和开发的软件项目以及你所担任的主要工作。

（2）具体讨论你是如何设计三层结构的，详细描述其设计过程，遇到过的问题以及解决的办法。

（3）分析你采用三层结构所带来的效果如何，以及有哪些还需要进一步改进的地方，如何改进？

【摘要】

我所在的单位是国内主要的商业银行之一，作为单位的主要技术骨干，2010 年 1 月，我主持了远期结售汇系统的开发，该系统是我行综合业务系统 XX2010 的一个子系统，由于银行系统对安全性、可靠性、可用性和响应速度要求很高，我选择了三层 C/S 结构作为该系统的软件架构，在详细地设计三层结构的过程中，我采用了字符终端为表示层，CICS TRANSATION SERVER 为中间层，DB2 UDB 8.2 为数据库层，并采用了 CICS SWITCH 组并行批量的办法来解决设计中遇到的问题，保证了远期结售汇系统按计划完成并顺利投产，我设计的软件三层结构得到了同事和领导的一致认同和称赞。但是，我也看到在三层结构设计中存在一些不足之处，例如，中间层的负载均衡算法过于简单，容易造成系统负荷不均衡，并行批量设计不够严谨，容易造成资源冲突等。

【正文】

我所在的单位是国内主要的商业银行之一。众所周知，银行的业务存在一个“二八定理”：即银行的百分之八十的利润是由百分之二十的客户所创造。为了更好地服务大客户，适应我国对外贸易的蓬勃发展态势，促进我国对外贸易的发展，2010 年 1 月，我行开展了远期结售汇业务。

所谓的远期结售汇就是企业在取得中国外汇管理局的批准后，根据对外贸易的合同等凭证与银行制定合约，银行根据制定合约当天的外汇汇率，通过远期汇率公式，计算出交割当天的外汇汇率，并在那天以该汇率进行成交的外汇买卖业务。远期结售汇系统是我行综合业务系统 XX2010 的一个子系统，它主要包括了联机部分、批量部分、清算部分和通兑部分，具有协议管理、合约管理、报价管理、外汇敞口管理、账务管理、数据拆分管理、报表管理、业务缩微和事后监督等功能。

我作为单位的主要技术骨干之一，主持并参与了远期结售汇系统的项目计划、需求分析、设计、编码和测试阶段的工作。由于银行系统对安全性，可靠性，可用性和响应速度要求很高，我选择了三层 C/S 结构作为该系统的软件架构，下面，我将分层次详细介绍三层 C/S 软件架构的设计过程。

（1）表示层为字符终端。我行以前一直使用 IBM 的 VisualGen 2.0 附带的图形用户终端来开发终端程序，但在使用的过程中，分行的业务人员反映响应速度比较慢，特别是业务量比较大的时候，速度更是难以忍受。为此，我行最近自行开发了一套字符终端 CITE，它采用 Visual Basic 作为开发语言，具有响应速度快、交互能力强、易学、编码快和功能强大的特点，在权衡了两者的优点和缺点之后，我决定选择字符终端 CITE 作为表示层。

（2）中间层为 CICS Transation Server(CTS)。首先，我行与 IBM 公司一直保持着良好的合作关系，而我行的大部分技术和设备都采用了 IBM 公司的产品，其中包括大型机，由于 CICS 在 IBM 的大型机上得到了广泛的应用，并在我行取得了很大的成功，为了保证与原来系统的兼容和互用性，我采用了 IBM 的 CTS 作为中间层，连接表示层和数据库层，简化系统的设计，使开发人员可以专注于表示逻辑和业务逻辑的开发工作，缩短了开发周期，减少开发费用和维护费用，提高了开发的成功率；其次，对于中间层的业务逻辑，我采用了我行一直使用的 VisualAge for Java 作为开发平台，它具有简单易用的特点，特别适合开发业务逻辑，可以使开发人员快速而准确地开发出业务逻辑，确保了远期结售汇系统的顺利完成；最后，由于采用了 CTS，确保了系统的开放性和互操作性，保证了与我行原来的联机系统和其他系统的兼容，保护了我行的原有投资。

（3）数据层为 DB2 UDB8.2 由于 DB2 在大型事务处理系统中表现出色，我行一直使用 DB2 作为事务处理的数据库，并取得了很大的成功，在 DB2 数据库的使用方面积累了自己独到的经验和大量的人才，为了延续技术的连续性和保护原有投资，我选择了 DB2 UDB8.2 作为数据层。

但是，在设计的过程中也遇到了一些困难，我们主要采取了以下的办法来解决：

（1）CICS Switch 组。众所周知，银行系统对于安全性，可靠性，可用性和响应速度要求很高，特别是我行最近进行了数据集中，全国只设两个数据中心，分别在 XX 和 YY 两个地方，这样对以上的要求就更高了，为了保障我行的安全生产，我采用了 CTS Switch 组技术。为了简化系统的设计和缩短通信时间，我采用了简单的负载均衡算法，

例如这次分配给第 N 个 CTS，下次则分配给第 N+1 个 CTS，当到了最后一个，就从第一个开始；为了更好地实现容错，我采用了当第 N 个 CTS 失效的时候，把它正在处理的业务转到第 N+1 个上面继续处理，这样大大增加了系统的可用性，可以为客户提供更好的服务；此外，我还采用了数据库连接池的技术，大大缩短了数据库处理速度，提高了系统运行速度。

（2）并行批量。银行系统每天都要处理大量的数据，为了确保白天的业务能顺利进行，有一部分的账务处理，例如一部分内部户账务处理，或者代理收费业务和总账与分户账核对等功能就要到晚上批量地去处理，但是，这部分数据在数据集中之后就显得更加庞大，我行以前采用串行提交批量作业的办法，远远不能适应数据中心亿万级的数据处理要求，在与其他技术骨干讨论之后，并经过充分的论证和试验，我决定采用了并行批量的技术，所谓的并行批量，就是在利用 IBM 的 OPC（Tivoli Operations，Planning and Control）技术，把批量作业按时间和业务处理先后顺序由操作员统一提交的基础上，再利用 DB2 的 Partition 技术，把几个地区分到一个 Partiton 里面分别处理，大大提高了银行系统的数据处理速度，确保了远期结售汇系统三层结构的先进性。在并行批量的设计过程中，我考虑到批量作业有可能因为网络错误或者资源冲突等原因而中断，这样在编写批量程序和作业的时候必须支持断点重提，以确保生产的顺利进行。

由于软件三层结构设计得当，并采取了有效的措施去解决设计中遇到的问题，远期结售汇系统最后按照计划完成并顺利投产，不但保证了系统的开放性、可用性和互用性，取得了良好的社会效益和经济效益，而且我的软件三层结构设计得到了同事和领导的一致认同与称赞，为我行以后系统的开发打下了良好的基础。

在总结经验的同时，我也看到了我在软件三层结构设计中的不足之处。

首先，负载算法过于简单，容易造成系统的负荷不均衡：由于每个业务的处理时间不一样，有的可能差距很远，简单的顺序加一负载分配算法就容易造成负载不均衡，但是如果专门设置一个分配器，则增加了一次网络通信，使得系统的速度变慢，这样对响应速度要求很高的银行系统来说也是不可行的，于是我决定采用基于统计的分配算法，即在收到请求的时候，根据预先设定的权值，按概率直接分配给 CTS。

其次，由于批量作业顺序设计得不过够严谨等各种原因，容易造成资源冲突：在远期结售汇系统运行了一段时间之后，数据中心的维护人员发现，系统有的时候会出现资源冲突现象。在经过仔细的分析之后，我发现，由于每天各个业务的业务量大小不一样，顺序的两个作业之间访问同一个表的时候便会产生资源冲突，另外，在 OPC 作业运行的过程中，操作员提交的其他作业与这个时间的 OPC 作业产生也有可能产生资源冲突。对于第一种情况，可以在不影响业务的情况下调整作业顺序或者对于查询作业运用 DB2 的共享锁的技术，而第二种情况则要制定规范，规定在某时间断内不允许提交某些作业来解决。为了更好地开展系统分析工作，我将在以后的工作实践中不断地学习，提高自身素质和能力，为我国的软件事业贡献自己的微薄力量。

21.6.2　论信息系统的安全性与保密性设计

试题　论信息系统的安全性与保密性设计

在企业信息化推进的过程中，需要建设许多的信息系统，这些系统能够实现高效率、低成本的运行，为企业提升竞争力。但在设计和实现这些信息系统时，除了针对具体业务需求进行详细的分析，保证满足具体的业务需求之外，还要加强信息系统安全方面的考虑。因为如果一个系统的安全措施没有做好，那么系统功能越强大，系统出安全事故时的危害与损失也就越大。

请围绕“信息系统的安全性与保密性”论题，依次从以下 3 个方面进行论述：

（1）概要叙述你参与分析设计的信息系统及你所担任的主要工作。

（2）深入讨论作者参与建设的信息系统中，面临的安全及保密性问题，以及解决该问题采用的技术方案。

（3）经过系统运行实践，客观的评价你的技术方案，并指出不足，提出解决方案。

【摘要】

“钢铁企业集团生产管控数字化应用示范”是国家“十二五”先进制造技术领域科技支撑计划项目——“集团企业数字化综合管控集成应用示范”的 12 个课题之一，主要实现从客户需求、资源平衡、生产制造、物流管理到客户服务的全程信息透明、资源共享和业务协同。我作为课题技术负责人，担任了系统设计工作。

生产管控平台面临的安全和保密性问题主要有信息泄露、抵赖和外部攻击。在系统设计过程中，我们在 DMZ 区增设代理服务器隔离 Web 服务器；采用了数据加密传输技术；敏感数据加密后再存储；采用严格的认证和访问控制机制；应用数字签名技术防止抵赖；设计了业务操作跟踪审计功能。

实际运行结果表明，我们在设计阶段采用的技术和方法有效地保证了系统的安全性和保密性。但业务操作跟踪审计功能对系统性能有一定的影响，有待进行改进。

【正文】

为满足制造业做大做强、制造企业全球协作和精益管控的发展需求，国家科技部组织了以 12 家集团企业为主体、产学研相结合的“十二五”先进制造技术领域科技支撑计划项目——“集团企业数字化综合管控集成应用示范”的实施，分两期、3 年完成。我所在单位是一个大型国有钢铁集团企业，由我所在单位为主体、联合浙江大学等单位共同承担的“钢铁企业集团生产管控数字化应用示范”是该项目 12 个课题之一。

“钢铁企业集团生产管控数字化应用示范”课题的主要任务是开发钢铁集团企业以生产制造、经营管理和制造服务为核心的数字化集中管控平台，高效整合集团企业内部与外部的各种业务、管理和市场信息，支持集团企业的企业运营、兼并重组等战略，为我国钢铁企业集团实现生产管控、供应链协同的信息化应用提供典型示范案例。概括地说，生产管控平台要实现从客户需求、资源平衡、生产制造、物流管理到客户服务的全程信息透明、资源共享和业务协同。

钢铁企业集团生产管控平台（以下简称生产管控平台）一期于 2011 年 7 月开始设计和开发，2012 年 7 月投入运行，至今运行良好。我作为课题技术负责人，担任了系统设计工作。

根据对系统需求的理解和分析，我们将该系统设计为 3 个子系统，即面向客户、基于 B/S 架构的销售在线子系统；面向内部用户、基于 C/S 架构的生产管控子系统；面向企业内部系统和外部客户系统的系统集成子系统。

生产管控平台数据库采用 Oracle 10g；主要核心业务逻辑由 C/C++语言实现，运行在交易中间件 Tuxedo 平台；Web 服务器采用 Weblogic，涉及核心业务逻辑的部分功能经由 WTC 调用 Tuxedo 服务实现，其他功能通过 JDBC 直接访问数据库；C/S 客户端采用 C#开发。生产管控平台面向的服务对象既包括企业内部用户，又包括国内和国外客户，还包括客户信息系统，涉及的业务都是企业的关键业务，系统安全和信息保密十分重要。生产管控平台面临的安全和保密性问题主要有：

① 信息泄露。钢铁行业产品销售的一个重要特点是一单一议，即一定时期内不同客户、不同订单、同一产品的销售价格可能不尽相同，并且客户之间不透明。因此，每个客户都想方设法希望得到其他客户的订单价格，以便谈判时掌握主动。如果销售价格信息泄露，企业方在谈判时将处于极为不利的被动局面。系统必须保证销售价格等敏感信息不易泄露。

② 抵赖。生产管控平台需要实现第三方机构和客户直接修改系统数据的功能，如第三方机构确认产品是否合格、客户打印质量证明书等。以质量证明书为例，它是产品质量的唯一凭据，一件产品只能有一份质量证明书，即客户打印一份之后不能再打印第二份。系统必须保证这些操作的不可抵赖性。

③ 外部攻击。由于生产管控平台涉及的业务都是企业的关键业务，而且可以通过 Internet 进行访问，所以容易受到外部的攻击。

为了提高生产管控平台的安全性和保密性，在系统设计过程中，我们应用了多种技术和方法。

首先，我们在 DMZ 区增设代理服务器隔离 Web 服务器。销售在线子系统主要为客户提供服务，必须通过 Internet 访问，过去我们一般将 Web 服务器部署在 DMZ 区，基于安全性考虑，我们将生产管控平台的 Web 服务器与数据库服务器部署在内部网络区域，DMZ 区部署 Apache 的 HTTP 服务器作为代理服务器，客户通过 HTTPS 访问代理服务器，代理服务器再通过 HTTP 协议穿过防火墙访问 Web 服务器。不仅在安全性和性能上取得了相对平衡，而且增加了外部攻击的难度。

其次，采用了数据加密传输技术。生产管控子系统采用 Tuxedo 中间件提供的加/解密技术对客户端和服务器端之间传输的数据进行加密和解密处理，销售在线子系统采用 HTTP 协议进行加密传输，集成子系统中与客户信息系统的集成采用 SSL 协议进行加密传输，防止数据传输过程中被窃取和篡改。

第三，敏感数据加密后再存储。为了防止内部人员泄露敏感信息，我们对数据库中存储的销售价格、用户密码等敏感信息进行了加密处理，即使从数据库中得到了数据也不能获得相应的信息。所有需加/解密的数据均采用 Tuxedo 中间件提供的加/解密技术，由运行在 Tuxedo 中间件平台的独立模块进行加密和解密处理。

第四，采用严格的认证和访问控制机制。内部用户采用用户名/口令验证机制，外部用户采用用户名/口令和数字证书验证机制。服务端采用会话管理机制，客户端调用服务端的每一个功能都必须提供合法、有效的会话标识，否则服务端将拒绝提供相应的服务。数据访问控制到数据行和数据列，客户和第三方机构只能查看和操作与自己相关的业务数据，内部用户按照业务职能只能操作职责范围内的业务数据；不同用户根据授权可查看相关的数据项。

第五，应用数字签名技术。在对第三方机构确认产品是否合格、客户打印质量证明书等外部用户直接修改系统数据的功能设计时，我们采用了数字签名技术，从提供给用户的硬件 Key 中读取用户私钥，对操作的关键数据生成消息摘要并用私钥加密；集成子系统中与客户信息系统的集成也采用了数字签名技术，保证数据发送和接收的不可否认性。

最后，我们还设计了业务操作跟踪审计功能。对系统的所有操作，我们记录了跟踪审计信息，记录了操作时间、客户机 IP、操作人、功能和主要数据，便于出现安全事件时进行分析。

生产管控平台的实际运行结果表明，我们在设计阶段采用的技术和方法有效地保证了系统的安全性和保密性。系统运行至今，虽然遭到过外部攻击，但还没有出现过因系统设计不完善导致的泄密和安全事故。例如，我们发现了多次外部攻击，但这些攻击只访问到代理服务器即被阻止。系统运行过程中，我们发现业务操作审计功能对系统性能有一定的影响，我们计划在两个方面进行改进，一是对内部用户只跟踪涉及敏感信息的操作，二是将跟踪信息持久化层由文件系统改变为数据库，并采用缓存机制将跟踪信息保存在内存并定时更新到数据库。

21.6.3 信息系统架构设计

试题 论信息系统的架构设计

架构是信息系统的基石，对于信息系统项目的开发来说，一个清晰的架构是首要的。传统的开发过程可以划分为从概念直到实现的若干个阶段，包括问题定义、需求分析、软件设计、软件实现及软件测试等。架构的建立应位于需求分析之后，软件设计之前。

请围绕“信息系统的架构设计”论题，分别从以下 3 个方面进行论述：

（1）简要叙述你参与分析和设计的信息系统（项目的背景、发起单位、目的、项目周期、交付的产品等），以及你在该项目中的工作。

（2）结合你的项目经历，论述在系统开发中，为什么要重视架构设计。详细讨论你是如何设计系统架构的。

（3）你的架构设计中还存在哪些问题？如何改进？

【摘要】

我在一个软件企业从事软件架构设计工作，2007 年 4 月，我公司承担了某高校的应用集成项目，该校领导决定投资建立一个可扩展的统一集成平台，以解决学校信息系统中复杂、分散、异构的数据信息之间的交换、相互转换、共享等问题。

为了集成已有的系统，保护用户投资，同时，又要使已有的系统之间能够通信，使已有的系统与新开发系统之间也能够通信。在该项目中，我们采用中心辐射型消息代理技术，将中心辐射型集成模型引入到高校应用集成，结合相关标准，建立了一个适应于 IT 技术发展的、面向教育应用的可扩展集成架构。在中心辐射集成架构中，消息系统具有高度可扩展性，容易与其他系统进行集成，对于异构系统的集成效果显著。该项目完成至今已接近 1 年，从运行的效果来看，达到了项目的预期目标。项目验收时，得到了同行专家和该大学领导及有关人员的好评。

【正文】

软件架构为软件系统提供了一个结构、行为和属性的高级抽象，由构成系统的元素的描述、这些元素的相互作用、指导元素集成的模式以及这些模式的约束组成。软件架构不仅指定了系统的组织结构和拓扑结构，并且显示了系统需求和构成系统的元素之间的对应关系，提供了一些设计决策的基本原理。软件架构的设计是整个软件开发过程中关键的一步。对于当今世界上庞大而复杂的系统来说，没有一个合适的架构而要有一个成功的软件设计几乎是不可想象的。不同类型的系统需要不同的架构，甚至一个系统的不同子系统也需要不同的架构。架构的选择往往会成为一个系统设计成败的关键。

经过二十多年的信息化建设，我国高校的信息化工作取得了很大的发展，一些高校建立了多个应用系统。例如学籍管理系统、档案管理系统、办公自动化系统、财务管理系统、设备物资管理系统、劳资管理系统、图书馆管理系统等。由于这些系统在不同的时期开发，运行于不同的系统平台，采用了不同的技术和不同的标准规范，导致这些系统都是一些“信息孤岛”，系统之间的数据共享和交换存在问题。同时，高校对信息化的需求又是不断扩展和发生变化的，这决定了任何一家厂商都不可能提供一所高校所需要的所有产品，高校需要采购不同厂商的软件产品。因此，在同一高校环境下，集成不同厂商的应用软件是高校信息化实施过程中必然要面临和解决的问题。

我在一个软件企业工作，2007 年 4 月，我所在的公司承担了某高校的应用集成项目，该校领导决定投资建立一个可扩展的统一集成平台，以解决学校信息系统中复杂、分散、异构的数据信息之间的交换、相互转换、共享等问题。该校已有的系统主要有办公自动化系统、财务管理系统、设备物资管理系统、图书馆管理系统和教务管理系统，要求新开发招生管理系统、就业管理系统、劳资管理系统、人事管理系统和科研管理系统。我有幸参加了该项目的开发，并担任架构师职务，主要负责系统架构设计工作。

通过系统分析，我们发现该高校信息化建设存在以下几方面的问题：

（1）目前，各系统厂商各自为政，致使学校缺乏一套通用的数据标准。

（2）现有各系统之间主要依靠数据的直接共享达到集成的目的。在系统之间进行信息交换的过程中，被交换信息的安全性没有保障。

（3）部分系统之间已经进行了紧密集成，增加了扩展教育信息系统的难度，某一个系统的调整或维护会影响整个学校其他系统的正常工作。

（4）现有系统的集成接口数量众多，难以维护。随着系统数量的增加，接口数量成比例增加。多家厂商所开发的系统之间的协调、异构平台之间的信息共享比较困难。

基于该校信息化存在的上述问题，我们认为，应用集成的架构必须体现遵循以下原则：

（1）可扩展性：使得高校应用集成可以快速进行，有较强的通用性，各系统之间属于松散耦合，保证教育信息系统的可持续性发展。

（2）标准化：采用教育行业的信息交换标准进行信息集成。

（3）安全性：充分考虑高校应用集成过程面临的安全问题，各应用系统之间不直接进行数据共享或交换，采用基于消息的方式进行集成。

（4）保护现有投资：高校应用集成必须考虑已有系统，充分发挥现有系统的作用，保护现有投资。

为了实现可扩展性强、安全性高的应用集成，经过研究和实践，我们设计了一个基于国家教育部标准的中心辐射型集成架构，该架构既包括数据集成，也包括应用集成。

我们采用中心辐射型消息代理技术，将中心辐射型集成模型引入到高校应用集成，结合相关标准，建立一个适应于IT技术发展的、面向教育应用的可扩展集成架构。该架构使各异构系统之间的信息交换采用消息传递的方式，系统之间的通信只取决于消息发布和消息订阅，并不需要知道系统的位置，以及具体做什么和怎么做。每个系统只关心各自订阅的消息和需要发布的消息。中心辐射型集成架构如图21-3所示。

模型中各辐射与中心服务器之间的消息传递直接采用标准的消息格式，任何需要接入的应用产品（一个辐射）只要将自己的接口充分暴露给中心服务器即可。消息在中心服务器内既可以采用消息队列方式进行调度，也可以采用消息代理的方式进行调度。各应用系统之间基于发布与订阅方式进行消息交互，各应用系统以广播的方式发布标准消息，消息进入中心服务器，中心服务器再根据相应的业务流程组织，将消息发送给订阅该消息的应用系统，被请求系统进而做出回应。

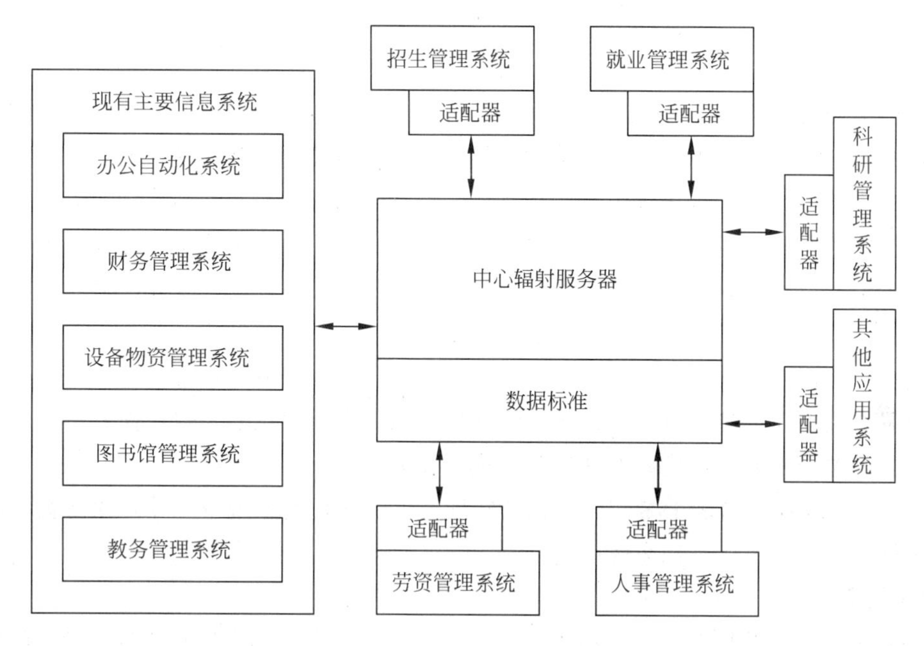

图 21-3　中心辐射型集成架构

该集成架构具有以下优势：

（1）在中心辐射型集成架构中，消息系统具有高度可扩展性，容易与其他系统进行集成。

（2）中心辐射型集成架构为建立动态、可靠和灵活的系统提供了基础。 在中心辐射型集成架构中，消息的生产者和使用者之间是一种松散耦合的关系，这种关系基于对消息的异步处理。对于使用者来说，它并不在乎是谁产生了消息、产生者是否仍在网络上，以及消息是什么时候产生的。对于生产者来说，它也并不在乎谁将接收这个消息。生产者和使用者只需将接收消息的格式达成一致，就可以达到目的。这样，一个子系统的修改不会影响其他子系统的正常运行。

（3）消息系统具有高度的可靠性，消息服务为消息传递提供保证，可以指定给消息不同的优先级别，从而保证关键任务消息比常规消息的传送有更高的吞吐量。

在选择集成服务器平台时，我们将 Microsoft 的 BizTalk Server、IBM 的 WBI、BEA 的 Weblogic Intergration 和 Oracle 的 HTB 进行比较，这些产品的设计思想基本相同，仅仅是实现方法有所区别。由于该大学的基础数据库建立在 Oracle 数据库上，因此，我们选用了 Oracle 的 HTB 作为集成服务器平台。

该项目完成至今已接近一年，从运行的效果来看，达到了项目的预期目标。项目验收时，得到了同行专家和该大学领导及有关人员的好评。

21.6.4 混合软件架构的设计

试题 论混合软件架构的设计

C/S 架构将应用一分为二，服务器负责数据管理，客户机完成与用户的交互任务。B/S 架构是随着 Internet 技术的兴起，对 C/S 架构的一种变化或者改进的结构。在 B/S 架构下，用户界面完全通过 WWW 浏览器实现，一部分事务逻辑在前端实现，但是主要事务逻辑在服务器端实现。由于 C/S 架构和 B/S 架构各有其优点和缺点，可以适用在不同的应用场合，在某些场合中，可能把 C/S 架构和 B/S 架构混合进行设计，更能满足系统的需求，这些需要包括功能上的，也包括性能上的。

请围绕“混合软件架构的设计”论题，依次对以下 3 个方面进行论述。

（1）概要叙述你参与设计和开发的软件项目以及你所担任的主要工作。

（2）简要说明 C/S 架构和 B/S 架构的优点和缺点。

（3）详细说明 C/S 和 B/S 混合架构的实现方式，在你的系统中具体是如何实现这种混合架构的，这种设计有什么优点。

【摘要】

2007 年 3 月，我所在的公司组织开发了一套完整的变电综合信息管理系统，在这个项目中，我担任系统架构设计师，主要负责软件架构和网络安全体系架构设计的工作。该系统包括变电运行所需的运行记录、图形开票、安全生产管理、生产技术管理、行政管理、总体信息管理、技术台帐管理、班组建设、学习培训、系统维护等各个业务层次模块。

本文首先简单地分析了 C/S 架构和 B/S 架构各自的优缺点，然后说明混合 C/S 架构和 B/S 架构的必要性，分析“内外有别”和“查改有别”两种混合模型，并以变电综合信息管理系统为例，结合实际情况，讨论了 C/S 和 B/S 混合架构的应用。实践证明，在软件项目的开发中，使用 C/S 与 B/S 混合软件架构，能节省开发和维护成本，使系统具有良好的开放性、易扩展性、易移植性等优点。

【正文】

典型的软件架构风格有很多。例如，设计图形用户界面常用的事件驱动风格、设计操作系统常用的层次化设计风格、设计编译程序常用的管道与过滤器风格、设计分布式应用程序常用的客户机/服务器风格等。一个实用的软件系统通常是几种典型架构风格的组合。

1．项目概述

当前，我国电力系统正在进行精简机构的改革，变电站也在朝无人、少人和一点带面的方向发展（如一个有人值班 220kV 变电站带若干个无人值班 220kV 和 110kV 变电站），“减人增效”是必然的趋势，而要很好地达到这个目的，使用一套完善的变电综合信息管理系统（TSMIS）显得很有必要。2007 年 3 月，笔者所在的公司组织有关力量，针对电力系统变电运行管理工作的需要，结合变电站运行工作经验，开发了一套完整的变电综合信息管理系统，在这个项目中，我担任系统架构设计师，主要负责软件架构和网络安全体系架构设计的工作。

TSMIS 系统包括变电运行所需的运行记录、图形开票、安全生产管理、生产技术管理、行政管理、总体信息管理、技术台账管理、班组建设、学习培训、系统维护等各个业务层次模块。实际使用时，用户可以根据实际情况的需要选择模块进行自由组合，以达到充分利用变电站资源和充分发挥系统作用的目的。限于篇幅，在此，我们不详细介绍各模块的功能。

系统的实现采用 Visual C++、Visual Basic、Visual InterDev 和 Java 语言和开发平台进行混合编程。服务器操作系统使用 Windows 2003 Advanced Server，后台数据库采用 SQL Server 2005。系统的实现充分考虑到我国变电站（所）电压等级的分布，可以适用于大、中、小电压等级的变电站（所）。

2．C/S 与 B/S 的比较分析

C/S 架构具有强大的数据操作和事务处理能力，模型思想简单，易于人们理解和接受。但随着企业规模的日益扩大，软件的复杂程度不断提高，C/S 架构逐渐暴露了以下缺点：

（1）开发成本较高。C/S 架构对客户端软硬件配置要求较高，增加了整个系统的成本。

（2）客户端程序设计复杂。采用 C/S 架构进行软件开发，大部分工作量放在客户端的程序设计上，客户端显得十分庞大。

（3）软件移植困难。采用不同开发工具或平台开发的软件，一般互不兼容，不能或很难移植到其他平台上运行。

（4）软件维护和升级困难。采用 C/S 架构的软件要升级，开发人员必须到现场为客户机升级，每个客户机上的软件都需维护。对软件的一个小小改动（例如，只改动一个变量），每一个客户端都必须更新。

B/S 架构主要是利用不断成熟的 WWW 浏览器技术，结合浏览器的多种脚本语言，用通用浏览器就实现了原来需要复杂的专用软件才能实现的强大功能，并节约了开发成本，是一种全新的软件架构。基于 B/S 架构的软件，系统安装、修改和维护全在服务器端解决。用户在使用系统时，仅仅需要一个浏览器就可运行全部的模块，真正达到了“零客户端”的功能，很容易在运行时自动升级。B/S 架构还提供了异种机、异种网、异种应用服务的联机、联网、统一服务的最现实的开放性基础。

与C/S架构相比，B/S架构也有许多不足之处，例如：

（1）B/S架构缺乏对动态页面的支持能力，没有集成有效的数据库处理功能。

（2）B/S架构的系统扩展能力差，安全性难以控制。

（3）采用B/S架构的应用系统，在数据查询等响应速度上，要远远地低于C/S架构。

（4）B/S 架构的数据提交一般以页面为单位，数据的动态交互性不强，不利于在线事务处理应用。

3．C/S与B/S混合软件架构

传统的C/S架构并非一无是处，而新兴的B/S架构也并非十全十美。由于C/S架构根深蒂固，技术成熟，原来的很多软件系统都是建立在 C/S 架构基础上的，因此，B/S架构要想在软件开发中起主导作用，要走的路还很长。我们认为，C/S架构与B/S架构还将长期共存，其结合方式主要有两种。下面分别介绍C/S与B/S混合架构的两个模型。

（1）"内外有别"模型

在C/S与B/S混合架构的"内外有别"模型中，企业内部用户通过局域网直接访问数据库服务器，软件系统采用C/S架构；企业外部用户通过Internet访问Web服务器，通过Web服务器再访问数据库服务器，软件系统采用B/S架构。

"内外有别"模型的优点是外部用户不直接访问数据库服务器，能保证企业数据库的相对安全。企业内部用户的交互性较强，数据查询和修改的响应速度较快。

"内外有别"模型的缺点是企业外部用户修改和维护数据时，速度较慢，较烦琐，数据的动态交互性不强。

（2）"查改有别"模型

在C/S与B/S混合软件架构的"查改有别"模型中，不管用户是通过什么方式（局域网或Internet）连接到系统，凡是需执行维护和修改数据操作的，就使用C/S架构；如果只是执行一般的查询和浏览操作，则使用B/S架构。

"查改有别"模型体现了B/S架构和C/S架构的共同优点。但因为外部用户能直接通过 Internet 连接到数据库服务器，企业数据容易暴露给外部用户，给数据安全造成了一定的威胁。

4．应用实例

在设计 TSMIS 系统时，我们充分考虑到变电站分布管理的需要，采用 C/S 与 B/S混合架构的"内外有别"模型，如图21-4所示。

在TSMIS系统中，变电站内部用户通过局域网直接访问数据库服务器，外部用户（包括县调、地调和省局的用户及普通 Internet 用户）通过 Internet 访问 Web 服务器，再通过Web服务器访问数据库服务器。外部用户只需一台接入Internet的计算机，就可以通过 Internet 查询运行生产管理情况，无须做太大的投入和复杂的设置。这样也方便所属电业局及时了解各变电站所的运行生产情况，对各变电站的运行生产进行宏观调控。此设计能很好地满足用户的需求，符合可持续发展的原则，使系统有较好的开放性和易扩展性。

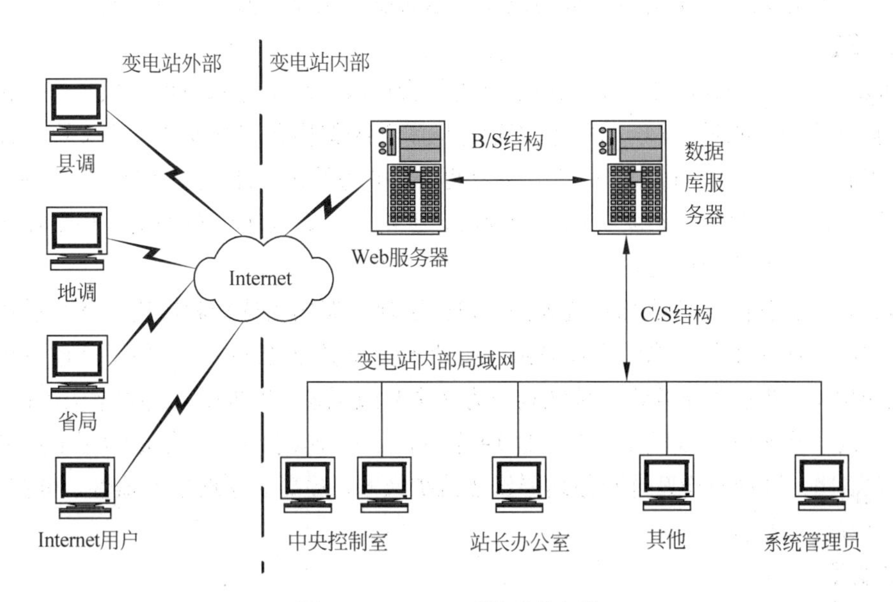

图 21-4　TSMIS 系统软件架构

该系统已经在全国的多个变电站使用，用户反映良好。真正满足了变电管理朝无人、少人和一点带面发展趋势的需要，提高工作效率、增强准确性，对工作过程中的各种记录都能详实、准确地记载，减少大量手工重复录入，达到变电站无人、少人值班的目的。

实践证明，在软件项目的开发中，使用 C/S 与 B/S 混合架构，能节省开发和维护成本，使系统具有良好的开放性，易扩展性，便于移植等优点。

21.6.5　软件架构的选择与应用

试题　论软件架构的选择与应用

软件架构风格是描述某一特定应用领域中系统组织方式的惯用模式（idiomatic paradigm）。对软件架构风格的研究和实践促进了对设计的重用，一些经过实践证实的解决方案也可以可靠地用于解决新的问题。架构风格的不变部分使不同的系统可以共享同一个实现代码。只要系统是使用常用的、规范的方法来组织，就可使别的设计者很容易地理解系统的架构。例如，如果某人把系统描述为 C/S 模式，则不必给出设计细节，我们立刻就会明白系统是如何组织和工作的。

请围绕“软件架构的选择与应用”论题，依次对以下 3 个方面进行论述。

（1）概要叙述你参与设计和开发的软件项目以及你所担任的主要工作。

（2）详细论述你是如何根据项目的实际需要设计软件架构的，特别是如何选择多种不同的架构来实现系统的。

（3）分析你采用的架构所带来的效果，你的设计还存在哪些不足之处。

【摘要】

2006年5月，我所在的公司承担了某省社会保险管理信息系统的开发工作，我在该项目中担任系统架构设计师，主要负责设计应用系统架构和网络安全体系架构。该系统以IC卡为信息载体，完成劳动和社会保险的主要业务管理，即“五保合一”管理，包括养老保险、医疗保险、劳动就业和失业保险、工伤保险、女工生育保险。整个业务流程十分复杂，牵涉面相当广泛。

本文以社会保险管理信息系统为例，讨论了软件架构的选择和应用。整个系统采用具有四层的层次式软件架构的设计思想，在业务管理层的设计中，采用了互连系统构成的系统的架构，把整个业务管理系统划分为8个从属系统。各从属系统的架构可以相同，也可以不同。整个系统的开发工作历时19个月，目前，该系统已经稳定运行1年多的时间。实践证明，这种架构设计有效地降低了维护成本，提高了系统的开放性、可扩充性、可重用性和可移植性。

【正文】

2006年5月，我所在的公司承担了某省社会保险管理信息系统（以下简称为“SIMIS系统”）的开发工作，我参加了该项目前期的一些工作，担任系统架构设计师，主要负责设计应用系统架构和网络安全体系架构。

1．项目概述

SIMIS服从于国家劳动和社会保障部关于保险管理信息系统的总体规划，系统建设坚持一体化的设计思想，总体目标是建立比较完备、高效、与劳动和社会保障事业发展相适应、与国家经济信息系统相衔接的劳动和社会保险管理信息系统，实现劳动和社会保险管理体系的技术现代化、管理科学化。

SIMIS系统以IC卡为信息载体，完成劳动和社会保险的主要业务管理，即“五保合一”管理，包括养老保险、医疗保险、劳动就业和失业保险、工伤保险、女工生育保险。整个业务流程十分复杂，牵涉面相当广泛。SIMIS系统由省、地市、县三级组成，网络纵向覆盖全省各级劳动和社会保障机构，横向与财税、银行、卫生、邮政、企事业单位联网，是一个典型的广域网络系统；系统设计按照社会保险与个人账户相结合的模式，以养老保险为重点，并以此为全省劳动和社会保险管理信息网络主干网络，带动劳动力市场等其他社会保险业务管理信息系统的建设。

2．架构设计

虽然国家劳动和社会保障部对整个业务有一套规定的指导性流程，但是，在调研的过程中，我们发现各市、县都或多或少地存在使用“土政策”的情况，正是这种“土政策”致使软件在设计阶段具有很多的不确定性需求。另外，我们还考虑到将来用户需求可能会发生变化，为了尽量降低维护成本，提高可重用性，我们引入了层次式软件架构的设计思想。

SIMIS 系统采用层次式软件架构的基本出发点在于，这种软件结构不但能够满足不同规模的用户（县级，地、市级）的需求，可以方便地在最小的完成基本功能的基本系统和最大的完成所有复杂功能的扩充系统之间进行选择安装，而且通过逐层功能扩展的方法来进行软件实现，有利于程序设计和构件开发。同时，一定级别的抽象层可以作为一种知识积累，对于同类软件的快速开发有着很大的作用。

根据调研的结果，我们把 SIMIS 系统设计成具有通用核心层、基本应用层、业务管理层和扩展应用层 4 个层次的层次式软件体系构，如图 21-5 所示。

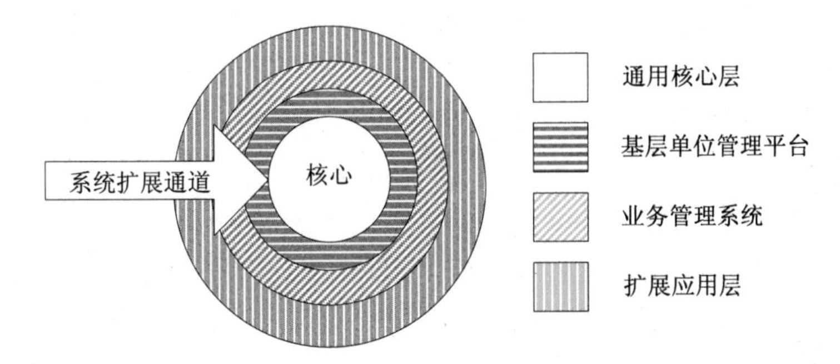

图 21-5　SIMIS 的层次式结构

通用核心层完成的是软件的一些通用的公共操作，这些操作能够尽量做到不与具体的数据库和表结构相关。基本应用层是 SIMIS 系统数据采集的主要来源；业务管理层是对基本应用层的进一步扩展，主要完成 SIMIS 系统的业务管理，管理内容涉及劳动者个人、企业和其他劳动组织的微观信息，能够实现数据的初步汇总。业务管理层与其内包含的两层一起构成了 SIMIS 的典型应用系统。扩展应用层是在典型应用系统的基础上扩充了一些更为复杂的功能，如对政策决策提供依据和支持，对政策执行状况进行监测、社会保险信息发布及个人账户电话语音查询系统等。

SIMIS 的设计和开发重点放在业务管理层上，在这一层的设计中，我们采用了互连系统构成的系统的架构，把整个业务管理系统划分为失业保险管理、养老保险管理、医疗保险管理、女工生育保险管理、工伤保险管理、工资收入管理、劳动关系管理、职业技能开发管理等八个从属系统，所有的从属系统共用同一个数据库管理系统，每个从属系统作为单独的系统，由不同的开发团队进行独立开发。

从属系统可以自成一个软件系统，脱离上级系统而运行，有其自己的软件生命周期，在生命周期内的所有活动中都可以单独管理，可以使用不同的开发流程来开发各个从属系统。

各从属系统的架构可以相同，也可以不同。例如，在开发“养老保险管理系统”这个从属系统时，选择了正交软件架构。我们将整个系统设计为三级正交结构，第一级划分为八个线索，每个一级线索又可划分为若干个二级线索，每个二级线索又可划分为若干个三级线索。一条完整线索如图21-6所示。

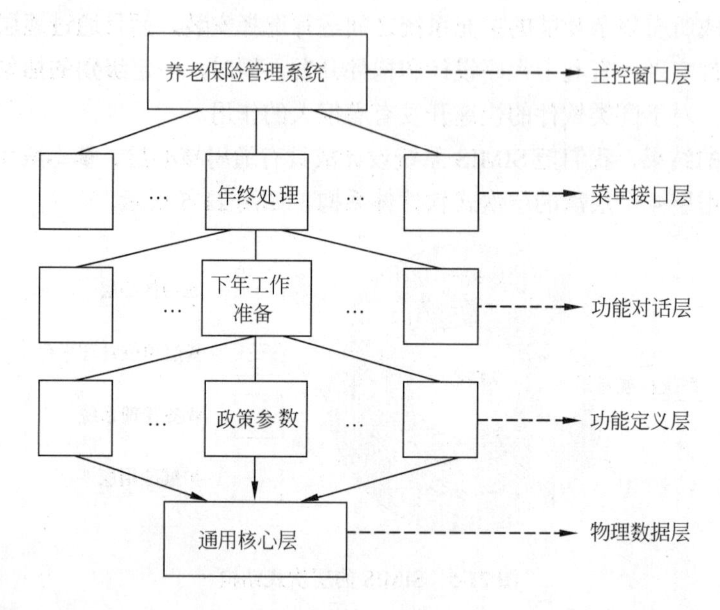

图21-6　完整的一条线索结构

每一条线索完成整个系统中相对独立的一部分功能，所有线索是相互独立的，即不同线索中的构件之间没有相互调用。由于采用了正交结构的思想，在系统开发时，我们分成若干个小组并行开发，视开发难度情况，每个小组负责一条或数条线索，由一个小组来设计通用共享的数据存取构件。由于各条线索之间没有相互调用，所以各小组不会相互牵制，大大提高了编程的效率，缩短了开发周期，降低了工作量。

虽然各个从属系统相对独立，可以进行并行开发，但我们尽量注意了软件重用，以节约开发成本，加快开发进度。例如，“基金收缴”是失业保险、养老保险、医疗保险、女工生育保险和工伤保险五个从属系统中都要进行的操作，且其操作流程大致一样，只是基金收缴的参数有所区别。我们就只安排养老保险从属系统的开发团队开发一个通用构件，提供参数接口供其他从属系统使用。

3．总结

在SIMIS系统的架构设计中，我们引入了层次式软件架构的设计思想。根据调研的结果，把SIMIS系统设计成具有通用核心层、基本应用层、业务管理层和扩展应用层四个层次。SIMIS的设计和开发重点放在业务管理层上，在这一层的设计中，采用了互连系统构成的系统的架构，把整个业务管理系统划分为八个从属系统。每个从属系统作为单独的系统，由不同的开发团队进行独立开发。各从属系统的架构可以相同，也可以不同。

以上设计有效地降低了维护成本，提高了系统的开放性、可扩充性、可重用性和可移植性。但 SIMIS 的设计和开发也存在一些不足。例如，由于采用了互连系统构成的系统的软件架构，使资源管理开销增大，各从属系统的开发进度无法同步等。又如，由于采用了 B/S 和 C/S 结构混合的异构结构，使外部用户修改和维护数据时，速度较慢，较烦琐，数据的动态交互性不强等。